CW01375799

Franz Hubers Neue Beobachtungen an den Bienen

Band I & II
Zweihundertjahrausgabe (1814 - 2014)

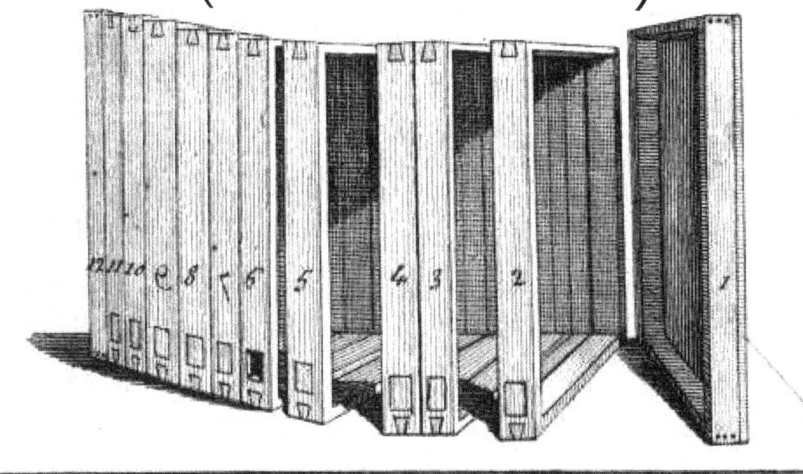

Übersetzt mit Anmerkungen von
Georg Kleine

Franz Hubers Neue Beobachtungen an den Bienen Vollständige Ausgabe Band I & II Zweihundertjahrausgabe (1814-2014)

Die von Franz Huber verfasste französische Erstausgabe *Nouvelles Observations Sur Les Abeilles* erschien zwischen 1789 und 1814. Der erste Band wurde 1792 veröffentlicht, und eine Doppelausgabe (inklusive Band 2) erschien 1814.

1867 aus dem Französischen von Georg Kleine.

Überarbeitung der Stahlstichtafeln und Aktualisierung von Sprache und Rechtschreibung Copyright X-Star Publishing Company, 2012-2014

Autoren: Francis Huber; Francis Burnens; Pierre Huber; Maria Aimée Lullin Huber; Jean Senebier; Charles Bonnet; Christine Jurine; John Hunter

X-Star Publishing Company

ISBN 978-161476-256-0

717 Seiten
148 Abbildungen

Anmerkungen des Überschreibers

Soweit mir bekannt ist, ist dieses wunderbare Buch seit der Ausgabe von 1867 nicht mehr in deutscher Sprache erhältlich gewesen. Anlässlich des zweihundertjährigen Jubiläums der französischen Originalausgabe von Huber im Jahre 1814 machte ich es mir zur Aufgabe, dies zu ändern.

Diese Ausgabe enthält neue Kopien aus einem sehr gut erhaltenen Exemplar der französischen Originalausgabe *Nouvelles Observations Sur Les Abeilles* in zwei Bänden von 1814. Desweiteren wurden ein zusätzlicher Kupferstich aus Hubers Arbeit aus dem Buch von Cheshire. Außerdem wurden sieben Reproduktionen von Fotos von Hubers Bienenstöcken in Museumsqualität beigefügt. Alle Illustrationen wurden unterteilt und vergrößert und an der relevanten Textstelle eingefügt. Fotos der Originalplatten wurden zu historischen und künstlerischen Zwecken beigefügt und sind im Anschluss an den Text zu finden.

Ich habe weiters persönliche Aufzeichnungen über Huber von seinem Freund Professor De Candolle beigelegt, um die Rahmenbedingungen dieses Buches verständlich zu machen, und um die Hintergründe Hubers Lebens zu verdeutlichen.

Einige der altertümlichen Schreibweisen wurden ausgebessert und Anmerkungen beigefügt, um die Messungen in das metrische Maßsystem zu übertragen. Zusätzliche Überschriften und Zwischenüberschriften wurden eingefügt, um spezifische Themen einfacher im Text zu finden. Diese sind im Inhaltsverzeichnis vermerkt, um ein einfaches Durchsuchen und Auffinden bestimmter

Begriffe zu erleichtern. Außerdem wurde ein Bilderverzeichnis angelegt.

Um den geschichtlichen Zusammenhang dieses Werkes zu erläutern, sei bemerkt, dass ein Großteil von Hubers anfänglichen Mutmaßungen auf der aktuellen Meinung von Königinnen und deren Fruchtbarkeit basierten. Parthenogenese war noch nicht bekannt und weit entfernt von ihrem endgültigen Beweis durch Dzierzon, der erst 1845 publiziert wurde, und daher sind einige von Hubers Vermutungen über das Gelege der Drohnen überholt. Ich denke allerdings, dass Sie, im Gegensatz zu seinen Vermutungen, die er eindeutig als solche hervorhebt, seine Beobachtungen als wahrhaft und korrekt vorfinden werden; und er legte größten Wert darauf, die beiden zu unterscheiden. Außerdem hatte Huber zum Zeitpunkt des Erstellens des ersten Bandes seine Forschung über die Entstehung von Wachs noch nicht durchgeführt, diese erscheint im zweiten Band.

—Michael Bush, Überschreiber

Anmerkungen des Überschreibers der deutschen Ausgabe:

Anlässlich des 200-jährigen Jubiläums der von Georg Kleine erstellten deutschen Übersetzung von Franz Hubers Neue Beobachtungen an den Bienen hatte ich die Ehre, dieses Werk zu überarbeiten und ins digitale Zeitalter zu überführen. Ich blieb dem Original dabei so treu wie möglich, es sei denn, dass Änderungen die Lesbarkeit verbesserten.

Ich kam nicht umhin, Franz Huber für seine Arbeit und seine Hingabe zu bewundern, und für die Selbstverständlichkeit, mit der er seine Blindheit genauso wie alle anderen ihm begegnenden Schwierigkeiten meisterte. Wie in dem Vorwort des Überschreibers erwähnt, hat Huber die Bienenzucht sicherlich in eine neue Epoche geführt, doch steht mir darüber als Außenstehende kein Urteil zu. Als vormalige Wissenschaftlerin jedoch möchte ich den Ansatz, die Durchführung, und die Schlussfolgerungen von Hubers Beobachtungen besonders hervorheben. Sie sind ein Exempel an Vorurteilsfreiheit, Genauigkeit und präziser Interpretation, und sollten jedem/r angehenden/r WissenschaftlerIn als hervorragendes Beispiel zur Versuchsdurchführung dienen. Er beschreibt exakt seine Gedanken die zum Versuchsaufbau führen, und erklärt in vielen Fällen warum vorhergehende Versuche von ihm und anderen abwegige Ergebnisse brachten – meist war der Versuch nicht durchdacht genug, entbehrte der richtigen Kontrollen, oder wurde falsch interpretiert. All dies ergibt eine Schritt-für-Schritt Anleitung zum perfekten wissenschaftlichen Experimentieren.

Letztendlich, als Übersetzer des Auszugs aus den Memoiren von Professor De Candolle kann ich nur anfügen, dass die Beschreibung des Mannes Franz Huber das Bild einer großen Persönlichkeit seiner Zeit vervollkommnet.

—Nina Bausek, Überschreiber und Übersetzer

Vorwort des Übersetzers

Die Veranlassung zu vorliegender Übertragung des Huberschen Werkes war zunächst eine Äußere; sie lag in der unmittelbaren Aufforderung seitens namhafter apistischer Autoritäten. Dazu kam aber auch die eigene hohe Achtung vor einem Werke, welches sowohl um seines Inhaltes, als auch um der Umstände willen, unter denen es das Licht erblickte, in der ganzen wissenschaftlichen Literatur ohne Gleichen dasteht. Es erschließt uns Geheimnisse des Bienenlebens, denen die scharfsinnigsten Beobachter desselben von Aristomachus und Hyliskus an Jahrtausende hindurch vergebens nachgeforscht hatten, und führt die Bienenkunde auf eine Höhe, die man davor nicht hätte erahnen können; wir haben es unbestreitbar als die Grundlage anzusehen, auf welcher die großen Entdeckungen beruhen, welche die ganze heutige Welt der intelligenten Imker begeistern.

Und wer war der außerordentliche Mann, dem es vorbehalten war, Licht in eine scheinbar undurchdringliche Nacht zu bringen? Es war ein vom Himmel schwer Geprüfter, ein in frühester Jugend Erblindeter, dessen Willensdrange, dessen lebendige Liebe zur Naturwissenschaft sich das unüberwindbare Hindernis, der Mangel des Augenlichts, entgegenzustellen schien, und der dennoch dieses Hindernis so vollständig zu überwinden wusste, dass wir uns im Verfolge seiner scharfsinnigsten Versuche mehr als einmal versucht fühlen, an der Wahrheit seiner Erblindung allen Ernstes zu zweifeln.

Die Beobachtungen dieses großen, vorurteilsfreien Naturphilosophen fanden eine entschiedene Anerkennung ausgezeichneter Naturforscher seiner und späterer Zeit; und doch gingen die Resultate derselben gerade für die Bienenwissenschaft und Bienenzucht, die sich ihrer vorzugsweise hätte bemächtigen sollen, bis auf die neuere

Zeit fast ganz verloren. Wie auffällig das auch scheinen mag, so erklärt es sich doch leicht daraus, dass eben unwissenschaftliche Männer, die man um einiger praktischen Fertigkeiten willen als die Choragen der Bienenzüchter anzusehen sich gewöhnt hatte, die sich aber in der Beschränktheit ihrer vorgefassten Meinungen nicht zu den lichten Höhen der Huberschen Anschauungen zu erheben vermochten, sich über den blinden Forscher zu Gericht setzten und das vernichtende Verdammungsurteil über ihn aussprachen, und der große Haufen demselben bewusstlos beistimmte.

Bei uns legte zuerst Magister Spizner den giftigen Zahn seiner bissigen Kritik an das wunderbare Werk; in seinem Unvermögen aber, Beweise gegen Beweise zu stellen, also einen wissenschaftlichen Kampf aufzunehmen, fletschte er gegen die liebenswürdige, allgemein geachtete Persönlichkeit des Verfassers die Zähne, belferte ihn wie einen großprahlerischen, lügnerischen Scharlatan an und begeiferte die Lieblingsarbeit des unermüdlichen Beobachters der Bienen in einer Weise, dass der große, eigenen Urteils bare Imkerhaufen dieselbe auch nur zu berühren fürchten musste. Später brach auch der Oberpfarrer Matuschka, der ebenfalls sich zu einer Imkerautorität erhoben und eine eigene Theorie über die Naturgeschichte der Honigbienen aufgestellt hatte, über Huber den Stab, und musste es wohl, wenn anders seine schwebelige Theorie nicht ohne weiteres zerstieben sollte; denn sein am Schreibtische aus den Fingern gesogenes System stand dem Huberschen, auf die sorgfältigsten Beobachtungen an den Bienen begründeten Grundsätzen so diametral entgegen, wie die Nacht dem Tag entgegensteht. Auch er konnte die Hubersche Theorie nicht widerlegen, darum schlug er einen Weg ein, der ihn leichter zum Ziele führen, ihn der Mühe der Untersuchung überheben konnte. Höhnender Spott, unter dem Deckmantel christlichen Bedauerns über Huber ausgegossen, sollte die letzte Spur des Vertrauens zu dessen Beobachtungen ersticken. Huber habe, sagt er, weil er blind gewesen, nicht mit eigenen Augen, sondern nur mit den Augen seines Bedienten, Franz Burnens, gesehen, was nun dieser gesagt, dass er gesehen; das habe Huber als wahr aufgenommen und aufgeschrieben oder aufschreiben lassen. Dadurch sei ein Buch voll Torheiten entstanden, und Spizner habe Recht, wenn er Hubers Versuche als Fratzen darstelle. Wenn die Umstände in dem Buche selbst nicht hinlänglich wären angezeigt worden, so würde man das Buch für eine scharfsinnige und treffende Satire eines Franzosen auf die verschiedenen Versuche, Meinungen und Streitigkeiten der Bienengelehrten angesehen haben: wie es denn keine schönere Satire darauf geben könne. Nur könne sie für einen nicht fühlbar sein, der von der Sache nichts verstehe. Wer sehe nicht, dass der Burnens mit dem armen blinden Huber umgegangen sei, wie eine Wärterin mit einem kleinen Kinde, dem sie allerlei vor- und weismache, damit es schweigen oder sich freuen solle. Burnens habe ein schweres Geschäft gehabt, er habe sehen sollen und nichts gesehen. Es sei ihm unangenehm gewesen, nichts zu sehen und gar für einen Dummkopf gehalten zu werden. Er habe also nun etwas gesehen, und der arme Mann sei entzückt worden. So glücklich, habe er gedacht, kann ich meinen Herrn öfter machen – ach, der arme Mann freut sich so; es schadet ja niemandem und es wird niemand betrogen – es ist eine unschuldige Freude – und Burnens habe immer mehr gesehen, wonach Huber ihn gefragt. Er habe wohl nicht geglaubt, dass solches einmal in Schriften würde bekannt gemacht werden usw. Bei dem Vorsagen in die Feder habe die Einbildungskraft Hubers vieles noch mehr ausgeschmückt. Dies wird wohl, schließt Matuschka, die natürliche Erklärung von der Entstehung dieses Buches sein.

Wir dürfen voraussetzen, dass Huber von dieser Art, über ihn und seine Arbeit abzuurteilen, niemals Kenntnis erhalten habe, dass der reine Spiegel seiner Seele nie durch so giftigen Anhauch getrübt worden sei. Wenn wir nur eben so gewiss auch diese Schmutzflecken der Kritik aus unserer deutschen Bienenliteratur entfernen könnten! Wie weit standen doch die unbefugten Kritiker in wissenschaftlicher Kenntnis des Bienenlebens gegen den gekränkten, verhöhnten blinden Beobachter der Bienen zurück, wie wenig waren sie doch wert, ihm auch nur die Schuhe nachzutragen! Spizner, der nicht einmal den Befruchtungsausflug der Königinnen kannte und die Begattung im Stocke nach Art der Stubenfliegen vollzogen werden ließ, und Matuschka, der den Bienenstock mit männlichen und mit weiblichen Arbeitsbienen, mit Königin und Geschlechtslosen, den Drohnen, bevölkerte, sie waren wohl die rechten Koryphäen, die einem Huber unter die Füße treten konnten! Und doch waren sie es, die wesentlich dazu beitrugen, dass das Hubersche Werk bei weitem die Verbreitung nicht fand, die es verdiente, dass es insbesondere in Deutschland weniger zur Geltung kam, als man es von den spekulativen Deutschen hätte erwarten sollen. Spizner-Matuschka-Jünger wirkten mit, dass die Huberschen Beobachtungen immer mehr ins Vergessen gerieten, und kamen sie einmal gelegentlich zur Sprache, so waren sie in ihrer stupiden Borniertheit mit ihrem nachplappernden Urteile gar schnell zur Hand, um die Resultate der Huberschen Versuche als Lügen, absurde Meinungen, Unsinn und alberne Dinge zu bezeichnen.

Man kann eine Wahrheit wohl in den Kot treten, aber sie wird nicht darin vergehen; sie wird sich glänzend und fleckenrein aus demselben erheben, wenn ihre Zeit gekommen ist. Das hat sich auch bei dem Huberschen Werke bewährt. Und wie deutsche Bienenzüchter es waren, die dasselbe am tiefsten herabwürdigten, so gebührt deutschen Bienenzüchtern die Ehre, Hubers Verdienste um die Bienenwissenschaft ins hellste Licht gestellt zu haben. Damit ist aber auch für die deutsche

Bienenzucht eine Glanzperiode eingetreten, die in den Annalen der Geschichte der Bienenzucht für alle Zeiten Epoche machen muss.

Den Eintritt dieser Zeit dürfen wir mit vollem Rechte von der Begründung der Eichstädter Bienenzeitung an datieren, die unter der vortrefflichen Leitung des Seminarlehrers, Professor Andreas Schmid, unzweifelhaft der Förderung der Wahrheit mehr Vorschub geleistet hat als die gesamte Bienenliteratur außer ihr zusammengenommen. Sie war es, welche die ausgezeichneten Imkerkräfte deutscher Zunge zu gegenseitigem Austausche selbst widerstrebender Ansichten vereinte, die nicht engherzig Rede und Gegenrede beschränkte, sondern selbst dem wissenschaftlichen Streite volle Freiheit gewährte, bis der Sieg sich entschieden nach der einen oder anderen Seite neigte. Ihrer Vermittlung muss es zugeschrieben werden, dass nicht allein die Huberschen Grundsätze zur Anerkennung gebracht, sondern dass dieselben auch zu einer solchen Vollendung und Erweiterung geführt sind, dass man jetzt kaum noch ein zu ermittelndes Geheimnis des Bienenlebens nachzuweisen vermag. Der Männer aber, die dazu mitgewirkt haben, ist eine große Zahl. Ulefeld, von Baldenstein, Barth, Bartels, Busch, Brüning, Dönhoff, Frank, Hanff, Herwig, Hoffmann, Hofmann, Kipp, Kritz, Leuckart, Nordhoff, Dettl, Rothe, Schiller, v. Siebold, Stern, Stöhr, Graf Stosch – das alles sind Namen, die einen guten Klang geben, die alle wacker ihr Scherflein zur Ermittlung der Wahrheit und zur Weiterführung der Wissenschaft beigetragen haben. Vor allem aber müssen Dzierzon und von Berlepsch genannt werden als die Männer, welche nicht nur selbst sich auf den Kulminationspunkt der apistischen Wissenschaft gestellt, sondern auch kein Mittel unversucht gelassen haben, ihre Mitimker sich nachzuziehen.

Die Zeit, die solcher Männer sich erfreut, die durch sie zu einer richtigen Erkenntnis der Bienennatur eingeführt worden ist, wird auch ein lange verkanntes Werk; das Werk des blinden Huber, zu würdigen verstehen. Es dürfte darum auch die Übertragung desselben gerade jetzt als eine zeitgemäße erscheinen und einer freundlichen Aufnahme von Seiten derer sich zu erfreuen haben, denen das Original weniger zugänglich ist.

Die wenigen eingestreuten Bemerkungen beanspruchen kein besonderes Verdienst. Ich glaube aber, dem Leser einen wesentlichen Dienst zu leisten, wenn ich ihm dadurch zugleich auch die Fortschritte, welche seit Huber in der Bienenwissenschaft gemacht sind, in bequemer Weise vor Augen führte. Von diesem Gesichtspunkte aus gesehen, dürften sie gerechtfertigt erscheinen und auf eine nachsichtige Beurteilung hoffen können.

Der Herr Verleger hat mit anerkennenswerter Opferwilligkeit der Übersetzung eine so gediegene äußere Ausstattung bei so geringem Preise gegeben, dass ihm wenigstens die Anerkennung des Lesers nicht entgehen kann.

Und so möge denn die Übertragung der neuen Beobachtungen an den Bienen von den Bienenfreunden mit Wohlwollen aufgenommen werden, und ihrerseits dasselbe durch ihren Inhalt vergelten.

Lüethorst, im Januar 1856.

Kleine—Georg Kleine, Übersetzer

Vorwort zur zweiten Ausgabe

Gern habe ich dem Wunsche des Herrn Verlegers, meine Bearbeitung der neuen Beobachtungen an den Bienen von Huber einer sorgfältigen Durchsicht zu unterziehen, Folge gegeben und mir es angelegen sein lassen, dieselbe in der Weise zu vervollständigen, dass sie dem heutigen Standpunkte der rationellen Bienenzucht zu entsprechen geeignet erscheine.

Die Huberschen Beobachtungen an den Bienen sind in Wahrheit ein wunderbares Werk, das uns, wie wir es auch ansehen, mit Bewunderung erfüllen muss, es verdient es in vollem Maße, dass wir ihm unsere ganze Liebe zuwenden.

Wie bei der ursprünglichen Bearbeitung habe ich dem Huberschen Werke auch bei der gegenwärtigen Durchsicht und Durcharbeitung meine volle Liebe zugetragen und hoffe, dadurch von neuem ein Scherflein zur Anerkennung der so lange und so arg verkannten Verdienste Hubers um rationelle Bienenzucht beigetragen, dadurch aber auch selbst zur Förderung der letzteren mitgewirkt zu haben.

Lüethorst, im Januar 1867

Kleine—Georg Kleine, Übersetzer

Inhaltsverzeichnis

Band I 1
Vorrede des Autors 3
1.Brief—Von der Befruchtung der Königin 7
   Beobachtungsstöcke 7
   Beschreibung des von F. Huber erfundenen Bienenstockes 8
   Band 1 Tafel I. Erklärung. 11
   Meinungen über die Befruchtung der Bienen 18
      Swammerdams Meinung 19
      Herrn von Reaumurs Meinung 20
      Herrn Debraws Meinung 21
      Herrn Hattorfs Meinung 26
   Schwierigkeiten, die Art der Begattung zu bestimmen 28
   Versuche an der Befruchtung der Bienen 28
Brief Bonnets an Huber über die Bienen 37
   Herrn Bonnets Vorschläge für Versuche über die Befruchtung der Bienen 38
      Künstliche Befruchtung 38
      Gewissheit, das die zurückkehrende Königin jene ist, die ausgeflogen ist 38
      Position des auszubrütenden Eis 39
      Sind dies wahrhafte Eier? 39

    Vorschläge zur Beobachtung der tatsächlichen Verhängung 39

    Legende Arbeiterbienen oder kleine Königinnen? . 40

    Funktioniert Schirachs Methode mit Eiern? 40

    Auswirkung der Zellengröße auf die Bienengröße? 41

    Königinnenmade in einer gemeinen Zelle? 41

    Optimale Größe und Form der Bienenstöcke? 42

    Sind Drohnen-, Arbeiter- und Königinneneier unterscheidbar? 42

    Vergabe königlichen Futtersaftes an Arbeiter 42

    Zu überprüfende Tatsachen aus Bonnets Buch 43

2. Brief—Fortsetzung der Beobachtungen über die Befruchtung der Königin 45

    Die Königin wird durch Verhängung befruchtet, die niemals im Stock stattfindet 45

    Erfolglose Versuche über künstliche Befruchtung 46

    Anatomische Beobachtungen der Geschlechtsorgane der Bienen 46

    Erklärungen zu Tafel II 48

    Die Männchen verlieren ihre Geschlechtswerkzeuge während der Verhängung 51

    Versuche, die die Verhängung der Königin beweisen 63

        1. Versuch: Beweis, dass manchmal mehr als ein Begattungsflug notwendig ist. 63

        2. Versuch: Ließ uns glauben, daß die Geschlechtsteile der Drohnen abrissen. 64

        3. Versuch: Berechtigt zu der Annahme, dass das Geschlechtsglied des Männchens nur ein Anhängsel der Linse sei. 65

- 4. Versuch: Widerlegte die Annahme des 3. Versuches..66
- 3. Brief—Königinnen, deren Befruchtung verzögert wird 72
  - Verzögerte Befruchtung verändert die Eierstöcke der Königin so, dass sie nur Drohneneier legt 72
  - Eine Verhängung befruchtet alle Eier die die Königin in zwei Jahren legt...78
  - Drohnenbrütige Königinnen legen über mindestens neun Monate Drohneneier.......................................81
  - Kaltes Wetter verzögert die Eierlage...........................83
  - Drohnenbrütige Königinnen haben eine andere Gestalt...85
  - Bienen sind zum Transferieren der Eier nicht berufen 85
  - Sie verzehren sie manches Mal 88
  - Drohneneier werden manchmal in Königszellen abgesetzt 89
  - In Stöcken mit drohnenbrütigen Königinnen geduldete Männchen 91
- 4. Brief—Über Schirachs Entdeckung 93
  - Verwandlung der Arbeitermaden zu Königinnen 93
  - Tätigkeiten der Bienen nach Verlust der Königin 94
  - Schirachs Methode gelingt ebenfalls mit Maden, die ein paar Stunden bis drei Tage alt sind 95
  - Zweierlei Art um Königinnen zu erhalten......................98
- 5. Brief—Arbeiterbienen legen entwicklungsfähige Eier 101
  - Versuche, welche beweisen, dass es in den Stöcken mitunter Arbeitsbienen gibt, welche entwicklungsfähige Eier legen. 101
  - Alle gemeinen Bienen sind ursprünglich weiblich 106

    Die Gabe königlichen Futtersaftes als Larven lässt ihre Eierstöcke entwickeln...111

6. Brief—Von den Kämpfen der Königinnen, der Drohnenschlacht, etc...113

    …Und dem Verhalten eines Volkes, dem man die Königin wechselt...113

    Feindschaften zwischen den Königinnen 114

    Instinkte der Königinnen verhindern ihren gemeinsamen Tod...116

    Die Arbeiterinnen scheinen ihren Kampf zu fördern.......118

    Der Eingang des Stockes ist ständig bewacht...............122

    Die Folgen eines Verlustes der Königin 124

    Einführung einer fremden Königin 125

    Die Drohnenschlacht..128

    Keine Drohnenschlacht in Stöcken ohne Königin...........130

7. Brief—Aufnahme einer fremden Königin 131

    Weitere Versuche zur Ermittlung der Art und Weise, wie die Bienen eine fremde Königin aufnehmen. Reaumurs Beobachtungen darüber. 131

    Mehrere Königinnen sind niemals erlaubt 133

8. Brief—Legt die Königin Eier? Spinnen der Kokons, Größe der Zellen und Bienen 137

    Die Königin legt Eier 139

    Bienen scheinen sich gelegentlich auszuruhen..............140

    Zeitraum zwischen Eierlage und dem Stande einer ausgebildeten Biene..141

        Die Arbeitermade...141

        Die Königsmade. 141

        Die Drohnenmade..142

Art und Weise des Kokonspinnens 143
Der Kokon der Königin ist an einem Ende offen 143
Versuche über die Einwirkung der Größe der Zellen 147

9. Brief—Von der Bildung der Schwärme 155

Die alte Königin zieht immer mit dem ersten Schwarme aus 156

Nicht ohne Eier in die königlichen Zellen abgesetzt zu haben 159

Der Gesang der Königin 166

Mehrere Königinnen in einem Schwarm 169

10. Brief—Fortsetzung von der Bildung der Schwärme 175

Tatsache: Drohnen und Königinnen werden im April und Mai aufgezogen 175

Tatsache: Der erste Schwarm, den ein Stock ausstößt wird immer von der alten Königin ausgeführt 177

Tatsache: Der Instinkt der Bienen ist während der Schwarmzeit verändert 179

Königinnen werden ihrem Alter nach aus ihren Zellen freigesetzt 184

Die Bienen erkennen das Alter wahrscheinlich durch das Rufen 184

Tatsache: Junge Königinnen, die Schwärme ausführen, sind jungfräulich 188

11. Brief—Fortsetzung von der Bildung der Schwärme 191

Das Verhalten der Bienen zu alten Königinnen ist eigen 191

Was veranlasst die Bienen, den jungen Königinnen zu folgen? 193

Schwarmköniginnen sind unterschiedlichen Alters, Ersatzköniginnen jedoch alle gleich alt 195

12. Brief—Drohnenbrütige Königinnen, Königinnen, die man ihrer Fühler beraubt hat 201

Verzögerte Befruchtung verändert den Instinkt der Königinnen 204

Das Abschneiden der Fühler hat eigentümliche Wirkung 207

13. Brief—Wirtschaftliche Betrachtungen über die Bienen 211

Vorteile des Blätterstockes 211

Es macht die Bienen handlicher 213

Zur Bildung künstlicher Schwärme geeignet 215

Man kann sie zwingen, in Wachs zu bauen 219

Gleichmäßiger Abstand zwischen den Waben 220

Natürliche Wärme der Bienen 223

Der Flugkreis der Bienen 224

Band II 227

Vorrede 229

Vorwort des Herausgebers 233

Einleitung 235

Kapitel I: Neue Ansichten über das Wachs 257

Entdeckung der Wachsblättchen unter den Ringen des Hinterleibes 259

1. Versuch: Vergleiche zwischen den Blättchen und Bienenwachs 270

2. Versuch: Vergleiche zwischen den Blättchen und Bienenwachs 271

Auf der Suche nach den Wachstaschen 273

Brief von Fräulein Jurine über die Zergliederung der Wachstaschen 281
Fragment aus seiner Abhandlung über das Wachs, von John Hunter 287
    Über das Bienenwachs. Aus dem Englischen................ 287
Kapitel II: Vom Ursprunge des Wachses 291
    Versuch: Um zu entscheiden, ob die Bienen ohne Blumenstaub Wachs erzeugen können 293
    Versuch: Zur Versicherung, dass kein Blumenstaub in den Mägen der Bienen vorhanden war, sondern ihnen nur Honig zur Verfügung stand.. 294
    Versuch: Zur Versicherung, dass kein Wachs in dem Honig sich befindet 295
        Aus verschiedenen Zuckern erzeugte Wachsmengen 296
    Zwei Arten von Arbeitern in einem Stocke................... 298
    Beobachtungen über den Einfluss der Witterungsumstände auf den Wachsbau 300
    Versuch: Beweist, dass Blumenstaub zur Aufzucht der Brut notwendig ist 303
        Fortführung des Versuches durch Vergabe von Blumenstaub.. 305
    Längere Vergabe von Zuckersirup anstelle von Honig verändert ihren Instinkt.. 307
Kapitel III: Vom Wabenbau 309
    Die besten Vermutungen sind ohne Beobachtungen nicht ausreichend 310
    Die Werkzeuge für den Wachsbau 313
    Es gibt in der Anatomie der Bienen kein Vorbild für den Zellenbau 321
    Ein Stock zur Beobachtung des Wachsbaus 323

- Beobachtung des Zellenbaus..........327
- Das Blättchen wird in Bröckchen zerteilt..........328
- Das Wachs wird in eine schaumige Flüssigkeit aus dem Mund gehüllt..........328
- Die Flüssigkeit macht das Wachs undurchsichtig, dehnbar und unterstützt die Anhaftung..........329
- Die Arbeit wird der Reihe nach von mehreren Bienen verrichtet..........330

Kapitel IV: Vom Wabenbau - Fortsetzung..........333
- Erste Abteilung: Beschreibung der normalen Form der Zelle..........333
  - Erklärungen der Figuren von Tafel VI..........367
- Zweite Abteilung: Arbeiten der Bienen beim Ausarbeiten der Zellen der ersten Reihe..........376
  - Detaillierte Beschreibung der Arbeit der Bienen..395
- Dritte Abteilung: Vom Bau der Zellen in der zweiten Zellenreihe..........437
- Folgender vom Professor Prevost mitgeteilter Artikel mag hier seinen Platz finden..........457

Kapitel V: Abweichungen im Zellenbau..........463
- Einige Abweichungen im Verhalten der Bienen..........465
- Parallelismus der Waben..........465
- Bienen kennen keine Subordination..........466
- Der Anstoß zum Wabenbau ist ununterbrochen..........467
- Versuch, die Bienen zu beobachten, wie sie Waben abwärts bauen..........470
- Bienen können Abweichungen im Ergebnis voraussehen 480
- Übergangszellen..........482
- Der Instinkt kann sich verändern..........484

Zellen sind zur Zeit des Honigreichtums vergrößert. 485

Manchmal werden Zellen verkürzt. 485

Sie verringern die Länge der Zellen relativ zu ihrem Abstand vom Rande. 485

Unregelmäßigkeiten sind Teil des Planes. 487

Zusätze zu den Kapiteln über den Wachsbau 489

Die Bienen arbeiten gleichzeitig in alle Richtungen. 491

Die Zellen sind geneigt. 492

Symmetrie besteht in der Gesamtheit, nicht in den Einzelheiten. 495

Unregelmäßigkeiten beim Bau der Drohnenwaben........ 498

Die Böden verraten ausgeprägte Unregelmäßigkeiten... 499

Das Verfahren der Bienen hängt von ihrer Urteilskraft ab. 512

Kapitel VI: Von der Vollendung des Zellenbaus 513

Waben sind nicht fertig, wenn die Form ausgeführt ist.. 514

Waben sind mit Propolis überzogen, was ihnen Festigkeit verleiht. 515

Die gelbe Färbung entsteht nicht durch Propolis oder Wachs. 517

Versuche zum Beweise des Ursprunges der Propolis. 518

Die Bienen sammeln die Harze der Pappel. 518

Propolis stammt von den Pappelknospen. 519

Wie die Bienen Propolis auftragen. 520

Versuche beweisen, dass Propolis nicht die gelbe Farbe des Wachses ist. 524

Erster Versuch: Die gelbe Farbe löst sich nicht in Alkohol, Propolis jedoch löst sich. 524

Zweiter Versuch: Die gelbe Farbe bleicht im Sonnenlicht, Propolis verändert sich nicht. 524

Dritter Versuch: Die gelber Farbe ist in Salpetersäure löslich, Propolis ist unlöslich. 525

Vierter Versuch: Die gelbe Farbe und Propolis sind in Äther löslich. 525

Die gelbe Farbe hat keine Beziehung zu Propolis. 525

Versuche beweisen, dass die Bienen die gelbe Farbe dem Wachse zufügen. 527

Beobachtungen an Bienen, die Waben mit Flüssigkeit aus ihrem Rüssel reiben. 527

Beobachtungen an Bienen, die die Waben mit einem Gemisch aus Wachs und Propolis verstärken. 529

Bienen zerstören die Grundlage der neuen Wabe und verstärken sie mit einem Gemisch aus Wachs und Propolis. 530

Die Bienen mischen Propolis mit einer Flüssigkeit. 531

Beobachtung, dass Bienen Propolis mit Wachs vermischen. 531

Bienen verstärken ihre Waben. 532

Der Instinkt der Bienen, die Magazine zu befestigen. 533

Kapitel VII: Über einen neuen Bienenfeind 537

Altbekannte Feinde der Bienen. 538

Ein neuer Feind. 538

Der Totenkopf-Nachtfalter. 539

Verengung der Fluglöcher verhindert das Eindringen.....540

Bienen verwenden nach einer Zeit dieselbe Methode.....540

Aber erst wenn die Gefahr da ist. 541

Ein ähnliches Verfahren für Raubbienen. 542

Die Bienen entfernen sie wieder, wenn die Ernte ausgiebig ist. 542
Totenköpfe gibt es nur in manchen Jahren. 542
Der Instinkt der Bienen passt sich den Umständen an. . 543
Ist der Ton des Totenkopfes für die Bienen von Schrecken? 543
Versuch einen Totenkopf in einen Stock einzuführen. ... 544
Versuche, Totenköpfen Honig vorzustellen. 546
Hubers Schieber zur Verkleinerung des Flugloches. 547

Kapitel VIII: Über die Atmung der Bienen 549
 Erster Teil: Einleitung. 549
  Brauchen Bienen Luft? 549
  Die Luft kann sich mit nur einer kleinen Öffnung nicht erneuern. 550
  Versuche zeigen, dass selbst eine größere Öffnung für die Luftströmung nicht ausreicht. 551
  Huber wird von Senebier unterstützt. 552
 Zweiter Teil: Beweise für die Atmung der Bienen. 553
  1. Versuch: Zeigt, dass Luft für die Bienen unerlässlich ist. 554
  2. Versuch: Zeigt, dass Bienen Sauerstoff verbrauchen. 554
  3. Versuch: Weitere Beweise, dass Bienen Sauerstoff benötigen. 556
  4. Versuch: Zeigt, dass Sauerstoff ihr Leben verlängert. 556
  5. Versuch: CO_2 kann sie nicht erhalten. 557
  6. Versuch: Stickstoff alleine kann sie nicht erhalten. 557

7. Versuch: Wasserstoff allein kann sie nicht erhalten. 557

8. und 9. Versuch: Wasserstoff und Sauerstoff 3:1 erhielt sie eine Zeit lang am Leben, Stickstoff und Sauerstoff 3:1 konnte sie nicht erhalten. 557

10. Versuch: Erstarrte Bienen atmen nicht. 558

11. Versuch: Zeigt den Verbrauch von Sauerstoff und die Erzeugung von CO_2 bei Eiern, Larven und Puppen. 558

12. Versuch: Larven atmen. 559

13. Versuch: Puppen atmen. 559

14. Versuch: Atmung folgt während aller Lebensstufen denselben Gesetzen. 559

15. Versuch: Der Kopf wird nicht zum Atmen gebraucht. 560

16. Versuch: Das Bruststück ist für die Atmung notwendig. 560

17. Versuch: Der Hinterleib allein ist nicht ausreichend für die Atmung. 560

18. Versuch: Die Luftorgane befinden sich im Bruststück. 560

19. Versuch: Untergetauchte Bienen ersticken bald 561

20. Versuch: Eine einzige der Luftwarzen ist für die Atmung ausreichend 561

21. Versuch: Bienen bilden CO_2 561

Dritter Teil: Versuche über die Luft in den Stöcken 562

1. Versuch: Die Luft ist fast so rein wie atmosphärische Luft. 562

2. Versuch: Die Bienen in ihrem Stocke besitzen kein Mittel, die von außen zutretende Luft zu ersetzen 564

Vierter Teil: Nachforschungen über die Art der Erneuerung der Luft in den Stöcken. 566

Versuche, die zeigen, dass am Eingang des Stockes eine Luftströmung stattfindet. 570

Fünfter Teil: Beweise für die Ventilation, aus den Wirkungen eines künstlichen Ventilators entlehnt......... 573

1. Versuch: Flugloch offen, keine Ventilation, eine Kerze. 575

2. Versuch: Wiederholung des ersten Versuches. 575

3. Versuch: Flugloch offen, Ventilation, eine Kerze. 575

4. Versuch: Wie der dritte Versuch, nur mit zwei Kerzen. 575

5. Versuch: Mehrung der Ventilation verringert den Luftstrom. 576

Sechster Teil: Unmittelbare Ursachen der Ventilation. .. 576

Übermäßige Hitze ist ein Grund. 577

Hitze ist nicht der einzige Grund. 578

Die Existenz der Bienen hängt mit der Fortdauer der Ventilation zusammen. 580

Kapitel IX: Von den Sinnen der Bienen und insbesondere von ihrem Geruche 581

Hat die Natur für Geschöpfe, die anders sind als wir, auch andere Sinne erschaffen?................................... 582

Die Sinne der Bienen. 583

Die Arbeiten im Stock werden im Dunkeln verrichtet. ... 583

Der Geschmack. 584

Versuche zeigen, dass Bienen den Honig mit dem Geruchssinn finden. 586

Bienen können sich lange erinnern. 588

1. Versuch: Der Geruchsinn ist nicht im Hinterleib, dem Bruststück oder deren Stigmen, oder auf dem Kopfe zu finden. 589

2. Versuch: Das Organ des Geruchs befindet sich bei den Bienen im Munde selbst, oder in den von ihm abhängigen Teilen. 589

3. Versuch: Bienen ist Affafötida nicht unangenehm. ...592

4. Versucht: Obwohl Kampfer sie abstößt, ist die Anziehung des Honigs größer. 592

5. Versuch: Alkohol war abstoßend und tödlich. 593

6. Versuch: Der Geruch des Bienengiftes versetzt Bienen in Unruhe. 594

Kapitel X: Untersuchungen über den Gebrauch der Fühler 599

...bei einigen komplizierten Verrichtungen der Bienen....599

Die Bienen bemerken den Verlust der Königin zunächst nicht. 600

Nach 24 Stunden beginnen die Bienen ihre verlorene Königin zu ersetzen. 601

Die zu Königinnen auserkorenen Larven werden durch Anhäufung von Futterbrei näher zur Mündung gebracht.602

Wie erhalten die Bienen Kenntnis von der Abwesenheit ihrer Königin? 602

Versuche an Bienen über das Erkennen der Abwesenheit der Königin. 604

Versuche über die Amputation der Fühler an Königinnen, Arbeitern und Drohnen. 608

Über das Gehör. 610

Bestätigung der Schirachschen Entdeckung................ 612
Über das Geschlecht der Arbeiter............................. 612
Die Geschichte einiger schwarzer Bienen. 618
Fräulein Jurine... 621
Alle Arbeiter sind weiblich. 624
Hummeln haben eierlegende Arbeiter....................... 628
Arbeiter der Ameisen verhängen sich. 630
Vorwürfe Monticellis an Schirach............................... 632
Schirachs Methode zur Bildung künstlicher Schwärme .. 633

Fotos einer Reproduktion von Hubers Bücherstock ... 643

Fotos der Originaltafeln der Ausgabe von Nouvelles Observation Sur Les Abeilles aus dem Jahre 1814.... 649

Persönliche Aufzeichnungen über Huber von Professor De Candolle 665

Über den Autor.. 677

Erklärungen der Tafeln

Band 1 Tafel I—Bücherstock.................................... 9

Band 1 Tafel I Fig 1—Bücherstock, einzelner Rahmen.10

Band 1 Tafel I Fig 2—Bücherstock, geschlossen.........12

Band 1 Tafel I Fig 3—Bücherstock, teilweise geöffnet. 14

Band 1 Tafel 1 Fig 4—Bücherstock, Schnitt- und Seitenansicht von Fig 1. 16

Band 1 Tafel II Fig 1—Drohnenorgane......................48

Band 1 Tafel II Fig 1—Drohnenorgane (Fortsetzung)..49

Band 1 Tafel II Fig 2—Drohnenorgan, Teil welcher in der Königin verbleibt. 50

Band 1 Tafel II—Drohnenorgane............................54

Band 1 Tafel I Fig 3—Blätterstock, offen. 212

Blätterstock mit Abdeckung. 214

Band 1 Tafel I Fig 2—Blätterstock, mit eingefügten Rahmen um künstliche Schwärme zu erzeugen. 216

Band 2 Tafel I—Stock zur Beobachtung der Wabenbildung. 237

Band 2 Tafel I Fig 1—Konfiguration einer nach unten offenen Zelle..238

Band 2 Tafel I Fig 3—Der Boden einer jeden Zelle ist Teil des Bodens der drei angrenzenden Zellen. 242

Band 2 Tafel I Fig 4— Der Boden einer jeden Zelle ist Teil des Bodens der drei entgegengesetzten Zellen. .243

Band 2 Tafel II Fig 1—Bauchseite einer Arbeiterin mit sichtbaren Plättchen. 260
Band 2 Tafel II Fig 2— Vergrößerte Ansicht des Hinterleibes einer Arbeiterin. 262
Band 2 Tafel II Fig 3—Teilweise ausgedehnter Hinterleib. 263
Band 2 Tafel II Fig 4—Ganz ausgedehnter Hinterleib 264
Band 2 Tafel II Fig 5—Basis eines Hinterleibsringes. ..266
Band 2 Tafel II Fig 7—Wachsblättchen auf schwarzem Tuch als Kontrast. 268
Band 2 Tafel II Fig 8—Sektion der Wachstaschen. 272
Band 2 Tafel II Fig 9—Wachstaschen der unteren Bauchringe. 274
Band 2 Tafel II—Organe der Wachsausscheidung. 276
Band 2 Tafel III stellt die unteren Bauchringe der drei Bienenarten dar; Fig. 1 das Segment der Arbeitsbienen, Fig. 2 das der Königin, Fig. 3 das der Drohne. Fig. 4, 5, 6 sind dieselben von der Seite, um die Neigung der Teile, woraus die Segmente zusammengesetzt sind, zu veranschaulichen. 277
Band 2 Tafel III Figs 1 & 4—Sektionen der Bauchringe (Wachstaschen) der Arbeiterbienen, Vorder- und Seitenansicht. 278
Band 2 Tafel III Fig 2 & 5—Sektion derselben unteren Bauchringe der Königin, Vorder- und Seitenansicht. ..279
Band 2 Tafel III Fig 3 & 6—Sektion desselben unteren Bauchringes der Drohne; Vorder- und Seitenansicht. 280
Band 2 Tafel IV Fig 1—Zähne. 312
Band 2 Tafel IV Fig 2—Einzelner Zahn. 312
Band 2 Tafel IV Fig 3—Zähne (Gegenseite). 312

Band 2 Tafel IV Fig 4—Bein mit Körbchen und Kamm. 314
Band 2 Tafel IV Fig 5—Gegenseite des unteren Teils des Beines von Fig 4, Kamm und Körbchen sichtbar....... 315
Band 2 Tafel IV Fig 6—Oberer Teil des Beines von Fig 4 Kamm oder Bürste sichtbar..................................316
Band 2 Tafel IV—„Werkzeuge" des Wabenbaus........318
Band 2 Tafel IV Fig 7—Wachsblättchen wird zum Mund geführt. 326
Band 2 Tafel IV Fig 8 Wachsblättchen wird mit Vorderfüßen zum Mund geführt. 326
Band 2 Tafel IV Fig 9— Wachsblättchen wird zum Mund geführt. 326
Band 2 Tafel V Fig 1—Zelle auf ihren Boden gestellt. 340
Band 2 Tafel V Fig 2—Der Boden einer Zelle, von vorne. Sie ist an drei andere Zellen angelehnt, a, b, c, deren Böden von hinten sichtbar sind.................................342
Band 2 Tafel V Fig 3—Zwei Pyramidalböden; die Linie (a b) wird nur an einem Punkte berührt.....................343
Band 2 Tafel V Fig 4—Ein neues Wabenstück, an der Decke des Stockes befestigt....................................344
Band 2 Tafel V Fig 4*—Zeigt die Kante der Mündung einer Zelle der ersten Reihe. 345
Band 2 Tafel V Fig 5—Gegenüberliegende Seite der Zellen in Fig. 4. 346
Band 2 Tafel V Fig 6—Boden einer vorderen Zelle der ersten Reihe. 348
Band 2 Tafel V Fig 7—Einige von diesen sind perspektivisch gezeichnet, was die Ansicht der Teile durch das Zurückweichen der Zellen leicht verzerrt, die

Teile der Figur 6 sind in den Figuren 7 und 10 flach und einzeln dargestellt, die Klammern markieren die Verbindung; wir sehen sie so in ihrer geometrischen Form. 350

Band 2 Tafel V Fig 8—Zeigt das Vorspringen des Rhombus über die Line (a, b) durch die beiden spitzen Winkel; der Teil (a c b) ragt über die Aushöhlung hinaus, während der Teil (a d b) darin ist: es ragt also genau die Hälfte des Rhombus, der Länge nach, über; der Rhombus ist seiner kurzen Diagonale nach geneigt, ist aber seiner langen Diagonale nach horizontal. 351

Band 2 Tafel V Fig 9—Der Boden der hinteren Zelle der ersten Reihe, aus zwei Trapezen geformt. 352

Band 2 Tafel V Fig 9*—Dieselben Teile wie in Figur 6 von hinten gesehen, in derselben Stellung wie in Figur 13 (a b). 353

Band 2 Tafel V Fig 10—Teile der oberen Reihe in Einzelansicht ohne Verzerrung. 354

Band 2 Tafel V Fig 11—Vorderansicht der Zellen der ersten Reihe, mit vergrößerten Rohren von oben betrachtet, a b c ist der Boden. 355

Band 2 Tafel V Fig 12—Figuren 12 und 13 zeigen den Boden dreier Zellen, die aneinandergrenzen; Figur 13 zeigt zwei vordere Zellen und Figur 12 eine hintere Zelle zwischen diese beiden eingefügt, b ist die hintere Wand von b und von a. Siehe Figur 9*. 356

Band 2 Tafel V Fig 13—Zwei vordere Zellen 357

Band 2 Tafel V Fig 14—Umkehrung von Fig. 15, Boden der ersten Reihe. 358

Band 2 Tafel V Fig 15—Umkehrung von Fig. 14, Boden der ersten Reihe. 359

Band 2 Tafel V Fig 16—Zwei vordere Zellen der ersten Reihe und eine hintere Zelle der zweiten Reihe (Umkehrung von Fig. 17)..360

Band 2 Tafel V Fig 17—Eine hintere Zelle der ersten Reihe und zwei hintere Zellen der zweiten Reihe (Umkehrung von Fig 16)...362

Band 2 Tafel V Fig 18—Figuren 18 und 19, die zwei Wabenstückchen ohne Schattierungen zeigen, geben uns die Gelegenheit, alle Teile der Böden der Zellen beider Seiten zu vergleichen. 364

Band 2 Tafel V Fig 19— Figuren 18 und 19, die zwei Wabenstückchen ohne Schattierungen zeigen, geben uns die Gelegenheit, alle Teile der Böden der Zellen beider Seiten zu vergleichen. 365

Band 2 Tafel VI—Vergrößerte Einzelheiten der Methoden, wie Zellen sich zusammenfügen............366

Band 2 Tafel VI Fig 1—Schnittansicht von vorne der ersten von drei Zellenreihen.................................368

Band 2 Tafel VI Fig 2—Schnittansicht von hinten der ersten drei Zellenreihen.....................................370

Band 2 Tafel VI Fig 3—Innenseiten der Zwischenwand. 372

Band 2 Tafel VI Fig 4—Eine vordere Zelle der ersten Reihe, von der Gruppe in Figur 3 losgelöst. 374

Band 2 Tafel VI Fig 5—Eine einzelne hintere Zelle derselben Reihe wie in Figur 4............................375

Band 2 Tafel I Fig 5a—Stock zur Beobachtung des Wabenbaus..379

Band 2 Tafel V—Reihenfolge des Wabenbaus..........383

Band 2 Tafel VII—Anheftung der Wabe—Errichtung der Wabengrundlage. 384

Band 2 Tafel VIIA Fig 1—Unvollständige Aushöhlung mit dem Durchmesser einer gewöhnlichen Zelle. 386

Band 2 Tafel VIIA Fig 2— Unvollständige Aushöhlung mit dem Durchmesser einer gewöhnlichen Zelle. Gegenstück zu Figur 1. 388

Band 2 Tafel VIIA Fig 3—Rand der Auskehlung wird von den Bienen in zwei geradlinige Vorsprünge verwandelt. 390

Band 2 Tafel VIIA Fig 4—Zwei parallele seitliche und zwei geneigte Seiten wurden aus dem bogenförmigen Rande geformt. 392

Band 2 Tafel VIIB Fig 1—Wachsblock 394

Band 2 Tafel VIIB Fig 2—Schrägansicht des Blockes. 396

Band 2 Tafel VIIB Fig 3—Zeigt das Verhältnis der beiden Seiten zueinander. 398

Band 2 Tafel VIIB Fig 4—Biene an der vorderen Seite tätig. 400

Band 2 Tafel VIIB Fig 5—An der hinteren Seite tätige Bienen. 402

Band 2 Tafel VIIB Fig 7—Aufhäufung der Wachsbröckchen aus der Aushöhlung. (Hinterseite). 404

Band 2 Tafel VIIB Fig 6— Aufhäufung der Wachsbröckchen aus der Aushöhlung. (Vorderseite). 406

Band 2 Tafel VIIB Fig 8—Zugefügtes Wachs erweitert die Ausdehnung. 408

Band 2 Tafel VIIB Fig 9—Verlängerung der Höhlungen. 410

Band 2 Tafel VIIB Fig 10— Verlängerung der Höhlungen. (Gegenseite von 9). 412

Band 2 Tafel VIIB Fig 11—Vorspringende Ränder 414

Band 2 Tafel VIIB Fig 12—Vorspringende Ränder (Gegenseite zu Fig 11). 416

Band 2 Tafel VIIB Fig 13 & 14—Höhlungen vor der Umgestaltung des oberen Randes in winkelige Rippen, Fig 9 & 10 Seitenansicht. 418

Band 2 Tafel VIIB Fig 15 & 16— Höhlungen vor der Umgestaltung des oberen Randes in winkelige Rippen, Fig 11 & 12 Seitenansicht. 419

Band 2 Tafel VIII—Wabenbau der Bienen................420

Band 2 Tafel VIII Fig 17— Die punktierten Linien bezeichnen hier die Schatten der Rippen auf der gegenüberliegenden Seite (Fig 18)....................422

Band 2 Tafel VIII Fig 18— Die punktierten Linien bezeichnen die Rippen auf der gegenüberliegenden Seite (Fig 17). 424

Band 2 Tafel VIII Fig 19— Die punktierten Linien bezeichnen die Rippen auf der gegenüberliegenden Seite. 426

Band 2 Tafel VIII Fig 19 3/4—Fig 19 in ¾ Ansicht. ...428

Band 2 Tafel VIII Fig 20 3/4—Fig 20 in ¾ Ansicht. ...429

Band 2 Tafel VIII Fig 20— Die punktierten Linien bezeichnen die Rippen auf der gegenüberliegenden Seite. 430

Band 2 Tafel VIII Fig 21—Beginn der zweiten Reihe. 432

Band 2 Tafel VIII Fig 22—Beginn der zweiten Reihe von der anderen Seite als in Fig 21. 434

Band 2 Tafel VIII Fig 23—Vergrößerung vom Beginn der zweiten Reihe....................436

Band 2 Tafel VIII Fig 24—Die Furche im Boden ist geneigt....................443

Band 2 Tafel VIII Fig 25—Teilung der Zellen............444

Band 2 Tafel VIII Fig 26—Vergrößerung der ersten Zelle der zweiten Reihe. 445

Band 2 Tafel VIII Fig 27— Vergrößerung der ersten Zelle der zweiten Reihe (Umkehrung von Fig 26). 446

Band 2 Tafel VIII Fig 28—Zeigt Fig 27 gedreht zur Darstellung der Räumlichkeit. 447

Band 2 Tafel VIII Fig 29—Oberfläche der neuen Wabe. 449

Band 2 Tafel VIII Fig 30—Oberfläche der neuen Wabe, Seitenansicht. 450

Band 2 Tafel VIII Fig 31—Oberfläche der neuen Wabe, Durchsicht. 451

Band 2 Tafel XI Fig 2—Geometrie der Zelle. 461

Band 2 Tafel XII—Geometrie der Zelle.................462

Band 2 Tafel I Fig 5b—Stock zur Beobachtung des Wabenbaus. 469

Band 2 Tafel I Fig 5c—Hubers Stock zur Beobachtung des Wabenbaus (Cheshire)........................471

Band 2 Tafel IX Fig. 2—Leiste mit Waben nach oben und unten, und Abdrücke auf den Leisten zum aufwärts bauen...473

Band 2 Tafel IX Fig. 3.—Leiste mit mehreren angelegten Waben und Anzeichen von Zusammenführung.........476

Band 2 Tafel IX—Einige Abweichungen im Wabenbau. 479

Band 2 Tafel X—Übergangszellen. 494

Band 2 Tafel IX Fig. 1.—Zwei aufsteigende Äste, rechts und links von den Zellen mit flachem Boden auf dem Glas. 498

Band 2 Tafel X Fig 1—Übergangswabe....................500

Band 2 Tafel X Fig 2—Zelle mit zwei Rhomben. 502

Band 2 Tafel X Fig 3—Zelle mit zwei Rhomben. 503

Band 2 Tafel X Fig 4—Zelle mit zwei Rhomben (Umkehrung von Fig 2). 504

Band 2 Tafel X Fig 5—Pyramidenböden durch Zellen mit vierflächigen Böden getrennt................................507

Band 2 Tafel X Fig 6— Pyramidenböden durch Zellen mit vierflächigen Böden getrennt. 508

Band 2 Tafel X Fig 7—An die Seiten angepasste abgeschrägte Böden..509

Band 2 Tafel X Fig 8—Übergang und andere Seite....510

Band 2 Tafel X Fig 9—Durchsicht einer Übergangszelle. 511

Abgebrochene Wabe (aus einem Briefe von Huber an die Revue Internationale d'Apiculture, Mai 1830) 535

Band 2 Tafel XI—Eierstöcke der Arbeiter und die Geometrie einer Zelle..623

Band 2 Tafel XI Fig 1—Eierstöcke der Arbeiter.........625

Die folgenden 7 Aufnahmen von Don Semple zeigen seine Reproduktion von Hubers Bücherstock, die er eigens für dieses Buch gebaut hat. 3 Originale sind zum Vergleich beigefügt. 643

Francis Huber 1750-1831 665

Band I

Vorrede des Autors

Indem ich meine Beobachtungen an den Bienen der Öffentlichkeit übergebe, darf ich es nicht verhehlen, daß ich dieselben nicht mit eigenen Augen angestellt habe. Durch eine Reihe unglücklicher Zufälle war ich in frühester Jugend erblindet, hatte aber bereits die Liebe für die Wissenschaften eingesogen und mit dem Gesichte nicht zugleich auch den Geschmack an denselben verloren. Ich ließ mir die besten Werke über Naturlehre und Naturgeschichte vorlesen und hatte zum Vorlesen einen Diener (Franz Burnens, aus dem Waadt), welcher eine auffällige Teilnahme an allem, was er mir vorlas, an den Tag legte. Aus seinen Bemerkungen über das Gelesene und aus den Schlüssen, die er daraus zog, erkannt ich gar bald, dass er dasselbe eben so gut wie ich selbst verstand und von der Natur mit den Anlagen eines Beobachters ausgestattet war. Er liefert ja nicht das erste Beispiel eines Menschen, der ohne Erziehung, ohne Vermögen und unter den ungünstigsten Verhältnissen von der Natur allein zum Naturforscher berufen wurde. Ich beschloss, sein Talent zu pflegen, um mich seiner eines Tages zu den Beobachtungen zu bedienen, die ich im Sinne hatte. Zu dem Ende ließ ich ihn zunächst einige der einfachsten Versuche aus der Naturlehre nachmachen; er führte sie mit großer Gewandtheit und Einsicht aus und wagte sich bald an schwierigere Aufgaben. Ich besaß damals noch nicht viele Instrumente, aber er wusste sie zu vervollkommnen und anderweitem Gebrauche anzupassen, und im Notfalle fertigte er selbst auch wohl die Maschinen an, deren wir bedurften. Unter diesen verschiedenartigen Beschäftigungen wuchs seine Neigung zu den Wissenschaften bald zu einer wahren Leidenschaft heran, und ich hatte nicht länger Bedenken, ihm mein volles Vertrauen zu schenken, da ich vollkommen überzeugt war, dass ich richtig sehen werde, wenn ich durch seine Augen sähe.

Im Verfolg meiner Lektüre war ich mit Reaumurs ausgezeichneter Abhandlung über die Bienen bekannt geworden. In diesem Werke begegnete ich einem so vortrefflichen Versuchsgange, so sinnreich angestellten Beobachtungen und einer so bündigen Logik, dass ich den Entschluss fasste, diesem ausgezeichneten Schriftsteller ein besonderes Studium zu widmen, um mich und meinen Vorleser in der schweren Kunst der Naturforschung nach seiner Schule zu bilden. Wir beobachteten die Bienen in Glasstöcken, wiederholten sämtliche Versuche Reaumurs und erhielten ganz dieselben Ergebnisse, wenn wir dieselbe Verfahrungsart anwandten. Diese Übereinstimmung unserer Beobachtungen mit den seinigen verursachte mir eine große Freude, weil sie mir den Beweis lieferte, dass ich mich unbedingt auf die Augen meines Zöglings verlassen konnte. Durch dieses erste Gelingen ermutigt, suchten wir durchaus neue Versuche mit den Bienen anzustellen, ersannen verschiedenartig gebaute Stöcke, worauf man bisher noch nicht verfallen war, die aber große Vorteile gewährten, und hatten das Glück, bemerkenswerte Tatsachen zu entdecken, welche selbst einem Swammerdam, Reaumur und Bonnet entgangen waren. Diese Tatsachen eben übergebe ich hiermit der Öffentlichkeit; es findet sich darunter keine einzige, die wir nicht während einer achtjährigen Nachforschung über die Bienen wiederholt beobachtet hätten.

Man macht sich nicht leicht eine klare Vorstellung von der Beharrlichkeit und Geschicklichkeit, womit Burnens all die Versuche, die ich meinen Lesern mitteilen werde, ausgeführt hat. Öfter als einmal hat er sich vierundzwanzig Stunden lang keine Zerstreuung, keine Erholung durch Schlaf oder Speise gestattet, um einige Arbeiterinnen, die wir für fruchtbar hielten, im Auge behalten und sie beim Eierlegen ertappen zu können. Ein andermal, wenn uns daran lag, sämtliche Bienen eines Stockes zu untersuchen, nahm er, weil er bemerkt hatte, dass die Bienen durch das Wasser immer in etwas entstellt wurden, wodurch die Wahrnehmung seiner Unterscheidungsmerkmale, auf deren Feststellung es uns ankam, erschwert werde, seine Zuflucht nicht zu dem so einfachen und bequemen Wasserbade, sondern nahm alle Bienen einzeln zwischen seine Finger und untersuchte sie aufs Sorgfältigste, ohne ihren Zorn zu fürchten. Er hatte sich allerdings eine so große Gewandtheit angeeignet, dass er für gewöhnlich ihre Stiche vermied; indes nicht immer war er so glücklich, aber wenn er auch gestochen wurde, setzte er seine Untersuchungen doch mit der vollkommensten Ruhe fort. Ich machte mir öfter Vorwürfe darüber, dass ich seinen Mut und seine Geduld einer solchen Probe unterwarf; aber er nahm an dem Gelingen unserer Versuche einen so lebhaften Anteil wie ich selbst, und in dem übergroßen Verlangen, ihre Ergebnisse kennen zu lernen, achtete er Mühe, Anstrengungen und die vorübergehenden Schmerzen der Stichwunden nicht. Wenn demnach unsern Entdeckungen einiges Verdienst zuerkannt werden sollte, so muss ich die Ehre mit ihm teilen, und gereicht es mir zum besonderen Vergnügen, ihm diese Anerkennung öffentlich zu Teil werden zu lassen.

    Dies ist die treue Darlegung der Umstände, unter denen ich mich befunden habe. Ich verhehle es mir nicht, dass es mir scherfallen muss, das Vertrauen der Naturforscher zu gewinnen; ich darf mir darum wohl eine Bemerkung gestatten, selbst wenn sich darin ein leichter Zug von Eigenliebe verraten sollte. Ich habe nach und nach meine hauptsächlichen Beobachtungen Herrn C. Bonnet mitgeteilt; er hat sie gut genannt, mich sogar aufgefordert, sie zu veröffentlichen und mir gestattet, sie ihm zu widmen. Dies Zeugnis seines Beifalls ist für mich so ehrenvoll, dass ich mich nicht enthalten konnte, es meinen Lesern mitzuteilen.

Ich verlange nicht, dass man mir aufs Wort glaube; ich werde unsere Versuche und die Vorsichtsmaßregeln, die wir genommen haben, mitteilen und genau das Verfahren, welches wir angewendet haben, angeben, damit alle Beobachter diese Versuche wiederholen können; und wenn sie dann, woran ich nicht zweifle, dieselben Ergebnisse erhalten, so darf ich mich der Hoffnung hingeben, dass der Verlust meines Gesichtes mich nicht gänzlich unfähig gemacht hat, zur Förderung der Naturwissenschaften auch mein Scherflein beizutragen.

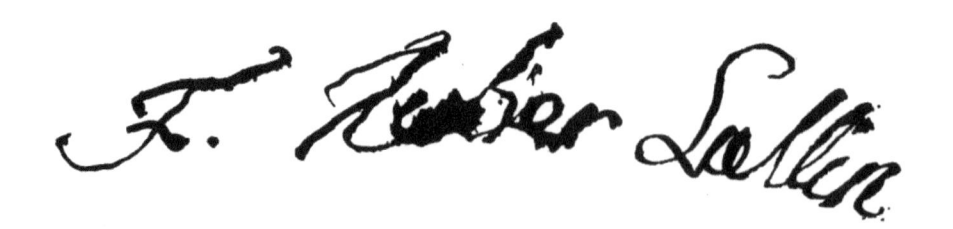

1. Brief—Von der Befruchtung der Königin

Pregny, 13. August 1789

Als ich die Ehre hatte, Ihnen in Genthod meine hauptsächlichsten Versuche an den Bienen mitzuteilen, wünschten Sie, dass ich alle Einzelheiten derselben niederschreiben und sie Ihnen zugehen lassen möchte, damit Sie dieselben mit größerer Aufmerksamkeit prüfen könnten. Ich habe mich deshalb beeilt, nachstehende Beobachtungen aus meinem Tagebuche auszuziehen. Nichts konnte für mich schmeichelhafter sein, als die Teilnahme, welche Sie so freundlich an den Erfolgen meiner Untersuchungen nahmen. Ich darf Sie aber auch wohl an Ihr mir gegebenes Versprechen erinnern, mich auf weiter anzustellende Versuche aufmerksam machen zu wollen.

Beobachtungsstöcke

Nachdem Sie die Bienen lange in Glasstöcken, welche nach dem von Herrn von Reaumur angegebenen Maßstabe angefertigt waren, beobachtet hatten, erkannten Sie, dass ihre Form für den Beobachter nicht die günstigste sei, weil diese Stücke zu tief sind, die Bienen darin zwei gleichlaufende Waben erbauen, und folglich alles was zwischen diesen vorgeht, der Beobachtung entgehen muss. Dieser vollkommen richtigen Bemerkung zufolge rieten Sie den Naturforschern, sich flacherer Stöcke, aber solcherer zu bedienen, deren Glasscheiben so nahe aneinander geschoben wären, dass nur eine Wabe zwischen ihnen Raum finde. Ich bin Ihrem Rate gefolgt, habe mir Stöcke von nur 18 Linien (38mm) Tiefe anfertigen lassen und ohne Mühe Schwärme in dieselben eingeschlagen. Indes darf man es den Bienen nicht überlassen, nur eine Wabe nach der Breite des Stocks anzulegen; denn sie sind von der Natur angewiesen, nebeneinander laufende Waben zu bauen, und von diesem Gesetze weichen sie nicht ab, wenn man sie nicht durch eine besondere Vorkehrung dazu zwingt. Ließe man sie deshalb in unseren schmalen Stöcken gewähren, so würden sie, da sie keine zwei mit den Breitenwänden gleichlaufende Waben anlegen können, mehrere kleine senkrecht gegen sie gerichtete erbauen, und was zwischen diesen Waben geschieht, würde ebenfalls für den Beobachter verloren gehen. Aus dem Grunde muss man ihnen im Voraus die Waben vorrichten. Ich lasse sie so anlegen, dass ihre Fläche senkrecht gegen den Gesichtskreis steht und ihre beiden Seiten von den Glasscheiben des Stocks 3-4 Linien (3 Linien=6mm. 4 Linien=8.5mm) abstehen. Diese Weite lässt den Bienen hinreichenden Spielraum, nimmt ihnen aber die Möglichkeit, sich übereinander zu lagern und Trauben oder zu dichte Haufen auf der Oberfläche der Waben zu bilden. Unter Anwendung dieser Vorsichtsmaßregeln richten sich die Bienen ohne Widerstreben selbst in so flachen Stöcken ein, verrichten ihre Arbeit mit demselben Eifer und derselben Ordnung, und da jede Zelle offen vorliegt, sind wir gewiss, dass uns die Bienen keine einzige ihrer Bewegungen verbergen können.

Beschreibung des von F. Huber erfundenen Bienenstockes

Zwang ich die Bienen, in eine Wohnung sich zu finden, worin sie nur eine Wabe bauen konnten, so hatte ich freilich in gewisser Beziehung ihren natürlichen Zustand umgestaltet, und dieser Umstand könnte möglicherweise auch eine größere oder geringere Ausartung ihres Naturtriebes bewirken. Um nun jedem denkbaren Einwurf zu begegnen, ersann ich eine Stockform, die sich, ohne die Vorteile der flachen zu verlieren, weit mehr den gewöhnlichen Stöcken, in denen die Bienen mehrere gleichlaufende Waben bauen, näherte. Ihre Beschreibung möge hier in wenigen Worten Platz finden:

Hubers Beobachtungen der Bienen, Band I

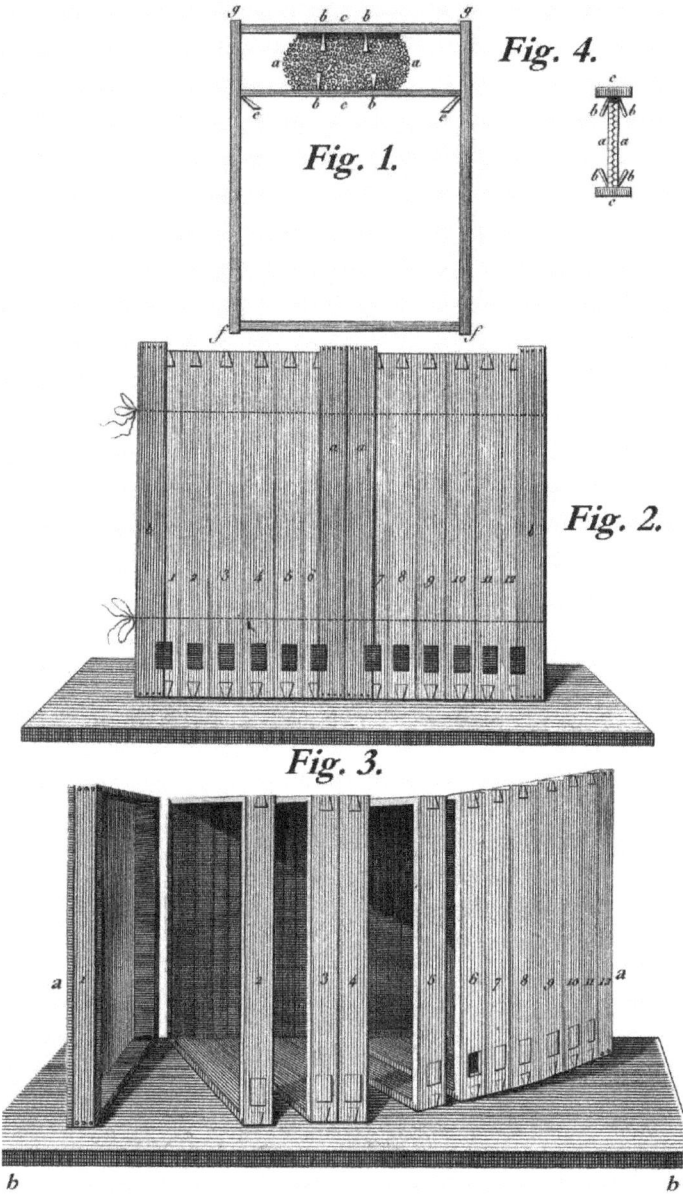

Band 1 Tafel I—Bücherstock.

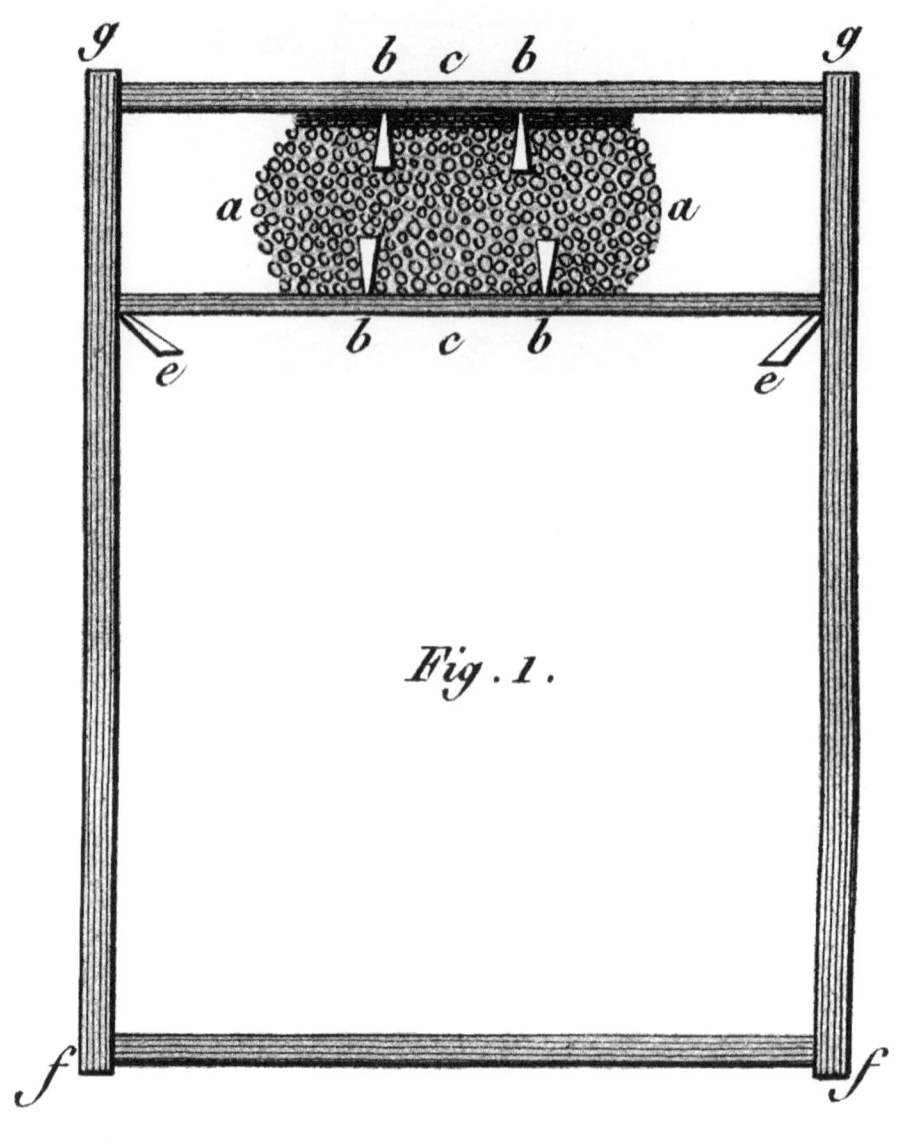

Band 1 Tafel I Fig 1—Bücherstock, einzelner Rahmen.

Band 1 Tafel I. Erklärung.

Der Hubersche Bücherstock, aus 12 Rahmen bestehend.

Fig. 1: Ein einzelner Rahmen. Die Schenkel fg, fg, 12 Zoll (30 cm) hoch; die Querbänder ff, gg, 9 oder 10 Zoll (circa 23 to 25 cm) lang. (Anmerkung des Überschreibers: anderswo beschreibt Huber 'ein Quadratfuß', er scheint sie also in beiden Größen gebaut zu haben); Holzdicke für Schenkel und Bänder 1 Zoll (2.5cm), deren Breite 15 Linien (32mm); letzteres Maß muss genau eingehalten werden.

aa, Wabenstück zur Vorzeichnung des Baus

bb, bb, Pflöckchen, das Wabenstück in gehöriger Richtung mit dem Rahmen zu halten. Auf der gegenüberliegenden Seite befinden sich ebenfalls vier.

d, bewegliche Leiste, die Wabe von unten zu stützen.

ee, Pflöckchen zur Unterstützung der beweglichen Leiste.

12   1. Brief—Von der Befruchtung der Königin

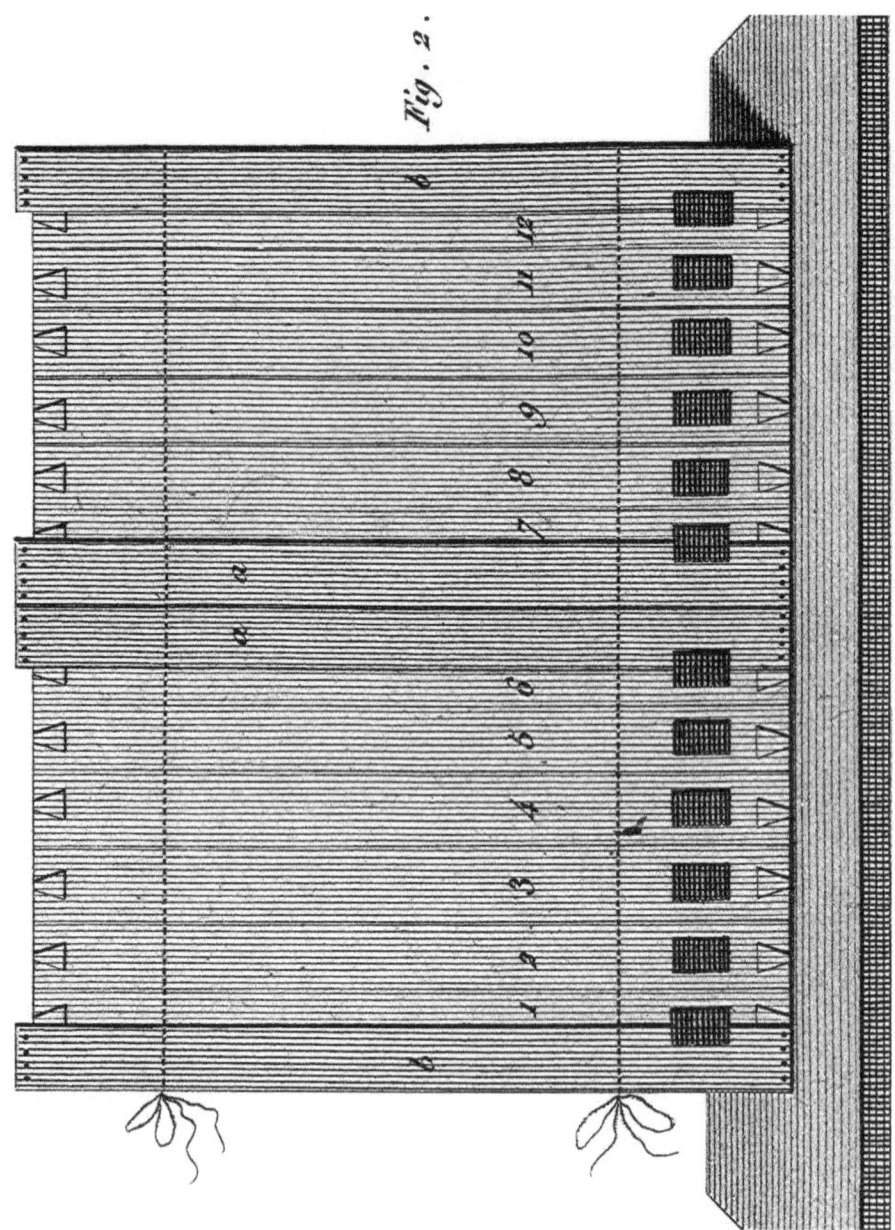

Band 1 Tafel I Fig 2—Bücherstock, geschlossen.

Fig. 2. Ein Bücherstock aus 12 nummerierten Rahmen zusammengesetzt. Zwischen dem 6. und 7. zwei Teilungsbretter, a a, mit Überschlag, zum Gebrauch bei Bildung künstlicher Schwärme.

b b, Schlussbretter mit Überschlag. Jeder Rahmen hat sein eigenes verschließbares Flugloch.

14   1. Brief—Von der Befruchtung der Königin

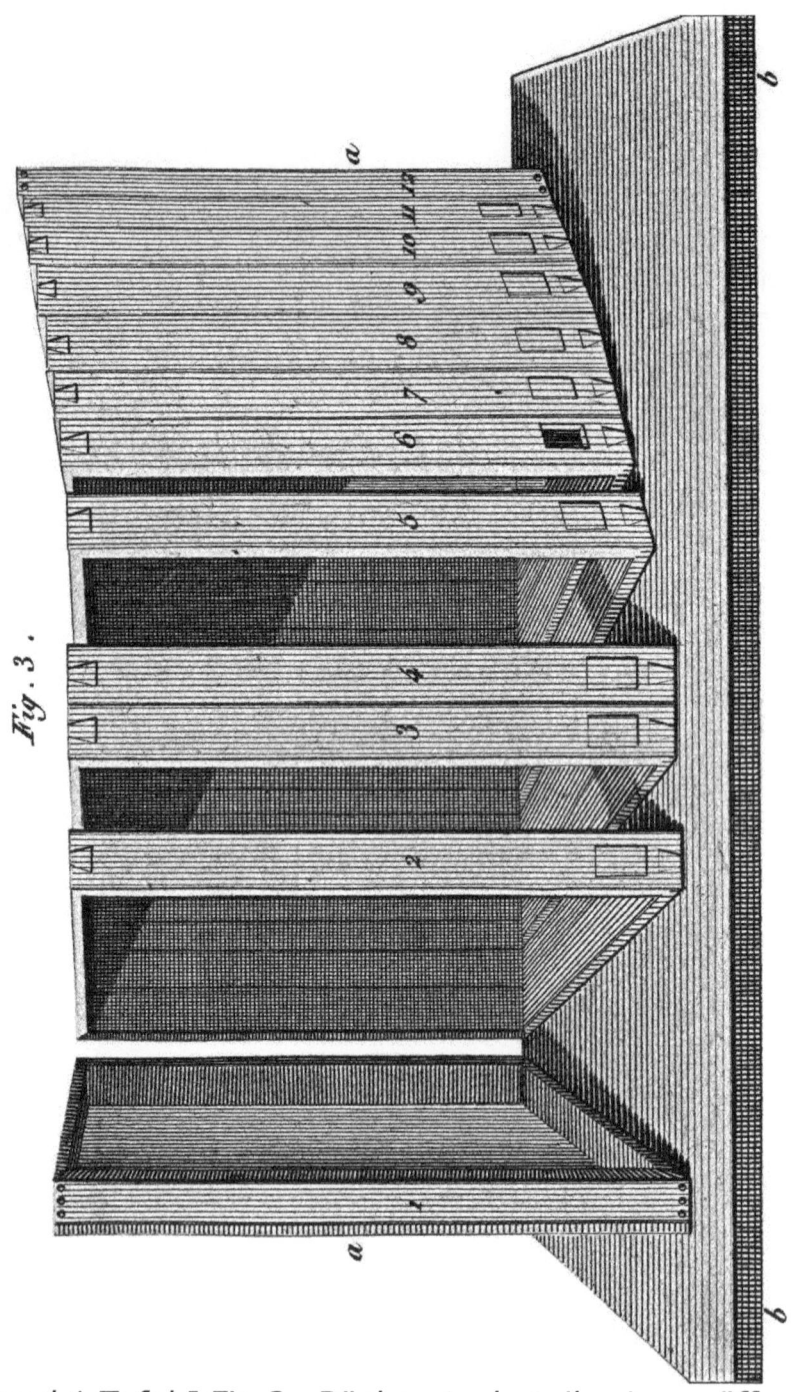

Band 1 Tafel I Fig 3—Bücherstock, teilweise geöffnet.

Figur 3 zeigt den Stock wie ein offenes Buch, zum Teil um zu zeigen, dass die Rahmen, aus denen es gefertigt ist, verbunden werden können, und sich wie die Seiten eines Buches öffnen. a a, sind die Riegel, die sie an deren Enden verschließen.

16 1. Brief—Von der Befruchtung der Königin

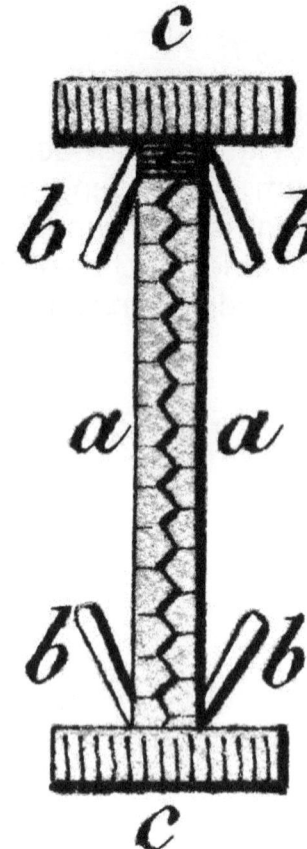

Band 1 Tafel 1 Fig 4—Bücherstock, Schnitt- und Seitenansicht von Fig 1.

Fig. 4 bezeichnet Fig. 1 von einem anderen Gesichtspunkte aus.

a a, ein Wabenstück.

bb, bb, Pflöckchen zur Befestigung desselben.

c c, zwei Querbänder.

Ich ließ mir mehrere tannene Rahmen von einem Fuß Quadrat und 15 Linien (32mm) Holzdicke anfertigen, die sie untereinander durch Gewinde verbinden, so dass sie wie die Blätter eines Buches willkürlich geöffnet und geschlossen werden konnten, und die beiden äußersten Rahmen durch Glasscheiben verschließen, welche gleichsam die Deckel des Buches bildeten. Wollten wir Stöcke von dieser Form anwenden, so befestigten wir vorher Waben in sämtlichen Rahmen und ließen darauf soviel Bienen einlaufen, als wir zu jedem besonderen Versuche für nötig hielten; darauf nahmen wir, indem wir die verschiedenen Rahmen der Reihe nach öffneten, täglich mehrere Male jede Wabe auf beiden Seiten in Augenschein. Es gab also keine einzige Zelle in diesen Stöcken, von der wir uns nicht in jedem Augenblicke von dem, was in ihr vorging, hätten überzeugen können; ja, ich möchte fast sagen, dass sich keine Biene darin befunden hätte, die wir nicht genau kannten. Diese Einrichtung ist im Grunde nichts anderes als eine Zusammenstellung mehrerer flacher Stöcke, die man willkürlich voneinander trennen kann. Ich gebe zu, dass man Bienen in dieser Art Wohnungen nicht eher in Augenschein nehmen darf, als bis sie selbst die Waben in den Rahmen gehörig befestigt haben; ohne diese Vorsicht könnten sie aus den Waben heraus und auf die Bienen fallen, manche derselben quetschen oder verletzen und sie in einer Weise reizen, dass der Beobachter ihren Stichen, die immer unangenehm, mitunter gefährlich sind, sich nicht würde entziehen können. Bald aber gewöhnen sie sich an ihre Lage, werden gewissermaßen zahm, und nach drei Tagen kann man an dem Stocke alle möglichen Verrichtungen vornehmen, ihn öffnen, Waben herausnehmen und andere einstellen, ohne dass die Bienen übergroße Beweise ihre Unzufriedenheit kundgeben. Erinnern Sie sich nur, geehrter Herr, dass ich Ihnen, als Sie mich in meiner Zurückgezogenheit aufsuchten, einen Stock mit dieser Einrichtung, der seit langem als Versuchsstock benutzt war, zeigte, und Sie höchst über die Gelassenheit verwundert waren, mit der die Bienen die Öffnung desselben ertrugen.

Alle meine Beobachtungen habe ich in Stöcken von der angegebenen Form wiederholt, und sie haben ganz dieselben Resultate geliefert, wie in den ganz flachen. Ich glaube deshalb, im Voraus die Eingriffe beseitigt zu haben, die man etwa hinsichtlich der mutmaßlichen Untauglichkeit meiner flachen Stöcke gegen mich erheben könnte. Übrigens bedauere ich es keineswegs, dass ich meine ganze Arbeit nochmal durchgemacht habe; denn indem ich dieselben Beobachtungen mehrere Male wiederholt habe, bin ich umso gewisser, keinem Irrtum unterlegen zu sein, und außerdem habe ich an diesen Stöcken (die ich Buch-oder Blätterstöcke nennen will), manche Vorzüge erkannt, die sie für die praktische Bienenzucht sehr empfehlenswert machen. Ich werde dieselben später, falls Sie es gestatten, ausführlicher beschreiben.

Jetzt komme ich zu dem eigentlichen Gegenstand meines Briefes, zur Befruchtung der Königin.

Anmerkung: Ich kann von meinen Lesern nicht verlangen, dass sie, um das von mir Mitgeteilte besser zu verstehen, die Abhandlungen Reaumurs über die Bienen, wie die der Lausitzer Gesellschaft erst noch einmal wieder durchlesen, wohl aber darf ich Sie bitten, den Auszug, welchen Bonnet in seinen Werken (Th. X der 8° Ausgabe und V der 4° Ausgabe) davon gegeben hat, zur Hand zu nehmen. Sie finden darin einen kurzen und klaren Überblick über alle bis auf den heutigen Tag von den Naturforschern an den Bienen gemachten Entdeckungen.

Meinungen über die Befruchtung der Bienen

Zunächst will ich die verschiedenen Meinungen der Naturforscher über die seltsame Rätselfrage der Befruchtung einer kurzen Prüfung unterwerfen, darauf die hauptsächlichsten Beobachtungen angeben, worauf ich durch Ihre Vermutungen geführt bin, und schließlich die neuen Versuche mitteilen, durch welche ich die Frage gelöst zu haben glaube.

Swammerdams Meinung

Swammerdam, welcher die Bienen mit einer ununterbrochenen Beharrlichkeit beobachtet, aber nie eine wirkliche Paarung zwischen Drohne und Königin wahrgenommen hatte, gewann die Überzeugung, dass die Begattung zur Befruchtung der Eier nicht erforderlich sei; da er aber bemerkte, dass die Drohnen zu gewissen Zeiten einen starken Geruch ausströmten, so dachte er sich, dass eben dieser Geruch eine Ausströmung der *aura seminalis* oder die *aura seminalis* selbst sei, welche den Leib des Weibchens durchdringe und die Befruchtung erwirke. In dieser Annahme sah er sich durch die anatomische Untersuchung der männlichen Geschlechtswerkzeuge bestärkt; er war über das zwischen ihnen und denen der Königin bestehende Missverhältnis dermaßen betroffen, dass er eine Verhängung für unmöglich hielt. Seine Meinung über den Einfluss der Ausdünstungen der Drohnen gewährte noch obendrein den Vorteil, ihre außerordentliche Menge auf eine ungezwungene Weise zu erklären. Sie finden sich öfters zu 1500-2000 in einem Stocke, und nach Swammerdam mussten sie wohl in großer Anzahl vorhanden sein, damit ihre Ausströmung eine zur Befruchtung genügende Stärke oder Kraftfülle gewinne.

Reaumur schon hat diese Annahme durch folgerichtige und bündige Beweisgründe widerlegt, aber doch den einzigen Versuch nicht angestellt, wodurch sie auf eine entscheidende Weise entweder als wahr oder als falsch erwiesen werden konnte. Er hätte sämtliche Drohnen eines Stockes in einem mit feinen, die Ausströmung des Dunstes nicht hindernden, aber die Geschlechtsteile nicht durchlassenden Löchern versehene Büchse sperren, diese Büchse in einem gut bevölkerten, aber sorgfältig aller Männchen, sowohl der großen als auch der kleinen Art, beraubten Stocke bringen und auf das Ergebnis achten müssen. Es ist augenfällig, dass Swammerdams Hypothese an Wahrscheinlichkeit sehr gewinnen musste, wenn die Königin bei einer solchen Vorrichtung fruchtbare Eier gelegt hätte, dagegen ganz über den Haufen geworfen wurde, wenn die Königin entweder gar keine, oder nur taube Eier legte. Wir haben diesen Versuch ganz so, wie ich ihn angegeben, mit aller nur möglichen Vorsicht angestellt, aber die Königin blieb unfruchtbar. Es ist also ausgemacht, dass die Ausströmung des Dunstes der Drohnen zu ihrer Befruchtung nicht ausreicht.

Herrn von Reaumurs Meinung

Reaumur hegte eine andere Meinung; er glaubte, dass die Fruchtbarkeit der Königin die Folge einer wirklichen Paarung sei. Er sperrte einige Drohnen mit einer noch nicht begatteten Königin in eine Streubüchse ein und sah, wie sie an den Männchen manche Buhlkünste versuchte; da er indes keine so innige Vereinigung wahrnahm, die er als eine wirkliche Verhängung hätte betrachten können, erklärte er sich nicht näher und ließ die Frage unentschieden. Wir haben seine Beobachtung wiederholt, zu wiederholten Malen jungfräuliche Königinnen mit Drohnen jedes Alters eingesperrt, den Versuch in allen Jahreszeiten gemacht, sind Zeugen gewesen von dem Entgegen- und Zuvorkommen der Königin gegenüber den Drohnen, haben mitunter selbst eine Art von Vereinigung unter ihnen zu sehen geglaubt, die aber so kurz und unvollständig war, dass nur höchst unwahrscheinlich durch sie eine Befruchtung bewirkt sein konnte. Da wir aber nichts außer Acht lassen wollten, beschlossen wir, die junge Königin, die sich so dem Männchen genähert hatte, in ihrem Stocke einzuschließen und einige Tage lang darauf zu achten, ob sie fruchtbar geworden sei. Wir dehnten ihre Gefangenschaft über Monatsfrist aus, und in dieser ganzen Zeit legte sie kein einziges Ei; sie war also unfruchtbar geblieben. Diese flüchtigen Vereinigungen bewirken also die Befruchtung nicht.

Herrn Debraws Meinung

Sie haben, verehrter Herr, in den *Betrachtungen der Natur* Teil XI. Kapitel XXVII die Beobachtungen des englischen Naturforschers Debraw angeführt. Es scheinen dieselben mit Sorgfalt angestellt zu sein und das Geheimnis der Befruchtung der Königin endlich einmal aufzuhellen. (Siehe Band LXVII der *Transactions Philosophiques*.) Dieser Beobachter entdeckte eines Tages vom Zufall begünstigt am Grunde einiger mit Eiern besetzten Zellen eine weißliche Flüssigkeit, dem Anscheine nach samenhaltig, jedenfalls aber durchaus verschieden von dem Futtersaft, womit die Arbeitsbienen die eben ausgekrochenen Maden zu versehen pflegen. Er war begierig, ihren Ursprung kennen zu lernen, und da er mutmaßte, dass es Tropfen der männlichen Samenfeuchtigkeit seien, so unternahm er es, in einem seiner Stöcke alle Bewegungen der Drohnen zu überwachen, um sie in dem Augenblick zu belauschen, wo sie die Eier benetzen würden. Nach seiner Versicherung brauchte er nicht lange zu warten, um ihrer mehrere zu sehen, welche den hinteren Teil ihres Körpers in die Zellen steckten und ihre Samenflüssigkeit daselbst absetzten. Nachdem er diese erste Beobachtung verschiedentlich wiederholt hatte, stellte er eine längere Reihe von Versuchen an. Er sperrte eine gewisse Anzahl Arbeitsbienen mit einer Königin und einigen Drohnen in Glasglocken ein, gab ihnen Wabenstücke, worin sich Honig, aber keine Brut befand, und sah die Königin Eier legen, welche die Drohnen benetzten und aus denen Maden hervorgingen. Sperrte er hingegen keine Drohnen mit der Königin ein, so legte diese entweder überhaupt nicht, oder nur taube Eier. Er stand nun nicht länger an, es als eine erwiesene Tatsache hinzustellen, dass die Bienenmännchen die Eier der Königin nach Art der Fische und Frösche befruchteten, d. h. außerhalb des Uterus, nachdem sie schon gelegt sind.

Diese Erklärung hatte viel für sich; die Versuche, worauf sie sich gründete, schienen umsichtig angestellt zu sein, und insbesondere erklärte sie völlig befriedigend die übergroße Anzahl der Drohnen in einem Stocke. Leider nur hat der Verfasser einen entscheidenden Umstand gänzlich übersehen. Es kriechen nämlich auch Maden aus, wenn es gar keine Drohnen mehr gibt. Vom September bis zum April haben die Stöcke in der Regel keine Drohnen, aber trotz ihrer Abwesenheit sind die Eier, welche von der Königin in dieser Zwischenzeit gelegt werden, entwicklungsfähig, bedürfen folglich, um fruchtbar zu sein, der Befruchtungsfeuchtigkeit nicht. Soll man etwa annehmen, dass dieselbe ihnen in einer Jahreszeit notwendig, in jeder anderen aber überflüssig ist?

Um inmitten dieser sich augenscheinlich widersprechenden Tatsache hinter die Wahrheit zu kommen, beschloss ich, die Debrawschen Versuche zu wiederholen und mit größerer Vorsicht, als er selbst angewendet zu haben schien, dabei zu verfahren. Zuerst sah ich mich in den mit Eiern besetzten Zellen nach dieser Flüssigkeit um, von der er spricht, und die er für Samentropfen hält. Wir, Burnens und ich, fanden mehrere Zellen, in denen sich wirklich der Schein einer Flüssigkeit zeigte, und ich muss eingestehen, dass wir in den ersten Tagen, an denen wir diese Beobachtungen machten, keinen Zweifel an der Wahrheit dieser Entdeckung in uns aufkommen ließen; bald aber erkannten wir, dass hier eine Täuschung vorliegt, die durch Zurückwerfung der

Lichtstrahlen veranlasst wurde; denn sie konnten diese Spuren einer Flüssigkeit nicht anders wahrnehmen, als wenn die Sonne ihre Strahlen auf den Grund der Zellen fallen ließ. Dieser Grund ist gewöhnlich mit dem Überbleibsel verschiedener Larvenhäutchen überzogen; diese Häutchen sind ziemlich glänzend und geben, wenn sie stark beleuchtet werden, begreiflich einen Widerschein, über den man sich leicht täuschen kann. Wir überzeugten uns davon aufs bestimmteste, indem wir die Sache genau untersuchten. Wir lösten die Zellen, welche diese Erscheinung darboten, ab, zerschnitten sie nach allen Richtungen hin und sahen klar, dass auch nicht die kleinste Spur einer wirklichen Flüssigkeit vorhanden war.

Obgleich diese erste Beobachtung uns schon ein gewisses Misstrauen gegen die Entdeckung Debraw's eingeflößt hatte, wiederholten wir doch seine anderen Versuche mit größter Sorgfalt. Den 6. August 1787 badeten wir ein Volk und untersuchten sämtliche Bienen mit der größten Aufmerksamkeit. Wir überzeugten uns dass keine Drohnen, weder von der großen noch von der kleinen Art darunter war, ebenso nahmen wir alle Waben in Augenschein und versicherten uns, dass weder Puppen noch Maden von Drohnen sich darin befanden. Als die Bienen wieder trocken geworden waren, ließen wir sie mit ihrer Königin wieder in ihre Wohnung einlaufen und stellten den Stock in meinem Arbeitszimmer auf. Da wir wünschten, dass die Bienen ihre Freiheit behalten sollten, sperrten wir sie nicht ein; sie flogen also aus und gingen wie gewöhnlich ihrer Arbeit nach. Um aber gewiss zu sein, dass, solange der Versuch dauerte, keine Drohnen in den Stock sich einschleichen, brachten wir einen Glaskanal am Flugloch an, der nur eben groß genug war, dass zwei Bienen zugleich durchgehen konnten, und behielten diesen Kanal während der fünf Tage, welche dieser Versuch andauern sollte, sorgfältig im Auge. Hätte sich eine Drohne genähert, so würden wir sie unfehlbar bemerkt und augenblicklich beseitigt haben, damit sie das Resultat unseres unternommenen Versuchs nicht unsicher mache. Und wir können dafür einstehen, dass sich auch nicht eine einzige genähert hat. Indes die Königin legte gleich schon am ersten Tage, den 6. August, 14 Eier in die Arbeiterzellen und am 10. August waren sie sämtlich ausgekrochen.

Dieser Versuch ist entscheidend. Weil die Eier, welche die Königin in einem Stocke, in welchem sich keine Drohnen befanden, und in welchen sich auch keine einschleichen konnten, entwicklungsfähig waren, so ist es gewiss, dass sie, um auszuschlüpfen, nicht mit der Samenflüssigkeit der Drohnen benetzt zu werden brauchen.

Ich glaube nicht, dass man gegen diese Schlussfolge eine nur irgend stichhaltige Einwendung wird machen können. Da ich indes gewohnt bin, mir bei allen meinen Versuchen auch die geringfügigsten Bedenken zu vergegenwärtigen, welche man gegen ihre Resultate etwa erheben könnte, so dachte ich mir, dass Debraws Anhänger behaupten dürften, die ihrer Drohnen beraubten Bienen suchten vielleicht diejenigen anderer Stöcke auf, raubten ihnen die befruchtende Flüssigkeit und brächten sie in ihre eigene Wohnung, um sie auf die Eier niederzulegen.

Die Bedeutung dieser Mutmaßung richtig zu würdigen, fiel nicht schwer. Es kam nur darauf an, den vorhergehenden Versuch zu wiederholen, dabei aber die Bienen so genau abzusperren, dass auch nicht eine einzige herauskommen konnte. Es ist bekannt, dass die Bienen 3-4 Monate lang in einem Stocke eingeschlossen gehalten werden können, sobald dieser nur mit Honig und Bau gehörig versehen ist und der Zutritt frischer Luft nicht gehindert wird. Diesen Versuch machte ich am 10.

August; mithilfe des Bades hatte ich mir Gewissheit darüber verschafft, dass es keine Drohnen mehr unter den Bienen gab. Vier Tage lang blieben sie Gefangene im engsten Sinne des Wortes, und nach Verlauf derselben fand ich 40 frisch ausgekrochene Maden im Futtersaft schwimmen. Ich trieb die Sorgfalt soweit, dass ich dies Volk noch einmal badeten, um mich zu überzeugen, dass auch gewiss keine Drohnen meinem Nachsuchen entgangen war; wir untersuchten jede einzelne Biene, und ich bürge dafür, dass auch nicht eine einzige unter ihnen sich befand, die uns ihren Stachel nicht entgegengestreckt hätte. Dies mit dem des ersten Versuchs völlig übereinstimmende Ergebnis bewies, dass die Eier der Königin nicht nach der Absetzung befruchtet werden.

Um die Debrawsche Meinung vollends zu beseitigen, will ich noch nachweisen, was ihn zu dem Irrtum verleitet hat. Bei seinen verschiedenen Versuchen bediente er sich Königinnen, deren Geschichte er nicht von ihrer Geburt an kannte. Sah er die von einer mit Drohnen eingesperrten Königin gelegten Eier auskriechen, so schloss er daraus, dass die Eier von der Samenfeuchtigkeit der Drohnen in den Zellen benetzt seien; sollte dieser Schluss aber richtig sein, so hätte er sich zuvor darüber Gewissheit verschaffen müssen, dass die Königin sich vorher noch nicht begattet habe, und gerade das hat er versäumt. Ohne es zu wissen, hatte er zu diesem Versuch eine Königin verwendet, welche sich bereits gepaart hatte. Hätte er dazu eine unbegattete Königin genommen und sie in dem Augenblicke, in welchem sie aus der königlichen Zelle hervorging, mit Drohnen in seiner Glasglocke eingesperrt, so würde er ein ganz anderes Resultat gewonnen haben. Denn selbst inmitten dieses Drohnenserails würde die junge Königin niemals ein Ei gelegt haben, wie ich im Verlaufe dieses Briefes noch nachweisen werde.

Herrn Hattorfs Meinung

Die Lausitzer Beobachter, Hattorf namentlich, stellten die Behauptung auf, dass die Königin durch sich selbst ohne Mitwirkung der Drohnen fruchtbar sei. Anmerkung: Siehe in Schirachs Geschichte der Bienen eine Abhandlung Hattorfs: Physikalische Untersuchungen über die Frage: Muss die Bienenkönigin von den Drohnen befruchtet werden? Ich gebe hier eine kurze Beschreibung des Versuchs, worauf sie diese Meinung begründeten.

Hattorf nahm eine Königin, an deren Jungfräulichkeit er keinen Zweifel hegen konnte, brachte sie in einen Stock, aus welchem er alle Drohnen der großen und kleinen Art entfernte, und fand nach einigen Tagen Eier und Maden. Er behauptet, dass, solange der Versuch dauerte, keine Drohne sich in den Stock eingeschlichen habe, und da trotz der Abwesenheit derselben die Königin Eier legte, aus denen Maden auskrochen, so folgerte er daraus, dass sie durch sich selbst fruchtbar sei.

Indem ich diesen Versuch in nähere Betrachtung zog, fand ich ihn unzuverlässig. Ich wusste, dass die Drohnen sich sehr leicht von einem Stocke in den anderen begeben, und Hattorf hatte keine Vorkehrungen getroffen, dass in den seinigen sich keine einschleichen konnte. Er sagt zwar, dass keine Drohne hineingekommen sei, gibt aber nicht an, wodurch er darüber Gewissheit erhalten habe; doch wenn er sich auch überzeugt hätte, dass keine Drohne der großen Art Eingang gefunden habe, so blieb es noch möglich, dass eine kleine Drohne seiner Aufmerksamkeit entgangen wäre, sich in den Stock gestohlen und die Königin befruchtet hätte. Um diesen Zweifel aufzuhellen, entschloss ich mich, den Versuch dieses Beobachters ganz so, wie er ihn beschrieben hat, zu wiederholen, ohne größere Sorgfalt oder Vorsicht darauf zu verwenden.

Ich brachte eine unbegattete Königin in einen Stock, aus welchem ich alle Drohnen entfernte, und ließ den Bienen ihre volle Freiheit. Einige Tage nachher untersuchte ich den Stock und fand darin frisch ausgekrochene Maden. Das ist freilich dasselbe Resultat, welches auch Hattorf erzielte; um aber denselben Schluss daraus zu ziehen, musste ich mich unzweifelhaft überzeugen, dass sich auch keine Drohne eingeschlichen habe. Ich musste die Bienen baden und sie einzeln untersuchen. Wir unterzogen uns diesem Verfahren und fanden nach einer aufmerksamen Nachsuchung wirklich auch vier kleine Drohnen. Daraus geht hervor, dass es, um über diese Frage einen entscheidenden Versuch anzustellen, nicht genügt, bei der Zurüstung sämtliche Drohnen zu entfernen, sondern er muss auch durch eine sichere Vorkehrung verhüten, dass sich eine einschleiche, und das gerade hatte der deutsche Beobachter verabsäumt.

Ich nahm mir vor, das Versäumte nachzuholen. Ich nahm eine unbegattete Königin und brachte sie in einen Stock, aus welchem ich sorgfältig alle Drohnen entfernt hatte, und um physisch gewiss zu sein, dass auch keine hineinkommen könne, brachte ich im Flugloch ein Glasröhrchen an, dessen Dimensionen von der Art waren, dass Arbeitsbienen frei hindurchgehen konnte, Drohnen aber selbst von der kleinsten Art durch dasselbe keinen Zugang fanden. So ließen wir den Stock 30 Tage lang; die Arbeiter gingen frei aus und ein und verrichteten ihre gewöhnlichen Arbeiten, aber die Königin blieb unfruchtbar. Am Ende der 30 Tage war ihr Hinterleib noch ebenso schmächtig wie am Tage ihrer Geburt. Ich machte diesen Versuch mehrere Male, der Erfolg war aber immer derselbe.

Weil also eine Königin, die man entschieden von jedem Verkehre mit den Drohnen abschließt, unfruchtbar bleibt, so ist es augenfällig, dass sie nicht durch sich selbst fruchtbar ist. Die Meinung Hattorfs ist folglich unbegründet.

Während ich so durch neue Versuche die Vermutungen aller früheren Beobachter entweder zu berichtigen oder zu beseitigen suchte, hatte ich von neuen Tatsachen Kenntnis genommen. Diese Tatsachen standen aber scheinbar in so entschiedenem Widerspruch miteinander, dass sie die Lösung der Frage noch mehr erschwerten. Als ich mich mit Debraws Hypothese beschäftigte, schloss ich eine Königin in einen Stock und entfernte alle Drohnen; diese Königin wurde fruchtbar. Als ich hingegen die Meinung Hattorfs untersuchte, unterwarf ich eine Königin, deren Jungfräulichkeit ich völlig gewiss war, denselben Verhältnissen und diese blieb unfruchtbar.

Schwierigkeiten, die Art der Begattung zu bestimmen

Durch so viele Schwierigkeiten in Verwirrung gebracht, wollte ich schon diesen Gegenstand der Untersuchung fallen lassen, als ich zuletzt bei genauerem Nachdenken darüber die Überzeugung gewann, dass diese anscheinenden Widersprüche aus der Zusammenstellung herrühren möchten, die ich mir zwischen Versuchen zu machen erlaubt hatte, welche mit unbegatteten Königinnen und anderen, welche mit Königinnen angestellt waren, die ich seit ihrer Geburt nicht immer im Auge behalten hatte, und die möglicherweise ohne mein Wissen befruchtet sein konnten. Von diesem Gedanken erfüllt, zeichnete ich mir einen anderen Beobachtungsplan vor; ich wollte nicht mehr mit beliebig aus den Stöcken entnommenen, sondern nur mit entschieden unbegatteten Königinnen, deren Geschichte von mir von ihrer Wiege an bekannt war, experimentieren.

Versuche an der Befruchtung der Bienen

Ich besaß eine sehr große Anzahl von Stöcken; ich entnahm ihnen sämtliche alte Königinnen und setzte an ihrer Stelle junge, deren ich mich im Augenblicke ihrer Geburt bemächtigt hatte. Darauf teilte ich diese Stöcke in zwei Klassen. Aus denen der ersten entfernte ich alle Drohnen der großen und kleinen Art und ließ Glasröhrchen anbringen, die eng genug waren, um jede Drohne abzuhalten, aber auch weit genug, um den Arbeitern freien Ab- und Zuflug zu gestatten. In den Stöcken der zweiten Klasse ließ ich alle Drohnen, die darin sein mochten, schüttete sogar noch neue hinzu, und damit sie nicht abfliegen konnten, gab ich auch diesen Stöcken Glasröhrchen, welche für den Durchgang der Drohnen zu eng waren.

Ich behielt länger als einen Monat und mit großer Spannung diesen im großen angestellten Versuche im Auge und war nicht wenig verwundert, am Ende dieser Zeit alle meine Königinnen gleich unfruchtbar zu finden.

Es steht also durchaus fest, dass Königinnen selbst inmitten eines Drohnenserails unfruchtbar bleiben, wenn man sie in ihrem Stocke gefangen hält. Dieses Resultat führte mich auf die Vermutung, dass die Königinnen im Inneren ihrer Wohnungen nicht befruchtet werden können, und dass sie notwendig dieselben verlassen müssen, um die Gunstbezeugungen der Drohnen entgegennehmen zu können. Davon sich durch einen unmittelbaren Versuch zu überzeugen, war leicht. Da es aber von Wichtigkeit ist, will ich umständlich denjenigen mitteilen, den wir am 29. Juni 1788 anstellten.

Es war uns nicht fremd, dass die Drohnen in der schönen Jahreszeit gewöhnlich gerade in der wärmsten Stunde des Tages aus ihren Stöcken hervorkommen. Nun lag aber der Rückschluss nahe, dass die Königinnen, falls sie, um befruchtet zu werden, ausfliegen mussten, dazu instinktgemäß die Flugzeit der Drohnen wählen würden.

1. Brief—Von der Befruchtung der Königin

Wir stellten uns demnach vor einen Stock, dessen unbefruchtete Königin fünf Tage alt war. Es war 11:00 Uhr morgens; die Sonne strahlte seit dem frühen Morgen und die Luft war heiß. Die Drohnen begannen aus einigen Stöcken hervorzukommen. Wir erweiterten jetzt das Flugloch desjenigen, den wir beobachten wollten, und richteten dann unsere ungeteilte Aufmerksamkeit auf dieses Flugloch und die Bienen, welche aus demselben hervorkamen. Zuerst erschienen die Drohnen, welche augenblicklich abflogen, sobald wir ihnen die Freiheit gegeben hatten. Bald darauf erschien auch die junge Königin am Flugloch, flog aber nicht sogleich ab. Wir sahen, wie sie einige Augenblicke lang auf dem Flugbrette sich erging, sich den Hinterleib mit ihren Hinterfüßen strich, und wie Bienen und Drohnen, welche aus dem Stocke kamen, sich nicht um sie kümmerten und sie gar nicht zu beachten schienen. Endlich flog die junge Königin ab. Einige Fuß von ihrem Stocke entfernt, wandte sie sich um, näherte sich ihm wieder, gleichsam um den Ausgangspunkt in näheren Augenschein zu nehmen - man hätte sagen mögen, dass sie diese Vorsicht für nötig erachtete, um ihn bei ihrer Rückkunft wiederzuerkennen - darauf entfernte sie sich von ihm und zog im Fluge horizontale Kreise, etwa in einer Höhe von 12-15 Fuß von der Erde. Darauf verengten wir das Flugloch ihres Stockes wieder, damit sie nicht von uns unbemerkt in denselben zurückkehren konnte, und stellten uns dann in den Mittelpunkt der Kreise, welche sie im Fluge beschrieb, um ihr desto leichter folgen und ihr ganzes Verhalten beobachten zu können. Aber sie verblieb in dieser für die Beobachtung so günstigen Lage nicht lange, sondern erhob sich bald in raschem Fluge über die Tragweite unseres Gesichts. Zugleich nahmen wir unseren Posten vor ihrem Stocke wieder ein und sahen nach Verlauf von 7 Minuten die junge Königin im Flug zurückkehren und vor dem Flugloch einer Wohnung sich niederlassen, die sie zum ersten Mal verlassen hatte. Wir ergriffen sie, um sie zu untersuchen, da wir an ihr aber kein äußeres Zeichen wahrnahmen, was auf eine Befruchtung hindeuten konnte, ließen wir sie wieder in ihre Wohnung einlaufen. Sie verblieb daselbst ungefähr eine Viertelstunde und kam dann von neuem zum Vorschein; nachdem sie sich, wie das erste Mal, geputzt hatte, flog sie ab, fasste den Stock noch einmal ins Auge und erhob sich dann sogleich zu einer solchen Höhe, dass wir sie bald aus dem Gesichte verloren. Ihre zweite Abwesenheit dauerte länger als die erste; erst nach 27 Minuten sahen wir sie zurückkehren und auf dem Flugbrette sich niederlassen. Diesmal fanden wir sie in einem ganz anderen Zustande; der hintere Teil ihres Körpers war mit einem weißen, verdickten und gehärteten Stoffe überzogen, die inneren Ränder der Scham waren damit bedeckt, die Scham selbst stand halb offen, so dass wir deutlich sehen konnten, wie auch die Begattungstasche mit demselben Stoffe angefüllt war. Er glich genau der Flüssigkeit, mit welcher die Samenbläschen der Drohnen angefüllt sind, sowohl nach Farbe als nach Konsistenz.

  Anmerkung: Aus dem folgenden Briefe wird man ersehen, dass dasjenige, was wir für geronnene Samentröpfchen hielten, in der Tat die männliche Rute war, welche bei der Verhängung im Körper des Weibchens zurückbleibt. Diese Entdeckung verdanken wir einem Umstande, den ich weiter unten ausführlich mitteilen werde. Vielleicht hätte ich, um mein Werk nicht in die Länge zu ziehen, meine ersten Beobachtungen über die Befruchtung der Königin ganz unterdrücken und gleich zu den Versuchen übergehen sollen, welche dartun, dass sie von ihrer Verhängung die männliche Rute mit zurückbringt. Aber bei Beobachtungen dieser Art, die ebenso neu als misslich sind, ist es so leicht, sich zu täuschen, und deshalb glaube ich, meinen Lesern einen Dienst zu erweisen, wenn ich ihnen offen die Irrungen mitteile, in die ich gefallen bin. Es liefert dies einen abermaligen Beleg für die Verpflichtung des Beobachters, seine Versuche wieder zu wiederholen, um endlich Gewissheit zu erlangen, dass er die Dinge unter ihrem rechten Gesichtspunkte ansieht.

Jetzt bedurften wir eines stärkeren Beweises, als diese Ähnlichkeit uns lieferte, um uns zu der Überzeugung hinzuführen, dass die Flüssigkeit, mit der wir die Königin geschwängert zurückkehren sahen, auch wirklich der männliche Same sei, und diesen Beweis konnten wir nur durch die wirklich erfolgte Befruchtung gewinnen. Wir ließen deshalb die Königin wieder in ihren Stock einlaufen und machten ihr ein weiteres Abfliegen unmöglich. Zwei Tage später öffneten wir den Stock und erhielten den Beweis, dass die Königin fruchtbar geworden war. Ihr Leib war augenfällig dicker geworden, und obendrein hatte sie bereits gegen 100 Eier in Arbeiterzellen gelegt.

Um diese Entdeckung festzustellen, machten wir noch mehrere andere Versuche und erhielten immer dieselben Erfolge. Den folgenden will ich hier noch aus meinem Tagebuch aufnehmen. Am 2. Juli flogen die Drohnen bei sehr schönem Wetter stark. Wir gaben einer Königin, die, weil wir dieselben von ihrem Stocke immer aufs strengste ferngehalten hatten, nie mit Drohnen zusammen gewesen war, die Freiheit. Sie war elf Tage alt und unbezweifelt unbefruchtet. Sie kam gar bald aus ihrem Stocke heraus, und nachdem sie denselben sich gemerkt hatte, flog sie davon. Nach einigen Minuten kehrte sie ohne irgendein Zeichen der Befruchtung zurück; nach einer Viertelstunde flog sie zum zweiten Male ab und zwar so rasch, dass wir sie nur einen Augenblick im Auge behalten konnten; sie blieb eine halbe Stunde aus. Der letzte Ring ihres Leibes klaffte, die Scham war mit demselben weißen Stoffe, den wir schon erwähnt haben, angefüllt. Wir gaben diese Königin ihrem Stocke, von dem wir auch weiter die Drohnen ausschlossen, zurück, und als wir ihn nach zwei Tagen untersuchten, fanden wir die Königin fruchtbar.

Diese Beobachtungen gaben uns Aufschluss darüber, warum Hattorf von den unsrigen so ganz verschiedene

Resultate gewonnen hatte. Er hatte fruchtbare Königinnen in Stöcken ohne Drohnen erhalten und daraus geschlossen, dass ihre Mitwirkung zu Befruchtung nicht erforderlich sei; aber er hatte seinen Königinnen nicht die Möglichkeit genommen, ihre Stöcke verlassen zu können, und diese hatten sie benutzt, um die Drohnen aufzusuchen. Wir hingegen hatten unsere Königinnen mit einer großen Anzahl Drohnen umgeben, und doch waren sie unfruchtbar geblieben, weil die Vorkehrungen, die wir zur Einsperrung der Drohnen getroffen hatten, auch unsere Königinnen verhindern mussten auszufliegen und die Befruchtung, die sie im Stocke nicht erlangen konnte, im Freien zu suchen.

Diese Versuche haben wir mit 20, 25, 30 und 35 Tage alten Königinnen wiederholt. Sie sind alle nach einer einzigen Verhängung fruchtbar geworden. Indes haben wir einige wesentliche Besonderheiten in der Befruchtung derjenigen Königinnen bemerkt, die erst nach ihrem 20. Lebenstage befruchtet wurden; doch wollen wir dieselben erst dann zur Sprache bringen, wenn wir uns durch zuverlässige und öfter wiederholte Beobachtungen der Aufmerksamkeit der Naturforscher versichert sein dürfen.

Nur ein Wort noch möge man mir erlauben. Obgleich wir niemals Augenzeugen einer wirklichen Verhängung zwischen einer Königin und einer Drohne gewesen sind, so sind wir dennoch nach den verschiedenen Erscheinungen, die wir geschildert haben, überzeugt, dass kein Zweifel an der Tatsächlichkeit derselben und ihrer Unerlässlichkeit zur Befruchtung übrig bleiben kann. Die aus unseren mit aller möglichen Vorsicht angestellten Versuchen entlehnte Schlussfolgerung scheint uns beweisend zu sein. Die konstante Unfruchtbarkeit der Königinnen in drohnenlosen Stöcken ebensowohl als in solchen, in denen sie mit Drohnen eingeschlossen waren, der Ausflug dieser

1. Brief—Von der Befruchtung der Königin

Königinnen und die unverkennbaren Zeichen der Paarung, mit denen sie zurückkehrten, sind Beweise, gegen welche keine Einwürfe standhalten. Wir zweifeln nicht, dass wir uns im nächsten Frühling auch die letzte Ergänzung dieses Beweises verschaffen werden, indem wir dann eine Königin im Augenblicke der Verhängung zu erhaschen hoffen.

Die Bienenfreunde sind immer in großer Verlegenheit gewesen, für die große Anzahl der Drohnen, welche sich in den meisten Stöcken befinden und, weil sie keinem Geschäfte sich unterziehen, nur eine Last für die Bienengemeinde zu sein scheinen, einen ausreichenden Grund ausfindig zu machen. Gegenwärtig kann man jedoch bereits die Absicht der Natur ihrer stärkeren Vervielfältigung ahnen; weil die Befruchtung im Inneren der Stöcke nicht vollzogen werden kann, und die Königin in den weiten Luftraum abfliegen und eine Drohne zur Gattung aussuchen muss, so mussten sie wohl in ziemlich beträchtlicher Anzahl vorhanden sein, wenn die Königin darauf sollte rechnen können, eine anzutreffen. Gäbe es in jedem Stocke nur eine oder zwei Drohnen, so dürfte die Wahrscheinlichkeit, dass sie zugleich mit der Königin ausfliegen und mit ihr auf ihren Ausflügen zusammentreffen würden, eine sehr geringe sein, und die meisten Königinnen würden unfruchtbar bleiben.

Warum aber hat die Natur es nicht so eingerichtet, dass die Befruchtung im Inneren des Stockes vollzogen werde? Das ist eben ein Geheimnis, welches sie uns nicht enthüllt hat. Möglich aber ist es, dass irgendein günstiger Umstand uns im Verlaufe unserer Beobachtung auf die rechte Spur bringt. Man könnte wohl verschiedene Vermutungen aufstellen; aber heutzutage begehrt man Tatsachen und gibt nichts auf in den Kauf gegebene Voraussetzungen. Ich will deshalb nur daran erinnern, dass die Bienen nicht die einzigen Insekten sind, welche diese Besonderheit darstellen. Die Ameisenweibchen müssen ebenfalls ihren Haufen verlassen, um durch ihre Männchen befruchtet zu werden.

Ich wage es nicht, geehrter Herr, Sie zu bitten, mir die Bemerkungen mitzuteilen, welche Ihr Scharfsinn über die Ihnen vorgelegten Tatsachen machen wird. Ich kann auf eine solche Gunst noch keinen Anspruch machen. Sollten Sie aber, wie ich daran nicht zweifle, auf andernweit anzustellende Versuche verfallen, gleichviel ob über die Befruchtung der Königin, oder über andere Punkte der Naturgeschichte der Bienen, so erweisen Sie mir die Freundlichkeit, sie mir mitzuteilen; ich werde auf Ihre Ausführung alle mögliche Sorgfalt verwenden und dies Zeugnis Ihres Wohlwollens und Ihrer Teilnahme als die schmeichelhafte Anregung zur Fortsetzung meiner Arbeit betrachten.

Ich bin u.s.w.

Brief Bonnets an Huber über die Bienen

Sie haben mich, geehrter Herr, durch die Mitteilung Ihrer interessanten Entdeckung hinsichtlich der Befruchtung der Königin, angenehm überrascht. Mit der Vermutung, dass sie ihren Stock verlasse, um befruchtet zu werden, sind Sie auf einen glücklichen Gedanken gekommen, und das Mittel, wodurch Sie sich Gewissheit zu verschaffen gesucht haben, war gewiss vollkommen zweckentsprechend.

Ich mache Sie bei dieser Veranlassung darauf aufmerksam, dass auch die Männchen und Weibchen der Ameisen sich in der Luft verhängen, und dass die Weibchen nach der Befruchtung in den Ameisenhaufen zurückkehren und daselbst ihre Eier ablegen. (Siehe Betrachtungen der Natur, Teil XI. Kapitel zwölf, Anm. 1). Es bliebe noch übrig, den Augenblick abzupassen, wo die Drohne sich mit der Königin verhängt; aber wie soll man sich von der Art und Weise überzeugen, wie eine Paarung geschieht, die in der Luft und außerhalb des Gesichtskreises des Beobachters vollzogen wird! Wenn Sie nur zuverlässige Beweise haben, dass die Flüssigkeit, welche die letzten Ringe der Königin bei ihrer Rückkehr in den Stock überzog, mit der der Drohne identisch ist, so ist es schon mehr als eine bloße Mutmaßungen für die Verhängung. Vielleicht ist es zu ihrer Vollziehung erforderlich, dass das Männchen sich unter dem Bauche des Weibchens festklammert, was sich wohl nur in der Luft möchte bewerkstelligen lassen. Die weite Öffnung, welche Sie am Hinterteile der Königin wahrgenommen haben, scheint vollkommen dem außerordentlichen Umfange der männlichen Geschlechtsteile zu entsprechen.

Sie wünschen, verehrter Herr, dass ich Sie auf einige weitere an unseren gewerbstätigen Bienen anzustellende Versuche aufmerksam machen möge. Das tue ich umso bereitwilliger und lieber, da ich Ihre ausgezeichnete Gabe der Ideenkombination kenne und weiß, wie geschickt Sie sind, daraus Resultate zu gewinnen, die uns ungeahnte Wahrheiten erschließen müssen. Ich lasse hier einige solche Versuche folgen, wie sie mir gerade vorschweben.

Herrn Bonnets Vorschläge für Versuche über die Befruchtung der Bienen

Künstliche Befruchtung

Es würde zweckdienlich sein, die künstliche Befruchtung einer jungfräulichen Königin zu versuchen, indem man mit der Spitze eines Pinsels ein wenig männlichen Samen in die Mutterscheide brächte und genügende Vorsichtsmaßregeln anwendete, um jede Täuschung zu verhüten. Sie wissen, wie viel uns künstliche Befruchtungen in mehr als einer Beziehung genützt haben.

Gewissheit, das die zurückkehrende Königin jene ist, die ausgeflogen ist

Um gewiss zu sein, dass die Königin, welche zur Befruchtung ausgeflogen ist, auch dieselbe sei, welche dahin zurückkehrt, um ihre Eier daselbst abzusetzen, dürfte es notwendig sein, ihr Bruststück mit einem der Feuchtigkeit widerstehenden Firnis zu zeichnen. Ebenso sollte man auch eine angemessene Anzahl Arbeiter zeichnen, um die Lebensdauer der Bienen zu bestimmen. Noch leichter würde man zum Ziel kommen, wenn man sie leichthin verstümmelte.

Position des auszubrütenden Eis
　Damit die Made auskriechen könne, ist es nötig, dass ihr Ei fast senkrecht mit einem Ende nahe am Grunde der Zelle befestigt sei; das führt zu der Frage: ist es denn ausgemacht, dass ein Bienenei nur so ausgebrütet werden kann? Ich wage es nicht, mit einem Ja darauf zu antworten und überlasse die Entscheidung dem Versuche.

Sind dies wahrhafte Eier?
　Wie ich Ihnen früher schon sagte, habe ich lange über die eigentliche Natur dieser länglichen Körperchen, welche die Königin auf den Boden der Zelle absetzt, einen Zweifel gehegt; ich war geneigt, sie für Würmchen zu halten, die ihren Entwicklungsgang noch nicht angetreten haben. Ihre so sehr verlängerte Gestalt schien für meine Vermutung zu sprechen; es käme also darauf an, sie vom Augenblicke des Gelegtseins bis zum Auskriechen mit der größten Aufmerksamkeit zu beobachten. Sehe man die Haut sich öffnen und die Made aus der Öffnung herauskriechen, so bliebe keinem Zweifel mehr Raum; diese Körperchen müssten dann wohl wirkliche Eier sein.

Vorschläge zur Beobachtung der tatsächlichen Verhängung
　Ich komme noch einmal auf die Weise zurück, wie die Verhängung geschieht. Die Höhe, zu der sich die Königin und die Drohnen erheben, lässt nicht genau sehen, was zwischen ihnen vorgeht; man müsste deshalb versuchen, den Stock in einem Zimmer aufzustellen, dessen Decke sehr hoch wäre. Auch dürfte es zweckmäßig sein, Reaumurs Versuche zu wiederholen, welcher eine Königin mit mehreren Drohnen in ein Streuglas verschloss; und wenn man statt des Streuglases einen mehrere Zoll weiten und mehrere Fuß hohen Glaszylinder anwendete, gelänge es vielleicht, etwas Entscheidendes wahrzunehmen.

Legende Arbeiterbienen oder kleine Königinnen?

Sie haben das Glück gehabt, kleine Königinnen zu beobachten, von denen Needham schon gesprochen hat, ohne eine gesehen zu haben; es würde viel daran liegen, diese kleinen Königinnen sorgfältig zu zergliedern, um ihre Eierstöcke ausfindig zu machen. Als Herr Riem mir mitteilte, dass er ungefähr 300 Arbeiter in einem Kästchen mit einer Wabe, welche kein einziges Ei enthalten, eingeschlossen und einige Zeit nachher in der Wabe Hunderte von Eiern gefunden habe, die er der Eierlage dieser Arbeiter zuschrieb, empfahl ich ihm angelegentlich, die Arbeiter zu zergliedern; er tat es und schrieb mir, dass er bei dreien unter ihnen Eier gefunden habe. Das waren offenbar kleine Königinnen, die er ohne sie zu kennen zergliedert hatte. Da es kleine Drohnen gibt, ist es nicht auffällig, dass es auch kleine Königinnen gibt, die ihr Entstehen wahrscheinlich denselben äußeren Einwirkungen verdanken.

Diese kleinen Königinnen verdienen vor allem näher ins Auge gefasst zu werden, weil sie bei verschiedenen Versuchen bedeutend einwirken und den Beobachter beirren können. Man müsste sich zunächst darüber Gewissheit verschaffen, ob sie ihre Entwicklung in kleineren glockenförmigen, oder in sechsseitigen Zellen erhalten.

Funktioniert Schirachs Methode mit Eiern?

Schirachs wichtige Entdeckung der angeblichen Verwandlung einer gewöhnlichen Bienenmade in eine königliche kann nicht oft genug geprüft werden, obgleich es von den Lausitzer Beobachtern wiederholt geschehen ist. Aber der Entdecker bemerkt ausdrücklich, dass der Versuch nur mit 3-4 Tage alten Maden, nie aber mit bloßen Eiern gelingt. Ich möchte, dass man sich über die Zuverlässigkeit dieser letzten Behauptung volle Gewissheit verschaffte.

Die Lausitzer Beobachter behaupten, wie auch der Pfälzische, dass die gemeinen Bienen oder die Arbeiter nur Drohneneier legen, wenn man sie mit Waben ohne alle Eier einsperrt: es gäbe demnach kleine Königinnen, welche nur Drohneneier legen; denn es ist doch wohl keinem Zweifel unterworfen, dass diese Eier, die man den Arbeitsbienen zugeschrieben hat, von Königinnen der kleinen Art gelegt sind. Aber wie kann man nur annehmen, dass die Eierstöcke dieser kleinen Königinnen nur Drohneneier enthalten sollten.

Reaumur hat uns gezeigt, dass man den Zustand der Puppen in die Länge ziehen könne, wenn man sie an einem kühlen Orte, etwa in einem Eiskeller, aufbewahrt; es wäre zweckmäßig, wenn man denselben Versuch mit Bieneneiern und Drohnen-und Arbeiterpuppen anstellte.

Auswirkung der Zellengröße auf die Bienengröße?

Ein anderer interessanter Versuch, den ich empfehlen möchte, bestände darin, alle Waben mit Bienenzellen aus einem Stock auszuschneiden und darin nur solche mit Drohnenzellen zu lassen. Daraus würde man schließen können, ob die Eier zu Arbeitsbienen, welche die Königin in die großen Zellen legen müsste, größere Arbeiter liefern würde. Wahrscheinlich aber würde die Entfernung der gemeinen Bienenzellen die Bienen entmutigen, da sie die derselben zur Niederlage für Pollen und Honig bedürfen. Dennoch würde die Königin sich vielleicht, wenn man auch nur einen mehr oder weniger beträchtlichen Teil der Bienenzellen ausschnitte, genötigt sehen, Arbeitereier in Drohnenwachs abzusetzen.

Königinnenmade in einer gemeinen Zelle?

Ebenso möchte ich, dass man mit aller Vorsicht eine Made aus einer königlichen Zelle nehme und in eine gewöhnliche, aber zuvor mit königlichem Futtersaft versehene Zelle zu bringen versuchte.

Optimale Größe und Form der Bienenstöcke?

Die Form der Stöcke übt auf die Anordnung der Waben zueinander einen bedeutenden Einfluss aus. Darin liegt eine genügende Andeutung zu dem Versuche, die Form der Stöcke und ihrer inneren Raumverhältnisse auf alle nur erdenkliche Weise zu vervielfältigen; denn nichts wäre geeigneter, uns über die Art und Weise, wie die Bienen ihre Arbeit umzubilden und den Umständen anzupassen verstehen, aufzuklären.

Auch könnte das zu der Entdeckung neuer Tatsachen führen, von denen wir noch keine Ahnung haben.

Sind Drohnen-, Arbeiter- und Königinneneier unterscheidbar?

Noch hat man nicht sorgfältig genug Königs- und Drohneneier mit denen verglichen, aus welchen gewöhnliche Arbeitsbienen hervorgehen. Es wäre demnach höchst zweckmäßig, diesen Vergleich anzustellen, um Gewissheit darüber zu erhalten, ob die verschiedenen Eier bisher noch unbekannte Merkmale an sich tragen, durch welche sie sich unterscheiden.

Vergabe königlichen Futtersaftes an Arbeiter

Der Futtersaft, womit die Arbeiter die königliche Made ernähren, ist nicht derselbe, den sie den gemeinen Maden reichen; könnte man nicht versuchen, mit der Spitze eines Pinsels ein wenig von dem königlichen Futtersaft auf eine gemeine Made zu übertragen, die in einer gewöhnlichen Zelle von größter Ausdehnung sich befände? Ich habe schon gewöhnliche Bienenzellen gesehen, die fast senkrecht am unteren Wabenrande standen, und in welche die Königin doch gewöhnliche Bieneneier gelegt hatte. Derartigen Zellen würde ich für den vorgeschlagenen Versuch den Vorzug geben.

Zu überprüfende Tatsachen aus Bonnets Buch

In meiner Abhandlung über die Bienen (*Memoires sur les Abeilles*) habe ich verschiedene Tatsachen zusammengestellt, die einer weiteren Prüfung zu unterwerfen sein dürften, ebenso wie meine eigenen Beobachtungen. Sie, verehrter Herr, werden unter diesen Tatsachen diejenigen schon ausfindig machen, welche Ihre Aufmerksamkeit am meisten verdienen; Sie haben die Geschichte der Bienen bereits so sehr bereichert, dass man von Ihrem Scharfblick und Ihrer Ausdauer alles erwarten kann. Die Gesinnungen, die Sie dem Beobachter der Natur eingeflößt haben, sind Ihnen genugsam bekannt.

Genthod, 18. August 1789

2. Brief—Fortsetzung der Beobachtungen über die Befruchtung der Königin

Pregny, 17. August 1791

Die Königin wird durch Verhängung befruchtet, die niemals im Stock stattfindet

Die Versuche, von denen ich Ihnen in meinem vorhergehenden Brief Bericht erstattet habe, waren 1787 und 1788 angestellt. Ich meine, dass durch sie zwei Wahrheiten festgestellt sind, über die man bis jetzt nur sehr schwankende Anzeichen gehabt hatte.

1) Die Königinnen sind nicht durch sich selbst fruchtbar, sie werden es erst nach der Paarung mit einer Drohne.

2) Die Paarung geschieht außerhalb des Stockes, hoch in der Luft.

Diese letzte Tatsache war so außergewöhnlich, dass wir trotz aller gewonnenen Beweise nichts sehnlicher wünschten, als die Königin auf frischer Tat zu ertappen. Da sie sich aber bei diesem Umstande bis zu einer sehr bedeutenden Höhe erhebt, so konnten unsere Augen sie nie erreichen. Damals rieten Sie mir, den jungen Königinnen die Flügel zu stutzen, damit sie nicht zu schnell und so weit abfliegen könnten. Wir versuchten es auf alle Weise, uns Ihren Rat zu Nutze zu machen; aber zu unserem großen Bedauern machten wir die Wahrnehmung, dass, wenn wir die Flügel dieser Insekten stark stutzten, sie gar nicht fliegen konnten, in ihrem raschen Fluge aber nicht gehindert wurden, wenn wir ihnen dieselben nur wenig verkürzten. Wahrscheinlich gibt es zwischen diesen beiden Extremen eine Mitte, nur konnten wir sie nicht erreichen. Auch versuchten wir Ihren Rat, ihr Gesicht zu trüben, indem wir einen Teil ihrer

Augen mit einem dunklen Firnis überzogen. Dieser Versuch blieb ebenfalls erfolglos

Erfolglose Versuche über künstliche Befruchtung

Zuletzt noch versuchten wir, Königinnen künstlich zu befruchten, indem wir männlichen Samen in ihre Geschlechtsteile einbrachten. Wir wandten bei dieser Verrichtung alle nur ersinnliche Vorsicht an, um den Erfolg zu sichern, indes das Resultat war kein befriedigendes. Mehrere Königinnen wurden ein Opfer unserer Neugier; die, welche mit dem Leben davonkamen, blieben nichtsdestoweniger unfruchtbar.

Obgleich diese verschiedenen Versuche fruchtlos geblieben waren, so stand doch so viel fest, dass die Königinnen ihren Stock verlassen, um die Drohnen aufzusuchen, und dass sie mit den unzweifelhaften Zeichen der Befruchtung dahin zurückkehren; mit dieser Entdeckung zufrieden, erhofften wir nur von der Zeit oder dem Zufalle den entscheidenden Beweis einer vor unseren Augen vollzogenen Verhängung. Wir waren weit entfernt, die höchst seltsame Entdeckung auch nur zu ahnen, die wir im Juli dieses Jahres gemacht haben, und welche einen vollständigen Beweis für die vorausgesetzte Paarung liefert.

Anatomische Beobachtungen der Geschlechtsorgane der Bienen

Anm.: Swammerdam, der uns eine Beschreibung des Eierstocks gegeben, hat dieselbe unvollständig gelassen. Er sagt, dass er nicht habe ausfindig machen können, welchen Ausgang der Eigang nehme, noch welche Bestimmung die außerdem beschriebenen daselbst wahrgenommenen Organen haben mochten.

„Welche Mühe ich mir auch gegeben habe, sagt er, (Bibel der Natur) den Ausgang der Scham mit Bestimmtheit zu entdecken, es ist mir nicht gelungen, und zwar einmal, weil ich damals auf dem Lande war und nicht alle meine Instrumente bei mir hatte, dann aber auch, weil ich die Scham nicht aus dem Hinterteile der Königin hervordrücken wollte, aus Furcht, einige andere Teile zu verletzen, an deren gleichzeitiger Untersuchung mir gelegen war. Indes habe ich ziemlich genau gesehen, dass der Eigang da, wo er sich dem letzten hinteren Leibesringe nähert, eine muskelige Ausbauchung bildet, dann wieder enger wird und sich abermals erweitert und häutig wird. Weiter konnte ich ihn nicht verfolgen, weil ich das Giftbläschen, welches eben hier seinen Sitz hat, mit einigen den Stachel in Tätigkeit setzenden Muskeln erhalten wollte. Aber bei einer anderen Königin schien es mir, dass die Scham sich im letzten Ringe unter dem Stachel öffnet, dass es aber schwer fällt, in diese Öffnung einen Einblick zu erhalten, wenn nicht gerade in der Zeit, wo die Königin legt, diese Teile sich erweitern und entfalten."

Wir hatten es versucht, das zu entdecken, was dem unermüdlichen Swammerdam entgangen war. Er hat uns dadurch auf die rechte Fährte gebracht, dass er uns die Zeit der Eierlage als die für diese Untersuchung geeignetste bezeichnete. Wir haben gefunden, dass der Eigang keinen unmittelbaren Ausgang aus dem Körper hat, und die Eier beim Austritt aus demselben in eine Höhlung fielen, wo sie länger oder kürzer verweilten, bis sie durch die Lefzen des letzten Ringes zu Tage kamen.

Am 6. August 1787 nahmen wir eine sehr fruchtbare Königin aus ihrem Stocke; indem wir sie vorsichtig an den Flügeln fassten und sie so hielten, dass die ganze Bauchseite offen vorlag, ergriff sie mit dem mittleren Fußpaare ihre Schwanzspitze, zog sie nach dem Kopfe hin und bildete so einen förmlichen Bogen. Da uns diese Stellung der Eierlage nicht günstig schien, zwangen wir sie mittels eines Strohhalmes, eine naturgemäßere anzunehmen und ihren Bauch wieder gerade zu machen. Von den Eiern gedrängt, konnte sie dieselben nicht länger zurückhalten; wir sahen, wie sie eine Anstrengung machte und ihren Leib verlängerte; der untere Teil des letzten Ringes trennte sich hinlänglich vom oberen, um eine Öffnung zu lassen, durch welche man einen Teil der inneren Bauchhöhle sehen konnte. Wir sahen den Stachel in seiner Scheide im oberen Teile dieser Höhlung. Jetzt machte die Königin eine neue Anstrengung, und wir sahen ein Ei aus dem Eingange hervortreten und in die Höhlung fallen, deren ich erwähnt; darauf schlossen sich die Lefzen und öffneten sich erst nach einigen Augenblicken wieder, wenn auch in geringerem Maße, so doch hinreichend, um das Ei hervortreten zu lassen, welches wir in die Höhlung hatten fallen sehen.

48   2. Brief—Fortsetzung der Befruchtung der Königin

Erklärungen zu Tafel II

Fig. 1. Die Geschlechtsorgane der Drohnen, zur besseren Übersicht auseinander gelegt.

a, der Hinterteil des Körpers; der Oberteil des letzten Ringes.

s, s, die sogenannten Samenbläschen.

d, d, die *vasa deferentia* (vas deferens).

q, q, die Verbindungsstelle der *vasa deferentia* mit dem Samenbläschen.

x, x, die gewundenen Samengänge.

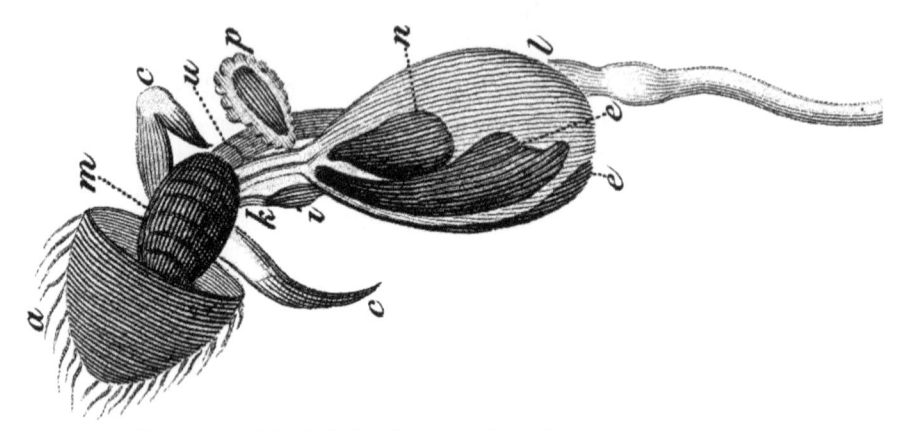

Band 1 Tafel II Fig 1—Drohnenorgane.

t, t, die Hoden.

r, der Samenausführungsgang, *ductus ejaculatoris*, von Swammerdam als Rutenwurzel bezeichnet.

l, die Stelle, wo der Samenausführungsgang sich mit der Linse vereinigt.

li, die Linse.

ie, ie, die beiden größeren Hornschuppen.

n, die kleineren Hornschuppen.

Auf der Oberfläche der Linse, die in dieser Ansicht nicht sichtbar ist, befinden sich ebenfalls zwei Hornschuppen denen ähnlich die hier als ie und n bezeichnet sind; sie befinden sich in ähnlicher Lage.

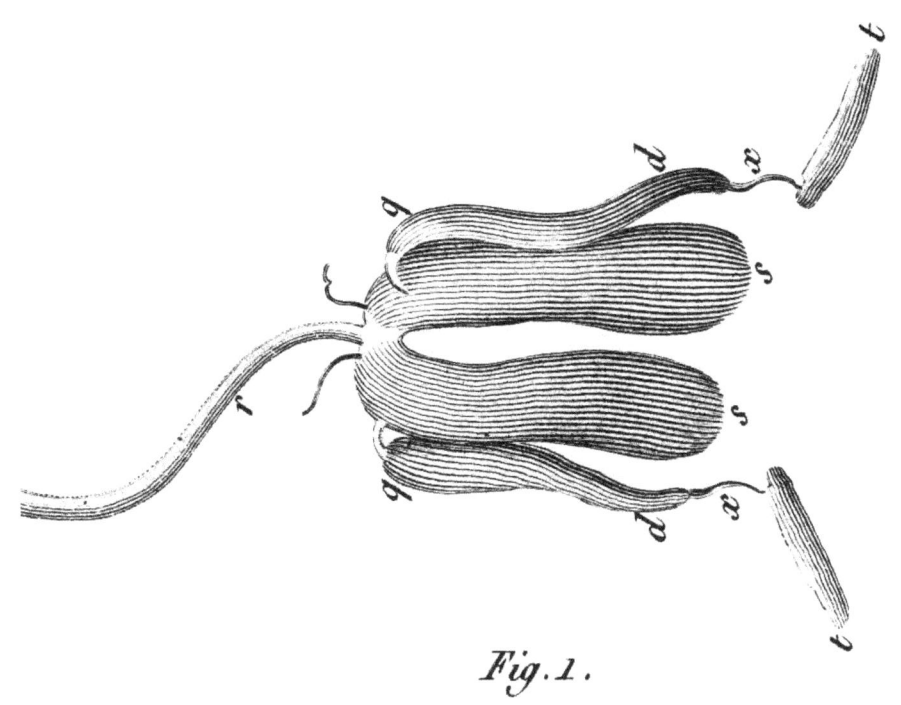

Band 1 Tafel II Fig 1—Drohnenorgane (Fortsetzung).

k, ein häutiger, gefalteter Kanal, welcher vom hinteren Ende der Linse ausgeht.

p, das gefaltete Schlagbrettchen.

u, der Bogen

m, die haarige Maske.

c, c, die beiden Hörnchen; im gewöhnlichen Zustande stärker als bezeichnet gefaltet.

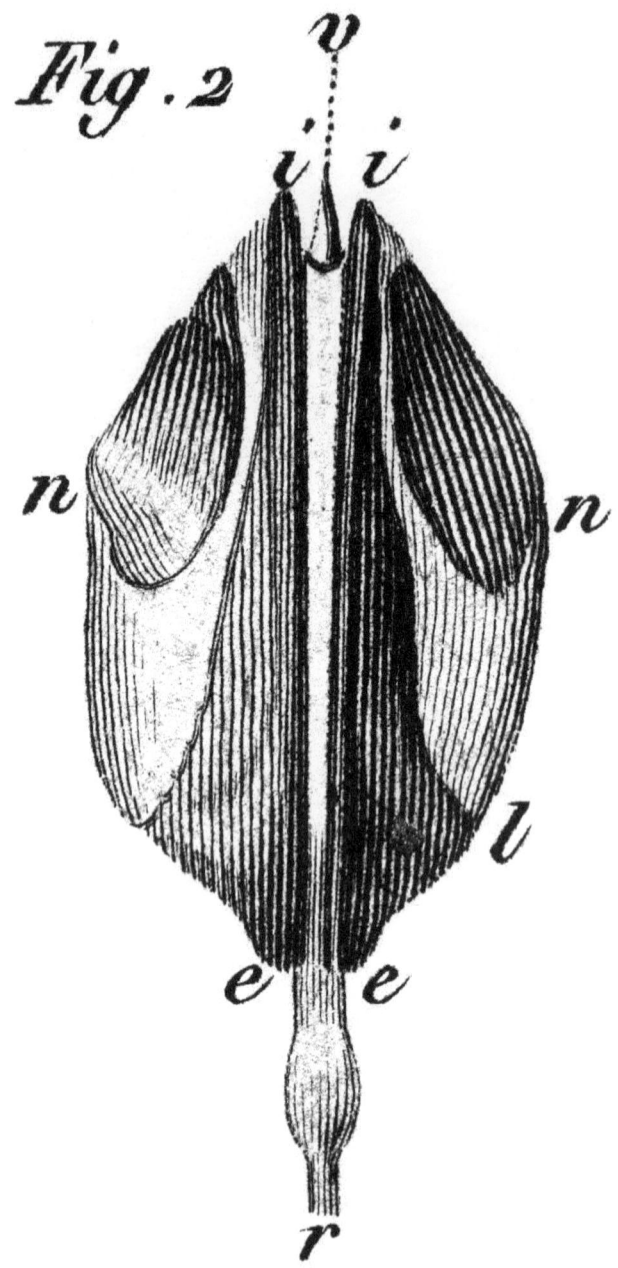

50   2. Brief—Fortsetzung der Befruchtung der Königin

Band 1 Tafel II Fig 2—Drohnenorgan, Teil welcher in der Königin verbleibt.

Fig. 2 Derjenige Rutenteil, welcher nach der Verhängung im hinteren Teile der Königin zurückbleibt, von Reaumur als Linse bezeichnet.

li, die Linse von vorne gesehen; vergrößert.

r, Bruchstück des *ductus ejaculatoris*, der hier nach der Verhängung abreißt.

ie, ie, die zwei großen Hornschuppen.

n, n, die beiden kleineren Hornschuppen.

v, der Teil, den ich als die Rute bezeichne.

Die Männchen verlieren ihre Geschlechtswerkzeuge während der Verhängung

Durch unsere eigenen Beobachtungen wussten wir, dass der Samen der Drohnen gerinnt, sobald er der Luft ausgesetzt ist, und verschiedene Versuche, welche diese Tatsache bestätigten, hatten uns in dieser Beziehung so wenig Zweifel gelassen, dass wir jedes Mal, wenn wir Königinnen mit äußeren Zeichen der Befruchtung zurückkehren sahen, in der weißlichen Masse, womit ihre Scham angefüllt war, männliche Samentropfen zu erkennen glaubten. Wir kamen damals nicht einmal auf den Gedanken, solche Königinnen zu zergliedern, um uns davon bestimmter zu überzeugen. In diesem Jahre aber haben wir, teils, um nichts zu versäumen, teils, um die Entwicklung zu verfolgen, welche nach unserer Ansicht durch den eingespritzten und geronnenen männlichen Samen in den Geschlechtsorganen der Königin bewirkt werden musste, mehrere zergliedert und zu unserer größten Verwunderung gefunden, dass das, was wir für einen Rückstand der Samenflüssigkeit hielten, nichts anderes als ein Teil der männlichen Rute war, der sich bei der Verhängung vom Drohnenkörper trennt und in der Scham der Königin haften bleibt. Ich lasse hier die Einzelheiten dieser Entdeckung folgen.

2. Brief—Fortsetzung der Befruchtung der Königin

Nachdem wir beschlossen hatten, einige Königinnen in dem Augenblicke, in welchem sie mit dem äußeren Zeichen der Befruchtung zu ihrem Stocke zurückkehrten, zu zergliedern, verschafften wir uns nach der Schirachschen Methode mehrere Königinnen und gaben ihnen nach und nach die Freiheit auszufliegen und Drohnen aufzusuchen. Gleich die erste, welche davon Gebrauch machte, wurde, als sie wieder in ihren Stock einlaufen wollte, angehalten und zeigte uns schon ohne Zergliederung, was wir so selig zu erfahren wünschten. Wir hatten sie bei ihren vier Flügeln erfasst und untersuchten die Bauchseite, die sich uns darstellte. Ihre halbgeöffnete Scham ließ das fast längliche runde Ende eines weißen Körpers sehen, der durch seinen Umfang und seine Lage die Lefzen hinderte, sich zu schließen. Der Leib der Königin war in steter Bewegung, wechselweis verlängerte und verkürzte, krümmte und streckte er sich.

Schon schickten wir uns an, ihre Ringe zu durchschneiden und mittels der Sektion den Grund all dieser Bewegungen ausfindig zu machen, als wir die Königin ihren Hinterleib soweit krümmen sahen, dass sie die Spitze desselben mit ihren Hinterfüßen erreichen und mit ihrem Fußhäkchen den weißlichen Körper, welcher sich zwischen ihren Schamlefzen befand und dieselben auseinander hielt, ergreifen konnte. Unverkennbar strengte sie sich an, ihn herauszuziehen; es gelang ihr auch bald und sie übergab ihn unseren Händen. Wir erwarteten einen unförmlichen Haufen geronnener Flüssigkeit zu finden; wie groß war aber unser Erstaunen, als wir wahrnahmen, dass das, was die Königin aus ihrer Scham gezogen, nichts anderes als ein Teil der Drohne war, welche sich mit ihr gepaart hatte. Anfänglich trauten wir unseren Augen nicht; nachdem wir aber jenen Körper nach allen Seiten hin sowohl mit bloßem Auge, als auch mithilfe einer guten Lupe untersucht hatten, erkannten wir aufs klarste, dass es derjenige Teil der Drohne war, den Reaumur den linsenförmigen Körper oder die Linse nennt und dessen Beschreibung wir hier aus seinem Werke aufnehmen. (siehe Neunte Abhandlung über die Bienen S. 489)

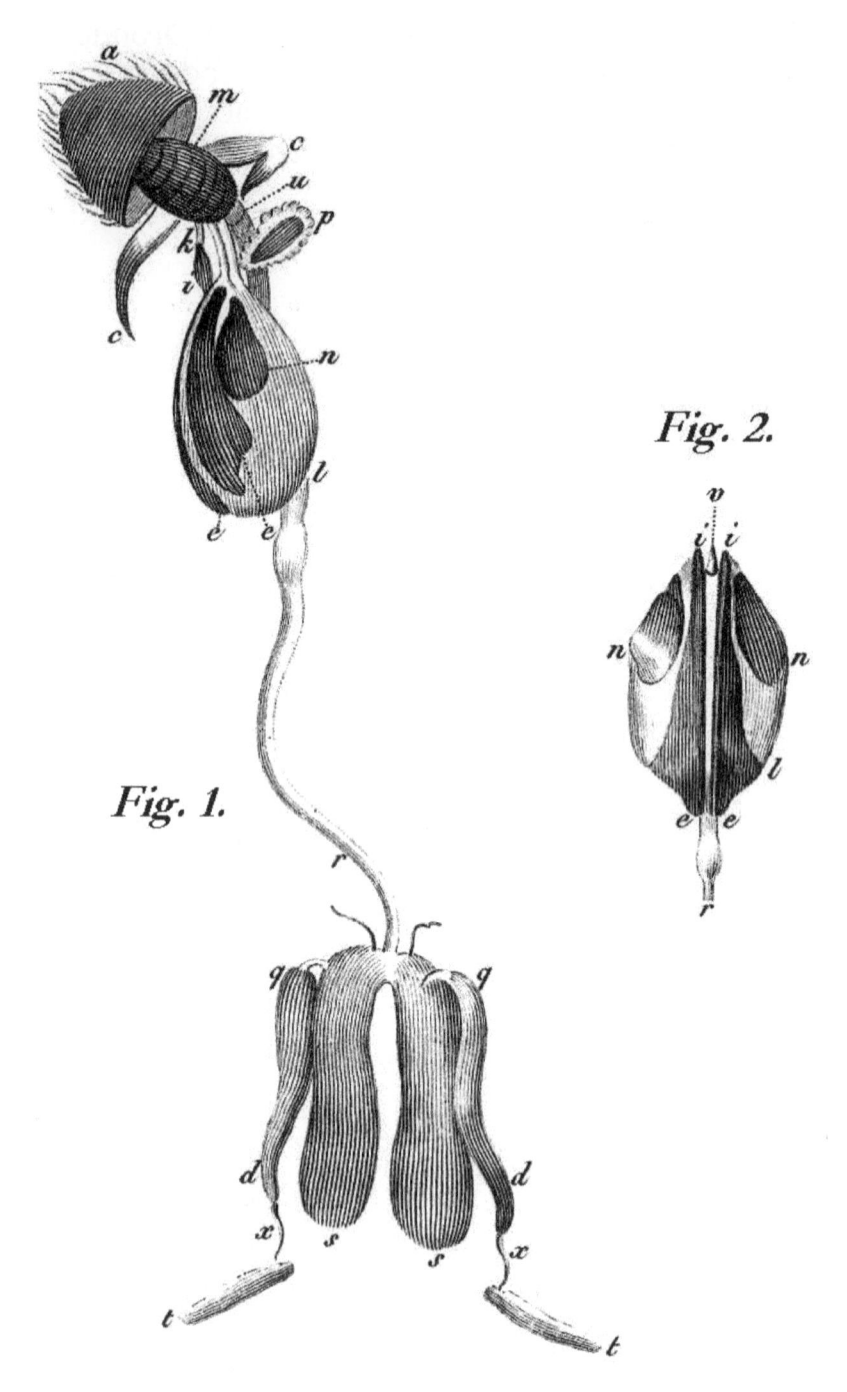

Band 1 Tafel II—Drohnenorgane.

„Wenn man den Körper einer Drohne geöffnet hat, gleichviel ob von oben oder unten, bemerkt man eine aus der Verbindung mehrerer Körperchen gebildete Masse, die oft weißer ist als Milch. Legt man diese Masse auseinander, so findet man sie hauptsächlich aus vier länglichen Körperchen zusammengesetzt; die beiden dicksten dieser Körperchen sind an einer Art gewundener Schnur befestigt, die Swammerdam die Wurzel des Penis genannt hat, (siehe Tafel II. Fig. 1) und die beiden länglichen weißen Körper, die wir soeben betrachtet haben, hat er als Samenbläschen bezeichnet (s s). Zwei andere Körper, länglich wie die vorhergehenden, deren Durchmesser aber kaum die Hälfte der ersteren beträgt, und die viel kürzer sind, nennt derselbe Schriftsteller *vasa deferentia* oder Samengänge, d d. jeder derselben steht mit einem der Samenbläschen in Verbindung an der Stelle qq, wo diese sich mit dem gefundenen Strange r verbinden; von dem anderen Ende jedes dieser Samengänge geht das ziemlich dünne Gefäß x x aus, welches sich nach einigen Windungen mit dem etwas dickeren, aber nur schwer von dem dasselbe umgebenden Luftgefäßen ablösbaren Körper t verbindet. Swammerdam hält diese beiden Körper t t für Hoden. Wir haben also zwei Körper von beträchtlichem Umfange, die mit zwei anderen noch längeren und dickeren Körpern in Verbindung stehen. Diese vier Körper bestehen aus einem zellartigen Gewebe, das mit einer milchigen Flüssigkeit angefüllt ist, die sich durch Druck hervortreiben lässt. Der lange und gwundene Strang klein r, an welchem die beiden größeren, Samenbläschen genannten Körper befestigt sind, ist ohne Zweifel der Gang, aus welchem die milchige Flüssigkeit ausgeführt wird. Nach mehreren Windungen erweitert er sich, oder wenn man lieber will, endet er in einer Blase l i oder fleischigen Sack. Dieser Teil ist bei einigen Drohnen mehr gestreckt, bei anderen mehr abgeplattet. Indem ich ihn den linsenförmigen Körper oder die Linse nenne, gebe ich ihm einen Namen, der ein ziemlich entsprechendes Bild von der Gestalt gibt, welche er regelmäßig bei allen Drohnen hat, deren innere Teile im Weingeiste Konsistenz erhalten haben. *(Anmerkung des Überschreibers: der Ausdruck „Linse" rührt von der gleichnamigen Hülsenfrucht her, der sie in ihrer Form ähnelt)* Man denke sich also unter dem Körper l i eine stark gequollene Linse, deren Umfang etwa zur Hälfte mit den kastanienbraunen Hornschuppen e i, die sich genau der Wölbung derselben anschließen, überdeckt ist. Ein weißes Bändchen, der eigentliche Saum der Linse, bleibt indes sichtbar und scheidet sie voneinander. Die Linse ist etwas länglich, auch wollen wir ihr der bequemeren Bezeichnung wegen zwei Enden beilegen, die wir als das vordere und hintere unterscheiden werden. Das vordere, dem Kopfe zunächst liegende Ende l ist dasjenige, in welches der von den Samenblasen ausgehende Gang r mündet. Das entgegengesetzte, dem After zugekehrte Ende ist das hintere; in der Nähe dieses letzteren nehmen die beiden Hornschuppen e i, e i ihren Ursprung und erweitern sich allmählich, sodass sie einen Teil der Linse überdecken. Da, wo jedes Schüppchen seine größte Breite erhalten hat, hat es einen runden Ausschnitt, wodurch es zwei stumpfe Spitzen von ungleicher Länge erhält, deren längste auf der Wölbung der Linse liegt. Außer diesen beiden Hornschuppen befinden sich noch zwei andere n n von gleicher Farbe, aber schmäler und mindestens um die Hälfte kürzer; sie liegen neben den vorigen und habe mit ihnen den gleichen Ursprung, d.h. am hinteren Ende der Linse. Der übrige Teil der Linse ist weiß und häutig. Ihr hinteres Ende setzt sich in einen ebenfalls weißen und häutigen Kanal k fort, dessen Durchmesser aber schwer anzugeben ist, weil die ihn bildenden Häute augenfällig gestaltet sind. An der einen Seite des Rutenkanals befindet sich ein fleischiges Körperchen p, welches einige Ähnlichkeit mit einem Schlagnetze hat, dessen eine Seite man sich vertieft, die andere erhaben, und dessen Rand man sich gefaltet denken müsste. Unter Umständen schlagen die Fältchen auseinander, und ihre Spitzen springen über den Rand hervor und bilden so einen Strahlenkranz vom lieblichsten Ansehen. Dieser Körper lagert mit seiner vertieften Seite auf der Linse, ist aber nicht mit ihr verwachsen. Swammerdam scheint ihn für den denjenigen Teil gehalten zu haben, der eben das Männchen charakterisiert.

Die Teile, von denen soeben die Rede gewesen, und welche im Körper der Drohne zumeist in die Augen fallen, sind indes keineswegs diejenigen, welche zuerst aus demselben hervortreten, oder hervorgetreten vorzugsweise bemerkbar werden. Fasst man den Kanal k oder den vom hinteren Ende der Linse ausgehenden Blindsack von der dem Rande derselben, welche die beiden großen Hornschuppen trennt, entgegengesetzten Seite ins Auge, so sieht man ganz deutlich den Körper u, den ich den Bogen genannt habe, und den man leicht an den fünf querlaufenden haarigen Leisten von rötlicher Farbe erkennen kann; das übrige ist weiß. Dieser Bogen berührt mit einem Ende beinahe die Linse, mit dem anderen endet er da, wo der häutige Kanal sich den gefalteten und gelblichen Häutchen m anschließt, die eine Art Sack bilden, der dem Rande der Öffnung aufsitzt, welche die Bestimmung hat, den gesamten Zeugungsapparat hervortreten zu lassen. Diese gelblichen Häutchen sind eben diejenigen, welche bei einem Drucke zuerst nach außen hervorstülpen und deren längliche Masse einer Art haarige Maske bildet. Endlich noch finden sich an diesem aus den gelben Häutchen gebildeten Sacke zwei orangegelbe, an den Spitzen rötliche Anhängsel c c, welche als die bekannten Hörnchen nach außen hervorspringen.

Drückt man den Hinterleib der Drohne allmählich immer stärker, so treten nach und nach immer neue Teile hervor, so jedoch, dass ihre Oberfläche, welche im Körper die innere war, jetzt als die äußere erscheint. Es verhält sich damit gerade so wie mit einem Strumpfe, den man überzieht. Befestigte man die Öffnung eines Strumpfes, der übergezogen werden soll, an einem Reifen, und finge man dann oben am Rande an, das Innere des Strumpfes allmählich nach außen zu kehren und zwar so, dass der Hacken und der Fuß zuletzt hervorgingen, so hätte man in diesem Überziehen des Strumpfes ein Bild von der Art, wie sich die Geschlechtswerkzeuge der Drohnen hervorstülpen, wenn sie nach außen hervortreten.

Kennt man ihre innere Lage, so kann man leicht die Reihenfolge bestimmen, in welcher sie hervortreten müssen. Der rötliche Sack, welcher der Öffnung zunächst liegt, muss zuerst erscheinen, und da ein Teil seiner inneren Fläche behaart ist, liefert er die haarige Maske. Darauf müssen sich die Grundflächen der Hörnchen zeigen und der Bogen folgen. Wenn dieser völlig zu Tage liegt, und der Druck vermehrt wird, springt aus seinem Ende auch die Linse und zwar in bedeutend verlängerter Form hervor. Trotz dieser Form ist sie leicht zu erkennen, denn man findet auf der einen Seite die beschriebenen Hornschuppen, und daraus, dass diese jetzt eine konkave Oberfläche darbieten, während die im Körper beobachtete konvex sich darstellt, geht offenbar hervor, dass sie umgestülpt ist."

Die mit den hornigen Schuppen i e, i e besetzte Linse l i ist der einzige der von Reaumur beschriebenen Teile, die wir in der Scheide unserer Königinnen zurückgeblieben gefunden haben.

Der Kanal r, den Swammerdam die *Wurzel des Penis* genannt hat, reißt nach der Verhängung ab; wir haben seine Bruchstücke da gesehen, wo er sich dem vorderen Ende der Linse bei l anschließt; aber von dem aus den gefalteten Häuten gebildeten Kanal k, der von ihrem hinteren Ende ausgeht, konnten wir ebenso wenig wie von dem gefransten Körperchen p, welches demselben anhängt, und welches Swammerdam als Penis bezeichnete, obgleich er selbst nicht glaubte, dass es, weil es ohne Öffnung ist, die Funktion desselben verrichten könne, eine Spur ausfindig machen. Der Kanal k muss also mit seinem ganzen Zubehör bei i, dicht am hinteren Ende der Linse, abreißen und im Körper des Männchens zurückbleiben.

Bei der Sektion einer Drohne nimmt man an der Ursprungsstelle des Kanals r zwei in die Augen springende Nerven wahr, welche in die Samenbläschen einsetzen und sich hier und in der Peniswurzel stark verzweigen.

Nach Swammerdam vermitteln diese Nerven mit ihren Verästelungen gleichzeitig die Bewegung dieser Teile, die Samenergießung und das Wollustgefühl bei der Ergießung.

Neben diesen Nerven bemerkt man noch zwei Bänder, die dazu bestimmt sind, die Geschlechtsorgane in ihrer Lage zu erhalten, so dass man sie, mit Ausnahme der Peniswurzel und der Linse, welche ohne Zwang hervortreten können und bei der Paarung wirklich auch aus dem Körper des Männchen hervortreten, nicht ohne einige Anstrengungen daraus entfernen kann.

Im Körper der Männchen ist der Kanal r keineswegs so gestreckt wie in der Abbildung, sondern windet sich von den Samenbläschen s s an, wo er seinen Anfang nimmt, bis zur Linse, wo er endet und wohin er den Samen führt, mehrere Male. Er kann sich deshalb dehnen, strecken und verlängern soviel und selbst mehr als nötig ist, um aus dem Körper des Männchens herauszutreten und in den des Weibchens einzudringen.

Öffnet man eine Drohne, so überzeugt man sich leicht, dass dem so ist; denn fasst man die Linse und sucht sie aus ihrer Lage zu bringen, so verschwinden die Windungen des Samenausführungsganges und er verlängert sich beträchtlich, will man ihn aber weiter noch ausdehnen, so reißt er bei l, dicht vor der Linse und gerade an der Stelle ab, wo er sich nach der Verhängung lostrennt.

Ein mehr oder weniger starker Druck lässt mehrere der abgebildeten Teile aus dem Drohnenkörper hervortreten; dann aber stülpen sie um, werden gleich einem Handschuh übergezogen und zeigen sich nun von ihrer Innenseite. Swammerdam und Reaumur haben diesen Mechanismus bewundert und auf's genaueste beschrieben. Wie sie haben auch wir eine große Anzahl Drohnen gedrückt, dieses wahrhaft wunderbare Umstülpen sehr oft beobachtet und uns überzeugt, dass es durch Luftdruck bewirkt werden kann. Unmöglich aber können wir annehmen, dass sich die Geschlechtsteile bei der Verhängung von innen nach außen umstülpen, wie es infolge eines ungewöhnlichen Drucks geschieht; denn es hat keine Drohne, die wir gedrückt haben, diese Operation überlebt, und es ist auffällig, dass ein so bemerkenswerter Umstand diesen ausgezeichneten Naturforschern entgangen ist.

Zwar haben wir ebenso gut wie Reaumur Drohnen bemerkt, die, ohne dass wir sie gedrückt hatten, einige jener Teile herausgestülpt hatten; sie waren aber auf der Stelle tot, ohne dieselben, die vielleicht durch irgendwelchen zufälligen Druck hervorgedrängt waren, wieder einziehen gekonnt zu haben.

Noch eine andere Beobachtung beweist, dass die Umstände, von welchen hier die Rede ist, im Wege naturgemäßer Paarung nicht stattfinden. Als wir die Linse, deren sich die Königin in unserer Gegenwart entledigt hatte, untersuchten, sahen wir ganz deutlich, dass sie nicht umgestülpt worden war, weil die Seite, die sie uns zukehrte, dieselbe war, die man im Körper der Drohne zu sehen bekommt, was wir an der Lage ihre vier hornigen Schuppen erkannten, die uns ihre konvexe Seite darboten und die Linse gegen ihr hinteres Ende zudeckten. Im Fall der Umstülpung hätte gerade das Gegenteil eintreten müssen.

Wir vermuteten schon damals, dass diese Schuppen, die nach Reaumur die Bestimmung haben sollen, die Linse zu unterstützen, eine weit wichtigere Aufgabe haben, und die Stelle von Zangen oder Häkchen einnehmen könnten. Die gegenseitige Lage dieser Schuppen, ihre Gestalt, ihre Festigkeit, der Platz, den sie auf der Linse einnehmen, und vor allem die Anstrengungen, welche es unsere Königin gekostet hatte, um sich ihrer zu entledigen, schienen diese Vermutung zu begünstigen, bestätigt wurde sie erst, nachdem wir diese Teile gesehen und ihre Lage im Körper der Königinnen, die wir unserer Neugierde opferten, untersucht hatten. Wir hinderten zu dem Ende einige unserer Königinnen, die von den befruchteten Männchen in deren Körper zurückgelassenen Teile zu verrücken und zu entfernen, und die Sektion überzeugte uns, dass diese Schuppen wirkliche Zangen oder Häkchen waren, wie wir vermutet hatten.

Die Linse befand sich unter dem Stachel der Königin und drückte ihn gegen die obere Gegend des Bauches; sie füllte also die Höhlung der Scham oder die Begattungstasche aus und stützte sich mit ihrem hinteren Ende gegen dasjenige der Scheide oder der Legeröhre. Hier erkannte man die eigentliche Bestimmung dieser Schuppen. Sie waren voneinander getrennt, aber etwas weiter als im Körper der Drohnen. Sie waren unterhalb der Scheidenöffnung eingeklammert und hielten einige Teile gefasst, die wir ihrer Kleinheit wegen nicht zu unterscheiden vermochten; aber die Anstrengung, die es uns kostete, sie zu trennen und die Linse zu entfernen, ließ uns über die Bestimmung dieser Schuppenhäkchen keinen Zweifel.

Die Linsen, wie wir sie im Körper der Drohnen antrafen, erschienen uns beständig von geringerem Umfange, als die in der Scham der Königin vorgefundenen, und wie Reaumur haben auch wir bemerkt, dass sie bei verschiedenen Drohnen nicht gleich stark sind. Einen Teil jedoch haben wir entdeckt, der sowohl ihm, wie auch Swammerdam entgangen ist. Dies neue Organ spielt vermutlich eine Hauptrolle bei der Befruchtung. Wir kommen darauf bei Mitteilung des Versuchs, der uns damit bekannt gemacht hat, zurück.

Versuche, die die Verhängung der Königin beweisen

1. Versuch: Beweis, dass manchmal mehr als ein Begattungsflug notwendig ist.

Am 10. Juli ließen wir drei 4-5 Tage alte jungfräuliche Königinnen nacheinander ausfliegen. Zwei derselben flogen mehrere Male aus, ihre Abwesenheiten waren kurz und erfolglos. Diejenige, die wir zuletzt freigaben, flog dreimal ab; ihre beiden ersten Ausflüge waren kurz, der letzte aber dauerte 35 Minuten. Sie kehrte in einem sehr verschiedenen Zustande zurück, der uns an der Verwendung ihrer Zeit nicht zweifeln ließ; denn ihre klaffende Scham gestattete uns, die Teile zu sehen, welche das Männchen, das sie zur Mutter gemacht hatte, in ihrem Körper zurückgelassen hatte.

Wir fassten sie mit einer Hand an ihren vier Flügeln und nahmen mit der anderen die Linse, welche sie mit ihren Fußklauen aus ihrer Scham hervorzog; das hintere Ende derselben war mit zwei zangenähnlichen Schuppen besetzt. Diese ließen sich voneinander trennen, schlossen sich aber, wenn man sie losließ, wieder aneinander und nahmen ihre frühere Lage wieder ein.

Gegen das vordere Ende der Linse sah man ein Bruchstück der Peniswurzel; dieser Kanal war eine halbe Linie (1mm) von der Linse entfernt abgerissen. Sollte er vielleicht nicht darum an dieser Stelle zerreißbar ein, um die Trennung des Männchens vom Weibchen zu erleichtern? Man möchte es glauben. Wir ließen diese Königin in ihren Stock einlaufen und verschlossen das Flugloch in einer Weise, dass sie ohne unser Wissen nicht ausfliegen konnte.

Am 17. untersuchten wir ihren Stock und fanden keine Eier; die Königin war noch ebenso dünn, als am Tage ihres ersten Ausfluges. Das Männchen, welches sich mit ihr verhängt hatte, hatte sie also nicht befruchtet. Wir gaben ihr noch einmal die Freiheit, sie benutzte dieselbe und brachte nach zwei Ausflügen die Zeichen einer abermaligen Verhängung in ihren Stock zurück. Wir sperrten sie abermals ein, und die Eier, welche sie in der Folge legte, bewiesen, dass die zweite wirksamer als die erste gewesen war, und dass einige Drohnen zur Befruchtung geeigneter sein könnten als andere.

Es ist übrigens selten, dass eine erste Verhängung nicht schon ausreichte. Im Verlauf unserer zahlreichen Versuche sind uns nur zwei Königinnen vorgekommen, die, um fruchtbar zu werden, einer zweiten bedurften, alle anderen sind es gleich nach der ersten geworden.

2. Versuch: Ließ uns glauben, daß die Geschlechtsteile der Drohnen abrissen.

Am 18. ließen wir eine 27 Tage alte Königin frei; sie flog zweimal ab. Ihre zweite Abwesenheit dauerte 28 Minuten, und bei ihrer Rückkehr zum Stock brachte sie die Zeichen der Verhängung mit zurück. Wir ließen sie aber nicht in den Stock einlaufen, sondern setzten sie unter ein Glas, um zu beobachten, wie sie sich der männlichen Rutenteile, die ihre Scheide nicht schließen ließen, entledigen möchte. Sie konnte damit nicht zustande kommen, solange sie nur den Tisch und die glatten Wände des Glases zu Stützpunkten hatte. Wir schoben deshalb ein kleines Wabenstück unter das Glas, um ihr dieselbe Bequemlichkeit zu verschaffen, die sie im Stocke finden konnte, und um zu sehen, ob sie mit dieser Hilfe diejenige der Bienen entbehren könnte. Sie stieg augenblicklich hinauf, klammerte sich mit ihren vier Vorderbeinen an die Zellenränder, darauf streckte sie die hinteren aus, legte sie der Länge nach an ihren Hinterleib und schien diesen zu drücken und zu reiben, indem sie mit denselben von oben nach unten an ihren Seiten herabfuhr; endlich brachte sie die Fußhäkchen in die Öffnung, welche die beiden Schuppen des letzten Ringes zwischen sich ließen, ergriff die Linse und ließ sie auf den Tisch fallen. Wir nahmen dieselbe nun hervor und fanden auch an ihrem hinteren Ende wieder die beiden zangenähnlichen Schuppen, unterhalb derselben und in derselben Richtung befand sich ein zylindrischer grauweißer Körper. Das von der Linse am weitesten abstehende Ende dieses Körpers schien uns merklich dicker zu sein als dasjenige, mit welchem es derselben anhängt. Nach dieser Erweiterung endete er in eine Spitze, die doppelt und wie ein Vogelschnabel geöffnet war, woraus wir schlossen, dass dieser Körper abgerissen sein möchte. Der folgende Versuch unterstützte diese Vermutung.

3. Versuch: Berechtigt zu der Annahme, dass das Geschlechtsglied des Männchens nur ein Anhängsel der Linse sei.

Am 19. gaben wir einer vier Tage alten jungfräulichen Königin die Freiheit; sie flog zweimal aus, der zweite Ausflug dauerte 36 Minuten; sie kehrte von demselben mit den Befruchtungsanzeichen zurück. Wir wünschten die Teile, welche das Männchen in ihrer Scham zurückgelassen hatte, unverletzt zu erhalten, und um das zu erreichen, mussten wir die Königin daran hindern, dieselben beim Herausziehen zu zerreißen. Nachdem wir die Königin möglichst rasch getötet hatten, öffneten wir ihre letzten Ringe, um ihre Scham bloßzulegen. Dadurch, dass wir sie töteten, hatten wir zugleich auch die Bewegung unterbrochen, und diese war in dem Geschlechtsteile eine so kräftige, dass die Linse von selbst ausgestoßen wurde, und der Körper, den wir eben untersuchen wollten, wie das erste Mal abriss. Wir mussten uns deshalb diesen Versuch wiederholen, doch will ich nur die Resultate derjenigen mitteilen, welche uns das fragliche Organ unverletzt überlieferten.

Indem wir die Linse von der Scheidenöffnung, gegen welche sie sich stemmte, ablösten, begegnete es uns wiederholt, dass wir mit ihr einen weißen Körper hervorzogen, der mit einem Ende an ihr festhing, während das andere in den Eingang gedrungen war.

Dieser Körper erschienen an seiner Ursprungsstelle an der Linse zylindrisch, darauf erweiterte er sich, verengte sich dann wieder, um noch einmal wieder und zwar stärker als das erste Mal sich auszudehnen. So bildete er eine Art Eichel, die allmählich ablief und in einer feinen Spitze endete.

Diese Einzelheiten konnten aber mit bloßem Auge nicht wahrgenommen werden; dazu war eine ziemlich starke Lupe erforderlich.

Die Gestalt dieses Körpers und ihre Lage schienen zu der Annahme zu berechtigen, dass es das charakteristische Geschlechtsglied des Männchens sein müsse, von welchem die Linse nur ein Anhängsel bilde. Die letzte Königin jedoch, die uns zur Disposition stand, führte uns auf einen Umstand, wodurch diese Vermutung vernichtet wurde.

4. Versuch: Widerlegte die Annahme des 3. Versuches.

Am 20. ließen wir zwei jungfräuliche Königinnen frei. Die erste war schon an den vorhergehenden Tagen ausgeflogen, aber nicht befruchtet worden. Bei ihrer Zurückkunft ergriffen wir sie; ihre Scheide klaffte, und die Linse zeigte sich zwischen den Lefzen. Wir wollten sie hindern, sich derselben selbst zu entledigen; sie entfernte sie aber mittels ihrer Füße so rasch, dass wir ihr nicht zuvorkommen konnten; wir ließen sie in ihren Stock zurücklaufen.

Die zweite Königin, die wir freigegeben hatten, flog zweimal aus; ihre erste Abwesenheit kurz, wie gewöhnlich, die zweite dauerte ungefähr eine halbe Stunde; sie kehrte befruchtet zurück, und wir ergriffen sie bei ihrer Zurückkunft. Nachdem wir sie getötet hatten, öffneten wir sie rasch und fanden die Linse in derselben Lage wie bei allen Königinnen, die wir bislang beobachtet hatten. Ihre zangenähnlichen Schuppen waren in die Begattungstasche eingedrungen, die stumpfen Spitzen, worin sie auslaufen, schienen unterhalb der Legeröhre festgeklemmt, sie klemmten Teilchen ein, die wir ihrer Kleinheit wegen nicht unterscheiden konnten. Der Widerstand, den wir empfanden, als wir sie zu lösen versuchten, ließ uns nicht daran zweifeln, dass diese Häkchen dazu dienten, das Ende der Linse der Scheidenöffnung zu nähern und es daselbst festzuhalten. Indem durch diese Vorkehrungen, die man auch bei anderen Insekten antrifft, Drohne und Königin nicht eher sich trennen können, als bis sie der Natur ihren Tribut gezollt haben, wird der Erfolg ihrer Verhängung umso mehr gesichert.

Ehe wir in diesen Teilen das mindeste unternahmen, brachten wir sie unter das Mikroskop. Hier trat uns ein Umstand entgegen, der uns bisher entgangen war. Als wir die Linse nach hinten vorzogen, trat aus der Scheide ein kleines Körbchen hervor (siehe Fig. 2 v), welches am hinteren Ende der Linse haftete und sich unterhalb der Hornschuppen befand. Es zog sich von selbst in diese Linse zurück, wie die Hörner einer Schnecke. Dies Körperchen ist sehr kurz, weiß und zylindrisch. Unterhalb der Hornschuppen befand sich ein wenig halb geronnene Samenflüssigkeit im Grunde der Begattungstasche. Indem wir untersuchten, was sonst noch in der Scheide zurückgeblieben sein könnte, fanden wir weiter keinen festen Körper, doch drückten wir reichlich Samen hervor, der fast flüssig war, bald aber gerann und eine weißliche unorganische Masse bildete. Diese mit Sorgfalt angestellte Beobachtung beseitigte alle unsere Zweifel und bewies uns, dass das, was wir für das charakteristische

Begattungsorgan der Drohne gehalten hatten, nichts anderes als der Same selbst war, der im Inneren der Scheide geronnen war und ihre Form angenommen hatte.

Der einzige Teil also, welchen das Männchen die Scheide der Königin eingebracht hatte, war die zylindrische Spitze, welche sich in die Linse zurückzog, als wir diese aus jener freimachten. Ihre Verrichtung, ihre Lage beweisen, dass man hier den Ausgangspunkt für die Samenflüssigkeit suchen muss, wenn man überhaupt hoffen darf, einen solchen außer der Verhängung ausfindig machen zu können.

Wir haben dies neue Organ bei den Drohnen aufgesucht und es gleich bei der ersten, die wir sezierten, aufgefunden. Wenn wir die Samenbläschen (s s, Fig. 1) von oben nach unten drückten, zwangen wir die weiße Flüssigkeit, womit sie angefüllt waren, daraus hervorzutreten und sich in die Peniswurzel r und die Linse l i zu ergießen, welche letztere dadurch sichtbar aufgetrieben wurde. Hinderten wir auch diese Flüssigkeit zurückzufließen, zwangen wir sie, immer weiter vorzudringen, ja, drückten wir selbst auf die Linse, so ergoss sich die Flüssigkeit doch nicht nach außen; dagegen nahmen wir gegen ihr hinteres Ende und unterhalb der Hornschuppen einen kleinen weißen, zylindrischen Körper wahr, welcher die entschiedenste Ähnlichkeit mit demjenigen hatte, den wir in die Scheide unserer Königin vorgedrungen fanden. Hoben wir den Druck auf die Linse auf, so trat dieser Körper in dieselbe zurück, wir sahen ihn aber jedes Mal wieder hervorspringen, wenn wir den Druck erneuerten.

Wenn Sie diesen Brief lesen, bitte ich, einen Blick auf die Figur zu werfen, welche Reaumur über die Geschlechtsorgane der Drohne veröffentlicht hat, und die ich habe kopieren lassen (Band I Tafel II). Die beigegebene Erklärung halte ich für sehr genau, sie gibt eine deutliche Vorstellung von der Lage dieser Teile, wenn man sie im Körper der Drohne beobachtet. Nach dieser Abbildung macht man sich leicht eine Vorstellung von dem Aussehen eben derselben Teile in der Scham der Königin, wenn sie nach der Verhängung darin stecken geblieben sind.

Die Einzelheiten, welche ich hinzugefügt habe, müssen die Vorstellung des Lesers vollends aufklären und die Lage und Gestalt des von mir entdeckten Organs, das als die Rute der männlichen Biene zu betrachten ist, und wovon die Linse nur ein Anhängsel sein kann, feststellen.

Ich zweifle nicht daran, dass die Drohnen nach dem Verluste ihres Geschlechtsapparates ihr Leben verwirkt haben. Indem ich eines Tages die Entdeckung, die den Gegenstand dieses Briefes ausmacht, und über die Unmöglichkeit, ein Zeuge von der in der Luft vollzogenen Verhängung zu werden, nachdachte, glaubte ich, dass ich einen Beweis mehr zu den bereits aufgestellten hinzufügen könnte, wenn ich die Drohne, die eine unserer Königinnen befruchtet, bei ihrer Rückkehr ergreifen könnte. Das konnte ich aber nur dann hoffen, wenn sie nicht sogleich nach der Verhängung dem Tode verfiel, sondern noch Zeit behielt, zu ihrem Stocke zurückzukehren.

Burnens meinte, dass es leicht sein müsste, sie zu erkennen und von denen zu unterscheiden, welche ohne verhängt gewesen zu sein und ohne irgendwelche Verstümmelungen erlitten zu haben, gestorben sind. Er unterzog sich darum dem mühevollen Geschäfte, jede Drohne, die er während der Schwarmperiode in der Nähe unserer Stöcke finden würde, zu untersuchen.

Nach langen und vergeblichen Nachsuchungen fand er endlich einige, die wirklich vor ihren Stöcken gestorben und unverkennbar verstümmelt waren, denn sie hatten diejenigen Teile ihres Begattungsapparates, welche in der Scheide der Königin zurückbleibt, eingebüßt. Die Peniswurzel war nach der Verhängung aus ihren Körpern hervorgetreten, ein 10-12 Linien (21-25 mm) langes Ende dieses Kanals hing aus ihrem Hinterleib hervor und war daselbst eingetrocknet. Kein einziger von denjenigen Teilen, die durch einen Druck hervorgezwängt werden können, war hier noch sichtbar.

Diese mit aller Sorgfalt angestellten Beobachtungen bestätigten meine bereits ausgesprochene Vermutung, dass außer dem Penis und seinem Anhängsel kein anderer Teil weiter bei der Verhängung aus dem Körper der Drohnen hervortritt. Sie bewiesen auch, dass die Drohnen, nachdem sie ihren Begattungsapparat eingebüßt haben, sterben müssen, dass ihr Tod aber kein so rascher sein kann, als man anzunehmen geneigt sein möchte.

Indem sie vor ihrem Stocke sterben, bringen sie ebenso gut, wie die Königinnen, die Beweise ihrer Paarung und einer lange verkannten Wahrheit mit sich zurück.

Aber aus welchem Grunde mag die Natur nur den Drohnen ein so schweres Opfer auferlegt haben? Das ist ein Geheimnis, in welches eindringen zu wollen mir nicht in den Sinn kommen kann. Ich kenne kein Analogon aus der Naturgeschichte der Tiere; da es aber zwei Gattungen von Insekten gibt, deren Verhängung nur in der Luft vollzogen werden kann, die Ephemeren und Ameisen, so wäre der Nachweis interessant, ob auch deren Männchen bei dieser Veranlassung ihre Geschlechtswerkzeuge einbüßen, und ob, wenn es der Fall sein sollte, auch für sie, wie für die Drohnen, Liebe und der Liebesgenuss im Fluge ein Vorspiel des Todes ist.

Genehmigen Sie die Versicherung meiner höchsten Verehrung usw.

Anmerkung vom 29. Mai 1813

Anmerkung: **Die Verhängung der Ephemeren habe ich nicht selbst beobachtet, aber Herr Degers, der Augenzeuge derselben gewesen ist, sagt nichts von einer Verstümmelung ihrer Männchen. Ein so bemerkenswerter Umstand dürfte ihm nicht entgangen sein.**

Die Ameisenmännchen büßen ihre Geschlechtsteile so wenig ein, dass sie sogar mehrere Weibchen hintereinander befruchten können, wovon ich mich durch eigene wiederholte Beobachtungen überzeugt habe.

3. Brief—Königinnen, deren Befruchtung verzögert wird

Pregny, 21. August 1791

Verzögerte Befruchtung verändert die Eierstöcke der Königin so, dass sie nur Drohneneier legt

Ich erwähnte schon in meinem ersten Briefe, dass das Resultat der Befruchtung junger Königinnen, die man erst 25 oder 30 Tage nach ihrer Geburt mit Drohnen zusammenkommen lasse, höchst interessante Besonderheiten darböte. Damals teilte ich Ihnen die Einzelheiten darüber noch nicht mit, weil meine Versuche über diesen Gegenstand zu der Zeit, als ich Ihnen schrieb, noch zu vereinzelt waren. Seitdem habe ich sie so oft wiederholt, und ihre Ergebnisse sind so übereinstimmend gewesen, dass ich kein Bedenken trage, Ihnen die Wirkung einer verspäteten Befruchtung auf die Eierstöcke der Königin als eine zuverlässige Entdeckung mitzuteilen. Verhängt sich eine Königin innerhalb der ersten 15 Tage ihres Lebens mit einer Drohne, so wird sie befähigt, Eier zu Arbeitsbienen und Drohnen zu legen; wird aber ihre Befruchtung bis zum 22. Tage verschoben, so wird ihr Eierstock soweit verderbt, dass sie unfähig wird, Eier zu Arbeitsbienen zu legen; sie kann nur noch Drohneneier legen.

Zum ersten Male erhielt ich Gelegenheit, eine nur Drohneneier legende Königin zu beobachten, als ich mich mit Untersuchungen über die Bildung der Schwärme beschäftigte. Es war im Juni 1787. Ich hatte wahrgenommen, dass bei einem schwarmgerechten Stocke dem Schwarmauszuge eine sehr lebhafte Bewegung vorherging, welche zuerst die Königin ergriff, sich dann den Arbeitern mitteilte und einen so außerordentlichen Aufruhr unter ihnen erregte, dass sie ihre Arbeit verließen und in größter Verwirrung sich aus den Flugblöchern hervordrängten. Ich wusste damals schon, welcher Grund der Aufregung der Königin unterlag (ich werde dies in der Geschichte der Schwärme beschreiben), begriff aber noch nicht, wie diese Verwirrung sich den Arbeitsbienen mitteilte; diese Schwierigkeit verzögerte den Schluss meiner Arbeit. Um sie zu lösen, beschloss ich, durch direkte Versuche ausfindig zu machen, ob sich die Unruhe der Königin jedes Mal, selbst wenn sie außer der Schwarmzeit veranlasst werde, auf gleiche Weise den Arbeitsbienen mitteile. Ich sperrte zu dem Ende eine junge, eben ausgeschlüpfte Königin in ihren Stock ein und machte ihr den Ausflug durch Verengung des Flugloches unmöglich. Ich hielt mich nämlich überzeugt, dass sie, sobald sie das gebieterische Verlangen nach Begattung verspüren würde, alles aufbieten werde, um aus dem Stocke zu entkommen, und dass die Unmöglichkeit, dies zu erwirken, sie in die höchste Verwirrung stürzen müsse. Burnens besaß die Ausdauer, die gefangen gehaltene Königin 35 Tage lang zu beobachten. Jeden Morgen gegen 11:00 Uhr sah er sie, wenn das Wetter schön war, und die Sonne die Drohnen zum Ausfluge reizte, ungestüm die ganze Wohnung durchlaufen, um einen Ausgang ausfindig zu machen; da sie aber keinen fand, versetzten sie ihre erfolglosen Anstrengungen jedes Mal in eine außerordentliche Aufregung, deren Merkmale ich später angeben werde, und deren Anstoß auch das Volk empfand.

Während dieser langen Haft flog die Königin kein einziges Mal aus; sie konnte also auch nicht befruchtet sein. Endlich am 36. Tage gab ich sie frei; sie flog aus und kehrte bald mit den entschiedensten Zeichen der Befruchtung zurück. Mit dem Erfolge dieses zu einem besonderen Zwecke angestellten Versuches zufriedengestellt, dachte ich im Entferntesten nicht daran, dass er mir noch die Kenntnis einer höchst bemerkenswerten Tatsache verschaffen werde. Wie groß war daher meine Überraschung, als ich die Entdeckung machte, dass diese Königin, welche wie gewöhnlich ihre Eierlage 46 Stunden nach ihrer Verhängung anfing, gar keine Eier zu Arbeitsbienen, sondern nur zu Drohnen legte, und auch in der Folge nicht davon abging.

Anfänglich erschöpfte ich mich in Vermutungen über diese auffällige Tatsache; je mehr ich darüber nachsann, desto unerklärliche erschien sie mir. Indem ich sorgfältig die Umstände des mitgeteilten Versuches erwog, traten mir vorzugsweise zwei entgegen, deren Einfluss ich vor allem besonders prüfen zu müssen glaubte. Einmal hatte die Königin eine lange Haft zu bestehen gehabt, dann war ihre Befruchtung außerordentlich verzögert worden. Sie wissen, dass die Königinnen gewöhnlich am fünften oder sechsten Tage nach ihrer Geburt begattet werden, und diese hat sich erst am 36. verhängt. Wenn ich die Einsperrung als einen möglichen Grund dieser Tatsache zulasse, so lege ich auf diese Voraussetzung selbst kein besonderes Gewicht. Im natürlichen Zustande verlassen die Königinnen ihren Stock nur, um wenige Tage nach ihrer Geburt die Drohnen aufzusuchen; während ihres ganzen übrigen Lebens bleiben sie, mit Ausnahme eines Schwarmauszuges, aus freiem Antriebe in demselben eingeschlossen; es war also nicht sehr wahrscheinlich, dass die Gefangenschaft die Wirkung hervorgebracht hatte, die ich zu erklären suchte. Da man aber bei einem so neuen Gegenstande nichts außer Acht lassen darf, so wollte ich zunächst darüber Gewissheit erhalten, ob die eigentümliche Erscheinung, die mir bei der Eierlage dieser Königin entgegengetreten war, der langen Einsperrung, oder der verzögerten Befruchtung zugeschrieben werden musste.

Das war übrigens kein leichtes Unterfangen. Um ausfindig zu machen, ob es die Gefangenschaft der

Königin und nicht die Verzögerung der Befruchtung sei, welche ihren Eierstock entartet habe, hätte man eine Königin den Verkehr mit den Drohnen gestatten und sie dennoch gefangen halten müssen; das ließ sich aber nicht bewerkstelligen, da die Königinnen sich nie im Stocke begatten. Aus demselben Grunde war es aber auch unmöglich, die Paarung einer Königin zu verzögern, ohne sie gefangen zu halten. Diese Schwierigkeit ließ mich längere Zeit unschlüssig; schließlich ersann ich eine Vorrichtung, die, wenn sie auch nicht völlig genügte, meinem Zwecke doch ziemlich entsprach.

Ich nahm eine Königin in dem Augenblicke, in welchem sie in das letzte Stadium ihrer Verwandlung eingetreten war, und brachte sie in einen reich versorgten Stock, der mit einer ausreichenden Zahl Arbeiter und Drohnen bevölkert war. Ich verengte das Flugloch soweit, dass es wohl den Arbeitsbienen, nicht aber der Königin den Durchgang gestattete. Gleichzeitig brachte ich aber auch eine anderweite Öffnung zum Durchgang für die Königin an, steckte eine Glasröhre hinein, die in einen viereckigen Glaskasten mündete, der nach allen Richtungen hin acht Fuß maß. Die Königin konnte jeden Augenblick in diesen Kasten gelangen, darin umherfliegen, sich darin erlustigen und eine bessere Luft atmen, als im Inneren der Stöcke herrscht, und doch konnte sie daselbst nicht befruchtet werden; denn ob obgleich auch Drohnen ebenfalls in diesem Raume umherschwirrten, war er doch zu beschränkt, als dass eine Verhängung zwischen ihnen und der Königin hätte vollzogen werden können. Aus den Versuchen, die ich Ihnen in meinem ersten Brief vorgelegt habe, wissen Sie, dass die Verhängung nur hoch in der Luft vor sich geht. Ich fand demnach in der bezeichneten Vorrichtung den Vorteil, die Befruchtung zu verzögern und der Königin zugleich Freiheit genug zu lassen, um den Zustand, in welchen sie hineingezwängt war, nicht zu weit vom Naturzustande zu entfernen. Ich ließ diesen Versuch 14 Tage lang andauern. Die junge gefangene Königin kam alle Tage, wenn das Wetter schön war, aus dem Stocke hervor, erging sich in ihrem Glasgefängnisse, flog in demselben ungehindert umher und machte viel Bewegung. Während dieser Zeit legte sie nicht, weil sie sich nicht verhängt hatte. Am 16. Tage gab ich ihr volle Freiheit; sie verließ ihren Stock, erhob sich hoch in die Luft und kehrte mit allen Zeichen der Befruchtung zurück. Zwei Tage später legte sie; ihre ersten Eier waren Arbeitereier, in der Folge legte sie deren ebenso viele als die fruchtbarsten Königinnen.

Daraus folgt:

1) Dass die Gefangenschaft die Organe der Königin nicht entartet.

2) Dass, wenn die Befruchtung in den ersten 16 Tage nach ihrer Geburt stattfindet, sie beiderlei Eier legt.

Dieser erste Versuch war von großer Wichtigkeit; indem er mir deutlich den Gang anwies, den ich bei meinen Untersuchungen nehmen musste, vereinfachte er dieselben wesentlich; er beseitigte die Voraussetzung, die ich hinsichtlich des Einflusses der Gefangenschaft gehegt hatte, gänzlich, und beschränkte meine Nachforschungen auf die Wirkungen einer längeren Verzögerung der Paarung.

Ich wiederholte nun den vorhergehenden Versuch in derselben Weise wie das erste Mal; aber anstatt der Königin, welche ich in den Stock gebracht hatte, die Freiheit an ihrem 16. Lebenstage zu geben, hielt ich sie bis zum 21. Tage gefangen, darauf flog sie aus, erhob sich in die Luft, wurde befruchtet und kehrte in ihre Wohnung zurück. 46 Stunden darauf fingen sie an zu legen, aber Drohneneier, und obgleich sie sich als sehr fruchtbar erwies, legte sie doch auch später keine anderen. Ich beschäftigte mich noch im Verlaufe des Jahres 1787 und in den beiden folgenden Jahren mit Versuchen über die Verzögerung der Befruchtung und erhielt ständig dieselben Ergebnisse. Es steht also fest, dass eine bis nach dem 20. Tage verschobene Verhängung der Königinnen nur eine halbe Befruchtung, wenn ich mir diese Bezeichnung erlauben darf, bewirkt; anstatt sowohl Arbeiter-, als auch Drohneneier zu legen, werden diese Königinnen nur männliche Eier legen.

Ich maße mir die Ehre nicht an, diese auffällige Tatsache erklären zu können. Als ich im Verfolge meiner Beobachtungen an den Bienen auf die Erscheinung stieß, dass es in den Stöcken mitunter Königinnen gebe, welche nur Drohneneier legen, musste ich mich nach der nächsten Ursache dieser Besonderheit umsehen, und ich habe mich vergewissert, dass sie in verzögerter Befruchtung liegt. Der Beweis, den ich dafür gewonnen habe, ist überführend, denn man kann die Königinnen dadurch regelmäßig hindern, Eier mit Arbeitsbienen abzusetzen, dass man ihre Paarung bis zum 22. oder 23. Tage verschiebt. Welches aber der letzte Grund dieser Tatsache ist, oder mit anderen Worten, warum eine verzögerte Befruchtung die Königinnen unfähig macht, Eier zu Arbeitsbienen zu legen, das ist ein Rätsel, über welches keine Analogie näheres Licht verbreitet; ich kenne in der ganzen Naturgeschichte keine Beobachtung, die damit auch nur in der leisesten Beziehung stände.

Die Lösung dieses Rätsels erscheint umso schwieriger, wenn man berücksichtigt, wie die Sache sich im Naturzustande gestaltet, d.h. wenn die Befruchtung keine Verzögerung erlitten hat. In diesem Falle legt die Königin 46 Stunden nach der Verhängung Eier zu Arbeitern und fährt fort, bis zum Alter von elf Monaten fast ausschließlich Eier dieser Art zu legen. Gewöhnlich beginnt sie erst mit dem Ausgang des elften Monats eine beträchtliche und ununterbrochene Drohneneierlage. Anmerkung: Dieser Termin wird indes nicht streng eingehalten, und der Zeitpunkt der großen Drohneneierlage kann früher oder später eintreten, je nachdem die atmosphärischen und Trachtverhältnisse den Bienen mehr oder weniger günstig sind. Ist hingegen die Befruchtung bis über den 20. Tag verzögert, so legt die Königin nach 46 Stunden männliche Eier und während ihres ganzen Lebens keine anderen. Weil nun aber die Königin im naturgemäßen Zustande während der elf Monate nur Arbeitereier legt, so geht daraus zur Genüge hervor, dass die Arbeiter-und Drohneneier in ihren Eigängen nicht auf's Geratewohl gemischt sich befinden können. Die Eier nehmen in den Eierstöcken ohne Zweifel eine den Gesetzen der Eierlage entsprechende Stelle ein; die der Arbeitsbienen kommen zuerst, nach ihnen folgen die der Drohnen, und es scheint, dass die Königin nicht eher auch nur ein einziges Drohnenei legen kann, als bis sie sich sämtlicher Arbeitereier, die in den Ovidukten den Vortritt haben, entledigt hat. Warum ist diese Ordnung umgekehrt, wenn die Befruchtung verzögert wurde? Wie kommt's nun, dass all die Arbeitereier, welche die Königin hätte legen müssen, wenn sie rechtzeitig befruchtet worden wäre, verdorren, verschwinden und den Drohneneiern, die doch in den Eierstöcken erst in zweiter Linie stehen, den Durchgang nicht wehren?

Eine Verhängung befruchtet alle Eier die die Königin in zwei Jahren legt

Doch nicht genug; ich habe mich überzeugt, dass eine einzige Verhängung ausreicht, alle Eier, welche eine Königin mindestens während zwei Jahren liegt, zu befruchten; ich habe sogar Grund anzunehmen, dass dieser einzige Akt zur Befruchtung aller Eier, die sie ihr Leben lang legt, ausreicht, indes habe ich nur für den Zeitraum von zwei Jahren sicheren Beweis. Diese an sich schon auffällige Tatsache macht das Verständnis vom Einflusse einer verspäteten Befruchtung noch viel schwieriger. Weil eine einmalige Verhängung ausreicht, so geht daraus hervor, dass der männliche Samen von vornherein auf die Gesamtmasse der Eier einwirkt, welche die Königin innerhalb zweier Jahre legt; er verleiht ihnen nach ihren Grundsätzen das Belebungsprinzip, welches dann ihre allmähliche Entwicklung vermittelt; nachdem sie diesen ersten Lebensimpuls erhalten haben, wachsen und reifen sie, sozusagen, fortschreitend bis zu dem Tage, an welchem sie gelegt werden, und da die Gesetze der Eierlage feststehen, so dass die während der ersten elf Monate gelegten Eier immer Arbeitereier sind, so ist klar, dass die Eier, welche zuerst hervortreten, zuerst auch zur Reife gelangen. Für den naturgemäßen Zustand sind also elf Monate erforderlich, um die Drohneneier zu der Reife hinzuführen, die sie in dem Augenblicke haben müssen, wo sie gelegt werden. Diese Schlussfolge, welche mir bündig zu sein scheint, macht das Rätsel in meinen Augen unlösbar. Wie kommt es, dass die Drohneneier, welche langsam elf Monate lang wachsen müssen, nun auf einmal ihre völlige Entwicklung in der Zeit von 48 Stunden erhalten, wenn die Befruchtung über 21 Tage hinaus verzögert worden ist; und wie kann das allein infolge dieser Verzögerung geschehen? Berücksichtigen Sie nur, dass die Annahme des allmählichen Heranwachsens keineswegs eine willkürliche, sondern auf die Grundsätze einer gesunden Physik begründet ist; und um sich von ihrer Richtigkeit zu überzeugen, darf man nur einen Blick auf die Figur werfen, welche Swammerdam vom Eierstock der Königin entworfen hat. Man sieht daselbst, dass die Eier in dem Teile der Eistränge, welcher dem Ausführungsgange näher liegt, ausgebildet und größer sind als diejenigen, welche in dem entgegengesetzten Teile sich befinden. Die Schwierigkeit, auf welche ich hingewiesen habe, behält also ihre ganze Schwere: es ist ein Abgrund, den ich nicht ergründe.

3. Brief-Verzögerte Befruchtung

Die einzige bekannte Tatsache, welche einen Anschein von Beziehung zu dem soeben mitgeteilten hat, bietet der Zustand gewisser Samenkörner, welche, obgleich äußerlich vollkommen erhalten, durch das Alter die Keimkraft verloren haben. So wäre es auch möglich, dass die Arbeitereier nur während einer sehr kurzen Zeit die Fähigkeit bewahrten, durch das männliche Sperma befruchtet zu werden, und dass, wenn diese Zeit, die nur 14-18 Tage austragen dürfte, verstrichen ist, sie so weit entartet wären, dass sie durch dasselbe nicht mehr belebt werden könnten. Ich weiß wohl, dass dieser Vergleich nicht zutrifft und ohnehin nichts erklärt; er zeigt mir nicht einmal den Weg, irgendeinen neuen Versuch anzustellen. Nur noch eine Bemerkung will ich mir erlauben.

Man hatte bisher von der Verzögerung der Befruchtung keine andere Wirkung auf die Weibchen der Tiere wahrgenommen, als dass sie dadurch ganz unfruchtbar wurden. Die Bienenköniginnen liefern das erste Beispiel eines Weibchens, dem diese Verzögerung noch die Fähigkeit belässt, Männchen zu erzeugen. Da indes keine Tatsache vereinzelt in der Natur dasteht, so ist es wahrscheinlich, dass auch noch andere Tiere uns dieselbe Besonderheit zeigen dürften. Es wäre ein verdienstliches Unternehmen, die Insekten unter diesem neuen Gesichtspunkte zu beobachten. Ich sage, die Insekten; denn ich meine nicht, dass man etwas Analoges bei Tieren einer anderen Klasse entdecken könne. Man müsste seine Versuche zunächst sogar an solchen Insekten anstellen, welche den Bienen am meisten ähneln, als da sind Wespen, Hummeln, Mauerbienen, die verschiedenen Fliegenarten usw. Dann müsste man seine Versuche auf die Schmetterlinge ausdehnen, vielleicht entdeckte man dann irgendein Tier, auf welches die Verzögerung der Befruchtung dieselbe Wirkung wie auf die Bienenkönigin hervorbrächte. Wäre dies Tier gar größer als die Königin, so wird die Sektion leichter sein, und man könnte dann vielleicht an den Eiern, welche durch die verzögerte Befruchtung nicht zur Entwicklung kommen, besondere Vorgänge wahrnehmen. Wenigstens könnte man sich der Hoffnung hingeben, dass irgendein glücklicher Umstand zur Lösung des Problems hinführen werde. Anmerkung: Die Versuche, zu denen ich anreizen möchte, erinnern mich an eine auffällige Bemerkung Reaumurs. Indem er von den lebendig gebärenden Fliegen spricht, sagt er, es sei keineswegs unmöglich, dass ein Huhn ein lebendiges Küchlein zur Welt bringe, wenn man ein Mittel ausfindig machen könne, die ersten Eier, die es nach der Befruchtung legen müsste, 20 Tage lang in ihrem Eigange zurückzuhalten. (siehe Reaumur über die Insekten, Teil IV. 10. Abhandlung).

Doch ich kehre zu den Mitteilungen meiner Versuche zurück.

Drohnenbrütige Königinnen legen über mindestens neun Monate Drohneneier

Im Mai 1789 ermächtigte ich mich zweier Königinnen in dem Augenblicke, in welchem sie ausschlüpften, die eine brachte ich in einen Blätterstock, der mit Honig und Bau ausreichend versehen und mit Bienen und Drohnen hinlänglich besetzt war. Die andere versetzte ich in einen ganz gleichen Stock, hielt aber alle Drohnen davon fern. Die Fluglöcher beider Stöcke richtete ich so vor, dass die Arbeitsbienen volle Freiheit genießen konnten, dieselben zum Durchgange für Königinnen und Drohnen aber zu eng waren. Ich hielt die Königinnen 30 Tage lang gefangen und gab sie dann frei. Sie flogen zugleich aus und kehrten befruchtet zurück. Anfang Juli untersuchte ich beide Stöcke und fand darin viel Brut; aber diese Brut bestand ausschließlich aus männlichen Maden und Nymphen, es befand sich im buchstäblichsten Sinne darin keine einzige Nymphe, keine einzige Made einer Arbeiterin. Die beiden Königinnen legten ohne Unterbrechung bis in den Herbst hinein immer

Drohneneier. Ihre Eierlage endete in der ersten Hälfte des Novembers, ebenso wie die der übrigen Königinnen. Ich wünschte zu erfahren, wie sie im nächsten Frühjahr sich verhalten, ob sie ihre Eierlage wieder beginnen, ob sie einer neuen Befruchtung bedürfen und was für Eier sie legen würden, im Fall sie damit wieder anfangen sollten. Da ihre Stöcke aber schon sehr geschwächt waren, fürchtete ich, dass sie den Winter nicht überstehen möchten. Es gelang uns indes, sie zu erhalten, und mit dem Monat April 1790 begannen sie ihre Eierlage von neuem. Durch getroffene Vorkehrungen hatten wir uns überzeugt, dass sie sich nicht von neuem konnten verhängt haben. Diese letzten Eier waren ebenfalls Drohneneier.

Es wäre nicht ohne Interesse gewesen, wenn wir die Geschichte dieser beiden Königinnen weiter hätten verfolgen können; aber die Bienen hatten sie am 4. Mai verlassen, an eben diesem Tage fanden wir die Königinnen tot. In den Waben fanden sich übrigens keine Randmaden, wodurch die Bienen hätten gestört werden können, und Honig war noch ausreichend vorhanden. Da aber schon im vergangenen Jahre keine Arbeitsbienen mehr gebrütet war und ihrer viele im Winter zu Grunde gegangen waren, fanden sie sich in zu geringer Anzahl, um ihre gewöhnlichen Arbeiten zu verrichten und verließen in ihrer Entmutigung ihre Wohnungen, um sich auf andere Stöcke zu werfen.

Ich finde in meinem Tagebuch die Einzelheiten einer Menge von Versuchen über die Verzögerung der Befruchtung; wollte ich sie alle mitteilen, würde ich nicht zu Ende kommen; im Hauptergebnis ist auch nicht die kleinste Abweichung eingetreten und die Königinnen, wenn ihre Befruchtung über den 21. Tag hinaus verschoben war, legten immer nur Drohneneier. Ich kann mich darum auf die Mitteilung derjenigen Versuche, die mich mit irgendeiner bemerkenswerten, noch nicht erwähnten Tatsache bekannt machten, beschränken.

Kaltes Wetter verzögert die Eierlage

Am 4. Oktober 1789 schlüpfte in einem meiner Stöcke eine Königin aus, die wir in einen Blätterstock versetzten. Obgleich die Jahreszeit schon weit vorgerückt war, gab es doch noch eine Menge Drohnen in den Stöcken. Es lag mir daran zu erfahren, ob sie auch in dieser Jahreszeit die Befruchtung noch würden vollziehen können, und ob, wenn dies der Fall wäre, die inmitten des Herbstes begonnene Eierlage während des Winters unterbrochen oder fortgesetzt werden würde. Wir ließen ihr deshalb die Freiheit, ihren Stock zu verlassen. Sie flog wirklich aus, machte aber 24 vergebliche Ausflüge, ehe sie mit dem Zeichen der Befruchtung zurückkehrte. Endlich am 31. Oktober war sie glücklicher; sie flog aus und brachte die unzweifelhaften Zeichen von der Befriedigung ihrer Brunft zurück. Sie war damals 27 Tage alt, ihre Befruchtung war folglich bedeutend verzögert. Sie hätte eigentlich 46 Stunden nachher legen müssen, aber das Wetter war kalt, und sie legte nicht, was, beiläufig bemerkt, den Beweis liefert, dass die sinkende Temperatur der Hauptgrund ist, wodurch die Eierlage der Königinnen im Herbste unterbrochen wird. Ich war im höchsten Grade gespannt, ob sie bei der Wiederkehr des Frühlings, ohne einer wiederholten Verhängung zu bedürfen, sich fruchtbar erweisen würde. Ich konnte mich davon leicht überzeugen; ich brauchte ja nur das Flugloch zu verengen, damit sie nicht abfliegen konnte. Ich hielt sie also von Ende Oktober bis in den Mai gefangen. Mitte März untersuchten wir ihren Waben und fanden darin eine Menge Eier; da sie aber in kleinen Zellen abgesetzt waren, mussten wir unser Urteil noch um einige Tage verschieben. Am 4. April öffneten wir den Stock von neuem und fanden darin eine außerordentliche Menge von

Maden und Nymphen. Nymphen und Maden gehörten aber der Drohnenbrut an, die Königin hatte nicht ein einziges Arbeiterei gelegt.

Bei diesem Versuche wie bei den vorhergehenden hatte also die verzögerte Befruchtung die Königin unfähig gemacht, Arbeitereier zu legen. Dieses letztere Resultat ist umso bemerkenswerter, als die Eierlage dieser Königin erst vier und einen halben Monat nach ihrer Befruchtung begonnen hatte. Der Zeitraum von 46 Stunden, welche in der Regel zwischen der Verhängung der Königin und dem Beginn ihrer Eierlage verfließt, wird also nicht streng eingehalten; der Zwischenraum kann sich bedeutend verlängern, wenn die Temperatur sinkt. Endlich noch folgt aus diesem Versuche, dass auch dann, wenn die Eierlage einer im Herbst befruchteten Königin durch die Kälte verzögert wird, dieselbe im Frühjahr beginnt, ohne dass eine neue Verhängung nötig geworden wäre.

Ich muss noch erwähnen, dass die Königin, deren Geschichte ich soeben mitteilte, sich außerordentlich fruchtbar erwies. Am 1. Mai fanden wir in ihrem Stock außer 600 ausgeschlüpften Drohnen 2438 mit Eiern, Maden oder Nymphen besetzte Zellen. Sie hatte also im März und April mehr als 3000 männliche Eier, ungefähr 50 täglich, gelegt. Leider ging sie kurz darauf ein, weshalb wir unsere Beobachtungen nicht fortsetzen konnten; ich hatte mir vorgenommen, die Gesamtzahl der männlichen Eier, die sie im Jahre gelegt hätte, zu berechnen, um sie mit derjenigen der Eier derselben Art, welche normal befruchtete Königinnen legen, zu vergleichen. Es ist Ihnen bekannt, dass diese im Frühjahre ungefähr 2000 Drohneneier legen; im August erfolgt eine zweite, aber geringere Lage, und in den Zwischenräumen legen sie fast ausschließlich Arbeitereier. Mit den Königinnen, deren Paarung sich verzögert hat, verhält es sich anders, sie legen gar keine Arbeitereier; während 4, 5, 6 Monaten legen sie ohne Unterbrechung Drohneneier und in so großer Zahl, dass ich annehmen darf, dass sie in dieser kurzen Zeit mehr Drohnen erzeugen, als normal befruchtete Königinnen im Laufe zweier Jahre hervorbringen. Ich bedauere es sehr, dass ich diese Vermutung nicht habe begründen können.

Drohnenbrütige Königinnen haben eine andere Gestalt
Noch muss ich Ihnen über die auffällige Weise, wie nur drohnenbrütige Königinnen mitunter ihre Eier in die Zellen absetzen, Bericht erstatten. Sie bringen sie nicht immer auf die Raute, welche den Grund der Zellen bilden, sondern häufig auf die Innenwand, nur zwei Linien (4mm) vom Rande. Der Grund davon liegt darin, dass ihr Hinterleib kürzer ist als der der normal befruchteten Königinnen; die Spitze desselben bleibt dünn, während die ersten beiden Ringe, welche der Brust sich anschließen, stark aufgetrieben sind. Aus dieser Gestaltung folgt, dass sie beim Legen ihren After nicht bis zum Grunde der Zellen eindringen können, woran sie durch die Auftreibung der oberen Ringe verhindert werden; die Eier müssen folglich da abgesetzt werden, wohin der After reichen kann. Die daraus hervorkriechenden Larven verbleiben in ihrem Larvenzustande an der Stelle, wo das Ei befestigt war, wodurch zugleich bewiesen wird, dass die Bienen nicht, wie man wohl behauptet hat, die Aufgabe erhalten haben, die Eier der Königin zu transferieren. Sie wenden aber in den Fällen, von denen hier die Rede ist, ein anderes Verfahren an, sie verlängern die Zellen, in denen sie Eier finden, die nur zwei Linien von der Öffnung entfernt sind. Anmerkung: Diese Wahrnehmung beweist uns auch, dass die Bienen Eier, um ausschlüpfen zu können, nicht gerade mit einem ihrer Enden auf dem Boden der Zellen aufstellen müssen.

Bienen sind zum Transferieren der Eier nicht berufen
Gestatten Sie mir, mich einen Augenblick von meinem Gegenstande abzuwenden, um Ihnen das, wie

mir es scheint, interessante Resultat eines Versuches mitzuteilen. Ich gab an, dass die Bienen die Sorge nicht überwiesen erhalten haben, die von ihrer Königin fälschlich abgesetzten Eier in die geeigneten Zellen zu übertragen, und schon nach der einzigen Tatsache, die ich Ihnen anführte, werden Sie mir beistimmen, wenn ich Ihnen die Fähigkeit dazu abspreche. Da aber mehrere Schriftsteller das Gegenteil behauptet und unsere Bewunderung der Bienen durch den Hinweis auf das Transferieren zu steigern versucht haben, muss ich Ihnen auf eine evidente Weise dartun, dass sie sich geirrt haben.

Ich ließ einen Glasstock mit zwei Etagen anfertigen. Die obere Etage füllte ich mit Wachs, die andere mit Waben aus, die Arbeitsbienenzellen enthielten. Die beiden Etagen waren durch eine Scheidewand getrennt, die zu jeder Seite einen Raum offen ließ, der für den freien Verkehr der Arbeiter aus der einen in die andere Abteilung völlig ausreichend, aber zum Durchgang für die Königin zu eng war. Diesen Stock bevölkerte ich mit einer hinreichenden Menge Bienen, siedelte in die obere Abteilung eine sehr fruchtbare Königin über, welche ihre große Drohneneierlage schon seit einiger Zeit beendigt hatten; sie hatte also nur noch Arbeitereier abzusetzen und sich ihrer nur in Drohnenzellen zu entledigen, weil andere für sie nicht zugänglich waren. Sie erraten leicht, was ich mit dieser Vorrichtung beabsichtigte. Meine Schlussfolgerung war einfach. Legt die Königin Arbeitereier in Drohnenzellen, und sind die Bienen angewiesen, die von der Königin fälschlich abgesetzten Eier zu transferieren, so werden sie sich die Freiheit, die ich ihnen gewährt habe, von einer Abteilung ihres Stockes zur anderen gelangen zu können, zunutze machen, die in großer Zellen gelegten Eier herabholen und sie in die kleinen Zellen der unteren Etage bringen; lassen sie hingegen die Arbeitereier in den Drohnenzellen, so gäbe mir das einen sicheren Beweis, dass sie zum Transferieren der Eier nicht berufen sind.

Das Ergebnis dieses Versuches spannte mich sehr. Mehrere Tage hintereinander beobachteten wir die Königin und die Bienen unseres Stockes mit ununterbrochener Aufmerksamkeit. Während der ersten 24 Stunden weigerte sich die Königin, auch nur ein einziges Ei in die sie umgebenden großen Zellen abzusetzen, sie untersuchte sie eine nach der anderen, ging aber darüber hinweg, brachte ihren Hinterleib in keine einzige. Man sah es ihr an, unruhig, gefoltert; sie lief auf den Waben nach allen Richtungen umher, der Drang der Eier schien sie sehr zu belästigen, doch wollte sie dieselben lieber zurückhalten, als in Zellen absetzen, deren Größe ihnen nicht angemessen war. Ihre Bienen hörten indes nicht auf, ihr zu huldigen und sie als Mutterbiene zu behandeln. Ich sah sogar zu meiner Freude, dass, wenn die Königin sich den Rändern des Scheidebrettes näherte, sie dieselben benagte, um sie zum Durchgange zu erweitern; ihre Arbeiterinnen schlossen sich ihr an, arbeiteten ebenfalls mit ihren Zähnen und mühten sich ab, die Tore ihres Gefängnisses zu erbrechen; aber ihre Anstrengungen waren vergebens. Am zweiten Tage vermochte die Königin ihre Eier nicht mehr zurückzuhalten, sie entschlüpften ihr dem Anscheine nach gegen ihren Willen, sie ließ sie fallen, wie es gerade kam. Wir fanden jedoch auch acht bis zehn in den Zellen; am folgenden Tage waren dieselben verschwunden. Nun bildeten wir uns ein, dass die Bienen sie in die kleinen Zellen der unteren Etage übertragen haben würden, und suchten sie daselbst mit der größten Sorgfalt, fanden aber nicht ein einziges. Auch am dritten Tage legte die Königin noch einige Eier, welche wie die ersten verschwanden. Wir suchten sie von neuem in den kleinen Zellen, sie waren nicht darin.

Sie verzehren sie manches Mal

Tatsache ist, dass die Bienen sie verzehren, und das hat die Beobachter, welche behaupten, dass sie dieselben transferieren, getäuscht. Sie sahen die Eier aus den Zellen, in denen sie fehlerhaft abgesetzt waren, verschwinden und versicherten nun ohne weitere Prüfung, dass die Bienen sie anderswo hinübertrügen. Sie entfernen sich freilich, aber transferieren sie nicht; sie verzehren sie.

Die Natur hat demnach die Bienen nicht angewiesen, die Eier in die ihnen entsprechenden Zellen zu übertragen; aber sie hat den Königinnen selbst das Vermögen verliehen, unterscheiden zu können, von welcher Art das Ei sei, welches sie legen wird, um es in die entsprechende Zelle abzusetzen. Das hatte schon Reaumur beobachtet, und meine Beobachtungen stimmen ganz mit den seinigen überein. Es steht demnach fest, dass sich die Königin im normalen Zustande, wenn ihre Befruchtung rechtzeitig geschehen ist und sie sonst keinen Fehler hat, in der Wahl der verschiedenen Zellen für Absetzung ihrer Eier durchaus nicht irrt. Sie legt regelmäßig die Arbeitereier in die kleinen, die Drohneneier in die großen Zellen. Natürlich spreche ich hier nur vom normalen Zustande. Diese Unterscheidung muss festgehalten werden; denn bei Königinnen, deren Verhängung zu weit hinausgeschoben wurde, findet man nicht mehr dieselbe Sicherheit des Instinktes, sie machen in der Wahl der Zellen keinen Unterschied mehr. Das ist so gewiss, dass ich mich anfangs mehr als einmal über die Eier täuschte, welche sie legten. Ich sah sie ohne Unterschied in kleine und große Zellen legen, und da ich noch keine Ahnung davon hatte, dass ihr Instinkt könnte gelitten haben, hielt ich die in die kleinen Zellen gelegten Eier für Arbeitereier und war nicht wenig überrascht, als ich, in dem Augenblicke, wo die aus ihnen hervorgeschlüpften Larven sich in Nymphen verwandeln mussten, die Bienen diese Zellen mit gewölbten Deckeln verschließen sah, die vollkommen denen glichen, die sie auf die Zellen mit Drohnenbrut setzen, und ich daraus die Überzeugung gewann, dass alle diese Maden sich in Drohnen umgestalten müssten. Es waren in der Tat Drohnen; diejenigen, welche in kleinen Zellen erbrütet waren, wurden Drohnen der kleinen Art, große Drohnen dagegen diejenigen, welche in großen Zellen erzogen worden waren. Ich mache deshalb die Beobachter, welche meine Versuche über drohnenbrütige Königinnen wiederholen wollen, darauf aufmerksam, sich durch diesen Umstand nicht beirren zu lassen und sich darauf gefasst zu machen, diese Königinnen Drohneneier in Arbeiterzellen absetzen zu sehen.

Drohneneier werden manchmal in Königszellen abgesetzt

Es gibt hier aber eine noch merkwürdigere Erscheinung; diese Königinnen, deren Befruchtung verzögert wurden, setzten oft sogar Drohneneier in Königszellen ab. Bei der Geschichte der Schwärme werde ich nachweisen, dass die Arbeitsbienen eines normalen Stockes dann, wenn die Königinnen ihre große Drohneneierlage beginnen, königliche Zellen in ziemlich bedeutender Zahl anlegen. Zwischen der Erscheinung der Drohneneier und der Anlegung dieser Zellen besteht unverkennbar eine geheime Beziehung; es ist das ein Naturgesetz, gegen welches die Bienen nicht verstoßen. Es ist darum nicht auffällig, dass sie auch in Stöcken mit drohnenbrütigen Königinnen Königszellen bauen. Ebenso wenig ist es auffallend, dass die Königinnen in diese Zellen Eier von der Art absetzen, die sie allein nur legen können, denn ihr Instinkt ist offenbar entartet. Dass die Bienen die in diese Zellen abgesetzten Drohneneier ebenso wie die Königseier verpflegen, das weiß ich nicht zu deuten; sie reichen ihnen reichlichere Nahrung, erweitern und verlängern die Zellen gerade so, als wenn sie eine königliche Made enthalten, kurz, arbeiten daran mit einer so großen Regelmäßigkeit, dass wir selbst mehr als einmal uns getäuscht gefunden haben. Wir haben mehr als einmal diese Zellen, nachdem die Bienen sie zugedeckt hatten, in der Überzeugung geöffnet, königliche Nymphen darin zu finden, und doch war es stets eine Drohnennymphe, welche wir darin antrafen. Hier scheint auch der Instinkt der Arbeiter irre zu gehen. Im normalen Zustande unterscheiden sie Drohnenmaden sehr genau von denen der Arbeiter, weil sie nie versäumen, den Zellen mit Drohnenmaden einen besonderen Deckel aufzusetzen. Warum nun unterscheiden sie die Drohnenmaden nicht mehr, wenn dieselben in Königszellen sich befinden? Dieser Umstand scheint einer ungeteilten Aufmerksamkeit wert zu sein. Ich halte mich nämlich überzeugt, dass man, um die Gesetze des tierischen Instinktes zu ergründen, gerade diejenigen Fälle mit Sorgfalt beobachten muss, wo derselbe irre zu gehen scheint. (Siehe 1. Anmerkung des 12. Briefes.)

Vielleicht wäre es der Ordnung angemessen gewesen, dass ich diesem Briefe die Beobachtungen anderer Naturforscher über die drohnenbrütigen Königinnen vorangestellt hätte. Ich will das Versäumte noch jetzt nachholen. In einem aus dem Deutschen von Blassiere übersetzten Werke: Naturgeschichte der Bienenkönigin, ist ein Brief Schirachs an Sie vom 15. April 1771 abgedruckt, in welchem er von einigen seiner Stöcke erwähnt, dass sämtliche Brut sich zu Drohnen gestaltet habe. Sie erinnern sich, dass er diesen Umstand irgendeinem unbekannten Fehler des Eierstocks der Königin der drohnenbrütigen Stöcke beimaß, aber auch entfernt nicht daran dachte, das eine verzögerte Befruchtung diese Entartung des Eierstocks bewirkt habe. Mit Recht schätzte er sich glücklich, dass er ein Mittel ausfindig gemacht habe, den Untergang derartiger Stöcke zu verhüten. Dies Mittel war sehr einfach, er brauchte nur die drohnenbrütige Königin zu entfernen und eine gefundene an ihre Stelle zu setzen. Um aber diese Ersetzung zu ermöglichen, musste er sich nach Belieben Königinnen verschaffen können, und die Entdeckung dieses Geheimnisses war Herrn Schirach vorbehalten; ich werde darüber im folgenden Briefe ausführlicher sprechen. Sie sehen aus dieser Angabe, dass alle Versuche des deutschen Naturforschers sich darauf beschränken, die Stöcke, deren Königinnen sich drohnenbrütig erwiesen, zu retten, dass er aber auf die Entdeckung des Grundes der kundgegebenen Entartung des Eierstocks sein Augenmerk nicht richtete.

In Stöcken mit drohnenbrütigen Königinnen geduldete Männchen

Reaumur erwähnt auch irgendwo eines Stockes, in welchem er weit mehr Drohnen als Arbeitsbienen wahrnahm; er stellt aber über diese Tatsache nicht einmal eine Vermutung auf, er fügt noch hinzu, dass die Drohnen in diesem Stocke bis zum Frühjahr des folgenden Jahres geduldet seien. Es ist begründet, dass Bienen mit einer drohnenbrütigen oder unfruchtbaren Königin ihre Drohnen noch mehrere Monate lang dulden, nachdem sie in andern Stöcken schon abgeschlachtet sind. Ich vermag den Grund dazu zwar nicht nachzuweisen, indes habe ich die Tatsache im Verlaufe vielfältiger Beobachtungen über drohnenbrütige Königinnen recht oft wahrgenommen. Im Allgemeinen habe ich bemerkt, dass die Bienen eines Stockes solange die Drohnen nicht zu töten pflegen, als die Königin noch Drohneneier legt.

Genehmigen Sie die Versicherung meines besonderen Respektes.

4. Brief—Über Schirachs Entdeckung

Pregny, 24. August 1791

Verwandlung der Arbeitermaden zu Königinnen

Als Sie in der neuen Ausgabe Ihrer Werke veranlasst wurden, der schönen Versuche Schirachs über die Verwandlung der Arbeitermaden in Königsmaden Erwähnung zu tun, forderten Sie die Naturforscher auf, dieselben zu wiederholen. In der Tat verlangte eine so wichtige Entdeckung die Bestätigung durch mehrere Zeugen. Ich beeile mich daher, Ihnen mitzuteilen, dass meine sämtlichen Untersuchungen die Wahrheit dieser Entdeckung bestätigen. Seit einer zehnjährigen Beschäftigung mit den Bienen habe ich Schirachs Versuche so oft und mit so gewissem Erfolge wiederholt, dass ich auch nicht den geringsten Zweifel mehr hegen kann. Ich betrachte es daher als eine ausgemachte Tatsache, dass die Bienen, wenn sie ihre Königin verlieren und noch Arbeitermaden in ihrem Stocke haben, mehrere Zellen, worin dieselben sich befinden, erweitern, ihnen nicht nur eine verschiedene, sondern auch reichlichere Nahrung geben, und dass die so erzogenen Maden, statt sich in Arbeiter zu verwandeln, wirkliche Königinnen werden. Ich bitte meine Leser, die Erklärung, welche sie von einer so neuen Tatsache geben, und die philosophischen Folgen, die sie daraus gezogen haben (Betrachtungen der Natur, Teil XI, Kapitel 27), zu beherzigen.

Ich beschränke mich in gegenwärtigem Briefe auf die Mitteilung einiger genaueren Angaben über die Form der Königszellen, welche die Bienen um die Maden bauen, die sie zur königlichen Würde erheben wollen. Am Schlusse werde ich noch einige Punkte besprechen, hinsichtlich welcher meine Beobachtungen mit denen Schirachs nicht übereinstimmen.

Tätigkeiten der Bienen nach Verlust der Königin

Die Bienen bemerken den Verlust ihrer Königin sehr bald und nach Verlauf einiger Tage schon beginnen sie die erforderlichen Arbeiten, um ihren Verlust zu ersetzen.

Zuerst wählen sie die jungen Arbeitermaden aus, denen sie die zur Umwandlung in Königinnen erforderliche Pflege wollen angedeihen lassen, und gehen dann sogleich an's Werk, die Zellen, worin sie sich befinden, zu erweitern. Das Verfahren, welches sie innehalten, ist eigentümlich. Um es desto anschaulicher zu machen, will ich ihre Arbeit an einer einzigen Zelle beschreiben; was ich von ihr sage, findet seine Anwendung auf alle diejenigen, in welchem zur Thronfolge auserkorene Maden enthalten sind. Nachdem sie eine Arbeitermade ausersehen haben, reißen sie drei Zellen nieder, welche an diejenige grenzen, worin sie sich befindet. Sie entfernen aus ihnen Maden und Futtersaft und erheben um die Made einen zylindrischen Verschluss; ihre Zelle wird folglich ein förmliches Rohr mit einem Rhomboidenboden, denn die Bestandteile des Bodens lassen sie unangetastet; verletzen sie diesen, so würden sie auch die drei entsprechenden Zellen der gegenüberliegenden Seite durchbrechen und in Folge davon die drei sie bewohnenden Maden aufopfern, was aber unnötig ist und von der Natur nicht gefordert wird. Darum lassen sie den Rhomboidenboden und begnügen sich damit, ein zylindrisches Rohr um die Made zu erbauen, welches wie die übrigen Zellen der Wabe eine horizontale Lage hat. Doch kann eine solche Wohnung der zur Königin definierten Made nur für ihre drei ersten Lebenstage entsprechen, für die beiden folgenden Tage, die sie noch im Madenzustande verbringt, nimmt sie eine andere Lage in Anspruch. In diesen beiden Tagen, einem so kurzen Teile ihrer Lebensdauer, muss sie eine fast pyramidenförmige Zelle, deren Basis nach oben und deren

Spitze nach unten gerichtet ist, bewohnen. Man möchte behaupten, dass die Bienen es wissen, denn sobald die Made ihren dritten Tage zurückgelegt hat, treffen sie Anstalten zur Vorrichtung ihrer neuen Wohnung, nagen einige der unter dem zylindrischen Rohre liegenden Zellen ab, opfern ohne Erbarmen die darin enthaltenen Maden und bedienen sich des abgehackten Wachses zur Errichtung eines zweiten Rohres von pyramidaler Form, welches sie im rechten Winkel an dem ersten befestigen und nach unten richten. Der Durchmesser dieser Pyramide nimmt von ihrer ziemlich ausgeweiteten Grundfläche an bis zur Spitze unmerklich ab. Während der beiden Tage, welche die Made dieselbe bewohnt, ist immer eine Biene gegenwärtig, die ihren Kopf mehr oder weniger tief in die Zelle hineingesteckt hält; entfernt sich die eine, so nimmt eine andere augenblicklich ihre Stelle ein. Sie verlängern die Zelle in dem Maße, wie die Made wächst, und bringen ihr ihre Nahrung, die sie vor ihrem Munde und um ihren Körper herum niederlegen und daraus gleichsam ein Band um sie herum bilden. Die Made, welche sich nur in einer Schneckenlinie bewegen kann, dreht sich fortwährend, um den Futtersaft zu ergreifen, der vor ihrem Kopfe sich befindet; sie steigt unmerklich abwärts und kommt endlich nahe an die Öffnung. Das ist der Zeitpunkt, in welchem sie ihre Umwandlung in eine Nymphe beginnen muss. Jetzt bedarf sie der Pflege der Bienen nicht länger; diese verschließen ihre Wiege mit einem geeigneten Deckel, worauf sie in derselben zur bestimmten Zeit ihre beiden Verwandlungen besteht.

Schirachs Methode gelingt ebenfalls mit Maden, die ein paar Stunden bis drei Tage alt sind

Schirach behauptet, dass die Bienen immer nur *dreitägige* Maden auswählen, um sie zu Königinnen zu erziehen; ich habe mich aber überzeugt, dass die Operation auch mit nur *zweitägigen* Maden gelingt. Gestatten Sie mir, Ihnen den dafür erlangten Beweis ausführlich mitzuteilen; er wird zugleich die Wirklichkeit der Umwandlung der Arbeitermaden in Königinnen, und den geringen Einfluss, welchen das Alter der Maden auf den Erfolg des Unternehmens ausübt, nachweisen.

Ich ließ in einen der Königin beraubten Stock ein paar Wabenstücke stellen, deren Zellen Arbeitereier und bereits ausgeschlüpfte Maden derselben Art enthielten. Noch denselben Tag erweiterten die Bienen einige der mit Maden besetzten Zellen, verwandelten sie in königliche und gaben den darin befindlichen Maden eine dicke Lage Futtersaft. Darauf ließ ich fünf in diesen Zellen liegende Maden entfernen, und Burnens ersetzte sie durch fünf Arbeitermaden, die wir 48 Stunden zuvor aus dem Ei hatten kriechen sehen. Unsere Bienen schienen diesen Austausch gar nicht zu beachten; sie pflegten die neuen Maden wie die selbst erwählten, fuhren mit der Erweiterung der Zellen, in welchen wir sie gebracht hatten, fort und schlossen sie zur gewöhnlichen Zeit; darauf bebrüteten sie diese fünf Zellen sieben Tage lang, nach deren Verlauf wir sie herausnahmen, um die Königinnen, die daraus hervorgehen mussten, lebendig zu erhalten. Zwei dieser Königinnen liefen fast gleichzeitig aus, sie waren groß und in jeder Beziehung vollkommen entwickelt. Als die drei anderen über die Zeit gestanden hatten, ohne dass eine Königin ausgekrochen war, öffneten wir sie, um zu sehen, in welchem Zustande sie sich befänden; in der einen fanden wir eine tote Königin, noch im Nymphenzustande, die beiden anderen waren leer, ihre Maden hatten ihr Seidenhemd gesponnen, waren aber abgestorben, ehe sie sich in Nymphen verwandelt hatten, und zeigten nur noch eine eingetrocknete Haut. Ich kann mir nichts Entscheidender vorstellen als diesen Versuch; es wird dadurch bewiesen, dass die Bienen es in ihrer Gewalt haben, Arbeitermaden in Königinnen zu verwandeln, weil es ihnen gelungen ist, sich Königinnen aus Maden zu erbrüten, die wir ihnen selbst ausgewählt hatten. Ebenso ist erwiesen, dass, um den Erfolg zu sichern, die Maden keineswegs drei Tage alt sein müssen, da diejenigen die wir unseren Bienen überwiesen hatten, erst zwei Tage alt waren.

Indes die Bienen können selbst noch viel jüngere Maden in Königinnen umwandeln. Der folgende Versuch hat mir gezeigt, dass sie, wenn sie ihre Königinnen verloren haben, Maden von nur ein paar Stunden zu ihrer Ersetzung bestimmen. Ich hatte einen Stock, welcher der Königin beraubt, schon seit langem kein Ei und keine Maden mehr besaß. Ich ließ ihm eine ausgezeichnet fruchtbare Königin zusetzen, welche auch alsbald ihre Eier in die Arbeiterzellen ablegte. Diese Königin ließ ich nicht volle drei Tage in dem Stocke und entfernte sie, ehe auch nur eins der gelegten Eier ausgeschlüpft war. Tags darauf, am vierten Tage nämlich, zählte Burnens 50 junge Maden, von denen die ältesten kaum 24 Stunden alt waren. Indes waren schon jetzt mehrere dieser Maden ausersehen, zu Königinnen erhoben zu werden; bewiesen wurde das dadurch, dass die Bienen ihnen eine größere Menge Futtersaft gereicht hatten als sie den gewöhnlichen Maden zu geben pflegen. Am folgenden Tage waren die Maden beinahe 40 Stunden alt, die Bienen hatten ihre Wiegen erweitert, ihre sechseckigen Zellen in zylindrische verwandelt, arbeiteten noch in den nachfolgenden Tagen daran und schlossen sie am fünften Tage, vom Auskriechen der Maden an gerechnet. Sieben Tage nach dem Verschluss der ersten dieser königlichen Zellen sahen wir eine Königin von stattlichem Wuchse auslaufen. Sie warf sich sogleich auf die übrigen Königszellen und suchte die darin eingeschlossenen Maden oder Nymphen zu zerstören. Über die Wirkungen ihrer Wut werde ich in einem anderen Briefe berichten.

Aus dieser umständlichen Darstellung mögen Sie entnehmen, dass Schirach seine Versuche nicht genug vervielfältigt hat, wenn er behauptet, dass die Arbeitermaden drei Tage alt sein müssten, um in Königinnen umgewandelt werden zu können. Es steht fest, dass das Verfahren nicht nur mit zweitägigen, sondern selbst mit erst einigen Stunden alten Maden gleichen Erfolg liefert.

Zweierlei Art um Königinnen zu erhalten

Nachdem ich die angegebenen Nachforschungen zur Prüfung der Schirachschen Entdeckung beendigt hatte, wollte ich weiter untersuchen, ob die Bienen nach der Angabe dieses Beobachters kein anderes Mittel besaßen, sich eine Königin zu verschaffen, als den Arbeitermaden eine besondere Nahrung zu reichen und sie in größeren Zellen zu erziehen. Sie erinnern sich noch, dass Reaumur darüber eine durchaus verschiedene Ansicht hegte:

> "Die Mutter muss Eier legen und legt sie, aus denen Bienen hervorgehen, die ihrerseits wieder Mütter werden können. Sie tut es, und wir werden sehen, dass die Arbeiterinnen wissen, dass sie es tun müssen. Die Bienen, denen die Mütter so teuer sind, scheinen an den Eiern, aus denen sie hervorgehen, großen Anteil zu nehmen und sie für sehr wichtig zu halten. Sie erbauen besondere Zellen, in die sie abgesetzt werden müssen usw. usw. Ist eine Königszelle nur erst angefangen, so hat sie fast die Gestalt eines Bechers, oder vielmehr die eines jener Näpfchen, die zur Aufnahme der Eicheln dienen, aus dem aber die Eichel entfernt ist usw."

Reaumur ahnte die Möglichkeit der Umwandlung einer Arbeitermade in eine Königin nicht, sondern vermutete, dass die Königin in die königlichen Zellen Eier von besonderer Art lege, woraus Maden hervorgingen, die ihrerseits wieder Königinnen werden müssten. Nach

Schirach musste es aber, wenn den Bienen stets die Möglichkeit offenstand, durch eine besondere auf dreitägige Arbeitermaden verwendete Pflege sich eine Königin zu verschaffen, überflüssig sein, dass die Natur den Königinnen das Vermögen erteilte, besondere königliche Eier zu legen. Eine derartige Verschwendung der Mittel schien ihm den gewöhnlichen Naturgesetzen nicht zu entsprechen. Deshalb behauptet er mit klaren Worten, dass die Königin keine königlichen Eier in dazu besonders eingerichtete Zellen absetze; er hält die Königszellen für nichts anderes als gewöhnliche, von den Bienen in dem Augenblicke erweiterte Zellen, in welchem sie die darin enthaltenen Maden zur königlichen Ausbildung bestimmen, und fügt hinzu, dass, wie die Sache sich auch verhalten möge, die königliche Zelle jedenfalls zu lang sei, als dass die Königin ihren Hinterleib soweit hineinbringen könne, um ein Ei auf dem Boden abzusetzen.

Reaumur hat freilich nirgendwo angegeben, dass die Königin vor seinen Augen ein Ei in eine königliche Zelle gelegt habe; gewiss aber hegte er keinen Zweifel an dieser Tatsache, und nach allen meinen Wahrnehmungen ist seine Vermutung völlig begründet. Es ist Tatsache, dass die Bienen zu bestimmten Zeiten im Jahre königliche Zellen anlegen, die Königinnen darin ihre Eier absetzen, und dass aus diesen Eiern Maden entstehen, welche Königinnen werden.

Der Einwurf, den Schirach von der Länge der Zellen entlehnt, beweist nichts. Die Königin wartet nämlich, um ihre Eier hineinzulegen, nicht so lange, bis sie vollendet sind, sondern setzt ihre Eier schon dann darin ab, wenn sie eben angefangen sind und nur erst die Form der Eichelnäpfchen erhalten haben. Schirach sah, vom Glanze seiner Entdeckung geblendet, noch nicht die volle Wahrheit. Er entdeckte zuerst die Hilfsquelle, welche die

Natur den Bienen geboten hatte, um den Verlust ihrer Königin zu ersetzen, und hielt sich zu schnell überzeugt, dass sie auf keine andere Weise Fürsorge für die Geburt der Königin getragen habe. Sein Irrtum rührte daher, dass er die Bienen in nicht genug flachen Stöcken beobachtet hat. Hätte er sich solcher Stöcke bedient wie die meinigen sind, so würde er in allen, die er etwa im Frühjahr auseinandergenommen hätte, die Bestätigung der Reaumurschen Ansicht gefunden haben. In dieser Jahreszeit, der Zeit der Schwärme, finden sich in allen regelrechten Stöcken fruchtbare Mütter. Man findet in ihnen königliche Zellen von ganz anderer Form als diejenigen sind, welche die Bienen und Arbeitermaden erbauen, aus denen sie Königinnen nachziehen wollen. Es sind das große Zellen, mit einem Stiele an dem Rande der Waben befestigt und gleich Stalaktiten senkrecht herabhängend, mit einem Worte, wie Reaumur sie beschrieben hat. Die Königinnen warten mit dem Besetzen derselben nicht so lange, bis sie ihre volle Länge erreicht haben. Wir haben einige in dem Augenblicke überrascht, in welcher sie ein Ei hineinlegten. Die Zelle hatte gerade erst die Gestalt und Größe eines Eichelnäpfchens. Die Bienen verlängern sie nicht eher, als bis ein Ei hineingelegt ist, und immer nur nach Maßgabe des Wachstums der Maden; sie verschließen sie, wenn für diese die Zeit der Verwandlung in die königliche Nymphen gekommen ist. Es ist also festgestellt, dass die Königin im Frühling in königliche im Voraus angelegte Zellen Eier legt, aus welchen Bienen ihre Art hervorgehen müssen. Die Natur hat also ein doppeltes Mittel vorgesehen, die Erhaltung und Vermehrung der Art bei den Bienen sicherzustellen.

Ich habe die Ehre zu sein usw.

5. Brief—Arbeiterbienen legen entwicklungsfähige Eier

Versuche, welche beweisen, dass es in den Stöcken mitunter Arbeitsbienen gibt, welche entwicklungsfähige Eier legen.
Pregny, 25. August 1791

Die außerordentliche Entdeckung Riems über das Vorhandensein fruchtbarer Arbeitsbienen ist Ihnen höchst zweifelhaft erschienen. Anmerkung: Siehe « Contemplations de la Nature » Neuauflage, in-4. Teil XI, Seite 265.

Sie haben vermutet, dass die Eier, welche dieser Beobachter den Arbeitsbienen zuschrieb, von kleinen Königinnen, die man wegen ihrer Gestalt gar leicht mit gemeinen Bienen verwechseln kann, gelegt seien. Sie haben indes nicht bestimmt erklärt, dass Riem sich geirrt habe, und in dem Briefe, mit dem Sie mich beehrten, haben Sie mich aufgefordert, durch neue Versuche zu erforschen, ob es wirklich Arbeitsbienen in den Stöcken gäbe, welche entwicklungsfähige Eier zu legen vermögen. Diese Versuche nun habe ich mit der größten Sorgfalt angestellt. Urteilen Sie selbst, welches Vertrauen sie verdienen.

Am 5. August 1788 fanden wir in zwei Stöcken, die beide seit einiger Zeit der Königinnen beraubt waren, Drohneneier und Maden, auch die ersten Anfänge einiger Königszellen, die in Gestalt von Stalaktiten an den Wabenkanten herabhingen. In diesen Zellen lagen Drohneneier. Da ich völlig gewiss war, dass unter den

5. Brief—Arbeiter legen entwicklungsfähige Eier

Bienen dieser beiden Stöcke sich keine Königinnen von der großen Art befand, war es klar, dass die darin sich vorfindenden Eier, deren Zahl sich täglich vermehrte, entweder von kleinen Königinnen, oder von fruchtbaren Arbeiterinnen gelegt sein mussten. Ich hatte aber Grund zu glauben, dass es wirklich eierlegende Arbeitsbienen darin geben müsse, denn wir hatten öfters Bienen dieser Art beobachtet, welche ihren Hinterleib in die Zellen steckten und dieselbe Stellung wie eine Königin beim Eilegen einnahmen. Trotz aller angewandten Mühe haben wir aber keine einzige auf der Tat ergreifen können, um sie näher zu untersuchen, und doch wollten wir nichts behaupten, ehe wir nicht die eierlegenden Bienen selbst in Händen gehabt hätten. Wir setzten unsere Beobachtungen deshalb mit derselben Beharrlichkeit fort, indem wir hofften, durch einen glücklichen Zufall oder besondere Geschicklichkeit noch in den Besitz einer dieser Bienen zu kommen. Länger als einen Monat blieben unsere Bemühungen fruchtlos.

Nun schlug mir Burnens vor, die beiden Stöcke einer Operation zu unterwerfen, die ebenso viel Mut als Ausdauer in Anspruch nahm, und die ich ihm nicht hatte in Vorschlag bringen mögen, obgleich ich dieselbe Idee gehegt hatte. Er wollte sämtliche Bienen dieser Stöcke einzeln untersuchen, um zu erfahren, ob sich irgendeine kleine Königin, die sich uns bei unseren Nachforschungen entzogen haben konnte, unter den Bienen befinde. Dieser Versuch war sehr wichtig; denn fanden wir keine kleine Königin, so erhielten wir damit einen bündigen Beweis, dass die Eier, deren Ursprung wir zu ermitteln suchten, von gewöhnlichen Arbeitern gelegt worden waren.

Um ein derartiges Verfahren mit aller nur denkbaren Genauigkeit durchzuführen, durften die Bienen nicht gebadet werden. Sie wissen, dass ihre äußeren Teile im Wasser sich zusammenziehen, und die Gestalt ihrer

Gliedmaßen sich mehr oder weniger verändert; da aber die kleinen Königinnen den Arbeitsbienen an sich schon so sehr ähnlich sind, so würde die geringste Veränderung ihrer Gestalt eine genauere Unterscheidung der verschiedenen Arten der gebadeten Bienen nicht mehr gestattet haben. Aus dem Grunde musste man jede einzelne Biene aus dem Stock herausfangen, sie trotz ihres Zorns lebendig ergreifen und ihre unterscheidenden Merkmale mit der gewissenhaftesten Sorgfalt untersuchen. Das war es, was Burnens unternahm und mit bewundernswürdiger Geschicklichkeit ausführte. Er verwandte auf diese Operation elf Tage und gestattete sich während der ganzen Zeit keine andere Erholung als diejenige, welche seine angegriffenen Augen erheischten. Er erfasste jede einzelne Biene dieser beiden Stöcke mit seinen Fingern, untersuchte genau ihren Rüssel, ihre Hinterbeine und ihren Stachel, fand aber keine einzige, welche nicht die Kennzeichen einer gemeinen Bienen, d.h. das Körbchen an ihren Hinterbeinen, den langen Rüssel und den geraden Stachel, gehabt hätte. Er hatte sich vorher schon einen Glaskasten mit ein paar Waben darin vorgerichtet, in welche er die untersuchten Bienen brachte und selbstverständlich darin eingesperrt hielt. Diese Vorsicht war unerlässlich, weil der Versuch noch nicht zu Ende war; denn es genügte nicht, festgestellt zu haben, dass sämtliche Bienen Arbeitsbienen waren, sondern sie mussten weiter beobachtet werden, ob eine unter ihnen mit der Eierlage fortfahren werde. Wir untersuchten deshalb während mehrerer Tage die Zellen der diesen Bienen gegebenen Waben und fanden auch bald frisch gelegte Eier, aus denen in der gewöhnlichen Zeit Drohnenmaden hervorgingen.

    Burnens hatte die Bienen, welche sie legten, zwischen den Fingern gehalten, und da er gewiss war, nur Arbeitsbienen gehalten zu haben, so ist dadurch

5. Brief—Arbeiter legen entwicklungsfähige Eier

bewiesen, dass es mitunter fruchtbare Arbeiter in den Stöcken gibt.

Nachdem wir Riems Entdeckung durch einen so entscheidenden Versuch bestätigt hatten, brachten wir sämtliche untersuchte Bienen in enge Glasstöcke. Diese Stöcke, welche nur eine Tiefe von 18 Linien (38mm) hatten, konnten nur eine Wabenreihe fassen, waren eben darum aber zur Beobachtung sehr geeignet. Nun zweifelten wir nicht, dass wir durch fortgesetzte Überwachung unserer Bienen endlich eine von den fruchtbaren beim Eierlegen müssten ertappen können. Dann wollten wir sie sezieren, ihren Eierstock mit dem Eierstocke einer Königin vergleichen und die Unterschiede feststellen. Am 8. September hatten wir endlich das Glück, uns mit Erfolg gekrönt zu sehen.

Wir bemerkten in einer Zelle eine Biene, welche darin die Stellung einer legenden Königin eingenommen hatte. Wir ließen ihr nicht die Zeit, sich daraus zu entfernen, rasch öffneten wir das Fenster und ergriffen sie. Sie hatte all die äußeren Kennzeichen der gemeinen Biene, der einzige Unterschied, den wir ausfindig machen konnten und der allerdings sehr gering war, bestand darin, dass uns ihr Hinterleib weniger dick und gestreckter erschien als der der übrigen Arbeiterinnen. Nun schritten wir zur Sektion und fanden ihren Eierstock kleiner, schmächtiger und mit weniger Eisträngen als die Eierstöcke der Königin. Die Stränge, welche die Eier enthielten, waren äußerst dünn und zeigten leichte, in gleichen Entfernungen voneinander abstehende Anschwellungen. Wir zählten elf Eier von merklicher Dicke, wovon uns einige zum Absetzen reif zu sein schienen. Dieser Eierstock war wie der der Königinnen doppelt.

Am 9. September fingen wir eine andere fruchtbare Biene ab und zwar in dem Augenblicke, in welchem sie ein

Ei gelegt hatte; wir sezierten sie ebenfalls. Ihr Eierstock war noch weniger entwickelt als der der vorhin erwähnten; wir fanden darin nur vier reife Eier. Burnens zog eins dieser Eier aus dem Eigange, welche es einschloss, und es gelang ihm, dasselbe mit dem einen Ende auf eine Glasplatte zu befestigen, was, beiläufig gesagt, darauf hinzudeuten scheint, dass die Eier schon im Eierstock mit der klebrigen Flüssigkeit, mit der sie zu Tage kommen überzogen werden, und nicht erst auf ihrem Durchgange unterhalb der Begattungstasche, wie Swammerdam vermutete.

Im Verlaufe dieses Monats fanden wir in eben demselben Stocke noch zehn andere fruchtbare Bienen, die wir gleichfalls der Sektion unterwarfen. Wir erkannten bei den meisten dieser Bienen den Eierstock ohne alle Schwierigkeit; bei einigen jedoch fanden wir davon keine Spur; die Eistränge der letzteren waren allem Anscheine nach nur unvollkommen entwickelt, und um sie aufzufinden, hätten wir eine größere Geschicklichkeit in der Zootomie besitzen müssen als es der Fall war.

Die fruchtbaren Arbeitsbienen legen nie Arbeitsbienen-, nur Drohneneier. Schon Riem hatte diese auffällige Tatsache beobachtet, und alle meine Beobachtungen bestätigen die seinigen. Dem, was er darüber sagt, füge ich nur noch hinzu, dass die fruchtbaren Arbeiter keineswegs so ganz gleichgültig hinsichtlich der Wahl der Zellen sind, in welches sie ihre Eier absetzen; sie geben den großen immer den Vorzug und legen nur dann in die kleinen, wenn sie keine andere mehr finden; mit den drohnenbrütigen Königinnen haben sie das gemein, dass auch sie mitunter ihre Eier in königliche Zellen absetzen.

Indem ich im dritten Briefe von den drohnenbrütigen Königinnen sprach, drückte ich meine Verwunderung aus über die Pflege, welche die Arbeiter den Eiern, welche dieselben in Königszellen absetzen, angedeihen lassen, über die Ausdauer, mit welchen sie die Maden, die daraus hervorkommen, ernährten und über den Verschluss, unter welchem sie diese einschließen, wenn ihre Zeit gekommen ist; begreife aber nicht, wie ich Ihnen mitzuteilen vergessen konnte, dass die Bienen diese königlichen Zellen, nachdem sie dieselben verschlossen haben, bis zur letzten Verwandlung der darin enthaltenen Drohne bekleben und bebrüten. Durchaus anders aber behandeln sie die Königszellen, in welche fruchtbare Arbeiter ihre Drohneneier gelegt haben, sie lassen diesen Eiern und den aus ihnen ausschlüpfenden Maden freilich alle mögliche Sorgfalt zuteil werden und verschließen die Zellen zur rechten Zeit, aber sie verfehlen auch nie, sie drei Tage nach dem Verschluss zu zerstören.

Nachdem wir diese ersten Versuche glücklich beendigt hatten, mussten wir noch die Ursache der Entwicklung der geschlechtlichen Organe der fruchtbaren Arbeiterinnen zu ermitteln suchen. Riem hat sich mit der Lösung dieser anziehenden Frage nicht beschäftigt, und anfänglich fürchtete ich, dass ich zu ihrer Lösung keinen anderen Führer als meine Vermutungen finden möchte. Nach reiflicher Überlegung glaubte ich indes, in der Zusammenstellung der in diesem Briefe mitgeteilten Tatsachen einiges Licht zu erhalten, welches mir den bei dieser neuen Untersuchung einzuschlagenden Weg andeuten könnte.

Alle gemeinen Bienen sind ursprünglich weiblich

Seit der schönen Entdeckung Schirachs unterliegt es keinem Zweifel mehr, dass alle gemeine Bienen weiblichen Geschlechts sind. Die Natur hat ihnen den Keim eines Eierstocks gegeben; sie hat jedoch nicht gestattet, dass er sich außer in dem besonderen Falle, in welchem sie während ihres Larvenstandes eine besondere Nahrung erhielten, entwickle. Wir mussten darum vor allem untersuchen, ob unsere fruchtbaren Arbeitsbienen in ihrem Larvenzustande eine solche Nahrung empfangen haben.

Alle meine Versuche haben mir die Überzeugung aufgedrängt, dass eierlegende Bienen nur in solchen Stöcken erzogen werden, die ihre Königin verloren haben. Haben aber die Bienen ihre Königin verloren, so bereiten sie eine große Menge Königsfutter, um damit diese Maden zu nähren, die sie zu Ersatzköniginnen ausersehen haben. Erscheinen nun fruchtbare Arbeiterinnen nur in diesem einzigen Falle, so ist es ausgemacht, dass sie nur in Stöcken erzogen werden können, deren Bienen Königsfutter bereiten. Auf diesen Umstand richtete ich meine Aufmerksamkeit. Er brachte mich auf die Vermutung, dass die Bienen, wenn sie Königsmaden erziehen, zufällig oder aus einem mir unerklärlichen Instinkte kleine Portionen des königlichen Futtersaft in diejenigen Zellen fallen lassen, welche in der Nähe derer liegen, worin Maden sich befinden, die zu Königinnen erzogen werden sollen. Die Arbeiterlarven, welche zufällig diese kleinen Gaben einer so wirksamen Nahrung erhalten haben, müssen ihren Einfluss in höherem oder geringerem Grade verspüren; ihre Eierstöcke werden eine gewisse Entwicklung bekommen, die aber immer eine unvollkommene bleiben muss. Und warum? Weil ihnen die königliche Nahrung nur in kleinen Gaben gereicht worden ist, und weil die Maden, von denen ich rede, auf kleine Zellen angewiesen waren, ihre geschlechtlichen Organe sich folglich nicht über die gewöhnlichen Verhältnisse ausdehnen konnten. Die aus diesen Maden hervorgehenden Bienen behalten also die Gestalt und alle charakteristischen äußeren Kennzeichen der gewöhnlichen Arbeiter; aber durch die alleinige Einwirkung der kleinen Portion königlichen Futtersaftes, welcher ihrer anderen

5. Brief—Arbeiter legen entwicklungsfähige Eier

Nahrung beigemischt wurde, haben sie das Vermögen, einige Eier zu legen, vor ihnen voraus.

Um über die Richtigkeit dieser Erklärung urteilen zu können, mussten wir die fruchtbaren Arbeitsbienen von ihrer Geburt an im Auge behalten, ermitteln, ob die Zellen, in denen sie erzogen wurden, sich stets in der Nähe der Königszellen befinden, und ob der Futtersaft, womit diese Maden ernährt wurden, mit einigen Teilen Königsfutter gemischt wird. Leider ist dieser letzte Teil des Versuches in seiner Ausführung höchst schwierig. Solange der königliche Futtersaft rein ist, erkennt man ihn an seinem säuerlichen und pikanten Geschmack, ist er aber mit irgendeinem anderen Bestandteile gemischt, so unterscheidet man seinen Geschmack nur noch unvollkommen. Danach glaubte ich, mich auf die Prüfung der Lage der Zellen, aus welchen die fruchtbaren Arbeitsbienen hervorgehen, beschränken zu müssen. Da dies von Wichtigkeit ist, so erlauben Sie mir, Ihnen einen meiner Versuche umständlich mitteilen zu dürfen.

Im Juni 1790 nahm ich wahr, dass einer meiner kleinsten Stöcke seit ein paar Tagen seine Königin verloren hatte, und dass die Bienen desselben sie nicht ersetzen konnten, weil sie keine Arbeitermaden mehr hatten, deshalb ließ ich ihnen ein kleines Wabenstück einstellen, dessen sämtliche Zellen eine junge Made dieser Art enthielten. Schon am anderen Tage verlängerten die Bienen mehrere dieser Zellen zu Königswiegen; zugleich pflegten sie auch die Maden in denen jener benachbarten Zellen. Vier Tage später waren sämtliche von ihnen angelegte Königszellen geschlossen, und gleichzeitig nahmen wir 19 kleine Zellen war, die ebenfalls ihre Vollendung erreicht hatten und mit einem fast flachen Deckel geschlossen waren. In letzteren fanden sich die Larven, welche keine königliche Erziehung erhalten hatten; da sie aber in der Nähe der zu Königinnen bestimmten Larven groß geworden waren, musste es für mich von höchstem Interesse sein, ihren Entwicklungsgang zu verfolgen, und zwar von dem Augenblicke an, in welchem sie aus ihren Zellen hervorgehen würden. Um diesen nicht zu verpassen, schnitt ich diese 19 Zellen aus, stellte sie in ein vergittertes Kästchen, welches ich im Brutlager meiner Bienen befestigte; die Königszellen hatte ich entfernt, denn es lag mir viel daran, dass die Königinnen, welche daraus hervorgehen mussten, die Resultate meines Versuches nicht störten und verwirrten. Ich musste aber noch eine weitere Vorsichtsmaßregel ergreifen; denn es war zu befürchten, dass die Bienen, wenn sie sich der Frucht ihrer Anstrengung und des Gegenstandes ihrer Hoffnung beraubt sahen, mutlos werden möchten. Ich gab ihnen daher ein anderes, Bienenbrut enthaltendes Wabenstück, indem ich mir vorbehielt, ihnen diese neue Brut ohne Gnade und Erbarmen wieder zu entnehmen, wenn die Zeit dazu gekommen sein würde. Dies Mittel schlug vortrefflich ein; die Bienen wandten diesen letzten Maden ihre ganze Sorgfalt zu und vergaßen darüber diejenigen, die ich ihnen genommen hatte.

Als die Zeit sich näherte, wo die Larven meiner 19 Zellen ihre letzte Verwandlung bestanden haben mussten, ließ ich täglich mehrere Male das vergitterte Kästchen, in welchem ich sie verschlossen hatte, untersuchen und fand endlich sechs Bienen darin, welche den gemeinen Bienen aufs Haar glichen. Die Maden in den 13 übrigen Zellen starben, ohne sich in Bienen zu verwandeln.

Jetzt entnahm ich meinem Stocke auch das letzte Brutwabenstück, welches ich ihm eingestellt hatte, um der Ermutigung der Arbeitsbienen zu begegnen. Die in den königlichen Zellen erzogenen Königinnen beseitigte ich, und nachdem ich meine sechs Bienen auf dem Bruststücke rot gezeichnet und das rechte Fühlhorn abgeschnitten hatte, ließ ich alle sechs in den Stock einlaufen, wo sie auch freundlich aufgenommen wurden.

Sie begreifen leicht, welchen Zweck ich mit diesen verschiedenen Vorkehrungen verfolgte. Ich wusste genau, dass sich unter diesen Bienen keine Königin, weder eine große, noch eine kleine, befand, fand ich nun im Verfolg der Beobachtung neuerdings gelegte Eier in den Waben, dann war es wahrscheinlich, dass sie von der einen oder der anderen meiner sechs Bienen herrühren mussten. Um aber darüber unumstößliche Gewissheit zu erhalten, musste ich sie im Augenblicke des Legens überraschen und um sie wieder erkennen zu können, auf eine untrügliche Art zeichnen.

Dieser Gang gewährte einen vollständigen Erfolg. In der Tat fanden wir bald Eier im Stocke; ihre Zahl mehrte sich von Tage zu Tage. Die Larven, die sich daraus entwickelten, waren Drohnenlarven; indes dauerte es lange, bis wir die Bienen, welche sie legten, ertappen konnten. Bei fortgesetzter Ausdauer und Beharrlichkeit nahmen wir endlich eine Biene wahr, welche ihren Hinterleib in eine Zelle senkte. Wir öffneten den Stock, ergriffen diese Biene und sahen das frisch abgesetzte Ei. An dem Überbleibsel des roten Zeichens auf ihrem Bruststücke und an dem fehlenden rechten Fühlhorn erkannten wir in ihr sogleich eine unserer sechs Bienen, die wir im Larvenzustande aus der Nähe der Königszellen entnommen hatten.

Ich hegte nun keinen Zweifel mehr an der Richtigkeit meiner Vermutung, ich weiß nicht, ob Sie meinen dafür geführten Beweis für ebenso bündig halten wie ich; meine Schlussfolgerung ist folgende. Ist es ausgemacht, dass die fruchtbaren Arbeitsbienen immer nur in der Nähe der königlichen Zellen erzogen werden, so ist nicht minder gewiss, dass diese Nähe an sich ein ganz gleichgültiger Umstand ist; denn die Größe und Gestalt dieser Zellen kann auf die in ihrer Umgebung erzogenen Larven keinerlei Einfluss ausüben. Es liegt also etwas Weiteres noch zum Grunde. Nun wissen wir aber, dass die Bienen in die königlichen Zellen eine besondere Nahrung niederlegen und ebenso wissen wir, dass der Einfluss dieser Nahrung auf die Entwicklung des Eierstocks von Entscheidung ist, dass sie allein den Keim desselben zur Ausbildung bringen kann; man muss also notwendig voraussetzen, dass die in der Nähe der Königszellen sich befindenden Maden an dieser Nahrung Teil gehabt haben. Das ist also der Vorzug, den ihnen die Nachbarschaft der königlichen Zellen gewährt; die Bienen, welche sich truppenweise zu den letzteren begeben, gehen über sie hinweg, verweilen auf ihnen und lassen einen Teil des Futtersaftes, den sie für die Königslarven bestimmt haben, fallen. Ich meine, diese Schlussfolge entspricht einer gefundenen Logik.

Die Gabe königlichen Futtersaftes als Larven lässt ihre Eierstöcke entwickeln

Den vorhin mitgeteilten Versuch habe ich so oft wiederholt und die einzelnen Umstände so sorgfältig abgewogen, dass es mir gelungen ist, fruchtbare Arbeitsbienen auftreten zu lassen, so oft ich nur will. Das Verfahren ist einfach. Ich entnehme einem Stocke die Königin; die Bienen suchen dieselbe umgehend zu ersetzen, indem sie Zellen mit Arbeiterbrut erweitern und den darin enthaltenen Larven den königlichen Futtersaft geben; sie lassen auch von diesem Safte kleine Gaben auf die Maden in den angrenzenden Zellen fallen, und diese Nahrung entwickelt auch ihren Eierstock bis zu einem gewissen Grade. Es entstehen also fruchtbare Arbeitsbienen regelmäßig in den Stöcken, in welchen die Bienen sich mit der Ersetzung ihrer Königin beschäftigen, aber nur selten trifft man sie darin an, weil die jungen in Königswiegen erzogenen Königinnen sich über sie herwerfen und sie töten. Aus diesem Grunde muss man ihre Feindin entfernen, wenn man sie am Leben erhalten wird; man muss die Königszellen schon entfernen, ehe die darin befindlichen Larven ausgeschlüpft sind. Dann werden die fruchtbaren Arbeiterinnen, da sie bei ihrer Geburt keine Nebenbuhler im Stocke finden, wohl aufgenommen werden; und hat man Sorge getragen, sie auf eine untrügliche Weise zu zeichnen, so wird man sie einige Tage später Drohneneier legen sehen können. Das ganze Geheimnis des angeführten Verfahrens besteht in der rechtzeitigen Entfernung der königlichen Zellen, d.h. sobald sie geschlossen und die Königinnen ausgeschlüpft sind. Anmerkung: Öfters habe ich Königinnen beobachtet, welche unmittelbar nach ihrer Geburt die königlichen Zellen angriffen und sich darauf über die angrenzenden gemeinen Zellen hermachten. Als ich zum ersten Male Augenzeuge dieser letzten Tatsache war, hatte ich die fruchtbaren Arbeiter noch nicht beobachtet und konnte nicht begreifen, welchen Beweggrund sie haben möchten, ihre Wut auch gegen die gemeinen Zellen zu richten; jetzt aber ist es mir klar, dass sie die darin verschlossene Bienenart erkennen und gegen sie dieselbe Eifersucht oder dasselbe Gefühl des Widerwillens hegen müssen, wie gegen die eigentlichen Königinnen.

Ich füge diesem langen Briefe nur noch ein Wort hinzu. Das Auftreten fruchtbarer Arbeiter hat nichts besonders Auffallendes, wenn man die schöne Entdeckung Schirachs gefasst hat. Warum aber legen diese Bienen nur Drohneneier? Dass sie Eier nur in geringer Anzahl legen, begreife ich; ihre Eierstöcke haben ja nur eine unvollständige Entwicklung empfangen; warum aber ihre Eier ausschließlich nur Drohneneier sind, davon weiß ich mir keinen Grund anzugeben. Ebensowenig kann ich erraten, von welchem Nutzen sie den Stöcken sein mögen; auch über die Art, wie ihre Befruchtung geschieht, habe ich keine Beobachtungen anstellen können.

Genehmigen Sie die Versicherung meiner Hochachtung usw.

6. Brief—Von den Kämpfen der Königinnen, der Drohnenschlacht, etc.

...Und dem Verhalten eines Volkes, dem man die Königin wechselt.
   Pregny, 28. August 1791

   Als Reaumur seine Geschichte der Bienenart verfasste, war ihm noch manches im Leben dieser gewerbefleißigen Insekten verborgen geblieben. Mehrere Beobachter, namentlich die Lausitzer, haben seitdem eine Menge wichtiger Tatsachen entdeckt, die ihm entgangen waren, und ich selbst habe verschiedene Beobachtungen gemacht, die er noch nicht geahnt hatte. Es verdient aber besonders hervorgehoben zu werden, dass nicht nur alles, was er als eigene Beobachtung bezeichnet, von den Naturforschern, die seine Versuche nachgemacht haben, bestätigt ist, sondern dass auch alle seine Vermutungen sich als begründet erweisen. Zwar erheben Schirach, Hattorf und Riem gegen ihn gelegentlich wohl in ihren Abhandlungen einen Widerspruch; doch kann ich versichern, dass sie selbst fast immer sich geirrt haben, wo sie die Wahrnehmungen Reaumurs bekämpfen, und ich könnte dafür mehrere Beispiele anführen. Dasjenige, worauf ich mich für diesmal beschränke, gibt mir zugleich die Veranlassung, Ihnen einige anziehende Erscheinungen mitzuteilen.

   Reaumur hatte beobachtet, dass, wenn eine überzählige Königin in einem Stocke entsteht oder sonstwie hineinkommt, die eine in kurzem dem Tode verfalle; zwar hatte er den Kampf, in welchem sie unterliegt, nicht gesehen, aber vermutet, dass die

6. Brief—Von dem Kampf der Königinnen, der Drohnenschlacht, usw.

Königinnen sich gegenseitig angriffen, und die Herrschaft der stärkeren oder der glücklicheren verbliebe. Dagegen behauptete Schirach und nach ihm Riem, dass die Bienen über die fremde Königin herfielen und sie mit ihren Stacheln töteten. Ich sehe nicht wohl ein, durch welchen Zufall sie auf diese Beobachtung geführt werden konnten, da sie sich nur ziemlich großer Körbe bedienten, in denen sich mehrere gleichlaufende Wabenreihen befanden, so konnten sie höchstens den Anfang der Feindseligkeiten wahrnehmen. Die Bienen laufen sehr schnell, wenn sie sich bekämpfen, rennen hierhin und dahin, schlüpfen zwischen die Waben und verbergen dadurch dem Beobachter ihre Bewegungen. Obgleich ich mich der zweckmäßigsten Stöcke bediene, so habe ich doch niemals einen Kampf zwischen Königinnen und Arbeitern, wohl aber recht oft zwischen Königinnen selbst wahrgenommen.

Feindschaften zwischen den Königinnen

Ich hatte insbesondere einen Stock, in welchem gleichzeitig fünf oder sechs Königszellen mit Nymphen standen; da eine der letzteren älter als die übrigen war, schlüpfte sie früher auch aus. Kaum hatte die junge Königin zehn Minuten lang ihre Wiege verlassen, als sie die übrigen verschlossenen königlichen Zellen aufsuchte, ingrimmig gleich über die erste herfiel und sie mit angestrengter Arbeit an der Spitze öffnete; wir sahen, wie sie mit ihren Zähnen die Seide der darin eingeschlossenen Puppe zerrte, jedoch entsprachen ihre Anstrengungen ihren Wünschen nicht, denn sie verließ das untere Ende der königlichen Zellen, und stellte sich an das entgegengesetzte, wo sie mit geringer Anstrengung eine größere Öffnung zustande brachte; sobald dieselbe groß genug war, drehte sie sich um und steckte ihren Hinterleib hinein, machte darin verschiedene Bewegungen nach allen Richtungen hin, bis es ihr endlich gelang, ihrer

Nebenbuhlerin einen tödlichen Stich mit dem Stachel beizubringen. Darauf entfernte sie sich von dieser Zelle, und die Bienen, welche bis dahin müßige Zuschauer ihre Arbeit gewesen waren, erweiterten nach ihrer Entfernung die Bresche und zogen die Leiche einer kaum erst aus ihrer Puppenhülle hervorgegangenen Königin daraus hervor.

Während der Zeit warf sich die junge siegreiche Königin auf eine andere königliche Zelle und öffnete sie in gleicher Weise, suchte aber ihren Hinterleib nicht in dieselbe hineinzubringen. Diese zweite Zelle enthielt nicht, wie die erste, eine schon entwickelte Königin, sondern nur erst eine Nymphe. Es hat danach den Anschein, dass die Königsnymphen in diesem Stadium ihren Nebenbuhlerinnen weniger Zorn einflößen; aber sie erliegen darum doch nichtsdestoweniger dem Tode, der sie erwartet, denn sobald eine königliche Zelle vor der Zeit geöffnet worden ist, entfernen die Bienen den Inhalt derselben, gleichviel ob Made, Nymphe oder Königin. Augenblicklich erweiterten deshalb auch die Arbeitsbienen, sobald die siegreiche Königin diese zweite Zelle verlassen hatte, die von ihr gemachte Öffnung und zogen die in ihr verschlossene Nymphe daraus hervor. Nun machte sich die junge Königin auch noch an eine dritte Zelle, aber es gelang ihr nicht mehr, sie zu öffnen. Man sah ihr die Ermattung an, sie war unverkennbar durch ihre vorhergehende Anstrengung erschöpft. Da wir gerade Königinnen für einige besondere Versuche nötig hatten, beschlossen wir, die noch übrigen königlichen Zellen zu entfernen, um sie vor ihrer Wut in Sicherheit zu bringen.

Wir wollten nun sehen, was sich ereignen würde, wenn zwei Königinnen gleichzeitig aus ihren Zellen entschlüpfen würden, und auf welche Weise die eine von ihnen dem Tode verfiele. Die darüber angestellt

6. Brief—Von dem Kampf der Königinnen, der Drohnenschlacht, usw.

Beobachtung finde ich in meinem Tagebuch unter dem 15. Mai 1790 aufgezeichnet.

Instinkte der Königinnen verhindern ihren gemeinsamen Tod

An diesem Tage gingen in einem unserer kleinsten Stöcke zwei junge Königinnen fast in demselben Augenblicke aus ihren Zellen hervor. Sobald sie sich erblickten, stürzten sie sich mit anscheinend großem Zorn aufeinander und stellten sich so gegeneinander, dass sich jede von den Zähnen ihrer Nebenbuhlerin an den Fühlern ergriffen sah. Kopf, Brust und Hinterleib der einen waren an Kopf, Brust und Hinterleib der anderen gedrückt, und sie durften nur das Hinterteil ihres Körpers krümmen, um sich gegenseitig mit ihrem Stachel zu durchbohren und beide als Opfer des Zweikampfes zu fallen. Die Natur scheint aber nicht zugeben zu wollen, dass ihre Kämpfe beide Kämpferinnen dem Tode weihen; man möchte sich versucht halten zu behaupten, sie habe den in der soeben beschriebenen Lage sich befindenden Königinnen das Gesetz auferlegt, sich augenblicklich und schleunigst zu trennen. Sobald die beiden Nebenbuhlerinnen fühlten, dass ihre Hinterteile sich berührten, ließen sie sich gegenseitig los und liefen beide davon. Diese Beobachtung habe ich öfters wiederholt; sie lässt mir keinen Zweifel, und ich meine, dass man in diesem Falle die Absicht der Natur wohl erraten kann.

In einem Stocke sollte nur eine Königin sein; erschien nun eine zweite entweder durch Geburt, oder durch irgendwelche Zufälligkeit, so musste die eine von beiden dem Tode verfallen. Den Bienen aber konnte es nicht freigegeben werden, dies Todesurteil zu vollstrecken, weil in einem aus so viel Individuen zusammengesetzten Staate, unter denen man eine immer vollkommene Übereinstimmung nicht annehmen kann, gar leicht der Fall eintreten könnte, dass ein Teil der Bienen über eine Königin herfiele, während der andere die zweite tötete, und der Stock der Königin gänzlich beraubt würde. Darum mussten die Königinnen selbst mit der Sorge beauftragt bleiben, sich ihrer Nebenbuhlerin zu entledigen. Da aber die Natur in diesen Kämpfen nur ein Opfer wollte, so hat sie im Voraus es so weislich geordnet, dass beide Kämpferinnen in demselben Augenblicke, wo sie durch ihre Lage beides Leben einbüßen könnten, von so heftiger Furcht durchbebt werden, dass sie nur an ihre Flucht, nicht an den Gebrauch ihres Stachels denken.

Ich weiß wohl, dass man sich gar leicht täuscht, wenn man für jede Erscheinung auch die Endursache aufsuchen will; bei dieser aber scheinen mir Zweck und Mittel so klar, dass ich keinen Anstand genommen, meine Vermutungen auszusprechen. Sie wissen weit besser als ich, darüber zu entscheiden, wie weit sie begründet sein kann; doch ich kehre zu meinem Gegenstande zurück.

Einige Minuten nach der Trennung unserer beiden Königinnen schwand ihre Furcht, und sie suchten sich von neuem auf. Es dauerte nicht lange, so hatten sie sich wieder aufgefunden, und wir sahen sie gegeneinander rennen, sich wie das erste Mal ergreifen und genau dieselbe Stellung wieder einnehmen. Der Erfolg war ganz derselbe, sobald sie mit ihren Leibern sich berührten, ließen sie einander los und entflohen. Die Arbeitsbienen waren während dieser Zeit sehr aufgeregt, und ihre Unruhe schien sich zu vermehren, wenn die beiden Gegner sich trennten. Zu zwei verschiedenen Malen sahen wir sie den fliehenden Königinnen sich in den Weg werfen, dieselben an den Beinen ergreifen und länger als eine Minute festhalten. Bei einem dritten Angriff lief die Königin, welche die erhitzteste oder die stärkste war, auf ihre Nebenbuhlerin, die sie nicht hat kommen sehen, zu, fasste sie mit den Zähnen an der Flügelwurzel, stieg dann

6. Brief—Von dem Kampf der Königinnen, der Drohnenschlacht, usw.

auf ihren Leib, senkte das Ende ihres Hinterleibes auf letzten Ringe ihre Feindin und durchstach dieselben ohne Schwierigkeiten mit ihrem Stachel; darauf ließ sie den Flügel, den sie zwischen den Zähnen hielt, los und zog ihren Stachel zurück. Die überwundene Königin brach zusammen, schleppte sich ohnmächtig fort, verlor rasch ihre Kräfte und starb bald darauf. Diese Beobachtung bewies, dass jungfräuliche Königinnen sich einander im Einzeltreffen bekämpfen. Jetzt wollten wir weiter sehen, ob auch befruchtete und alte Königinnen gegeneinander dieselbe Erbitterung hegten.

Die Arbeiterinnen scheinen ihren Kampf zu fördern

Zu dieser neuen Beobachtung wählten wir am 22. Juli einen flachen Stock, dessen Königin sehr fruchtbar war, und da wir zunächst erfahren wollten, ob sie, ebenso wie die jungfräulichen Königinnen, die königlichen Zellen zerstören würde, hefteten wir in die Mitte ihrer Wabe drei versiegelte Zellen dieser Art. Sobald sie dieselben erblickte, stürzte sie auf die Gruppe, welche dieselben bildeten, los, biss sie an ihrer Grundfläche auf und verließ sie nicht eher, als bis sie die darin enthaltenen Nymphen bloßgelegt hatte. Darauf näherten sich die Arbeitsbienen, welche bis dahin Zuschauer dieser Zerstörung gewesen waren, um die königlichen Nymphen zu entfernen; begierig leckten sie den Futtersaft, welcher auf dem Grunde dieser Zellen immer zurückbleibt, auf, sogen auch die Flüssigkeit aus dem Körper der Nymphen aus und zerstörten schließlich auch die Zellen, aus denen sie dieselben herausgerissen hatten.

Darauf ließen wir in ebendiesen Stock eine ebenfalls sehr fruchtbare Königin einlaufen, deren Bruststück wir gezeichnet hatten, um sie von der herrschenden Königin unterscheiden zu können. Es bildete sich also bald ein Kreis Bienen um diese Fremde, jedoch nicht in der

Absicht, um ihr zu huldigen oder sie zu liebkosen; denn unmerklich häuften sie sich um sie herum und schlossen sie so ein, dass sie nach Verlauf einer Minute ihre Freiheit eingebüßt hatte und sich zur Gefangenen gemacht sah. Bemerkenswert dabei war, dass gleichzeitig andere Arbeitsbienen sich um die herrschende Königin versammelten und deren freie Bewegung hinderten; es dauerte nicht lange, als auch sie, wie die Fremde, eingeschlossen war. Man hätte mitunter annehmen mögen, dass die Bienen den Kampf vorhersähen, in welchem die beiden Königinnen sich einlassen würden, und dass sie begierig wären, den Ausgang zu sehen; denn sie halten sie nur gefangen, wenn sie sich voneinander entfernen zu wollen scheinen, wenn aber eine von beiden, sobald sie sich in ihren Bewegungen freier fühlt, sich ihre Gegnerin nähern zu wollen scheint, dann treten alle Bienen, welche den Knäuel bilden, auseinander, um ihnen volle Freiheit zum gegenseitigen Angriff zu gewähren, schließen sie aber von neuem wieder ein, wenn die Königinnen noch zur Flucht geneigt sind.

Wie haben diese Tatsache zwar sehr oft gesehen, sie bietet aber einen so neuen und so außerordentlichen Zug vom polizeilichen Verfahren der Bienen dar, dass man sie tausendmal müsste gesehen haben, wenn man sie mit Bestimmtheit wollte nachweisen können. Ich möchte darum die Naturforscher wohl auffordern, den Kampf der Königinnen sorgfältig zu belauschen und vor allem die Rolle festzustellen, welche die Arbeitsbienen dabei spielen. Suchen sie den Kampf zu beschleunigen? Reizen sie durch irgendein geheimes Mittel die Wut der Kämpfenden noch mehr an? Wie kommt es, dass es trotz ihrer großen Liebe zu der eigenen Königin dennoch Umstände geben kann, unter denen sie dieselbe zurückhalten, wenn sie sich anschickt, einer ihr drohenden Gefahr sich zu entziehen?

6. Brief—Von dem Kampf der Königinnen, der Drohnenschlacht, usw.

Um diese Frage zu lösen, müsste man eine lange Reihenfolge von Versuchen anstellen. Das ist ein weites Feld für Untersuchungen, deren Ergebnisse aber auch denkwürdig sein müssten. Verzeihen Sie meine öfteren Abschweifungen; dieser Gegenstand gehört der Philosophie an, um ihn aber gehörig zu behandeln und auseinanderzusetzen, müsste man Ihren Scharfblick besitzen. Ich nehme die Beschreibung des Kampfes unserer beiden Königinnen wieder auf.

Sobald der dichte, die herrschende Königin umgebende Bienenhaufen dieser einen freiere Bewegung gestattet hatte, schien sie sich dem Teile der Wabe nähern zu wollen, auf welchem ihre Nebenbuhlerin sich befand; zugleich wichen sämtliche Bienen vor ihr zurück; allmählich zerstreute sich der Arbeiterhaufen, der die beiden Gegner trennte; zuletzt blieben nur noch zwei zurück, die aber auch zu Seite traten und den Königinnen gestatteten, einander zu erblicken. Auf der Stelle warf sich die herrschende auf die fremde, ergriff sie mit ihren Zähnen an der Flügelwurzel, drückte sie gegen die Wabe, sodass sie weder Widerstand leisten, noch sich irgendwie bewegen konnte, krümmte darauf ihren Hinterleib und durchbohrte mit einem tödlichen Stiche das unglückliche Opfer unserer Neugierde.

Um sämtliche Vergleichungen zu erschöpfen, mussten wir noch untersuchen, ob auch zwischen zwei Königinnen, deren eine fruchtbar, die andere unfruchtbar war, ein Kampf bestehen, und welches dessen begleitende Umstände und Ausgang sein würden.

Wir hatten einen Glasstock, dessen Königin noch unfruchtbar und 24 Tage alt war; in ihm ließen wir am 18. September eine sehr fruchtbare Königin auf der Seite der Wabe einlaufen, die derjenigen entgegenstand, auf welcher sich die jungfräuliche Königin aufhielt, um mit

Muße beobachten zu können, welcher Empfang ihr von den Arbeitsbienen zuteil werde. Sie wurde sogleich von den Bienen umzingelt und eingeschlossen. Sie blieb aber nur einen Augenblick in ihrem Knäuel eingehüllt; sie wurde von ihren Eiern gedrängt und ließ dieselben fallen, ohne dass wir bemerken konnten, was aus ihnen wurde. Jedenfalls aber brachten die Bienen sie nicht in die Zellen, denn wir fanden keins, als wir sie untersuchten. Sobald sich die sie umgebende Gruppe ein wenig zerstreut hatte, näherte sie sich dem Wabenrande und war nicht mehr weit von der jungfräulichen Königin. Kaum hatten sie sich erblickt, als sie gegeneinander fuhren; die jungfräuliche Königin stieg auf den Rücken ihrer Nebenbuhlerin und richtete mehrere Stiche gegen deren Leib; da diese Stiche aber nur die hornige Oberfläche trafen, fügten sie ihr keinen Schaden zu und die Kämpfenden trennten sich. Einige Minuten nachher kehrten sie zum Angriff zurück. Diesmal gelang es der fruchtbaren Königin, auf den Rücken ihre Feindin zu steigen, sie suchte aber vergebens, dieselbe zu durchbohren, ihr Stachel drang nicht in das Fleisch ein; die unbefruchtete Königin machte sich los und entfloh; auch bei einem dritten Zusammentreffen, in welchem die fruchtbare Königin den Vorteil der Stellung vor ihr voraus hatte, gelang es ihr noch einmal zu entwischen. Beide Nebenbuhlerinnen schienen von gleicher Stärke, und es war schwer abzusehen, auf welche Seite sich der Sieg neigen werde, als endlich die heimische Königin durch einen glücklichen Zufall die fremde tödlich verwundete, so dass sie auf der Stelle verschied.

Der Stich war so tief eingedrungen, dass die sieggekrönte Königin ihren Stachel nicht gleich zurückziehen konnte und im Falle ihrer Feindin mit fortgerissen wurde. Wir sahen, wie sie sich anstrengen musste, um ihren Stachel freizumachen, womit sie erst dann zu Stande kam, als sie sich auf dem Hinterteile ihres Körpers wie auf einer Welle herumdrehte. Vermutlich bogen sich durch diese Bewegung die Widerhaken des Stachels und legten sich spiralförmig um den Schaft und kamen so aus der Wunde, die sie geschlagen hatten, wieder heraus.

Ich denke, diese Beobachtungen lassen Ihnen keinen Zweifel mehr über die Voraussetzung unseres berühmten Reaumurs. Gewiss ist, dass, wenn man mehrere Königinnen in einen Stock bringt, nur eine die Herrschaft behaupten wird, die anderen ihren Stichen unterliegen müssen, und die Arbeitsbienen auch nicht einmal in Versuchung geraten, ihren Stachel gegen die fremde Königin zu gebrauchen. Ich ahne, was Riem und Schirach in dieser Beziehung getäuscht haben kann; um das aber nachzuweisen, muss ich in einer etwas langen Erzählung einen neuen Zug aus dem Polizeileben der Bienen mitteilen.

Im natürlichen Zustande der Stöcke können sich für eine gewisse Zeit mehrere Königinnen finden, diejenigen nämlich, welche in den von den Bienen erbauten Königszellen erzogen sind; und sie bleiben solange darin, bis sich entweder ein Schwarm gebildet, oder ein Kampf unter den Königinnen die Thronfolge entschieden hatte; außer in diesem Falle kann es in einem Stocken niemals überzählige Königinnen geben, und wenn ein Beobachter eine solche einführen will, so kann es nur im Wege der Gewalt, d.h. durch Öffnung des Stockes geschehen. Mit einem Worte, im Normalzustand kann sich nie eine fremde Königin eindrängen. Den Grund davon will ich sogleich angeben.

Der Eingang des Stockes ist ständig bewacht
Die Bienen unterhalten bei Tage und bei Nacht an den Toren ihrer Wohnung eine ausreichende Wache; diese

wachsamen Schildwachen untersuchen jeden Ankömmling auf sorgfältigste und berühren, als trauten sie ihren Augen nicht allein, jedes Individuum, welches in den Stock einkehren will, wie auch jeden Gegenstand, den man in ihren Bereich bringt, mit ihren Fühlern, was, im Vorbeigehen gesagt, nicht daran zweifeln lässt, dass die Antennen das Tastorgan sind. Erscheint eine fremde Königin, so ergreifen sie die wachehaltenden Bienen auf der Stelle; um sie am Eintreten zu hindern, erfassen sie mit ihren Zähnen die Füße oder Flügel derselben und schließen sie in einen so engen Kreis ein, dass sie sich in demselben nicht wehren kann. Nach und nach kommen aus dem Inneren des Stockes frische Bienen, die sich dem Haufen anschließen und ihn noch dichter machen; ihre Köpfe sind alle gegen den Mittelpunkt, wo die Königin eingeschlossen ist, gerichtet, und sie scheinen von einer solch leidenschaftlichen Wut ergriffen zu sein, dass man den von ihnen gebildeten Ballen aufnehmen und wegtragen kann, ohne dass sie es wahrnehmen, und es ist rein unmöglich, dass eine so eng eingeschlossene fremde Königin in den Stock eindringen kann. Halten die Bienen sie zu lange eingeschlossen, so stirbt sie, und ihr Tod ist vermutlich entweder durch Hunger, oder durch Ersticken hervorgerufen. Gewiss ist wenigstens, dass sie keinen Stich bekommt. Es ist uns nur ein einziges Mal vorgekommen, dass die Bienen gegen eine eingeschlossene Königin ihren Stachel richteten, und das geschah durch unsere Schuld. Von ihrem Geschicke ergriffen, wollten wir sie aus dem sie umhüllenden Knäuel befreien; dadurch reizten wir die Bienen, die augenblicklich ihre Stachel vorstreckten und der unglücklichen Königin einige Stiche beibrachten, denen sie erlag. Es ist so gewiss, dass ihre Stachel nicht gegen sie gerichtet waren, dass selbst mehrere Arbeiter von ihnen getroffen wurden, und zuverlässig war es doch nicht ihre Absicht, einander zu töten. Hätten wir also die Bienen

6. Brief—Von dem Kampf der Königinnen, der Drohnenschlacht, usw.

dieses Knäuels nicht beunruhigt, so hätten sie sich darauf beschränkt die Königin in ihrer Mitte zu hüten, sie gewiss nicht ermordet.

Unter einem dem soeben beschriebenen ähnlichen Umstande hat nun vermutlich Riem die erbitterten Bienen eine Königin verfolgen gesehen. Er hat vorausgesetzt, dass sie dieselbe mit ihrem Stachel zu durchbohren suchten und daraus geschlossen, dass es den Arbeitsbienen obliege, die überzähligen Königinnen zu töten. Sie haben über seine Beobachtung in der „Betrachtung der Natur" berichtet; nach meiner ins Einzelne eingehenden Mitteilung werden Sie sich aber überzeugen, dass er sich getäuscht hat. Er hatte die Aufmerksamkeit übersehen, mit welcher die Bienen auf alles achten, was sich im Eingang ihrer Wohnung zuträgt, und waren ihm die Mittel entgangen, deren sie sich bedienen, um überzählige Königinnen von ihren Stöcken fernzuhalten.

Nachdem ich festgestellt hatte, dass die Arbeitsbienen in keinem Falle überzählige Königinnen mit ihrem Stachel töten, wollte ich auch in Erfahrung bringen, wie eine fremde Königin in einem Stocke aufgenommen werde, der gar keine Königin habe. Ich stellte zu dem Ende eine Menge Versuche an, deren ausführliche Mitteilung meinen Brief aber zu sehr in die Länge ziehen würde; ich beschränke mich darum auf die hauptsächlichsten Resultate.

Die Folgen eines Verlustes der Königin

Entnimmt man einem Stocke die Königin, so nehmen es die Bienen nicht augenblicklich wahr; sie setzen ihre Arbeiten fort, pflegen ihre Jungen verrichten alle ihre gewöhnlichen Geschäfte mit der gewohnten Ruhe; nach Verlauf von ein paar Stunden aber werden sie unruhig; der ganze Stock scheint in Aufruhr zu sein; man hört ein eigentümliches Gebrause; die Bienen versäumen die Pflege der Brut, laufen mit Ungestüm über die Waben weg und scheinen wahnwitzig zu sein; also jetzt erst bemerken sie, dass ihre Königin sich nicht mehr in ihrer Mitte befinde. Wie aber können sie es überall bemerken? Wie können die Bienen auf der einen Wabe wissen, ob die Königin auf der anderen Wabe ist oder nicht ist?

Sie selbst haben bei Erwähnung eines anderen Zuges aus der Geschichte der Bienen diese Fragen aufgeworfen; ich bin zwar noch nicht im Stande, darauf jetzt schon zu antworten, habe aber einige Tatsachen gesammelt, welche den Naturforschern die Entdeckung dieses Geheimnisses möglicherweise erleichtern können.

Ich zweifle nicht daran, dass diese Aufregung aus dem Bewusstsein entspringt, welches die Arbeitsbienen von der Abwesenheit ihrer Königin haben; denn sobald man sie ihnen zurückgibt, stellt sich augenblicklich auch die Ruhe unter ihnen wieder her; und merkwürdig ist dabei, dass sie dieselbe wiedererkennen, den Ausdruck im buchstäblichen Sinne genommen. Die Unterschiebung einer anderen Königin bringt nicht dieselbe Wirkung hervor, wenn sie innerhalb der ersten 12 Stunden nach Entfernung der herrschenden Königin geschieht. In diesem Falle dauert die Aufregung fort, und die Bienen behandeln die fremde Königin ebenso, als wenn ihnen die Gegenwart ihrer eigenen Königin nichts zu wünschen übrig lässt; sie ergreifen sie, schließen sie von allen Seiten ein und halten sie in einem undurchdringlichen Haufen lange gefangen. Gewöhnlich ist diese Königin dem Tode verfallen, sei es nun durch Hunger oder durch Ersticken.

Einführung einer fremden Königin

Hat man 18 Stunden verstreichen lassen, ehe man eine fremde Königin für die entnommene herrschende einsetzt, so wird sie anfänglich auf dieselbe Weise

6. Brief—Von dem Kampf der Königinnen, der Drohnenschlacht, usw.

behandelt; die Bienen lassen aber schneller ab, der Knäuel, den sie um dieselbe gebildet hatten, wird bald loser; nach und nach zerstreuen sie sich, und die Königin wird endlich frei; aber ihr Gang ist schwach und matt, oft verscheidet sie nach wenigen Minuten. Andere Königinnen dagegen sahen wir wohlbehalten aus einer solchen Einschließung, die 17 Stunden gedauert hatte, hervorgehen und schließlich den Thron in den Stöcken besteigen, in denen sie anfänglich so übel waren aufgenommen worden.

Wartet man aber 24-30 Stunden, um an die Stelle einer entfernten Königin eine fremde zu setzen, so wird sie willig aufgenommen und vom Augenblicke der Einführung in den Stock an als Königin anerkannt werden.

Anmerkung: Ich spreche hier von dem guten Empfange, den die Bienen nach einem 24-stündigen Interregnum jeder fremden, ihrer angestammten untergeschoben Königin zuteil werden lassen; da aber das Wort Empfang eine weite Bedeutung hat, so muss ich notwendig in einige Einzelheiten eingehen, um den Begriff zu bezeichnen, den ich ihm beilege. Am 15. August dieses Jahres gab ich einem meiner Glasstöcke eine fruchtbare, elf Monate alte Königin. Die Bienen waren seit 24 Stunden ihrer Königin beraubt und hatten, ihren Verlust zu ersetzen, bereits angefangen, zwölf Königszellen von der Art, die ich in einem meiner früheren Briefe beschrieben habe, anzulegen. Als ich die fremde Königin auf die Wabe setzte, berührten sie die Bienen, die sich in ihrer Nähe befanden, also bald mit ihren Fühlern, fuhren mit ihrem Rüssel über alle Teile ihres Körpers und reichten ihr Honig; hierauf machten sie anderen Platz, welche sie genau ebenso behandelten. All diese Bienen schlugen gleichzeitig mit den Flügeln und stellten sich in einem Kreise um ihre Herrin. Daraus entstand eine Art Aufregung, die sich allmählich allen Bienen, die sich an anderen Punkten auf derselben Wabenseite befanden, mitteilte und sie ihrerseits veranlasste, das in Augenschein zu nehmen, was auf dem Schauplatze vorging. Sie kamen hurtig herbei, durchbrachen den Kreis, den die erstgekommenen gebildet hatten, näherten sich der Königin, berührten sie mit ihren Fühlern, reichten ihr Honig, traten nach dieser kurzen Zeremonie zurück, stellte sich hinter den anderen auf und erweiterten so den Kreis. Hier schlugen sie mit den

Flügeln, schüttelten sich ohne Wirrwarr und Lärmen, als wenn sie eine sehr angenehme Empfindung gehabt hätten. Noch hatte die Königin die Stelle, wohin ich sie gesetzt, nicht verlassen, nach einer Viertelstunde aber setzte sie sich in Bewegung. Die Bienen widersetzten sich nicht, sie öffneten den Kreis an der Seite, wohin sie sich wandte, gaben ihr das Geleit und bildeten ein Spalier. Sie wurde von ihren Eiern gedrängt und ließ sie fallen. Erst nach einem vierstündigen Aufenthalt begann sie, männliche Eier in die großen Zellen, die sie auf ihrem Wege antraf, abzusetzen.

Während das, was sich soeben mitgeteilt habe, sich auf der Wabenseite, auf welche ich die Königin gesetzt hatte, zutrug, herrschte auf der entgegengesetzten Seite eine vollkommene Ruhe. Offenbar hatten die Arbeitsbienen dieser Seite auch nicht die entfernteste Ahnung von der Ankunft einer Königin in ihrem Stocke; sie arbeiteten mit ununterbrochener Tätigkeit an ihren Königszellen, als gänzlich unbekannt damit, dass sie ihrer nicht mehr bedurften; sie pflegten die königlichen Larven, brachten ihnen Futterbrei usw. und endlich aber kam die neue Königin auch auf ihre Seite und wurde hier mit derselben Liebe aufgenommen, die ihr auf der ersten Wabenseite war zuteil geworden. Sie bildeten ein Spalier, reichten ihr Honig, berührten sie mit ihren Fühlern und was mehr noch beweist, dass sie dieselbe als Königin anerkannten, sie stellten zugleich ihre Arbeit an den königlichen Zellen ein, rissen die Königslarven aus und verzehrten den Futterbrei, den sie um dieselben angehäuft hatten. Von da an war die Königin vom ganzen Volke anerkannt und benahm sich in ihrer neuen Wohnung gerade so, wie sie es in ihrem Geburtsstocke getan haben würde.

Diese Einzelheiten scheinen mir eine deutliche Vorstellung von der Weise zu geben, wie die Bienen eine fremde Königin aufnehmen, wenn sie Zeit gehabt haben, die ihrige zu vergessen. Sie behandeln sie gerade so, als wenn es ihre angestammte Königin wäre, mit dem Unterschiede etwa, dass sie anfänglich vielleicht mehr Eifer, oder, wenn ich so sagen soll, mehr Gepränge zeigen. Ich fühle das ungeeignete dieser Ausdrücke, doch hat Reaumur sie gewissermaßen geweiht; er nimmt keinen Anstand zu sagen, dass die Bienen ihre Königin Sorgfalt, Achtung, Huldigung erweisen, und nach seinem Vorgange haben sich die meisten Autoren, die von Bienen geschrieben, derselben Ausdrücke bedient.

Eine Abwesenheit von 24 oder 30 Stunden reicht also hin, um die Bienen ihre erste Königin vergessen zu lassen. Ich enthalte mich jeder Vermutung.

6. Brief—Von dem Kampf der Königinnen, der Drohnenschlacht, usw.

Die Drohnenschlacht

Mein Brief hat bislang nur Beschreibungen von Kämpfen und Trauerszenen geliefert. Vielleicht sollte ich Ihnen zum Schlusse irgendwelchen Zug eines schönen und anziehenden Kunstfleißes mitteilen. Um indes nicht von neuem wieder auf Kampf- und Mordgeschichten zurückkommen zu müssen, will ich hier gleich auch meine Beobachtungen über die Drohnenschlacht anschließen.

Sie wissen, dass alle Beobachter darin übereinstimmen, dass die Arbeitsbienen zu einer gewissen Zeit im Jahre die Drohnen vertreiben und töten. Reaumur spricht von diesen Exekutionen wie von einer furchtbaren Metzelei; zwar sagt er nicht ausdrücklich, dass er Augenzeuge derselben gewesen sei, doch stimmen meine Beobachtungen mit seiner Erzählung so vollkommen überein, dass man annehmen muss, er habe den Verlauf dieser Niedermetzelung selbst verfolgt.

Gewöhnlich pflegen sich die Bienen ihrer Drohnen in den Monaten Juli und August zu entledigen. Dann sieht man sie Jagd auf dieselben machen und sie bis auf das Bodenbrett verfolgen, wo sich dieselben in dichten Haufen zusammendrängen. Da man gleichzeitig auch eine Menge Drohnenleichen auf der Erde vor den Stöcken findet, so scheint es nicht zweifelhaft, dass die Bienen sie, sobald die Verfolgung begonnen, mit ihrem Stachel töten. Doch sieht man sie auf den Waben keinen Gebrauch von dieser Waffe gegen dieselben machen; sie begnügen sich damit, sie zu verfolgen und sie von derselben zu vertreiben. Sie selbst erwähnen in einer neuen Anmerkung zur „Betrachtung der Natur" und scheinen davon überzeugt zu sein, dass die in einem Winkel des Stockes zurückgedrängten Drohnen daselbst vor Hunger sterben. Diese Voraussetzung war sehr wahrscheinlich; dennoch blieb die Möglichkeit, dass das Blutbad im Inneren des

Stockes vor sich gehen konnte, dass man es bisher noch nicht habe beobachten können, weil dieser Teil dunkel ist und sich den Blicken des Beobachters entzieht.

Um den Grund oder Ungrund dieses Zweifels zu ermessen, kamen wir auf den Einfall, das Lagerbrett, welches den Stöcken als Standbrett dient, mit Glasscheiben zu versehen und uns darunter zu setzen, um zu beobachten, was auf der Schaubühne vorgehe. Wir fertigten nun einen verglasten Tisch an, auf welchem wir 6 mit vorjährigen Schwärmen bevölkerte Stöcke aufstellten, und suchten, unter diesem Tische sitzend, ausfindig zu machen, auf welche Weise die Drohnen ihr Leben einbüßten. Diese Vorrichtung erwies sich als vollkommen zweckentsprechend. Am 4. Juli 1787 sahen wir die Bienen in sechs Stöcken gleichzeitig und unter denselben Umständen die Drohnenschlacht eröffnen. Die Glasscheiben im Lagerbrett waren mit anscheinend sehr aufgeregten Bienen bedeckt, welche über die Drohnen herfielen, sowie sie auf den Boden herabkamen; sie ergriffen sie an den Fühlern, den Beinen oder den Flügeln, und wenn sie sie lange genug hin- und her gezerrt oder vielmehr zerzaust hatten, töteten sie dieselben mit ihren Stacheln, die sie gewöhnlich zwischen die Bauchschuppen richteten. Der Augenblick, in welchem diese furchtbare Waffe sie erreichte, war immer auch der ihres Todes, sie streckten die Flügel und verschieden. Aber als wenn die Arbeiter sie noch nicht so völlig tot gehalten hätten, wie sie uns erschienen, sie stachen noch immer frisch darauf los und bohrten ihre Stachel so tief ein, dass sie oft große Mühe hatten, sie zurückzuziehen. Sie mussten sich im Kreise um sich selbst drehen, um sie freizumachen.

Am folgenden Tage nahmen wir abermals dieselbe Stelle ein, um unsere Stöcke zu beobachten, und waren Zeugen neuer Mordszenen. Drei Stunden lang sahen wir unsere Bienen wütend Drohnen schlachten. Tags vorher hatten sie die ihrer eigenen Stöcke getötet, an diesem Tage fielen sie über die Drohnen her, welche aus anderen Stöcken vertrieben waren und in ihrer Wohnung eine rettende Zuflucht suchten. Auch sahen wir sie einige Drohnennymphen aus den Zellen reißen, die noch darin geblieben waren, mit Gier jede Flüssigkeit aus ihrem Körper aufsaugen und sie dann aus dem Stock schleppen. Am folgenden Tage schienen keine Drohnen mehr in diesen Stöcken zu sein. Diese beiden Beobachtungen scheinen mir entscheidend zu sein; es ist unverkennbar, dass die Natur die Arbeitsbienen dazu ausersehen hat, die Drohnen ihrer Stöcke zu einer gewissen Jahreszeit zu töten. Welches Mittels mag sie sich aber bedienen, um die Wut der Bienen gegen die Drohnen zu erregen? Das ist ebenfalls eine von den Fragen, auf welche ich keine Antwort habe.

Keine Drohnenschlacht in Stöcken ohne Königin

Jedoch habe ich eine Wahrnehmung gemacht, die möglicherweise eines Tages zur Lösung des Rätsels hinführen kann. Die Bienen töten niemals die Drohnen in Stöcken ohne Königin; in ihnen finden sie vielmehr eine sichere Zufluchtsstätte, selbst in der Zeit, in welcher sie anderswo ohne Erbarmen niedergemetzelt werden; selbst dann werden sie darin geduldet und genährt und man findet daselbst oft noch im Januar eine große Menge derselben. Auf gleiche Weise werden sie auch in den Stöcken geduldet, die, ohne eine eigentlich sogenannte Königin zu besitzen, doch drohneneierlegende Bienen haben, so wie auch in solchen, deren halbfruchtbare Königinnen, wenn ich sie so nennen darf, nur Drohnen erzeugen. Die Drohnenschlacht findet also nur in Stöcken statt, deren Königinnen vollkommen fruchtbar sind, und immer erst nach beendigter Schwarmzeit.

Ich habe die Ehre usw

7. Brief—Aufnahme einer fremden Königin

Weitere Versuche zur Ermittlung der Art und Weise, wie die Bienen eine fremde Königin aufnehmen. Reaumurs Beobachtungen darüber.

Pregny, 30. August 1791

Ich habe mich öfters gegen Sie darüber ausgesprochen, wie hoch ich Reaumurs Abhandlungen über die Bienen stelle, und gern wiederhole ich es, dass, wenn meine Beobachtungen einige Anerkennung verdienen, es lediglich dem gründlichen Studium der Werke dieses ausgezeichneten Naturforschers zuzuschreiben ist. Im Allgemeinen steht seine Autorität bei mir so hoch, dass ich kaum meinen eigenen Versuchen traue, wenn sie in ihren Resultaten von den seinigen abweichen. Wenn ich mich daher mit dem Geschichtsschreiber der Bienen irgendwie in Opposition finde, so fange ich meine Versuche von vorne wieder an, wechsele das Verfahren, prüfe mit der größten Aufmerksamkeit alle einzelnen Umstände, die mich täuschen könnten, und stelle meine Arbeit nicht eher ein, als bis ich die moralische Gewissheit erlangt habe, dass ich mich nicht getäuscht habe. Eben diese Behutsamkeit hat mich von dem richtigen Blicke Reaumurs überzeugt, und in 1000 Fällen habe ich gefunden, dass Versuche, die gegen ihn zu sprechen schienen, falsch ausgeführt worden waren. Davon muss ich jedoch einige Tatsachen ausnehmen, über die ich stets ein dem seinigen entgegengesetztes Resultat gewonnen habe. Dazu gehören auch die in meinem vorhergehenden Briefe mitgeteilten über die Art und Weise, wie die Bienen eine statt der angestammten untergeschobene fremde Königin aufnehmen.

Wenn ich einem Stocke die Königin entnahm und zugleich eine fremde an ihre Stelle setzte, wurde diese von den Bienen als Thronräuberin feindlich behandelt; sie umzingelten sie, schlossen sie ein und endeten oft damit, dass sie dieselbe erstickten. Ich konnte sie nie zur Annahme einer neuen Königin bewegen, wenn ich nicht 20-24 Stunden darüber hatte verfließen lassen. Nach Verlauf dieser Zeit schienen sie ihre eigene Königin vergessen zu haben und nahmen die an ihrer statt eingesetzte achtungsvoll auf. Reaumur dagegen sagt, dass, wenn man den Bienen ihre Königin nimmt und ihnen dafür eine andere gibt, die neue Königin in demselben Augenblicke durchaus freundlich aufgenommen werde. Um das zu beweisen, berichtet er umständlich über einen Versuch, den man aber in seinem Werke selbst nachlesen muss; ich gebe davon nur einen Auszug. Er trieb ungefähr 400 oder 500 Bienen aus ihrem Stocke in einen Glaskasten, in dessen Kopfe er eine kleine Wabe befestigt hatte. Anfänglich waren die Bienen sehr unruhig; um sie zu beruhigen oder zu trösten, gab er ihnen eine neue Königin. Sogleich hörte die Unruhe auf, und die fremde Königin wurde achtungsvoll angenommen.

Ich ziehe das Ergebnis dieses Versuches nicht in Zweifel, doch beweist es meiner Meinung nach die Folgerung nicht, welche Reaumur daraus zieht. Die angewendete Zurüstung entfernte die Bienen zu sehr aus ihrer natürlichen Lage, um über ihren Instinkt und ihre Neigungen urteilen zu können. Er selbst hatte bei anderen Veranlassungen wahrgenommen, dass auf eine zu geringe

Anzahl beschränkte Bienen ihren Fleiß und ihre Tätigkeit verloren und sich ihren gewöhnlichen Arbeiten nur unvollständig widmeten. Ihr Instinkt wird also durch jede Vorrichtung, die sie auf eine zu geringe Anzahl beschränkt, umgewandelt. Sollte der Versuch demnach wirklich beweisend sein, so hätte er ihn in einem gut bevölkerten Stocke ausführen, diesem seine angeborene Königin nehmen und dafür in demselben Augenblicke eine fremde einsetzen müssen. In diesem Falle hätte Reaumur, davon halte ich mich überzeugt, gewiss die Bienen die Prätendentin zur Gefangenen, sie mindestens auf 15 oder 18 Stunden in ihren Knäuel einschließen, vielleicht wohl gar ersticken gesehen. Er hätte sicher nicht erlebt, dass eine fremde Königin angenommen worden, wenn er mit dem Zusetzen nicht 24 Stunden nach der Entfernung der angestammten Königin gewartet haben würde. Ich habe in dieser Beziehung in dem Ergebnisse meiner Versuche nicht die geringste Abweichung erfahren. Ihre öftere Wiederholung und die Aufmerksamkeit, mit welcher ich sie angestellt habe, bürgen mir dafür, dass sie Ihr Vertrauen verdienen.

Mehrere Königinnen sind niemals erlaubt

An einer anderen Stelle der bereits zitierten Abhandlung (Seite XXX) versichert Reaumur, dass Bienen, welche eine Königin besitzen, mit der sie zufrieden sind, nichts desto weniger geneigt sich erweisen, einer fremden Königin, die zu ihnen ihre Zuflucht nimmt, die freundlichste Aufnahme angedeihen zu lassen. Ich habe Ihnen in meinem letzten Briefe meine Versuche über diesen Punkt vorgelegt; sie haben ein ganz anderes Ergebnis geliefert, als Reaumur erhalten hat. Ich habe nachgewiesen, dass die Arbeitsbienen ihren Stachel nicht gegen irgendwelche Königin gebrauchen, aber zwischen dieser Tatsache und dem einer fremden Königin erwiesenen freundlichen Empfange liegt noch eine weite

Kluft. Sie schließen sie in ihre Mitte ein, drängen sie in ihrem Knäuel und scheinen ihr erst dann die Freiheit zurückzugeben, wenn sie sich zum Kampfe mit der herrschenden Königin anschickt. Diese Beobachtung lässt sich aber nur in unseren kleinsten Stöcken anstellen; die Reaumurschen hatten immer wenigstens zwei nebeneinander laufende Waben, und bei dieser Einrichtung mussten ihm manche wichtige Umstände entgehen, die auf das Verhalten der Arbeitsbienen beim Zusetzen mehrerer Königinnen einen notwendigen Einfluss ausüben. Die Kreise, welche die Arbeitsbienen gleich anfänglich um eine fremde Königin bilden, hat er für Liebkosungen gehalten; und wenn diese Königin sich zwischen die Waben begab, war es ihm vollends unmöglich wahrzunehmen, dass diese Kreise sich immer enger schlossen und der darin befindlichen Königin zuletzt jede Bewegung unmöglich machten. Hätte er kleine Stöcke angewendet, würde er erkannt haben, dass die vermeintliche Huldigung nur das Vorspiel zu einer eigentlichen Haftnahme war.

Es widerstrebt mir, zu sagen, Reaumur habe sich getäuscht; doch kann ich mit ihm nicht annehmen, dass die Bienen unter gewissen Umständen mehrere Königinnen in ihren Stöcken dulden. Der Versuch, worauf diese Behauptung gründet, kann unmöglich für entscheidend angesehen werden. Er ließ im Dezember eine fremde Königin in einen Glasstock, den er in seinem Kabinette aufgestellt hatte, einlaufen und sperrte sie in demselben ein. Die Bienen konnten nichts aus demselben entfernen; die Fremde wurde freundlich aufgenommen, ihre Erscheinung weckte die Arbeiter aus dem Zustande der Erstarrung, worin sie sich befanden und in welchen sie nicht wieder zurückfielen. Sie veranlasste kein Gemetzel; denn die Anzahl der toten Bienen, die auf dem Bodenbrette des Stockes lagen, mehrte sich nicht merklich und der Leichnam einer Königin war nicht darunter. Wollte man aus dieser Beobachtung einen für die Mehrheit der Königinnen entsprechenden Schluss ziehen, so hätte man sich zunächst davon überzeugen müssen, ob der Stock zu der Zeit, als man die neue Königin einlaufen ließ, die ursprüngliche Königin auch noch besaß; die Vorsicht wurde aber nicht angewendet, und es ist wahrscheinlich, dass der in Rede stehende Stock seine Königin verloren hatte, weil seine Bienen matt waren, durch die Zusetzung einer fremden Königin aber zu neuer Tätigkeit geweckt wurden.

Ich hoffe, Sie werden mir diese flüchtige Kritik zugute halten; ich bin so weit entfernt, in den Worten unseres berühmten Reaumurs Fehler aufzusuchen, dass ich vielmehr die höchste Freude empfinde, wenn ich meine Beobachtungen mit den seinigen in Übereinstimmung finde, besonders aber, wenn meine Versuche seine Vermutungen als begründet nachweisen konnten. Aber ich hielt es für meine Pflicht, diejenigen Fälle anzuzeigen, wo die Unvollkommenheit seiner Stöcke ihn beirrt hat, und nachzuweisen, warum ich gewisse Erscheinungen nicht ebenso wie er habe wahrnehmen können. Vor allem wünsche ich Ihr Vertrauen zu verdienen und weiß recht wohl, dass ich gerade dann der schlagenden Beweise bedarf, wenn ich den Geschichtsschreiber der Bienen zu bekämpfen habe.

Ich beziehe mich auf Ihr Urteil und bitte Sie, die Versicherung meiner höchsten Hochachtung zu genehmigen usw.

8. Brief—Legt die Königin Eier? Spinnen der Kokons, Größe der Zellen und Bienen

Pregny, 4. September 1791

In meinem heutigen Briefe will ich einige vereinzelte Beobachtungen aneinanderreihen, die auf verschiedene Punkte der Naturgeschichte, die ich nach Ihrem Wunsche einer genauen Untersuchung unterworfen habe, sich beziehen. Zunächst haben Sie mich aufgefordert, festzustellen, ob die Königin wirklich Eier lege. Reaumur hatte diese Frage nicht entschieden; er sagt sogar geradezu, dass er nie eine Bienenmade habe ausschlüpfen gesehen; er gibt nur an, dass man in den Zellen Maden antreffe, in welche drei Tage vorher Eier abgesetzt waren. Sie begreifen leicht, dass man, um den Augenblick zu treffen, wo die Made aus dem Ei kriecht, sich nicht auf die Beobachtung im Stocke beschränken darf, weil die ununterbrochene Bewegung der Bienen eine genauere Unterscheidung dessen, was sich auf dem Boden der Zellen zuträgt, nicht zulässt. Man muss die Eier herausnehmen, sie auf eine Glasplatte unter das Mikroskop bringen und sorgfältig alle Veränderungen überwachen, die an ihnen vorgehen.

Man muss aber auch noch weitere Vorsichtsmaßregeln ergreifen; denn da die Maden zum Ausschlüpfen eines gewissen Wärmegrades bedürfen, so würden sie zusammenschrumpfen und sterben, wenn man

8. Brief—Legt die Königin Eier? Spinnen der Kokons, Größe der Zellen und Bienen

die Eier desselben zu früh beraubte. Das einzige Mittel, den Augenblick zu erlauschen, wo die Made aus dem Ei kriecht, besteht also darin, die Königin bei dem Eierlegen zu überwachen, die abgesetzten Eier auf irgend eine zuverlässige Weise zu bezeichnen und sie nicht eher aus dem Stocke zu nehmen, um sie auf die Glasplatte zu bringen, als eine oder zwei Stunden vor Ablauf der drei Tage. Dann ist es nicht zu bezweifeln, dass die Maden ausschlüpfen werden, vorausgesetzt, dass sie möglichst lange der ganzen für sie erforderlichen Wärme genossen haben. Das ist das Verfahren, welches ich mir vorgezeichnet hatte, und folgendes war der Erfolg.

Im August schnitten wir einige Zellen aus, in denen drei Tage vorher gelegte Eier sich befanden; wir entfernten die Wandungen sämtlicher Zellen und brachten den Teil des pyramidalen Bodens, auf welchem die Eier festgeheftet waren, auf eine Glasplatte. Bald sahen wir leichte Neigungen und Verschiebungen an dem einen dieser Eier; anfänglich ließ uns die Lupe an der Oberfläche des Eis nichts Organisiertes wahrnehmen; die Larve war uns durch ihre Hülle gänzlich verdeckt; wir brachten es nun unter eine starke Linse; aber während der Zurüstungen hatte die junge Made das sie umschließende Häutchen bereits durchbrochen und einen Teil der Hülle abgeworfen. Wir sahen sie noch zerrissen und zergliedert auf verschiedenen Stellen ihres Körpers, besonders aber auf ihren letzten Ringen. Die Made krümmte und streckte sich abwechselnd in ziemlich lebhaften Bewegungen und bedurfte einer viertelstündigen Anstrengung, um seine Hülle vollends abzuwerfen; dann hörten die heftigen Bewegungen auf, sie legte sich nieder, krümmte sich in einen Bogen und schien in dieser Lage eine nötige Ruhe zu nehmen. Diese Made war aus einem in eine Arbeiterzelle abgelegten Ei ausgekrochen und würde selbst eine Arbeitsbiene geworden sein.

Die Königin legt Eier

Darauf warteten wir auf den Augenblick, wo eine Drohnenmade auskriechen musste. Wir setzten das Ei auf der Glasplatte der Sonne aus und konnten vermittelt einer guten Lupe neun Ringe der Made unter dem durchsichtigen Chorion wahrnehmen. Das Häutchen war noch völlig unverletzt und die Made durchaus unbeweglich. Wir konnten auf beiden Seiten die Tracheen und ihre Verzweigungen unterscheiden. Wir verloren das Ei auch nicht einen Augenblick aus dem Auge, und diesmal entgingen uns auch die ersten Bewegungen der Larve nicht. Das dicke Ende neigte und hob sich wechselweise und berührte fast die Fläche, auf welche es mit der Spitze befestigt war. Diese Anstrengungen bewirkten zunächst ein Zerreißen der Haut in ihrem oberen Teile in der Nähe des Kopfes, darauf auf dem Rücken, dann allmählich in allen Teilen. Die zerknitterte Hülle haftete noch eine Zeit lang auf verschiedenen Stellen des Madenkörpers und fiel dann ab. Es ist hernach ausgemacht, dass die Königin Eier legt.

Einige Beobachter haben behauptet, dass die Arbeitsbienen den Eiern, welche ihre Königin legt, schon eine Pflege angedeihen lassen, ehe die Larve ausgeschlüpft sei, und begründet ist, dass, zu welcher Zeit man auch einen Stock untersucht, man immer Arbeitsbienen finden wird, welche Kopf und Thorax in die Zellen gesteckt haben, worin sich Eier befinden, und die in dieser Stellung mehrere Minuten lang unbeweglich verbleiben. Es ist unmöglich wahrzunehmen, was sie daselbst vornehmen, weil ihr Körper das Innere der Zellen gänzlich verbirgt. Dennoch ist es leicht sich zu vergewissern, dass sie sich in dieser Stellung mit der Pflege der Eier nicht befassen. Schließt man eben von der Königin gelegte Eier in ein vergittertes Kästchen und stellt sie darauf in einen starken Stock, damit ihnen die

8. Brief—Legt die Königin Eier? Spinnen der Kokons, Größe der Zellen und Bienen

erforderliche Wärme nicht fehlen kann, so kriechen die Maden ebenso gut aus, als wenn man sie in den Zellen gelassen hätte. Es ist folglich nicht nötig, dass, um auszuschlüpfen, die Bienen den Eiern besondere Pflege angedeihen lassen.

Bienen scheinen sich gelegentlich auszuruhen

Ich bin geneigt anzunehmen, dass die Bienen, wenn sie mit dem Kopfe voran in die Zellen kriechen und in denselben bewegungslos 15-20 Minuten verbleiben, es lediglich darum tun, um von ihren Ausflügen und Anstrengungen auszuruhen. Die Beobachtungen, die ich in dieser Beziehung gemacht habe, scheinen mir entscheidend zu sein. Sie wissen, dass die Bienen mitunter unregelmäßige Zellen an die Glasscheiben ihres Stockes bauen. Diese von einer Seite verglasten Zellen sind für den Beobachter sehr bequem, weil sie alles wahrzunehmen gestatten, was in ihrem Inneren vorgeht. Nun habe ich aber öfters Bienen in dieselben zu einer Zeit kriechen sehen, in der sie darin nicht das mindeste zu tun hatten; es waren Zellen, an denen nichts mehr zu tun war, und in denen sich weder Honig noch Eier befanden. Die Arbeitsbienen hielten sich in ihnen nur auf, um einige Augenblicke der Ruhe zu pflegen, und wirklich verweilten sie darin 20-25 Minuten lang in einer so völligen Unbeweglichkeit, dass man sie hätte für tot halten mögen, wenn die Bewegung ihrer Ringschuppen nicht darauf hingewiesen hätte, dass sie noch atmeten. Dies Ruhebedürfnis fühlen aber nicht bloß die Arbeitsbienen, auch die Königinnen kriechen mitunter dem Kopf voran in Drohnenzellen und verbleiben darin lange Zeit unbeweglich. Die Stellung, welche sie hier annehmen, gestattet den Arbeitsbienen aber nicht, ihnen ihre Huldigung darzubringen, nichtsdestoweniger versäumen sie es auch unter diesen Umständen nicht, einen Kreis um sie zu bilden und den frei gebliebenen Teil ihres Hinterleibes zu belecken.

Die Drohnen kriechen nicht in die Zellen, wenn sie sich ausruhen wollen, sondern drängen sich auf den Waben dicht zusammen und bleiben so mitunter 18-20 Stunden lang, ohne die leiseste Bewegung vorzunehmen.

Da es bei verschiedenen Versuchen von Wichtigkeit ist, genau die Zeit zu kennen, welche die drei Bienenarten im Larvenzustande zubringen, ehe sie ihre letzte Verwandlung eingehen, so will ich meine besonderen Beobachtungen darüber hier mitteilen.

Zeitraum zwischen Eierlage und dem Stande einer ausgebildeten Biene

Die Arbeitermade.

Drei Tage Ei, fünf Tage Made; nach Verlauf dieser Zeit verschließen die Bienen ihre Zelle mit einem Wachsdeckel. Jetzt beginnt die Made ihr Seidenhemdchen zu spinnen und verwendet auf diese Arbeit 36 Stunden. Drei Tage später verwandelt sie sich in eine Nymphe und bringt sieben und einen halben Tag in diesem Zustande zu, gelangt also zu dem Stande einer ausgebildeten Biene erst mit dem 20. Tage, von dem Augenblicke an gerechnet, wo das Ei gelegt ist. Anmerkung: 20 Tage ist ein Tag weniger als die momentan anerkannte Entwicklungszeit, liegt aber vielleicht daran; dass Huber natürliche Zellen anstelle von vergrößerten Zellen verwendet; oder aber durch Unterschiede in der Genetik.-Überschreiber.

Die Königsmade.

Die Königsmade bringt ebenfalls drei Tage unter der Eiform zu und fünf unter derjenigen der Larve. Nach diesen acht Tagen verschließen die Bienen ihre Zelle, worauf sie augenblicklich ihr Gespinst beginnt, was 24 Stunden in Anspruch nimmt. Dem zehnten und elften Tag, auch noch die ersten 16 Stunden des zwölften verharren sie in einer vollständigen Ruhe; dann verwandelt sie sich in eine Nymphe und verbringt vier Tage und acht Stunden unter dieser Form. Sie gelangte also nach 16 Tagen zum Stande einer vollkommenen Königin.

Die Drohnenmade.

Die Drohnenmade. Drei Tage als Ei, sechs und einen halben als Larve. Sie verwandelt sich erst am 24. Tage in eine ausgebildete Drohne, vom Tage des gelegten Eis an gerechnet.

Die Bienenmaden sind fußlos; jedoch sind sie keineswegs zu einer völligen Bewegungslosigkeit in ihren Zellen verurteilt, sie bewegen sich darin in einer Spirale. Diese Bewegung, die in den ersten drei Tagen so langsam ist, dass sie kaum bemerkt werden kann, wird nach dieser Zeit augenfälliger. Dann habe ich die Maden in der Zeit von eindreiviertel Stunden zwei volle Umdrehungen machen sehen. Wenn sie sich dem Zeitpunkt ihrer Verwandlung nähern, sind sie nur noch zwei Linien (4mm) von der Öffnung der Zelle entfernt. Die Stellung, welche sie darin einnehmen, ist immer dieselbe, die im Bogen gekrümmte. Daraus geht hervor, dass die Maden in den horizontal stehenden Arbeiter- und Drohnenzellen senkrecht gegen den Horizont liegen, die Maden in den senkrecht gegen den Horizont gerichteten Königszellen hingegen eine horizontale Lage einnehmen. Man könnte leicht glauben, dass diese Verschiedenheit der Lage auf das Wachstum der verschiedenen Bienenmaden einen wesentlichen Einfluss ausüben müsse, was aber keineswegs der Fall ist. Drehte ich eine Wabe mit gut gefüllten Arbeiterzellen um und nötigte ich dadurch die Maden, sich mit einer horizontalen Lage genügen zu lassen, so wurde ihre Entwicklung dadurch nicht gehindert. Ebenso habe ich auch Königszellen umgedreht, so dass die darin befindlichen königlichen Maden eine senkrechte Stellung erhielten, und ihr Wachstum war darum nicht minder rasch und nicht minder vollständig.

Art und Weise des Kokonspinnens

Ich habe vielfache Beobachtungen über die Art und Weise angestellt, wie die Bienenmaden die Seide ihrer Hüllen spinnen und habe in dieser Beziehung manche Besonderheiten wahrgenommen, die mir ebenso neu als anziehend sind. Die Arbeiter- und Drohnenmaden spinnen sich in ihren Zellen ein vollständiges Gehäuse, d.h. welches an beiden Enden geschlossen ist und ihren ganzen Körper umhüllt; die Königslarven dagegen spinnen nur unvollständige Gespinste, d.h. solche, die an ihrem hinteren Ende offen sind und nur den Kopf, die Brust und den ersten Ring des Hinterleibes umhüllen. Die Entdeckung dieses Unterschiedes in der Form der Gespinste, die auf den ersten Blick ein wenig kleinlich erscheinen könnte, hat mir dennoch große Freude gemacht, weil sie die bewunderungswürdige Kunst, womit die Natur die verschiedenen Züge des Instinktes der Bienen miteinander in Übereinstimmung zu bringen versteht, so recht klar hervortreten lässt.

Der Kokon der Königin ist an einem Ende offen

Sie erinnern sich noch der Beweise, die ich Ihnen von der Abneigung gegeben habe, welche die Königinnen gegeneinander hegen, von den Kämpfen, die sie miteinander führen, und von der Wut, womit sie sich zu vernichten suchen. Gibt es mehrere königliche Nymphen in einem Stocke, so wirft sich diejenige, welche zuerst als vollendete Königin ausschlüpft, auf die übrigen und durchbohrt sie mit ihrem Stachel. Damit würde sie aber nicht zu Stande kommen können, wenn diese Nymphen mit einem vollständigen Gespinste umhüllt wären. Und warum? Weil die Seide, welche die Maden spinnen, stark und das Gehäuse von so dichtem Gespinste ist, dass der Stachel nicht durchdringen kann, und wenn er auch hindurchdränge, so würde die Königin ihn, weil die Widerhaken desselben in den Maschen des Gespinstes zurückgehalten werden müssten, nicht zurückzuziehen vermögen und selbst als ein Opfer ihrer Wut dem Tode verfallen. Damit daher die eine Königin ihre Nebenbuhlerinnen schon in den Zellen töten könne, musste sie deren hintere Teile unbeschützt finden, und deshalb durften die königlichen Maden nur unvollständige Hüllen spinnen. Übersehen Sie nicht, ich bitte, dass gerade die letzten Ringe bloß bleiben mussten, weil das der einzige Körperteil ist, in welchen der Stachel eindringen kann. Kopf und Brust sind mit ungetrennten Hornschuppen bedeckt, welche für diese Waffe undurchdringlich sind.

Bisher haben die Beobachter uns die Natur in der Sorgfalt bewundern lassen, welches sie auf die Erhaltung und Vermehrung der Arten verwendet; in dem von mir aber erzählten Falle muss man sogar die Vorkehrungen anstaunen, die sie getroffen hat, um gewisse Individuen einer todbringenden Gefahr preiszugeben.

Die Einzelheiten, in welche ich eingegangen bin, deuten zur Genüge den Grund an, warum die königlichen Maden ihre Gehäuse offen lassen, aber sie geben uns nicht zugleich auch an, ob es geschieht, um einem entschiedenen Instinkte zu gehorchen, oder weil die Seite ihrer Zellen ihnen nicht gestattet, die Fäden in dem oberen Teile auszuspannen. Diese Fragen nahm meine ganze Aufmerksamkeit in Anspruch. Das einzige Mittel, sie zu entscheiden, war in der Beobachtung der Maden während ihres Spinnens gegeben; aber dazu war in ihren finsteren Zellen keine Möglichkeit vorhanden. Ich beschloss deshalb, sie aus diesen Zellen herauszunehmen und in Glasröhrchen zu versetzen, die ich mir eigens nach der Form der verschiedenen Zellenarten aufs Genaueste hatte blasen lassen. Das Schwierigste dabei war, sie aus ihrer Wohnung herauszunehmen und in die neue Behausung überzusiedeln. Burnens führte diese Operation mit großer Gewandtheit aus; er öffnete mehrere versiegelte Königszellen gerade in dem Augenblicke, von welchem wir wussten, dass die Maden ihr Gespinst beginnen mussten; behutsam und ohne sie zu verletzen brachte er eine in eine jede meiner Glaszellen.

Nicht lange danach sahen wir sie sich zu ihrer Arbeit anschicken. Sie begannen damit, dass sie ihren vorderen Körperteil in gerader Linie ausstreckten, während sie den hinteren gebogen ließen; dieser bildete also eine Kurve, deren Tangente die Längswände der Zellen waren und ihr zwei Stützpunkte gewährten. In dieser Lage hinreichend gestützt, näherten sie ihren Kopf den verschiedenen Punkten der Zelle, die sie erreichen konnten, und überzogen die Oberfläche mit einer dicken Seide. Wir sahen, dass sie ihre Fäden nicht von einer Wand zur andern zogen, es auch nicht konnten; denn da, um sich zu halten, ihre hinteren Ringe gebogen bleiben mussten, war der freie und bewegliche Teil ihres Körpers nicht mehr lang genug, um mit ihrem Munde die Fäden an den beiden gerade entgegengesetzten Wänden befestigen zu können. Sie wissen, dass die königlichen Zellen die Gestalt einer Pyramide haben, deren Grundfläche ziemlich breit und ausgedehnt ist, und die in eine verjüngte Spitze ausläuft. Diese Zellen stehen in den Stöcken senkrecht, mit der Basis nach oben, mit der Spitze nach unten gerichtet. Begreiflich kann sich die königliche Larve in dieser Stellung nur dadurch in der Zelle erhalten, dass sie durch die Krümmung ihres Hinterteils zwei Stützpunkte bekommt, die sie aber nur in dem unteren Teile oder in der Spitze gewinnen kann. Wollte sie also aufsteigen, um die Fäden am erweiterten Zellenrande zu befestigen, so könnte sie nicht auch gleichzeitig deren

8. Brief—Legt die Königin Eier? Spinnen der Kokons, Größe der Zellen und Bienen

entgegengesetztes Ende erreichen, weil dieselben zu weit abstehen; und weil sie die eine Seite nicht mit dem Schwanz, die andere nicht mit dem Rücken zu berühren vermöchte, müsste sie herabfallen. Davon habe ich mich auf das bestimmteste überzeugt, indem ich ein paar königliche Larven in zu weite Glaszellen brachte, deren größter Durchmesser sich mehr gegen die Spitze hin ausdehnte, als es bei den gewöhnlichen Zellen der Fall ist; sie konnten sich daselbst nicht halten.

Diese ersten Versuche ließen die Annahme eines besonderen Instinktes bei den Königlarven nicht zu; sie bewiesen mir, dass, wenn dieselben unvollständige Gehäuse spinnen, es lediglich darin seinen Grund hat, dass sie durch die Zellenform dazu gezwungen sind. Indes wünschte ich mir noch einen bestimmteren Beweis dafür zu haben. Ich ließ deshalb Larven derselben Art in zylindrische Glaszellen oder in Glasröhrchen, welche die Form gewöhnlicher Zellen hatten, übersiedeln und hatte die Freude, zu sehen, dass diese Maden ebenso vollständige Gehäuse sponnen wie die Arbeitermaden.

Endlich noch brachte ich gemeine Larven in bedeutend erweiterte Glaszellen, und diese ließen ihr Gespinst ebenfalls offen. Es ist also erwiesen, dass die Königs-und Arbeitermaden durchaus einen und denselben Instinkt, einen und denselben Kunstsinn haben, oder mit anderen Worten, dass sie unter gleichen Umständen sich auch in gleicher Weise verhalten. Ich bemerke hier noch, dass die königlichen Maden, welche auf künstlichem Wege in so geformte Zellen übergetragen sind, in denen sie einen vollständigen Kokon spinnen können, all ihre Verwandlungen gleich gut durchmachen. Der von der Natur ihnen auferlegte Zwang, in ihrem Gespinste eine Öffnung zu lassen, ist also für ihre Entwicklung nicht erforderlich und hat keinen anderen Zweck, als sie der gewissen Todesgefahr auszusetzen, und unter den Stichen ihres natürlichen Feindes zu sterben. Diese Beobachtung ist neu und eigentümlich.

Versuche über die Einwirkung der Größe der Zellen

Um die Geschichte der Bienenmaden zu vervollständigen, muss ich noch über die Versuche berichten, welche ich über die Einwirkung der Größe der Zellen auf ihren Wuchs angestellt habe. Ihnen schulde ich die Andeutung der über diesen anziehenden Gegenstand zu machenden Versuche.

Da sich in den Stöcken öfters Drohnen finden, die viel kleiner sind als die Individuen dieser Art zu sein pflegen, so wie mitunter auch Königinnen, die nicht die volle Größe besitzen, die sie besitzen müssten, so lohnte es sich wohl der Mühe, im allgemeinen festzustellen, inwieweit die Größe der Zellen, in denen die Bienen ihre früheste Jugend verlebt haben, einen Einfluss auf ihren Wuchs ausübt. Sie rieten mir zu dem Ende, aus einem Stocke sämtliche Waben mit Arbeiterzellen zu entfernen und nur solche mit Drohnenzellen darin zu belassen. Es war klar, dass, wenn Arbeitsbieneneier, welche die Königin in diese größere Zellen legen würde, Arbeiter größeren Wuchses ausschlüpfen ließen, man daraus würde schließen müssen, dass die Größe der Zellen einen wesentlichen Einfluss auf die der Bienen ausübe.

Der erste Versuch, den ich machte, blieb ohne Erfolg, weil Wachsmaden sich in dem dazu bestimmten Stocke einnisteten und meine Bienen entmutigten. Ich wiederholte ihn aber, und das Resultat desselben war ziemlich auffällig.

Ich ließ aus einem meiner besten Glasstöcke sämtliche Waben mit Bienenwachs herausnehmen, so dass nur die Drohnenzellen darin zurückblieben, und damit kein leerer Raum darin sich finde, ließ ich noch

8. Brief—Legt die Königin Eier? Spinnen der Kokons, Größe der Zellen und Bienen

andere von derselben Art einstellen. Es war im Juni, d.h. in der für die Bienen günstigsten Zeit. Ich setzte voraus, dass die Bienen die Unordnung, welche durch diese Vorrichtung in ihrem Stocke veranlasst war, sehr bald wieder ausgleichen, die Lücken, die wir darin gemacht hatten, wieder ausfüllen, die neuen Waben mit den alten verbinden würden, und war nicht wenig überrascht, dass sie sich gar nicht an die Arbeit machten. Ich beobachtete sie mehrere Tage lang in der Hoffnung, dass sie ihre Tätigkeit wieder aufnehmen würden, sah mich aber in meiner Hoffnung getäuscht. Die Bienen hörten zwar nicht auf, ihrer Königin zu huldigen; davon aber abgesehen, war ihr Verhalten vom gewöhnlichen ganz verschieden. Sie lagerten sich auf den Waben, ohne eine merkliche Wärme zu erzeugen; ein in ihre Mitte eingeschobener Thermometer stieg nur auf 22° Reaumur (27.5°C), obgleich er im Freien 20° R (25°C) zeigte. Mit einem Worte, sie schienen sich in der größten Entmutigung zu befinden.

Selbst die Königin, welche sehr fruchtbar war und sich von ihren Eiern belästigt fühlen musste, zögerte lange, ehe sie Eier in die großen Zellen absetzte; sie ließ sie lieber fallen, als dass sie dieselben in Zellen legte, die nicht für sie bestimmt waren. Am zweiten Tage fanden wir doch sechs ziemlich regelmäßig abgesetzte Eier darin. Drei Tage später waren die Maden ausgeschlüpft, und wir behielten sie im Auge, um ihre Geschichte kennenzulernen. Die Bienen fingen an, ihnen Nahrung zu reichen, und wenn sie diesem Geschäfte sich auch nicht sonderlich eifrig erwiesen, so zweifelte ich doch nicht, dass sie mit der Erziehung derselben fortfahren würden. Ich sah mich aber noch einmal enttäuscht, denn am folgenden Tage waren alle Maden verschwunden, und die Zellen, worin wir sie tags zuvor gesehen hatten, waren leer. Ein düsteres Schweigen herrschte im Stocke, nur wenige Bienen flogen auf Tracht aus, und die zurückkehrenden brachten keine Höschen mit; alles war kalt und ohne Leben. Um sie einigermaßen anzuregen, kam ich auf den Einfall, ihnen eine Wabe mit kleinen Zellen, in denen aber Drohnenbrut aller Stadien stand, einzustellen. Die Bienen, welche sich zwölf Tage hartnäckig geweigert hatten, in Wachs zu bauen, hefteten auch diese neue Wabe nicht mit den ihrigen zusammen; indes ihr Kunstbetrieb erwachte wieder und ließ sie ein Verfahren einschlagen, worauf ich mich nicht gefasst gemacht hatte. Sie rissen zugleich die ganze in dieser Wabe stehende Brut aus, reinigten alle Zellen aufs Schönste und machten sie geeignet, neue Eier aufzunehmen.

Die Königin legt mehrere Eier in Zellen

Ich weiß nicht, ob sie die Hoffnung hegten, dass ihre Königin sie mit Eiern besetzen werde, soviel aber ist gewiss, dass, wenn sie die dieselbe gehegt hatten, sie sich nicht täuschten. Die Königin ließ von dem Augenblicke an keine Eier mehr fallen, sie schlug ihren Sitz auf der neuen Tafel auf und setzte darin eine so große Menge Eier ab, dass wir in mehreren Zellen 5-6 antrafen. Nun ließ ich alle Waben mit großen Zellen wegnehmen, um an ihre Stelle solche mit Bienenwachs einzustellen, und diese Vorkehrung gab meinen Bienen vollends ihre ganze Tätigkeit zurück.

Die Umstände dieser Tatsache scheinen mir der Aufmerksamkeit wert zu sein; sie beweisen zunächst, dass die Natur der Königin die Wahl in der Art Eier, welche sie zu legen hat, nicht freigegeben hat; sie hat bestimmt, dass das Bienenweibchen zu einer gewissen Jahreszeit Drohneneier, zu einer anderen Arbeitereier legen sollte, und ihr nicht gestattet, diese Ordnung umzukehren. Sie erinnern sich aus dem dritten Briefe, dass schon eine andere Tatsache mich zu demselben Schlusse geführt hatte, und da er mir von Wichtigkeit zu sein scheint, so

8. Brief—Legt die Königin Eier? Spinnen der Kokons, Größe der Zellen und Bienen

bin ich höchst erfreut, ihn durch eine neue Beobachtung bestätigt zu finden. Ich wiederhole also, dass die Eier im Eierstocke der Königin nicht ohne Unterschied sich gemischt finden, sondern zugeordnet sind, dass sie zu einer gewissen Zeit nur eine Art Eier legen kann. Es würde also vergebliche Mühe sein, wenn man die Königin in einer Zeit, in welcher sie Arbeitereier legen muss, dadurch zwingen wollte, Drohneneier zu legen, dass man ihren Stock mit Drohnenwachs anfüllte; denn aus dem mitgeteilten Versuche ersieht man, dass sie ihre Arbeitereier lieber wird fallen lassen, als sie in Zellen legen, die nicht für sie bestimmt sind, und dass sie keine Drohneneier legen wird. Ich gehe keineswegs so weit, der Königin ein Unterscheidungsvermögen oder Voraussicht beizulegen, denn auf der anderen Seite entgeht mir in ihrem Verhalten eine Art Folgewidrigkeit nicht. Wenn sie sich weigerte, Arbeitereier in Drohnenzellen abzusetzen, weil die Natur sie belehrt hat, dass die Größe dieser Wiege dem Wuchs oder den Bedürfnissen der Arbeitermaden nicht angemessen ist, warum sollte sie ihr dann nicht ebenso auch gelehrt haben, dass sie nicht mehrere Eier in eine Zelle legen dürfe? Es müsste doch weit leichter scheinen, eine einzige Arbeitermade in einer Drohnenzelle, als ihrer mehrere in einer kleinen Zelle zu erziehen. Das vorgebliche Unterscheidungsvermögen der Bienenkönigin ist also nicht weit her. Der glänzendste Zug von Instinkt ist in vorliegendem Falle unstreitig der, den die Arbeiter dieses Stockes an den Tag legten. Sobald ich ihnen Bienenwachs mit Drohnenbrut einstellte, wurde ihre Tätigkeit wieder rege, aber statt sich der Pflege zu widmen, welche diese Brut beanspruchte, wie sie in jedem anderen Falle getan haben würden, zerstörten sie die ganze Brut, Maden und Nymphen, säuberten die Zellen, damit ihre von Eiern bedrängte Königin dieselben ohne Verzug darin absetzen könnte. Wenn man ihnen

Überlegungen oder Gefühle beilegen dürfte, so gäbe diese Tatsache einen interessanten Beleg für ihre Liebe zu ihrer Königin.

Da der Versuch, den ich Ihnen mit so großer Ausführlichkeit mitgeteilt habe, den mir vorgesetzten Zweck, den Einfluss nachzuweisen, den die Größe der Zellen auf die Größe der Maden ausübt, nicht erfüllt hat, so ersann ich ein anderes Verfahren, welches ein günstigeres Resultat lieferte.

Ich wählte eine Wabe mit großen Zellen, die Drohneneier und Maden enthielten. Ich ließ sämtliche Maden aus ihrem Futterbrei hinweg nehmen, und Burnens brachte an ihre Stelle eintägige Maden, die er aus Arbeiterzellen genommen hatte, darauf übergab er die Wabe einem Volke zur Erziehung, dass keine Königin hatte. Die Bienen verließen diese versetzten Maden nicht, verschlossen die Zellen, welche sie enthielten, mit einem fast flachen Deckel, sehr verschieden von dem, womit sie die Drohnenzellen bedeckten; was, um es beiläufig zu erwähnen, den Beweis liefert, dass sie diese, wenn auch in Drohnenzellen befindlichen Bienenmaden, sehr wohl von Drohnenmaden zu unterscheiden gewusst hatten. Wir ließen diese Wabe acht Tage lang im Stocke, von der Zeit an gerechnet, wo die Zellen verschlossen worden waren. Darauf ließ ich sie herausnehmen, um die darin befindlichen Nymphen zu untersuchen. Es waren gewöhnliche in ihrer Entstehung mehr oder weniger fortgeschrittene Arbeiternymphen; was aber Größe und Gestalt betrifft, so glichen sie darin völlig denen, die in den kleinsten Zellen heranwachsen. Daraus schloss ich, dass die Arbeitermaden in Drohnenzellen keine größere Ausdehnung gewinnen als in Bienenzellen; und obgleich ich nur einen einzigen Versuch darüber angestellt habe, halte ich ihn dennoch für entscheidend. Indem die Natur die Arbeitsbienen in ihrem Larvenzustande auf Zellen von besonderer Größe angewiesen hat, hat sie ohne Zweifel gewollt, dass sie in ihnen die volle Entwicklung erhalten, zu der sie gelangen sollten; sie finden demnach in ihnen den ausreichenden Raum, der für die vollkommene Ausdehnung all ihrer Organe erforderlich ist. Ein größerer Raum würde für sie also in dieser Beziehung unnütz sein; sie dürfen also selbst in geräumigeren Zellen, als für sie bestimmt sind, keine größere Körpergröße erhalten. Fänden sich in den Waben einige Zellen, die kleiner als die gewöhnlichen wären, und legte die Königin Arbeitereier hinein, so ist es wahrscheinlich, dass die darin erzogenen Bienen nur eine Größe erreichen würden, die geringer sein müsste, als die der gewöhnlichen Arbeitsbienen, weil sie in ihnen eingezwängt waren; daraus folgt aber keineswegs, dass eine weitere Zelle ihnen auch eine außergewöhnliche Größe verleihen müsste.

Der Einfluss, der auf die Größe der Drohnen durch den Durchmesser der Zellen, in denen sie als Maden lebten, ausgeübt wird, kann uns für die Beurteilung dessen, was unter ähnlichen Umständen den Arbeitermaden widerfahren muss, zur Richtschnur dienen. Die großen Drohnenzellen haben gerade die Größe, welche zur vollständigen Ausbildung der den Einzelwesen dieser Art eigentümlichen Organe geeignet sind. Erzöge man nun Drohnen in noch größeren Zellen, so würden sie dadurch keinen, die gewöhnliche Größe der Drohnen überschreitenden Wuchs erlangen. Den Beweis dafür liefern uns diejenigen, die von drohnenbrütigen Königinnen erzeugt wurden. Sie erinnern sich, dass diese Königinnen mitunter Drohneneier in königliche Zellen absetzen. Nun sind aber die aus diesen Eiern hervorgegangenen und in diesen größeren Zellen erzogenen Drohnen dennoch um nichts größer als die gewöhnlichen Drohnen. Man kann demnach mit vollem Grunde behaupten, dass, welches auch immer die Größe der Zellen sein möge, in denen die Bienenmaden erzogen werden, sie dadurch nie eine Größe erlangen werden, welche die der Art eigentümliche übersteigt; bringen sie aber ihre erste Lebenszeit in Zellen zu, die kleiner sind als die Natur vorgezeichnet hat, so werden sie nicht zu der gewöhnlichen Größe gelangen, weil ihr Wachstum in derselben behindert wurde.

Den Beweis dafür habe ich durch das Ergebnis folgenden Versuches erhalten. Ich hatte eine Wabe mit Drohnenbau und eine andere mit Arbeiterzellen, die beide mit Drohnenbrut besetzt waren. Burnens nahm eine gewisse Anzahl Maden aus den kleinsten Zellen und brachte sie in große auf den Futterbrei, der sich in ihnen befand. Ebenso versetzte er in großen Zellen ausgeschlüpft Maden in kleine, und übergab dieselben Bienen eines Stockes in Verpflegung, dessen Königin nur Drohneneier legte. Die Bienen nahmen an dieser Verstellung keinen Anstoß, pflegten alle Maden gleich gut, und als die Zeit ihrer Verwandlung gekommen war, gaben sie sowohl den kleinen wie den großen Zellen den gewölbten Deckel, den sie gewöhnlich auf die Drohnenwiegen setzten. Nach acht Tagen nahmen wir diese Waben heraus und fanden, wie ich nicht anders erwartete, Nymphen großer Drohnen in den großen Zellen und Nymphen kleiner Drohnen in den kleineren Zellen.

Sie schlugen mir noch einen anderen Versuch vor, den ich mit aller Sorgfalt angestellt habe, bei dessen Ausführung ich jedoch auf nicht vorhergesehene Schwierigkeiten stieß. Um den Einfluss zu ermessen, welchen der königliche Futterbrei auf die Entwicklung der Maden haben kann, hatten Sie mich aufgefordert, ein wenig von diesem Safte mit der Spitze eines Pinsels aufzunehmen und damit eine Arbeitermade zu ernähren, welche sich in einer gemeinen Zelle befände. Zweimal habe ich diese Operation ohne Erfolg wiederholt und halte

8. Brief—Legt die Königin Eier? Spinnen der Kokons, Größe der Zellen und Bienen

mich überzeugt, dass sie nie gelingen kann, und zwar aus folgendem Grunde:

Wenn man Bienen, die eine Königin haben, Maden zur Wartung gibt, in deren Zellen man königlichen Futterbrei getan hat, so reißen sie dieselben augenblicklich heraus und saugen den Futtersaft, den man ihnen gegeben hatte, begierig auf. Sind sie hingegen der Königin beraubt, so verwandeln sie die gemeinen Zellen, worin diese Maden sich befinden, in königliche Zellen der größten Art, und dann werden die Maden, die sich nur in gemeine Bienen verwandeln sollten, unfehlbar wirkliche Königinnen.

Doch haben wir einen anderen Fall, nach welchem wir über den Einfluss des königlichen Futterbreis urteilen können, der Maden in gemeinen Zellen gereicht worden ist. Ich habe Ihnen die Einzelheiten desselben ausführlich in dem Briefe mitgeteilt, der von dem Dasein fruchtbarer Arbeiter handelt. Sie erinnern sich gewiss noch, dass diese Arbeiter die Entwicklung ihrer Geschlechtsorgane kleineren Portionen königlichen Futters verdankten, womit sie als Maden ernährt worden waren. In Ermangelung neuer entscheidender Beobachtungen über diesen Gegenstand verweise ich auf die im fünften Briefe mitgeteilten Versuche.

Empfangen Sie die Versicherung meiner Hochachtung.

9. Brief—Von der Bildung der Schwärme

Pregny, 6. September 1791

Ich kann den Mitteilungen Reaumurs über die Bildung der Schwärme einige neue Tatsachen hinzufügen.

Dieser berühmte Naturforscher sagt in seiner Geschichte der Bienen, dass es immer, oder doch beinah immer eine junge Königin sei, die sich an die Spitze der Schwärme stelle; doch hat er es nicht ausdrücklich behauptet; es waren ihm noch einige Zweifel geblieben. Folgendes sind seine eigenen Worte:

„Ist es auch ganz gewiss, wie ich bis hiermit all denen, die Bienenzucht geschrieben, vorausgesetzt habe, dass sich immer eine junge Mutter an die Spitze der neuen Kolonie stelle? Sollte die alte Mutter nicht einen Widerwillen gegen die alte Wohnung fassen können? Könnte sie nicht durch irgendwelche Umstände veranlasst werden, alle ihre Besitzungen der jungen Königin abzutreten? Ich würde auf diese Frage anders als mit Vermutungen zu antworten im Stande sein, wenn ungünstiges Wetter mir nicht gerade die Stöcke getötet hätte, deren Mütter ich mit einem Flecke auf dem Bruststücke gezeichnet hatte."

Diese Äußerungen scheinen auf Reaumurs Vermutung hinzudeuten, dass sich die alten Königinnen mitunter an die Spitze der Schwärme stellten. Sie werden aus den einzelnen Umständen, die ich Ihnen mitteile, ersehen können, dass diese Vermutung vollkommen begründet war.

Ein und derselbe Stock kann im Verlaufe des Frühlings und der schönen Jahreszeit mehrere Schwärme abstoßen. Die alte Königin führt immer die erste Kolonie an; die anderen werden von jungen Königinnen geführt. Diese Tatsache werde ich in vorliegendem Briefe zu beweisen suchen; sie ist von merkwürdigen Umständen begleitet, welche auszuführen ich nicht versäumen werde.

Ehe ich aber mit meiner Erzählung beginne, muss ich noch einmal wiederholen, was ich schon so oft gesagt habe, dass man nämlich, um in Bezug auf Kunstsinn und Instinkt der Bienen richtig zu sehen, sich entweder meiner Buchstöcke, oder doch mindestens ganz flacher Stöcke bedienen muss. Gibt man den Bienen die Freiheit, mehrere nebeneinander laufende Waben zu erbauen, so kann man nicht mehr sehen, was sich in jedem Augenblicke zwischen den Waben zuträgt, und will man doch untersuchen, was sie zwischen ihnen angeordnet haben, so muss man sie durch Wasser oder Rauch daraus vertreiben, welches gewaltsame Verfahren nichts im Naturzustande belässt, für längere Zeit den Instinkt der Bienen stört und infolge davon den Beobachter der Gefahr aussetzt, bloße Zufälligkeiten für feststehende Gesetze zu halten.

Die alte Königin zieht immer mit dem ersten Schwarme aus

Ich komme jetzt mit den Versuchen, welche beweisen, dass die alten Königinnen immer mit dem ersten Jahresschwarme ausziehen.

Ich hatte einen Glasstock, der aus drei gleichlaufenden, in beweglichen Rahmen eingestellten Waben zusammengesetzt war. Der Stock war ziemlich gut bevölkert und reichlich mit Honig, Wachsbau und Brut jeden Alters versorgt. Am 5. Mai 1788 nahm ich ihm seine Königin; am sechsten schüttete ich sämtliche Bienen eines anderen Stockes mit einer fruchtbaren und wenigstens ein Jahr alten Königin hinzu. Sie liefen ohne Widerstreben und ohne Kampf ein und wurden im Allgemeinen gut aufgenommen. Die alten Bewohnerinnen des Stockes, die seit der Entziehung ihre Königin schon zwölf königliche Zellen angelegt hatten, nahmen auch die fruchtbare Königin, die wir ihnen gegeben hatten, vollkommen gut auf, boten ihr Honig, bildeten regelmäßig Kreise um sie herum; dennoch gab sich gegen Abend eine geringe Aufregung kund, die sich aber auf die Seite der Wabe beschränkte, auf welcher sie geblieben war. Auf der anderen Seite derselben Wabe blieb alles vollkommen ruhig.

Am Morgen des 7. hatten die Bienen ihre zwölf Königszellen zerstört. Übrigens dauerte die Ordnung im Stocke fort; die Königin legte abwechselnd Drohneneier in die große und Arbeitsbieneneier in die kleinen Zellen.

Am 12. fanden wir unsere Bienen damit beschäftigt, 22 Königszellen von der Art zu erbauen, welche Reaumur beschreibt, d.h. solche, die ihre Basis nicht in der Fläche der Wabe haben, sondern an längeren oder kürzeren Stielen, in Form von Stalaktiten an den Rändern der Durchgänge, welche die Bienen in den Waben anbringen, aufgehängt sind. Sie glichen dem Näpfchen einer Eichel, und die längsten hatten kaum mehr als zwei und eine halbe Linie (5mm) vom Boden bis zur Mündung.

Am 13. erschien der Leib der Königin schon weit schlanker als in dem Augenblicke, in welchem wir sie in den Stock einsetzten; dennoch legte sie noch einige Eier teils in Bienen-, teils in Drohnenzellen. An demselben Tage überraschten wir sie auch, als sie gerade in eine der königlichen Zellen legte. Zunächst vertrieb sie daraus eine Arbeiterin, die daran arbeitete, indem sie dieselbe mit ihrem Kopf fortstieß, dann steckte sie, nachdem sie den Boden untersucht hatte, ihren Hinterleib hinein, wobei sie sich mit ihren Vorderfüßen auf einer der benachbarten Zellen festhielt.

Am 15. war die Dünnleibigkeit der Königin noch viel auffälliger. Die Bienen hörte nicht auf, an den Königszellen zu arbeiten, die aber alle ungleich fortgeschritten waren; während einige sich erst bis zu drei oder vier Linien (6 bis 8mm) erhoben, hatten andere schon Zolllänge, ein Beweis, dass die Königin sie nicht alle zu gleicher Zeit besetzt hatte.

Am 19., zu einer Zeit, wo wir es am allerwenigsten erwarteten, gab dieser Stock einen Schwarm, wir wurden davon erst durch das Gebrause benachrichtigt, welches er in der Luft machte. Wir beeilten uns, ihn einzufangen und schlugen ihn in einen vorgerichteten Stock ein. Hatten wir auch die Umstände des Abzuges zu beobachten verfehlt, so war doch der Hauptzweck dieses Versuches nichtsdestoweniger vollständig erreicht; denn indem wir alle Bienen des Schwarmes untersuchten, überzeugten wir uns, dass er von der alten Königin, von eben derselben, die wir am 6. zugesetzt und für immer durch Abschneiden eines Fühlers kenntlich gemacht hatten, ausgeführt worden war. Ich hebe noch ausdrücklich hervor, dass keine andere Königin weiter in der Kolonie war. Wir untersuchten den Stock, von dem sie abgezogen war und fanden daselbst sieben Königszellen, die an der Spitze verschlossen, an der Seite aber geöffnet und völlig leer waren; elf andere waren völlig verschlossen und einige neuerdings angefangen. Im Stocke befand sich übrigens keine Königin.

Der neue Schwarm wurde nun der Gegenstand unserer Aufmerksamkeit. Wir behielten ihn während des übrigen Teils des Jahres, im Winter und dem folgenden Frühling stets im Auge und hatten im April das Vergnügen, eben diese Königin, die im Mai des vorhergehenden Jahres den zur Rede stehenden Schwarm ausgeführt hatte, an der Spitze einer neuen Kolonie ausziehen zu sehen.

Sie sehen, dass dieser Versuch überführend ist. Wir verwendeten eine alte Königin, setzten sie zur Zeit ihrer Drohneneierlage in unseren Glasstock, sahen, wie die Bienen sie freundlich aufnahmen und eben diese Zeit wählten, Königszellen anzulegen. Die Königin besetzte eine derselben vor unseren Augen und zog endlich an der Spitze eines Schwarmes aus diesem Stocke aus.

Nicht ohne Eier in die königlichen Zellen abgesetzt zu haben

Diese Beobachtung haben wir mehrere Male mit demselben Erfolge wiederholt. Es scheint mir demnach unbestreitbar, dass immer die alte Königin den ersten Schwarm aus dem Stock ausführt, ihn aber nicht eher verlässt, als bis sie in die königlichen Zellen Eier abgesetzt hat, aus denen nach ihrem Abzug neue Königinnen hervorgehen werden. Die Bienen legen diese Zellen nicht eher an, als bis sie ihre Königin mit der Drohneneierlage beschäftigt sehen, und das ist von dem höchst bemerkenswerten Umstande begleitet, dass der Leib der Königin nach Beendigung dieser Eierlage merklich dünner geworden ist; sie fliegt leicht, während ihr Leib vorher so schwerfällig ist, dass sie sich kaum fortschleppen kann. Sie muss darum die Drohneneier erst absetzen, um eine Reise antreten zu können, die mitunter ziemlich lang sein kann.

Aber diese Bedingung reicht allein nicht aus. Die Bienen müssen auch sehr zahlreich im Stocke sein; sie müssen in Überzahl vorhanden sein, wenn sich ein Schwarm bilden soll, und man möchte glauben, dass die Bienen es wissen; denn wenn ihr Stock schlecht bevölkert ist, legen sie keine Königszellen an, selbst nicht in der Zeit der Drohneneierlage, in welcher die Königin allein nur einen Schwarm ausführen kann. Wir haben den Beweis dafür durch einen im Großen angestellten Versuch erhalten.

Am 3. Mai 1788 teilten wir 18 Stöcke, deren Königinnen alle ungefähr ein Jahr alt waren. Jeder Teil dieser Stöcke hatte nur noch die Hälfte der Bienen, welche das Volk vor der Teilung ausmachten. 18 Halbstöcke waren ohne Königinnen; aber in der Zeit von 10 oder 15 Tagen hatten die Bienen diesen Verlust ersetzt und sich neue Königinnen verschafft. Die anderen 18 Halbstöcke hatten ihre Königinnen, die sehr fruchtbar waren, behalten. Diese Königinnen begannen bald ihre Drohneneierlage; aber die Bienen, die sich auf eine geringe Zahl beschränkt sahen, legten keine Königszellen an, und keiner dieser Stöcke gab einen Schwarm. Ist also der Stock mit der alten Königin nicht sehr erfolgreich, so bleibt sie bis zum nächsten Frühjahre, ist dann die Bevölkerung ausreichend, so werden die Bienen augenblicklich königliche Zellen erbauen, wenn die Königin ihre Drohneneierlage beginnt; diese wird sie mit Eiern besetzen und mit einem Schwarm ausziehen, ehe die jungen Königinnen ausgeschlüpft sind.

Das ist in möglichster Kürze der Abriss meiner Beobachtungen über die Schwärme, welche die alten Königinnen ausführen. Im Voraus muss ich dagegen um Nachsicht bitten wegen der ausführlichen Mitteilung, welche ich Ihnen in Bezug auf die Geschichte der königlichen Zellen, welche die Königin bei ihrem Auszug im Stocke zurücklässt, zu machen mir vorgesetzt habe. Alles, was sich auf diesen Teil der Bienenkunde bezieht, war bislang in tiefes Dunkel gehüllt. Ich musste eine lange Reihe jahrelang fortgesetzter Beobachtungen anstellen, um den über diese Geheimnisse gezogenen Schleier ein wenig zu lüften. Ich bin dafür, ich muss es gestehen, durch die Freude entschädigt worden, meine Versuche sich gegenseitig bestätigen zu sehen. Diese Untersuchungen selbst aber waren wegen der Beharrlichkeit, die sie in Anspruch nahmen, in der Tat sehr mühevoll.

Nachdem ich 1788 und 1789 festgestellt hatte, dass die jährigen Königinnen mit den ersten Schwärmen abzogen und im Stocke Larven oder Nymphen zurückließen, die sich ihrerseits in Königinnen verwandeln mussten, benutzte ich den schönen Frühling des Jahres 1790, um dasjenige zu beobachten, was auf diese jungen Königinnen Bezug hat. Ich will die hauptsächlichsten Versuche aus meinem Tagebuch hier mitteilen.

Am 14. Mai brachten wir die Bienen aus zwei Strohkörben in einen großen ganz flachen Glasstock, bestimmten ihnen aber nur eine Königin von vorigem Jahre, die in ihrem Geburtsstocke die Drohneneierlage bereits begonnen hatte.

Am 15. ließen wir diese Königin in den Stock einlaufen. Sie war sehr fruchtbar, wurde freundlich aufgenommen und fing sehr bald an, abwechselnd Eier in die gewöhnlichen und die großen Zellen zu legen.

Am 20. fanden wir Anlage zu 16 königlichen Zellen. Sie waren alle an den Rändern der Durchgänge, welche die Bienen in den Waben anbringen, um von einer Seite in die andere gelangen zu können, angelegt. Sie hatten die Stalaktitenform.

Am 27. waren zehn dieser Zellen bedeutend aber ungleich vergrößert, und keine hatte die Länge, welche die Bienen ihnen geben, wenn die Maden ausgeschlüpft sind.

Am 28. hatte die Königin noch nicht aufgehört zu legen. Ihr Leib war aber sehr schmächtig und sie fing an, unruhig zu werden. Ihre Bewegung wurde lebendiger, indes untersuchte sie noch die Zellen als wenn sie ihre Eier darin absetzen wollte, mitunter streckte sie auch ihren Leib bis zur Hälfte hinein, zog ihn dann aber rasch wieder heraus, ohne gelegt zu haben; ein anderes Mal setzte sie, ohne tiefer eingedrungen zu sein, ein Ei darin ab, welches sich aber sehr unregelmäßig befestigt zeigte; es stand nicht mit einem Ende auf dem Boden der Zelle, sondern hing mitten an einer Wand des Sechsecks. Die Königin gab im Laufen keinen vernehmbaren Laut von sich, auch hörten wir nichts, was sich von dem gewöhnlichen Brausen der Bienen unterschieden hätte; sie schritt über diejenigen hinweg, die sich auf ihrem Wege befanden. Mitunter standen auch die Bienen, die ihr begegneten, still, um sie zu betrachten, oder gingen ungestüm auf sie zu, stießen sie mit ihrem Kopfe und stiegen ihr auf den Rücken; dann bewegte sich die Königin weiter, mit einigen ihrer Arbeiter auf dem Nacken; keine gab ihr Honig, sondern sie musste ihn selbst aus den auf ihrem Wege sich befindenden offenen Zellen nehmen; man bildete kein Spalier mehr zu ihrer Seite, keine regelmäßigen Kreise mehr um sie herum. Die ersten Bienen, die durch ihr Umherrennen aufgeregt waren, folgten ihr, ebenso wie sie rennend, und setzten ihrerseits im Vorbeilaufen diejenigen in Bewegung, die bis dahin noch ruhig auf den Waben gewesen waren. Der von der Königin auf ihrem Umzuge zurückgelegte Weg war an der Aufregung erkennbar, welche sie daselbst hervorgerufen hatte, und die sich nicht wieder legte. Bald hatte sie alle Teile ihres Stockes besucht und daselbst eine allgemeine Unruhe erregt. War irgendwo ein Plätzchen übrig geblieben, wo die Bienen noch ruhig waren, gleich kamen die Aufgeregten dahin und verbreiteten auch dort die Unruhe. Die Königin legte nicht mehr in die Zellen, sondern ließ ihre Eier fallen; die Bienen kümmerten sich nicht mehr um die Brut; alle liefen und rannten bunt durcheinander, selbst diejenigen, welche von der äußersten Aufregung vom Felde zurückkamen, waren nicht sobald in den Stock eingekehrt, als auch sie von den stürmischen Bewegungen ergriffen wurden, an die Ablegung der Blumenstaubballen, die sie an ihren Beinen trugen, gar nicht dachten und wie blind umherrannten. Endlich stürzten in einem Augenblicke sämtliche Bienen zu den Pforten ihrer Wohnung, und die Königin mit ihnen.

Da mir daran gelegen war, in ebendiesem Stocke die Bildung neuer Schwärme zu beobachten, ich deshalb wünschen musste, dass er recht volkreich bleibe, so ließ ich die Königin in dem Augenblicke, in welchem sie abfliegen wollte, abfangen, damit sich die Bienen nicht so weit entfernen und wieder aufziehen möchten. Und in der Tat kehrten sie, sobald sie den Verlust ihrer Königin wahrnahmen, von selbst in ihren Stock zurück. Um das Volk noch mehr zu vergrößern, schüttete ich noch einen anderen Schwarm hinzu, der an demselben Morgen von einem Strohkorb gefallen war, und dem ich ebenfalls seine Königin nehmen ließ.

Alle hier mitgeteilten Umstände waren bestimmt ausgeprägt und ließen keinerlei Doppelsinnigkeit zu. Doch wollte ich sie wiederholt beobachten und war namentlich neugierig zu erfahren, ob die alten Königinnen sich stets auf dieselbe Weise verhalten würden. Ich entschloss mich deshalb, in denselben Glasstock eine jährige Königin, die ich bis dahin beobachtet, und die eben ihre Drohneneierlage begonnen hatte, einlaufen zu lassen. Sie wurde am 29. zugesetzt. An diesem Tage fanden wir eine von den Königszellen, welche die vorige Königin zurückgelassen hatte, länger als die übrigen, und schlossen aus ihrer Länge, dass die darin befindliche Made zwei Tage alt sei. Das Ei, aus dem sie ausgeschlüpft war, musste also von der vorigen Königin am 24. gelegt, die Made am 27. ausgekrochen sein. Am 30. legte die Königin stark, abwechselnd in große und kleine Zellen. An diesen und den beiden folgenden Tagen verlängerten die Bienen mehrere ihrer Königszellen, aber ungleich, wodurch uns der Beweis geben wurde, dass sie Maden verschiedenen Alters einschlossen.

Am 1. Juni war eine derselben geschlossen, am 2. eine zweite. Die Bienen legten sogar mehrere neue an. Um 11:00 Uhr morgens war im Stocke noch alles ruhig; um Mittag aber ging die Königin auf einmal aus dem allerruhigsten Zustande zu einer auffallenden Aufregung über, welche allmählich auch die Arbeitsbienen in allen Teilen ihres Stockes ergriff. Einige Minuten später stürzten sie sich haufenweise nach dem Flugloche und zogen mit ihrer Königin ab. Sie legten sich an dem Zweige eines nahestehenden Baumes an, wo ich die Königin aussuchen und wegnehmen ließ, damit die derselben beraubten Bienen wieder auf ihren Stock zurückziehen möchten, was sie wirklich auch taten. Ihre erste Sorge schien auf das Aufsuchen ihrer Königin gerichtet zu sein; sie waren noch sehr aufgeregt, beruhigten sich aber allmählich und um 3:00 Uhr war alles still und in Ordnung.

Am 3. hatten sie ihre gewöhnlichen Arbeiten wieder aufgenommen; sie versorgten die Brut, arbeiteten im Inneren der offenen Königszellen und verwandten auch auf die geschlossenen einige Sorgfalt, versahen sie mit architektonischem Zierrate, nicht dadurch, dass sie neue Wachsmassen hinzutaten, sondern solche von ihrer Oberfläche hinwegnahmen. Diese Verzierung ist gegen die Spitze der Zelle hin kaum bemerkbar, über derselben wird sie tiefer, von da an bis zum dicken Ende der Pyramide füllen sie die Bienen immer tiefer aus. Die einmal geschlossene Zelle wird so immer dünner und ist in den letzten Stunden, welche der Verwandlung der Nymphe in eine Königin vorausgehen, so dünn, dass man alle ihre Bewegungen durch die leichte Wachslage, welche den Grund der Verzierungen bilden, beobachten kann, wenn man die Zelle zwischen das Auge und das Sonnenlicht bringt. Bemerkenswert dabei ist, dass die Bienen, obgleich sie diese Zellen von dem Augenblicke an zu verdünnen anfangen, wo sie geschlossen sind, diese Arbeit so zu verteilen wissen, dass sie nicht eher beendigt wird, als bis die Nymphe bereit ist, ihre letzte Verwandlung anzutreten. Am siebenten Tage ist das Ende des Gehäuses sozusagen fast ganz wachslos, und gerade in diesem Teile liegen Kopf und Bruststück der Königin. Die Zernagung des Gehäuses erleichtert das Ausschlüpfen, indem es ihr nur noch die Mühe übrig lässt, die Seide, woraus es gewebt ist, zu durchschneiden. Es ist wahrscheinlich, dass diese Arbeit bestimmt ist, die Abdunstung der überflüssigen Feuchtigkeit der königlichen Nymphe zu befördern, und dass die Bienen sie nach dem Alter und Zustand der Nymphe zu steigern oder zu ermäßigen wissen. Ich habe einige unmittelbare Versuche über diesen Gegenstand angestellt, mit denen ich aber noch nicht zu Ende bin. Am 3. Juni verschlossen unsere Bienen noch eine dritte Königszelle, 24 Stunden nachdem sie die zweite geschlossen hatten. An den folgenden Tagen wurde dieselbe Operation nach und nach an mehreren anderen Zellen vollzogen.

Am 7. erwarteten wir jeden Augenblick eine Königin aus der königlichen Zelle hervorgehen zu sehen, die am 30. Mai war geschlossen worden. Schon am Abend vorher war ihre Zeit um, ihre sieben Tage waren verflossen. Die Verzierung ihrer Zelle war so vertieft, dass wir einigermaßen wahrnehmen konnten, was sich im Inneren zutrug; wir konnten erkennen, dass die Seide des Gehäuses ringsum anderthalb Linien (3mm) über der Spitze durchschnitten war; da aber die Bienen noch nicht gewollt hatten, dass diese Königin jetzt schon ausschlüpfe, hatten sie den Deckel mit einigen Wachsteilchen wieder an die Zelle festgeklebt.

Der Gesang der Königin

Auffallend für uns war es, dass diese Königin in ihrem Gefängnisse einen Ton, ein deutliches Quaken, von sich gab. Abends wurde der Gesang noch entschiedener, er bestand aus mehreren Noten desselben Tones, die rasch aufeinander folgten.

Am 8. hörten wir denselben Gesang in der zweiten Zelle. Mehrere Bienen hielten bei jeder königlichen Zelle Wache.

Am 9. öffnete sich die erste Zelle. Die junge ausgeschlüpfte Königin war munter, ihr Körper schlank, ihre Farbe gebräunt. Wir erkannten jetzt auch den Grund, warum die Bienen die jungen Königinnen über ihre Zeit hinaus in den Zellen gefangen halten. Es geschieht, damit sie im Stande sind, gleich wenn sie ausgeschlüpft sind, fliegen zu können. Die junge Königin wurde der Gegenstand unserer ganzen Aufmerksamkeit. Ging sie an den königlichen Zellen vorbei, so zerrten, bissen und vertrieben sie die Wache haltenden Bienen, schienen sogar sehr erbittert gegen sie zu sein und ließen sie nicht eher unangefochten, als bis sie weit von jeder königlichen Zelle entfernt war. Dies Verfahren wiederholte sich im Verlaufe des Tages öfters. Sie sang zweimal; als wir sie diesen Ton hervorbringen sahen, stand sie still, ihre Brust war gegen die Wabe gedrückt, ihre Flügel waren auf dem Rücken gekreuzt, sie bewegte sie, ohne sie aus dieser Lage zu bringen. Welches auch der Grund sein mochte, warum sie diese Stellung einnahm, die Bienen schienen davon ergriffen zu sein, sie neigten alle das Haupt und standen unbeweglich.

Am folgenden Tage bot der Stock die nämlichen Erscheinungen dar; es standen noch 23 Königszellen darin, welche alle durch eine große Anzahl Bienen ununterbrochen bewacht wurden. Sobald die Königin sich derselben näherte, wurden all die Wächterrinnen unruhig, umzingelten, bissen und zerzausten sie auf alle Weise und trieben sie schließlich in die Flucht. Mitunter stimmte sie auch unter diesen Umständen ihren Gesang an, indem sie die vorhin angegebene Stellung einnahm, und dann waren die Bienen augenblicklich unbeweglich.

Die in der Zelle Nummer 2 eingeschlossene Königin war noch nicht ausgeschlüpft; wir hörten sie zu verschiedenen Malen singen, sahen auch zufällig, wie die Bienen sie fütterten. Indem wir eine sorgfältige Untersuchung anstellten, nahmen wir eine feine Öffnung in dem Endteile des Gehäuses wahr, den diese Königin in dem Augenblicke durchschnitten hatte, in welchem sie hätte ausschlüpfen können, den ihre Wächterrinnen aber wieder mit Wachs überzogen hatten, um sie gefangen zu halten. Durch diese Spalte steckte sie von Zeit zu Zeit ihren Rüssel; die Bienen bemerkten es anfänglich nicht, endlich nahm es eine von ihnen wahr und brachte ihren Mund an den Rüssel der Gefangenenkönigin, und machte dann anderen Platz, die sich ihr ebenfalls näherten und ihr Honig reichten. Als sie gehörig gesättigt war, zog sie ihren Rüssel zurück und die Bienen verklebten die Öffnung, durch welches sie ihn hervorgestreckt hatte, von Neuem mit Wachs.

Noch desselben Tages zwischen 12 und 1:00 Uhr wurde die Königin sehr unruhig. Die königlichen Zellen in ihrem Stocke waren sehr zahlreich, nirgends hin konnte sie sich wenden, ohne auf irgendeine zu stoßen, und sobald sie ihr nahe kam, wurde sie übel misshandelt; floh sie anderswo hin, so fand sie keinen besseren Empfang. Ihr Umherrennen brachte zuletzt auch die Bienen in Bewegung, die lange Zeit in größter Verwirrung durcheinander liefen, bis sie sich dem Flugloche zudrängten, abzogen und sich an einen Baum im Garten anhingen. Eigentümlich war hierbei, dass die Königin ihnen nicht folgen und selbst den Schwarm anführen konnte; denn als sie zwischen zwei königlichen Zellen hindurchgehen wollte, bevor die Bienen ihren Wachposten verlassen hatten, wurde sie von diesem dermaßen gedrückt und gebissen, dass sie sich nicht rühren konnte. Wir schafften sie weg und brachten sie zu einem besonderen Versuche in einen entfernt stehenden Stock. Die Bienen, die sich zu einem Schwarme gebildet und sich in Traubenform an einen Baumzweig angelegt hatten, erkannten gar bald, dass ihre Königin ihnen nicht gefolgt war, und kehrten von selbst in ihre Wohnung zurück. Das ist die Geschichte der zweiten Kolonie dieses Stockes.

Wir waren begierig zu erfahren, was aus den übrigen Königszellen werden würde. Unter den verschlossenen befanden sich vier, welche vollkommen entwickelte Königinnen enthielten, welche hätten ausschlüpfen können, wenn sie die Bienen nicht daran gehindert hätten; sie öffneten sich weder in der Zeit, welche der Schwarmaufregung voranging, noch während des Auszuges.

Auch am 11. war noch keine dieser Königinnen frei. Diejenige von Nummer zwei musste ihre Verwandlung schon am 8. vollendet haben, wurde also seit drei Tagen gefangen gehalten, und folglich war ihre Gefangenenhaltung mehr, als die aus der Nummer eins, welche zur Bildung des Schwarmes Veranlassung gegeben hatte, in die Länge gezogen worden. Den Grund dieses Unterschiedes in der Dauer der Haft vermochten wir nicht zu erraten.

Mehrere Königinnen in einem Schwarm

Am 12. wurde diese Königin endlich freigegeben, wir fanden sie im Stocke, wo sie gerade so wie ihre Vorgängerinnen behandelt wurde. Die Bienen ließen sie unangefochten, wenn sie von jeder königlichen Zelle fernblieb, und marterten sie aufs Grausamste, wenn sie sich ihnen nahte. Wir beobachteten diese Königin ziemlich lange, da wir aber keine Ahnung davon hatten, dass sie schon an diesem Tage eine Kolonie ausführen werde, ließen wir unseren Stock ein paar Stunden außer Acht. Um Mittag nahmen wir in wieder in Augenschein und waren aufs Höchste überrascht, als wir ihn fast leer fanden. Er hatte während unserer Abwesenheit einen sehr starken Schwarm abgestoßen, der noch in Form einer sehr starken Traube am Zweige eines nahestehenden Birnbaumes hing. Es überraschte uns auch, die Zelle Nummer 3 geöffnet zu finden. Der Deckel hing noch wie mit einem Scharniere daran. Allem Anschein nach hatte die darin gefangen gehaltene Königin die Zeit der dem Auszuge vorhergehenden Unordnung benutzt, um auszuschlüpfen. Wir zweifelten nicht, dass beide Königinnen sich beim Schwarme befinden würden, fanden auch wirklich die eine und die andere und entfernten sie, damit die Bienen wieder aufziehen möchten, was sie auch bald taten.

Während wir mit dieser Verrichtung beschäftigt waren, war die in der Zelle Nummer 4 gefangen gehaltene Königin ausgeschlüpft, und die Bienen fanden sie bei ihrer Rückkehr vor. Sie waren anfänglich sehr unruhig, gegen Abend aber beruhigten sie sich und gingen wieder an ihre gewöhnlichen Arbeiten, hielten strenge Wache bei den königlichen Zellen und sorgten für die Entfernung der Königin, wenn diese sich ihnen nahen wollte. Es waren jetzt noch 18 Zellen geschlossen, die sie hüten mussten.

9. Brief—Von der Bildung der Schwärme

Gegen 10:00 Uhr abends wurde die in Nummer 5 gefangene Königin frei; es gab jetzt also zwei lebende Königinnen im Stocke. Sie suchten sich anfänglich zu bekämpfen, machten sich aber wieder voneinander los. Während der Nacht griffen sie sich mehrere Male an, ohne dass etwas entschieden wurde. Am folgenden Tage, den 13., waren wir Zeugen von dem Tode der einen, die den Stichen der anderen unterlag. Die einzelnen Umstände dieses Zweikampfes waren dem durchaus ähnlich, das ich anderswo über die Kämpfe der Königinnen mitgeteilt habe.

Die Siegerin gewährte uns hierauf ein ganz eigentümliches Schauspiel. Sie näherte sich einer königlichen Zelle, fing dann an zu singen und jene Stellung anzunehmen, welche die Bienen in einen Zustand der Unbeweglichkeit versetzt. Einige Minuten lang glaubten wir, dass es hier unter dem Schrecken, den sie den die Zelle bewachenden Bienen einflößte, gelingen werde, dieselbe zu öffnen und die darin eingeschlossene junge Königin zu töten. Wirklich suchte sie auch die Zelle zu ersteigen; als sie dazu aber Anstalt machte, hörte sie auf zu singen und verließ die Stellung, wodurch die Bienen gelähmt werden. Sogleich schöpften auch die wachehaltenden Bienen neuen Mut und trieben die Königin, welche sie beunruhigte, durch Zerren und Beißen weit weg.

Am 14. schlüpfte eine Königin aus der Zelle Nummer sechs aus, und gegen 11:00 Uhr morgens stieß der Stock unter all den vorhin beschriebenen Umständen der Unordnung einen Schwarm ab. Die Aufregung war so groß, dass nicht einmal eine hinreichende Bienenzahl zurückblieb, um die königlichen Zellen zu besetzen, und dass es mehreren gefangen gehaltenen Königinnen gelang, dieselben zu öffnen und sich freizumachen. Drei befanden sich in der Schwarmtraube, drei andere waren im Stocke zurückgeblieben. Diejenigen, welche mit der jungen Kolonie ausgezogen waren, entfernten wir, um die Bienen wieder zum Aufziehen zu bewegen.

Sie kehrten in den Stock zurück, nahmen ihre Posten bei den königlichen Zellen wieder ein und schindeten die drei freien Königinnen, wenn sie sich denselben nähern wollten.

In der Nacht vom 14. auf den 15. fand ein Zweikampf statt, in welchem eine Königin als Opfer fiel; wir fanden sie folgenden Morgens tot vor dem Stocke; dennoch waren noch drei lebende Königinnen gleichzeitig im Stocke, die dritte war in der nämlichen Nacht ausgelaufen. Am Morgen des 15. waren wir Augenzeugen eines Kampfes zwischen zweien dieser Königinnen und damit blieben nur noch zwei gleichzeitig freie Königinnen im Stocke. Sie waren beide äußerst unruhig, sei es nun aus Kampfbegierde, oder wegen der Behandlung, die sie von ihren Bienen zu bestehen hatten, wenn sie sich nicht in genügender Entfernung von den königlichen Zellen hielten. Bald teilte sich ihre Aufregung auch den Bienen mit, und gegen Mittag zogen sie ungestüm mit beiden Königinnen aus. Das war der fünfte Schwarm, den dieser Stock vom 30. Mai bis zum 15. Juni abstieß. Am 16. stieß er noch einen sechsten ab, dessen einzelne Umstände ich nicht weiter mitteile, weil sie nichts Neues darboten.

Ich muss noch bemerken, dass wir den letzten sehr starken Schwarm leider verloren; die Bienen entflohen in unabsehbare Weite, und wir fanden sie nicht wieder. Der Stock blieb nun schlecht bevölkert; nur die geringe Zahl Bienen, welche im Augenblicke des Ausschwärmen von der Aufregung nicht mitgriffen waren, und diejenigen, welche nach dem Abzug des Schwarmes vom Felde heimkehrten, machten seine Bevölkerung aus. Die königlichen Zellen waren von da an nur schlecht bewacht, die darin befindlichen Königinnen liefen aus und bekämpften sich so lange untereinander, bis der Thron der glücklichsten verblieb.

Trotz ihrer Siege vom 16. bis zum 19. wurde sie von ihren Bienen ziemlich gleichgültig behandelt, weil sie während dieser drei Tage ihre Jungfräulichkeit bewahrte. Endlich flog sie aus, um die Drohnen aufzusuchen, kehrte mit allen äußeren Merkmalen der Befruchtung zurück und wurde nun mit allen Zeichen der Achtung aufgenommen. Sie legt ihre ersten Eier 46 Stunden nach vollzogener Verhängung.

Das ist der einfache und getreue Rechenschaftsbericht von meinen Beobachtungen über die Bildung der Schwärme. Um meine Mitteilung nicht zu unterbrechen, habe ich verschiedene besondere Versuche, die ich gleichzeitig in der Absicht anstellte, um verschiedene noch dunkle Punkte aufzuhellen, unerwähnt gelassen. Sie sollen mit Ihrer gütigen Erlaubnis den Stoff zu den folgenden Briefen liefern. Trotz der Länge meiner Mitteilung zweifle ich nicht, Ihr Interesse noch aufrechterhalten zu können.

Genehmigen Sie die Versicherung meiner besonderen Achtung.

P.S. Beim Durchlesen dieses Briefes fällt es mir auf, dass ich einen Einwurf unerledigt gelassen habe, der den einen oder anderen meiner Leser beirren könnte, auf den ich deshalb noch nachträglich Antwort geben muss. Da ich nach den fünf ersten Schwärmen, deren Geschichte ich Ihnen mitgeteilt habe, die Bienen, die abgezogen waren, immer wieder aufziehen ließ, so ist es nicht zu verwundern, dass der Stock immer volkreich genug blieb, um jedes Mal einen starken Schwarm abwerfen zu können; im Naturzustande verhält sich die Sache anders, die Bienen, die einen Schwarm bilden, kehren nicht wieder in den Stock zurück, den sie verlassen haben, und ohne

Zweifel wird man mich fragen, welche Bevölkerungsquelle einen gewöhnlichen Stock in den Stand setzt, drei oder vier Schwärme abstoßen zu können, ohne selbst zu schwach zu werden.

Ich will die Schwierigkeit nicht mindern. Ich habe gesagt, dass die Aufregung, die dem Auszuge vorher geht, mitunter so bedeutend ist, dass die meisten Bienen den Stock verlassen, und dann begreift man nicht, dass vier oder fünf Tage später der nämliche Stock wieder im Stande ist, eine ziemlich starke Kolonie zu entsenden.

Zunächst aber muss man berücksichtigen, dass die alte abziehende Königin eine außerordentlich große Menge Arbeitsbienenbrut zurücklässt, die sich sehr bald in Bienen verwandelt, und so ist die Bevölkerung nach dem ersten Schwarme beinahe ebenso stark, als sie vor demselben war. Der Stock ist also vollkommen im Stande, eine zweite Kolonie zu entsenden, ohne sich selbst gerade allzu sehr zu schwächen. Der dritte und vierte Schwarm schwächen ihn allerdings merklicher, indes bleibt das zurückbleibende Volk fast immer noch groß genug, um die erforderlichen Arbeiten besorgen zu können, und die erlittenen Verluste sind durch die große Fruchtbarkeit der Königinnen gar bald wieder ausgeglichen. Sie erinnern sich, dass sie täglich mehr als 100 Eier legen.

Sollte in einzelnen Fällen die Schwarmaufregung eine so große sein, dass sämtliche Bienen daran teilnähmen und insgesamt auszögen, so würde die Verödung doch nur einen Augenblick andauern. Die Schwärme ziehen nur in den schönen Stunden des Tages aus und dann gerade ziehen auch die Bienen am stärksten zur Tracht auf die Fluren hinaus und alle, die draußen mit ihren verschiedenen Erntearbeiten beschäftigt sind, nehmen an der Schwarmbildung keinen Teil; kehren sie in den Stock zurück, so gehen sie ruhig an ihre Geschäfte. Ihre Zahl ist aber nicht klein, denn ist das Wetter schön,

9. Brief—Von der Bildung der Schwärme

so fliegt wenigstens ein Drittel der Bienen aus jedem Stocke nach Beute aufs Feld.

Und selbst in dem anscheinend bedenklichen Falle einer so lebhaften Aufregung, dass sämtliche Bienen den Stock verlassen, werden doch nicht alle, die sich hinausdrängen, Mitglieder der neuen Kolonie. Wenn diese wahnsinnsgleiche Aufregung sie erfasst, dann drängen und häufen sie sich alle an dem Flugloche und erhitzen sich dermaßen, dass sie in starken Schweiß geraten. Die Bienen, die sich zuunterst befinden und die Last aller übrigen zu tragen haben, scheinen in Schweiß gebadet; ihre Flügel werden feucht, sie sind nicht mehr im Stande zu fliegen, und wenn sie auch ins Freie gelangen, so gehen sie doch nicht über das Anflugbrettchen hinaus und kehren alsbald in den Stock zurück.

Die jüngst ausgeschlüpften Bienen ziehen nicht mit dem Schwarme aus. Sie sind noch zu schwach, als dass sie sich schon im Fluge halten könnten. Das alles sind Rekruten genug, um eine Wohnung von Neuem zu bevölkern, die man schon verlassen glaubte.

10. Brief—Fortsetzung von der Bildung der Schwärme

Pregny, 8. Sept. 1791.

Um in die Fortsetzung der Geschichte der Schwärme eine größere Ordnung zu bringen, halte ich es für zweckmäßig, die hauptsächlichsten, im vorhergehenden Briefe enthaltenen Tatsachen zu rekapitulieren und über eine jede die weiteren aus den verschiedenen neuen Versuchen, deren ich noch keine Erwähnung getan, sich ergebenden Erweiterungen hinzuzufügen.

Tatsache: Drohnen und Königinnen werden im April und Mai aufgezogen

Wenn man beim Eintritt des Frühlings einen gut bevölkerten und von einer fruchtbaren Königin beherrschten Stock beobachtet, wird man diese Königin im Verlaufe der Monate April und Mai eine außerordentlich große Menge Drohneneier legen sehen; und die Arbeiter werden diesen Zeitpunkt sich auserwählen, um mehrere Königszellen von der Art, die Reaumur beschreibt, anzulegen.

Das ist das Resultat mehrerer, lange Zeit fortgesetzte Versuche, die nie auch nur die geringste Abweichung ergeben haben, und ich trage keine Bedenken, Ihnen dasselbe als eine unzweifelhafte Wahrheit zu bezeichnen; indes muss ich noch eine notwendige Erläuterung hinzufügen.

10. Brief—Fortsetzung von der Bildung der Schwärme

Ehe eine Königin ihre große Drohneneierlage beginnt, muss sie elf Monate alt sein; jünger legt sie nur Arbeiterbieneneier. Eine im Frühjahr geborene Königin legt im Laufe des Sommers im ganzen vielleicht 50-60 Drohneneier, um aber ihre große Drohneneierlage, die sich auf 1000-2000 Eier beläuft, beginnen zu können, muss sie ihren elften Monat zurückgelegt haben. Im Verfolge unserer Versuche, die den natürlichen Lauf der Dinge mehr oder weniger unterbrachen, ist es öfter vorgekommen, dass die Königinnen erst im Monat Oktober dieses Alter erreichten und dann ihre Drohneneierlage begannen; auch fingen dann die Arbeitsbienen an, königliche Zellen zu erbauen, als wenn sie dazu durch irgendeine von den Eiern ausgehende Ausströmung angeregt worden wären. Anmerkung: Das Legen von Drohneneiern einer jungen Königin im Oktober ist ein sehr ungewöhnliches Ereignis, und wir fragen uns, ob Huber dieses mehr als einmal beobachtet hat. Es scheint uns eine Ausnahme gewesen zu sein, bedingt durch den Ausfall seiner Königin. - Übersetzer. Es erfolgte zwar kein Schwarm, weil im Herbste alle dazu erforderlichen Umstände gänzlich fehlen. Aber nicht weniger entschieden ist, dass eine geheime Verbindung zwischen der Drohneneierlage und den königlichen Zellen besteht.

Diese Eierlage dauert gewöhnlich 30 Tage. Am 20. oder 21. Tage nach Beginn derselben legen die Bienen mehrere Königszellen, mitunter 16-20 an, ja, ich habe schon 27 angetroffen. Sobald diese Zellen eine Länge von 2-3 Linien (4-6mm) erreicht haben, legt die Königin Eier hinein, aus denen Bienen ihrer eigenen Art hervorgehen müssen, aber sie legt sie nicht alle an einem Tag; denn damit der Stock mehrere Schwärme abstoßen könne, dürfen die jungen Königinnen, welche sie ausführen müssen, nicht alle zu gleicher Zeit ausschlüpfen; und man möchte behaupten, dass die Königin sich dessen bewusst sei, dass sie mit ängstlicher Sorgfalt immer einen Tag

Zwischenraum zwischen jedem in diesen Zellen abgesetzten Ei lässt. Der Beweis dafür liegt in Folgendem. Die Bienen verschließen die Zellen instinktgemäß gerade dann, wenn die darin enthaltenen Maden im Begriff stehen sich zu verpuppen; da sie nun sämtliche Königszellen zu verschiedener Zeit verschließen, so folgt daraus zuverlässig, dass die darin befindlichen Larven nicht alle von genau demselben Alter sein können.

Ehe die Königin ihre Drohneneierlage beginnt, ist ihr Leib bedeutend aufgetrieben; in dem Maße aber, wie sie in derselben fortschreitet, wird er sichtlich schlanker, und wenn sie beendigt, ist er sehr dünn. Dann ist sie im Stande, eine Reise, die unter Umständen sich verlängern kann, anzutreten. Es liegt darin also eine notwendige Bedingung, und da in den Gesetzen der Natur alles im Einklang steht, stimmt die Zeit des Auftretens der Drohnen mit der Geburt der Königinnen, die von ihnen befruchtet werden müssen, zusammen.

Tatsache: Der erste Schwarm, den ein Stock ausstößt wird immer von der alten Königin ausgeführt

Sobald die Larven, welche aus den von der Königin in die Königszellen abgesetzten Eiern ausgeschlüpft sind, im Begriff stehen, sich zu verpuppen, zieht die Königin mit einem Schwarme aus. Es ist feststehende Regel, dass der erste Schwarm, den ein Stock im Frühling ausstößt, immer von der alten Königin ausgeführt wird.

Ich glaube, den Grund davon zu erkennen. Damit nie mehrere Königinnen in einem Stocke sich befinden, hat die Natur denselben einen gegenseitigen Widerwillen eingeflößt. Sie können sich nicht begegnen, ohne zu versuchen, sich einander zu bekämpfen und zu töten. Sind die Königinnen ungefähr gleichen Alters, so sind die Glücksfälle des Kampfes für sie gleich, und der Zufall entscheidet, wem der Thron zufallen soll; ist aber eine der

10. Brief—Fortsetzung von der Bildung der Schwärme

Kämpferinnen älter als die andere, so ist sie stärker, und der günstige Erfolg des Kampfes wird ihr zufallen; sie wird nach und nach alle ihre Nebenbuhlerinnen töten, so wie sie aus ihren Zellen hervorgehen. Wäre also die alte Königin nicht schon vor der Geburt der jungen, in den Königszellen eingeschlossenen Königinnen ausgezogen, so würde sie dieselben insgesamt also gleich töten, wenn sie ihre letzte Verwandlung überstanden. Der Stock würde nie einen Schwarm geben können, und das Geschlecht der Bienen wäre schon längst nicht mehr. Zur Erhaltung der Art ist es also notwendig, dass die alte Königin den ersten Schwarm ausführt. Welches ist aber das geheime Mittel, welches die Natur anwendet, um sie zum Abzuge zu veranlassen? Ich weiß es nicht.

In unserer Gegend ist es freilich selten, kommt aber doch vor, dass der von der alten Königin ausgeführte Schwarm innerhalb dreier Wochen sich so stark vermehrt, dass er eine neue Kolonie entsenden kann, an deren Spitze dieselbe Königin steht. Ein solcher Fall kann unter folgender Bedingung eintreten:

Die Natur wollte nicht, dass die Königin ihren ersten Stock verlasse, ehe sie nicht ihre Drohneneierlage beendigt habe; sie musste sich ihrer Drohneneier voll entledigen, um leichter zu werden, und auch davon abgesehen hätte sie, wenn sie in ihrer neuen Wohnung zunächst wieder Drohneneier gelegt, vor Alter oder durch irgendwelchen Unfall sterben können, ehe sie Arbeitereier abgesetzt hätte; die Bienen würden dann kein Mittel besessen haben, sie zu ersetzen, und die Kolonie wäre zu Grunde gerichtet.

Alle Fälle sind mit bewunderungswürdiger Weisheit vorgesehen. Zuerst erbauen die Bienen eines Schwarmes Arbeiterzellen; sie arbeiten daran mit großem Eifer, und da die Eierstöcke der Königin mit wunderbarer Voraussicht zugerichtet sind, so sind die ersten in ihrer neuen

Wohnung abzusetzenden Eier Arbeitereier. Diese Eierlage dauert gewöhnlich zehn bis elf Tage, und während dieser Zeit bauen die Bienen auch einzelne Wabenteile mit großen Zellen. Man möchte annehmen, dass sie ein Bewusstsein davon haben, dass ihre Königin noch Drohneneier legen werde. Wirklich beginnt sie noch einmal, einige derselben, obgleich freilich in weit geringerer Zahl, als das erste Mal, jedoch in genügender Menge, abzusetzen, um die Arbeitsbienen zur Anlage königlicher Zellen anzureizen. Bleibt nun unter diesen Umständen die Zeit günstig, so ist es nicht unmöglich, dass eine zweite Kolonie sich bildet, die ebenfalls von der alten Königin drei Wochen nach dem ersten Auszug ausgeführt wird. Doch ist das, ich wiederhole es, unter unserem Himmelsstriche selten. Ich kehre zur Geschichte des Stockes zurück, aus welchem die alte Königin die erste Kolonie ausgeführt hat.

Tatsache: Der Instinkt der Bienen ist während der Schwarmzeit verändert

Sobald die alte Königin ihren ersten Schwarm ausgeführt hat, verwenden die zurückbleibenden Bienen ihre hauptsächlichste Sorgfalt auf die Königszellen, stellen eine strenge Wache bei ihnen auf und gestatten den jungen darin erzogenen Königinnen nur nach und nach, in Zwischenräumen von ein paar Tagen, daraus hervorzugehen.

Ich habe über die einzelnen Umstände dieser Tatsache und die Beweise dafür schon in meinem letzten Briefe berichtet; ich füge hier nur noch einige Beobachtungen hinzu. In der Schwarmzeit scheint das Verhalten der Bienen oder ihr Instinkt einer besonderen Beschränkung zu unterliegen. Zu jeder anderen Zeit wählen sie, wenn sie ihre Königin verloren haben, verschiedene Arbeiterlarven aus, um dieselbe zu ersetzen, verlängern und erweitern die Zellen dieser Larven, reichen ihnen eine reichere und pikantere Nahrung und wandeln so Maden in Königinnen um, die ursprünglich nur zu gewöhnlichen Bienen bestimmt waren. Ich habe sie gleichzeitig 27 Königszellen dieser Art ausführen sehen; sind sie aber einmal geschlossen und vollendet, dann suchen sie die darin enthaltenen jungen Königinnen nicht weiter vor den Angriffen ihrer Feindin zu schützen. Eine dieser Königinnen schlüpft vielleicht zuerst aus und wirft sich dann nach und nach auf sämtliche Königszellen, um sie zu öffnen und ihre Nebenbuhlerinnen darin zu durchbohren, ohne dass die Arbeitsbienen versuchen, dieselben zu schützen; laufen mehrere Königinnen zugleich aus, so suchen sie sich auf und bekämpfen sich, es fallen mehrere Opfer und der Thron verbleibt der siegreichen Königin. Weit entfernt sich diesen Zweikämpfen zu widersetzen, scheinen die Bienen die Kämpfenden vielmehr aufzureizen.

Ganz anders verhält es sich in der Schwarmzeit. Die Königszellen, welche sie dann erbauen, haben eine von der vorgenannten ganz verschiedene Gestalt; sie bilden sie in Stalaktitenform; in der ersten Anlage gleichen sie einem Eichelnäpfchen. Sobald die jungen Königinnen in das letzte Stadium ihrer Verwandlung eintreten, stellen die Bienen eine ununterbrochene Wache neben ihren Zellen auf. Die Königin, welche aus dem ersten von der alten Königin gelegten Königsei ausschlüpfte, verlässt endlich ihre Wiege; die Bienen behandeln sie anfänglich gleichgültig; bald folgt sie dem Instinkte, der sie zur Vernichtung ihrer Nebenbuhlerinnen anreizt, sie sucht die Zellen auf, in denen sie eingeschlossen sind; kaum aber nähert sie sich denselben, so kneifen, zerren, drängen und verjagen sie die Bienen, und da es der königlichen Zellen eine große Menge im Stocke gibt, so findet sie kaum einen Winkel, wo sie ungeschoren bleibt. Unablässig von dem Verlangen, die anderen Königinnen anzugreifen, gefoltert und immer zurückgetrieben, wird sie endlich unruhig, begrenzt durch die verschiedenen von den Bienen gebildeten Gruppen und teilt auch ihnen die eigene Unruhe mit. Nun sieht man eine große Menge Bienen gegen die Fluglöcher sich drängen; sie ziehen aus, mit ihnen die junge Königin, und so ist eine Kolonie gebildet, die sich eine neue Wohnstätte sucht. Nach ihrem Abzug geben die zurückgebliebenen Bienen eine andere Königin frei, die sie mit derselben Teilnahmslosigkeit wie die vorige behandeln und von den königlichen Zellen zurücktreiben, bis auch diese durch die stete Vereitelung ihrer Absichten unruhig wird, abzieht und einen neuen Schwarm ausführt. Diese Szene wiederholt sich in einem gut bevölkerten Stocke drei bis vier Mal in einem Frühling. Zuletzt wird die Zahl der Bienen so klein, dass sie die Königszellen nicht mehr streng genug bewachen können; dann brechen gleichzeitig mehrere junge Königinnen aus ihrem Gefängnisse hervor, suchen sich auf, bekämpfen sich, und die siegreich aus dem Kampfe hervorgegangene Königin nimmt ohne Widerrede vom königlichen Thron Besitz.

Der längste Zwischenraum, den wir zwischen jedem Schwarme wahrgenommen haben, trug sieben bis neun Tage aus; das ist für gewöhnlich die Zeit, welche zwischen dem Vorschwarme und dem ersten Nachschwarme verfließt; die Zeit zwischen dem zweiten und dritten ist nicht zu lang und der vierte bricht oft schon am Tage nach dem dritten auf. Für sich selbst überlassene Stöcke reichen 14 Tage zum Auszuge der vier Schwärme aus, vorausgesetzt, dass das Wetter günstig ist, wie ich nachweisen will.

Nur an schönen Tagen sieht man Schwärme ausziehen, aber, um bestimmter zu reden, nur in einer Tageszeit, wo die Sonne scheint und die Luft ruhig ist. Es ist uns vorgekommen, dass wir in einem Stocke alle

Vorzeichen des Schwarmes, die Unruhe und Aufregung, wahrgenommen haben, aber da legte sich eine Wolke vor die Sonne, und die Ruhe war hergestellt, die Bienen dachten nicht mehr ans Schwärmen. Als eine Stunde später die Sonne wieder erglänzte, begann der Aufruf von Neuem, mehrte sich rasch und der Schwarm zog ab.

Im Allgemeinen scheinen die Bienen den Anschein schlechten Wetters sehr zu fürchten. Sind sie auf dem Felde, so führt sie das Verkriechen der Sonne hinter einer Wolke rasch zu ihrem Stocke zurück, und ich bin geneigt anzunehmen, dass die plötzliche Abnahme des Lichtes sie beunruhigt; denn ist der Himmel gleichmäßig bedeckt, gibt es keinen Wechsel zwischen Sonnenschein und Schatten, so fliegen sie aufs Feld zur gewöhnlichen Tracht, und nicht einmal die ersten Tropfen eines sanften Regens treiben sie eilig nach Hause zurück.

Es ist mir nicht zweifelhaft, dass die Notwendigkeit schönen Wetters zum Schwarmauszuge unter den Gründen genannt werden muss, wodurch die Natur veranlasst ist, den Bienen das Recht einzuräumen, die Gefangenschaft ihrer jungen Königinnen in den königlichen Zellen zu verlängern. Ich will es nicht in Abrede nehmen, dass sie sich dieses Rechtes mitunter auf eine willkürliche Weise bedienen; jedenfalls dauert aber die Gefangenschaft der Königinnen immer länger, wenn das schlechte Wetter mehrere Tage hintereinander ohne Unterbrechung fortdauert. Hätten die jungen Königinnen die Freiheit gehabt, ihre Wiege gleich nach beendigter Verwandlung zu verlassen, so würden während des schlechten Wetters mehrere Königinnen im Stocke gewesen sein, folglich Kämpfe stattgefunden haben und Opfer gefallen sein. Das schlechte Wetter hätte möglicherweise so lange anhalten können, bis sämtliche Königinnen ihre Verwandlungen beendigt und ihre Freiheit erhalten hätten. Nach all den Kämpfen, welche sie sich hätten liefern müssen, würde nur eine, die Überwinderin aller übrigen, im Besitze des Thrones verblieben sein, und der Stock, welcher naturgemäß mehrere Schwärme abstoßen musste, hätte keinen einzigen gegeben; die Vermehrung der Art würde also der Zufälligkeit guten oder schlechten Wetters preisgegeben sein, während sie jetzt durch die weisen Anordnungen der Natur davon gänzlich unabhängig ist. Indem sie immer nur eine Königin nach der anderen freigibt, ist die Bildung der Schwärme sichergestellt. Diese Erklärung scheint mir so einfach, dass ich es für überflüssig halte, dabei länger noch zu verweilen.

Indes muss ich noch eines anderen wichtigen Umstandes Erwähnung tun, der mit der Gefangenhaltung der Königinnen zusammenhängt, dass sie nämlich im Stande sind, abfliegen zu können, sobald die Bienen sie freigeben; und dadurch eben sind sie befähigt, den ersten besten Augenblick, wo die Sonne scheint, zu benutzen, um einen Schwarm auszuführen.

Sie wissen, dass sämtliche Bienen, Arbeiter so gut wie Drohnen, einen oder zwei Tage nach ihrem Ausschlüpfen nicht im Stande sind zu fliegen; sie sind noch schwach, gräulich, ihre Gliedmaßen noch nicht gehörig gekräftigt. Sie haben 24 oder 30 Stunden mindestens nötig, bis ihre Gesamtkräfte und Fähigkeiten sich entwickelt haben. Mit den Königinnen würde derselbe Fall eintreten, wenn ihre Gefangenschaft nicht über die Zeit ihrer Verwandlung hinausgeschoben würde; während sie jetzt kräftig, gebräunt, entwickelt und zum Fliegen mehr als zu jeder anderen Lebenszeit geeignet aus ihrem Verschluss hervorgehen. Ich habe bereits anderswo angegeben, welche Gewalt die Bienen anwenden, um die Königinnen gefangen zu halten; sie kleben den Deckel ihrer Zellen mit einem Wachsbändchen an deren Wänden fest. Ich habe ebenfalls angegeben, wie sie dieselben ernähren; ich kann darüber hinweggehen.

Königinnen werden ihrem Alter nach aus ihren Zellen freigesetzt

Ein anderer bemerkenswerter Umstand ist der, dass die Königinnen nach ihrer Alterszeit freigegeben werden. Wir haben sämtliche Königszellen in dem Augenblicke, in welchem sie von den Arbeitsbienen bedeckelt wurden, mit Nummern bezeichnet, und wählten gerade diese Zeit, weil sie uns mit Bestimmtheit das Alter der Königinnen angab. Nun haben wir aber stets wahrgenommen, dass die ältere Königin frei wurde; diejenige, welche ihr unmittelbar folgte, wurde als die zweite in Freiheit gesetzt und so fort. Keine Königin ging eher aus ihrem Gefängnisse hervor, als bis ihre älteren Schwestern in Freiheit gesetzt waren.

Die Bienen erkennen das Alter wahrscheinlich durch das Rufen

Ich habe mich wohl hundertmal gefragt, wie die Bienen das Alter ihrer Gefangenen so zuverlässig unterscheiden. Zweifelsohne täte ich am Besten, auf diese Frage, wie auf so manche andere, mit dem Geständnis meiner Unwissenheit zu antworten; doch wollen Sie mir gestatten, Ihnen meine Vermutung mitzuteilen, Sie wissen ja, dass ich nicht, wie manche Schriftsteller, das Recht missbrauche, mich in Hypothesen zu verlieren. Sollte nicht das Rufen, oder der Ton, den die jungen Königinnen in ihren Zellen vernehmen lassen, eins der Mittel sein, wodurch die Natur den Bienen das Alter dieser Königinnen anzeige? Gewiss ist, dass die Königin, deren Zelle zuerst geschlossen wurde, auch zuerst ruft. Die in der unmittelbar darauf bedeckelten Zelle enthaltene Königin ruft eher als ihre jüngeren Schwestern usw. Ich räume ein, dass, da ihre Gefangenschaft acht bis zehn Tage dauern kann, die Bienen in dieser Zeit sehr wohl vergessen können, welche Königin zuerst gerufen hat, aber es kann auch eben sowohl möglich sein, dass die Königinnen ihre Töne modellieren, sie in dem Maße, wie sie älter werden, verstärken, und die Bienen diese Abweichungen zu unterscheiden im Stande sind. Wir selbst haben Unterschiede in diesem Rufen wahrgenommen, sowohl in der Folge der Töne, als auch in der Stärke derselben; vermutlich gibt es noch feinere Abstufungen, die unserem Ohre entgehen, den Bienen aber vernehmbar sind.

Diese Vermutung bekommt dadurch einiges Gewicht, dass Königinnen, die nach der von Schirach entdeckten Weise erzogen sind, durchaus stumm sind; auch halten die Arbeitsbienen niemals Wache bei ihren Zellen (Zellen zur stillen Umweiselung-Übersetzer), halten sie keinen Augenblick über den Zeitpunkt ihrer Verwandlung hinaus gefangen, und sobald diese vollendet ist, gestatten sie ihnen Kämpfe auf Leben und Tod, bis eine von ihnen über alle den Sieg davongetragen hat. Und warum? Weil dann der allein zu erreichende Zweck die Ersetzung der verlorenen Königin ist, und wenn nur eine von den zu Königinnen erzogenen Maden gedeiht, ist das Geschick aller übrigen für die Bienen gleichgültig, während in der Schwarmzeit eine Reihenfolge von Königinnen, zwecks Ausführung verschiedener Kolonien, erzogen werden musste, und damit das Leben dieser Königinnen sichergestellt sei, mussten sie gegen die Folgen des gegenseitigen Widerwillens, der sie gegeneinander anreizt, geschützt werden. Das ist der augenfällige Grund aller Vorsichtsmaßregeln, welche die vom Naturtriebe geleiteten Bienen zur Schwarmzeit ergreifen, da die Erklärung der Gefangenenhaltung der Königinnen, und damit die Gefangenschaft immer auch nach dem Alter der Königinnen ermessen sei, mussten diese ein Mittel besitzen, den Arbeitsbienen begreiflich zu machen, wenn sie freigegeben werden müssten. Dies Mittel besteht in dem Tone, den sie von sich geben, und in den Modulationen, die sie in denselben zu legen verstehen.

Trotz aller meiner Untersuchungen habe ich das Werkzeug nicht entdecken können, dessen sie sich zur Hervorbringung dieses Tones bedienen. Ich habe eine neue Folge von Versuchen angestellt, doch sind dieselben noch nicht beendigt.

Es bleibt noch eine andere Frage zu lösen. Wie kommt es, dass die Königinnen, welche nach der Methode Schirachs erzogen werden, stumm sind, während doch die zur Schwarmzeit erzogenen das Vermögen besitzen, einen gewissen Ton von sich zu geben? Welches ist der physische Grund dieser Verschiedenheit?

Anfänglich glaubte ich, ihn dem Alter zuschreiben zu müssen, in welchem die zu Königinnen auserkorenen Larven den königlichen Futterbrei erhielten. Die Königslarven erhalten zu Schwarmzeit von dem Augenblicke an, wo sie aus dem Ei kriechen, die königliche Nahrung, diejenigen hingegen, welche zur königlichen Würde nach der Schirachschen Methode ausersehen werden, erhalten dieselbe erst am zweiten oder dritten Tage ihres Lebens. Dieser Umstand schien mir auf verschiedene Teile ihres Organismus, insbesondere auf ihr Stimmorgan Einfluss ausüben zu können; der Versuch hat diese Vermutung aber als nichtig erwiesen.

Ich hatte aus Glasröhrchen Zellen bilden lassen, welche vollkommen die Gestalt königlicher Zellen besaßen, um darin die Verwandlung der Maden in Puppen und der Puppen in Königinnen beobachten zu können. Im 8. Briefe sind die Beobachtungen mitgeteilt, worauf ich hier verweise. In eine dieser künstlichen Zellen brachten wir eine Nymphe, die von einer Made herrührte, die nach Schirachscher Methode zur Königin war erzogen worden. Wir nahmen diese Verrichtung 24 Stunden vor dem

Zeitpunkte vor, wo naturgemäß ihre letzte Verwandlung vor sich gehen musste, und fügten dann unsere Glaszellen in den Stock ein, damit die Puppe den ihr notwendigen Grad Wärme erhalte. Am folgenden Tage hatten wir die Freude, dieselbe ihre Hülle abstreifen und ihre letzte Gestalt annehmen zu sehen; sie konnte freilich aus ihrem Gefängnisse nicht heraus, wir hatten jedoch eine kleine Öffnung angebracht, durch welche sie ihren Rüssel stecken und von den Bienen gefüttert werden konnte. Ich hatte erwartet, dass diese Königin sich völlig stumm erweisen werde, sie gab aber Töne von sich, die den oben beschriebenen ähnlich waren. Meine Vermutung war also falsch.

Ich verfiel nun auf den Gedanken, dass, da diese Königin sich in ihren Bewegungen und ihrem Verlangen nach Freiheit beschränkt gefunden hatte, es der Zustand der Beschränkung sei, der die Königinnen veranlasse, gewisse Töne hervorzubringen. Nach dieser Ansicht haben die Königinnen, mögen sie nun nach der Schirachschen Methode, oder nach der anderen erzogen sein, ohne Ausnahme das Vermögen zu rufen, um dazu aber veranlasst zu werden, müssen sie sich in einer beengenden Lage befinden. Nun sind aber die aus Arbeiterlarven hervorgehenden Königinnen auch leicht einen Augenblick ihres Lebens dem Zwange unterworfen, wenn sie in ihrem naturgemäßen Zustande belassen bleiben; und wenn sie nicht rufen, so hat das seinen Grund nicht darin, dass sie des Stimmorgans beraubt sind, sondern darin, dass nichts sie zum Rufen anreizt, während die zu Schwarmzeit geborenen dazu durch die Gefangenschaft, worin die Bienen sie halten, angereizt werden. Ich lege selbst wenig Wert auf diese Voraussetzung, und wenn ich sie mitteilte, geschah es nicht sowohl, mir einen Verdienst daraus zu machen, als vielmehr, um dem Beobachter den Weg anzubahnen, eine richtigere entdecken zu können.

Ebenso wenig eigne ich mir die Entdeckung des Rufens der Bienenkönigin zu. Alte Schriftsteller haben schon davon geredet. Reaumur zitiert bei dieser Gelegenheit ein 1671 lateinisch erschienenes Werk, betitelt *Monarchia Feminina*, von Karl Buttler (Siehe Reaumuer, Band V inquarto, Seiten 232 und 615).

Er gibt einen kurzen Abriss von den Beobachtungen dieses Naturforschers; man sieht daraus, dass derselbe die Wahrheit ausgeschmückt, oder richtiger, entstellt hat, indem er die törichten Einfälle untermengt; es ist aber nichtsdestoweniger wahr, dass Buttler das wirkliche Rufen der Königinnen vernommen und es keineswegs mit dem wirren Gebrause verwechselt hatte, dass man häufig in den Stöcken hört.

Tatsache: Junge Königinnen, die Schwärme ausführen, sind jungfräulich

Wenn die jungen Königinnen aus ihren Geburtsstöcken mit einem Schwarme ausziehen, befinden sie sich noch im jungfräulichen Zustande.

Der Tag nach der Beziehung der neuen Wohnung ist gewöhnlich derjenige, an welchem sie ihren Befruchtungsausflug halten. Dieser Tag ist normalerweise der fünfte ihres Lebens als Königinnen, denn sie bringen davon zwei oder drei in der Gefangenschaft zu, einen in ihrem Geburtsstocke vor dem Auszug und einen fünften endlich in ihrer neuen Wohnung. Die aus Arbeiterlarven hervorgegangenen und nach der Lausitzer Methode erzogenen Königinnen bringen gleichfalls fünf Tage in ihrem Stocke zu, ehe sie ihren Befruchtungsausflug antreten. Beide werden sie von ihren Bienen so lange mit Gleichgültigkeit behandelt, als sie ihre Jungfräulichkeit bewahren; sobald sie aber mit den äußeren Zeichen der

Befruchtung zurückkehren, werden sie von ihren Untergebenen mit der unverkennbaren Achtungsbezeugung aufgenommen. Sie legen aber erst 46 Stunden nach ihrer Verhängung. Die alten Königinnen, welche im Frühjahr mit dem Vorschwarme ausziehen, bedürfen zur Erhaltung ihrer Fruchtbarkeit keiner neuen Befruchtung. Es genügt also eine einzige Verhängung, um sämtliche Eier zu befruchten, die sie in einem Zeitraum von wenigstens zwei Jahren legt.

Ich habe die Ehre zu sein usw.

11. Brief—Fortsetzung von der Bildung der Schwärme

Pregny, 10. September 1791

In meinen beiden letzten Briefen habe ich meine hauptsächlichsten Beobachtungen über die Schwärme zusammengestellt, die ich so oft wiederholt hatte, und deren Resultate stets so gleichförmig sich herausstellten, dass ich nicht fürchten durfte, mich irgendwie getäuscht zu haben. Ich habe daraus diejenigen Folgerungen gezogen, die mir auf der Hand zu liegen schienen, mich aber sorgfältig gehütet, im theoretischen Teile mich über Tatsächliches hinaus zu wagen. Was mir für meine gegenwärtige Mitteilung übrig bleibt, beruht mehr auf Mutmaßungen, doch werden Sie darin manche Versuche angezogen finden, die ich der Beobachtung wert halte.

Das Verhalten der Bienen zu alten Königinnen ist eigen

Ich habe nachgewiesen, dass der Hauptbeweggrund des Abzuges junger Königinnen in der Schwarmzeit in dem unüberwindlichen Widerwillen zu suchen sei, den diese Königinnen gegeneinander hegen, und mehrere Male wiederholt, dass sie diesem Gefühle nicht Befriedigung verschaffen könnten, weil die Arbeitsbienen sie mit der größten Sorgfalt hinderten, die königlichen Zellen anzugreifen. Diese beständige Behinderung in ihren Bewegungen versetzt sie zuletzt in eine sichtbare Unruhe, in einen Grad von Aufregung, der sie zur Flucht treibt. Alle jungen Königinnen werden in Schwarmstöcken auf gleiche

Weise behandelt. Ganz anders aber verhalten sich die Bienen gegen die alte Königin, welche den Vorschwarm ausführen soll; daran gewöhnt, fruchtbare Königinnen immer hochzuhalten, vergessen sie nicht, was sie diesen schuldig sind, sie lassen ihr in allen Bewegungen volle Freiheit, gestatten ihr, sich den königlichen Zellen zu nähern, und widersetzen sich ihr selbst dann nicht, wenn sie sich an die Zerstörung derselben macht. Sie setzt also ihren Willen oder Widerspruch durch, und ihre Flucht kann man folglich nicht, wie die der jungen Königinnen, dem Zwang zuschreiben, dem sie unterworfen ist. Darum habe ich auch aufrichtig im letzten Briefe eingestanden, dass ich den Beweggrund ihres Auszuges nicht kenne.

Nachdem ich aber sorgfältiger darüber nachgedacht habe, bin ich zur Einsicht gekommen, dass diese Erscheinung keine so auffallende Ausnahme von der allgemeinen Regel macht, als ich anfänglich glaubte. Es steht wenigstens fest, dass die alten Königinnen einen ebenso entschiedenen Widerwillen gegen ihresgleichen haben wie die jungen Königinnen. Den Beweis dafür finde ich in der großen Anzahl königlicher Zellen, die ich sie zerstören gesehen habe. Sie erinnern sich noch, dass ich in der Mitteilung meiner ersten Beobachtung über den Abzug der alten Königin sieben königliche Zellen erwähnte, die von ihr an der Seite geöffnet und zerstört waren. Bleibt das Wetter mehrere Tage nacheinander regnerisch, so zerstören sie alle; dann gibt es keinen Schwarm und das kommt bei uns, wo die Frühlinge gewöhnlich regnerisch sind, sehr oft vor. Nie aber greifen sie diese Zellen an, wenn sie nur erst ein Ei oder eine Made enthalten, fangen jedoch an, sie zu fürchten, wenn die Made im Begriff ist, sich zu verpuppen oder sich schon verpuppt hat.

Das Vorhandensein königlicher Zellen, welche Nymphen oder Maden, die zur Verpuppung stehen, einschließen, flößt also auch den alten Königinnen den größten Abscheu oder Widerwillen ein, es bleibt nur noch zu erklären, warum sie dieselben nicht immer zerstören, da es doch in ihrer Macht steht. Hier kann ich nur Vermutungen aussprechen. Möglich wäre es, dass die große Menge der königlichen Zellen, die sich zu gleicher Zeit im Stocke befinden, und die Arbeit, die es ihr kosten würde, um alle zu öffnen, den alten Königinnen eine unüberwindliche Abneigung einflößte. Sie beginnen wohl mit dem Angriff auf ihre Nebenbuhlerinnen, da sie damit aber nicht so leicht zustande kommen können, so wächst die Unruhe unter der Arbeit und gestaltet sich zu einer furchtbaren Aufregung. Ist das Wetter in diesem Zustande günstig, so werden sie naturgemäß zum Auszuge geneigt sein.

Es ist begreiflich, dass die an ihre Königinnen gewöhnten Bienen, für die deren Gegenwart ein wirkliches Bedürfnis ist, sie bei ihrem Abzug haufenweise begleiten, und die Bildung des ersten Schwarmes in dieser Rücksicht keine große Schwierigkeit macht.

Was veranlasst die Bienen, den jungen Königinnen zu folgen?

Ohne Zweifel werden sie mich aber fragen, weshalb die Bienen, die doch die jungen Königinnen gar übel behandeln und ihnen unter den günstigsten Umständen nur eine völlige Teilnahmslosigkeit bezeugen, dennoch geneigt sind, ihnen zu folgen, sobald sie den Stock verlassen. Das geschieht vermutlich, um sich der Hitze zu erziehen, die dann im Stocke herrscht. Die außerordentliche Aufregung der jungen Königinnen vor dem Schwarmauszuge jagt sie nach allen Richtungen hin über die Waben, sie drängen sich durch die Bienenhaufen, stoßen und stören sie und teilen ihnen die eigene Unstetigkeit mit. Durch diese ungestümen Bewegungen wird die Temperatur bis zu einer Höhe gesteigert, welche die Bienen nicht ertragen können. Wir haben öfters den Versuch mit dem Thermometer angestellt. Ein im Frühling gut bevölkerter Stock hat an einem schönen Tage gewöhnlich zwischen 27 und 29° Reaumur (32°C bis 36°C), während des Aufstandes aber, der dem Schwarmauszuge vorhergeht, steigt der Thermometer über 32° Reaumur (40°C), und diese Hitze ist für die Bienen unerträglich; werden sie ihr ausgesetzt, suchen sie eiligst das Weite. Im allgemeinen können sie keine plötzliche Steigerung der Wärme vertragen; sie verlassen ihre Behausung, sobald sie sich daselbst fühlbar macht, und die vom Felde zurückkehrenden ziehen nicht ein, solange eine außergewöhnliche Wärme darin herrscht.

Ich habe mich durch unmittelbare Versuche vergewissert, dass das ungestüme Rennen der Königin über die Waben hin die Arbeitsbienen wirklich in Aufregung bringt, und es ist mir auf folgende Weise gelungen, dies festzustellen. Ich suchte eine Vermischung der Ursachen zu vermeiden; es lag mir besonders daran zu erfahren, ob die Aufregung der Königin sich den Bienen auch außerhalb der Schwarmzeit mitteile. Ich nahm zu dem Ende zwei junge, aber schon über fünf Tage alte noch unbefruchtete, jedoch befruchtungsreife Königinnen, brachte die eine in einen ausreichend bevölkerten Glasstock, die andere in einen ähnlich eingerichteten Stock und verschloss dann die Öffnungen in einer Weise, dass wohl die Luft freien Zutritt hatte, aber auch nicht eine Biene herauskonnte. Ich beobachtete beide Stöcke zu jeder Tageszeit, wo das schöne Wetter Drohnen und Königinnen zum Befruchtungsausfluge einzuladen pflegt. Am ersten Tage war das Wetter veränderlich; es flog keine einzige Drohne auf meinem Stande, und meine Bienen waren ruhig; am folgenden Tag gegen 11:00 Uhr jedoch strahlte die Sonne in hellem Glanze, meine beiden gefangen gehaltenen Königinnen fingen an umherzulaufen, suchten in allen Teilen ihrer Wohnung einen Ausgang, und da sie keinen fanden, rannten sie mit den unverkennbaren Zeichen von Unruhe und Aufregung auf den Waben umher; meine Bienen wurden bald mit in die Unruhe hineingezogen; ich sah sie im gedrängten Haufen auf das Bodenbrett hinabziehen, weil das Flugloch daselbst angebracht war; da sie aber nicht hinaus konnten, stiegen sie ebenso schnell wieder auf und rannten wie blind auf den Zellen umher bis gegen 4:00 Uhr. Das ist ungefähr der Zeitpunkt, wo die gegen den Horizont sich senkende Sonne die Drohnen in ihre Stöcke zurückruft. Die Königinnen, welche sich wollen befruchten lassen, bleiben nie länger draußen. Auch beruhigten sich die beiden Königinnen, welche ich beobachtete, allmählich, und damit war auch die allgemeine Ruhe bald wiederhergestellt. Dies Verhalten wiederholte sich mehrere Tage hintereinander unter ganz denselben Umständen, und ich blieb überzeugt, dass die Aufregung der Bienen in der Schwarmzeit nichts Besonderes hat, sondern dass die Stöcke immer in Aufruhr geraten, wenn die Königin aufgeregt ist.

Schwarmköniginnen sind unterschiedlichen Alters, Ersatzköniginnen jedoch alle gleich alt

Nur einen Umstand habe ich Ihnen noch mitzuteilen. Ich erwähnte, dass, wenn die Bienen ihre Königin verloren haben, sie gewöhnlichen Arbeitermaden die königliche Erziehung geben und nach der Schirachschen Entdeckung gewöhnlich innerhalb zehn Tagen den Verlust ihrer Königin ersetzen. In diesem Falle gibt es keinen Schwarm; sämtliche junge Königinnen schlüpfen fast zu gleicher Zeit aus, und nachdem sie einen blutigen Kampf miteinander geführt haben, verbleibt das Reich der glücklichsten.

Ich begreife wohl, das es die Hauptabsicht der Natur gewesen ist, die verlorene Königin zu ersetzen; da es aber den Bienen freisteht, Eier oder Arbeitermaden innerhalb

11. Brief—Fortsetzung von der Bildung der Schwärme

ihrer ersten drei Lebenstage zu wählen, warum bestimmen sie da zur königlichen Erziehung nur Maden von fast gleichem Alter, die ihre Verwandlung beinahe zu gleicher Zeit vollenden müssen? Da sie in der Schwarmzeit das Recht haben, ihre jungen Königinnen in ihren Zellen gefangen zu halten, warum lassen sie die Königinnen, welche sie sich nach der Methode Schirachs verschaffen, auf einmal ausschlüpfen? Wenn sie die Dauer ihrer Gefangenschaft mehr oder weniger ausgedehnt hätten, so würden sie zwei höchst wichtige Zwecke auf einmal erfüllen, den Verlust ihrer Königin ersetzen und sich eine Reihenfolge der Königinnen verschaffen können, um mehrere Schwärme auszuführen.

Anfänglich glaubte ich, dass diese Verschiedenheit ihres Verhaltens den verschiedenen Umständen, unter denen sie sich befänden, zugeschrieben werden müsste. Sie fühlten sich erst dann veranlasst, alle auf einen Schwarmauszug bezüglichen Vorkehrungen zu treffen, wenn ihre Volksvermehrung eine bedeutende ist, und sie eine Königin haben, welche ihre große Drohneneierlage begonnen hat; dagegen sind sie, wenn sie ihre Königin verloren haben und in ihren Waben keine Drohneneier finden, die ihren Instinkt bestimmen, bis zu einem gewissen Grade unruhig und entmutigt.

Ich setzte mir also vor, in einem Stocke, dem ich die Königin genommen hatte, alle anderen Umstände denen möglichst ähnlich herzustellen, unter denen sich die Bienen befinden, wenn sie sich zum Schwärmen anschicken. Ich vermehrte das Volk bis zum Übermaß, indem ich dem Stocke eine große Menge Arbeitsbienen zuschüttete, und gab ihnen mehrere mit Drohnenbrut in allen Stadien angefüllte Waben. Ihre erste Sorge war, Königszellen der Schirachschen Art zu erbauen und in ihnen Arbeitsbienenmaden mit königlicher Nahrung zu erziehen. Sie legten auch einige Königszellen in

Stalaktitenform an, als wenn sie dazu durch das Vorhandensein der Drohnenbrut wären veranlasst worden, führten sie aber nicht weiter, weil sich keine Königin in ihrer Mitte fand, die ihre Eier darin ablegen konnte. Endlich gab ich ihnen mehrere geschlossene Königszellen, die ich aus Stöcken, die sich zum Schwärmen anschickten, gewonnen hatte, wie sie mir eben vorgekommen waren. Alle meine Vorkehrungen waren aber vergeblich. Meine Bienen dachten nur daran, ihre verlorene Königin zu ersetzen und verwendeten auf die ihnen gegebenen keinerlei besondere Sorgfalt; die Königinnen, welche darin enthalten waren, schlüpften zur gewöhnlichen Zeit aus, ohne auch nur einen Augenblick gefangen gehalten zu sein, lieferten sich verschiedene Schlachten, und es gab keinen Schwarm.

Wollte man zu Spitzfindigkeiten seine Zuflucht nehmen, so gelänge es vielleicht, den Grund oder den Zweck dieser anscheinenden Grillenhaftigkeit andeuten zu können; je mehr man die weisen Anordnungen des Schöpfers in den Gesetzen bewundert, die er dem Naturtriebe der Tiere auferlegt hat, desto mehr muss man der Willfährigkeit der Einbildungskraft misstrauen, womit man die Tatsachen zu erklären glaubt, während man sie doch nur ausschmückt.

Im Allgemeinen haben die Naturforscher, welche lange Zeit mit der Beobachtung der Tiere sich beschäftigten, insbesondere diejenigen, welche gerade die Insekten zum Lieblingsgegenstande ihrer Studien sich erwählten, ihnen zu bereitwillig unsere Gefühle, unsere Neigungen, sogar unsere Ansichten beigelegt. Von Bewunderung hingerissen, vielleicht auch von der Geringschätzung verletzt, womit man von den Insekten zu sprechen pflegt, hielten sie sich verpflichtet, sich wegen der auf sie verwendeten Zeit zu rechtfertigen, und haben deshalb verschiedene Züge des Naturtriebes dieser

11. Brief—Fortsetzung von der Bildung der Schwärme

kleinen Tierchen mit all den Farben, die eine aufgeregte Fantasie zu liefern im Stande ist, ausgeschmückt. Selbst unser berühmter Reaumur ist in dieser Beziehung nicht ganz vorwurfsfrei. Indem er die Geschichte der Bienen entwirft, legt er ihnen öfters berechnete Absichten, Liebe, Voraussicht und andere Eigenschaften einer höheren Ordnung unter. Es kommt mir vor, als wenn er, obgleich er selbst sich ziemlich richtige Vorstellungen von den Verrichtungen der Bienen machte, es recht gern gesehen haben würde, wenn seine Leser ihnen die Kenntnis ihres wirklichen Vorteils zugeschrieben hätten. Er gleicht dem Maler, der, voreingenommen, dem Originale, dessen Züge er darstellt, schmeichelt. Der berühmte Buffon dagegen behandelt die Bienen mit Unrecht als bloße Automaten. Ihnen war es vorbehalten, die Theorie vom Instinkte der Tiere auf begründete Grundsätze zurückzuführen und nachzuweisen, dass diejenigen ihrer Handlungen, welche einen geistigen Anstrich besitzen, sich auf eine Verbindung *rein sinnlicher Vorstellungen* beschränken. Es ist nicht meine Absicht, hier in diese Tiefen mich zu versenken, oder in Einzelheiten einzugehen.

Da aber der Zusammenhang der auf die Bildung der Schwärme bezüglichen Umstände vielleicht reicheren Stoff zur Bewunderung darbietet als irgendein anderer Teil der Geschichte der Bienen, so scheint es mir angemessen zu sein, mit ein paar Worten die Einfachheit der Mittel anzudeuten, womit die weise Mutter Natur den Instinkt dieser Insekten zu leiten versteht. Sie konnte ihnen nicht den geringsten Anteil von Intelligenz verleihen; folglich durfte sie ihnen auch nicht auferlegen, irgendeine Umsicht zu zeigen, einer Berechnung zu folgen, eine Voraussicht kundzugeben, eine Kenntnis zu erwerben; aber nachdem sie ihr *Sensorium* mit den verschiedenen ihnen auferlegten Verrichtungen in Einklang gebracht hatte, sicherte sie die Ausführung durch den Reiz des

Vergnügens. Sie hat also im Voraus alle auf die Reihenfolge ihrer verschiedenen Arbeiten bezüglichen Umstände festgestellt und mit einer jeden dieser Verrichtungen ein angenehmes Gefühl verbunden. Anmerkung: Es hat sich seitdem erwiesen, dass es höchst wahrscheinlich das hier beschriebene "angenehme Gefühl" ist, welches die Königin dazu treibt; hauptsächlich Arbeitereier zu legen, welche auf ihrem Weg an der Spermathek vorbei befruchtet werden. Erst wenn sie dieser wiederholten Sinnesempfindung müde wird, erholt sie sich durch das Legen von unbefruchteten oder Drohneneiern, welche ohne Anstrengungen ihrerseits austreten. Es ist bedauerlich, dass Huber Parthenogenese unbekannt war, als er diese Zeilen schrieb.-Übersetzer. Deshalb muss man also, wenn die Bienen ihre Zellen bauen, ihre Brut besorgen, ihre Vorräte sammeln, darin weder Plan, noch Zuneigung, noch Voraussicht erblicken wollen, sondern lediglich und allein als den bestimmenden Grund das Vergnügen einer angenehmen Empfindung erkennen, welches mit jeder dieser Verrichtungen verbunden ist. Ich rede zu einem Philosophen, und da dies seine eigenen Ansichten sind, die ich nur auf neue Tatsachen anwende, so halte ich meine Ausdrucksweise für verständlich; meine Leser aber bitte ich, diejenigen Ihrer Werke zu lesen und darüber nachzudenken, in denen Sie sich mit dem Naturtriebe der Tiere beschäftigt haben. Ich füge nur noch ein Wort hinzu; der Reiz des Vergnügens ist nicht die einzige Triebfeder, die sie in Bewegung setzt; es gibt noch eine andere Grundursache, von der man bis jetzt, bei den Bienen wenigstens, den wunderbaren Einfluss nicht kannte; dies ist das Gefühl des Widerwillens, welches alle ihre Weibchen zu jeder Zeit gegeneinander empfinden; ein Gefühl, dessen Vorhandensein durch meine Beobachtungen aufs Bestimmteste nachgewiesen ist, und welches eine Menge wichtiger Erscheinungen in der Theorie der Schwärme erklärt.

    Ich habe die Ehre zu sein usw.

12. Brief—Drohnenbrütige Königinnen, Königinnen, die man ihrer Fühler beraubt hat

Pregny, 12. September 1791

Als ich Ihnen in meinem dritten Briefe Bericht über meine ersten Beobachtungen an den drohnenbrütigen Königinnen abstattete, habe ich bewiesen, dass sie ihre Eier ohne Unterschied in Zellen aller Größen und selbst in Königszellen absetzten. Ich habe ebenfalls ausgeführt, dass die Arbeitsbienen den Drohnenmaden, die aus den in die königlichen Zellen gelegten Eiern hervorgegangen, ganz dieselbe Pflege angedeihen lassen, als wenn sie sich wirklich in Königinnen umgestalten würden und habe hinzugefügt, dass mir hier der Instinkt der Bienen irre zu gehen scheine.

Anmerkung: Ich habe mich durch neue Beobachtungen überzeugt, dass die Bienen die Drohnenmaden ebenso gut erkennen, wenn die Eier, aus denen sie hervorgehen, von drohnenbrütigen Königinnen in Königszellen abgesetzt waren, als wenn sie dieselben in gemeine Bienenzellen gelegt hatten.

Bekanntlich haben die königlichen Zellen die Gestalt einer Birne, deren dickes Ende nach oben gerichtet ist; oder wenn man lieber will, einer umgekehrten Pyramide, deren Achse fast senkrecht steht und deren Länge ungefähr 15-16 Linien (ungefähr 32mm) austrägt. Bekannt auch ist, dass die Königinnen in diese Zellen legen, wenn sie nur erst angefangen sind und noch den Eichelnnäpfchen ähneln.

Anfänglich geben die Bienen den Zellen, die den Drohnen zur Wiege dienen, dieselbe Gestalt und denselben Umfang, wenn ihre Larven aber im Begriff stehen, sich zu verwandeln, kann man leicht wahrnehmen, dass sie dieselben keineswegs für königliche Maden gehalten haben; denn anstatt diese Zellen in eine Spitze auslaufen zu lassen, wie sie immer tun, wenn sie Larven der letzten Art enthalten, erweitern sie dieselben nach unten, und nachdem sie ein zylindrisches Rohr hinzugetan haben, verschließen sie dieselben mit einem gewölbten Deckel, der sich von denen nicht unterscheidet, womit sie die Drohnenzellen zu verschließen pflegen; da aber dies Rohr gleiche Größe mit den sechseckigen Zellen vom kleinsten Durchmesser hat,

12. Brief—Drohnenbrütige Königinnen und ihrer Fühler beraubter Königinnen

so werden die Maden, welche durch die Bienen in diesen Teil der Zelle eingezwängt werden und darin ihre letzte Verwandlung bestehen müssen, Drohnen der kleinsten Art. Die ganze Länge dieser außergewöhnlichen Zellen beträgt 20-22 Linien (42 bis 47 mm).

Indes fügen die Bienen nicht immer eine zylindrische Zelle der pyramidalen Zelle hinzu: dann begnügen sie sich damit, ihren unteren Teil etwas zu erweitern. In diesem Falle können die darin erzogenen Larven große Drohnen werden. Den Grund der Verschiedenheit, den man mitunter in der Form dieser Zellen wahrnimmt, kenne ich zwar nicht, aber gewiss scheint es mir zu sein, dass die Bienen sich nie darin täuschen, und dass sie uns bei dieser Gelegenheit einen sicheren Beweis von der Untrüglichkeit des Instinktes, womit sie begabt sind, in die Hand geben. Die Natur, welche die Arbeitsbienen mit der Erziehung der Brut und mit der Sorge, denselben die nach Alter und Geschlecht angemessene Nahrung zu reichen, beauftragt hat, musste ihnen auch die Fähigkeit verleihen, dieselben unterscheiden zu können. Die erwachsenen Drohnen und Arbeitsbienen gleichen sich so wenig, dass es auch zwischen den Larven der beiden Arten einen gewissen Unterschied geben muss, den die Bienen ohne Zweifel erkennen, wenn er uns auch entgeht.

Es ist in der Tat höchst auffällig, dass die Bienen, welche die Drohnenmaden so gut erkennen, wenn die Eier, aus denen sie hervorgehen, in kleine Zellen gelegt waren, welche nicht vergessen, ihnen in dem Augenblicke, wo sie sich zu verpuppen im Begriff stehen, einen gewölbten Deckeln zu geben, die Maden derselben Art, wenn die Eier, aus denen sie ausschlüpfen, in Königszellen gelegt worden sind, nicht mehr erkennen und sie so behandeln, als wenn sie sich in Königinnen verwandeln sollten. Diese Regelwidrigkeit hat einen mir unerklärlichen Grund.

Indem ich noch einmal wieder durchlas, was ich Ihnen über diesen Gegenstand zu schreiben die Ehre hatte, erkannte ich, dass mir ein anziehender Versuch zu machen übrig geblieben war, um die Geschichte der drohnenbrütigen Bienenköniginnen zu vervollständigen. Ich musste untersuchen, ob diese Königinnen selbst einsehen, dass die Eier, welche sie in die königlichen

Zellen absetzten, nicht von königlichem Geschlechte sind. Ich hatte schon beobachtet, dass sie diese Zellen, wenn sie geschlossen sind, nicht zu zerstören suchen, und schloss daraus, dass im Allgemeinen das Vorhandensein königlicher Zellen in ihrem Stocke ihnen nicht dasselbe Gefühl der Abneigung einflößte wie die Königinnen, deren Befruchtung nicht verzögert worden ist. Um mich davon aber bestimmter zu überzeugen, musste ich untersuchen, in welcher Weise die Anwesenheit einer Königszelle, die eine wirkliche Königsnymphe enthielt, eine Königin berühre, die nie andere als Drohneneier gelegt hatte.

Dieser Versuch war leicht; ich habe ihn am 4. September dieses Jahres angestellt, und zwar an einem meiner Stöcke, dem ich vor einiger Zeit seine angestammte Königin genommen hatte. Die Bienen dieses Stockes hatten mehrere königliche Zellen angelegt, um ihre Königin zu ersetzen. Diese Zeit nahm ich wahr, um ihnen eine Königin zu geben, deren Befruchtung bis zum 28. Tage verschoben worden war, und welche nun Drohneneier legte; gleichzeitig entfernte ich sämtliche Königszellen bis auf eine, die seit fünf Tagen geschlossen war. Eine genügte, um den Eindruck zu beobachten, welche sie auf die fremde Königin, die ich meinen Bienen zugesetzt hatte, machen würde. Wenn sie dieselbe zu zerstören versucht hätte, so wäre das für mich ein genügender Beweis gewesen, dass sie die Geburt einer gefährlichen Nebenbuhlerin voraussah. Halten Sie mir den Ausdruck *vorhersehen* zugute, ich fühle selbst, dass er ungeeignet ist, er erspart mir aber eine lange Umschreibung. Griff sie dieselbe aber nicht an, so konnte ich daraus den Schluss ziehen, dass die Verzögerung der Befruchtung, wodurch sie des Vermögens, Bieneneier zu legen, beraubt wurde, ihr auch einen Teil ihres Instinktes entzogen habe. Und dieser Fall trat ein; die Königin ging am ersten und am folgenden Tage verschiedene Male über die Königszelle hinweg, ohne sie allem Anscheine nach von anderen zu unterscheiden; sie legte ganz unbefangen in die sie umgebenden Zellen, und trotz der Sorgfalt, welche die Bienen fortwährend auf diese Zelle verwendeten, schien sie mir auch entfernt die Gefahr nicht zu ahnen, womit die darin eingeschlossene Nymphe sie bedrohte. Die Arbeitsbienen behandelten übrigens ihre neue Königin genauso gut, wie sie jede andere Königin behandelt haben würden, sie reichten ihr reichlich Honig, huldigten ihr und bildeten die regelmäßigen Kreise um sie herum, die man leicht für den Ausdruck ihrer Unterwerfung ansehen könnte.

Verzögerte Befruchtung verändert den Instinkt der Königinnen

Es ist demnach also gewiss, dass die verzögerte Befruchtung, abgesehen von der Unordnung, die sie an den geschlechtlichen Organen der Königinnen bewirkt, ihnen auch einen Teil ihres Instinktes entzieht, sie hegen keinen Widerwillen, keine Eifersucht mehr gegen ihresgleichen im Nymphenzustande, sie suchen sie nicht mehr in ihren Wiegen zu zerstören.

Meine Leser werden sich darüber wundern, dass diese drohnenbrütigen Königinnen, deren Fruchtbarkeit den Bienen so unnütz ist, dennoch von ihnen so freundlich aufgenommen und ebenso hoch gehalten werden als die Königinnen, welche beiderlei Arten Eier legen; doch erinnere ich mich eines weit auffallenderen Umstandes. Ich habe Arbeitsbienen ihre ganze Aufmerksamkeit einer unfruchtbaren Königin zuwenden und nach ihrem Tode ihren Leichnam ebenso wie sie selbst zu ihren Lebzeiten behandeln, ja ihren leblosen Körper lange Zeit den fruchtbarsten Königinnen, die ich ihnen zugesetzt hatte, vorziehen gesehen. Dieses Gefühl, welches den Anschein einer so lebhaften Zuneigung gewinnt, ist vermutlich die Wirkung irgendeiner angenehmen Empfindung, welche die

Königinnen ihren Bienen mitteilen, und die von ihrer Fruchtbarkeit unabhängig ist. Die drohnenbrütigen Königinnen rufen ohne Zweifel dieselbe Empfindung bei den Arbeitsbienen hervor.

Indem ich diese letzte Beobachtung mitteile, erinnere ich mich einer Äußerung Swammerdams. Dieser berühmte Gelehrte sagt irgendwo, dass, wenn eine Königin blind, unfruchtbar oder verstümmelt sei, sie nicht mehr lege, und die Bienen ihres Stockes nicht länger eintragen, keine Arbeiten verrichten, als wenn sie wüssten, dass ihnen in diesem Falle alles Arbeiten nichts nütze; indem er aber diese Tatsache anführt, gibt er nicht zugleich auch die Versuche an, die ihn dieselbe haben beobachten lassen. Diejenigen, die ich selbst dieserhalb angestellt habe, machten mich mit einigen bemerkenswerten Umständen bekannt.

Mehrere Male habe ich Königinnen die vier Flügel abgeschnitten, und nach dieser Verstümmelung haben sie nicht nur nicht aufgehört zu legen, sondern auch ihre Arbeiterinnen haben ihnen nicht weniger Rücksicht zuteil werden lassen als vorher. Swammerdam behauptete also ohne Grund, dass verstümmelte Königinnen nicht mehr legen; da er aber nicht wusste, dass ihre Befruchtung außerhalb des Stockes vollzogen wird, so ist es möglich, dass er jungfräulichen Königinnen die Flügel abgeschnitten hat, und diese, weil sie nicht ausfliegen konnten, unfruchtbar geblieben sind. Sind sie aber befruchtet worden, ehe sie die Flügel verloren haben, so werden sie durch diese Verstümmelung nicht unfruchtbar.

Öfters hatte ich einer Königin, um sie desto leichter wiederzuerkennen, einen Fühler abschneiden lassen, und diese Amputation hatte ihr keinerlei Nachteil gebracht, weder rücksichtlich ihrer Fruchtbarkeit, noch ihres Instinktes, noch der Pflege, welche ihre Bienen ihr mussten zuteil werden lassen; freilich war die

Verstümmelung dieser Königinnen, da ich ihnen einen Fühler gelassen hatte, nur eine unvollständige, und darum konnte dieser Versuch kein entscheidender sein.

Die Abschneidung beider Fühler brachte aber höchst eigentümliche Wirkungen hervor. Am 5. September dieses Jahres ließ ich einer drohnenbrütigen Königin beide Fühler abschneiden und gab sie unmittelbar nach vollzogener Operation in den Stock zurück. Von demselben Augenblicke an zeigte sie ein von dem früheren ganz verschiedenes Verhalten. Wir sahen sie mit außerordentlicher Lebendigkeit auf den Waben umherlaufen, kaum gestattete sie den Arbeitsbienen die Zeit, sich zu trennen und ihr Platz zu machen. Sie ließ ihre Eier unwillkürlich fallen, ohne daran zu denken, sie in irgendeine Zelle abzusetzen. Da ihr Stock nicht eben sehr bevölkert war, war ein Teil desselben nicht mit Waben ausgebaut, dahin begab sie sich vorzugsweise gern, hielt sich daselbst ziemlich lange in völliger Unbeweglichkeit auf und schien den Bienen auszuweichen; einige Bienen aber folgten ihr in diese Zurückgezogenheit und bewiesen ihrer vollen Respekt. Selten nahm sie Honig von ihnen, geschah es aber, so streckte sie ihren Rüssel nur in einer Art unsicherem Umhertappen aus, bald den Kopf, bald die Füße der Arbeitsbienen berührend, und nur zufällig traf sie deren Mund. Dann kehrte sie auf die Waben zurück, verließ sie abermals, um an den Glasscheiben des Stockes umherzulaufen, und bei all diesen verschiedenen Bewegungen ließ sie immer ihre Eier fallen. Ein andernmal schien sie von dem Verlangen, ihre Wohnung zu verlassen, beseelt zu sein, eilte ans Flugloch und kroch in den Glaskanal, der im Flugloche angebracht war; da aber die äußere Mündung desselben zu eng war, um hindurch zu können, mühte sie sich vergebens ab, und kehrte in ihre Wohnung zurück. Trotz dieser Zeichen des Irrsinns hörten die Bienen nicht auf, ihr dieselbe Sorgfalt angedeihen zu lassen, welche sie ihren Königinnen stets beweisen, sie aber nahm dieselben nur gleichgültig entgegen. Alle diese Erscheinungen musste ich für Folgen der Amputation der Fühler diese Königin halten; da indes ihre Bildung durch die Verzögerung der Befruchtung schon gelitten, und ich eine Art Abschwächung in ihrem Instinkte wahrgenommen hatte, so war es möglich, dass beide Ursachen zu derselben Wirkung beitrugen. Um nun genau zu erkennen, was der Beraubung der Fühler ausschließlich zugeschrieben werden musste, war es erforderlich, dass ich den Versuch an einer sonst gut organisierten Königin, die beide Arten Eier legte, wiederholte.

Das Abschneiden der Fühler hat eigentümliche Wirkung

Das tat ich am 6. September; ich schnitt einer Königin, die ich seit mehreren Monaten beobachtete, und welche, mit großer Fruchtbarkeit begabt, bereits eine große Anzahl Arbeiter- und Drohneneier gelegt hatte, beide Fühler ab, brachte sie dann in denselben Stock, in welchem sich die Königin des vorhergehenden Versuches noch befand, und sie zeigte gerade dieselbe Aufregung und dasselbe Irresein, welches zu wiederholen ich für überflüssig halte. Ich will nur noch zur besseren Beurteilung der Wirkung, welche die Beraubung der Fühler auf den Kunsttrieb und Instinkt der Königin ausübt, hinzufügen, dass ich meine besondere Aufmerksamkeit auf die Art und Weise richtete, wie sich die beiden verstümmelten Königinnen gegeneinander verhielten. Sie wissen, mit welcher Wut zwei Königinnen sich einander bekämpfen, wenn ihre sämtlichen Körperteile unverletzt sind. Es war also sehr wichtig zu erfahren, ob sie noch dieselbe gegenseitige Abneigung empfinden würden, nachdem sie ihre Fühler verloren hatten. Wir folgten lange Zeit den Bewegungen beider Königinnen; sie begegneten sich mehrere Male, ohne auch nur das leiseste Übelwollen gegeneinander an den Tag zu legen. Dieser letzte

Umstand ist meiner Meinung nach der vollständige Beweis für die in ihrem Naturtriebe vorgegangene Veränderung.

Ein anderer bemerkenswerter Umstand, zu dessen Beobachtung mir der angegebene Versuch Gelegenheit gab, ist der gute Empfang, den die Bienen dieser zweiten fremden Königin zuteil werden ließen, während sie doch die erste noch besaßen. Nachdem ich so oft die Zeichen der Unzufriedenheit wahrgenommen hatte, welche eine Mehrheit der Königinnen in ihrem Stocke ihnen abnötigt, und Zeuge der Knäuel gewesen war, welche sie um überzählige Königinnen bilden, um sie gefangen zu halten, war ich nicht darauf vorbereitet, sie dieselbe Sorgfalt gegen diese zweite verstümmelte Königin beweisen zu sehen, die sie auch noch der ersten erwiesen. Sollte das nicht vielleicht darin seinen Grund haben, dass diese Königinnen nach dem Verluste ihrer Fühler kein Merkzeichen mehr an sich haben, welches dazu dienen könnte, sie voneinander zu unterscheiden?

Ich fühle mich umso geneigter, dieser Vermutung Raum zu geben, als eine dritte fruchtbare Königin, die ich demselben Stocke zusetzte, ohne ihr die Fühler genommen zu haben, daselbst sehr übel aufgenommen wurde. Die Bienen ergriffen sie, bissen sie und schlossen sie so eng ein, dass sie beinahe weder atmen, noch sich bewegen konnte. Wenn sie also zwei der Fühler beraubten Königinnen in einem und demselben Stocke gleich gut behandeln, so geschieht es wahrscheinlich deshalb, weil sie, da beide Königinnen ein und dieselbe Empfindung in ihnen wecken, kein Mittel mehr besitzen, sie voneinander zu unterscheiden.

Ich schloss aus all diesem, dass die Fühler für die Insekten kein bloßer Zierrat, sondern allem Anscheine nach das Tast-oder Geruchsorgan sind; doch vermag ich nicht anzugeben, für welchen der beiden Sinne sie den Sitz bilden. Es dürfte nicht unmöglich sein, dass sie eine derartige Einrichtung erhalten hätten, um beide Verrichtungen gleichzeitig zu versehen.

Da die beiden verstümmelten Königinnen im Verlaufe dieses Versuches fortwährend das Verlangen an den Tag legten, den Stock zu verlassen, wollte ich sehen, was die eine derselben beginnen möchte, wenn ich ihr die Freiheit gäbe, auszuziehen, und ob ihre Bienen sie auf ihrer Flucht begleiten würden. Deshalb entnahm ich dem Stocke die erste und die dritte der zugesetzten Königinnen, ließ ihm die verstümmelte fruchtbare und öffnete den Glaskanal, der das Flugloch bildete, so weit, dass sie hindurch gehen konnte.

Noch an demselben Tage verließ diese Königin ihre Wohnung; sie flog ab, da aber ihr Leib noch voll Eier war, war sie zu schwerfällig, konnte sich nicht auf ihren Flügeln halten, fiel nieder und machte keinen weiteren Versuch zum Fliegen. Sie wurde auf ihrer Flucht von keiner einzigen Arbeitsbiene begleitet. Warum aber verließen sie dieselbe bei ihrem Auszug, da sie ihr doch alle mögliche Sorgfalt erwiesen, solange sie sich in ihrer Mitte aufhielt? Sie wissen, dass Königinnen, die ein kleines Völkchen beherrschen, oft mutlos werden und mit demselben ihren Stock verlassen.

Auch unfruchtbare Königinnen und solche, deren Wohnung von den Randmaden verwüstet wird, ziehen ebenfalls öfters aus und werden dann von sämtlichen Bienen begleitet. Warum ließen nun die Arbeitsbienen ihre verstümmelte Königin bei dem mitgeteilten Versuche allein abziehen?

Ich kann auf diese Frage nur mit einer Vermutung antworten. Ich bin der Meinung, dass die Bienen zum Auszug aus ihrem Stocke durch die Vermehrung der Wärme, welche ihnen die Aufregung der Königin und die stürmische Bewegung, in welche sie dieselbe hineinzieht, mitteilt, veranlasst werden. Die verstümmelten Königinnen regen aber, trotz ihres Ungestüm, die Bienen nicht auf, weil sie für ihre Irrfahrten vorzugsweise die unbewohnten Stellen und die Glasscheiben des Stockes aufsuchen; sie treiben auf ihren Zügen wohl einige Bienenhaufen auseinander, das ist aber ein Anstoß, der dem jedes anderen Körpers ähnlich ist, wodurch nur eine örtliche und vorübergehende Bewegung hervorgebracht wird; die daraus hervorgehende Bewegung geht nicht von Biene zu Biene wie diejenige, welche durch das Umherrennen einer Königin erregt wird, die im natürlichen Zustande ihren Stock verlassen und einen Schwarm ausführen will. Es findet keine Vermehrung der Wärme und folglich keine Ursache statt, die den Bienen ihren Stock unerträglich macht.

Diese Vermutung, welche freilich wohl das Verbleiben der Bienen im Stocke trotz des Abzuges ihrer verstümmelten Königin erklärt, gibt noch keineswegs den Grund an, welcher diese Königin selbst zur Flucht antreibt. Ihr Naturtrieb ist entartet, das ist alles, was ich wahrnahm, etwas Weiteres erkenne ich nicht. Ich kann nur noch hinzufügen, dass es ein Glück für den Stock ist, dass die Königin abzieht und zwar rasch abzieht; denn da die Bienen ihr fortwährende Sorgfalt erweisen, denken sie nicht daran, sich, solange sie dieselbe in ihrer Mitte haben, eine andere zu verschaffen, und zögerte sie mit ihrer Flucht, so würde es ihnen gar nicht möglich sein, sie zu ersetzen, weil die Arbeitermaden zu alt geworden wären, um noch in Königsmaden umgewandelt werden zu können, und der Stock müsste zu Grunde gehen. Berücksichtigen Sie, dass die Eier, welche diese Königin fallen lässt, nie dazu dienen können, sie zu ersetzen, denn da sie nicht in Zellen abgesetzt sind, vertrocknen sie und bringen nichts hervor.

Ich habe die Ehre zu sein usw.

13. Brief—Wirtschaftliche Betrachtungen über die Bienen

Pregny, 1. Oktober 1791

Vorteile des Blätterstockes

In meiner heutigen Zuschrift gedenke ich Ihnen die Vorzüge vorzuführen, wodurch meine neu konstruierten Stöcke, denen ich den Namen *Buch-* oder *Blätterstöcke* beigelegt habe (Siehe Tafel I), eine höhere Vollendung der praktischen Bienenzucht anbahnen müssen.

Ich will die verschiedenen Methoden, durch welche man bislang die Bienen gezwungen hat, uns einen Teil ihres Honigs und Wachses zu überlassen, nicht aufzählen; sie hatten fast alle das miteinander gemein, dass sie grausam und unzweckmäßig waren.

Es scheint mir auf der Hand zu liegen, dass man die Bienen, wenn man sich mit ihrer Zucht beschäftigt, um mit ihnen den Ertrag ihrer Ernten zu teilen, soweit es die Beschaffenheit der Gegend, in der man wohnt, nur zulässt, zu vermehren suchen und folglich ihr Leben auch dann noch schonen muss, wenn man sich ihrer Vorräte bemächtigt hat. Es ist also ein durchaus verkehrtes Verfahren, wenn man ganze Stöcke opfert, um ihren Inhalt zu ernten. Unsere Landbewohner, die kein anderes Verfahren anwenden, richten jährlich zahllose Stöcke zu Grunde, und da unsere Frühlinge im Allgemeinen den Schwärmen nicht günstig sind, so ist dieser Verlust

13. Brief—Wirtschaftliche Betrachtungen über die Bienen

unersetzlich. Ich weiß recht gut, dass sie meine Methode nicht gleich annehmen werden; sie sind in ihren Vorurteile und alten Gewohnheiten zu festgerannt. Dagegen werden Naturforscher und einsichtsvolle Bienenzüchter die Zweckmäßigkeit meiner Methode nicht verkennen, und bringen sie dieselbe in Anwendung, so darf ich mich der Hoffnung hingeben, dass ihr Beispiel mitwirken werde, der Bienenzucht eine größere Ausdehnung und höhere Vollendung zu geben.

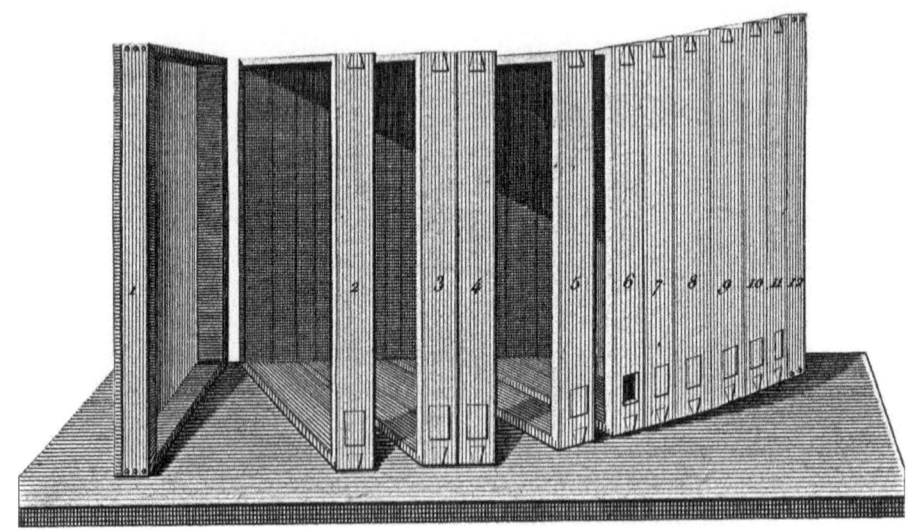

Band 1 Tafel I Fig 3—Blätterstock, offen.

Es hat keine größere Schwierigkeit, einen natürlichen Schwarm in einem Blätterstock, als in jedem anderen von verschiedener Form zu bringen. Man muss jedoch eine Vorsichtsmaßregel anwenden, die zur Sicherstellung des Erfolges notwendig ist, und die ich nicht unerwähnt lassen darf. Ist es auch den Bienen gleichgültig, nach welcher Weltgegend sie ihre Waben richten und welche größere oder geringere Ausdehnung sie denselben geben können, so sind sie doch gehalten, sie immer senkrecht gegen den Horizont und gleichlaufend zu bauen. Brächte man sie nun in einen meiner neuen Stöcke und überließe sie sich selbst, so würde es öfters geschehen, dass sie mehrere kleine, untereinander, aber auch mit der Rähmchenwand gleichlaufende Waben bauen würden. Ein andermal würden sie dieselben gerade da anbringen, wo zwei Rähmchen vereinigt sind, und durch eine falsche Anlage die Vorteile aufheben, die ich gerade aus der Form meiner Stöcke zu ziehen denke, weil man sie nicht mehr willkürlich öffnen könnte, ohne die Waben zu durchschneiden. Deshalb muss man ihnen im Voraus die Richtung vorzeichnen, nach welcher sie bauen sollen; der Züchter muss selbst, sozusagen, den Grund zu ihrem Gebäude legen, und das Mittel dazu ist höchst einfach; es genügt, in einige Rähmchen, aus denen der Stock zusammengesetzt ist, ein Wabenstück gehörig zu befestigen. Man kann sich darauf verlassen, dass die Bienen diese Wabenanfänge fortführen und im Weiterbau genau der Richtung folgen werden, welche man ihnen gegeben hat.

Es macht die Bienen handlicher

So hat man nie beim Öffnen des Stockes mit einem Hindernisse zu kämpfen, nicht einmal die Stiche der Bienen zu fürchten; denn das gerade ist noch eine der eigentümlichen und schönsten Eigenschaften dieser Einrichtung, dass die Bienen dadurch *handlicher* gemacht werden. Ich nehme Sie selbst zum Zeugen dieser Tatsache; ich habe in Ihrer Gegenwart alle Rahmen eines meiner bevölkertsten Stöcke auseinandergenommen, und Sie waren über die Ruhe der Bienen höchst überrascht. Eines weiteren Beweises für meine Behauptung bedarf es nicht; diesen aber musste ich anführen, weil von der Leichtigkeit, diese Stöcke beliebig öffnen zu können, schließlich alle Vorteile abhängen, die ich von ihnen für eine zweckmäßigere Praxis der Bienenzucht erwarte.

13. Brief—Wirtschaftliche Betrachtungen über die Bienen

Blätterstock mit Abdeckung.

Hoffentlich brauche ich hier nicht erst hervorzuheben, dass ich mit meiner Behauptung, die Bienen *handlicher* machen zu können, keineswegs die törichte Anmaßung verbunden habe, sie auch *zähmen* zu können. Eine solche Behauptung würde zu sehr nach *Scharlatanismus* schmecken, und dessen möchte ich mich um alles nicht schuldig machen. Die Ruhe der Bienen bei Öffnung ihrer Wohnung schreibe ich der plötzlichen Einwirkung des Lichtes auf dieselben zu; sie scheinen in diesem Falle mehr Furcht als Zorn zu empfinden; man sieht sie fliehen und sich mit dem Kopfe voran in die Zellen verkriechen, sie haben mit einem Worte ganz das

Ansehen, als suchten sie sich zu verbergen, und sehe ich diese meine Ansicht dadurch bestätigt, dass sie im Allgemeinen nachts oder nach Sonnenuntergang weniger gut zu behandeln sind als bei Tage.

Deshalb muss man zur Öffnung der Stöcke die Zeit wählen, wo die Sonne noch über dem Horizont steht, aber bei der Öffnung auch mit Vorsicht zu Werke gehen. Man darf nicht zu ungestüm öffnen, muss die Rähmchen langsam öffnen und sich hüten, irgendeine Biene zu verletzen. Liegen sie auf einer Wabe, die man herausnehmen will, zu dick, so muss man sie sanft mit der Fahne einer Feder (Ein Besen aus Gemüsefasern, Spargelgrün, Gras, etc. ist weniger geneigt, sie in Ärger zu versetzen als eine Feder-Übersetzer) vertreiben und vor allem nicht auf sie hauchen; denn unser Hauch scheint sie in Wut zu versetzen. Die Natur desselben besitzt ohne Zweifel etwas, wodurch sie gereizt werden; denn wenn man sie mit einem Blasebalg anbläst, sind sie mehr zum Fliehen als zum Stechen geneigt.

Zur Bildung künstlicher Schwärme geeignet

Doch ich kehre zu den Vorteilen zurück, welche meine Blätterstöcke gewähren. Zunächst hebe ich hervor, dass sie zur Bildung *künstlicher* Schwärme sich ganz besonders eignen. Bei der Beschreibung der *natürlichen* Schwärme habe ich nachgewiesen, wie viel günstige Umstände zusammenwirken müssen, um sie gelingen zu lassen. Ich weiß aus Erfahrung, dass sie in unseren Gegenden oft ganz ausbleiben; und selbst dann, wenn ein Stock schwarmgerecht ist, geschieht es oft, dass man den Schwarm verliert, sei es nun, dass man den Zeitpunkt seines Abzuges nicht abgepasst hat, oder dass er wegzieht oder auch sich an unzugänglichen Stellen anlegt. Es ist also ein wirklicher Dienst, den ich den Bienenzüchtern leiste, wenn ich ihnen lehre, künstliche Schwärme zu bilden, und die Form meiner Stöcke macht

13. Brief—Wirtschaftliche Betrachtungen über die Bienen

diese Verrichtung sehr leicht. Dazu mögen die Erläuterungen folgen.

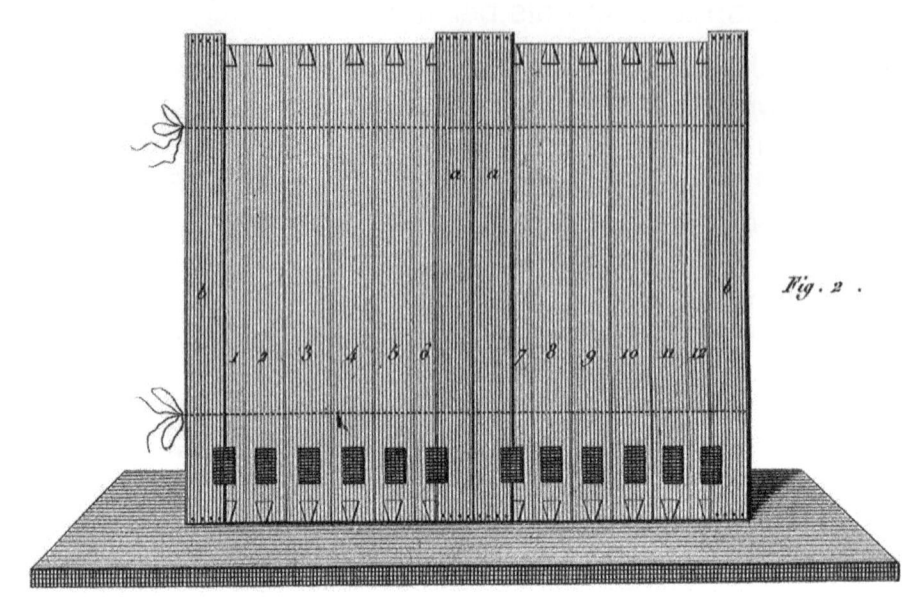

Band 1 Tafel I Fig 2—Blätterstock, mit eingefügten Rahmen um künstliche Schwärme zu erzeugen.

Da nach Schirachs Entdeckung die Bienen, wenn sie ihre Königin verloren haben, sich eine andere nachziehen können, sobald sich nur in ihrem Stocke Arbeitsbrut findet, die nicht über drei Tage alt ist, so folgt daraus, dass man in einem Stocke beliebig Königinnen erziehen lassen kann, wenn man die herrschende Königin entfernt. Teilt man also einen stark bevölkerten Stock in zwei Teile, so behält die eine Hälfte die Königin, die andere wird sich eine neue erziehen. Um aber den Erfolg sicherzustellen, muss man eine günstige Zeit wählen, und diese Wahl ist nur mit den Blätterstöcken leicht und sicher; in ihnen allein kann man sehen, ob die Bevölkerung stark genug ist, um die Teilung zuzulassen, ob Brut von dem erforderlichen Alter ausgeschlüpfte oder doch dem

Ausschlüpfen nahe Drohnen zur Befruchtung der jungen Königinnen vorhanden sind usw.

Sind all diese Bedingungen vorhanden, dann ist folgendes Verfahren einzuhalten. Man teilt den Blätterstock in der Mitte, ohne ihn irgendwie zu erschüttern. Hierauf schiebt man zwischen die beiden Halbstöcke zwei leere Rähmchen, welche den anderen genau anpassen und nach der Seite hin, mit welcher sie aneinanderstoßen, durch ein Brettchen verschlossen sein müssen. Nun sucht man zu erfahren, in welcher der beiden Hälften sich die Königin befindet, und man tut wohl, wenn man dieselbe bezeichnet, um jede Irrung zu verhüten. Ist sie etwa in derjenigen der beiden Abteilungen geblieben, in welcher auch die meiste Brut steht, so müsste man sie in diejenige bringen, worin die wenigste sich findet, um den Bienen möglichst viele Wechselfälle zu sichern, um sich eine andere Königin verschaffen zu können. Hierauf schiebt man beide Halbstöcke wieder aneinander, schließt sie mit einer fest angezogenen Schnur aneinander und stellt sie genau wieder auf die Stelle des Standes, wo sie vor der Teilung gestanden haben. Das bisherige Flugloch wird überflüssig und deshalb geschlossen, und da jeder Halbstock sein Flugloch haben muss, so bringt man dasselbe, damit sie beide möglichst weit voneinander abstehen, im unteren Teile der beiden Endrähmchen an, d.h. in dem ersten und dem zwölften. (Siehe Tafel I). Jedoch darf man beide Fluglöcher nicht an demselben Tage öffnen; die ihrer Königin beraubten Bienen müssen 24 Stunden lang in ihrem Halbstocke eingesperrt bleiben, und ihr Flugloch darf bis dahin nur soweit geöffnet werden, als erforderlich ist, um frische Luft zutreten zu lassen. Ohne diese Vorsicht würden sie gar bald hervor kommen, um ihre Königin in und außer dem Stocke zu suchen, sie unzweifelhaft in der Abteilung finden, in welche man sie gebracht hat, scharenweise dahin ziehen, sich daselbst niederlassen, und in dem anderen Teile blieben nicht genug, um die notwendigen Arbeiten zu verrichten. Das wird aber nicht der Fall sein, wenn man sie 24 Stunden lang einsperrt, vorausgesetzt, dass diese Zeit hinreichte, sie ihre Königin vergessen zu lassen.

Sind alle Umstände günstig, so beginnen die Bienen der Abteilung, welche ohne Königin ist, noch denselben Tag ihre Arbeit, um sich eine andere nachzuziehen, und ihr Verlust ist zehn oder 14 Tage nach der Teilung wieder ersetzt. Die junge nachgezogene Königin hält bald nachher ihren Befruchtungsausflug, kehrt befruchtet zurück und fängt nach zwei Tagen an, Arbeitereier zu legen. Dann fehlt den Bienen dieses Halbstockes nichts mehr und der Erfolg des künstlichen Schwarmes ist gesichert.

Die Erfindung dieser sinnreichen Methode, künstliche Schwärme zu bilden, verdanken wir Schirach. In der Beschreibung, die er davon gibt, behauptet er, dass man sich, wenn man gleich in den ersten Tagen des Frühlings junge Königinnen erziehen lasse, frühzeitige Schwärme verschaffen könne, was unter mehreren Umständen gewiss sehr vorteilhaft sein würde. Leider nur ist das ganz unmöglich. Dieser Beobachter glaubte, dass die Bienenkönigin durch sich selbst fruchtbar sei, und dachte sich, dass, wenn man nur Königinnen auf künstlichem Wege hätte erbrüten lassen, diese ohne weiteres auch Eier legen und eine zahlreiche Nachkommenschaft hervorbringen würden. Das ist indes ein großer Irrtum; die Königinnen müssen, um fruchtbar zu werden, mit Drohnen sich verhängen, und finden sie dieselben nicht gleich einige Tage nach ihrer Geburt, so gerät, wie ich nachgewiesen habe, ihre Eierlage gänzlich in Unordnung. Bildete man also einen künstlichen

Schwarm vor der gewöhnlichen Drohnenzeit, so müsste die junge Königin durch ihre Unfruchtbarkeit die Bienen entmutigen, und selbst dann, wenn sie ihr auch bis zu ihrer Befruchtung ihre Anhänglichkeit bewahren, so würde dieselbe, da sie sich erst drei oder vier Wochen nach ihrer Geburt mit Drohnen verhängen könnte, doch nur Drohneneier legen, und der Stock ebenfalls zu Grunde gehen. Man darf also von der natürlichen Ordnung nicht abweichen, sondern muss vielmehr erst dann teilen, wenn Drohnen bereits ausgelaufen, oder doch zum Auslaufen bereit sind.

Wenn es übrigens Schirach trotz der großen Unbequemlichkeit der von ihm gebrauchten Stöcke gelang, sich künstliche Schwärme zu verschaffen, so gibt das Zeugnis für seine Gewandtheit und seine fortgesetzte Beharrlichkeit. Er hatte freilich wohl Schüler gebildet, und diese hatten ihrerseits wieder anderen die Methode, Ableger zu machen, mitgeteilt. Es finden sich noch gegenwärtig in Sachsen Leute, die auf dem Lande umherziehen, um diese Verrichtung vorzunehmen; es gehört also eine besondere Übung dazu, um sie bei gewöhnlichen Stöcken vornehmen zu können, während es gewiss keinen Züchter gibt, der sie mit dem Blätterstock nicht selbst ausführen könnte.

Man kann sie zwingen, in Wachs zu bauen

Mit dieser Einrichtung werden Sie noch einen anderen wesentlichen Vorteil erreichen; Sie können die Bienen zwingen, in Wachs zu bauen.

Das führt mich zu einer, wie ich glaube, neuen Beobachtung. Wenn uns die Naturforscher den Gleichlauf bewundern lassen, den die Bienen in der Erbauung ihrer Waben beständig innehalten, so haben sie einen anderen Zug ihres Kunsttriebes, den gleichmäßigen Abstand, worin sie ihre Waben stets errichten, unberücksichtigt gelassen. Messen Sie den sie trennenden Zwischenraum und Sie werden finden, dass er gewöhnlich vier Linien (8mm) austrägt. Man erkennt leicht, dass, wenn sie zu weit voneinander abständen, die Bienen zu getrennt sein würden, um sich gegenseitig zu erwärmen, und namentlich könnte die Brut nicht genügend Wärme erhalten. Wären hingegen die Waben zu dicht aneinandergestellt, so könnten die Bienen sich nicht frei zwischen ihnen bewegen und der Dienst im Stocke müsste darunter leiden. Sie müssten deshalb in einer immer gleichmäßigen Entfernung voneinander abstehen, die ebenso wohl den Dienste im Stocke, als auch der Pflege, welche die Brut in Anspruch nahm, entsprach. Die Natur, welche den Bienen so viele Dinge gelehrt hat, hat sie ebenso unterrichtet, diesen richtigen Abstand regelmäßig auch zu beachten. Es kommt freilich wohl vor, dass unsere Bienen bei Annäherung des Winters die Zellen, welche den Honig aufnehmen sollen, verlängern, und dadurch den Raum zwischen den Waben beschränken; indes diese Arbeit nimmt auf eine Jahreszeit Bedacht, in welcher reiche Magazine not tun, und die Verkehrswege bei verminderter Tätigkeit nicht so weit und ungehindert zu sein brauchen. Bei der Wiederkehr des Frühlings haben die Bienen nichts Eiligeres zu tun, als diese verlängerten Zellen zu verkürzen, damit sie zur Aufnahme der Eier, welche die Königin in ihnen absetzen muss, geeignet sind, und sie stellen auf diese Weise die richtige Entfernung wieder her, die ihnen die Natur vorgezeichnet hat.

Gleichmäßiger Abstand zwischen den Waben

Dies angenommen, genügt es, um die Bienen zu zwingen, in Wachs zu arbeiten, oder, was auf eins hinausläuft, sie zu veranlassen, neue Waben zu bauen, diejenigen, welche sie bereits erbaut haben, weit genug auseinander zu rücken, um in dem Zwischenraum andere errichten zu können. Angenommen, ein künstlicher Schwarm befinde sich in einem Blätterstock, der aus sechs Rähmchen zusammengestellt ist, wovon jedes eine Wabe enthält; ist die junge Königin, welche diesen Schwarm beherrscht, so fruchtbar, wie sie es sein muss, so werden ihre Bienen sich höchst tätig erweisen und geneigt sein, fleißig in Wachs zu bauen. Um sie dazu anzureizen, muss man ein leeres Rähmchen zwischen zwei andere einschieben, die bereits Waben enthalten. Da alle Rähmchen von gleichem Durchmesser sind, und alle die erforderliche Stärke besitzen, um eine Wabe darin anzubringen, so ist es klar, dass die Bienen in dem leeren Rahmen, den man eingeschoben hat, gerade den notwendigen Raum zur Erbauung einer neuen Wabe finden, und sie werden nicht anstehen, sogleich ans Werk zu gehen, weil sie gehalten sind, immer nur einen Zwischenraum von vier Linien (8mm) zwischen ihnen zu lassen. Beachten Sie noch, dass sie diese neue Wabe, selbst ohne ihnen die zu nehmende Richtung vorzuzeichnen, zuverlässig gleichlaufend mit denen ausführen werden, welche sie umgeben, dem Gesetz zufolge, welches einen gleichmäßigen Abstand zwischen ihnen durch die ganze Ausdehnung ihrer Oberfläche verlangt.

Ist der Stock erfolgreich und die Jahreszeit gut, so schiebt man zuerst drei leere Rähmchen zwischen die alten Waben, dass eine zwischen die erste und zweite, ein anderes zwischen die dritte und vierte, und das letzte zwischen die fünfte und sechste. Die Bienen haben etwa sieben bis acht Tage nötig, um sie auszufüllen, und der Stock besteht dann aus neun Waben. Hält sich das Wetter in einer günstigen Temperatur, so kann man noch einmal drei neue Rähmchen einschieben, und man hat auf diese Weise die Bienen genötigt, in einem Zeitraume von 14 Tagen bis drei Wochen sechs neue Waben zu erbauen. In warmen Gegenden, wo die Fluren beständig mit Blumen bedeckt sind, könnte man dies Verfahren noch länger fortsetzen; in unserer Gegend aber darf man, wie ich glaube, die Sache im ersten Jahre nicht weiter treiben.

Aus diesen Angaben ersehen Sie, wie weit die Blätterstöcke Stöcken von jeder anderen Form, selbst den von Palteau beschriebenen sinnreichen Untersätzen vorzuziehen sind; denn einmal kann man die Bienen mit diesen Untersätzen nicht zwingen, mehr in Wachs zu bauen, als sie getan haben würden, wenn man sie sich ganz selbst überlassen hätte, und dann kann man diese Untersätze, wenn sie ausgebaut sind, nicht wegnehmen, ohne eine Menge Bienen in Unordnung zu bringen und beträchtliche Brut zu vernichten, mit einem Worte, ohne in dem Stocke eine wesentliche Unordnung zu veranlassen.

Die meinigen haben noch den Vorteil, dass man jeden Tag, was darin vorgeht, beobachten und den Zeitpunkt bestimmen kann, der zur Entnehmung eines Teils der Vorräte der Bienen am passendsten ist. Hat man sämtliche Waben vor Augen, so erkennt man leicht diejenigen, welche Brut enthalten, und die man darum verschonen muss. Man sieht, wie weit die Vorräte das Bedürfnis überschreiten, und wie viel man davon entnehmen kann.

Ich würde meinen Brief zu sehr in die Länge ziehen, wenn ich Ihnen alle meine Beobachtungen über die zur Untersuchung der Stöcke geeignetste Zeit, über die in den verschiedenen Jahreszeiten zu befolgenden Regeln und über das bei der Honigernte zu haltende Maß mitteilen wollte. Um all diese Beziehungen gehörig zu entwickeln, wäre ein besonderes Werk erforderlich. Vielleicht beschäftige ich mich später damit. Bis dahin aber bin ich jederzeit bereit, Bienenzüchtern, die meine Methode sich aneignen wollen, das Verfahren mitzuteilen, dessen Nutzen sich mir in einer langjährigen Praxis bewährt hat.

Hier will ich nur noch hervorheben, dass man Gefahr läuft, seine Stöcke gänzlich zu Grunde zu richten, wenn man den Bienen Honig und Wachs zu geizig entnimmt. Nach meiner Ansicht besteht die Kunst der Bienenzucht darin, von dem Rechte, die Vorräte der Bienen mit ihnen zu teilen, einen bescheidenen Gebrauch zu machen, sich für diese Mäßigung aber durch die Anwendung aller Mittel, die Bienen zu vermehren, zu entschädigen. So wird es zum Beispiel zweckmäßiger sein, eine bestimmte jährlich zu erntende Menge Honig und Wachs aus vielen mäßig ausgebeuteten Stöcken, als aus wenigen zu geizig behandelten zu erzielen.

Es ist gewiss, dass man der Vermehrung der Bienen hindernd in den Weg tritt, wenn man ihnen in einer dem Wachsbau wenig günstigen Zeit mehrere Waben entnimmt (Huber hatte zur Zeit des Schreibens den Ursprung des Bienenwachses offensichtlich noch nicht ermittelt. Seine Beobachtungen darüber folgen später-Übersetzer), denn die auf ihre Ersetzung verwendete Zeit wird der auf Eier und Maden zu verwendenden Sorgfalt entzogen, und darunter muss begreiflich die Brut leiden. Für den Winter muss man ihnen übrigens immer einen ausreichenden Vorrat an Honig lassen; denn wenn sie in dieser Jahreszeit auch weniger zehren, so zehren sie doch. Sie erstarren nicht, wie einige Schriftsteller wohl behauptet haben. Haben sie deshalb nicht Honig genug, so muss man ihnen das fehlende zusetzen; das ist eine unerlässliche Regel.

Natürliche Wärme der Bienen
Anmerkung: Sie sind so wenig erstarrt während des Winters, dass, wenn der Thermometer im Freien mehrere Grade unter null (Reaumur, 0°R=0°C) zeigt, er sich in stark bevölkerten Stöcken noch auf 24-25°R (30 bis 32°C) hält. Die Bienen schließen sich dann fest aneinander und halten sich in einer gewissen Bewegung, um ihre Wärme zu bewahren.

Swammerdam teilte diese Ansicht. Er sagt darüber: „Die Wärme in einem Stocke ist so beträchtlich, selbst mitten im Winter, dass der Honig nicht kristallisiert, d.h. keine kernige Dichtigkeit annimmt, wenn die Bienen in hinreichender Anzahl vorhanden sind; ja, wenn ihre Königinnen recht fruchtbar sind, so nähren sie, selbst mitten im Winter, ihre Brut mit Honig, pflegen und erwärmen sie, und erwärmen sich auch untereinander. Ich kenne keine anderen Insekten, welche dies mit den Bienen gemein hätten; denn die Hornissen, Wespen und Hummeln, die Fliegen und Schmetterlinge bleiben den ganzen Winter über erstarrt, ohne sich zu bewegen und ihren Platz zu verlassen."

Reaumur hat Brut jeden Alters im Januar in einigen Stöcken angetroffen. Mir ist dasselbe vorgekommen, und wenn ich im Winter Brut in meinen Stöcken gefunden habe, so hielt sich der Thermometer auf ungefähr 27°R (34°C).

Indem ich gerade von thermometrischen Beobachtungen spreche, muss ich Dubost aus Bourg-en-Bresse widersprechen, der in einer sonst vortrefflichen Abhandlung behauptet, dass die Maden nur bei 32° R (40°C) ausschlüpfen könnten. Ich habe öfters diesen Versuch mit dem genauesten Thermometer angestellt, aber ein sehr verschiedenes Resultat erhalten. Der Stand auf 32° ist für die Eier so wenig geeignet, dass, wenn der Thermometer denselben im Stocke anzeigt, die Hitze für die Bienen unerträglich ist und sie ausziehen. Ich vermute, dass Dubost dadurch getäuscht worden ist, dass er den Thermometer zu hastig in einen Bienenhaufen gesteckt und das Quecksilber durch die dadurch veranlasste Aufregung zu einer höheren Steigung gebracht haben wird, als es naturgemäß der Fall sein konnte. Hätte er in diesem Falle einige Augenblicke gewartet, so würde er die Flüssigkeit bis zwischen 28 und 29°R (35° oder 36°C) zurücksinken gesehen haben; denn das ist der gewöhnliche Wärmegrad der Stöcke im Sommer. Wir hatten in diesem Jahre im August einen Thermometerstand von 27.5°R (35° oder 36°C) im Freien, und doch hielt er sich selbst in unseren bevölkertsten Stöcken nur auf 30°R (37.5°C). Die Bienen regten sich fast nicht, und eine große Menge lagerte draußen.

Der Flugkreis der Bienen

Um aber zu bestimmen, bis zu welchem Punkte die Stöcke in einer Gegend vermehrt werden können, müsste man zuvorderst wissen, wieviel dieselbe zu ernähren im Stande ist, das ist eben eine bis jetzt noch nicht gelöste Frage. Diese schließt sich einer anderen an, deren Lösung noch ebenso wenig gegeben ist, welches nämlich die größte Entfernung von den Stöcken ist, bis zu welcher die Bienen ihre Trachtausflüge ausdehnen. Verschiedene Bienenschriftsteller versichern, dass sie sich einige Stunden weit von ihrer Wohnung entfernen können; indes halte ich diese Angabe nach meinen allerdings sehr beschränkten Beobachtungen für sehr übertrieben. Ich halte dafür, dass ihr Flugkreis sich nicht über eine halbe Stunde ausdehnt. Schon deshalb, weil sie mit der größten Schnelligkeit in ihren Stock zurückkehren, sobald nur eine Wolke vor die Sonne tritt, ist es wahrscheinlich, dass sie sich nie weit entfernen. Die Natur, die ihnen eine so große Furcht vor Sturm und Regen eingeflößt hat, durfte ihnen vermutlich nicht gestatten, sich in Entfernungen zu verlieren, wodurch sie der Unbill des Wetters zu lange könnten ausgesetzt werden. Ich habe mir darüber zuverlässigere Gewissheit zu verschaffen gesucht, indem ich Bienen, deren Bruststück ich gezeichnet hatte, um sie bei ihrer Rückkehr wiederzuerkennen, in verschiedenen Entfernungen von ihren Stöcken und nach allen möglichen Richtungen hin bringen ließ. Nie aber ist auch nur eine einzige von denen, die ich 25-30 Minuten von ihrer Wohnung hatte wegbringen lassen, zurückgekehrt, während diejenigen, die in etwas geringerer Entfernung freigegeben wurden, ihren Rückweg sehr wohl zu finden wussten, ich führe diesen Versuch keineswegs als einen entscheidenden an. Wenn die Bienen unter den gewöhnlichen Umständen nicht über eine halbe Stunde hinausgehen, so wäre es doch möglich, dass sie viel weiter gingen, wenn die nächste Umgebung ihrer Stöcke ihnen keine Blumen böte. Um zu einem günstigen Schlusse über diesen Gegenstand zu gelangen, müsste man den Versuch in weiten Dürren oder sandigen Ebenen anstellen, die durch eine bekannte Entfernung von jeder blumigen Flur getrennt wären.

13. Brief—Wirtschaftliche Betrachtungen über die Bienen

Diese Frage scheint mir also noch nicht entschieden zu sein; ohne darum über die Zahl der Stöcke, die in einer Gegend gehalten werden können, ein Urteil fällen zu wollen, bemerke ich nur, dass manche Pflanzen den Bienen günstiger sind als andere. So wird man in einer an Wiesen reichen Gegend, wo noch obendrein Buchweizen gebaut wird, mehr Stöcke halten können, als in Wein-und Korngegenden.

Hier schließe ich vorläufig die Mitteilungen meiner Beobachtungen an den Bienen. Obgleich ich das Glück gehabt habe, einige interessante Entdeckungen zu machen, so betrachte ich meine Arbeit doch keineswegs als beendigt; es bleiben noch mehrere Fragen über die Bienen zu lösen. Die Versuche, die ich mir vorgesetzt habe, werden darüber vielleicht einiges Licht verbreiten. Meine Hoffnung eines glücklichen Erfolges würde umso größer sein, wenn Sie fortführen, mir Andeutungen und Ratschläge zu erteilen.

Genehmigen Sie die Versicherung meiner Hochachtung und Dankbarkeit.

FRANCIS HUBER

Ende des Ersten Bandes.

Band II

Vorrede

Seit Veröffentlichung des ersten Bandes dieses Werkes sind zwanzig Jahre verflossen, in denen ich aber nicht müßig gewesen bin. Ehe ich indes mit neuen Beobachtungen hervortreten wollte, sollte die Zeit die Wahrheiten, die ich festgestellt zu haben glaubte, sanktionieren. Ich hatte mich der Hoffnung hingegeben, dass tüchtigere Naturforscher begierig sein würden, die Genauigkeit der Resultate, die ich gewonnen hatte, zu prüfen, und dachte mir, dass sie bei der Wiederholung meiner Versuche vielleicht Tatsachen entdecken würden, die mir entgangen waren. Aber in der ganzen Zeit hat man keinen Versuch gemacht, in die Naturgeschichte dieser Insekten tiefer einzudringen, und doch war sie lange noch nicht erschöpft.

Habe ich mich in dieser Hoffnung auch getäuscht gesehen, so glaube ich doch nichtsdestoweniger mir schmeicheln zu dürfen, das Vertrauen meiner Leser mir gesichert zu haben. Meinen Beobachtungen ist die Anerkennung zuteil geworden, über mehrere bislang noch nicht erklärte Erscheinungen helleres Licht verbreitet zu haben; Verfasser verschiedener Werke über den Haushalt der Bienen haben sie benutzt; die meisten Züchter haben die Grundsätze, die ich als zuverlässig erkannt hatte, als Grundlage ihrer Praxis angenommen, und selbst

Naturforscher haben nicht ohne Teilnahme auf meine Bestrebungen hingeblickt, den doppelten Schleier zu lüften, der hinsichtlich meiner die Naturwissenschaften verhüllt. (Huber spielt hier auf seine Blindheit an-Übersetzer) Ihr Beifall würde mich ermutigt haben, die Tatsachen, welche diesen zweiten Teil bilden, schon früher zusammenzustellen, hätte nicht der Verlust verschiedener mir teurer Personen die Ruhe gestört, die zu derartigen Beschäftigungen erforderlich ist.

Der große, nachsichtige und liebenswürdige Philosoph, dessen Wohlwollen mein Auftreten vor dem Publikum trotz der Ungunst meiner Lage zu rechtfertigen schien, Karl Bonnet, war aus dem Leben geschieden, und Mühelosigkeit sich meiner bemächtigt. Die Wissenschaften haben in ihm einen der hervorragenden Geister verloren, die vom Himmel gesendet worden waren, um Liebe für dieselben zu erwecken; die dadurch, dass sie dieselben mit den natürlichsten Gefühlen des Menschen in Verbindung bringen, und einer jeden die Stellung und den Grad der Teilnahme anweisen, die ihr gebührt, ebenso sehr das Herz als den Verstand anzuregen und die Fantasie, ohne sie durch Gaukeleien zu verwirren, zu beschäftigen verstehen.

In der Freundschaft und Gelehrsamkeit Senebiers fand ich einigen Ersatz für den Verlust, der mich betroffen hatte. Ein ununterbrochener Briefwechsel mit diesem großen Physiologen, der mir den innezuhaltenden Weg anzeigte, glänzte freundlich in mein Leben hinein; sein Tod versenkte mich bald in neuen Schmerz. Zuletzt sollte ich auch noch der Augen, welche die meinigen ersetzt hatten, der Gewandtheit und Hingebung, über die ich 15 Jahre lang zu verfügen gehabt, beraubt werden. Burnens, dieser treue Beobachter, dessen Dienste ich immer freudig anerkennen werde, ist in den Schoß seiner Familie durch geistliche Angelegenheiten zurückgerufen und von seinen

Mitbürgern bald nach Verdienst gewürdigt, einer der ersten Beamte eines ziemlich beträchtlichen Distriktes geworden.

Dieser letzte Verlust, der gewiss nicht der am wenigsten harte war, weil er mich des Mittels beraubt, mich über die bereits erlittenen zu trösten, wurde indes durch die Genugtuung gemildert, die ich darin fand, die Natur durch das Auge des Wesens, welches mir das teuerste ist, und mit dem ich erhabeneren Betrachtungen folgen konnte, zu beobachten. (Hubers Gattin—Übersetzer)

Was mich aber vorzugsweise wieder zur Naturgeschichte hinzog, war die Vorliebe, die mein Sohn für dieses Studium an den Tag legte. Ich teilte ihm meine Beobachtungen mit; er hielt es für bedauerlich, dass eine Arbeit, die ihm der Aufmerksamkeit der Naturforscher wert schien, in meinem Schreibtische vergraben bleiben sollte; und als er bemerkte, mit welchem inneren Widerstreben ich vor dem Ordnen des gesammelten Materials zurückschreckte, erbot er sich zur Übernahme dieser Arbeit. Ich gab seinem Drängen nach. Man wird es deshalb aber auch nicht auffällig finden, wenn die Form dieses Werkes in seinen beiden Teilen eine verschiedene ist. Der erste Teil enthält meinen Briefwechsel mit Bonnet, der zweite liefert eine Reihe von Abhandlungen. In jenem hatte ich mich auf die einfache Mitteilung von Tatsachen beschränkt; im zweiten gab es schwierigere Gegenstände zu beschreiben, und um sie weniger trocken zu machen, habe ich manche Betrachtungen eingestreut, wie sie mir gerade durch den Gegenstand eingegeben wurden. Übrigens habe ich meinem Sohne, indem ich ihm meine Tagebücher übergab, zugleich meine Vorstellungen überliefert. Wir haben unsere Ansichten und Meinungen verschmolzen; ich bestrebte mich, ihn gleichsam in den Besitz eines Gegenstandes zu setzen, in welchem ich einige Erfahrung gewonnen hatte.

Dieser zweite Band handelt von den Arbeiten der Bienen im engeren Sinne, oder vom Wachs- und Zellenbau, vom Atmen und von den Sinnen derselben. Die Abhandlungen, welche in Zeitschriften bereits mitgeteilt waren, haben hier ihren gebührenden Platz wieder erhalten, so die vom Ursprung des Wachses und die vom Totenkopf; sie haben beide einige Abänderungen erfahren und die letztere ist durch neue Wahrnehmungen bereichert. Zum Schluss füge ich noch eine Abhandlung über das Geschlecht der Arbeitsbienen, eine seit langem unentschiedene Frage, an, welche keinen Zweifel an Schirachs Entdeckungen lassen sollte.

Ich hätte noch mehrere Beobachtungen denen hinzufügen können, die ich hiermit dem Publikum übergebe; da sie aber kein genügend zusammenhängendes Ganzes bilden würden, habe ich sie lieber zurückgehalten, um sie später vielleicht mit Tatsachen, auf die sie Bezug nehmen, zu veröffentlichen.

Vorwort des Herausgebers

Die Beobachtungen, welche ich im Namen meines Vaters veröffentliche, hatten seine und Burnens Geduld lange in Anspruch genommen. Es genügte nicht, aufmerksam den arbeitenden Bienen zu folgen, man musste auch ihren Zusammenhang ergründen und ihren Zweck ausfindig machen.

Dieser Schwierigkeit gesellte sich die vielleicht noch größere zu, sich die verwickelten Formen deutlich zu vergegenwärtigen und sich eine klare Vorstellung von ihrer Verbindung zu machen. Aus Ton geschickt gebildete Modelle ergänzten die Lücke, welche die mündliche Rede lassen musste.

So konnte sich mein Vater nach Burnens Mitteilungen eine ziemlich vollständige Theorie über den Wachsbau der Bienen bilden.

Er hegte keinen Zweifel an der Richtigkeit seiner Beobachtungen; um aber neue Aufschlüsse, oder die Bestätigung der Tatsachen, die er richtig aufgefasst zu haben glaubte, zu erhalten, wünschte er, dass auch ich sie noch erst einmal prüfe, ehe sie veröffentlicht würden.

Zu dem Ende verschaffte ich mir Stöcke, welche denen ähnlich waren, deren er sich bedient hatte, und nicht ohne lebhafte Freude wurde auch ich Zeuge all der einzelnen Züge dieses bewunderungswürdigen Kunsttriebes; ebenso groß war aber auch meine Genugtuung, meinem Vater die gewissenhafte Genauigkeit des Beobachters verfügen zu können, dem er sein Vertrauen geschenkt hatte, und dessen Angaben ich nur wenige Einzelheiten hinzufügen konnte.

—Pierre Huber, Sohn des Francis Huber

Einleitung

Wohl kein Volk, kein Land hat soviel Geschichtsschreiber gefunden, als diese Republiken arbeitsamer Insekten, deren Gewerbefleiß uns gewidmet scheint. Es gibt Zeitschriften, welche ausschließlich mit der Bienenzucht sich beschäftigen; man hat Vereine gegründet, deren Zweck die Besprechung der Vorteile dieser oder jener Methode ist; Jahrhunderte haben ihre Beobachtungen aufgehäuft, und trotz der Fortschritte der Wissenschaften sind wir noch mit dem Urstoffe des Wachses unbekannt. Es ist freilich nicht zu leugnen, dass die meisten Schriftsteller, denen wir so zahlreiche Schriften verdanken, uns als bloße Züchter ihre unzuverlässigen Erfahrungen als Lehren, mitunter ihre Träumereien als eine auf Erfahrung gegründete Theorie gegeben und ihre Zitate häufend, sich gegenseitig ausschreibend dazu beigetragen haben, die Irrtümer vielmehr zu erhalten als sie zu beseitigen. Glücklicherweise gibt es eine kleine Zahl Schriftsteller, achtungswert durch ihre Talente und ihre Wahrheitsliebe, welche die gewöhnlichen Schranken überschritten und als rechte Naturforscher den Gesetzen nachgeforscht haben, denen diese Genossenschaften sich unterwerfen.

Die Bienen haben sogar die Aufmerksamkeit der Mathematiker auf sich gezogen. Schon die des Altertums hatten den Zweck der sechseckigen Prismen anerkannt, woraus sie ihre Waben zusammensetzen; aber erst den neuen Theorien war es möglich, die ganze Bedeutsamkeit des geometrischen Problems zu würdigen, welches diese

Insekten in der Konstruktion des Bodens ihrer Zellen gelöst haben. Diese in Pyramiden auslaufenden Böden bildeten einen Gegenstand der tiefsinnigsten Spekulationen für diejenigen, welche nicht alles durch Annahme einer blinden Notwendigkeit erklären zu können vermeinen. Tüchtige Mathematiker haben die Überzeugung ausgesprochen, dass die Bienen aus einer endlosen Reihe von Pyramiden gerade die Form gewählt haben, welche die meisten Vorteile in sich vereinigt. Aber, sagt Reaumur, der Schriftsteller, welcher die Natur am besten gekannt hat,

> "…nicht ihnen gebührt die Ehre, sondern einer Weisheit, welche die Unermesslichkeit der endlosen Folgen jeder Art und ihre Gesamtverbindungen klarer und deutlicher erkennt, als eine Einheit von unseren jüngeren Archimeden erkannt werden kann."

Wenn wir nun auch dem Arbeiter die Ehre der Erfindung nicht beilegen, so wird man uns doch einräumen müssen, dass die Ausführung eines so komplizierten Planes keinen stumpfsinnigen Geschöpfen, plumpen belebten Maschinen anvertraut werden konnte. Wenn wir im weiteren Verlaufe nachweisen, dass die Bienen in gewissen Fällen von ihrer gewohnten Bahn abweichen können, dass die Regelmäßigkeit in ihren Arbeiten vielfache Ausnahmen erleidet, und dass sie Abweichungen durch teilweise Erweiterungen oder Verkürzungen auszugleichen verstehen, so dass daraus keinerlei Nachteil für das ganze hervorgeht; wenn wir nachweisen, dass keine Unregelmäßigkeit in ihrer Arbeit ohne Zweck ist, so wird man erkennen, wie umfassend ihre Aufgabe, und wie groß die Feinheit ihrer Organisation sein muss.

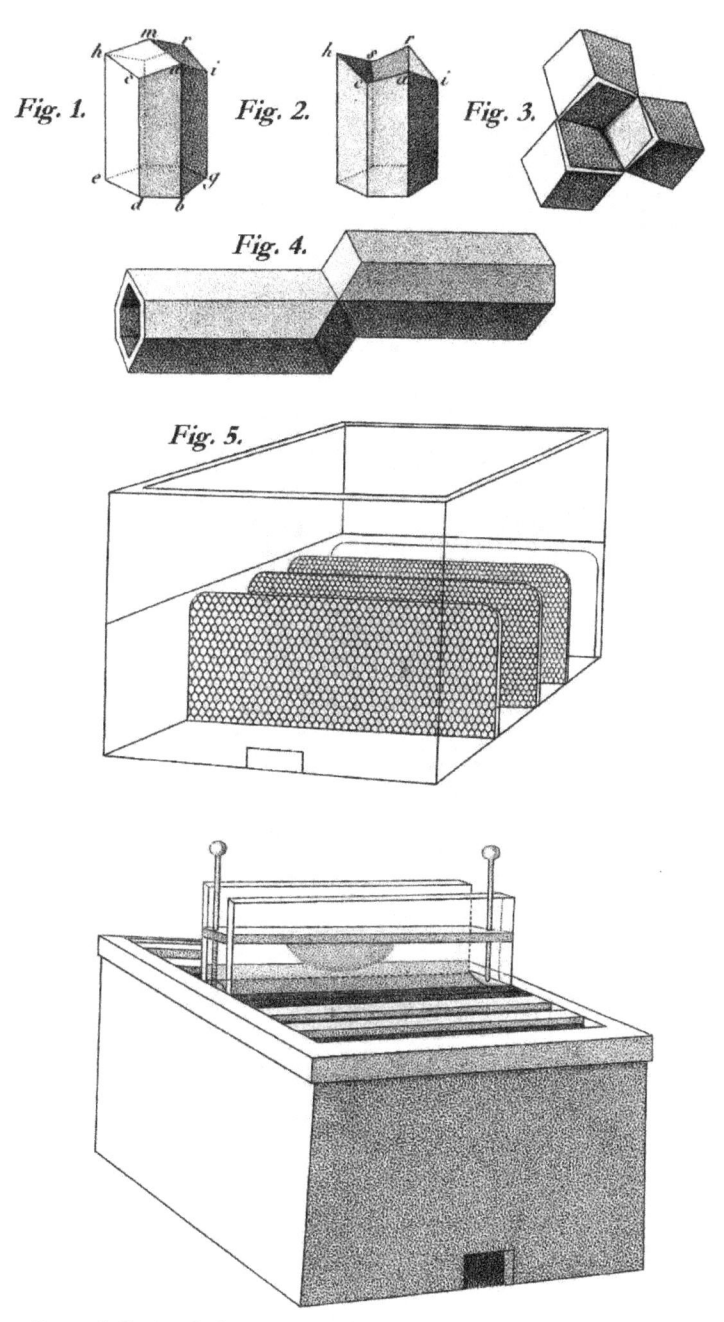

Band 2 Tafel I—Stock zur Beobachtung der Wabenbildung.

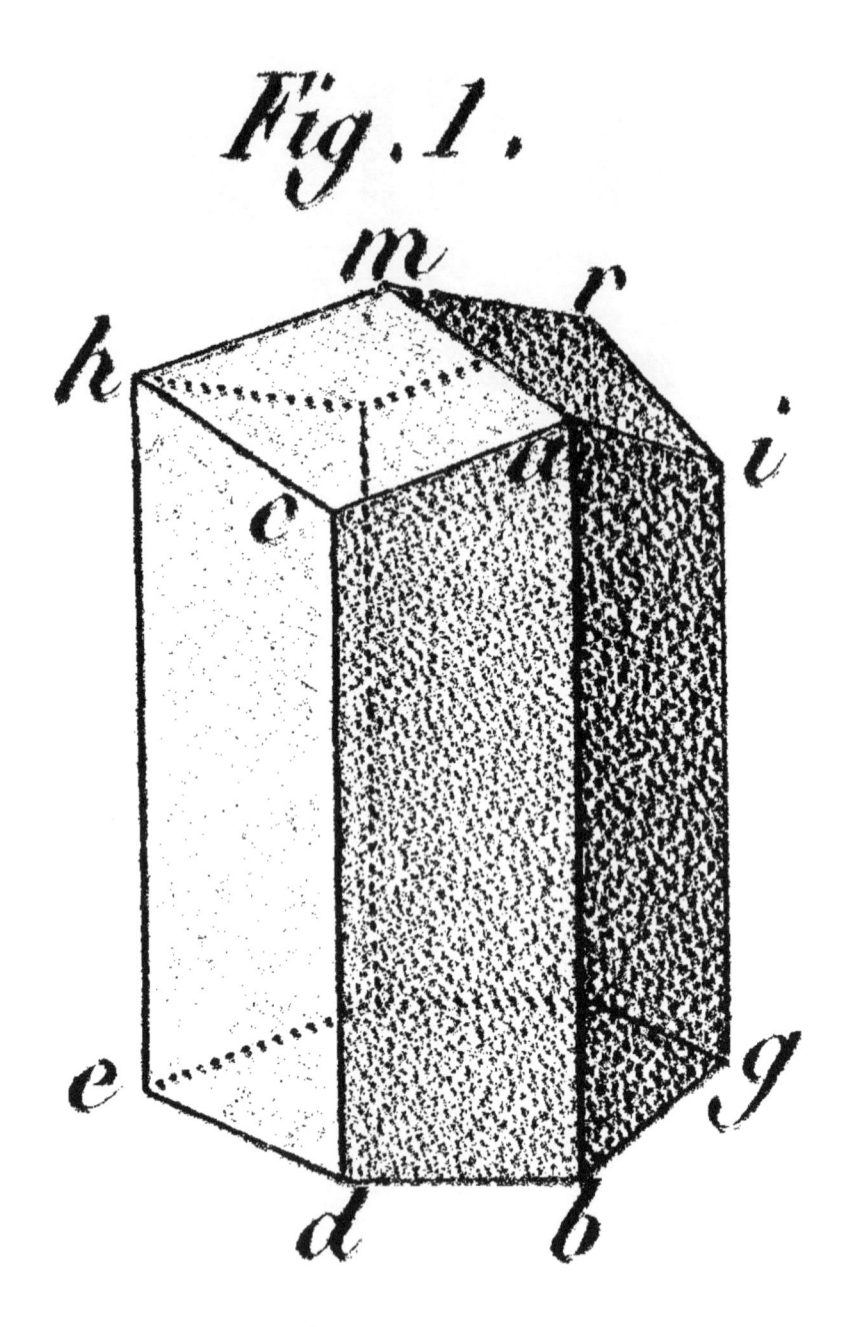

Band 2 Tafel I Fig 1—Konfiguration einer nach unten offenen Zelle.

Um eine richtige Vorstellung von der Arbeit der Bienen zu geben, wollen wir uns eine einzelne Zelle, mit der Öffnung nach unten, auf eine horizontale Fläche gestellt denken. So stellt sie eine kleine prismatische Säule mit sechs Seiten und mit einem pyramidenförmigen, stark gedrückten und abgestumpften Dache überdeckt vor. (Band II, Taf. I. Fig. 1).

Einleitung

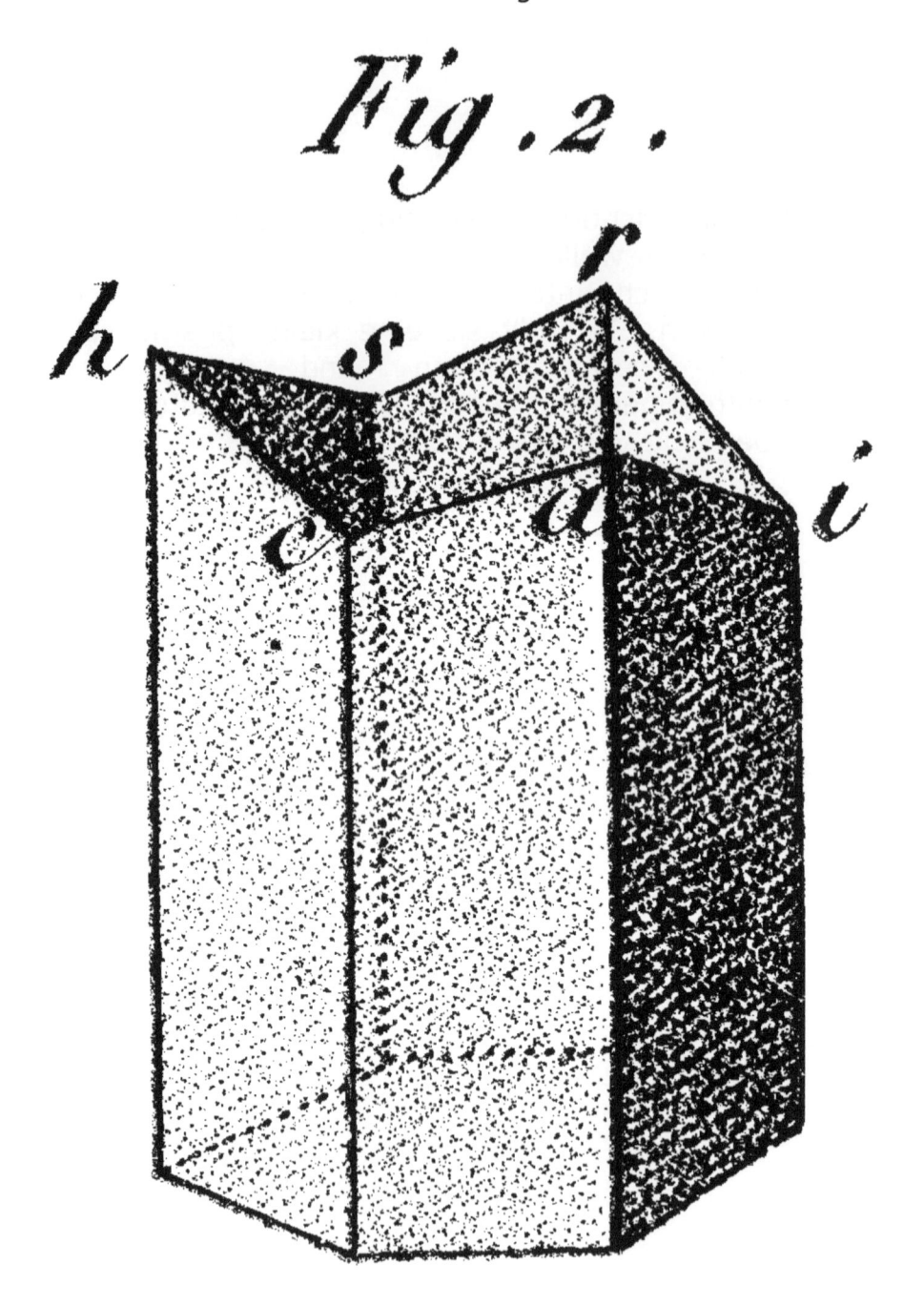

Band 2 Tafel I Fig 2—Wie Fig 1 ohne Boden.

Die sechs Wände des sechseckigen Rohres, welche auf den ersten Blick ebenso viele rechtwinklige Wachsblättchen zu sein scheinen, sind wohl am Rande der Öffnung in rechten Winkeln abgeschnitten, an dem entgegengesetzten Ende aber abgeschrägt; folglich sind ihre großen Seiten nicht gleich. Jede Wand ist mit der benachbarten mit den gleichen Seiten verbunden, die hohe Seite der einen mit der hohen der anderen, die niedrige mit der einer dritten; daraus folgt, dass, wenn man das Dach abhöbe, man wahrnehmen würde, wie der sechseckige Tubus abwechselnd Erhebungen und Senkungen bildet, d.h. drei vorspringende (h, a, r) und drei einwärts gehende Winkel. (e, i, s) Fig. 2.

Von der Spitze der drei vorspringenden Winkel laufen ebenso viel kleine Rippen aus, die im Mittel der Zelle (a m, h m, r m Fig.1) zusammenstoßen; sie teilen den Boden derselben in drei Teile, und die Räume, welche zwischen ihnen bleiben und sich bis in die Tiefe der einwärtsgehenden Winkel erstrecken, nehmen die Form von Rauten oder Rhomben an (achm, Fig.1). Kleine Wachsblättchen von dieser Form füllen diese Räume aus; folglich besteht jede Zelle aus sechs Wänden in Form von Trapezen und aus drei Rhomben.

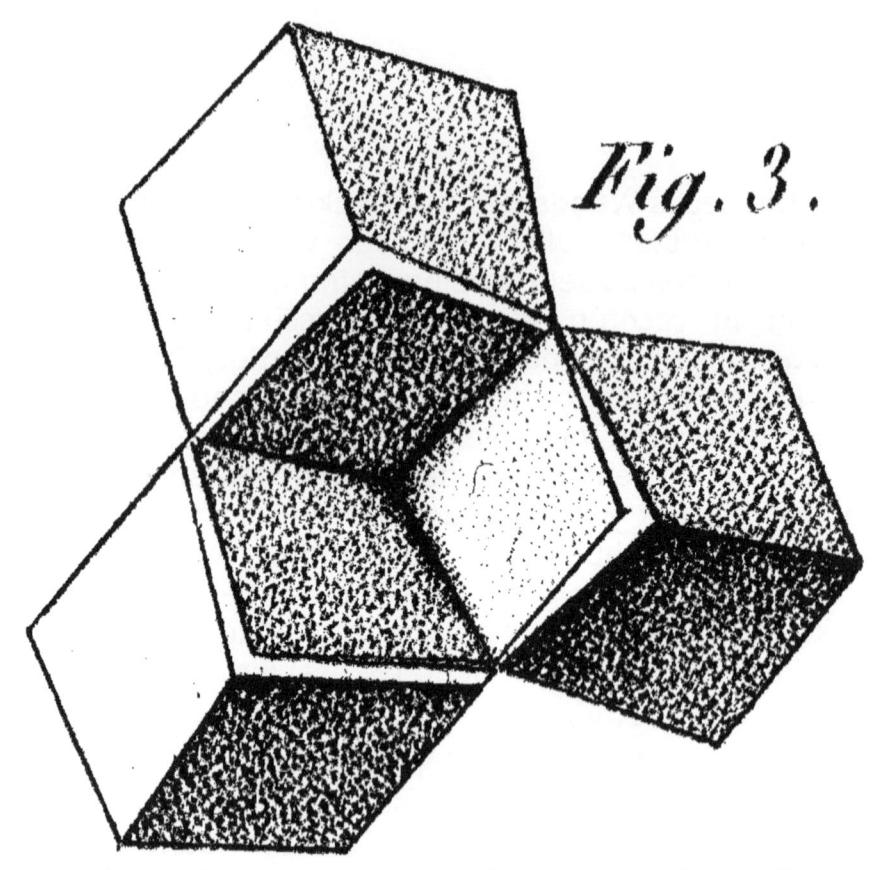

Band 2 Tafel I Fig 3—Der Boden einer jeden Zelle ist Teil des Bodens der drei angrenzenden Zellen.

Die Waben der Bienen bestehen, wie bekannt, aus zwei Zellenreihen, und diese lehnen sich aneinander, zwar nicht eine an die andere, sondern teilweise die einen an die anderen. Eine jede Zelle korrespondiert mit dreien der entgegengesetzten Seite (Fig. 3 und 4).

Um diese Bedingungen zu erfüllen, brauchten die Bienen auf den drei Rippen, welche den Boden einer jeden Zelle teilen, nur Wände nach außen aufzuführen, welche denen der Zelle selbst ähnlich sind, und, wenn sie mit anderen Blättchen derselben Form zusammengefügt werden, die sechseckigen Prismen bilden. Das kann man

Hubers Beobachtungen an den Bienen, II 243

täglich an den Waben der Bienen wahrnehmen. Man kann sich davon leicht überzeugen, wenn man mit einer Nadel die drei Rhomben einer Zelle durchsticht; dreht man die Wabe um, so sieht man, dass man wirklich den Boden von drei Zellen durchstochen hat.

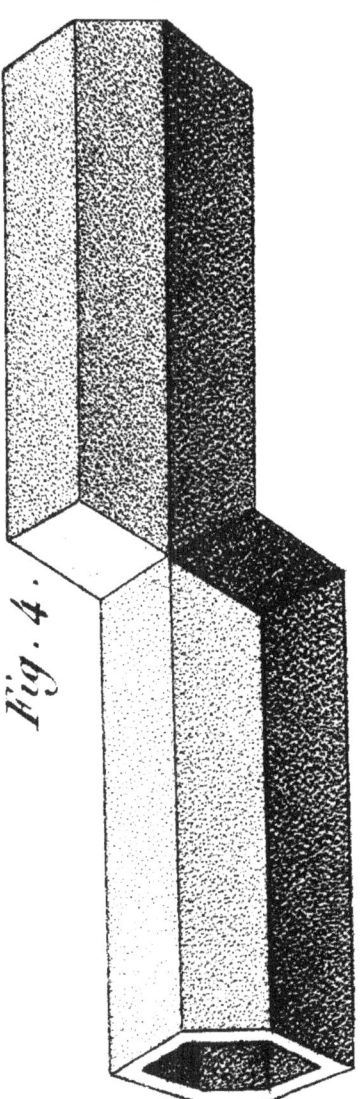

Band 2 Tafel I Fig 4— *Der Boden einer jeden Zelle ist Teil des Bodens der drei entgegengesetzten Zellen.*

Außer der Ersparung an Material, welches sich aus dieser Anordnung der Zellen zu ergeben scheint, nimmt man darin noch einen entschiedenen Vorteil, die größere Festigkeit des Ganzen, wahr.

Man fragt unwillkürlich, wie kleine Insekten einen so regelmäßigen Plan innehalten können, wie ihre Masse eine solche Anordnung auszuführen vermag, durch welches Mittel die Natur sie lenkt. Wir wollen einige Bruchstücke mitteilen, aus denen man die Ansichten verschiedener Naturforscher über diesen Gegenstand kennenlernen mag.

Ein berühmter Schriftsteller, der mehr ein Naturmaler als ein zuverlässiger Naturbeobachter ist, fühlt sich nicht in Verlegenheit, diese auffälligen Erscheinungen zu erklären. Er sagt:

"Man muss mir also einräumen, dass, wenn man diese Insekten einzeln betrachtet, sie weniger Fähigkeiten als der Hund, der Affe und die meisten Tiere besitzen. Man muss mir einräumen, dass sie weniger Gelehrigkeit, weniger Anhänglichkeit, weniger Gefühl, kurz, weniger Eigenschaften besitzen, die den unsrigen entsprechen. Weiter muss man einräumen, dass ihre anscheinende Einsicht nur aus ihrer vereinten Menge hervorgeht, ohne dass diese Vereinigung selbst jedoch irgendwelche Einsicht voraussetzt; denn sie vereinigen sich nicht infolge eines überlegten Planes, sondern ohne ihre freie Zustimmung. Ihre Genossenschaft ist folglich nur eine von der Natur gebotene und von jeder Absicht, Einsicht und Überlegung unabhängige Verbindung. Die Bienenkönigin erzeugt 10.000 Individuen auf einmal und an einem und demselben Orte; wären diese 10.000 Individuen noch tausendmal stumpfsinniger, als ich sie mir denke, so müssten sie, allein schon um fortzubestehen, sich in irgendeiner Weise einrichten; und da sie alle ohne Ausnahme mit gleichen Kräften handeln, so werden sie, sollten sie anfänglich sich auch hinderlich sein, eben dadurch doch bald dahin kommen, sich möglichst wenig zu hindern, d.h. sich zu unterstützen. Dadurch werden sie den Anschein gewinnen, sich gegenseitig zu verstehen und auf ein gemeinschaftliches Ziel hinzuarbeiten. Der Beobachter wird ihnen bald Absichten unterlegen, ihnen all den Verstand zuschreiben, der ihnen fehlt, und für jede ihrer Handlungen Beweggründe ausfindig machen. Jede Bewegung wird bald ihren besonderen Grund haben, und daraus entspringen dann diese zahllosen wunderbaren, oder besser, sinnlosen Schlussfolgerungen. Denn diese 10.000 Individuen, die alle auf einmal erzeugt sind, zusammen gewohnt und sich ungefähr in gleicher Zeit verwandelt haben, müssen notwendig alle dasselbe tun und, wenn sie überall Empfindung besitzen, gemeinschaftliche Gewohnheiten annehmen, sich einrichten, sich in ihrer Verbindung behaglich fühlen, sich mit ihrer Wohnung beschäftigen, dahin zurückkehren, wenn sie sich von ihr entfernt hatten usw., und daher die Baukunst, Messkunst, Ordnung, Voraussicht, Liebe zum Vaterlande, mit einem Worte die Republik, alles, wie man sieht, auf der Bewunderung des Beobachters beruhend."

"Die Genossenschaft unter den Tieren, die sich aus freiem Antriebe und aus Übereinstimmung zu vereinigen scheint, setzt die Erfahrung der Empfindung voraus, aber die Genossenschaft der Tiere, welche, wie die Bienen, sich zusammenfindet, ohne sich gesucht zu haben, setzt nichts voraus, und was auch die Ergebnisse derselben sein mögen, es ist soviel gewiss, dass sie von denen, welche sie ausführen, weder vorausgesehen, noch angeordnet, noch ausgedacht sind, sondern dass sie nur von dem allgemeinen Mechanismus und den vom Schöpfer gegebenen Gesetzen der Bewegung abhängig sind. Man vereinige nur 10.000 von einer nachhaltigen Kraft in Bewegung gesetzte Automaten, die alle dadurch eine vollkommene Ähnlichkeit ihres äußeren und inneren und die Übereinstimmung ihrer Bewegungen ein- und dasselbe zu tun gezwungen sind, an einem Orte, so muss daraus notwendigerweise ein regelmäßiges Werk hervorgehen; es werden sich darin die Beziehungen der Gleichheit, Ähnlichkeit, Lage finden, weil sie von denen der Bewegung, die wir als gleich und übereinstimmend voraussetzen, abhängen. Die Beziehungen der Beiordnung, Ausdehnung, Gestaltung finden sich ebenfalls darin, weil wir den Raum gegeben und begrenzt voraussetzen; und geben wir diesen Automaten das geringste Maß von Empfindung, nur soviel, als notwendig ist, um ihr Dasein zu fühlen, auf ihre eigene Erhaltung Bedacht zu nehmen, schädlichen Dingen auszuweichen, diensame zuzurichten usw., so wird das Werk nicht bloß regelmäßig, gleichmäßig, gelegen, ähnlich, gleich sein, sondern auch Ebenmaß, Festigkeit, Bequemlichkeit im höchsten Grade besitzen, weil jedes dieser 10.000 Individuen bei der Bildung desselben sich auf die für sich bequemste Weise einzurichten gesucht hat, zugleich aber auch gezwungen gewesen ist, so zu handeln und sich einzurichten, wie es für die anderen am wenigsten unbequem war."

"Doch weiter noch; diese Bienenzellen, diese so gepriesenen, so bewunderten Sechsecke liefern mir einen Beweis mehr noch gegen den Enthusiasmus und die Bewunderung; diese Gestalt, wie geometrisch und regelmäßig sie uns auch erscheinen mag und wie sehr sie es bei einer bloßen Betrachtung auch wirklich ist, ist doch nur ein mechanisches und ziemlich unvollkommenes Ergebnis, wie man es öfters in der Natur findet und selbst in ihren rohesten Erzeugnissen antrifft; die Kristalle und mehrere andere Steinarten, verschiedene Salze usw. nehmen regelmäßig diese Gestalt in ihrer Bildung an. Man betrachte die kleinen Schuppen der Haut eines Hundshais, man wird finden, dass sie sechseckig sind, weil jede Schuppe, indem sie gleichzeitig wächst, ein Hindernis aufstellt und den möglichst großen Raum in einem gegebenen Raume einzunehmen strebt. Dieselben Sechsecke sieht man im zweiten Magen der Wiederkäuer, man findet sie in den Körnern, in den Kapseln, in gewissen Blumen usw. Man fülle ein Gefäß mit Erbsen oder mit irgendeiner anderen zylindrischen Körnerart und verschließe es sorgfältig, nachdem man soviel Wasser hinzugetan hat, als die Zwischenräume zwischen diesen Körnern aufnehmen können; dann lasse man das Wasser kochen und all diese Zylinder werden sechsseitige Säulen werden. Man erkennt gar leicht den Grund davon, der ein rein mechanischer ist; jedes Korn, dessen Gestalt zylindrisch ist, sucht im Aufquellen den möglichst großen Raum in einem gegebenen Raume einzunehmen, folglich werden sie alle durch den gegenseitigen Druck sechseckig. Ebenso sucht jede Biene in einem gegebenen Raume den möglichst großen Raum zu gewinnen, es ist also auch notwendig, dass, weil der Körper der Bienen zylindrische ist, ihre Zellen aus eben dem Grunde des gegenseitigen Hindernisses sechseckig sich gestalten."

"Man pflegte den Insekten, deren Arbeiten regelmäßig sind, mehr Verstand zuzuschreiben. Die Bienen, sagt man, sind schon scharfsinniger als die

Wespen, Hornissen usw., die zwar auch etwas von der Baukunst verstehen, deren Bauten aber roher und unregelmäßiger als die der Bienen sind. Man will nicht einsehen, oder vermag es nicht, dass diese mehr oder weniger große Regelmäßigkeit lediglich von der Zahl und der Gestalt und keineswegs von der Einsicht dieser kleinen Tierchen abhängt; je zahlreicher sie sind, je mehr Kräfte es gibt, welche dasselbe bewirken und sich einander entgegensetzen, desto mehr mechanischen Zwang, erzwungene Regelmäßigkeit und anscheinende Vollendung gibt es in ihren Erzeugnissen."

An dieser Beweisführung und dem Stile, der sie verschönert, erkennt man unschwer den Verfasser dieser Rede; einer gewandteren Feder als der unseren überlassen wir es, Herrn von Buffon zu widerlegen. Die beiden Fragmente, welche wir aus der *Betrachtung der Natur* (Th. XI, Anm. 9 und 11 des Kap. 27, neueste Ausgabe) hier folgen lassen, und welche in unmittelbarer Weise auf die Hypothesen dieses Schriftstellers antworten, können eine vollkommen richtige Vorstellung von den Fortschritten der Naturgeschichte der Bienen unter Maraldi und Reaumur hinsichtlich des Wachsbaus geben; sie können gleichzeitig ihre Ansichten über den Ursprung des Wachses kennen lehren.

Anmerkung: Da Bonnet im Kontexte nichts über die Art gesagt hatte, wie die Bienen den Honig und das Wachs sammeln, auch von der Kunst, mit welcher sie letzteres bei der Konstruktion ihre schönen Arbeiten verwenden, holte er das Versäumte in einer Anmerkung nach, die hier mitgeteilt wird.

"Die Zähne, der Rüssel und die sechs Füße sind die Hauptwerkzeuge, welche den Arbeitsbienen zur Ausführung ihrer verschiedenen Arbeiten verliehen sind.

Die Zähne sind zwei kleine scharfe Schuppen, welche sich horizontal nicht von unten nach oben, wie die unsrigen, bewegen. Der Rüssel, den die Biene willkürlich ausstrecken und verlängern kann, ist nicht als Pumpe wirksam, d.h. die Biene bedient sich seiner nicht zum Saugen; er ist eine lange, beharrte Zunge, und leckend sammelt er aus den Blumen die Flüssigkeit, die er in den Mund bringt, von wo sie durch die Speiseröhre in einen Vormagen geführt wird. Man überzeugt sich leicht, dass diese Flüssigkeit Honig ist. Die Bienen kennen die Nektarien, welche im Grunde der Blumenkelche liegen; sobald sie ihre Honigblase gefüllt haben, speien sie den Honig in die Zellen aus, füllen diese damit an und bewahren ihn darin auf, indem sie dieselben bedachtsam mit einem Wachsdeckel versiegeln. Es finden sich aber auch Honigzellen, die sie nicht bedeckeln, weil sie als Magazine für die täglichen Bedürfnisse der Genossenschaft dienen."

"Auf den Blumen sammeln die Arbeitsbienen auch noch den Wachsstoff oder das Rohwachs. Diesen Stoff liefert der Staub der Staubfäden. Die fleißige Biene taucht sich in das Innere solcher Blumen, welche besonders reich an Pollen sind; die kleinen ästigen Härchen, womit ihr Körper bedeckt ist, nehmen den Blumenstaub auf, von denen die Arbeiterin ihn darauf mittels der Bürste an ihren Füßen sammelt und daraus zwei Bällchen bildet, die sie mit dem zweiten Fußpaar in eine körbchenförmige Vertiefung des dritten Fußpaares bringt. Mit ihren beiden Wachsstoffbällchen beladen kehrt die fleißige Biene in ihren Stock zurück und legt sie in einer dazu bestimmten Zelle ab. So wird diese Zelle ein Wachsmagazin, welches offenbleibt. Indes beschränkt sich die Biene nicht darauf, sich so ihrer

Bürde zu entledigen; sie begibt sich mit dem Kopfe voran in die Zelle, bereitet die Ballen auseinander, knetet sie fest und vermischt sie mit etwas Honig. Ist die Anstrengung der Ernte für sie aber zu ermüdend gewesen, so übernimmt es eine andere, die Bällchen auseinanderzubreiten und zu kneten; denn sämtliche Heloten des kleinen Sparta sind in gleicher Weise geschickt, jede vorkommende Arbeit zu verrichten und verrichten sie alle gleich gut. Aber nicht immer kann die Biene durch bloßes Hineinkriechen in die Blumen mittels ihres Vlieses den Blumenstaub sammeln; es gibt Umstände, unter denen diese Ernte nicht so leicht wird, und wo sie von Seiten der Arbeitsbienen ein anderes Verfahren in Anspruch nimmt. Vor seiner völligen Reife ist nämlich der Pollen in Kapseln verschlossen, welche von den Botanikern „Staubbeutel" genannt werden. Die Arbeitsbiene nun, welche sich desselben bemächtigen will, ehe die Staubbeutel ihn freigegeben haben, muss die Kapseln zuvor öffnen. Sie tut das mit ihren Zähnen, fasst dann mit ihren Vorderfüßen die an der Öffnung sich zeigenden Körnchen, wobei die äußersten Fußglieder die Stelle der Hand versehen; die Körnchen werden dem zweiten Fußpaare übergeben, welches sie in die Körbchen des zweiten Fußpaares bringt und sie daselbst befestigt, indem sie wiederholt daraufschlagen. Die leichte Feuchtigkeit der Körnchen trägt dazu bei, sie daselbst festzuhalten und miteinander zu verbinden. Dieses Verfahren wiederholt die Biene so oft, bis sie ihre beiden Körbchen gefüllt hat und eilt dann mit ihrer Beute in ihren Stock zurück.

"Dieser Blumenstaub, den die Bienen auf den Blumen sammeln, ist indes noch nicht das Wachs selbst, was sie mit so großer Kunstfertigkeit verarbeiten, er ist nur erst der Urstock, der erst in einem besonderen, dem zweiten Magen, bereitet und verdaut werden muss. Hier wird er zu wahrem Wachse, worauf die Bienen es durch den Mund als einen Brei oder weißen Schaum, der an der Luft rasch gerinnt, wieder ausstoßen. Solange dieser Art Kuchen noch geschmeidig ist, fügt er sich bequem in alle Formen, welche die Bienen ihm geben will; er ist für sie, was der Ton für den Töpfer."

"Ein großer Naturforscher, der über die geometrische Arbeit der Bienen viel vernünftelt hat, hat dieselbe dadurch auf ihren wahren Wert zurückzuführen gemeint, indem er sie als das Resultat einer ziemlich rohen Mechanik darstellte; er hat geglaubt, dass die zusammengedrängten Bienen dem Wachse naturgemäß eine sechseckige Form geben, und dass es sich in dieser Beziehung mit den Zellen ebenso verhalte, wie mit Kügelchen einer weichen Masse, welche fest aneinander gedrückt die Gestalt eines Spielwürfels annehmen. Ich weiß es diesem Naturforscher Dank, dass er gegen die Verlockung des Wunderbaren auf seiner Hut gewesen ist; ich wollte, dass ich ihm auch wegen der Richtigkeit seines Vergleiches Gerechtigkeit widerfahren lassen könnte, man wird aber leicht einsehen, dass die Arbeit der Bienen auch entfernt nicht aus einer so einfachen mechanischen Ursache hervorgehen kann, wie er sich eingebildet hat."

"Man hat nicht vergessen, dass die Bienenzellen nicht bloß sechseckige Röhrchen sind; diese Röhrchen haben auch einen pyramidalen Boden, der aus drei Rauten oder Rhomben gebildet ist, und damit entwerfen sie die erste Anlage der Zelle. Auf den beiden äußeren Seiten eines Rhombus erheben sie zwei Zellenwände;

dann bilden sie einen zweiten Rhombus, den sie mit dem ersten verbinden, indem sie ihm die erforderliche Neigung geben, und auf den beiden äußeren Seiten desselben erheben sie zwei neue Wände des Sechsecks; endlich fügen sie auch den dritten Rhombus mit den letzten beiden Wänden auf. Anfänglich ist die ganze Arbeit ziemlich plump und kann nicht so bleiben. Die geschickten Arbeiter machen sich alsbald daran, sie zu vervollkommnen, zu verdünnen, zu glätten und zuzurichten, wobei ihre Zähne Hobel und Feile vertreten. Eine lange fleischige Zunge, an der Basis des Rüssels befestigt, fördert die Arbeit ebenfalls. Die Arbeiter lösen einander ab; was die eine erst angefangen hat, führt eine andere weiter, eine dritte vollendet es; und obgleich es durch so viele Hände gegangen ist, sollte man glauben, dass es aus einer Form gegossen sei."

"Man hat gesehen (in der 9. Anmerkung), dass der Boden jeder Zelle pyramidalisch, und jede Pyramide aus drei gleichen und ähnlichen Rhomben gebildet ist. Die Winkel dieser Rhomben konnten bis ins Unendliche verändert werden; d.h. die Pyramide konnte mehr oder weniger erhaben, mehr oder weniger abgeflacht sein. Der Gelehrte Maraldi, der die Winkel der Rhomben mit größter Genauigkeit gemessen hat, fand die großen Winkel im Allgemeinen von 109°, 28', die kleinen von 70°, 32'. Reaumur, der es verstand für die Verfahrensart der Insekten immer auch die Triebfeder ausfindig zu machen, stellte die scharfsinnige Vermutung auf, dass die Wahl dieser Winkel unter so vielen anderen, die ebenfalls gewählt werden konnten, auf dem verborgenen Grunde der Wachsersparung beruhe, und dass unter den Zellen von gleichem Inhalte und mit pyramidalen Boden diejenigen, welche mit dem wenigsten Materiale ausgeführt werden konnten, eben diese seien, deren Winkel die Dimensionen des wirklichen Maßes enthielten. Er forderte deshalb einen tüchtigen Mathematiker, Herrn König, der von diesem Dimensionen nichts wusste, auf, durch Berechnung festzustellen, welches die Winkel einer sechseckigen Zelle mit pyramidalem Boden sein müsste, wenn zu ihrer Ausführung das wenigste Material verbraucht werden sollte. Der Mathematiker nahm zur Lösung dieses schönen Problems seine Zuflucht zur Infinitesimalrechnung und fand, dass die großen Winkel 109°, 26', die kleinen 70°, 34' haben müssten; eine überraschende Übereinstimmung zwischen der Lösung und dem wirklichen Maße. Herr König wies noch nach, dass die Bienen, indem sie den Pyramidenboden einem flachen vorzogen, im ganzen so viel Wachs ersparten, als zur Ausführung eines flachen Bodens erforderlich sei.

Anmerkung: Herr König glaubte, dass die Bienen den Rhomben ihrer Zellen 109° 26' und 70° 34' geben müssten, um möglichst wenig Wachs zu verbrauchen (Reaumur,Th. V. Abhandl. VIII).

Herr Kramer, weil Professor in Genf, dem König dieselbe Aufgabe gestellt hatte, hat berechnet, dass dieser Winkel von 109° 28.5' und 70° 31' sein müssten. Dies Ergebnis stimmt mit dem Boskowisches überein, welcher erwähnt, dass Maraldi die Winkel im Allgemeinen zu 110° und 70° angegeben habe, und dass die von ihm auf 109° 28' und 70° 32' festgestellten diejenigen seien, die man annehmen müsse, wenn die Winkel der Trapeze an der Basis gleich sein sollten (Abhandl. der Königl. Akad. 1712). Boskowisch bemerkt noch, dass die von den Zellenseiten gebildeten Winkel gleich sind, nämlich 120°, und er nimmt an, dass die Gleichheit der Neigung die Konstruktion der Zelle sehr erleichtere, was ihr ebensowohl als die Ersparung den Vorzug gegeben haben könne. Er weist nach, dass die Bienen bei Erbauung jeder Zelle bei weitem das Wachs nicht ersparen, was zu einem flachen Boden notwendig ist, wie König und Reaumur angenommen hatten.

Maclaurin behauptet, dass die Differenz zwischen einer Zelle mit Pyramidalboden und einer mit flachem Boden gleich sei dem Viertel der sechs Winkel, die man den Trapezen, den Zellenseiten, hinzufügen müsste, um sie rechtwinklig zu machen.

Professor Lhuilier in Genf schätzt die Ersparnis der Bienen auf 1/51 der Gesamtaufwendung und weist nach, dass sie 1/5 austragen könnte, wenn die Bienen keine andere Bedingung zu erfüllen gehabt hätten; er schloss aber, dass, wenn dieselbe für eine einzelne Zelle nicht eben bemerklich sei, sie es für eine ganze Wabe wohl sein könne wegen der gegenseitigen Einfügung der beiden gegenüberstehenden Wabenseiten (Abhandlung der Königl. Akad. der Wissensch. Berlin 1781).

Schließlich weist Le Sage nach, dass, welches auch die Neigung der Rhomben sei, der Rauminhalt der Zelle gleich bleibe. Die Waben haben, sagt er, zwei Zellentiefen, in einer Anordnung, das, was man den vorderen geben oder nehmen möchte, den hinteren genommen oder hinzugefügt werden müsste, so dass 1) die ganze Wabe dabei nichts gewinnen, nichts verlieren, dass sogar 2) die vorderen den hinteren, zufolge der Symmetrie, womit sie ineinander gefügt sind, immer gleich bleiben würden.

"Als der berühmte Mairan (Jean Jacques d'Ortous de Mairan-Übersetzer) sich nach dem Vorgang des Geschichtsschreibers der Insekten über die geometrische Form der Zellen der Wespen und Bienen aussprach, äußerte er:

Mögen die Tierchen denken, oder nicht denken, soviel steht fest, dass sie in tausend Fällen sich verhalten, als wenn sie dächten; täuschte man sich darin, so verdient es volle Entschuldigung. Doch ohne auf diese große Frage und ihren Grund weiter einzugehen, wollen wir uns einen Augenblick an den Anschein halten und die gewöhnliche Sprache reden.

Mathematiker, und unter ihnen muss man Reaumur nennen, haben es sich angelegen sein lassen, all die Kunst nachzuweisen, die sich in den Wachswaben und den papierenen Wespennestern, die so sinnreich in von Säulen getragene Stockwerke und diese wieder in zahllose sechseckige Zellen abgeteilt sind, kundgibt. Nicht ohne Grund hat man die Bemerkung gemacht, dass diese Form unter all den möglichen Vielecken für die Absichten, die man den Bienen und Wespen, welche sie auszuführen verstehen, zuzuschreiben berechtigt ist, die geeignetste, ja selbst die allein geeignete ist. Es ist freilich gegründet, dass das regelmäßige Sechseck notwendig aus der Aneinanderreihung runder, weicher und biegsame Körper hervorgeht, wenn sie aneinander gepresst werden, und das darin unverkennbar der Grund liegt, weshalb man es so häufig in der Natur antrifft, zum Beispiel in den Samenkapseln gewisser Pflanzen, den Schuppen verschiedener Tiere, mitunter auch in den Schneeflocken infolge der kleinen Tropfen oder sphärischen oder runden Wasserbläschen, die im Gefrieren sich aneinander abgeplattet haben; indes bei der Konstruktion der sechseckigen Bienen-oder Wespenzellen gibt es noch soviel andere Bedingungen zu erfüllen, und diese sind so bewunderungswürdig erfüllt, dass, wenn man ihnen einen Teil der ihnen aus dieser zufließenden Ehre streitig machen wollte, es fast nicht mehr möglich ist, in Abrede zu stellen, dass sie vieles willkürlich hinzugetan und die von der Natur ihnen auferlegte Nötigung geschickt zu ihrem Vorteile zu benutzen verstanden haben.' "

Die Schriften der Naturforscher, denen ich besonderes Vertrauen schenkte, waren also der Hypothese Buffons, der eins der Wunder der Natur einer rein mechanischen Einwirkung zuschreibt, keineswegs günstig. Schon die Erfahrung hatte gelehrt, dass man die Arbeit der Bienen durch so plumpe Mittel nicht erklären konnte, und ich überzeugte mich leicht durch meine eigenen Beobachtungen von der Richtigkeit der Ansicht Bonnets über diesen Gegenstand.

Meine Untersuchungen werden zweifelsohne in die Vorstellungen, die man sich seinerzeit von der Kunst machte, womit die Bienen ihre Waben bauen, manche Beschränkungen bringen, doch werden sie, wie ich hoffe, dazu beitragen, eine Theorie zu stützen, die von der des beredten Geschichtsschreibers der Tiere sehr verschieden ist.

Beachten Sie: **Auch sehr tüchtige neuere Mathematiker haben sich mit der Aufgabe über das Minimum an Wachs zu den Bienenzellen beschäftigt. Ihre Folgerungen unterscheiden sich aber von denen ihre Vorgänger wesentlich. Die nachstehende, aus den nachgelassenen Schriften des Herrn G. L. Le Sage aus Genf entnommene Notiz deutet die in dieser Beziehung gemachten Fortschritte an.**

Kapitel I: Neue Ansichten über das Wachs

Seit Reaumur und de Geer, deren Werke den Geschmack an der Insektologie ziemlich allgemein geweckt haben, haben ausgezeichnete Forscher die Wissenschaft außerordentlich gefördert; sämtliche Fächer derselben sind erweitert und die Naturgeschichte der Biene ist in diesem Zeitraum mehr als irgendeine andere bereichert worden.

Schirach und Riem haben ihr eine neue Bahn eröffnet, vielleicht habe ich selbst dazu beigetragen, sie von den Vorurteilen zu befreien, welche ihre Fortschritte hinderten, indem ich die Tatsachen, die jene angedeutet hatten, genauer feststellte.

Seitdem sind in einigen Ländern einige Beobachtungen veröffentlicht worden, aber so wenig entwickelt und so ungenau, dass sie gänzlich ins Vergessen kommen würden, wenn man sie nicht durch alle Tatsachen, die ihnen Bestand verleihen können, zu stützen suchte.

Die Aufmerksamkeit der Naturforscher hat sich vorzugsweise dem Wachse zugewandt; einige Chemiker haben auch eine Analyse dieses Stoffes zu geben versucht; die geringe Übereinstimmung in den Resultaten dieser verschiedenen Arbeiten gibt jedoch den Beweis, dass der Gegenstand noch nicht ausreichend erörtert ist und eine weitere Prüfung in Anspruch nimmt.

Unter den Ansichten, welche in den Fragmenten, die ich in den „Betrachtungen der Natur" finde, ausgesprochen sind, ist eine, die zur Zeit, in welcher Bonnet schrieb, wohl begründet zu sein schien, und die er selbst nach den besten Schriftstellern seiner Zeit angenommen hatte. Nach dieser allgemein angenommenen Ansicht verwandelt sich der Blumenstaub in Wachs. Anziehend sind die Einzelheiten, die er über das Einsammeln dieses Stoffes, über die Weise, wie sich die Bienen damit beladen, ihn einscheuern und bewahren; sämtliche Tatsachen waren von Reaumur, Maraldi und verschiedenen anderen Gelehrten aufs Ängstlichste beobachtet; darüber kann kein Zweifel sich erheben; ebenso gewiss ist es auch, dass der von den Bienen gesammelte Blumenstaub für dieselben von wesentlichem Nutzen sein muss, weil sie ihn in so großer Menge eintragen. Aber ist es auch ausgemacht, dass er der Grundstoff des Wachses ist?

Der Schein war für diese Vermutung; indem die Bienen dem Züchter zwei kostbare Stoffe, Honig und Wachs, darboten und unter seinen Augen täglich den Blumennektar und den Pollen sammelten, konnte man leicht zu dem Glauben hingeführt werden, dass letzterer das Rohwachs sei.

Reaumur hegte einige Zweifel, zwar nicht über die Wirklichkeit dieser Umwandlung, wohl aber über die Art und Weise, wie sie vor sich gehe. War das Wachs durch die Natur im Blumenstaub vorgebildet, oder lieferte er nur eins der wesentlichsten Bestandteile desselben? Nachdem er verschiedene einfache Versuche angestellt hatte, die freilich nicht eben bündig waren, neigte er sich zu seiner letzteren Ansicht, sprach sie indes immer nur mit dem den Freunden der Wahrheit eigenen Rückhalt aus; er finde sich überzeugt, dass die Bienen den Pollen einer besonderen Verarbeitung unterwürfen, dass er in ihrem Magen in wirkliches Wachs verwandelt werde, und dieses in der Form einer Art Schaumes aus ihrem Munde hervorgehe. Indes hatte er den wesentlichen Unterschied zwischen Pollen und Wachs wahrgenommen, und er hatte verschiedene Wahrnehmungen gemacht, die ihn von dieser Meinung hätten zurückbringen müssen, wenn er richtige Folgerungen aus ihnen gezogen hätte.

Entdeckung der Wachsblättchen unter den Ringen des Hinterleibes

Dabei war die Wissenschaft stehen geblieben, als ein Lausitzer Bienenzüchter, dessen Namen nicht auf uns gekommen ist, eine höchst wichtige Entdeckung machte. Wilhelmi, Schirachs Schwager, schrieb am 22. August 1768 an Bonnet:

> „Erlauben Sie mir, eine kurze Mitteilung der neuen Entdeckung anzuschließen, welche die Lausitzer Gesellschaft gemacht hat. Bisher hat man geglaubt, dass die Bienen das Wachs durch den Mund von sich gäben; jetzt hat man aber beobachtet, dass sie es durch die Ringe des Hinterleibes ausschwitzen. Um sich davon zu überzeugen, braucht man nur mit der Spitze einer Nadel eine Biene aus der Zelle zu ziehen, an der sie baut, und wenn man ihren Körper ein wenig auszieht, wird man bemerken, dass sich das Wachs in Form von Schüppchen unter ihren Ringen befindet." (*Histoire de la Mère Abeille*, von Blassière)

Der Verfasser dieses Briefes nennt den Naturforscher nicht, der diese wichtige Beobachtung gemacht hat; wer er aber auch sein mag, er hätte es verdient, bekannter zu sein. Bonnet schien dieselbe indes nicht auf hinreichend festen Beweisen zu beruhen, um auf seine einmal gefasste Vorstellung Verzicht zu leisten, und durch sein Ansehen bestochen, untersuchten wir nicht, ob seine Ansicht begründet sei.

Mehrere Jahre später jedoch, im Jahre 1793, waren wir höchst überrascht, unter den Bauchschienen der Bienen Blättchen zu finden, welche mit dem Wachse gleichen Stoffe zu sein schienen.

Diese Entdeckung war in jeder Beziehung vom größten Interesse. Wir legten diese Blättchen einigen unserer Freunde vor, und als wir sie in ihrer Gegenwart der Flamme einer Kerze aussetzten, zeigten sie die Eigentümlichkeit wirklichen Wachses.

Band 2 Tafel II Fig 1—Bauchseite einer Arbeiterin mit sichtbaren Plättchen.

Ein berühmter Engländer, John Hunter, welcher gleichzeitig mit mir Beobachtungen an den Bienen anstellte, wurde durch seine Zweifel zu denselben Resultaten geführt. Er entdeckte die wirklichen

Wachsbehälter unter den Bauchringen der Bienen und gab die Einzelheiten seiner Beobachtungen in einem Artikel der philosophischen Abhandlungen der Londoner Gesellschaft im Jahre 1792.

Indem er die Unterleibssegmente der Arbeitsbienen aufhob, fand er daselbst Blättchen eines schmelzbaren Stoffes, in welchem er das Wachs erkannte. Er überzeugte sich von der Verschiedenheit des Blumenstaubes und des Stoffes, woraus die Waben gebildet werden und wies den Ballen, welche die Bienen an ihren Beinen eintragen, eine andere Bestimmung an. Das war allerdings ein wesentlicher Fortschritt; indes wusste sich Hunter nicht zum Augenzeugen der Verwendung der Wachsblättchen, von denen er voraussetzte, dass sie aus dem Körper der Bienen ausschwitzten, zu machen und konnte nur Vermutungen über den Verbrauch des Pollen aufstellen. Wir haben unsere Beobachtungen weitergeführt und konnten nicht nur seine Resultate bestätigen, sondern dieselben noch weiter entwickeln; so mussten diese wichtigen Wahrheiten, die in Deutschland, England und Frankreich angedeutet waren, endlich das Vertrauen sämtlicher Naturforscher gewinnen.

Wir fanden die Wachsblättchen unter den Bauchringen der Arbeitsbienen; sie waren paarweise unter jedem Segmente, in kleinen besonders geformten Taschen rechts und links der scharfen Bauchkante geordnet, fanden sich aber nicht unter den Ringen der Drohnen und der Königin, bei denen die Bildung dieser Teile ganz verschieden ist. Es besitzen also die Arbeitsbienen allein das Vermögen, Wachs auszuscheiden, um uns eines Ausdruckes Hunters zu bedienen. (Siehe „Fragment aus seiner Abhandlung über das Wachs" von John Hunter im Nachtrag).

Kapitel I: Neue Ansichten über Wachs

Fig. 2

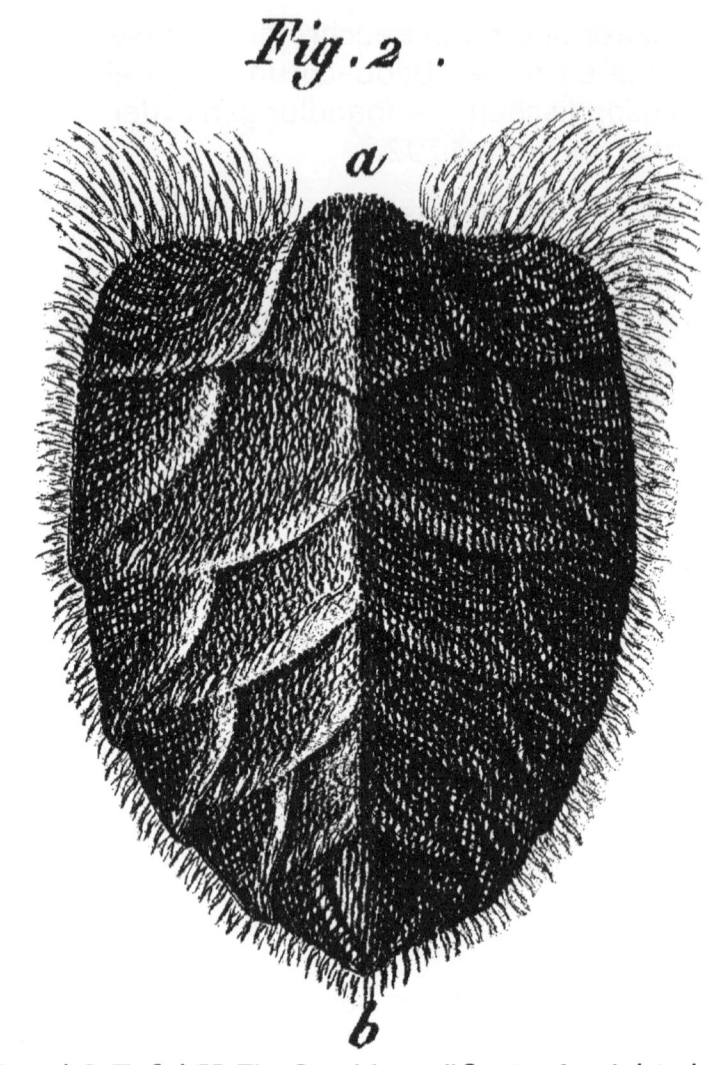

Band 2 Tafel II Fig 2—Vergrößerte Ansicht des Hinterleibes einer Arbeiterin.

Die Bauchseite der Biene (Taf. II, Fig. 2) bietet in der äußeren Bildung nichts dar, was sie nicht mit den Wespen und anderen Hymenopteren gemein hätte; es sind Halbringe, die sich teilweise einander bedecken. Sie sind aber nicht flach, wie die der meisten Insekten dieser Ordnung, sondern gewölbt; denn der Bauch der Biene zeichnet sich durch einen eckigen Vorsprung aus, der sich von seiner Ursprungsstelle bis zum entgegengesetzten Ende (Fig 2, a b) erstreckt.

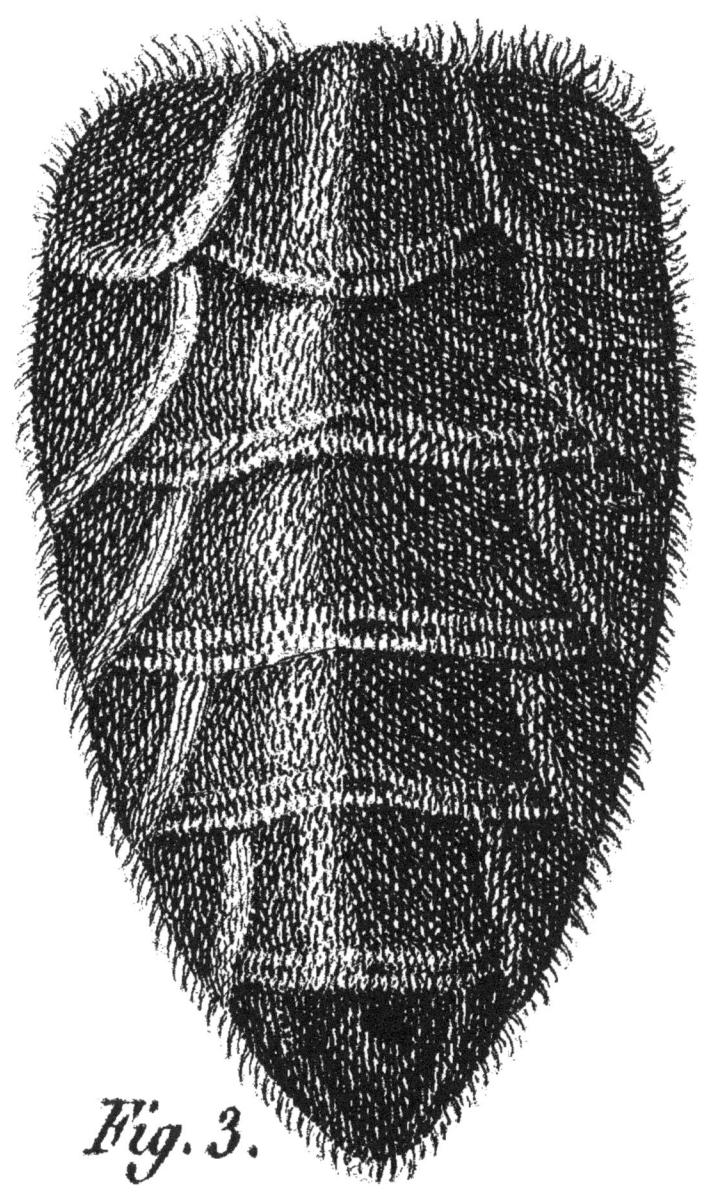

Fig. 3.

Band 2 Tafel II Fig 3—Teilweise ausgedehnter Hinterleib.

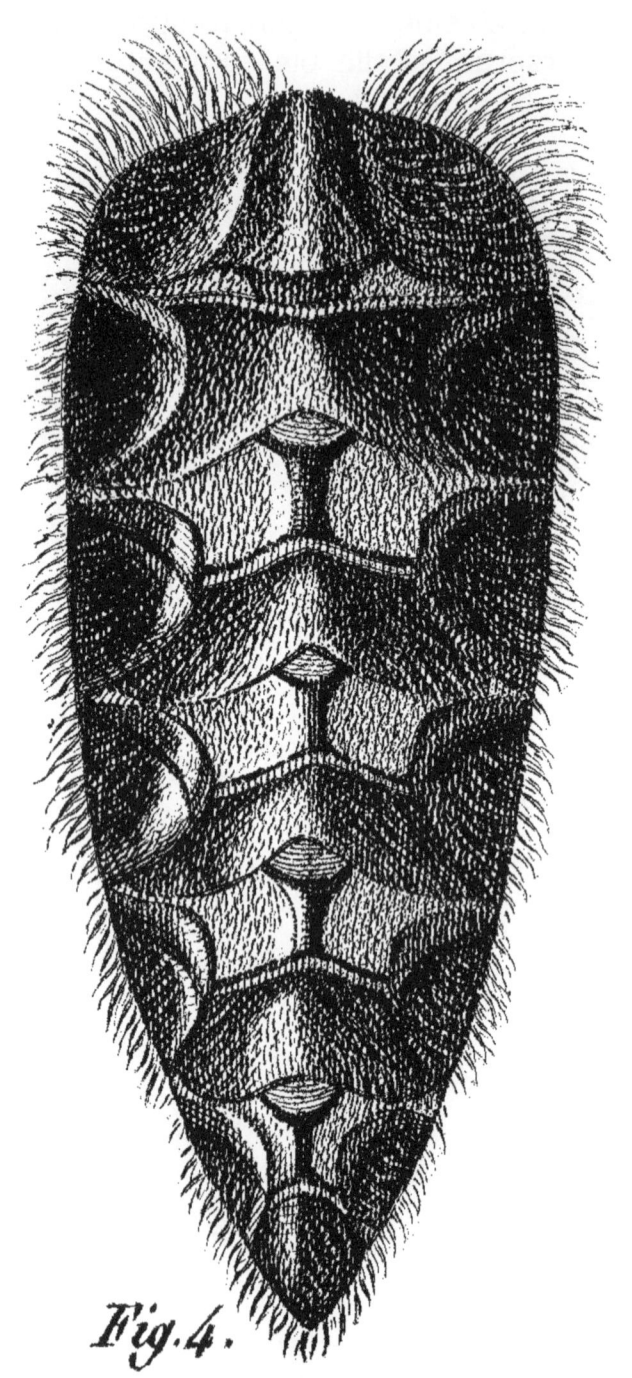

Band 2 Tafel II Fig 4—Ganz ausgedehnter Hinterleib

Die Sorgfalt dieser Taschen oder Behälter, die von diesem Schriftsteller nicht beachtet und Swammerdam und so vielen anderen Naturforschern, deren Aufmerksamkeit von den Bienen in Anspruch genommen wurde, entgangen war, verdient die größte Berücksichtigung, weil sie einem neuen Organe angehört.

Der Saum dieser Segmente ist schuppig; hebt man sie aber in die Höhe, oder zieht man den Leib der Biene leicht in die Länge, so nimmt man denjenigen Teil wahr, welcher im natürlichen Zustande durch den oberen Rand der anderen Segmente überdeckt war (Fig 1 und 4).

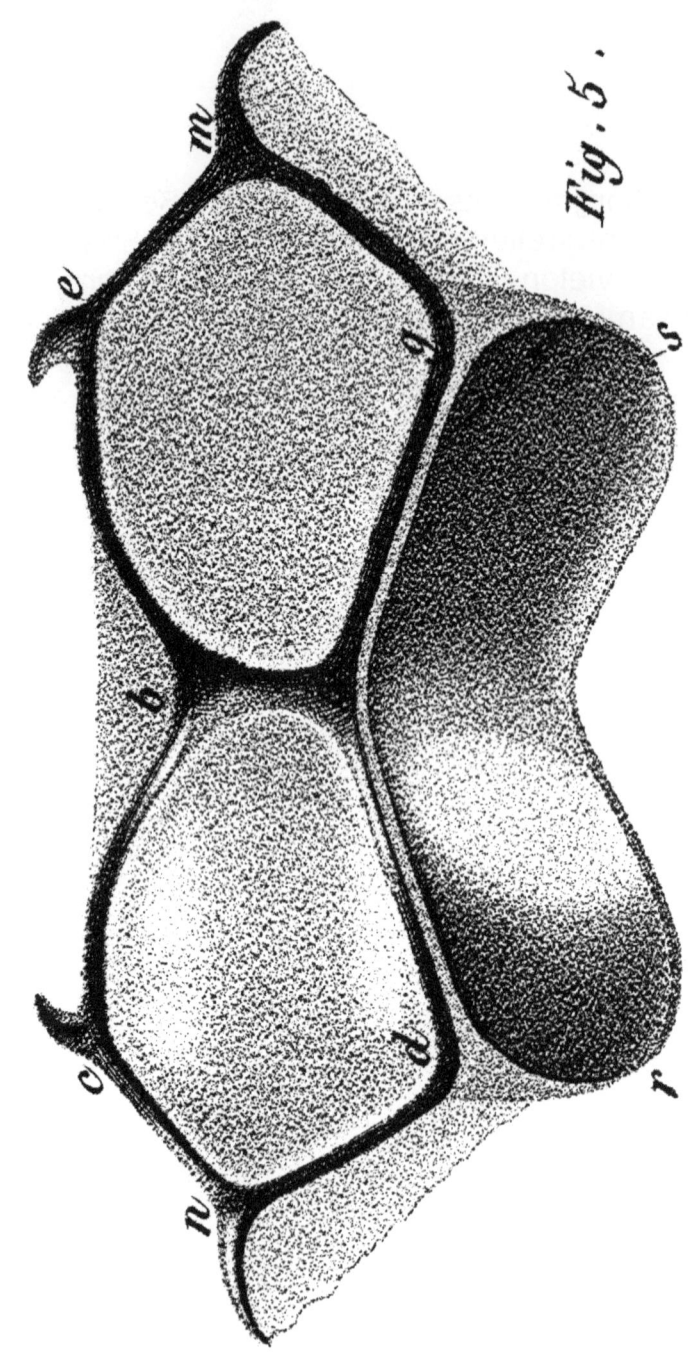

Band 2 Tafel II Fig 5—Basis eines Hinterleibsringes.

Derjenige Teil (Fig. 5, c d e g), den man als die Basis jedes Ringes ansehen muss, weil er mit dem Körper des Insekts verwachsen ist, besteht aus einer häutigen, weichen, durchscheinenden, gelblich weißen Substanz, nimmt mindestens zwei Drittel jedes Segments ein und wird durch eine kleine Horngräte, welche genau dem winkelbildenden Vorsprung des Bauches entspricht, in zwei Hälften geteilt (a b). Diese Gräte entspringt aus der Mitte des schuppigen Randes (d g r s) und richtet sich nach der Kopfseite; sie durchläuft den häutigen Teil, teilt sich an ihrem Ende gabelförmig, wendet sich bogenförmig nach rechts und links und bildet für beide Abteilungen des Häutchens eine feste Umsäumung (n c b e m g). Auf den beiden kleinen Grundflächen, welche aus dieser Teilung hervorgehen, finden sich die Wachsblättchen in ihrer Bildung (Fig. 7). Ihre aus ineinander verlaufenden krummen und geraden Linien gebildeten Umrisse gewähren bei oberflächlicher Betrachtung den Anblick zweier Ovale; bei genauerer Prüfung erkennt man sie aber als unregelmäßige Fünfecke. Die häutigen Flächen haben dieselbe Neigung wie die Seiten des Körpers, sind von dem Rande des oberen Segments völlig überdeckt und bilden mit ihm kleine Taschen, die nur nach unten geöffnet sind. Die Segmente oder die beiden Flächen, welche die vollständigen Wachstaschen bilden, sind durch eine Art Häutchen ebenso verbunden, wie die beiden Teile einer Brieftasche.

Kapitel I: Neue Ansichten über Wachs

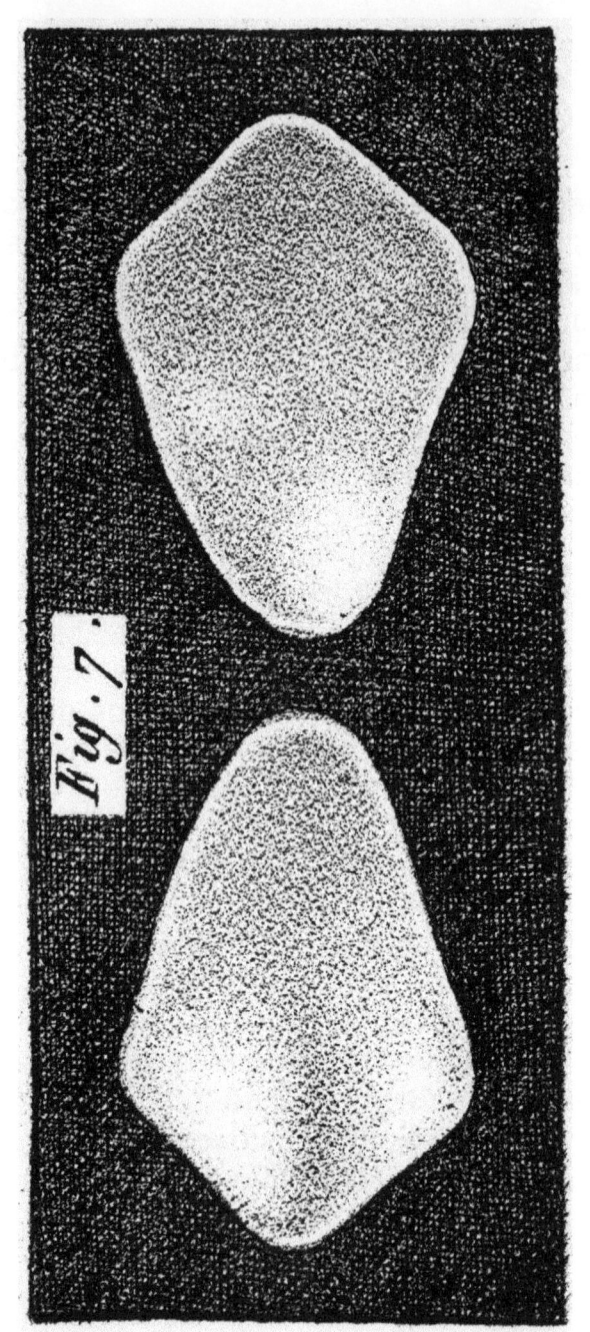

Band 2 Tafel II Fig 7—Wachsblättchen auf schwarzem Tuch als Kontrast.

Die Wachsblättchen (Fig. 7) haben ganz die Gestalt der Grundflächen, auf denen sie abgelagert sind. Bei jeder Biene können sich gleichzeitig nur acht bilden, weil der erste und letzte Ring, die in ihrer Bildung von den anderen abweichen, keine liefern. Die Größe der Blättchen richtet sich nach dem Durchmesser der Ringe, die ihnen als Modell dienten; die größten finden sich unter dem dritten Ringe, die kleinsten unter dem fünften.

Wir nahmen wahr, dass die Blättchen oder Plättchen nicht bei allen Bienen in gleichem Zustande sich fanden; sie boten einige Verschiedenheit in Form, Dicke und Dichtigkeit dar.

Bei einigen Bienen waren sie so dünn und von so vollkommener Durchsichtigkeit, dass sie nur mit Hilfe der Lupe wahrgenommen werden konnten; bei anderen entdeckte man nur Nadeln, wie man sie wohl im Wasser sieht, wenn es zu gefrieren beginnt.

Diese Nadeln ebenso wie jene Blättchen lagerten nicht unmittelbar auf dem Häutchen, sie waren davon durch die dünne Schicht einer flüssigen Substanz getrennt, die vielleicht dazu diente, die Verbindung der Ringe geschmeidig zu erhalten, oder die Ablösung der Blättchen zu erleichtern, die ohne das vielleicht sich den Wänden der Wachstaschen zu fest anschließen könnten.

Dann gab es noch andere Bienen, bei denen sie so groß waren, dass sie über den Rand der Ringe hinausragten; ihre Form war regelmäßiger als die der früheren, ihre Dicke, wodurch die Durchsichtigkeit des Wachses gemindert wurde, ließ sie gelblich weiß erscheinen, und man konnte sie sehen, ohne die Schuppen, die sie gewöhnlich gänzlich bedecken, aufheben zu müssen.

Diese Abweichungen unter den Blättchen verschiedener Bienen, das Fortschreiten in Form und

Dicke, die Flüssigkeit, welche zwischen ihnen und den Wänden ihrer Tasche sich findet, die Übereinstimmung jedes Päckchens in Größe und Form mit der Grundfläche, das alles ließ auf ein Durchschwitzen dieses Stoffes durch das Häutchen, welches ihm als Modell diente, schließen.

In dieser Ansicht wurden wir noch durch eine ziemlich auffällige Tatsache bestärkt. Als wir dies Häutchen, dessen innere Seite mit den Weichteilen des Bauches verwachsen zu sein schien, durchstachen, drangen eine helle Flüssigkeit hervor, welche im Kalten erstarrte und in diesem Zustande dem Wachse glich; wurde dieser Stoff der Einwirkung der Wärme ausgesetzt, so wurde er von Neuem flüssig.

Derselbe Versuch, auf die Blättchen angewendet, gab ein ähnliches Resultat; je nach der Temperatur wurden sie flüssig und gerannen, wie das Wachs selbst.

Wir gingen mit unseren Untersuchungen über die Übereinstimmung dieses Stoffes mit dem verarbeiteten Wachse noch weiter vor; wir verschafften uns zu dem Ende die weißesten Wachsstückchen, die wir finden konnten, und die wir neuen Waben entnahmen, von denen wir einige Zellen lostrennten, um sie denselben Versuchen zu unterwerfen, denn Wachs von alten Waben ist immer mehr oder weniger gefärbt.

1.Versuch: Vergleiche zwischen den Blättchen und Bienenwachs.

Wir warfen einige unter den Ringen der Arbeitsbienen entnommene Blättchen in Terpentinöl; sie verschwanden und wurden aufgelöst, ehe sie den Boden des Gefäßes erreichten, und trübten das Öl nicht. Eine gleiche Menge desselben Öls konnte aber die Stückchen weißen verarbeiteten Wachses weder ebenso schnell, noch so vollständig auflösen; es blieben viele Teilchen in der Flüssigkeit suspendiert.

2. Versuch: Vergleiche zwischen den Blättchen und Bienenwachs.

Wir füllten zwei gleiche Gläschen mit Schwefeläther, von denen das erstere für die Blättchen aus den Ringen, das zweite für die Wachsstückchen bestimmt waren, die im Gewichte den Wachsblättchen gleich waren. Die Wachsstückchen waren kaum vom Äther vernetzt, als sie sich teilten und in Staubform auf den Boden des Gefäßes sich senkten; die von Bienen entnommenen Blättchen hingegen teilten sich nicht, sondern behielten ihre Form, verloren nur ihre Durchsichtigkeit und wurden matt weiß. Innerhalb mehrerer Tage zeigte sich in beiden Gläschen keine Veränderung. Wir ließen den Äther, den sie enthielten, verflüchtigen und fanden am Glase einen dünnen Überzug von Wachs. Wir wiederholten diesen Versuch öfters; die Wabenstückchen verfielen immer zu Staub, die Blättchen hingegen wurden durch diese Flüssigkeit niemals zerteilt. Nach Verlauf mehrerer Monate hatte der Äther nur einen unbedeutenden Teil davon aufgelöst.

Nach diesem Versuche schien es uns gewiss, dass das Wachs der Ringe weniger zusammengesetzt war als das bereits zu Zellen verarbeitete, weil dieses im Äther zerfiel, während jenes ungeteilt blieb, und weil das eine im Terpentinöl nur teilweise aufgelöst wurde, worin das andere sich vollständig auflöste.

Wäre es nun begründet, dass die unter den Unterleibsringen sich bildende Substanz der ursprüngliche Wachsstoff ist, so müsste er nach seiner Ausscheidung aus den Taschen eine gewisse Zubereitung erhalten haben, und die Bienen müssten befähigt sein, ihn mit einer Substanz zu vermischen, die im Stande ist, ihm die Wirksamkeit und Weise des wahren Wachses zu geben. Bisher kannten wir an ihm nur erst die Schmelzbarkeit; aber auch dies war die Haupteigenschaft des Stoffes,

272   Kapitel I: Neue Ansichten über Wachs

woraus die Waben gebildet sind, und man konnte wenigstens nicht zweifeln, dass die Blättchen zu ihrer Bildung mit verwendet werden.

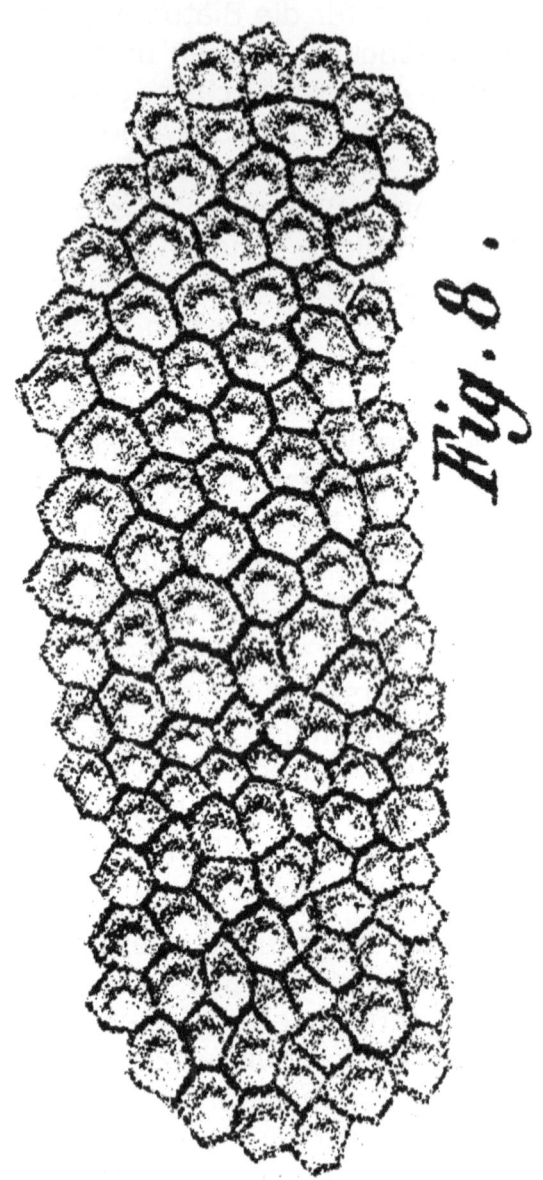

Band 2 Tafel II Fig 8—Sektion der Wachstaschen.

Auf der Suche nach den Wachstaschen

Die Hoffnung, bis zur Ursprungsquelle des Wachsstoffes gelangen zu können, veranlasste uns, eine Sektion der Wachstaschen vornehmen zu lassen; obgleich dieselbe aber von einer gewandten Hand ausgeführt wurde, befriedigte sie doch unsere Erwartungen nicht vollständig. (Die Einzelheiten weist der Brief von Fräulein Jurine im Nachtrage nach).

Wir entdeckten keine direkte Verbindung zwischen den Taschen und dem Inneren des Unterleibes, kein Gefäß irgendwelcher Art schien dahin zu führen, wenn nicht etwa einige Tracheenäste, welche ohne Zweifel die Bestimmung haben, auch diesen Teilen Luft zuzuführen. Aber die Membran der Wachstaschen ist mit einem Netz von sechseckigen Maschen (Taf. II, Fig. 8 und 9) überkleidet, dem man vielleicht irgendeine Tätigkeit bezüglich der Ausscheidung dieses Stoffes zuschreiben muss. Dies Netz findet sich nicht bei den Drohnen, wohl aber bei der Königin, wenn auch mit solchen Modifikationen, wodurch sein Gewebe sich anders gestaltet; es nimmt bei ihr zwei Drittel jedes Segments ein.

Bei den beharrten Hummeln (apis bombilius), welche Wachs absondern, stößt man ebenfalls auf dies Netz, und sein Bau ist durchaus derselbe wie bei der Arbeitsbiene. Der einzige Unterschied besteht nur darin, dass es den ganzen vorderen Teil der Segmente einnimmt. Erwähnen müssen wir hier aber, dass man bei diesen Insekten keine Wachstaschen vorfindet; ihr Bauch ist ebenso gebildet wie bei den Hautflüglern derselben Abteilung.

Kapitel I: Neue Ansichten über Wachs

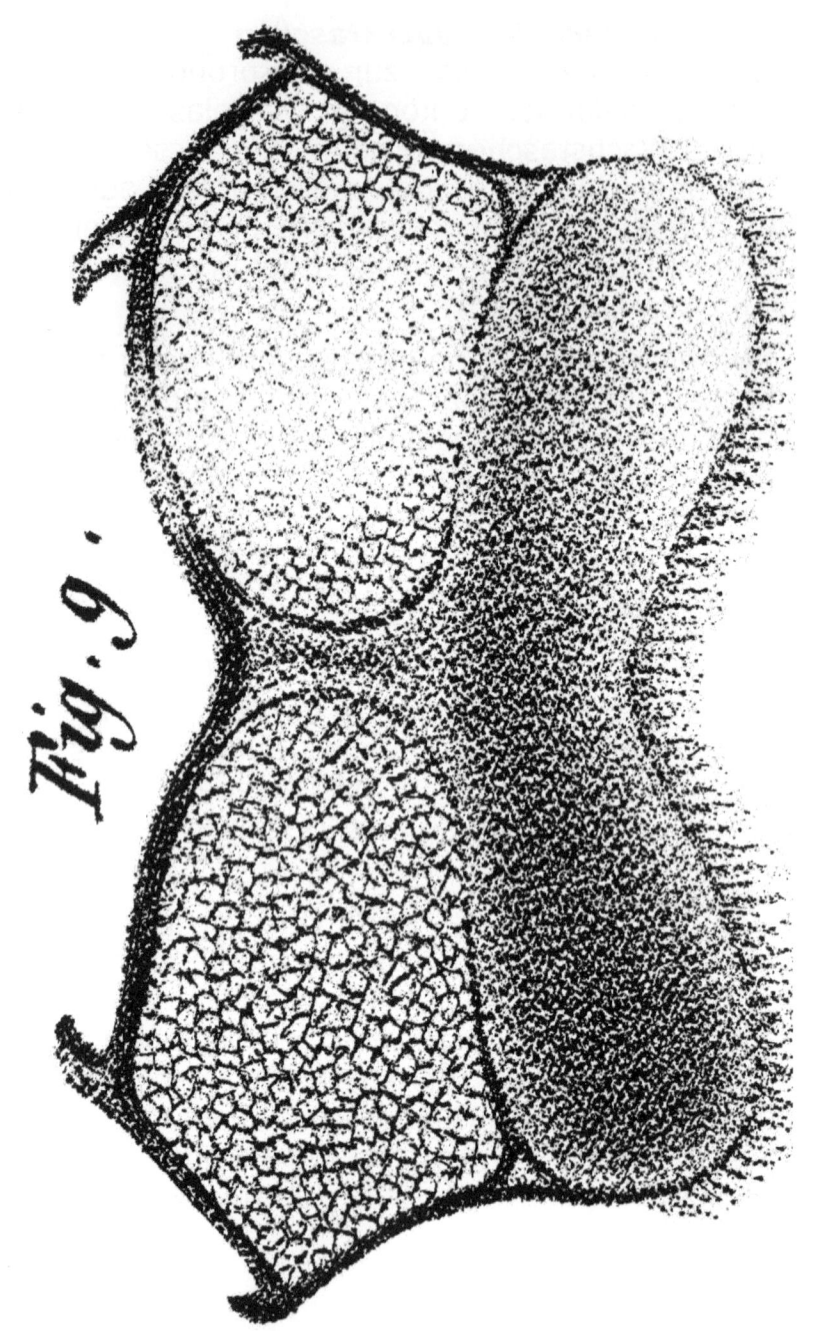

Band 2 Tafel II Fig 9—Wachstaschen der unteren Bauchringe.

Das zur Rede stehende Netz ist vom Magen und den übrigen inneren Teilen durch eine grauliche Membran geschieden, welche die ganze Bauchhöhle überkleidet. Wenn der Magen von den Säften, die er verdaut hat, angefüllt ist, lässt er dieselben durch seine dünnen Wände durchschwitzen, und wenn sie auch die grauliche Membran, die nicht sehr dicht ist, durchdrungen haben, müssen sie mit dem sechseckig gefelderten Netze in Berührung treten. Es wäre also nicht unmöglich, dass die Wachsausscheidung durch die Aufsaugung und Zersetzung dieser Säfte durch das Netz bewirkt würde.

Obgleich es noch unmöglich ist, irgendetwas über diesen Gegenstand zu bestimmen, glauben wir doch, ohne gegen die Gesetze der Physiologie zu verstoßen, annehmen zu dürfen, dass dieser Stoff nach Maßgabe anderer Ausscheidungen durch ein besonderes Organ erzeugt werde.

Die Entdeckung der Wachsblättchen, ihrer Taschen und ihrer Ausschwitzung muss, indem sie eine veraltete Theorie über den Haufen wirft, in der Geschichte der Bienen Epoche machen. Sie erhebt Zweifel gegen verschiedene Punkte, die man für entschieden hielt, und die jetzt ohne Erwerb neuer Kenntnisse nicht mehr zu erklären sind. Sie wirft eine Menge Fragen auf und bietet den Untersuchungen der Physiologen und Freunden der Naturgeschichte ein weiteres Feld; den Chemikern öffnet sie neue Wege, indem sie ihnen eine Substanz als tierisches Produkt nachweist, die dem Pflanzenreiche anzugehören schien. Kurz, sie ist der Eckstein zu einem neuen Gebäude.

276 Kapitel I: Neue Ansichten über Wachs

Fig. 1.

Fig. 2. *Fig. 3.*

Fig. 4.

Fig. 5.

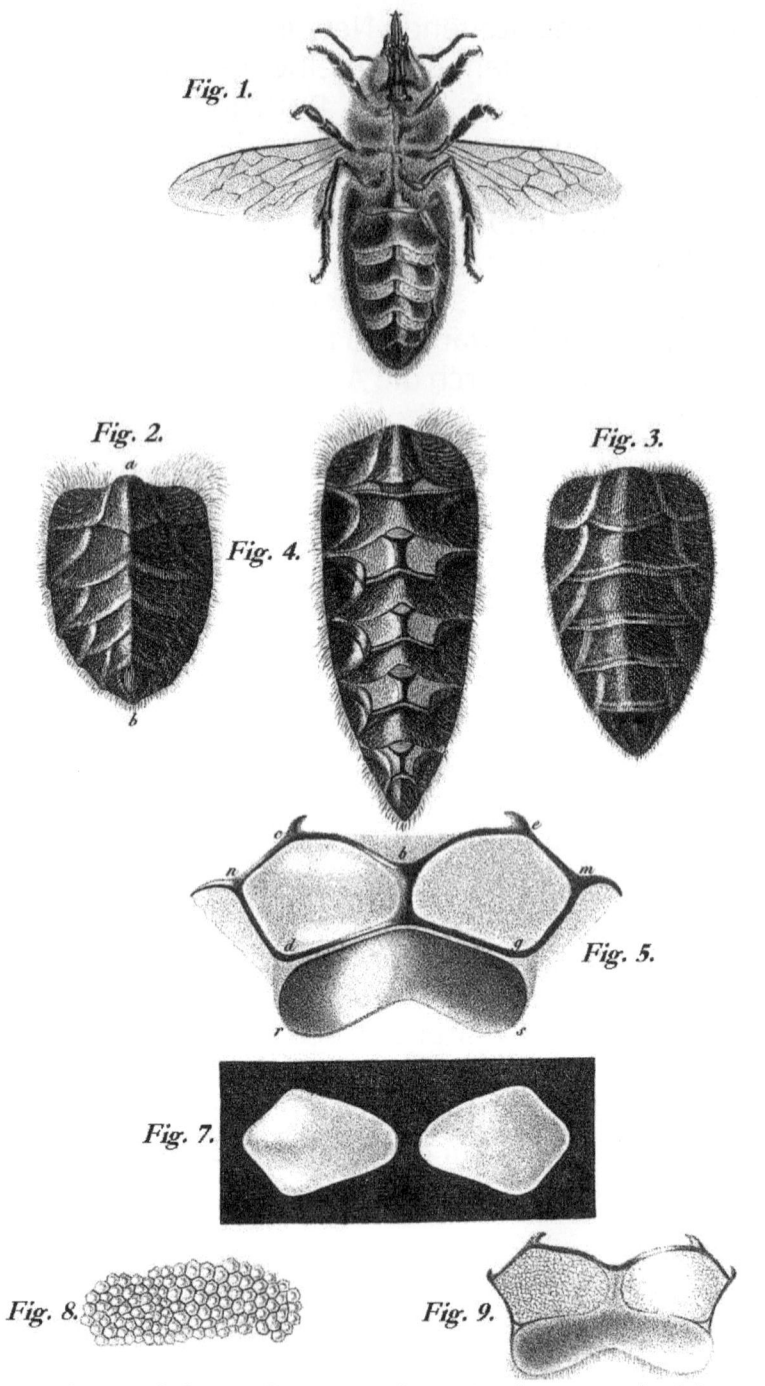

Fig. 7.

Fig. 8. *Fig. 9.*

Band 2 Tafel II—Organe der Wachsausscheidung.

Hubers Beobachtungen an den Bienen, II 277

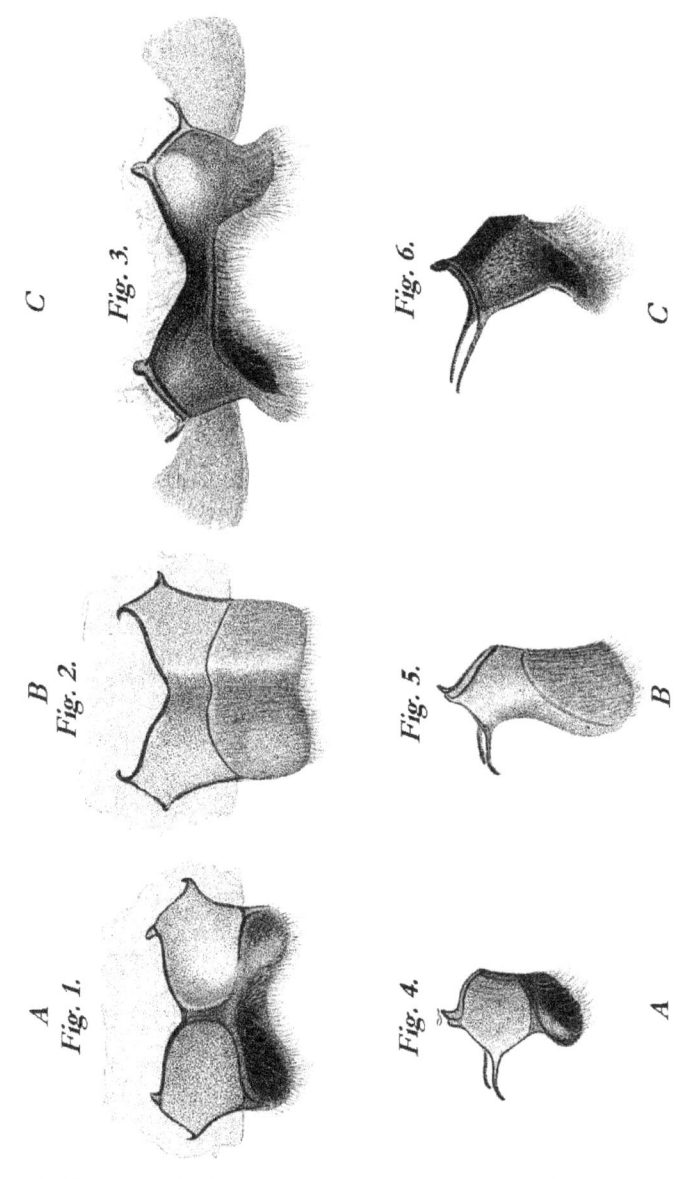

Band 2 Tafel III stellt die unteren Bauchringe der drei Bienenarten dar; Fig. 1 das Segment der Arbeitsbienen, Fig. 2 das der Königin, Fig. 3 das der Drohne. Fig. 4, 5, 6 sind dieselben von der Seite, um die Neigung der Teile, woraus die Segmente zusammengesetzt sind, zu veranschaulichen.

Kapitel I: Neue Ansichten über Wachs

A. Fig. 1.

Fig. 4.

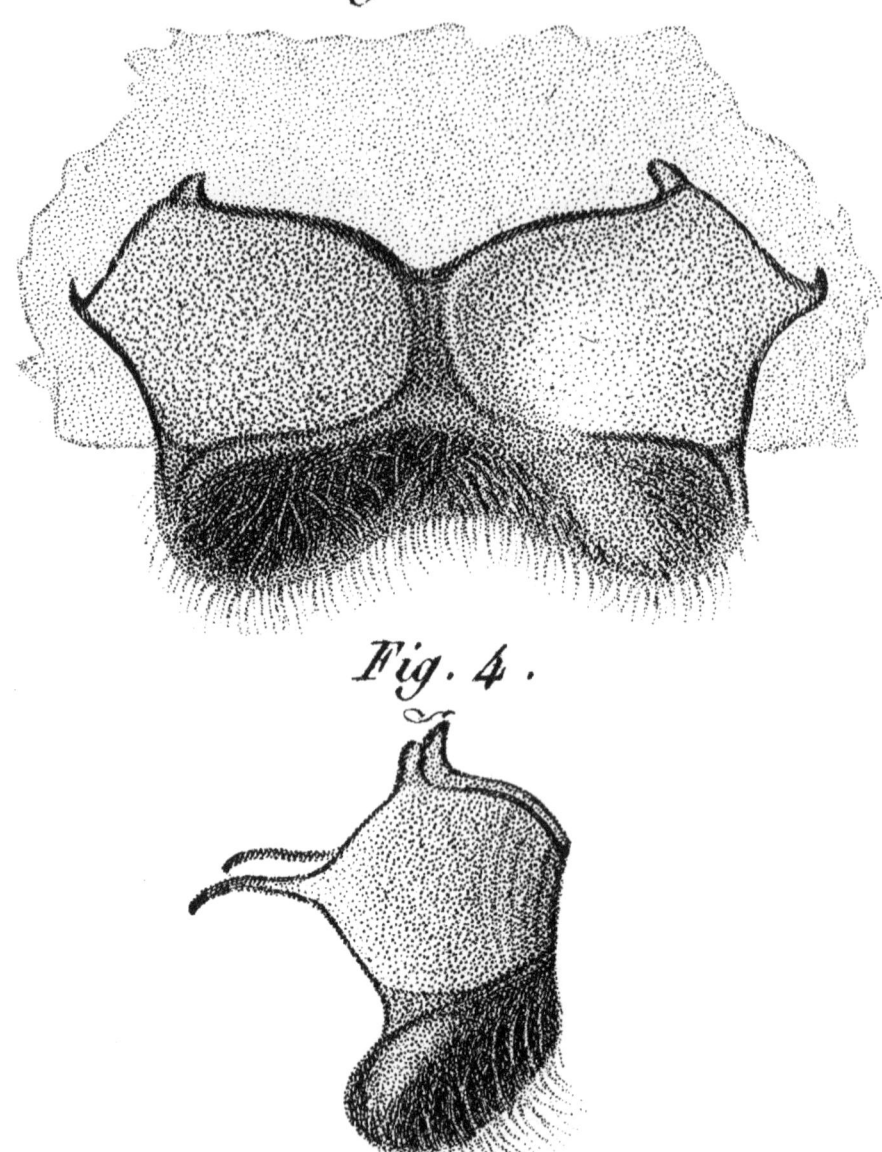

Band 2 Tafel III Figs 1 & 4—Sektionen der Bauchringe (Wachstaschen) der Arbeiterbienen, Vorder- und Seitenansicht.

B. *Fig. 2.*

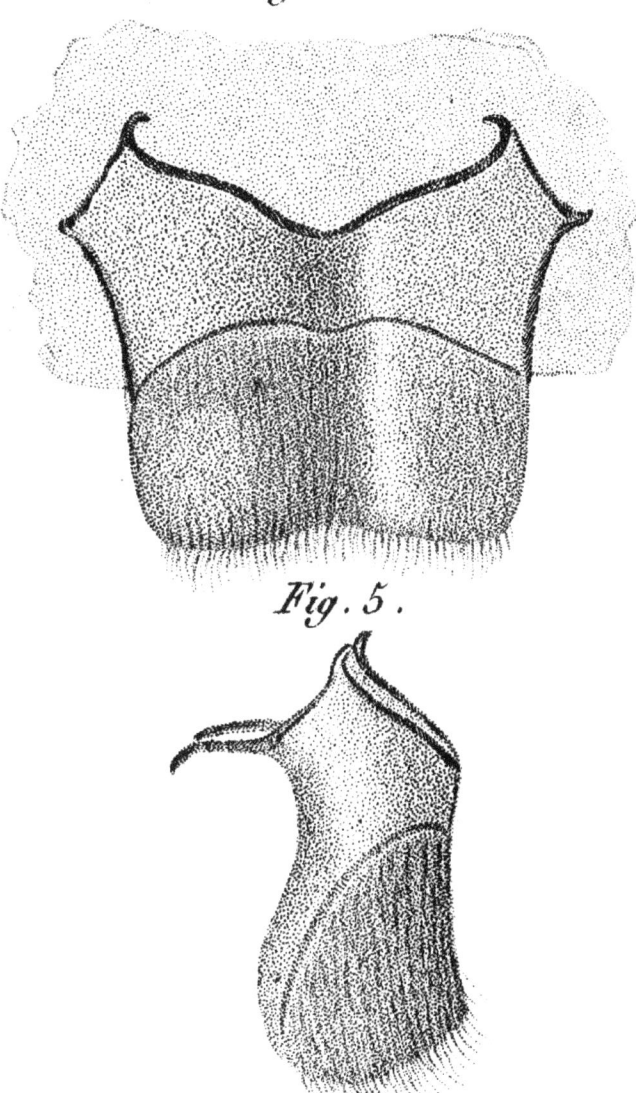

Fig. 5.

Band 2 Tafel III Fig 2 & 5—Sektion derselben unteren Bauchringe der Königin, Vorder- und Seitenansicht.

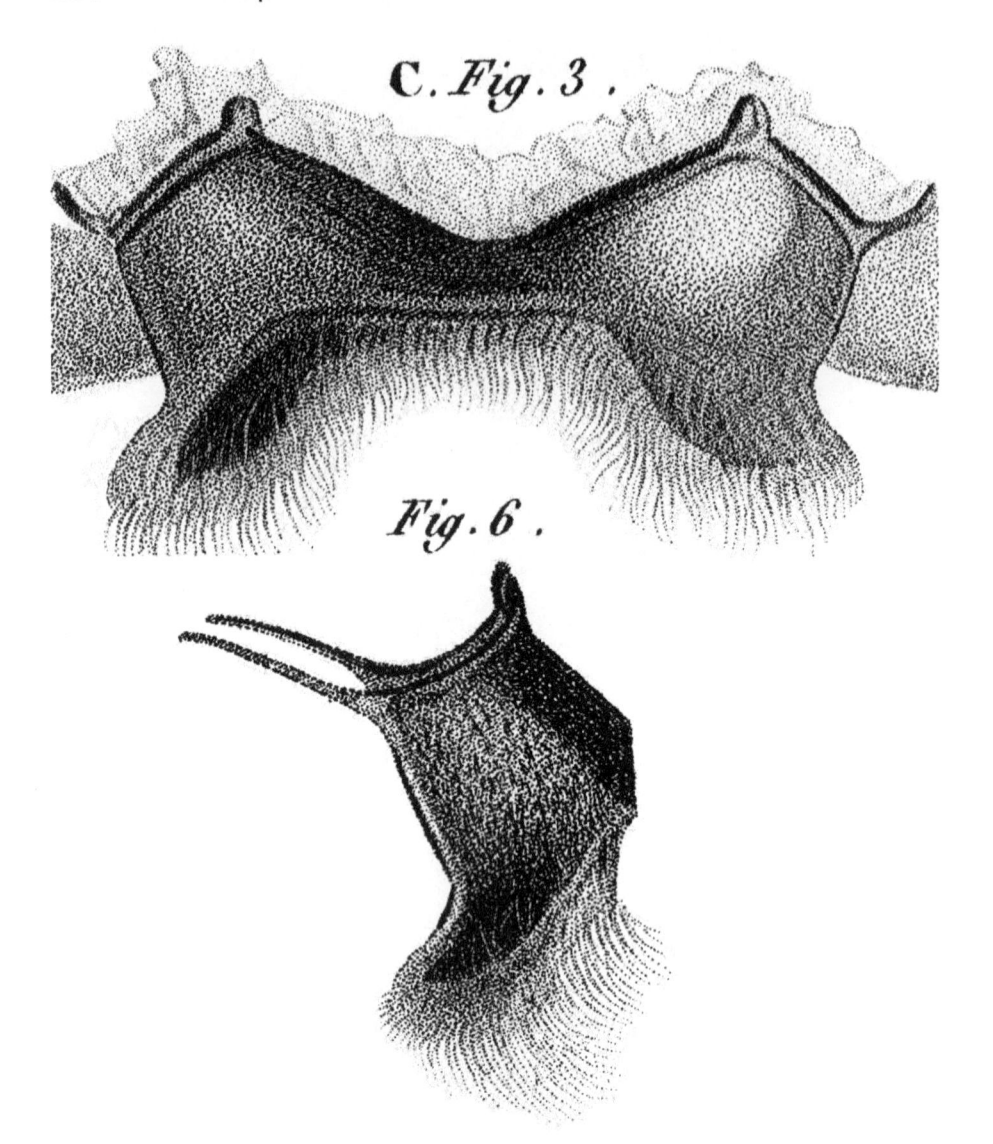

Kapitel I: Neue Ansichten über Wachs

Band 2 Tafel III Fig 3 & 6—Sektion desselben unteren Bauchringes der Drohne; Vorder- und Seitenansicht.

Brief von Fräulein Jurine über die Zergliederung der Wachstaschen

Verehrter Herr, Sie wünschten, dass ich untersuchen möchte, welche Organe bei den Bienen für die Wachsproduktion bestimmt sein könnten. Um ihrem Wunsche entsprechen zu können, musste ich diejenigen Teile, welche auf den Hinterleibssegmenten sich befinden, einer Untersuchung unterwerfen, sie mit denen der weiblichen Hummeln (bremus), welche ebenfalls einen Wachsstoff erzeugen, ohne, wie die Bienen, Taschen zu haben, wo er eine bestimmte Form erhielte, vergleichen, denselben Vergleich mit den Weibchen einiger anderen Hymenopteren, welche kein Wachs ausscheiden, anstellen und mich schließlich überzeugen, ob hinsichtlich dieser Teile wesentliche Unterschiede zwischen der Königin, den Drohnen und den Arbeitsbienen stattfänden.

Entfernt man mit einiger Vorsicht die vier Wachssegmente einer Arbeitsbiene, so legt man ein mit Tracheen durchzogenes fettiges Häutchen bloß, dass demjenigen vollkommen gleicht, welches Swammerdam unter den oberen Hinterleibsringen wahrgenommen hat. Diese Membran ist unter jedem Ringe mit sechs kleinen Muskelbündeln angeheftet. Weil diese Membran sich unter allen Segmenten befindet, das Wachs aber nur auf den unteren sich zeigt, so kann man schon schließen, dass sie das ausscheidende Organ desselben nicht sein kann. Um mich davon zu überzeugen, untersuchte ich den Bauch der veilchenblauen Biene (sylocopa violacea) und den von zwei Wespenarten und fand bei ihnen diese Membran ganz gleich gebildet.

Hierauf untersuchte ich von neuem die innere Seite der Wachssegmente und entdeckte eine weißliche Membran, welche nur den Teil der Wachstaschen auskleidete. Durch Mazeration konnte ich sie leicht davon abheben, und als ich sie unter das Mikroskop brachte, erschien sie mir als niedliches Netz mit sechseckigen, sehr kleinen Maschen, die mit einer Flüssigkeit von Sirupsdicke angefüllt waren. War dies Netz das ausscheidende Organ des Wachses, so musste ich es unter denselben Hinterleibsegmenten der Hummeln wiederfinden, und ich fand es in der Tat, nur mit dem Unterschiede, dass es die ganze vordere Hälfte dieser Segmente überzog.

Um diese Membran, die mitunter wenig in die Augen fällt, leicht erkennen zu können, muss man Bienen nehmen, welche gerade an der Erbauung ihrer Waben arbeiten; dann ist sie mit dem weißlichen Stoffe in einer Weise angefüllt, dass man sie für Wachsblättchen halten möchte.

Um zu wissen, ob dies Netz wirklich Wachs oder nur eine vorgängige Vorbereitung für diesen Stoff enthielt, trennte ich es von der Schuppe ab und tat es in ein Gefäß, um es mit den in ein anderes Gefäß getanen Wachsblättchen zu vergleichen. Nachdem ich sie mit heißem Wasser übergossen hatte, schmolzen die

Wachsblättchen, während das Netz auch nicht das kleinste Wachskügelchen ausschied. Mit diesem Versuche wenig zufrieden gestellt, wiederholte ich ihn zweimal, indes blieb das Resultat dasselbe, obgleich ich die Maschen der Netze an mehreren Stellen zerrissen hatte. Wenn die Entdeckung dieses Netzes als ein erster Schritt zur Entdeckung der absondernden Organe des Wachses angesehen werden durfte, musste man noch die Gefäße ausfindig machen, welche es speisten, und erkunden, wie das Wachs aus dem Unterleibe ausschwitze. Ich sezierte zu dem Ende eine Menge Bienen, konnte aber nur kleine Luftgefäße entdecken, welche mit dem Netze in unmittelbarer Verbindung standen. In der Hoffnung, auf einem anderen Wege zu einem günstigeren Erfolge zu gelangen, fütterte ich Bienen einige Tage lang mit lackgefärbtem Honig; dieser Stoff schwitzte indes nicht durch die Verdauungsorgane hindurch. Ich versuchte Quecksilberinjektionen in dieselben Organe zu machen, gleichfalls ohne Erfolg. Indem ich kein anderes Gefäß entdecken konnte, kam ich auf die Vermutung, dass der zur Produktion des Wachses bestimmte Stoff recht wohl durch eine Ausschwitzung der Magensäfte geliefert werden könne, und umso mehr, weil der Magen gewöhnlich überfüllt ist, wenn die Biene in Wachs arbeitet. Um meinen Zweifel aufzuhellen, legte ich ihn in mehreren Wachsbienen bloß, und es gelang mir durch wiederholten Druck, der aber leicht genug war, um ihn nicht zu zerreißen, die Hälfte der Flüssigkeit, die er enthielt, durchsickern zu lassen, und die sich dann in der Bauchhöhle verbreitete. Ich kostete dieselbe und fand sie von süßem, zuckerhaltigem Geschmack. Nachdem ich darauf diese Bienen einem gelinden Feuer aussetzte, nahm diese Flüssigkeit nur die Dicke eines eingedickten

Sirups an. Da die Bienen mehr als ein Mittel haben, einen ähnlichen Druck auf ihren Magen auszuüben, darf man da nicht annehmen, dass die Wirkungen dieselben sein werden, und dass die Flüssigkeit, welche aus demselben durchschwitzt, zu dem Netze gelange, wo sie eine solche Umwandlung erhalten mag, die geeignet ist, sie in Wachs umzugestalten?

Die Nachforschungen, die ich angestellt habe, um zu erfahren, wie das Wachs, oder die Flüssigkeit, welche in dem Netze enthalten ist, vom Inneren des Körpers nach außen hervortritt, waren ebenso wenig befriedigend, ich habe in der Tat keine Öffnung entdecken können, weder in dem hornigen Teile des Segmentes, der mit dem Netze bedeckt ist, noch in der Membran, welche die Ringe untereinander verbindet. Durfte ich mich aber zu dem Schlusse berechtigt halten, dass keine bestehe, weil ich keine gesehen? In diesem Zweifel machte ich folgende Versuche. Ich wählte unter Bienen, die man mit Schwefelrauch getötet hatte, diejenigen aus, welche Wachsblättchen trugen. Nachdem ich sie rücklings auf ein Brettchen geheftet hatte, zog ich ihren Hinterleib in die Länge, um die Blättchen desto leichter abnehmen zu können; darauf drückte ich die Wachssegmente mehrmals nacheinander mit einem Nadelknopfe und sah wie ihre Tasche kaum merklich mit einer Flüssigkeit von der Dicke eines Sirups, die ich nirgend anderswo wahrnahm, überzogen wurde. In diesem Zustande setzte ich die Bienen einer mäßigen Wärme aus, was zwar die Flüssigkeit stärker eindickte, ihr jedoch keinerlei wachsartigen Anstrich gab.

Ich wiederholte diesen Versuch an Bienen, die schon seit einigen Tagen tot waren, und deren Körper etwas eingetrocknet war; als ich die Wachsblättchen abnehmen wollte, zerbrachen sie in kleine Stückchen; als ich aber die Wachssegmente wiederholt drückte, gelang es mir durch dies einfache Verfahren, sie ganz zu erhalten, was ich nur dem Ausschwitzen der sirupartigen Flüssigkeit zuschreiben konnte, die ich in den Taschen sah, und die ich schon bei dem vorhergehenden Versuche wahrgenommen hatte.

Die Vergleichung des Hinterleibes der Königinnen mit denen der Arbeitsbienen hat mir nur folgende Abweichungen dargeboten. Das Häutchen mit dem Netz, welches bei Letzteren nur die Wachstasche einnimmt, ist bei den Königinnen durch ein Häutchen ersetzt, welches sich über die vorderen zwei Drittel jedes Segmentes ausbreitet und dessen Gewebe so fein und zart ist, dass man es selbst mithilfe des Mikroskopes nicht erkennen kann. Nachdem ich dieses Häutchen entfernt hatte, bemerkte ich, dass die Schuppe auf der Hälfte des Segmentes, welche den Wachstaschen der Arbeiter entsprach, ein entschiedener ausgesprochenes sechseckiges Gewebe darstellte als auf der hinteren Hälfte. In der Meinung, dass dies eine zweite Membran sei, wollte ich sie ablösen, erkannte aber, dass die Schuppe selbst so organisiert war. Diese Wahrnehmung veranlasste mich, die Schuppe der Wachssegmente der Arbeitsbienen genauer zu untersuchen; ich fand sie in dem Teile der Wachstaschen vollkommen glatt, in allem übrigen sonst der der Königinnen gleich.

Ich habe jetzt nur noch den Unterschied anzugeben, der sich zwischen den Drohnen und den Arbeitsbienen findet. Er besteht in Folgendem. Die Drohnen ermangeln des Fetthäutchens und des Netzes mit den sechseckigen Maschen gänzlich; an ihrer Stelle sieht man nur eine sehr dicke Lage von Muskelfibern, in welchen Luftgefäße auslaufen, die ebenso angeordnet sind, wie die der Arbeitsbienen; die Schuppe der Segmente der Drohnen zeigte dasselbe sechseckige Gewebe wie bei der Königin. (Siehe Taf. III. A ist ein Arbeitersegment, B das einer Königin, C das einer Drohne; Fig. 4, 5 und 6 Stellen dieselben Segmente im Profil dar.).

Fragment aus seiner Abhandlung über das Wachs, von John Hunter

Über das Bienenwachs. Aus dem Englischen.

Wenn ich die Bildung des Wachses in einer neuen Weise erklären will, muss ich nachweisen, dass es den Ursprung nicht haben konnte, den man ihm bislang unterlegte. Zunächst will ich beweisen, dass der Stoff, woraus die Waben gebildet sind, von einer ganz anderen Beschaffenheit ist als der Pollen irgendeiner Pflanze besitzt.

Der Stoff, den die Bienen an ihren Beinen eintragen, und der nichts anderes ist als der befruchtende Staub der Blüten, ist immer als der Grundstoff angesehen worden, woraus das Wachs gebildet werde; es gibt sogar Schriftsteller, welche die Bällchen, die die Bienen von den Fluren eintragen, geradezu Wachs genannt haben.

Reaumur hegte diese Ansicht ebenfalls. Ich habe verschiedene Versuche angestellt, um darüber zu entscheiden, ob in diesem Stoffe etwa eine derartige Menge von Öl enthalten sei, um die Menge von Wachs, die daraus gebildet werden musste, rechtfertigen zu können, und um zu erfahren, ob er wirklich auch Öl enthalte. Ich hielt ihn über die Flamme eines Lichtes; er brannte, aber verbreitete keinen Wachsgeruch. Sein

Geruch war ganz derselbe, den der dem Feuer ausgesetzte Blumenstaub verbreitet.

Ich hatte gesehen, dass dieser Stoff an den Beinen verschiedener Bienen von verschiedener, immer aber von derselben Farbe an beiden Beinen derselben Biene war, während doch eine frisch gebaute Wabe nur eine und dieselbe Färbung besitzt. Ebenso habe ich die Bemerkung gemacht, dass Bienen in alten Stöcken, in denen die Waben völlig beendigt sind, diesen Stoff mit größerem Eifer eintrugen, als diejenigen, welche neue Stöcke bewohnen, in denen die Waben nur eben erst angefangen sind; was schwer zu begreifen sein würde, wenn dieser Stoff Wachs wäre. Auch konnte es mir nicht entgehen, dass, wenn man Bienen in einen neuen Stock bringt, sie zwei bis drei Tage gar keine Höschen tragen und damit erst nach dieser Zeit beginnen, und warum? Weil sie während dieser drei ersten Tage Zeit gehabt haben, einige Zellen zu bauen, in denen sie diesen Stoff einscheuern können, und einige Eier gelegt sind, die, sobald sie ausgekrochen sind, dieser Nahrung bedürfen, welche nun gleich zur Hand sei und auch dann nicht fehlen wird, wenn regnerisches Wetter die Bienen am Eintragen hindern sollte.

Ferner beobachtete ich, dass, wenn im Juni das Wetter so kalt oder nass war, dass ein junger Schwarm nicht fliegen konnte, die Bienen nichtsdestoweniger ihre Waben gerade eben so weit fortführten, als sie es in derselben Zeit getan haben würden, wenn sie auf den Fluren hätten umherstreifen können.

Das Wachs wird durch die Bienen selbst gebildet. Man kann es eine Fettausscheidung nach außen nennen.

Ich habe gefunden, dass sie zwischen jeder Schuppe des Unterleibes hervorginge. Als ich zum ersten Male eine Biene untersuchte, nahm ich diesen Stoff wahr und war in nicht geringer Verlegenheit, was ich daraus machen sollte. Ich fragte mich, ob es etwa neue sich bildende Schuppen wären, und ob die Bienen die alten nach Weise der Krebse abwerfen. Ich erkannte aber bald ganz bestimmt, dass dieser Stoff sich nur zwischen den Bauchschuppen zeigte. Als ich die Arbeitsbienen in einem Glasstocke beobachtete, konnte ich, während sie an den inneren Wänden des Glases festsaßen, sehen, dass die meisten unter ihnen diesen Stoff unter ihren Schuppen trugen. Es sah aus, als wenn der untere und hintere Rand der Schuppen doppelt, oder als wenn die Schuppen selbst doppelt wären; doch konnte ich zugleich auch feststellen, dass dieser Stoff nicht fest, sondern lose saß.

Nachdem ich ausfindig gemacht hatte, dass der von den Bienen an ihren Füßen eingetragene Stoff nichts anderes als Blumenstaub, und allem Anscheine nach zur Nahrung für die Maden, keineswegs aber zur Wachsbildung bestimmt war, und da ich bis jetzt nichts wahrgenommen hatte, was mir eine Vorstellung von dem hätte geben können, was das Wachs eigentlich sei, so kam ich zu der Vermutung, dass diese Schuppen es sein könnten. Ich steckte mehrere auf die Spitze einer Nadel und näherte sie einer Lichtflamme. Sie schmolzen und bildeten ein Kügelchen. Ich zweifelte nun nicht mehr, dass es Wachs sei, und überzeugte mich davon in noch entscheidender Weise, als ich bestätigt fand, dass man diese Schüppchen nur in der Zeit antrifft, in welcher die Bienen ihre Waben bauen.

Fragment aus John Hunters Abhandlung über das Wachs

Weiter teilt der Verfasser mit, dass er sich vergeblich abgemüht habe, die Bienen in dem Augenblicke zu überraschen, in welchem sie diese Wachsschüppchen unter ihren Ringen wegnahmen; es ist ihm nicht gelungen.

Dann versichert er noch, dass sie mit diesem aus ihren Ringen ausgeschnitten Stoffe ihre Waben bauen, meinte aber, dass sie ein wenig Blumenstaub damit mischen, wenn die Wachsausscheidung nicht groß genug ist, um für ihre Arbeit zu genügen.

Kapitel II: Vom Ursprunge des Wachses

Wenn die Natur bei irgendeinem ihrer Erzeugnisse eine besondere Organisation in Anwendung bringt, so kann man unbedingt annehmen, dass sie dabei einen bestimmten Zweck im Auge gehabt hat, der uns früher oder später einleuchten wird.

Das Vorhandensein der Taschen unter den Ringen der Bienen, die Form und Struktur der Häutchen, auf denen die Plättchen sich formen, das Netz mit den sechseckigen Maschen, welches unmittelbar darunter liegt, sein Fehlen bei den Insekten, die kein Wachs erzeugen, und dessen Vorhandensein unter den Ringen der Hummeln mit bestimmt ausgesprochener Abweichung; endlich die Abstufungen, die wir in den Wachsblättchen von ihrem ersten Auftreten unter der Nadelform bis zu dem Zeitpunkt beobachtet haben, wo sie über die Ringe hervorragen, die Schmelzbarkeit dieses Stoffes, welches sich gleichwohl in einigen Beziehungen vom Wachse unterscheidet, dass alles deutet auf Organe hin, die für eine wichtige Tätigkeit bestimmt sind; wir halten dafür, dass sie mit dem Vermögen begabt sind, das Wachs auszuscheiden.

Kapitel II: Vom Urpsrung des Wachses

Wir konnten indes die Kanäle nicht entdecken, auf denen diese Substanz in ihre Behälter eingeführt zu werden schien. Ihre Bildung konnte möglicherweise durch die Tätigkeit des Netzes bewirkt werden; aber wir besaßen kein Mittel, uns darüber Gewissheit zu verschaffen. Die Kunst, welche sowohl die tierischen, als auch pflanzlichen Absonderungen voraussetzen, entgeht unserer Analyse vielleicht für immer; denn die Verwandlungen, denen die Flüssigkeiten organischer Wesen bei der Ausscheidung aus den Drüsen und Eingeweiden, in denen sie gebildet wurden, unterworfen werden, scheinen eben das zu sein, was uns die Natur mit größter Sorgfalt zu verbergen sucht.

Da uns die einfachen Wege der Beobachtung bei dieser Untersuchung verschlossen waren, mussten wir andere Mittel anwenden, um zur Einsicht zu gelangen, ob das Wachs wirklich eine Absonderung sei, oder von einer besonderen Ernte herrühre.

Von der Voraussetzung ausgehend, dass es ein Sekret sei, mussten wir zunächst die Ansicht Reaumurs, der die Vermutung hegte, dass es sein Entstehen einer Verarbeitung des Blumenstaubes im Körper der Biene verdanke, einer näheren Prüfung unterwerfen, wenn wir auch nicht mit diesem Schriftsteller der Meinung waren, dass es aus ihrem Munde hervorkomme. Ebenso wenig waren wir geneigt, ihm denselben Ursprung zuzuschreiben, den er ihm beilegt; denn es war uns ebenso wie Hunter aufgefallen, dass in leere Körbe frisch eingeschlagene Schwärme keinen Pollen mit sich führten und nichtsdestoweniger Waben bauten, während die Bienen alter Stöcke, die keinen Bau auszuführen hatten, denselben in großer Menge eintrugen.

Es ist höchst auffällig, dass Reaumur, dem diese Wahrnehmung keineswegs entgangen war, nicht fühlte, wie wenig günstig sie der gewöhnlichen Meinung war, und doch wusste sich niemand herrschenden Vorurteilen leichter zu entziehen als gerade er.

Wir beschlossen, Versuche im Großen anzustellen, um uns aufs gewisseste zu überzeugen, ob die eine längere Reihe von Tagen hindurch des Blumenstaubes beraubten Bienen ebenfalls Wachs erzeugten. Dieser letzte Umstand war von Wichtigkeit; denn wir erinnerten uns gar wohl, dass Reaumur, um dieselben Tatsachen zu erklären, von der Voraussetzung ausgegangen war, der Blumenstaub müsse erst eine längere Zeit im Magen der Bienen verarbeitet werden. Der Weg für unseren Versuch war uns vorgezeichnet; wir durften die Bienen nur in ihrem Stocke zurückhalten und ihnen die Möglichkeit nehmen, Blumenstaub einzutragen oder zu zehren. Diesen Versuch stellten wir am 24. Mai mit einem frisch abgestoßenen Schwarme an.

Versuch: Um zu entscheiden, ob die Bienen ohne Blumenstaub Wachs erzeugen können
Diesen Schwarm fassten wir mit ausreichendem Honig und Wasser zur Zehrung für die Bienen in einen leeren Strohkorb und schlossen sorgfältig die Fluglöcher, um ihnen jede Möglichkeit zu nehmen, ausfliegen zu können. Der Luft gestatteten wir jedoch freien Zutritt, weil deren Erneuerung für die eingesperrten Bienen notwendig sein konnte.

Anfangs waren die Bienen sehr unruhig; wir stellten die Ruhe dadurch her, dass wir den Stock an einen kühlen und dunklen Ort brachten. Ihre Gefangenschaft dauerte fünf volle Tage; nach Verlauf dieser Zeit ließen wir sie in einem Zimmer, dessen Fenster sorgfältig verschlossen waren, ausfliegen und konnten so ihren Stock umso bequemer untersuchen. Ihren Honigvorrat hatten sie aufgezehrt, und im Korbe standen, obgleich in ihm beim Fassen der Bienen auch kein Körnchen Wachs gewesen war, fünf Waben vom schönsten Wachse, die am Deckel des Korbes hingen. Das Wachs war von vollkommener Weiße und großer Sprödigkeit.

Dies Resultat, aus dem wir jedoch noch keine Folgerungen ziehen wollen, war ein sehr günstiges; wir hatten keine so rasche und vollständige Lösung der Frage erwartet. Bevor wir aber den Schluss ziehen konnten, dass allein der Honig, womit diese Bienen gefüttert waren, sie in den Stand gesetzt habe, Wachs zu erzeugen, mussten wir uns durch neue Versuche überzeugen, dass es keine andere Erklärung dafür gebe.

Die Arbeiter, welche wir eingesperrt hielten, konnten möglicherweise den Blumenstaub gesammelt haben, solange sie noch frei waren, konnten schon tags zuvor, oder noch am Tage der Einsperrung selbst ihre Vorräte zurechtgelegt und davon in ihrem Magen oder Körbchen genug mitgenommen haben, um daraus all das Wachs zu bilden, welches wir in ihrem Korbe gefunden hatten.

Wenn es aber wirklich vom vorher gesammelten Blumenstaub herrührte, so war diese Quelle doch nicht unerschöpflich, und die Bienen mussten, wenn sie keinen mehr sammeln konnten, ihren Wabenbau bald einstellen und in völlige Untätigkeit verfallen. Wir mussten demnach denselben Versuch noch weiter ausdehnen, um ihn zu einem entscheidenden zu machen.

Versuch: Zur Versicherung, dass kein Blumenstaub in den Mägen der Bienen vorhanden war, sondern ihnen nur Honig zur Verfügung stand

Ehe wir diesen zweiten Versuch anstellten, entfernten wir sämtliche Waben, welche die Bienen während ihrer Gefangenschaft gebaut hatten. Burnens brachte mit seiner gewohnten Gewandtheit die Bienen in ihren Korb zurück und sperrte sie wie das erste Mal mit einer neuen Honiggabe ein. Dieser Versuch dauerte nicht lange; schon am folgenden Abend bemerkten wir, dass die

Bienen von neuem bauten. Am dritten Tage untersuchten wir den Stock und fanden wirklich fünf neue ebenso regelmäßig gebaute Waben, wie die während ihrer ersten Gefangenschaft ausgeführten.

Zu fünf wiederholten Malen brachen wir die Waben aus, ohne die Bienen ins Freie ausfliegen zu lassen. Es waren immer dieselben Bienen, welche wir während dieser langen Einsperrung, die wir unbezweifelbar mit demselben Erfolge noch weiter hätten ausdehnen können, wenn wir es für nötig erachtet hätten, ausschließlich mit Honig gefüttert hatten. So oft wir ihnen Honig gaben, bauten sie neue Waben; folglich war es außer Zweifel, dass diese Nahrung bei ihnen die Wachssekretion ohne Mitwirkung des Pollen hervorrief.

Es war indes nicht unmöglich, dass der Pollen dieselbe Eigenschaft besaß, wir beeilten uns deshalb, uns über dieses Bedenken Auskunft zu verschaffen. Der Versuch, den wir zu dem Ende anstellten, bildete das Gegenteil zu dem vorhergehenden.

Diesmal gaben wir den Bienen statt Honig nur Früchte und Blumenstaub als alleinige Nahrung und sperrten sie unter einer Glasglocke ein, unter welche wir eine nur Blumenmehl enthaltende Wabe legten. Ihre Gefangenschaft dauerte acht Tage, während welcher sie kein Wachs erzeugten; wir sahen keine Blättchen unter ihren Ringen. Konnte man noch irgendeinen Zweifel über den wirklichen Ursprung des Wachses hegen? Wir hegten keinen.

Versuch: Zur Versicherung, dass kein Wachs in dem Honig sich befindet

Sollte man etwa einwenden, dass es im Honig selbst enthalten sei, und dass die Bienen es in demselben aufbewahren, um es gleich bei der Hand zu haben, wenn sie es bedürften? Dieser Einwurf entbehrt nicht so ganz aller Wahrscheinlichkeit, denn der Honig enthält fast immer einige Wachsbröckchen, die an die Oberfläche tauchen, wenn man ihn im Wasser auflöst. Als wir aber mit Hilfe des Mikroskops erkannt hatten, dass diese Bröckchen Teilchen fertiger Zellen waren, Gestalt und Dicke der Rhomben, mitunter zerbrochener Zellenwände besaßen, wussten wir, was das Bedenken, was uns aufgestoßen war, wert war.

Um indes diesem Einwurf in aller Form zu begegnen und mich über eine mir eigene Ansicht, ob nämlich der Zuckerstoff der eigentliche Grund der Wachsabsonderung sei, ins Klare zu bringen, nahmen wir ein Pfund aufgelösten Kanarienzucker und gaben es einem Schwarme, den wir in einem Glasstocke eingesperrt hielten.

Diesen Versuch machten wir dadurch noch belehrender, dass wir behufs der Vergleichung noch zwei andere Stöcke, worin wir zwei Schwärme eingeschlagen hatten, aufstellten, wovon wir den einen mit sehr unreinem Farinzucker, den anderen mit Honig fütterten. Das Ergebnis dieses dreifachen Versuches war so befriedigend, wie wir es nur irgend hoffen konnten.

Die Bienen aller drei Stöcke erzeugten Wachs; Diejenigen, welche mit Zucker von verschiedener Güte gefüttert waren, produzierten es früher und in größerer Menge, als der nur mit Honig genährte Schwarm.

Aus verschiedenen Zuckern erzeugte Wachsmengen

Ein Pfund (453 Gramm) aufgelöster und mit Eiweiß geklärter Kanarienzucker lieferte zehn Quäntchen, 52 Gran (42 Gramm) weniger weißes Wachs als dasjenige, welches die Bienen aus Honig gewinnen. Der Farinzucker gab in gleichem Gewichte 22 Quäntchen (84 Gramm) sehr weißes Wachs; der Ahornzucker lieferte gleiches Ergebnis.

Um diese Resultate festzustellen, wiederholten wir diesen Versuch siebenmal hintereinander mit denselben Bienen, erhielten jedes Mal Wachs und beinahe immer in den angegebenen Verhältnissen. So scheint es uns also erwiesen, dass der Zucker und der Zuckerstoff des Honigs die Bienen, welche sich davon ernähren, zur Wachserzeugung befähigen, eine Eigenschaft, welche der Blumenstaub durchaus nicht besitzt.

Die Wahrheiten, welche wir aus diesen Versuchen gewonnen hatten, erhielten bald eine allgemeinere Bestätigung. Obgleich wir über diese Fragen keinen Zweifel mehr hegten, mussten wir uns doch vergewissern, dass sich die Bienen im Naturzustande ebenso verhielten, wie diejenigen, die wir in Gefangenschaft gehalten hatten. Eine lange Reihe von Beobachtungen, wovon wir hier nur einen kurzen Überblick geben wollen, lieferte uns den Beweis, dass, wenn die Flur den Bienen eine reiche Honigtracht bietet, die Arbeiter alter Stöcke ihre Ernte eifrig einscheuern, während die jungen Schwärme den Honig in Wachs verwandeln.

Ich besaß damals keinen starken Stand; indes die meisten Stöcke meiner bäuerlichen Nachbarn dienten mir zur Vergleichung, obgleich es Strohkörbe und sie nicht so bequem zu handhaben waren wie die meinigen. Einige besondere Beobachtungen über die Gestaltung der Waben und das Gebaren der Bienen beim Wachsbau machte es uns möglich, selbst aus diesen zur Beobachtung so ungeeigneten Körben Nutzen zu ziehen.

Anfänglich ist das Wachs weiß, bald aber färben sich die Zellen gelb und mit der Zeit wird die Farbe Braun; wenn aber die Stöcke sehr alt sind, sind ihre Waben schwarz. Es ist also sehr leicht, neue Zellen von älteren zu unterscheiden und folglich zu wissen, ob die Bienen gerade bauen, oder ob diese Arbeit eingestellt ist. Um sich davon zu überzeugen, braucht man nur die Körbe aufzuheben und einen Blick auf die unteren Wabenränder zu werfen.

Zwei Arten von Arbeitern in einem Stocke

Folgende Beobachtungen können zugleich Fingerzeige vom Honig in den Blüten geben. Sie sind auf eine bemerkenswerte Tatsache gegründet, die noch keinem meiner Vorgänger bekannt war. Es finden sich nämlich in einem und demselben Stocke zwei Arten von Arbeitsbienen. Die einen sind befähigt, ihrem Bauch eine bedeutende Ausdehnung zu geben, wenn sie allen Honig aufgenommen haben, den sie in ihrem Magen lassen können; sie sind im Allgemeinen zur Wachsproduktion bestimmt. Die anderen, deren Bauch keiner besonderen Ausdehnung fähig ist, nehmen oder bewahren nicht mehr Honig, als zu ihrem Lebensunterhalt nötig ist, und teilen ihren Gefährtinnen zugleich von dem mit, was sie gesammelt haben; mit der Verproviantierung des Stockes haben sie nichts zu tun, ihr Hauptgeschäft besteht in der Versorgung der Brut. Wir werden sie Nährbienen nennen, im Gegensatz zu denen, deren Bauch ausdehnbar ist, und welche den Namen Wachsbienen verdienen.

Obgleich die äußeren Zeichen, an denen man die beiden Bienenarten erkennen kann, nicht eben zahlreich sind, so ist doch dieser Unterschied keineswegs ein eingebildeter. Anatomische Untersuchungen haben uns nachgewiesen, dass eine wirkliche Verschiedenheit in der Größe ihres Magens besteht. Wir haben uns durch untrügliche Versuche überzeugt, dass die Bienen einer und derselben Art nimmermehr im Stande sein könnten, alle Verrichtungen zu besorgen, welche unter die Arbeiter eines Stockes verteilt sind. Bei einem dieser Versuche zeichneten wir die Bienen beider Klassen mit verschiedenen Farben, um ihr Verhalten zu beobachten, und nahmen wahr, dass sie ihre Rollen nicht vertauschten. Bei einem anderen Versuche gaben wir den Bienen eines der Königin beraubten Stockes Brut und Blumenstaub; zugleich sahen wir die kleinen Bienen sich mit der Ernährung der Larven befassen, während die Wachsbienen sich gar nicht darum kümmerten. Anmerkung: Huber wusste damals nicht, was wir später durch die Einführung italienischer Bienen gelernt haben, dass nämlich der Unterschied in den Aufgaben der Bienen in einem Stocke von deren Alter abhängig ist.-Übersetzer.

Wenn die Stöcke mit Wachsbau angefüllt sind, entleeren die Wachsbienen ihren Honig in die gewöhnlichen Magazine und bereiten kein Wachs. Haben sie aber keinen Raum, um ihn unterzubringen, und fehlt es ihrer Königin an fertigen Zellen zur Absetzung ihrer Eier, so behalten sie den eingesogenen Honig im Magen, und nach Verlauf von 24 Stunden schwitzt das Wachs zwischen ihren Ringen hervor und der Wabenbau nimmt seinen Anfang.

Man meint vielleicht, dass die Wachsbienen, wenn die Flur keinen Honig bietet, die Vorräte, womit der Stock versehen ist, angreifen können; sie zu berühren ist ihnen aber nicht gestattet. Ein Teil des Honigs wird sorgfältig verwahrt; die Zellen, in denen er niedergelegt ist, sind mit einem Wachsdeckel geschlossen, der nur in Fällen der äußersten Not, und wenn sie nirgend anderswo Honig finden, abgehoben wird. In der Trachtzeit werden sie nie geöffnet; andere, immer offen stehende Behälter dienen dem Volke zum täglichen Gebrauche, aber keine Biene nimmt mehr, als sie zur notwendigen Befriedigung ihres augenblicklichen Bedürfnisses bedarf.

Die Wachsbienen zeigen sich nur dann mit dicken Leibern vor ihrem Stocke, wenn die Fluren eine reiche Honigtracht bieten, und erzeugen nur dann Wachs, wenn der Stock noch nicht ausgebaut ist. Nach dem, was wir soeben mitgeteilt haben, begreift man leicht, dass die Erzeugung des Wachsstoffes von der Zusammenwirkung verschiedener Umstände abhängt, die nicht immer vorhanden sind.

Die kleinen Bienen erzeugen zwar auch Wachs, aber immer doch in weit geringerer Menge als die wirklichen Wachsbienen verarbeiten können.

Ein anderes Kennzeichen, woran der aufmerksame Beobachter den Zeitpunkt erkennen wird, wo die Bienen genug Honig auf den Blüten sammeln, um Wachs produzieren zu können, ist der Honig- und Wachsgeruch, der gerade in dieser Zeit sehr stark aus den Stöcken hervorströmt und in gleicher Stärke zu keiner anderen Zeit vorhanden ist.

Nach diesen Voraussetzungen konnten wir leicht erkennen, ob die Bienen an ihren Waben arbeiteten, gleichviel, ob in unseren Stöcken oder in denen der Bienenzüchter unserer Nachbarschaft.

Beobachtungen über den Einfluss der Witterungsumstände auf den Wachsbau

Im Jahre 1793 hatte ungünstiges Wetter das Ausschwärmen verzögert; vor dem 24. Mai gab es hier keine Schwärme, die meisten Stöcke schwärmten Mitte Juni. Die Fluren waren mit Blüten überdeckt, die Bienen trugen vielen Honig ein, und die jungen Schwärme bauten fleißig.

Am 18. untersuchte Burnens 65 Stöcke, er fand die Wachsbienen vor allen Fluglöchern; diejenigen, welche alte Stöcke beflogen, scheuerten ihre Ernte sogleich ein und bauten keine Waben, wogegen die Schwarmbienen ihren Honig in Wachs verwandelten und sich beeilten, für die Eier ihrer Königin Zellen herzustellen.

Am 19. regnete es abwechselnd. Wohl flogen die Bienen aus, aber man sah keine Wachsbienen, sie trugen nur Blumenstaub. Das Wetter blieb kalt und regnerisch bis zum 27.. Wir wollten wissen, welchen Einfluss diese Witterungsverhältnisse gehabt hatten.

Am 28. wurden sämtliche Körbe gestürzt, und Burnens fand, dass die Arbeit unterbrochen worden war; die Waben, welche er am 19. gemessen hatte, hatten nicht den geringsten Zuwachs bekommen, sie waren zitronengelb, es gab in keinem einzigen Stocke weiße Zellen mehr.

Als am 1. Juli die Luft heiterer wurde und die Kastanien und Linden in Blüte standen, zeigten sich auch die Wachsbienen wieder; sie trugen viel Honig, die Schwärme setzten ihren Bau fort; überall herrschte die größte Tätigkeit. Honigtracht und Wachsbau dauerten bis Mitte des Monats.

Mit dem 16. Juli stieg aber die Hitze über 20°R (Anmerkung: Die französische Originalversion, in der normalerweise R verwendet wird, spricht von 20°, also 25°C. Huber deutet jedoch an; dass es sehr heiß war. Vielleicht handelt es sich um einen Schreibfehler in dem Original.-Überschreiber) und hielt sich auf dieser Höhe; die Felder litten von der Dürre. Die Blüten der Wiesen und der genannten Bäume welkten und hatten keinen Honig; nur der Pollen zog noch die Bienen an. Davon machten sie eine reiche Ernte, aber Wachs produzierten sie nicht; die Waben wurden nicht verlängert, selbst die der Schwärme machten keinen Fortschritt.

Seit sechs Wochen hatten wir keinen Regen gehabt; die Hitze war groß und kein Tau während der Nacht milderte sie. Der Buchweizen, der seit einigen Tagen in Blüte stand, bot den Bienen keinen Honig, sie fanden daselbst nur Blumenstaub. Am 10. August aber regnete es einige Stunden lang, und gleich am folgenden Tage hauchte der Buchweizen Honigduft aus; man konnte den Honig in den frischen Blüten glänzen sehen. Die Bienen fanden genug, um sich zu nähren, indes zu wenig, um zum Wachsbau angereizt zu werden.

Vom 14. an stellte sich die Dürre wieder ein und dauerte bis Ende des Monats; wir untersuchten nun die 65 Stöcke zum letzten Male und fanden, dass die Bienen seit Mitte Juli nicht mehr in Wachs gearbeitet hatten. Sie hatten viel Blumenstaub eingeschlagen, aber der Honigvorrat war in den alten Stöcken sehr zusammengeschmolzen, und in den jungen gab es fast gar keinen.

Das Jahr war demnach für die Arbeiten der Bienen wenig günstig, was ich der Beschaffenheit der Atmosphäre zuschreibe, die nicht mit Elektrizität geschwängert gewesen; denn dieser Umstand hat gewiss einen sehr großen Einfluss auf die Honigsonderung in den Blütennektarien. Ich habe die Bemerkung gemacht, dass die Tracht der Bienen nie reicher ist und der Wachsbau nicht rascher fortschreitet als wenn ein Gewitter im Anzug ist, der Wind aus Süden weht und die Luft feucht und warm ist; zu lange anhaltende Wärme hingegen und Dürre, als Folge derselben, oder auch kalter Regen und Nordwind unterbrechen die Honigbildung in den Pflanzen gänzlich, folglich auch die Arbeiten der Bienen.

Als wir die Bienen in der Absicht einsperrten, um uns Gewissheit darüber zu verschaffen, ob der Honig allein zur Wachserzeugung ausreiche, ertrugen sie ihre Gefangenschaft geduldig; sie zeigten eine bewundernswerte Ausdauer, immer wieder in dem Maße neue Waben zu bauen, als wir ihnen die Erbauten entnahmen. Hätten wir ihnen einen Teil dieser Waben gelassen, so würde ihre Königin die Zellen mit Eiern besetzt haben und wir hätten beobachten können, wie sich die Bienen hinsichtlich ihrer Zöglinge verhalten, und welchen Einfluss die gänzliche Entziehung des Blumenstaubes auf letztere ausgeübt hätte; damals aber lediglich mit der Frage über den Ursprung des Wachses beschäftigt, zogen wir es vor, die über die Nahrung der Jungen besonders zu behandeln.

Versuch: Beweist, dass Blumenstaub zur Aufzucht der Brut notwendig ist

Der Versuch, den wir anzustellen hatten, unterschied sich also von dem ersteren durch die Gegenwart von Larven, die im Stocke sein mussten; dieser musste auch mit Honig und Wasser versehen werden, die Bienen mussten Waben mit Brut haben und sorgfältig abgesperrt gehalten werden, damit sie nicht ins Feld fliegen und sich mit Blumenstaub versorgen könnten. Der Zufall fügte es damals gerade, dass wir einen Stock hatten, der durch die Unfruchtbarkeit seiner Königin untauglich geworden war; ihn opferten wir dem Versuche. Es war einer meiner Bücherstöcke, der an beiden Enden mit Glasscheiben versehen war. Wir fingen die Königin aus und stellten an die Stelle der Waben des ersten und letzten Rähmchens mit Brut, d.h. mit Eiern und jungen Larven besetzte Waben ein, ließen aber keine Zelle darin, welche Blumenstaub enthielt, ja, wir entfernten sogar die geringsten Spuren dieses Stoffes, den Hunter für die Grundlage der Nahrung für die Jungen hielt.

Am ersten und zweiten Tage zeigte sich nichts Auffälliges; die Bienen bedeckten ihre Jungen und schienen für sie Sorge zu tragen.

Aber am dritten Tage hörten wir nach Sonnenuntergang einen gewaltigen Lärm im Stocke; neugierig, die Veranlassung desselben kennenzulernen, öffneten wir einen Schieber und fanden alles in Verwirrung, die Brut war verlassen, die Bienen liefen in Unordnung auf den Waben umher, zu tausenden stürzten sie sich auf den Boden des Stockes und diejenigen, welche sich am Flugloch befanden, nagten mit wahrer Wut an den Gitterchen, womit es verschlossen war. Ihre Absicht war nicht zweifelhaft, sie wollten ihren Kerker verlassen.

Unzweifelhaft musste ein gebieterisches Bedürfnis sie drängen, das anderswo zu suchen, was sie in ihrer Wohnung nicht finden konnten. Ich fürchtete, sie möchten umkommen, wenn ich länger hinderte, ihrem Instinkte nachzugeben; wir ließen sie deshalb frei. Das ganze Volk stürzte hinaus; die Stunde war aber zu einem Ausflug in nicht mehr geeignet, die Bienen entfernten sich nicht von ihrem Stocke, sie umkreisten denselben. Die zunehmende Dunkelheit und die Frische der Luft zwangen sie bald wieder zur Rückkehr. Dieselben Ursachen beschwichtigten wahrscheinlich ihre Aufregung, denn wir sahen sie ruhig auf die Waben zurückkehren. Die Ordnung schien wiederhergestellt; wir benutzten diesen Zeitpunkt, um den Stock von neuem zu verschließen.

Am folgenden Tage, 19. Juli, sahen wir zwei Königszellen, welche die Bienen auf einer Brutwabe begonnen hatten. Abends, zur selbigen Stunde wie tags zuvor, hörten wir abermals ein gewaltiges Brausen im verschlossenen Stocke; aber die Aufregung und Verwirrung war noch bedeutender. Wir mussten das Volk noch einmal freigegeben, es blieb aber nicht lange draußen, beruhigt kehrten die Bienen wie am vorhergehenden Tage in den Stock zurück.

Am 20. bemerkten wir, dass die königlichen Zellen nicht weitergeführt waren, was im gewöhnlichen Laufe der Dinge geschehen wäre. Am Abend wieder entsetzlicher Tumult, die Bienen schienen in Raserei verfallen. Wir setzten sie in Freiheit, und nach ihrer Rückkehr wurde die Ordnung wiederhergestellt.

Die Gefangenschaft dieser Bienen hatte fünf Tage gedauert; wir hielten es für überflüssig, sie noch weiter auszudehnen. Wir wollten aber wissen, ob die Brut noch im guten Zustande sei, ob sie die gewöhnlichen Fortschritte gemacht habe, und dann auch den Grund der periodischen Aufregung der Bienen ausfindig zu machen. Burnens brachte die beiden Brutwaben, welche er ihnen eingestellt hatte, ans Tageslicht. Zunächst untersuchte er die Königszellen, fand sie aber nicht vergrößert. Was hätte es auch nutzen können? Sie enthielten weder Eier, noch Maden, noch den besonderen Futterbrei der königlichen Maden; auch die übrigen Zellen waren leer, keine Brut, keine Spur von Futterbrei. Die Maden waren also vor Hunger gestorben. Hatten wir nun den Bienen jedes Mittel geraubt, sie zu ernähren, indem wir ihnen den Blumenstaub vorenthielten? Um diese Frage zu entscheiden, musste man denselben Bienen andere Brut zur Verpflegung überweisen und ihnen den Blumenstaub im Überfluss zuteilen. Wir hatten ihnen die Möglichkeit abgeschnitten, während unserer Untersuchung der Waben eine Ernte zu machen, denn wir hatten den Stock in einem Zimmer geöffnet, dessen Fenster verschlossen waren, und als wir an die Stelle der Brut, die sie hatten absterben lassen, junge Maden eingestellt hatten, brachten wir sie in ihren Käfig zurück.

Fortführung des Versuches durch Vergabe von Blumenstaub

Am folgenden Tage, dem 22., konnte es uns nicht entgehen, dass sie neuen Mut gewonnen hatten; sie hatten die Waben befestigt, die wir ihnen eingestellt hatten, und lagerten auf der Brut. Wir gaben ihnen nun einige Wabenstücke, in welche andere Bienen Blumenstaub eingescheuert hatten; um aber besser beobachten zu können, was sie damit beginnen würden, nahmen wir Blumenstaub aus einigen Zellen heraus und legten ihn auf den Boden des Stockes. Augenblicklich witterten die Bienen den in den Waben enthaltenen Pollen, wie auch den offen hingelegten; haufenweise drängten sie sich zu den Magazinen heran, stiegen auch auf den Boden des Stockes herab, fassten den Blumenstaub Körnchen für Körnchen mit den Zähnen und brachten ihn in den Mund. Diejenigen, welche am begierigsten davon gezehrt hatten, stiegen vor den anderen auf die Waben, blieben über den Zellen der jungen Maden stehen, krochen mit dem Kopfe voran hinein und blieben längere oder kürzere Zeit darin.

Burnens öffnete leise eine Tür des Stockes und bepuderte die pollenfressenden Bienen, um sie auf den Waben wieder erkennen zu können. Er beobachtete sie mehrere Stunden lang und konnte sich überzeugen, dass die Bienen aus keiner anderen Absicht so viel Pollen zu sich nahmen, als um ihn an die Jungen zu verfüttern.

Den 23. sahen wir königliche Zellen angelegt; am 24. trieben wir die Bienen, welche die Brut verdeckten, zurück und bemerkten, dass die jungen Maden alle in Futterbrei schwammen, wie in den normalen Stöcken, dass sie gewachsen waren und sich in ihren Zellen vorgeschoben hatten, dass andere neuerdings bedeckt worden waren, weil sie sich ihrer Verwandlung nahten; zuletzt zweifelten wir nicht länger an der Wiederherstellung der Ordnung, als wir die königlichen Zellen verlängert fanden.

Neugierig zogen wir die Wabenstöcke hervor, die wir auf dem Boden des Stockes gelegt hatten, und fanden die Masse des Blumenstaubes merklich verringert. Wir gaben sie den Bienen zurück, indem wir ihren Vorrat noch vermehrten, um die Szene, die sie uns vorführten, noch mehr in die Länge ziehen zu können. Bald sahen wir die Königszellen, so wie auch mehrere Arbeiterzellen versiegelt. Als wir den Stock öffneten, fanden wir überall gesunde Brut, einige noch mit der Nahrung vor sich, andere bereits eingesponnen; ihre Zellen waren mit einem Wachsdeckel geschlossen.

Dieses Resultat war schon im höchsten Grade überraschend; was aber unsere Bewunderung vorzugsweise erregte, war, dass die Bienen trotz ihrer langen Gefangenschaft kein Verlangen mehr nach einem Ausflug zu tragen schienen; wir bemerkten nichts mehr von jener Aufregung, von jener steigenden und periodischen Unruhe, von jener allgemeinen Ungeduld, welche sie in der ersten Hälfte des Versuches an den Tag gelegt hatten. Einige Bienen machten wohl den Versuch, sich im Laufe des Tages ins Freie zu begeben, sobald sie aber die Unmöglichkeit davon einsahen, kehrten sie ruhig zu ihren Jungen zurück.

Dieser Zug, den wir wiederholt und immer mit demselben Interesse betrachtet haben, beweist so unzweifelhaft die Liebe der Bienen zu den Larven, dass wir eine andere Erklärung für ihr Verhalten zu suchen uns nicht veranlasst fühlten.

Längere Vergabe von Zuckersirup anstelle von Honig verändert ihren Instinkt

Eine andere nicht minder auffallende Tatsache, deren wahre Ursache ausfindig zu machen weit schwieriger ist, führte uns zu wiederholten Malen zur Wachserzeugung gezwungene Bienen in der Wirkung des Zuckersirups vor, den man ihnen reichte. Während der ersten Versuche widmeten sie ihren Jungen die gewöhnliche Sorgfalt, schließlich aber hörten sie auf, sie zu ernähren, ja, öfters rissen sie dieselben sogar aus ihren Zellen und schleppten sie aus dem Stocke.

Indem ich nicht wusste, welchem Umstande ich diese Laune beimessen sollte, suchte ich den Instinkt der Bienen von neuem anzuregen, indem ich ihnen andere Brut in Pflege gab; dieser Versuch blieb aber ohne Erfolg; die Bienen ernährten die neuen Larven nicht, obgleich sie Blumenstaub in ihren Magazinen hatten. Wir reichten ihnen Honig in der Hoffnung, ihnen dadurch ein naturgemäßeres Mittel zur Ernährung ihre Jungen zu bieten; vergebens, die ganze Brut starb ab. Vielleicht konnten die Bienen den Futtersaft, die Nahrung der Larven, nicht mehr bereiten. Hiervon abgesehen, schienen sie keine einzige ihrer Fähigkeiten verloren zu haben, sie waren gleich tätig und fleißig. Kurz, aus uns unbekannten Gründen entflohen sie insgesamt und kehrten nicht wieder zu ihrem Stocke zurück.

Welches nun auch die Ursache sein mochte, die der bei den zu lange mit Zucker genährten Bienen wahrgenommenen Abirrung des Instinktes zugrunde lag, man wird nicht ohne Bewunderung erkennen, wie der Zuckerstoff in den Blüten auf eine Weise gebildet wird, dass er den Bienen keinen Nachteil bringen kann. Indes ist alles in der Natur ja für einen langen Gebrauch bestimmt, und die Elemente sind mit so großer Umsicht verbunden, dass sie niemals vereinzelt und mit der vollen Kraft wirken, die ihnen eigen ist.

Kapitel III: Vom Wabenbau

Die große Aufgabe, welche uns die Bienen in ihrem bewunderungswürdigen Kunstbaue stellen, gehört nicht ausschließlich in das Gebiet der Mathematik, sie ragt auch in das der Physik, der Chemie und der Anatomie hinein. Doch sie alle reichen nicht aus, uns die gewünschten Aufschlüsse zu geben, wenn nicht auch die Naturgeschichte ihre Hand uns bietet, sie, welche die Sitten der Tiere beobachtet und alle die einzelnen Zustände ihres tätigen Lebens durchforscht. Die Naturgeschichte ist es, welche durch Lüftung des Schleiers die Wahrheit unter ihren mannigfaltigen Verhüllungen ausfindig machen und die anderen Wissenschaften auf die Bahn der ihnen zuständigen Untersuchungen hinleiten muss.

So haben wir, als wir nachwiesen, dass das Wachs eine tierische Sekretion sei und sich aus dem Zuckergehalte des Honigs bilde, den Chemikern die Entscheidung überlassen, auf welche Weise diese Bildung erfolge, ob der Zucker als solcher oder einer seiner Grundstoffe sich in Wachs umwandelte, oder ob er nur das Reizmittel einer besonderen Tätigkeit ist, und die Anatomen fordern wir auf, die betreffenden Organe, die uns entgangen sind, ausfindig zu machen.

Uns liegt es jetzt ob zu beobachten, wie die Bienen den unter ihren Ringen ausschwitzenden Stoff zum Bau verwenden, ausfindig zu machen, welche Zubereitung sie demselben geben, um ihn in wirkliches Wachs zu verwandeln; denn dieser Stoff kommt nicht schon in seinem vollendeten Zustande aus den Organen hervor, in denen er geformt wird, sondern unterscheidet sich noch in mehrfacher Beziehung von dem, was er nach seiner Verwendung ist. Er hat mit dem Wachse nur die Schmelzbarkeit gemein, ist zerreibbar und bröckelig und besitzt die Biegsamkeit noch nicht, welche ihm später eigen ist; noch ist er durchscheinend wie Talksteinblättchen, während das Zellenwachs undurchsichtig und gelblich weiß ist.

Auch müssen wir den Bienen ablauschen, wie sie die Wachsblättchen unter ihren Ringen wegnehmen, ihren darauf folgenden Arbeiten folgen, erforschen, wie sie die Böden ihrer Zellen, deren rautenförmige Facetten und aus Trapezen zusammengesetzte Ecksäulchen herrichten, und beobachten, wie sie es anfangen, dass der Boden einer jeden Zelle mit dem von drei anderen der entgegengesetzten Seite zusammenfällt, und wie sie ihren Wänden die geeignete Neigung zu geben wissen.

Die besten Vermutungen sind ohne Beobachtungen nicht ausreichend

Wohl ließen sich über all diese Wunder recht geistreiche Vermutungen aufstellen; will man aber den Hergang kennenlernen, so muss man ihn beobachten, nicht erraten. Gerade die einfachsten Mittel verhüllen sich oft vor unserem Geiste. Gewöhnlich wollen wir das Verhalten der Tiere nach unseren eigenen Fähigkeiten, nach unseren Einsichten und Mitteln erklären; aber das Wesen, welches ihren Instinkt geleitet, entnimmt seine Gedanken nicht aus den engen Schranken, in denen wir uns bewegen, entnimmt sie Ideensphären, wo unsere gelehrtesten Berechnungen, unsere subtilsten Schlüsse die Beschränktheit unserer Natur verraten müssten.

Aus den Hypothesen eines berühmten Schriftstellers kann man abnehmen, wie selbst die ausgebreitetsten Kenntnisse und die lebendigste Einbildungskraft ohne sorgfältige Beobachtung nicht ausreichen, die Kunst, womit die Bienen ihre Zellen ausführen, auf eine überzeugende Weise zu erläutern. Die größten Naturforscher scheiterten an dem Versuche, in dieses Geheimnis einzudringen. Reaumur, welcher der Wahrheit am nächsten gekommen ist, hatte nach einem Überblick darüber geurteilt, der zu flüchtig war, als dass er unsere Wissbegierde befriedigen und ihm selbst genügt hätte; gesteht er ja doch selbst offen, dass er über diesen Gegenstand kaum etwas mehr als Vermutungen hege. Hunter, dem scharfsinnigen Beobachter unter den Neueren, ist es nicht gelungen, den Bienen die Verwendung der Wachsblättchen, die er unter ihren Ringen entdeckt hatte, zu sehen; durfte nun ich wohl hoffen, mit einem glücklicheren Erfolge mich gekrönt zu sehen als Gelehrte, die mit so vollkommenen und in der Beobachtung der Natur so geübten Organen begabt waren?

Vielleicht haben die neuen Mittel, die ich anwendete, und wodurch unsere Anstrengungen unterstützt wurden, dazu beigetragen, einiges Licht über einen Gegenstand zu verbreiten, der meine größte Teilnahme anregte.

312   Kapitel III: Vom Wabenbau

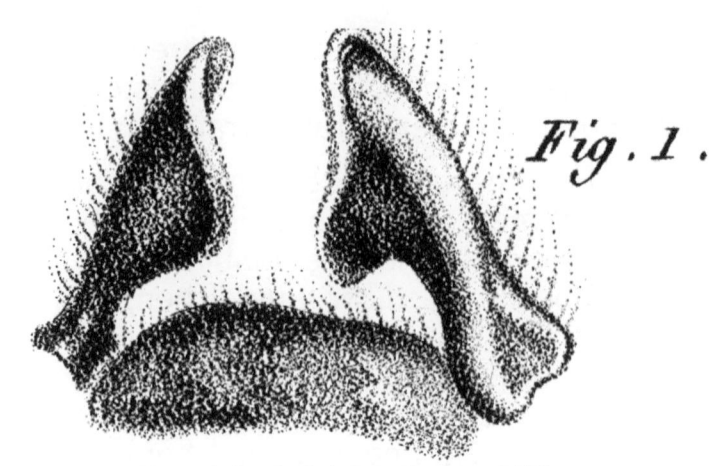

Band 2 Tafel IV Fig 1—Zähne.

Band 2 Tafel IV Fig 2—Einzelner Zahn.

Band 2 Tafel IV Fig 3—Zähne (Gegenseite).

Die Werkzeuge für den Wachsbau

Vielleicht geht man von der Voraussetzung aus, dass die Bienen mit Werkzeugen begabt seien, welche den Winkeln ihrer Zellen entsprechen dürften, denn irgendwie muss man ihre Messkunst doch zu erklären versuchen. Diese Werkzeuge können indes keine anderen sein als etwa ihre Zähne, ihre Füße und ihre Fühler. Indes zwischen der Form der Zähne der Bienen und den Ecken ihrer Zellen gibt es keine nähere Beziehung, als zwischen dem Meißel des Bildhauers und dem Werke, welches aus seinen Händen hervorgeht. Ihre Zähne (Taf. IV, Fig. 1, 2, 3) sind in der Tat eine Art ausgehöhlter Meißel, in der Form eines Hohlmeißels abgeschrägt, mit kurzem Stiel und durch eine hornige Gräte in zwei Längsfugen geteilt; ihre Schneide stößt nach oben unmittelbar und scharf aufeinander (Fig. 1); ihre innere Seite bildet eine Art Hohlkehle, die durch eine vorspringende und mit langen und starken, vermutlich zum Festhalten der Wachsblättchen beim Wabenbau bestimmten Haaren besetzte Rippe geteilt ist (Fig. 2, 3). Stoßen die Zähne zusammen, so bilden sie einen scharfen, krummlinigen Winkel, und der einwärtsgehende Winkel, den sie bilden, wenn sie auseinander treten, ist noch weniger offen. Hier begegnet man den Winkeln der Rhomben und Trapezen ihrer Zellen nicht.

Die dreieckige Form ihres Kopfes, der drei scharfe Winkel bildet, erklärt die Wahl dieser Figuren ebenso wenig; denn wollte man auch annehmen, dass einer derselben dem spitzen Winkel der Rauten entspräche, wo bliebe das Maß ihrer stumpfen Winkel?

Kapitel III: Vom Wabenbau

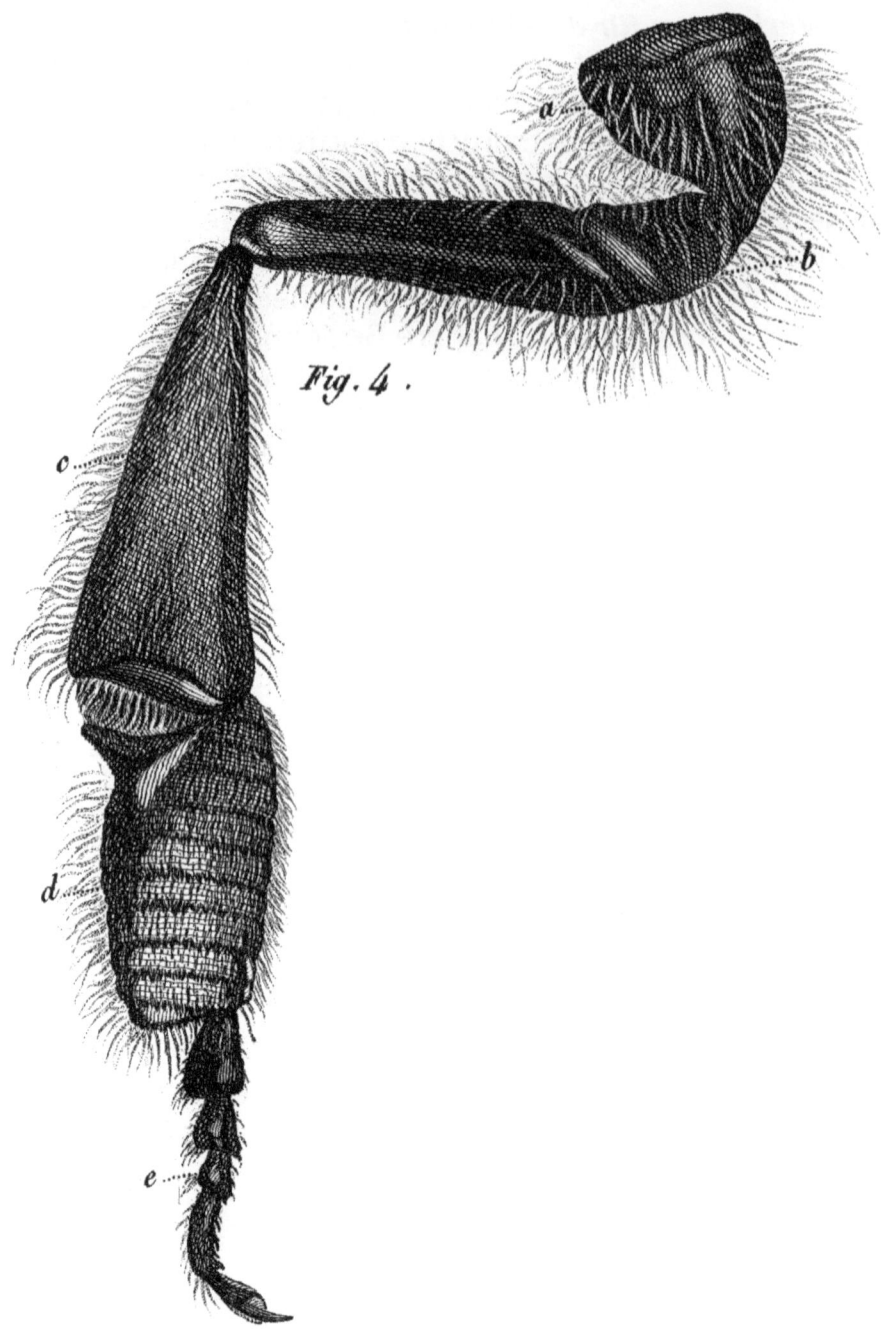

Band 2 Tafel IV Fig 4—Bein mit Körbchen und Kamm.

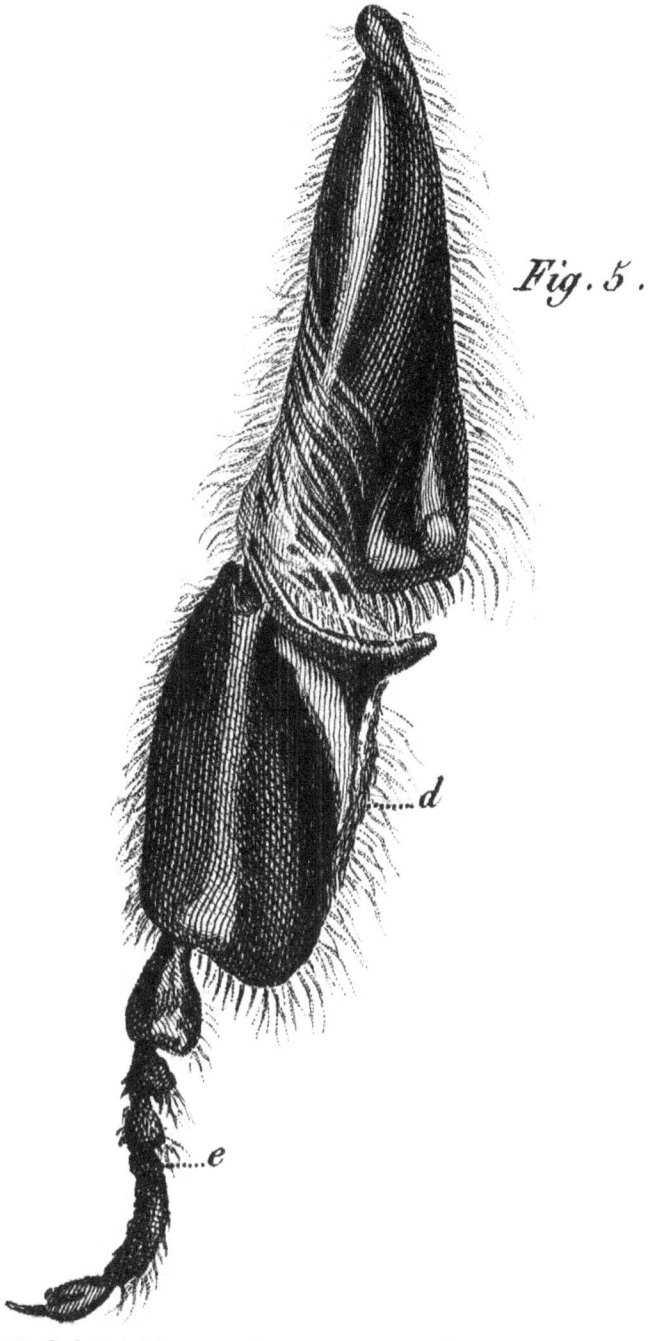

Band 2 Tafel IV Fig 5—Gegenseite des unteren Teils des Beines von Fig 4, Kamm und Körbchen sichtbar.

Kapitel III: Vom Wabenbau

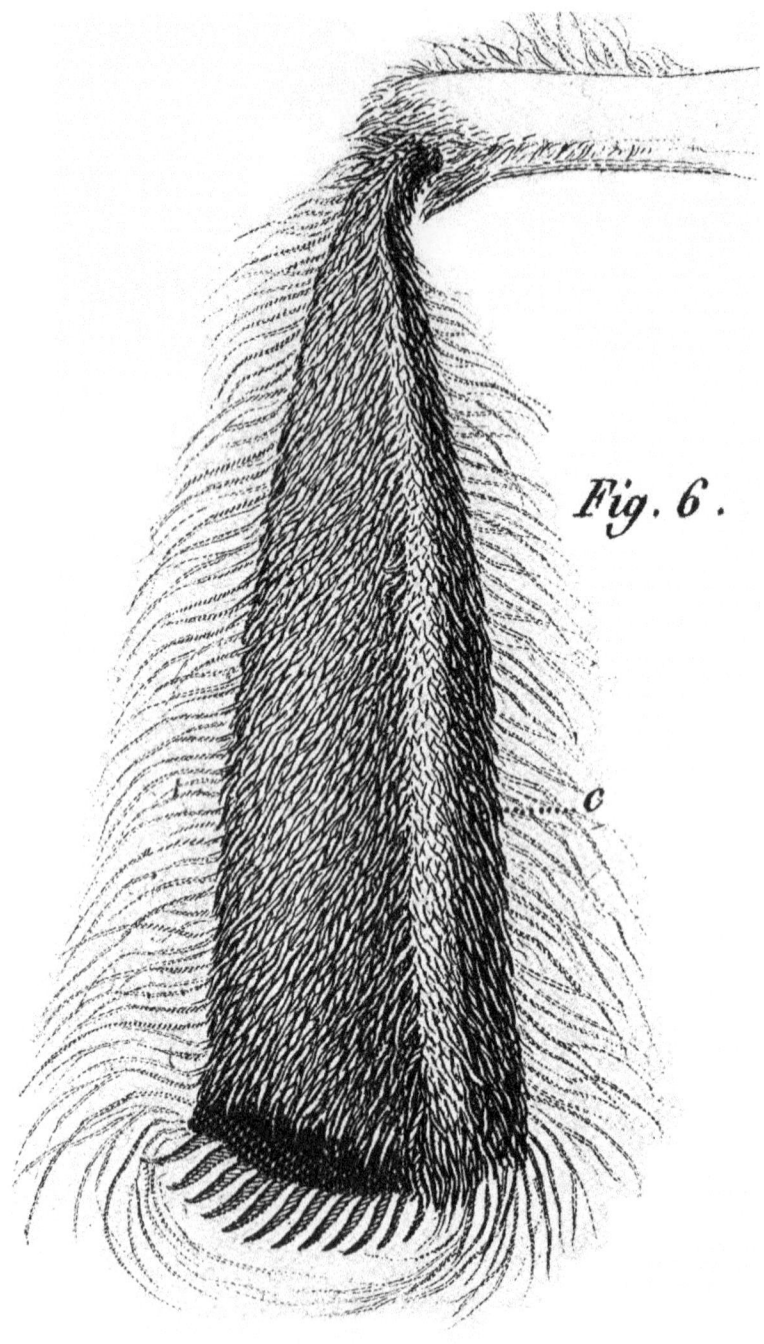

Band 2 Tafel IV Fig 6—Oberer Teil des Beines von Fig 4 Kamm oder Bürste sichtbar.

Sollen wir in den Füßen der Bienen die Beziehungen zu den regelmäßigen Kunstbauten suchen, welche die Bienen auszuführen verstehen? Sie sind nicht anders wie die der meisten anderen Insekten gebildet (Taf. IV Fig. 4); die Hüfte (a), der Schenkel (b), das Schienbein (c) und der Fuß oder Tarsus (d e).

Die drei ersten Teile zeichnen sich durch nichts vor denen der übrigen Hautflügler aus, mit Ausnahme des Schienbeins des dritten Fußpaares. Es ist dies das Stück der Körbchenform, welches Reaumur die Palette nennt, und auf welchem die Bienen den Blumenstaub ballen (Fig. 4 und 5, C). Es ist dreieckig, glatt und der Länge nach mit einer Reihe Haaren besetzt, die sich über die äußere Oberfläche erheben; diejenigen der Basis erheben sich, wie er sagt, und krümmen sich nach dem oberen Teile des Schienbeins, so dass alle diese Härchen den Rand einer Art Körbchen bilden, dessen Boden die äußere Oberfläche der Palette darstellen würde.

Nächst der dreieckigen Palette ist der Tarsus das bemerkenswerteste an den Füßen der Bienen. Das erste Gelenk ist immer bedeutend größer als die folgenden und bei allen drei Paaren ganz anders gestaltet als bei den übrigen Insekten derselben Ordnung (Fig. 4 und 5, d).

Dies erste Gelenk des Tarsus heißt die Bürste, nach dem bekannten Gebrauche dieses Teils, der dazu bestimmt ist, die über den Körper der sammelnden Biene verbreiteten Pollenkörnchen zusammenzubringen. Beim ersten Fußpaare ist es gestreckt, abgerundet und ganz behaart, und sämtliche Haare sind nach der Fußspitze gerichtet. Beim zweiten Fußpaare ist die Bürste länglich, von unregelmäßiger Gestalt, abgeplattet, außen glatt, nach innen dicht mit nach unten gekehrten Haaren besetzt und gerade in die Mitte des Schienbeins eingelenkt.

318   Kapitel III: Vom Wabenbau

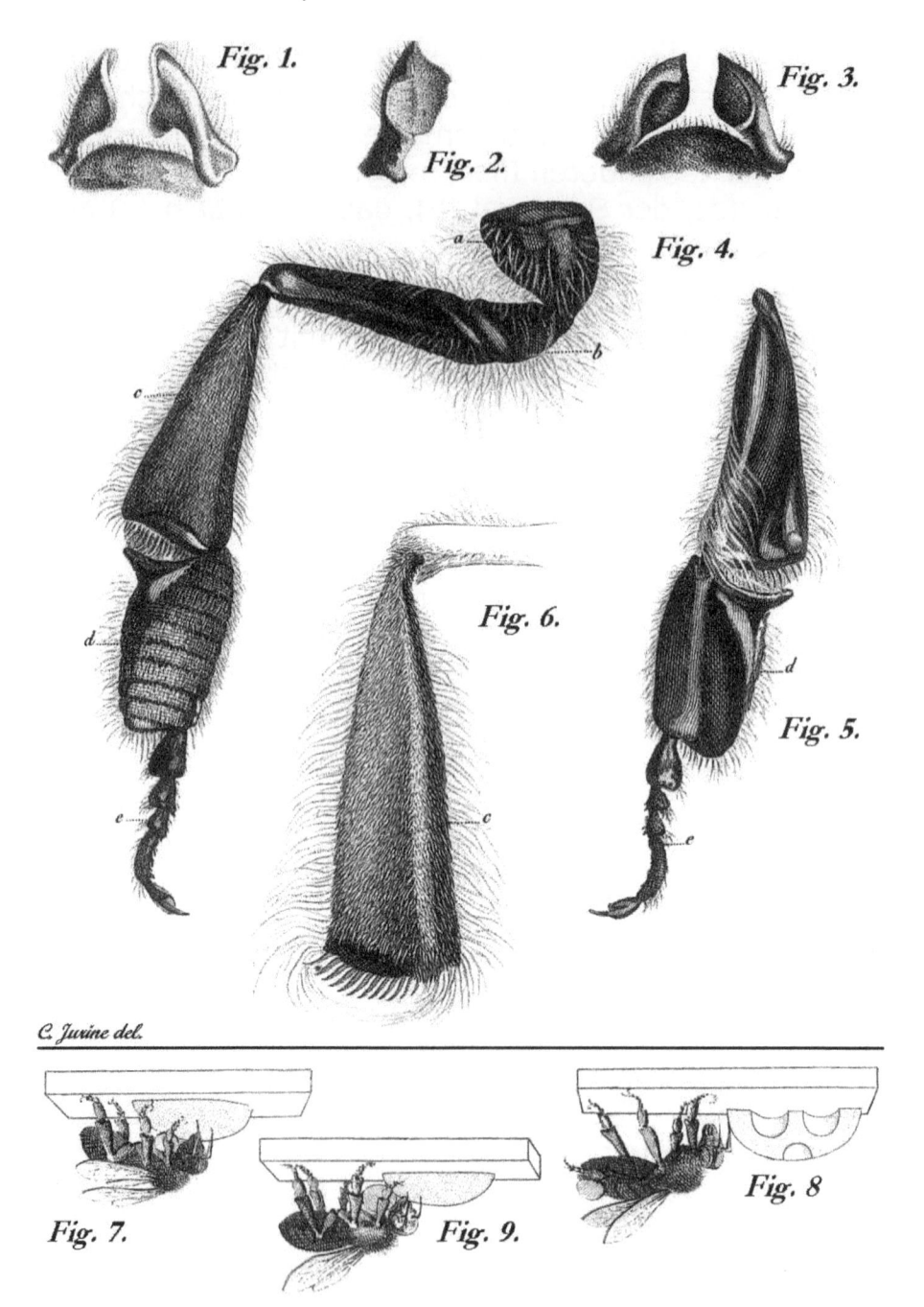

Band 2 Tafel IV—„Werkzeuge" des Wabenbaus.

Die Bürste des dritten Fußpaares bietet mehrere höchst beachtenswerte Eigentümlichkeiten dar, die umso beachtenswerter erscheinen, je mehr wir uns mit ihrem Gebrauche vertraut machen. Sie unterscheidet sich wesentlich von der des zweiten Fußpaares, die einzige Ähnlichkeit, die sie damit teilt, besteht darin, dass beide platt, außen glatt und nach innen stark behaart sind. Dagegen ist die Bürste des dritten Fußpaares (Fig. 4 und 5, d) weit größer und von absonderlicher Gestalt. Auf den ersten Blick erscheint sie als rechtwinkeliges Parallelogramm. Anfänglich bezeichnete man sie zum Unterschiede von der Palette, die ein Dreieck bildet, als das viereckige Gelenk; bei näherer Betrachtung erkannten wir jedoch, dass ihm die Gestalt nicht zukam, die man ihm beigelegt hatte. Die beiden aufsteigenden Seiten sind nicht parallel, denn sie stehen nicht genau in gerader Linie und suchen mit einem ihrer Enden sich zu nähern. Die untere Seite ist leicht ausgeschweift, mehr noch der obere Teil, der nach auswärts als schärfer und vorspringender Zahn sich verlängert, während er sich am entgegengesetzten Ende in einem Bogen erhebt, um in seiner Verlängerung dem Schienbeine eingelenkt zu werden. Die Einlenkung ins Schienbein findet aber nicht in der Mitte desselben statt, wie bei den anderen Fußpaaren, sondern die Verbindung wird am vorderen Winkel desselben vollzogen, und da der untere Teil des Körbchens fast eine gerade Linie bildet, so bildet er mit dem oberen Teile der Bürste eine förmliche Zange.

Reaumur, welcher die Beschreibung dieser beiden Stücke gibt, war es entgangen, dass sie sich voneinander entfernen und einen Winkel bilden konnten, dessen Spitze durch ihre gemeinsame Einlenkung gebildet wird. Es war ihm entgangen, dass die Seite dieses Winkels, den das Ende des Körbchen bildet, auf ihrem äußeren Rande völlig glatt ist, und dass die Härchen, welche hier den Rand des

Körbchen herstellen, von den Seiten des Schienbeins ausgehen, dass diese langen Härchen sich gegen ihre Basis krümmen und in ihrer gegenseitigen Begegnung eine Art Bogen bilden. Ist aber der äußere Rand des Körbchens an dieser Stelle glatt, so ist er es nicht ebenso auch auf der entgegengesetzten Seite (Taf. IV Fig. 5). Hier findet man eine Reihe schuppiger Zähnchen, ähnlich denen eines Kammes, fast gerade, untereinander und mit der Fläche des Körbchens gleichlaufend, von gleicher Länge, sehr spitz und gegen die Öffnung der Zange leicht gebogen. Sie entsprechen dem Bündel feiner Härchen, mit denen die Bürste in ihrem übereinstimmenden Teile besetzt ist.

Der schuppige Vorsprung, den die Bürste an ihrem Ende bildet, ist etwas nach außen gebogen, und wenn die beiden Lippen der Zange sich einander nähern, passt seine Spitze nicht genau auf den Rand des Körbchens, so dass sich dieselbe mit ihm kreuzen kann, wodurch die beiden Seiten der Zange sich in ihrer Ursprungsstelle nähern und die Zähnchen der einen in die Härchen der anderen eingreifen können.

Diese Einrichtung ist zu auffällig, als dass sie nicht einen besonderen Zweck haben sollte, und wirklich findet man an den Beinen der Drohnen und Königinnen nichts Ähnliches. Nur bei der Hummel (bremus), eine den Bienen nahe verwandte, in ihren Sitten ihnen vielfach ähnliche Art, wiederholt sich dieselbe Organisation. Wir werden bald sehen, zu welchem Gebrauche sie den Bienen gegeben ist; unverkennbar aber ist es, dass sie in keiner Weise zum Modell für die Winkel, unter denen sie die verschiedenen Teile ihrer Zellen vereinigen, dienen kann.

Außerdem besteht der Fuß noch aus drei kegelförmigen kleinen und einem langgestreckten Gliede, welches in zwei Paar Hakenkrallen endet. Reaumur trennt mit Recht vielleicht das letzte Glied in zwei, von denen das eine kegelförmig und langgestreckt ist, das andere aber aus einem kleinen fleischigen Kolben und den Krallen, womit der Fuß bewaffnet ist, besteht.

Will man etwa den Fühlern der Bienen direkte Beziehungen zu den geometrischen Formen der Pyramidalböden, deren Modell wir an den anderen Teilen des Bienenkörpers nicht haben ausfindig machen können, beilegen? Sie sind geknickt und bestehen aus zwölf Gliedern; die beiden ersten machen eine besondere Abteilung aus, die auf ihrer Basis nach allen Seiten hin beweglich ist und der folgenden, aus zehn Gliedern bestehenden Abteilung gleichsam zum Stützpunkte dient. Das erste Glied des Fühlers ist kugelig, das zweite zylindrisch und sehr gestreckt, dass dritte, welches das erste der zweiten Abteilung ist, ist kegelförmig und sehr kurz, das zweite kegelförmig und sehr lang, die folgenden zylindrisch, und das letzte endet in einer abgestumpften Spitze. Diese Einrichtung gestattet den Fühlern Bewegungen nach allen Richtungen hin; vermöge ihrer Wirksamkeit können sie dem Umrisse eines Gegenstandes folgen, vermöge ihrer Stellung Körper vom kleinsten Durchmesser umfassen und sich nach allen Seiten hinrichten.

Es gibt in der Anatomie der Bienen kein Vorbild für den Zellenbau

So können Fühler, Zähne und Füße der Bienen in keiner Weise als Vorbilder für den Zellenbau angesehen werden; wohl aber sind der doppelte Meißel, die Zange und der Zirkel, deren Stelle sie vertreten, Werkzeuge, die zu verschiedenem Gebrauche geeignet und zum Bau aller Teile einer Zelle geschickt sind. Ihre Wirkung hängt lediglich von dem Gegenstande ab, den die Biene sich vorsetzt.

Wenn ein Arbeiter kein Modell hat, nach welchem er arbeitet, wenn die Patrone, wonach er jedes Stück behaut, nicht außer ihm und von der Beschaffenheit ist, dass sie in seine Sinne fällt, so muss man irgendwelche Intelligenz bei ihm voraussetzen.

Man könnte auch voraussetzen, dass die Wachsblättchen mit der entsprechenden Form für den Gebrauch, wozu sie bestimmt sind, gleich unter den Ringen hervorgehen; indes wir wissen bereits, dass die Form der Wachsblättchen ein unregelmäßiges Fünfeck ist, welches weder mit den Trapezen, noch mit der Raute, aus denen die Zellen zusammengesetzt sind, im Einklang steht.

Indem Hunter die Wahrnehmung machte, dass die Dicke der Böden mit der der Wachsblättchen ungefähr übereinstimmte, war er der Meinung, dass die Bienen sie ohne weiteres verwenden müssten und sie übereinander legten, um die Wände zu bilden, deren Dicke beträchtlich erschien. Daraus folgt zugleich, dass die Bienen befähigt sein müssten, die Wachsblättchen zuzurichten und sie in regelrechter Form auszuführen. Das waren aber nur Vermutungen, und eine so verwickelte Frage zu lösen, dazu waren Tatsachen erforderlich.

Reaumur hatte mit seinen Glasstöcken das Geheimnis des Wabenbaus nicht entdeckt; er glaubte, man könne, auch ohne Zeuge der Arbeit der Bienen zu sein, sich eine zutreffende Vorstellung von ihren Vorrichtungen machen; dieser Irrtum beraubte ihn aber des Vergnügens, sie das wunderbarste Werk ausführen zu sehen, welches Insekten überhaupt uns vor Augen stellen. Ich dagegen hielt es für unerlässlich, die Bienen auf der Tat zu ergreifen, um hinter das Geheimnis ihrer Baukunst zu kommen, und sah mich deshalb nach geeigneteren Mitteln als mein Vorgänger angewandt hatte, um, um meine Absichten zu verwirklichen.

Vielleicht hält man es für zureichend, Glasstöcke zu halten, und die Bienen anhaltend und aufmerksam zu beobachten, um ihren Bau von Anfang bis zu Ende zu verfolgen; aber die Arbeit ihres Baus wird unserem Auge beständig durch eine mehrere Zoll dicke Bienengruppe versteckt. In diesem Haufen, in dichter Finsternis, führen sie ihre Waben auf; mit ihrem Anfange werden sie an die Decke des Stockes befestigt, je nach der Zeit ihrer Errichtung mehr oder weniger dem Boden des Stockes genähert und ihr Durchmesser im Verhältnis zu ihrer Lage vergrößert.

Ein Stock zur Beobachtung des Wachsbaus

Ich erkannte die Notwendigkeit, die erste Anlage der Waben unter meinen Augen vollziehen zu lassen. Wie aber sollte ich mit meinen Blicken den dichten Haufen so vieler Bienen durchdringen; wie konnte ich hoffen, in das von so zahllosen Stacheln und so mutigen Wächtern verteidigte Allerheiligste einzudringen! Vor allem musste ich darum ein Mittel ausfindig machen, den oberen Teil des Stockes durchsichtig zu machen; denn hier gerade ging die Arbeit vor sich, die ich genauer ins Auge zu fassen wünschte. Ich ersann zu dem Ende eine besondere Vorrichtung, die ich indes, von der Erfahrung belehrt, verschiedentlich umgestalten musste. Ich nahm eine große Glasglocke, die mir für diesen Versuch die gewöhnlichen Stöcke vertreten sollte; sie wich in ihrer Form nicht eben von einer Strohstülpe ab. Ich hatte indes nicht vorgesehen, dass sich die Bienen an der glatten Wölbung der Glasglocke nicht in Traubenform aufhängen konnten. Zwar klammerten sich einige am Glase an, konnten aber das Gewicht derer nicht tragen, die sich an ihren Beinen aufzuhängen versuchten. Ich musste deshalb diese schlau erdachte Vorrichtung aufgeben, entfernte mich jedoch möglichst wenig von meinem ursprünglichen Plane. Es war mir klar, dass den Bienen nur der Stützpunkt fehlte, um ihre Arbeit beginnen zu können, ich machte deshalb den Versuch, ihnen einen solchen vermittelst einiger dünner Krummhölzer, die ich in angemessenen Entfernungen voneinander an die Wölbung der Glasglocke ankitten ließ, zu verschaffen; ich dachte, sie würden in den Zwischenräumen der Stützen arbeiten, und nichts werde mich an der Beobachtung ihrer Unternehmungen hindern. Sie kümmerten sich jedoch nicht um meine Voraussetzungen, sondern bauten ihre Zellen gerade unter die Leisten, die ich ihnen gegeben hatte; trotzdem war mir diese Vorrichtung doch nicht ohne Nutzen.

Wir fassten in diesen Stock einen Schwarm von einigen tausend Arbeitsbienen, ein paar hundert Drohnen und einer befruchteten Königin. Die Bienen stiegen sogleich in ihrer Wohnung auf; die zuerst aufgestiegenen hingen sich an die Holzleisten unter der Wölbung und klammerten sich mit den Krallen ihrer Vorderfüßen an denselben fest; andere krochen an den Wänden hinauf und vereinigten sich mit ihnen, indem sie sich mit ihren Vorderfüßen an den Hinterfüßen der ersteren festhakten. So bildeten sie Ketten, die mit den beiden Enden an der Wölbung der Glasglocke befestigt waren und die Bienen, die sich mit dem Haufen verbinden wollten, als Brücken oder Leitern dienten. Das ganze bildete eine Traube, deren Ende fast bis auf den Boden des Stockes herabhing und die Form einer gestürzten Pyramide oder eines umgekehrten Kegels hatte, dessen Basis gegen die Wölbung der Glocke gerichtet war.

Die Fluren spendeten damals gerade wenig Honig; uns aber lag daran, dass der Gegenstand unserer Beobachtung nicht zu weit hinausgeschoben werde, da wir den Stock keinen Augenblick verlassen durften, ohne Gefahr zu laufen, die Gelegenheit, die Waben in ihren Anfängen entstehen zu sehen, verlieren zu können; überließen wir aber die Bienen ihrem Naturzustande, so konnte es geschehen, dass wir tagelang auf den Beginn der Arbeit lauern mussten. Um deshalb ihre Arbeiten zu fördern, fütterten wir die Bienen mit Zuckersirup.

In großen Zügen ließen sie sich auf das Futtergeschirr, in welchem das Futter eingestellt war, herab, sogen sich voll und kehrten zu den pyramidalen Haufen zurück. Unmittelbar darauf setzte uns dieser Stock durch den Anblick in Verwunderung, den der Gegensatz der starren Unbeweglichkeit, in welche die Bienen damals verfielen, mit der Beweglichkeit, die ihnen sonst eigen ist, darbot. Alle äußeren Seiten der Traube vertraten die Stelle eines Vorhanges, der nur von den Wachsbienen gebildet wird; indem sich diese anklammerten, bildeten sie eine Menge Gehänge, die sich in allen Richtungen kreuzten, und in denen die meisten Bienen dem Beobachter den Rücken zukehrten. Dieser Vorhang hatte keine andere Bewegung als diejenige, welche er durch die inneren Schichten erhielt, deren Bewegungen sich bis zu ihm erstreckten.

Die kleinen Bienen schienen indes ihre ganze Tätigkeit beibehalten zu haben, sie allein flogen aus, trugen Blumenstaub ein, hielten Wache am Tore, reinigten die Wände des Stockes und überzogen sie mit dem wohlriechenden Harz, welches unter dem Namen Propolis bekannt ist, die Wachsbienen dagegen blieben wohl 15 Stunden lang unbeweglich. Der Vorhang bestand immer aus denselben Individuen, und wir überzeugten uns, dass sie nicht durch andere ersetzt wurden. Nach einigen Stunden schon bemerkten wir, dass fast sämtliche Wachsbienen Wachsblättchen unter ihren Ringen hatten, und am anderen Morgen war diese Erscheinung noch allgemeiner. Die Bienen, welche die äußeren Schichten des Haufens ausmachten, hatten ihre Stellung etwas verändert; man konnte deutlich die Bauchseite sehen. Die Blättchen, welche ihre Ringe überragten, ließen diese weiß eingefasst erscheinen. Der Vorhang war an einigen Stellen zerrissen, und es herrschte nicht mehr dieselbe Ruhe im Stocke.

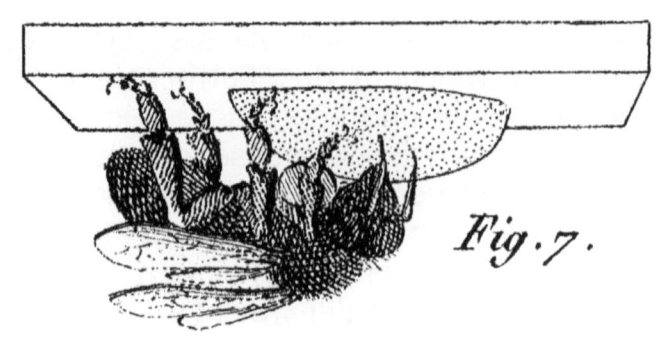

Band 2 Tafel IV Fig 7—Wachsblättchen wird zum Mund geführt.

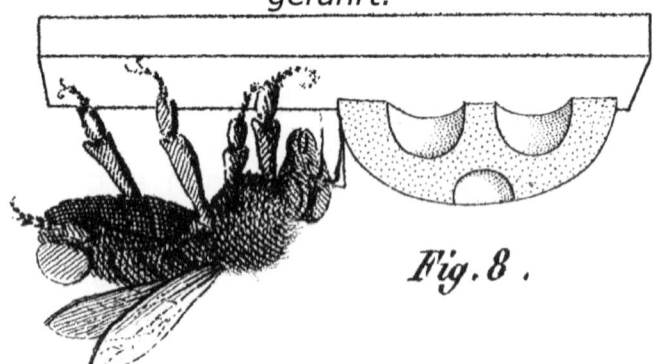

Band 2 Tafel IV Fig 8 Wachsblättchen wird mit Vorderfüßen zum Mund geführt.

Band 2 Tafel IV Fig 9— Wachsblättchen wird zum Mund geführt.

Jetzt richteten wir unsere ganze Aufmerksamkeit auf die Wölbung der Glocke in der festen Überzeugung, dass die den Wabenbau betreffenden Arbeiten im Mittelpunkte der Traube vor sich gehen müssten und nicht länger hinausgeschoben werden könnten. Die Grundfläche der Basis war ganz unverhüllt; deutlich sahen wir die ersten Glieder sämtlicher Ketten, die von der Wölbung herabhingen. Die konzentrischen Schichten, welche die Bienen zu bilden schienen, und die von allen Seiten gleichmäßig zusammengedrängt wurden, ließen keinen Zwischenraum frei; aber die Szene sollte sich ändern, und wir Zeugen sein.

Beobachtung des Zellenbaus

Wir sahen eine Arbeitsbiene sich von einer der Ketten im Mittelpunkte abtrennen, sich durch den Haufen drängen, indem sie ihre Gefährten auf die Seite schob, mit Kopfstößen die Bienen, welche die Spitze der Ketten in der Mitte der Glasglocke bildeten, vertreiben und, im Kreise sich drehend, einen freien Raum öffnen, in welchem sie sich ungehindert bewegen konnte. Hierauf hing sie sich im Mittelpunkte des Feldes auf, welches sie aufgeräumt hatte, und dessen Durchmesser 12-13 Linien (27 mm) austragen mochte.

Nun sahen wir sie eins der Wachsblättchen ergreifen, welche ihre Ringe überragten (Taf. IV. Fig. 8); zu dem Ende näherte sie eins der Hinterbeine ihrem Bauch, drückte es fest an ihren Körper, öffnete die Zange, die ich beschrieben, schob den Zahn der Bürste geschickt unter das Blättchen, welche sie hervorziehen wollte, schloss das Werkzeug, nahm das Wachsblättchen aus der Tasche, in welcher es eingeschlossen war, und fasste es mit den Krallen ihrer Vorderfüße, um es zu Munde zu führen (Taf. IV. Fig. 7 und 8).

Das Blättchen wird in Bröckchen zerteilt

Jetzt hielt die Biene das Blättchen in senkrechter Lage, und wir sahen, dass sie es mit Hilfe der Krallen ihrer Vorderfüße, welche es am unteren Ende festhielten und ihm die geeignete Richtung geben konnten, zwischen den Zähnen drehte. Der zurückgeschlagene Rüssel diente ihm als Stützpunkt, und indem er sich wechselweis hob und senkte, trug er dazu bei, dass der ganze Rand des Blättchens durch die Schneide der Zähne hindurchgehen musste, wo er im Umsehen zerstückelt und zerkrümelt wurde. Die Wachsteilchen, welche abgetrennt waren, gerieten alsbald in die doppelte, mit Haaren umsäumte Höhlung, die ich bei der Beschreibung der Zähne näher bezeichnet habe. Indem diese Bröckchen von anderen frisch zerkauten gepresst wurden, traten sie seitwärts wieder aus dem Munde heraus und gingen aus dieser Art Ziehbank in Form eines sehr schmalen Bändchens hervor.

Das Wachs wird in eine schaumige Flüssigkeit aus dem Mund gehüllt

Hierauf wurden sie der Zunge zugeführt; diese hüllte sie in eine schaumige, breiige Flüssigkeit ein und nahm dabei die verschiedensten Formen an, bald plattete sie sich ab, wie eine Spatel, bald gestaltete sie sich zu einer Maurerkelle, welche das Wachsbändchen verarbeitete, und dann wieder erschien sie als spitzer Pinsel.

Nachdem die Zunge das Wachsband mit ihrer Flüssigkeit ganz überzogen hatte, drückte sie es nach vorn und brachte es zum zweiten Male auf dieselbe Ziehbank, aber in der entgegengesetzten Richtung. Die Bewegung, die sie ihm mitteilte, brachte es gegen die scharfe Spitze der Kiefer, und wurde in dem Verhältnisse, wie es durch ihre Schneide gegen, von neuem zerkaut.

Die Flüssigkeit macht das Wachs undurchsichtig, dehnbar und unterstützt die Anhaftung

Schließlich klebte die Biene diese Wachsteilchen an die Glockenwölbung an. Der Leim, womit sie dieselben getränkt hatte, erleichterte die Befestigung; von denen, die noch nicht verarbeitet waren, trennte sie dieselben mit ihren Zähnen und brachte sie dann mit der Spitze desselben Instrumentes in die Richtung, welche sie ihm geben wollte.

Die Flüssigkeit, welche sie unter das Wachs mischte, gaben diesem eine Weiße und eine Undurchsichtigkeit, die es beim Hervorkommen aus den Ringen noch nicht hatte; der Zweck dieser Mischung war zweifelsohne kein anderer, als dem Wachse die Dehnbarkeit und Zähigkeit zu geben, die es nach seiner Verarbeitung besitzt.

Die grundlegende Biene, wie sie mit Recht genannt werden darf, setzte dieses Verfahren so lange fort, bis sämtliche Wachsteilchen, die sie zerkaut und mit der weißlichen Flüssigkeit getränkt hatte, an die Wölbung angeklebt waren; darauf fuhr sie fort, den Rest des Blättchens, welches sie während der Befeuchtung des Bändchens entfernt gehalten hatte, zwischen den Zähnen zu drehen. Der Rest, welcher das erste Mal nicht an die Reihe gekommen war, wurde auf dieselbe Weise verarbeitet. Die Arbeiterin klebte einige weitere so zugerichtete Teilchen unter die Decke, fügte andere unter und neben die ersteren und endete erst dann, als das Material, welches dieses Blättchen ihr liefern konnte, verbraucht war.

Ein zweites und drittes Blättchen wurde von derselben Biene in Angriff genommen; indes war das Werk erst roh entworfen, es bestand aus dem Material, welches in jede Form gebracht werden konnte. Die Arbeiterin gab sich nicht die Mühe, die aneinandergefügten Wachsteilchen auch zusammenzupressen, es genügte ihr schon, dass sie nur zusammenhingen, und dazu bedurfte es keiner Anstrengung.

Die Arbeit wird der Reihe nach von mehreren Bienen verrichtet

Die grundlegende Biene verließ nun den Platz und verlor sich unter ihren Gefährtinnen; es folgte ihr eine andere, ebenfalls mit Wachsblättchen unter ihren Ringen, und hing sich an derselben Stelle auf, wo ihre Vorgängerin das Werk soeben begonnen hatte; vermittelst ihrer Hinterbeine zog sie eines ihrer Wachsblättchen hervor, brachte es zwischen ihre Zähne und machte sich dann an die Fortführung des angefangenen Werkes.

Sie verwandte übrigens die zerkauten Wachsteilchen nicht aufs Geratewohl, sondern ließ sich von dem kleinen Leistchen, welches ihre Vorgängerin entworfen hatte, leiten, denn sie legte das ihrige in derselben Richtung an und verband es genau mit ersteren. Eine dritte Arbeiterin machte sich von dem Inneren der hängenden Traube los, hing sich an der Decke auf, verwandelte einige ihrer Blättchen in einen weichen Kuchen und reihte das Material, über das sie zu verfügen hatte, demjenigen an, welches ihre Gefährtinnen bereits zusammengebracht hatten; es war aber nicht in derselben Weise geordnet, sondern bildete mit dem ersteren einen Winkel. Eine andere Biene nahm das wahr, trug vor unseren Augen den falschen Bau wieder ab, und reihte ihn dem ersteren in der begonnenen Anordnung an und folgte genau der ihr vorgezeichneten Richtung. Durch diese Arbeiten entstand eine Wachsleiste mit unebener Oberfläche, die perpendikulär von der Wölbung herabhing. An dieser ersten Arbeit der Bienen nahm man keinen Winkel, keine Spur von einer Zellenform wahr; es war eine einfache geradlinige Wand ohne die geringste Biegung, ihre Länge betrug sechs bis sieben Linien (ungefähr 15mm) und ihre Dicke machte etwa zwei Drittel des Durchmessers einer

Zelle aus, verjüngte sich aber nach den Kanten hin. Andere Blöcke haben wir 12, ja 18 Linien (27 bis 40mm) lang gefunden, deren Form stets dieselbe war; dicker haben wir sie nie angetroffen.

Der freie Raum, der sich im Mittelpunkte der Traube gebildet hatte, gestattete uns einen Einblick in die ersten Arbeiten der Bienen und in ihr Verfahren, den Grund zu ihrem Bau anzulegen, doch füllte sich derselbe schneller als uns lieb war; auf beiden Seiten des Blockes drängten sich die Bienen zusammen, und der Schleier verdichtete sich so sehr, dass man ihren Arbeiten nicht mehr folgen konnte.

Konnten wir mit dieser Vorrichtung auch nicht alles entdecken, was wir gern kennengelernt hätten, so gewährte sie uns doch die Befriedigung, Reaumur Gerechtigkeit widerfahren zu lassen, welcher das Wachs in Breiform aus dem Munde der Bienen glaubte hervorkommen gesehen zu haben; das war zweifelsohne jene weißliche, schaumige Flüssigkeit, womit sie die Wachsblättchen anfeuchten, um ihnen die Eigenschaften mitzuteilen, welche sie in ihrem Ursprunge noch nicht besitzen, und die er für Wachs gehalten hatte. Diese Beobachtung, welche uns mit dem Grunde bekannt macht, auf welchem die Meinung dieses Naturforschers beruhte, löste eine der größten Schwierigkeiten bezüglich des von uns behandelten Gegenstandes, denn ich konnte mir nicht verhehlen, dass ich, bevor ich eine von einem so scharfsinnigen Naturforscher aufgestellte Tatsache unter die Irrtümer verwies, nachweisen musste, wie er in diesen Irrtum verfallen konnte.

Kapitel IV: Vom Wabenbau - Fortsetzung

Erste Abteilung: Beschreibung der normalen Form der Zelle

Die Naturgeschichte führt uns keine Erscheinung vor, wobei man sich mehr geneigt fühlt, die Endursachen zu erforschen, als beim Wabenbau der Bienen. Die Ordnung und das Gleichmaß, welche in ihren Waben herrschen, scheinen an sich schon zu diesen Untersuchungen einzuladen, die Herz und Geist zugleich ansprechen.

Für jetzt will ich nicht untersuchen, ob mit der Aufstellung dieser Endursachen nicht Missbrauch getrieben, und der Natur nicht zu engherzige Rücksichtnahmen untergelegt sind, indem man den Bienen eine so strenge Sparsamkeit zuschrieb. Ebenso wenig will ich darüber entscheiden, ob das schöne, von König, Kramer, Maraldi gelöste Problem auf die Arbeiten der Bienen so streng anzuwenden steht, oder ob man nicht vielmehr, wenn es sich um Handlungen von Tieren handelt, einen größeren Spielraum freigegeben, als es bei Gegenständen der Physik gerade erforderlich ist. Die Berechnungen der jüngeren Mathematiker scheinen sich dem freien Gedanken des Schöpfers williger zu beugen, indem sie bei dem von den Bienen innegehaltenen Plane die Ersparnis nur als eine Rücksicht untergeordneten Ranges betrachten.

Es gab in der Tat eine andere weit wichtigere Bedingung, welche die Bienen im Auge behalten müssen, die aber nicht erfüllt werden könnte, wenn die Kunst, die sie zum Erbteil empfangen haben, auf diejenige beschränkt worden wäre, woraus man ihnen ein so großes Verdienst gemacht hat.

Als ich die Untersuchungen, deren Erfolge ich zugleich mitteilen werde, anstellte, ahnte ich auch im Entferntesten nicht, dass sie mich zu ganz neuen Resultaten über den Wabenbau führen würden.

Ausgezeichnete Beobachter hatten daraus ein besonderes Studium gemacht und schienen die Theorie über die Pyramidalböden festgestellt zu haben. Schon ihr von den Bienenzüchtern so oft genannter Name schien die über diesen Punkt angenommenen Vorstellungen geheiligt zu haben und ich konnte mir es nicht einfallen lassen, dass die Entdeckung wichtiger, bis dahin übersehener Tatsachen aus einer einem schlichten Landbewohner gegebenen Unterweisung resultieren könnte.

Die merkwürdigsten Entdeckungen indes sind nicht immer diejenigen, welche die meiste Zeit und Anstrengung in Anspruch genommen haben. Ein fast zufällig auf die Basis frisch erbauter Waben geworfener Blick überzeugte uns, dass man die Einzelheiten ihres Baus noch keineswegs gründlich genug studiert habe. Die Abweichungen, die sie uns zeigten, schienen uns von hoher Wichtigkeit zu sein. Um jedoch die Züge entwerfen zu können, von denen ich glaube, dass sie uns den Schlüssel zum Wachsbau der Bienen geben müssen, will ich mit wenigen Worten die gewöhnliche Anordnung der Zellen ins Gedächtnis zurückrufen.

Die Zellen, die jedem bekannt sein werden, bestehen aus zwei Teilen, dem sechssäuligen Rohr und dem Pyramidalboden, womit es endet (Taf. V. Fig. 1).

Letzterer (b c d g), den man als den zartesten und wesentlichsten Teil des ganzen Werkes ansehen mag, ist aus drei gleichen Rautenvierecken, die in einem gemeinschaftlichen Mittelpunkte zusammenstoßen und unter einem bestimmten Winkel sich gegeneinander neigen, so dass sie eine leichte Vertiefung bilden, zusammengesetzt.

Während diese drei Stücke an der einen Seite der Wabe eine Vertiefung hervorbringen, bilden sie auf der anderen eine Hervorragung (Fig. 2). Hier erscheinen dieselben Stücke, jedes für sich, mit zwei anderen gleichen Stücken verbunden, die durch ihre Neigung mit ihnen eben so viele Pyramidenböden herstellen. So kommt es, dass jede Zelle sich durch die Gemeinschaftlichkeit des Bodens teilweise an drei andere Zellen anlehnt.

Auf dem Rande jedes pyramidalen Bodens (Fig. 1) erhebt sich ein sechssäuliges Rohr, dessen sechs Wände an dem Ende, wo die Öffnung der Zelle sich befindet, in einem rechten Winkel abgeschnitten sind, am anderen Ende aber sind sie so zugerichtet, dass sie sich an die winzigen Umrisse des Pyramidenbodens anschließen können.

Diese Zellen erfüllen durch ihre Form und Verbindung vielleicht alle Bedingungen, die man an die Arbeit der Bienen zu stellen sich berechtigt hält. Sind dieselben aber auch geeignet, sich mit der erforderlichen Festigkeit dem Teile des Stockes anzupassen, welcher den Waben zum Stützpunkte dient? Das ist eine nicht unwichtige Frage, und doch hat man sie ganz unbeachtet gelassen.

Eine einfache Abbildung (Fig. 3) zeigt zur Genüge, dass aneinandergelegte Sechsecksäulchen die Decke nur mit einer einzigen ihrer Kante berühren können und zwischen sich beträchtliche Lücken lassen müssen. Die Waben müssen indes stark befestigt werden.

Diese Bedingung war so notwendig, dass die Natur sich dieselbe zu zwei bestimmten Zeiten, sozusagen, zum Gegenstand ihrer besonderen Sorgfalt gemacht hat. Einmal bei der Gründung der Waben, dann, wenn die Vorratskammern zu sehr angefüllt sind, um sie den schwachen Stützen eines zerbrechlichen Materials anvertrauen zu können.

Durch welche Vorkehrungen die Bienen aber für die Festigkeit ihres Baues sorgen, zeigten uns folgende Beobachtungen.

Als unsere Aufmerksamkeit sich, wie ich vorhin mitgeteilt habe, der Grundlegung der in einem frisch besetzten Stocke erbauten Waben zuwandte, wurden wir durch den Anblick überrascht, den die erste Zellenreihe bot, mit welcher die Tafel an der Decke des Stockes befestigt war. Sie unterschied sich von den unteren Reihen durch so auffällige Besonderheiten, dass wir uns verpflichtet fühlten, sogleich eine große Anzahl Waben zu untersuchen, um Vergleiche anzustellen. Wir fanden in der Tat, dass frisch gebaute Waben immer denselben Gegensatz zwischen den Zellen der Befestigungsreihe und denen, woraus der übrige Kuchen bestand, aufwiesen. So erwies sich das, was uns anfänglich eine Abweichung zu sein schien, als eine allgemeine Regel (Taf. V. Fig. 11).

Da der obere Teil der Waben in den Glasstöcken immer durch den Rähmchenrand teilweise verdeckt wurde, so musste ich mir sagen, dass sie für die Beobachtungen, die ich anzustellen gedachte, nicht eben günstig sein würden, und fühlen, dass wir über das Bienenwerk frei mussten verfügen und die Bienen, deren Wachsamkeit lästig werden konnte, entfernen können. Es kam alles darauf an, dass ihr Werk, namentlich aber die

Zellen der oberen Reihe, die unsere Aufmerksamkeit besonders reizten, unverletzt erhalten wurden. Deshalb ließ ich die Waben, die ich der Untersuchung unterwerfen wollte, aus meinen Blätterstöcken entnehmen; sie blieben in den Rähmchen, in denen sie aufgeführt waren, denn nur so konnten wir unsere Absicht erreichen. So war uns die Möglichkeit geboten, über Form und Verbindung der Zellen der ersten Reihe ein begründetes Urteil zu fällen.

Ihre Mündung hatte keinen sechseckigen Rand, sondern bildete ein unregelmäßiges Fünfeck (Fig. 4). Eine horizontale, durch die Decke des Stockes gegebene Linie, zwei zu dieser senkrecht stehende und zwei unter einem stumpfen Winkel gegen die horizontale sich neigende Linien machten den Umriss der Zelle aus, so dass das Wachsrohr nur aus vier Stücken, aus zwei senkrechten und zwei geneigten zusammengesetzt war. Die Decke bildete die fünfte Seite.

Das waren nicht die klassischen Formen, an die wir gewöhnt waren. Wir wollten sehen, ob die Zellenböden der Bildung der Zellenränder entsprächen, und um das genauer beurteilen zu können, schnitten wir die Röhrchen bis fast auf den Grund ab, und überzeugte uns nun, dass ihre Böden sich von denen der gewöhnlichen Zellen wesentlich unterschieden.

Wir hatten nur die Wand stehen lassen, welche die Zellen der beiden Wabenseiten trennt (Fig. 4 und 5). Diese zeigte wechselweise winzige Vorsprünge und Vertiefungen, und da sie von fast gleicher Dicke war, so bildete das, was auf der einen Seite Vorsprung, auf der anderen eine Vertiefung.

Auf der einen Seite indes war der Boden jeder Zelle der ersten Reihe aus drei Stücken zusammengesetzt, während sich auf der anderen nur zwei fanden, was daher rührte, dass diese abwechselnd gegenüberstehenden

Zellen unter sich nicht gleich waren. Das verlangt indes eine genauere Auseinandersetzung.

Von den drei Stücken, welche den Zellengrund der ersten Reihe der einen Seite bilden, die wir die vordere nennen wollen, hatte nur eins die Rhombenform, die beiden anderen waren unregelmäßige Vierecke, Trapeze (Fig. 6, ab), die mit ihrer kleinsten Seite an der Decke des Stockes befestigt waren und senkrecht herabhingen. Ihre vertikalen Seiten waren parallel, aber die eine war kürzer als die andere; an der kürzeren Seite waren die beiden unregelmäßigen Vierecke unter einem stumpfen Winkel zusammen verbunden. Die vierte oder untere Seite jedes dieser Stücke war abgeschrägt, und zwischen diesen abgeschrägten Seiten der beiden Trapezen war die Raute (c), welche diese Vertiefung abschloss, zum Teil eingefügt. Der Grund ihrer Neigung sprang ins Auge; die Spitze ihres einen stumpfen Winkels lag unter der Vereinigungslinie der beiden Trapeze, während die ihrer spitzen Winkel am unteren Ende der langen Seite eben derselben Trapezen und folglich ein wenig tiefer lagen. Aus dieser Anordnung folgt, dass die Raute dieselbe Neigung wie die unteren Seite der Trapezen haben muss (Fig. 8).

Die Zellenböden derselben Reihe auf der gegenüberliegenden Wabenseite bestanden nur aus zwei Trapezen (Fig. 9), denen ähnlich, welche zum Teil den Boden der beschriebenen Zellen bildeten; sie schienen bloß anders gestellt, da sie am Boden der Zellen mit ihrer längsten Seite verbunden waren. Sonst war der Winkel, den sie miteinander bildeten, dem ganz gleich, unter welchem die Trapezen der Vorderseite sich vereinigten; doch gehörten diese beiden Stücke nicht zu einer einzigen Zelle der vorderen Seite, sondern lehnten sich an zwei anstoßende Zellen, so dass die Zellen dieser Seite mit ihrem Boden nur mit zwei Zellen korrespondieren konnten, wogegen die der ersten oder vorderen Seite, da sie ein Stück mehr haben, mit dreien korrespondierten (Fig. 14 und 15); die Raute c nämlich, welche sie besaßen, lehnte sich an den Zwischenraum zweier Zellen der hinteren Seite, und an das erste Stück der Zellen der zweiten Reihe, die ihrerseits aus drei Rauten zusammengesetzt sind.

Durch diese höchst einfache Anordnung wurde die Festigkeit der Wabe hinreichend gesichert, denn sie war mit der möglich größten Zahl von Berührungspunkten an der Decke des Stockes befestigt.

Man erkennt noch einen weiteren Zweck dieser Anordnung in dem Einfluss, den die erste Reihe durch ihre Zusammensetzung auf die Bildung der Zellen mit Pyramidenböden ausüben kann. Doch davon hier nur weniges; diejenigen, welche tiefer in die Sache eingehen wollen, verweise ich auf die Note am Schlusse dieses Kapitels.

Indem die Raute am Grunde der Zellen der obersten Reihe der vorderen Seite eine durch ihre Stellung zur unteren Seite der Trapezen, deren Neigung sie sich anschließt, bestimmte Richtung erhält, und sie zugleich zu einem Pyramidenboden der anderen Seite gehört, so ist dessen Neigung teilweise schon gefunden, denn wenn man zwei gleiche Stücke unter die Raute anfügt, so müssen sie selbstverständlich dieselbe Neigung erhalten und auf der Rückseite ebenfalls einen Pyramidenboden bilden.

Die Pyramidenböden der Vorderseite müssen natürlich ihren Ursprung in der Raute der Rückseite haben. So scheinen die Eigenschaften der Pyramidenböden aus der Anordnung der Zellen der ersten Reihe von selbst zu folgen.

Kapitel IV: Vom Wabenbau - Fortsetzung

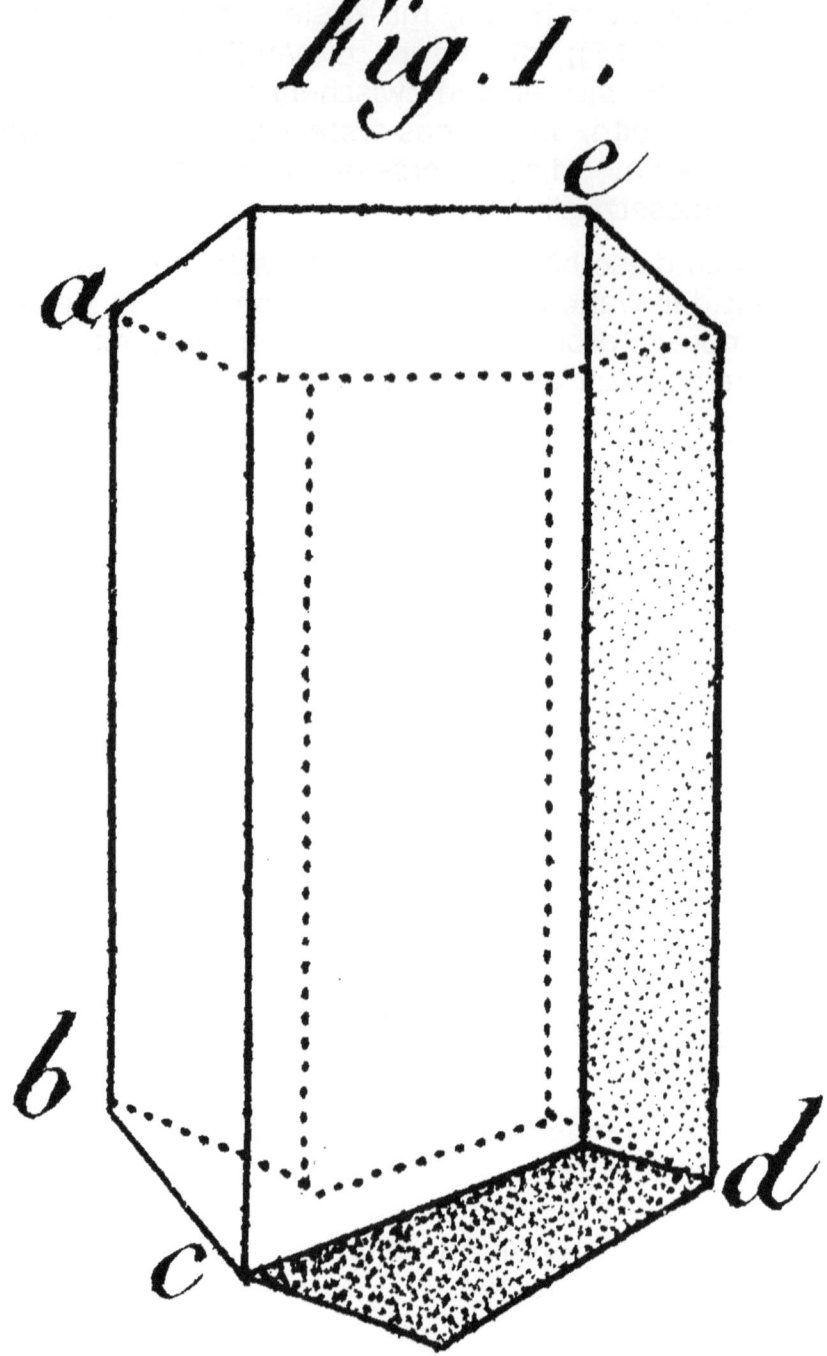

Band 2 Tafel V Fig 1—Zelle auf ihren Boden gestellt.

Figur 1 ist eine gewöhnliche Zelle, auf ihrem Boden stehend, und in Perspektive dargestellt. Ihr Rohr (a e) erhebt sich von dem Pyramidenboden b c d; man beachte die winkeligen Kanten des Bodens, aus denen folgen lässt, dass das Rohr aus unregelmäßigen Vierecken geformt sein muss.

342   Kapitel IV: Vom Wabenbau - Fortsetzung

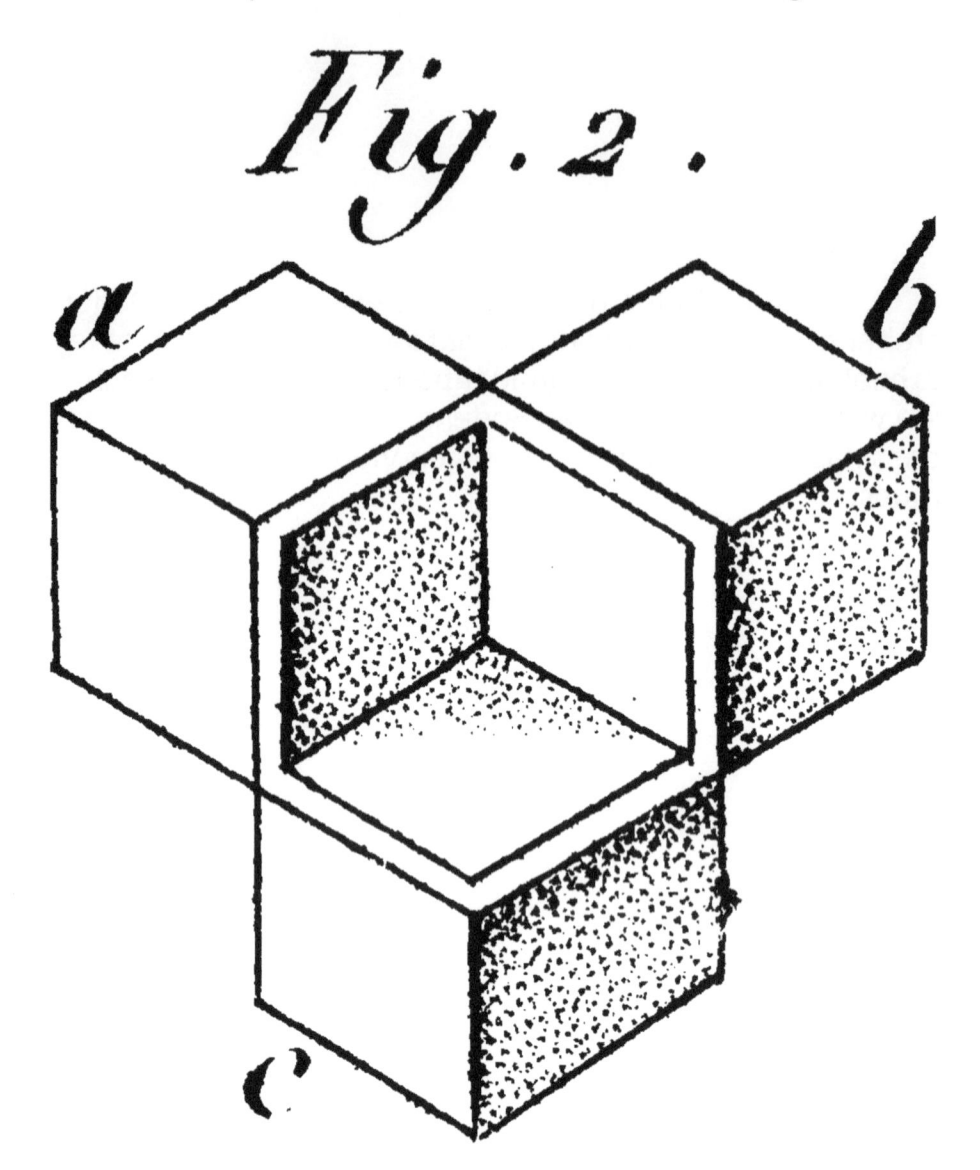

Band 2 Tafel V Fig 2—Der Boden einer Zelle, von vorne. Sie ist an drei andere Zellen angelehnt, a, b, c, deren Böden von hinten sichtbar sind.

Hubers Beobachtungen an den Bienen, II 343

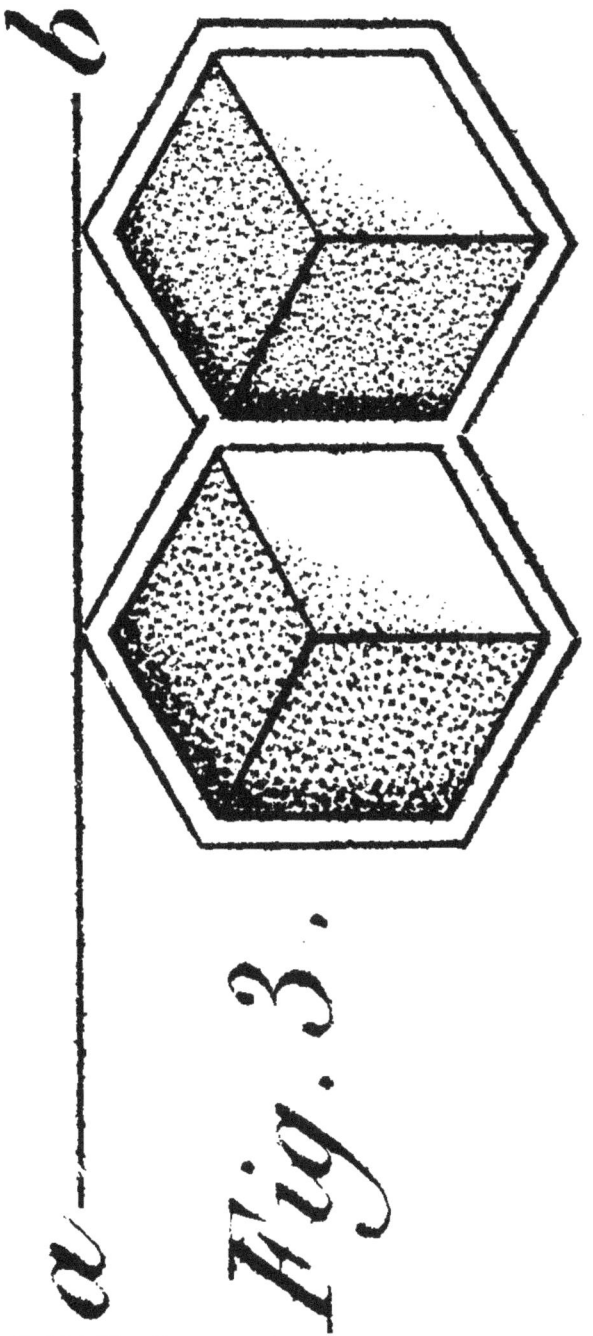

Band 2 Tafel V Fig 3—Zwei Pyramidalböden; die Linie (a b) wird nur an einem Punkte berührt.

344 Kapitel IV: Vom Wabenbau - Fortsetzung

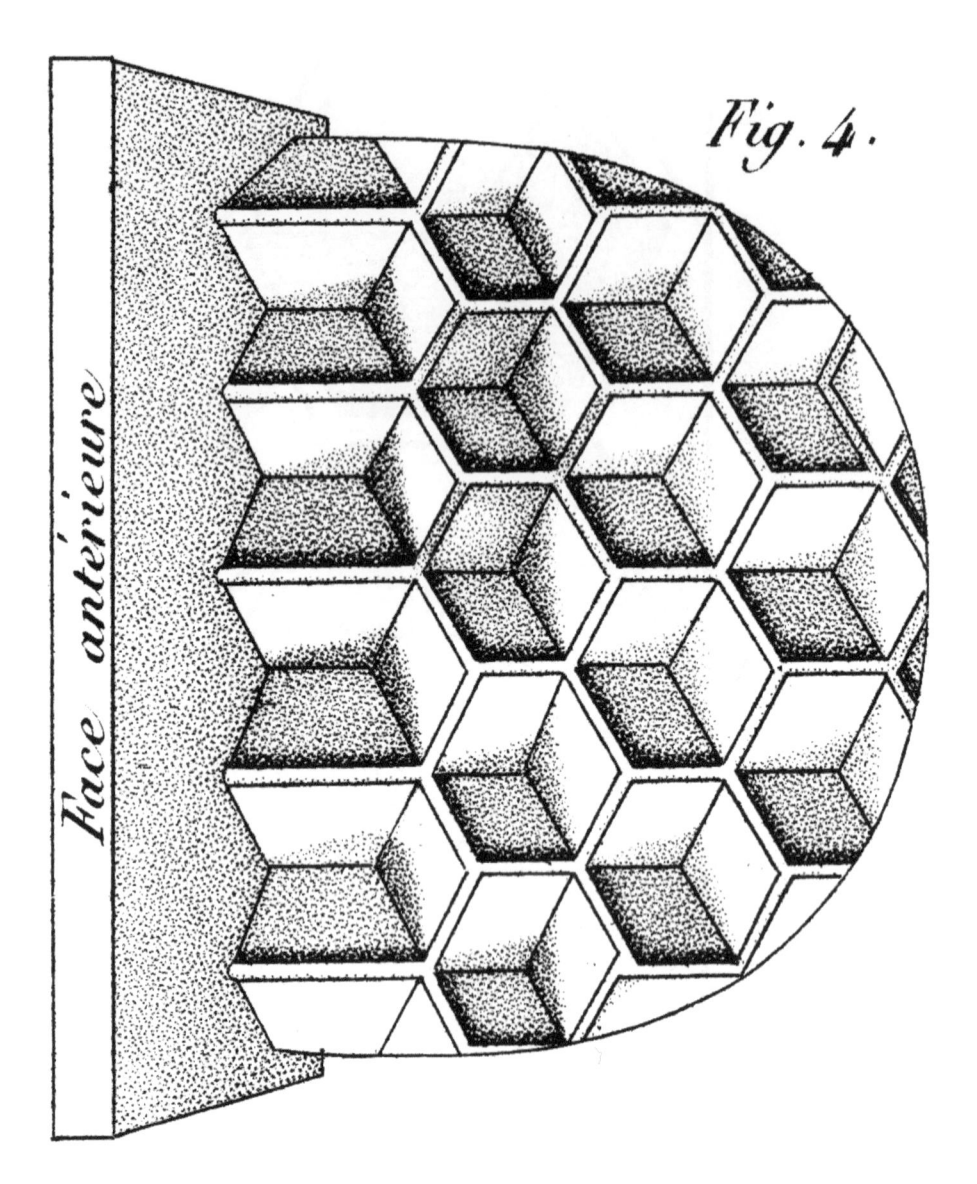

Band 2 Tafel V Fig 4—Ein neues Wabenstück, an der Decke des Stockes befestigt.

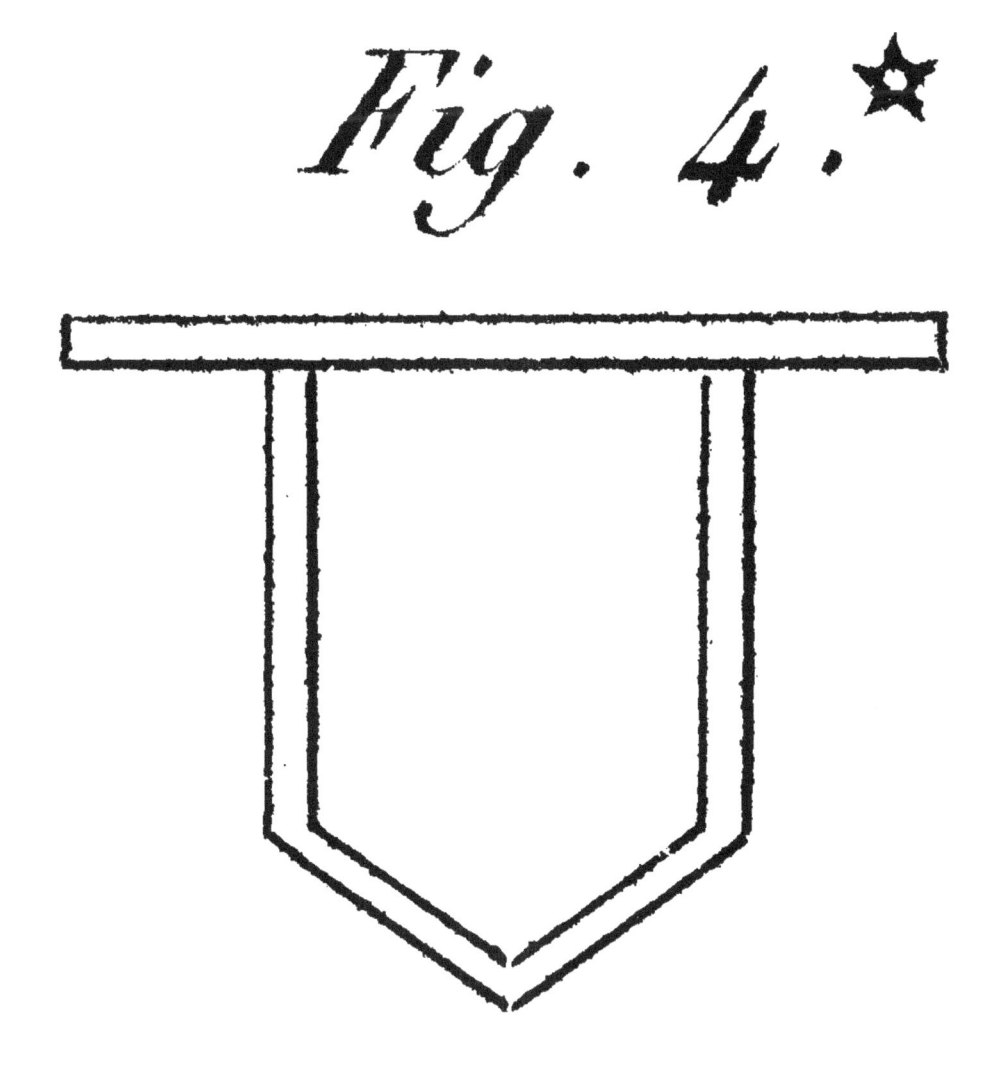

Band 2 Tafel V Fig 4*—Zeigt die Kante der Mündung einer Zelle der ersten Reihe.

346 Kapitel IV: Vom Wabenbau - Fortsetzung

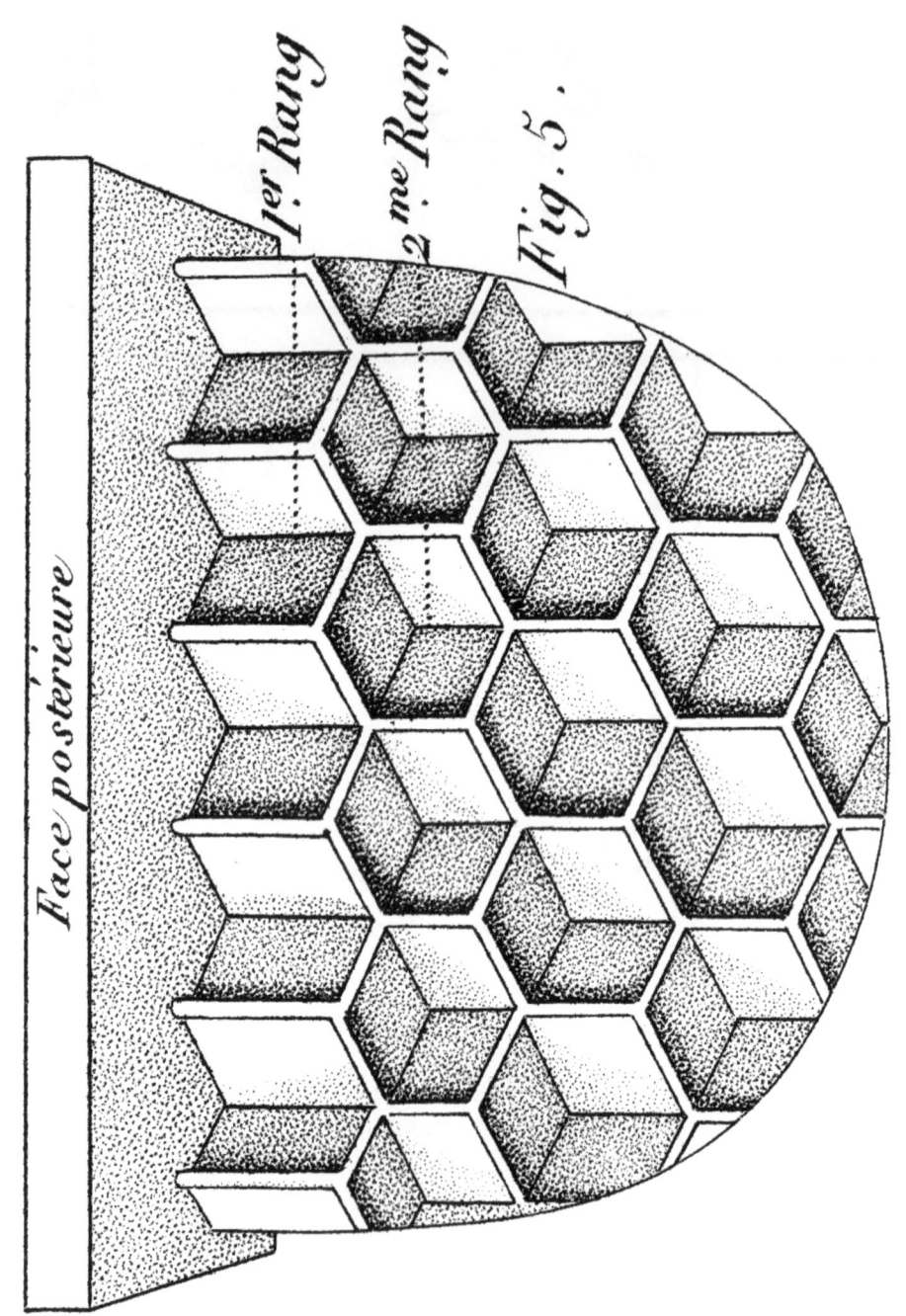

Band 2 Tafel V Fig 5—Gegenüberliegende Seite der Zellen in Fig. 4.

Figur 5 zeigt dieselbe Wabe von der gegenüberliegenden Seite; in beiden wurden die Röhren der Zellen entfernt, und nur eine kleine Kante stehengelassen, sodass man die Konturen erkennen kann. Die Böden der ersten Zellen, welche sich an der Decke befinden, sind diejenigen, welche ich die Zellen der ersten Reihe nenne.

Kapitel IV: Vom Wabenbau - Fortsetzung

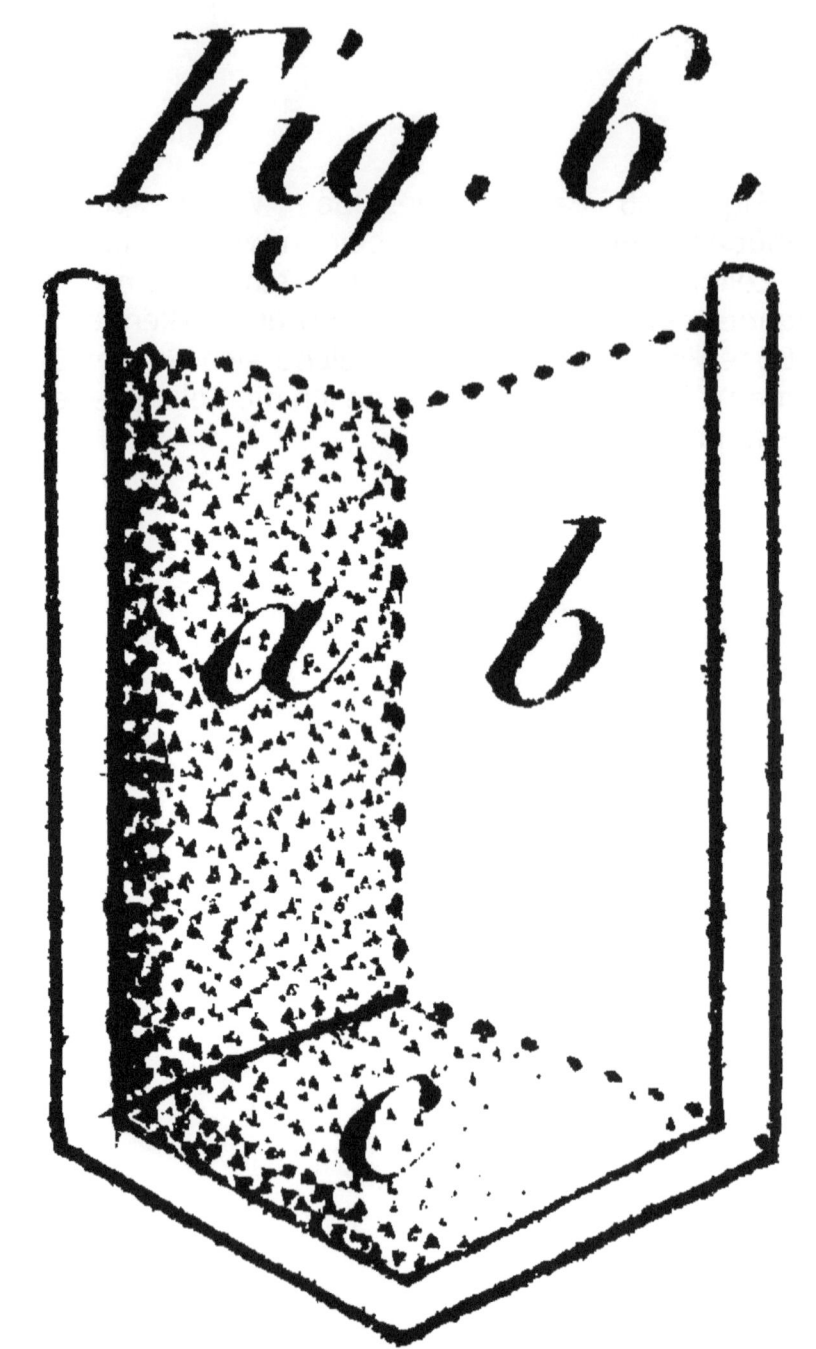

Band 2 Tafel V Fig 6—Boden einer vorderen Zelle der ersten Reihe.

Figur 6 zeigt den Boden einer vorderen Zelle der ersten Reihe, von der Wabe losgelöst; (a b) dessen Trapezen (c) der Rhombus, welcher ihn abschließt. In Figur 9 sieht man den Boden der hinteren Zelle der ersten Reihe, der aus zwei Trapezen besteht. Figur 9* stellt dieselben Teile dar, allerdings aus anderer Sicht in derselben Stellung wie in Fig. 13 (ab). Da diese perspektivisch gezeichnet sind, was die Ansicht der Teile durch das Zurückweichen der Zellen leicht verzerrt, sind sie in den Figuren 7 und 10 flach und einzeln dargestellt, die Klammern markieren die Verbindung; wir sehen sie so in ihrer geometrischen Form.

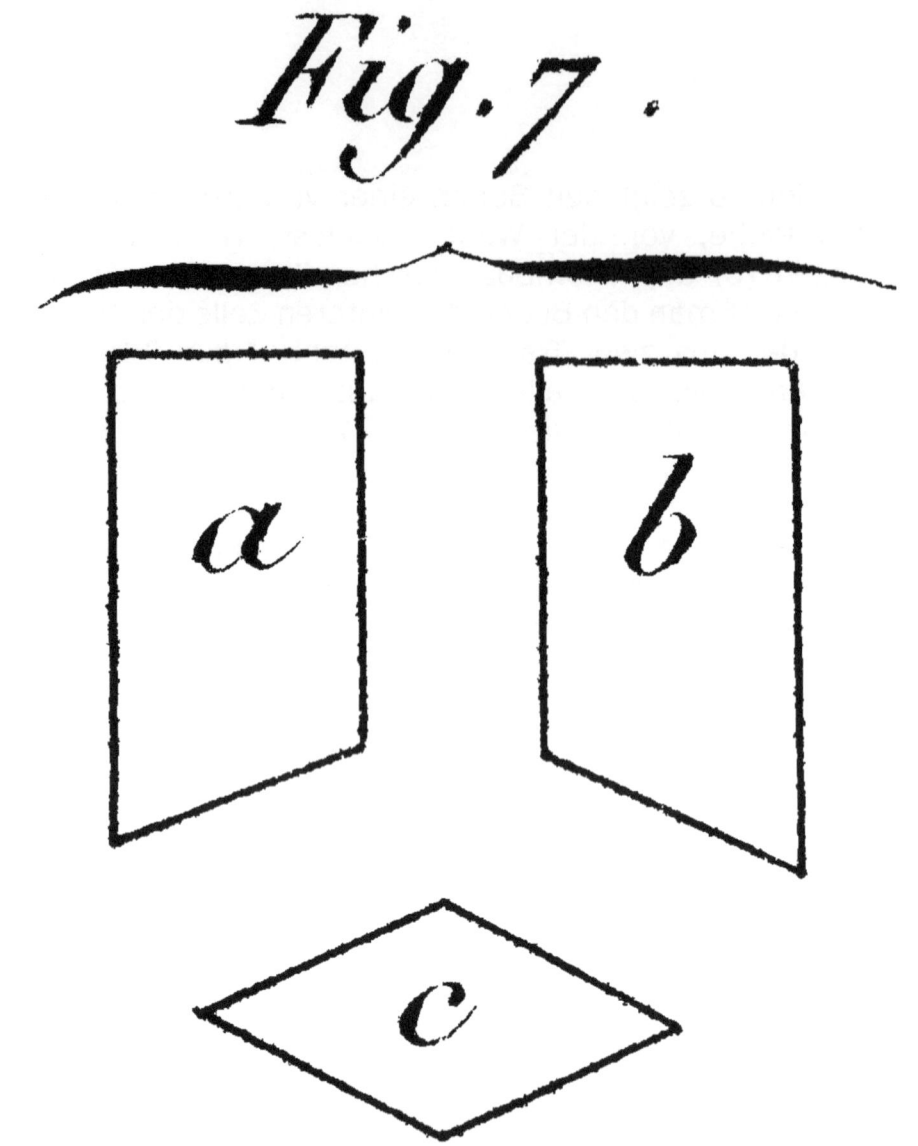

Kapitel IV: Vom Wabenbau - Fortsetzung

Fig. 7.

Band 2 Tafel V Fig 7—Einige von diesen sind perspektivisch gezeichnet, was die Ansicht der Teile durch das Zurückweichen der Zellen leicht verzerrt, die Teile der Figur 6 sind in den Figuren 7 und 10 flach und einzeln dargestellt, die Klammern markieren die Verbindung; wir sehen sie so in ihrer geometrischen Form.

Fig. 8.

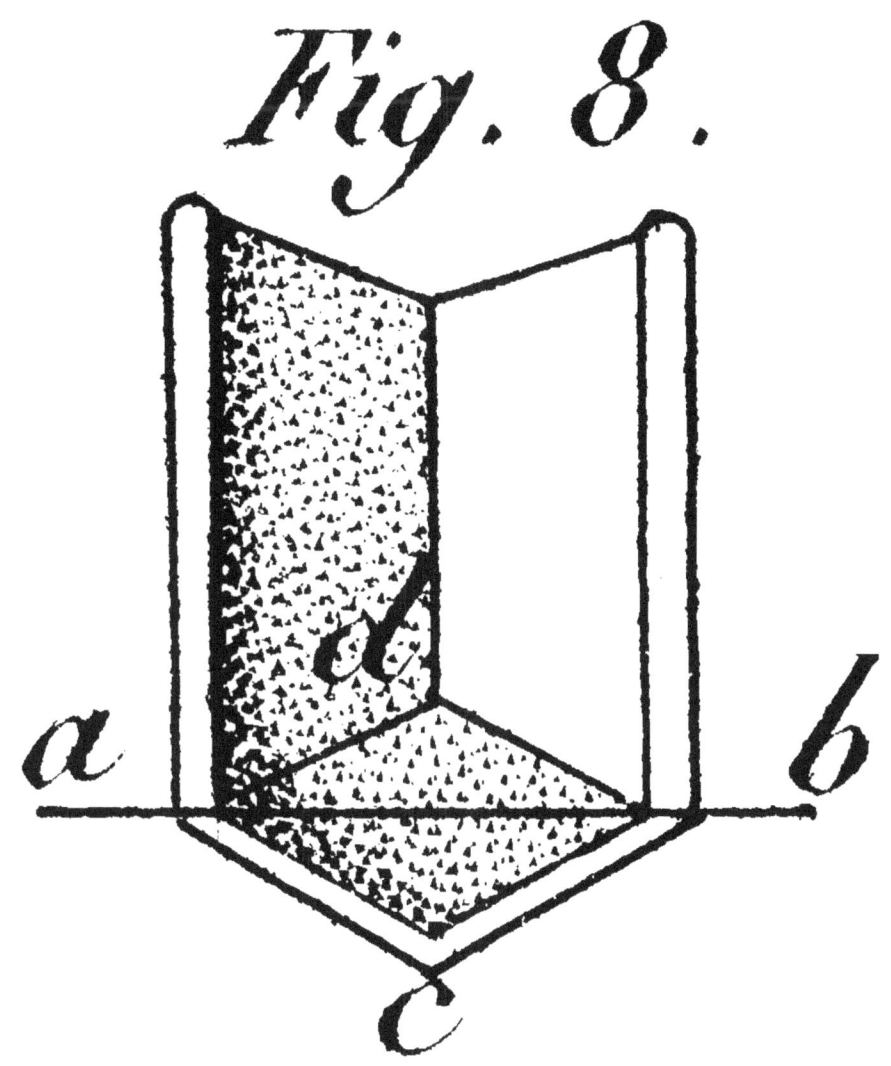

Band 2 Tafel V Fig 8—Zeigt das Vorspringen des Rhombus über die Line (a, b) durch die beiden spitzen Winkel; der Teil (a c b) ragt über die Aushöhlung hinaus, während der Teil (a d b) darin ist: es ragt also genau die Hälfte des Rhombus, der Länge nach, über; der Rhombus ist seiner kurzen Diagonale nach geneigt, ist aber seiner langen Diagonale nach horizontal.

352 Kapitel IV: Vom Wabenbau - Fortsetzung

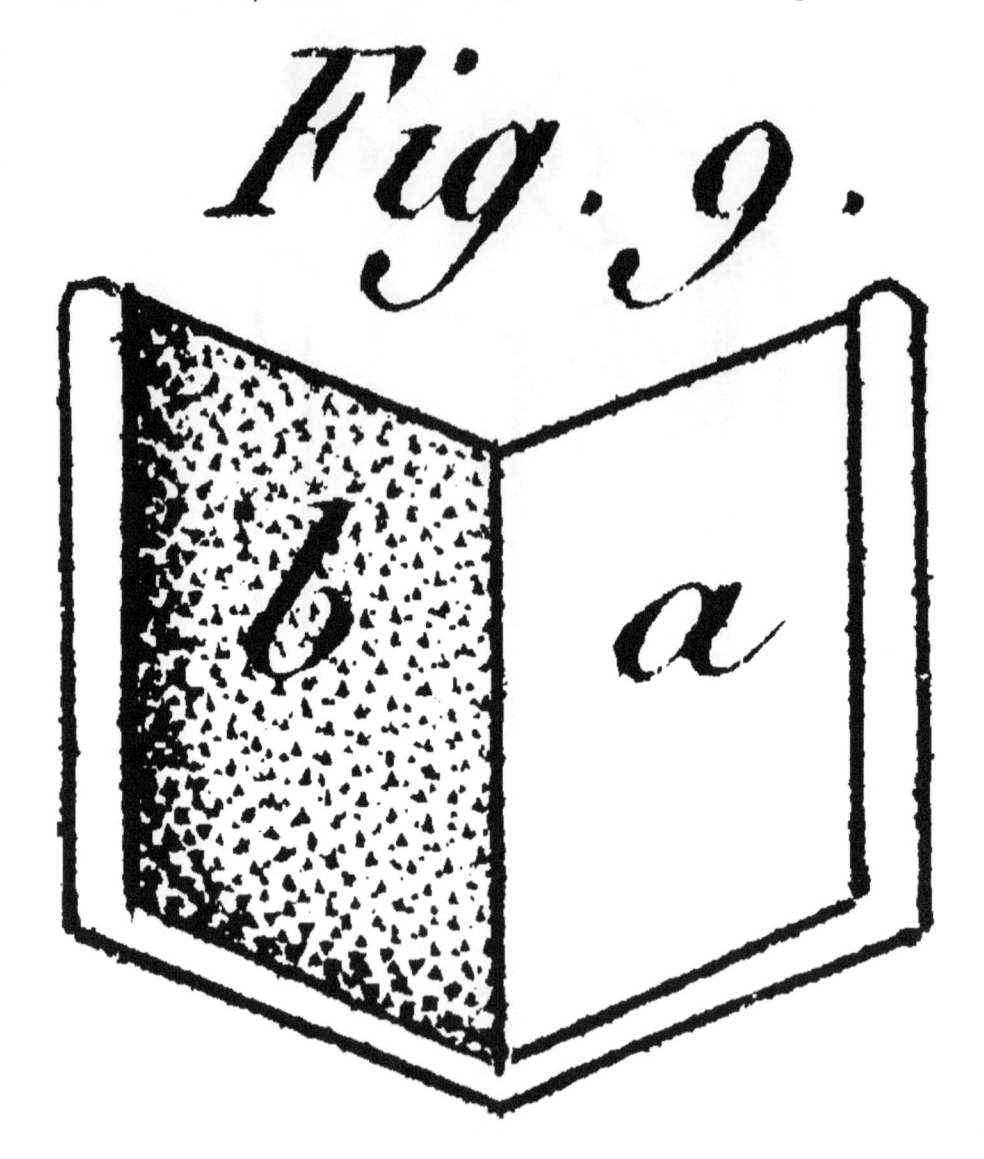

Fig. 9.

b a

Band 2 Tafel V Fig 9—Der Boden der hinteren Zelle der ersten Reihe, aus zwei Trapezen geformt.

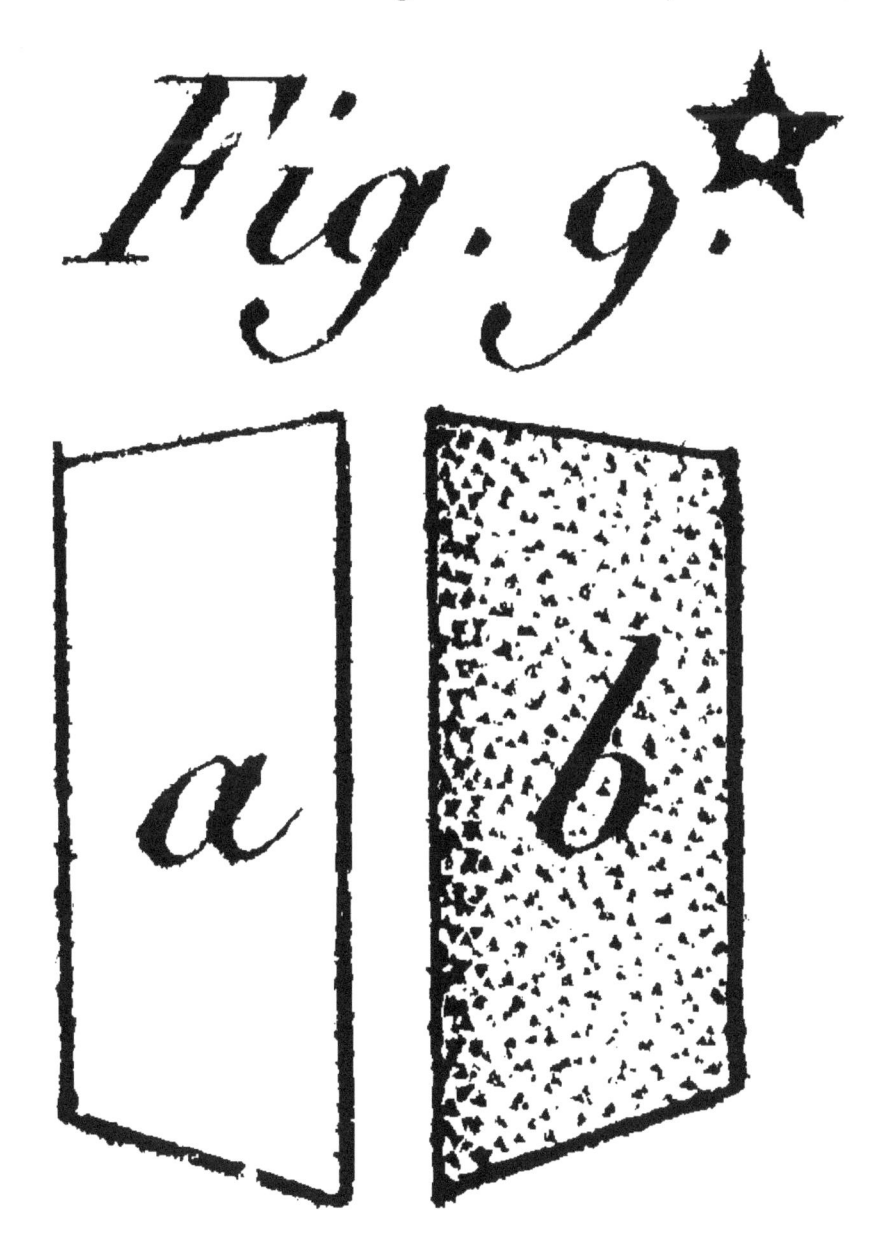

Band 2 Tafel V Fig 9*—Dieselben Teile wie in Figur 6 von hinten gesehen, in derselben Stellung wie in Figur 13 (a b).

354   Kapitel IV: Vom Wabenbau - Fortsetzung

Band 2 Tafel V Fig 10—Teile der oberen Reihe in Einzelansicht ohne Verzerrung.

Da diese perspektivisch gezeichnet sind, was die Ansicht der Teile durch das Zurückweichen der Zellen leicht verzerrt, sind sie in den Figuren 7 und 10 flach und einzeln dargestellt, die Klammern markieren die Verbindung; wir sehen sie so in ihrer geometrischen Form.

Hubers Beobachtungen an den Bienen, II   355

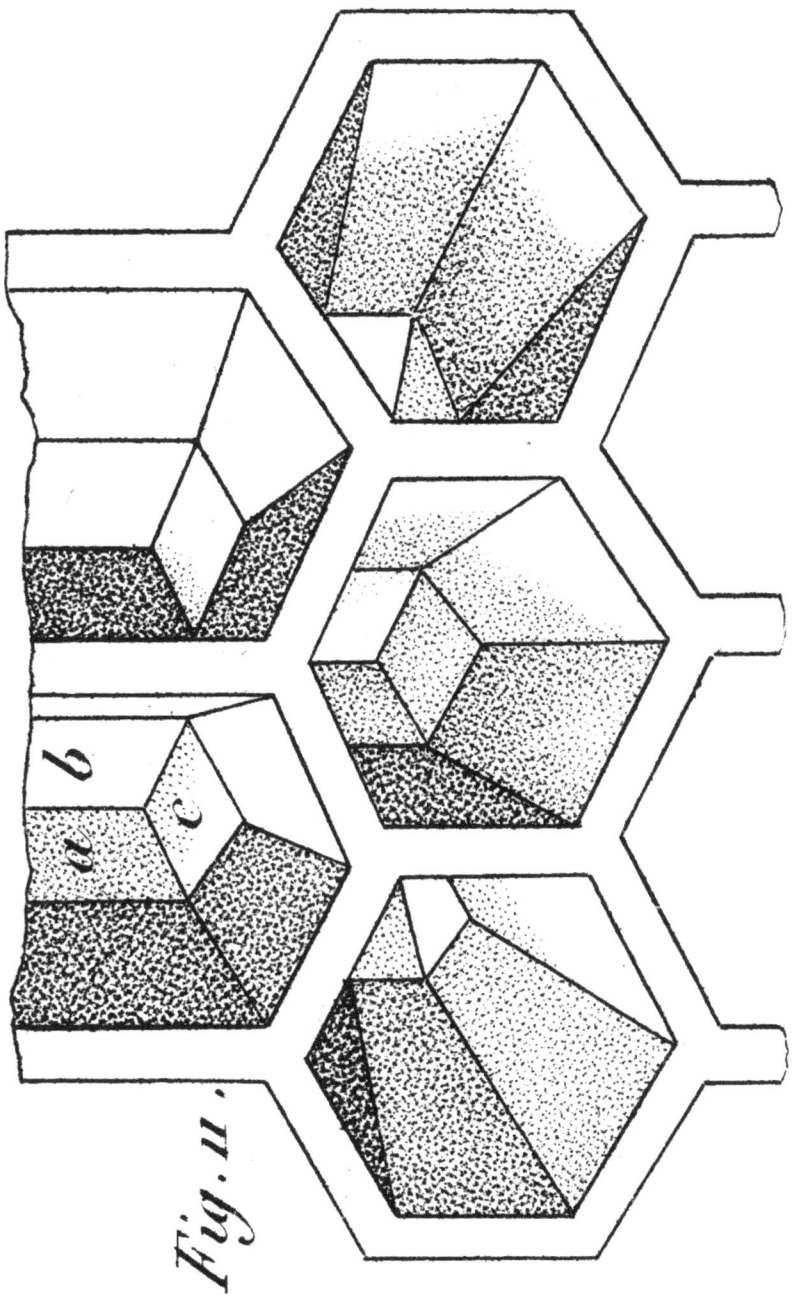

Band 2 Tafel V Fig 11—Vorderansicht der Zellen der ersten Reihe, mit vergrößerten Rohren von oben betrachtet, a b c ist der Boden.

356 Kapitel IV: Vom Wabenbau - Fortsetzung

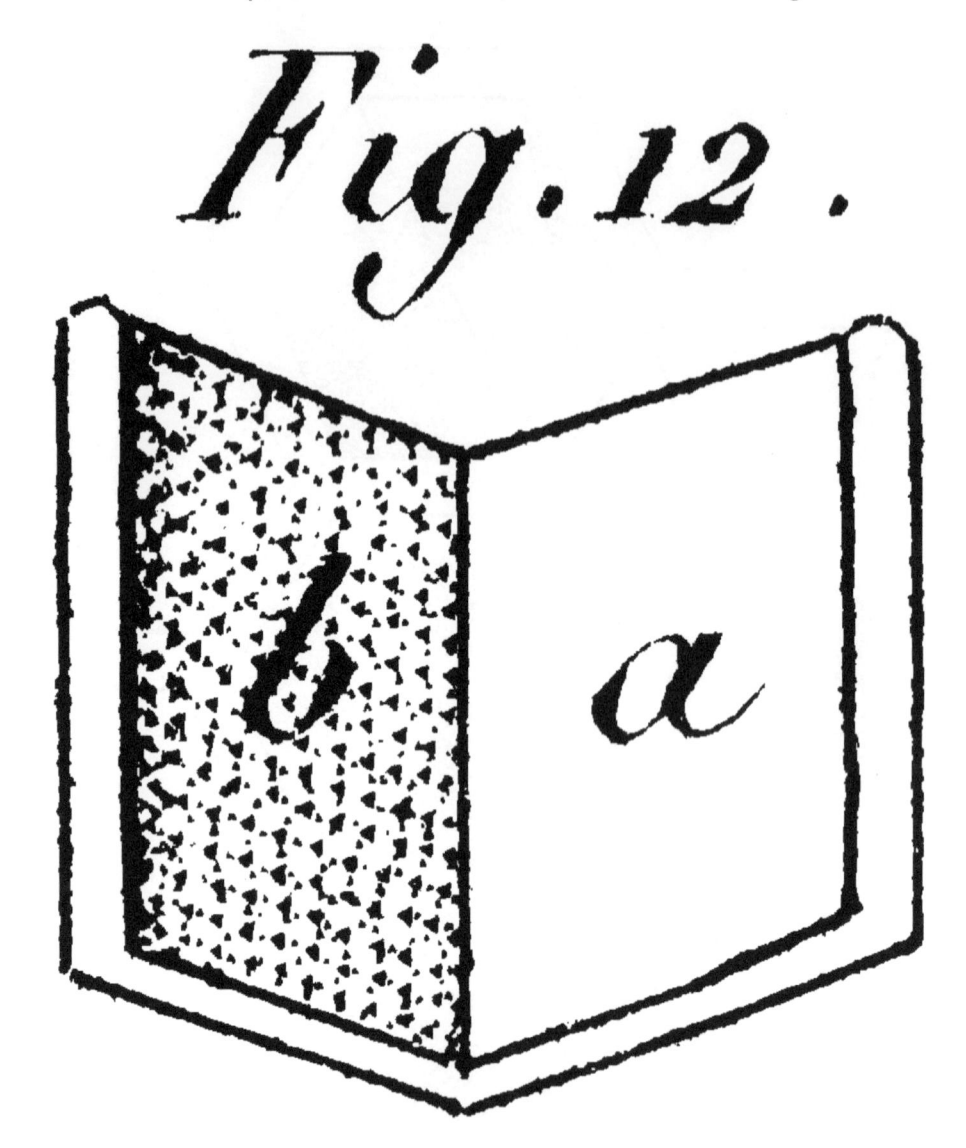

Fig. 12.

b a

Band 2 Tafel V Fig 12—Figuren 12 und 13 zeigen den Boden dreier Zellen, die aneinandergrenzen; Figur 13 zeigt zwei vordere Zellen und Figur 12 eine hintere Zelle zwischen diese beiden eingefügt, b ist die hintere Wand von b und von a. Siehe Figur 9*.

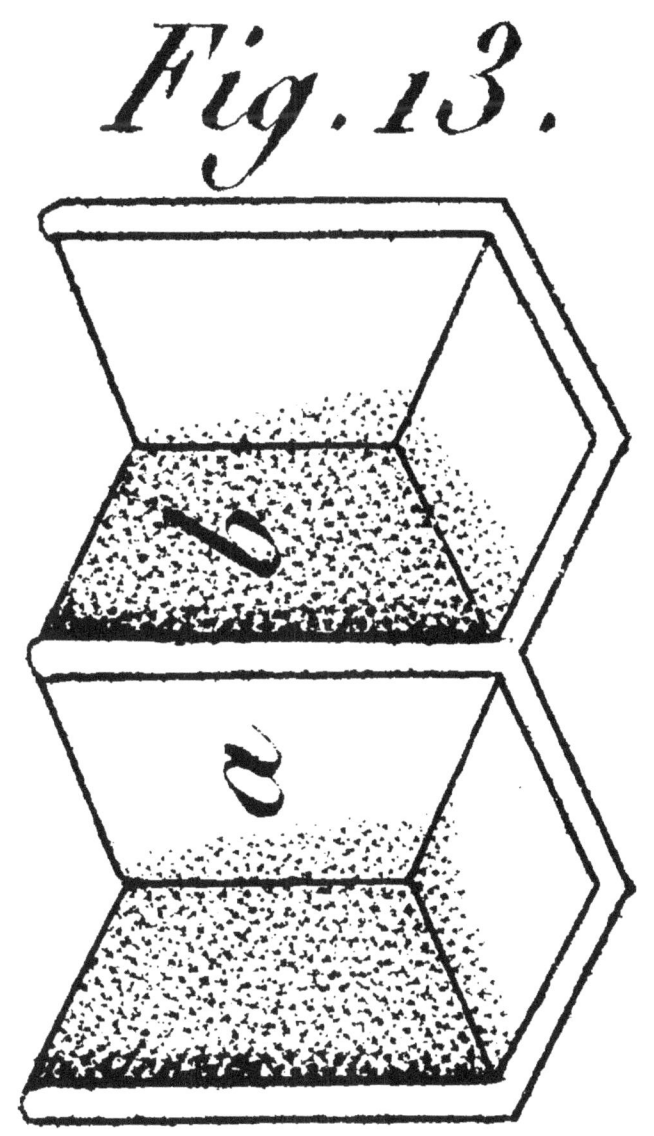

Band 2 Tafel V Fig 13—Zwei vordere Zellen.

Figuren 12 und 13 zeigen den Boden dreier Zellen, die aneinandergrenzen; Figur 13 zeigt zwei vordere Zellen und Figur 12 eine hintere Zelle zwischen diese beiden eingefügt, b ist die hintere Wand von b und von a. Siehe Figur 9*.

Kapitel IV: Vom Wabenbau - Fortsetzung

Fig. 14.

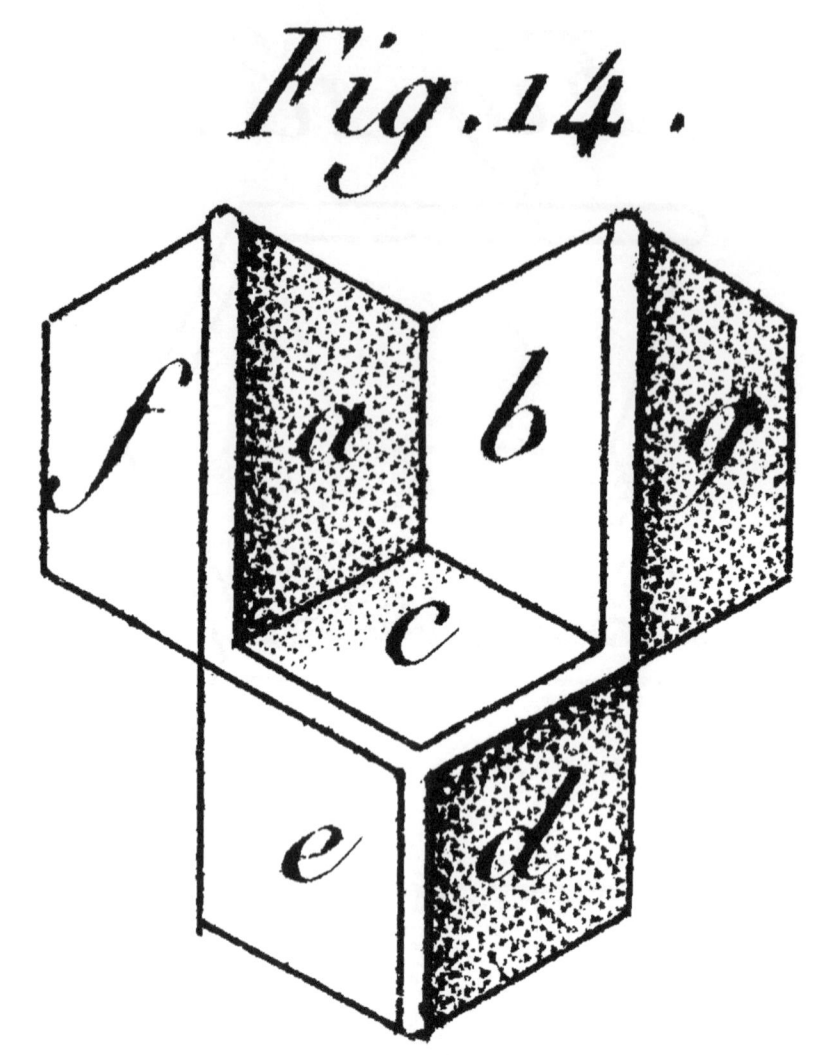

Band 2 Tafel V Fig 14—Umkehrung von Fig. 15, Boden der ersten Reihe.

Figuren 14 und 15 sind Umkehrungen voneinander; die erste zeigt den Boden der ersten Reihen; mit dem Rücken von drei Zellen die von der anderen Seite daranstoßen; zwei Zellen der ersten Reihe (f, a und g, b) und eine der zweiten Reihe (c, e, d); wir vergewissern uns indem wir uns Figur 15 ansehen, hier sind die drei hinteren Zellen (g, b) (f, a) und (c, d, e) nach vorne gerichtet gezeigt, und grenzen an die vordere Zelle der ersten Reihe (b, a, c), die hier von hinten gezeigt ist, der Teil (c), der dem Rhombus (c) der vorderen Zelle gegenüberliegt, wird hier zum oberen Teil des Pyramidalbodens (d, c, e), der unter den Zellen (g, b) und (a, f) in Figur 15 entsteht.

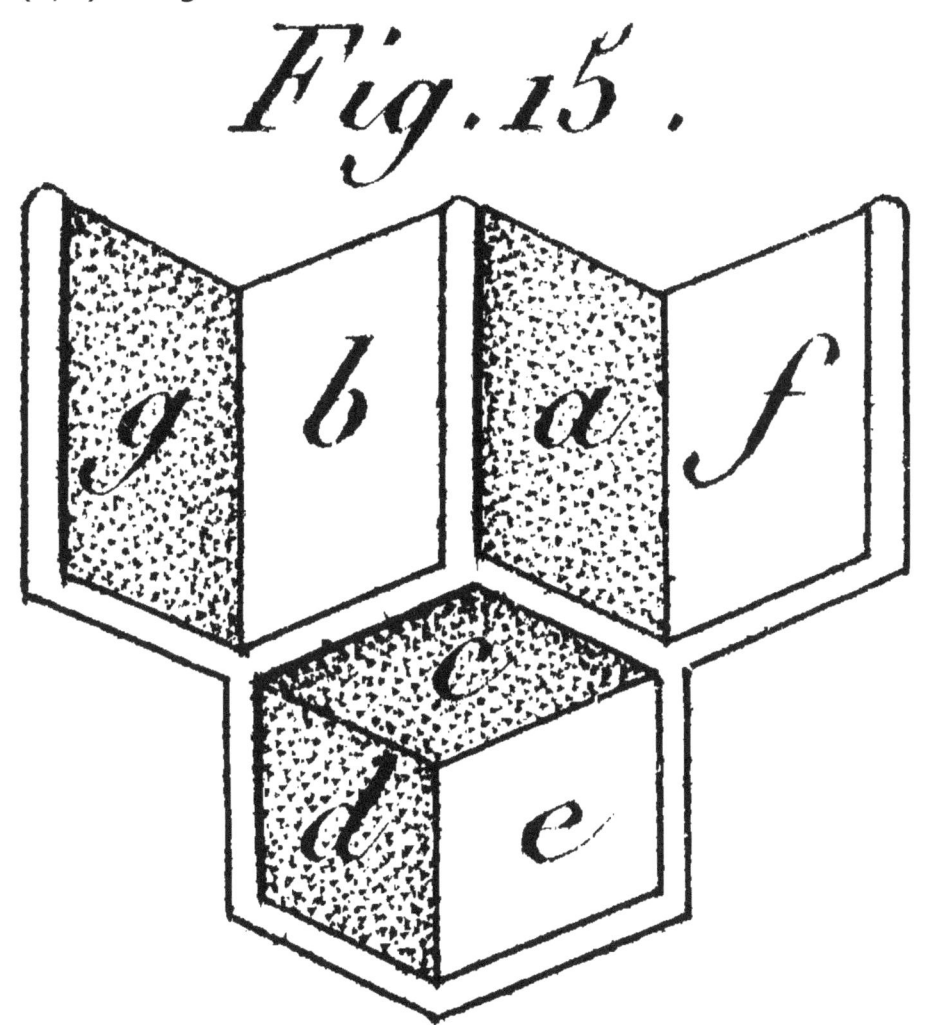

Band 2 Tafel V Fig 15—Umkehrung von Fig. 14, Boden der ersten Reihe.

Kapitel IV: Vom Wabenbau - Fortsetzung

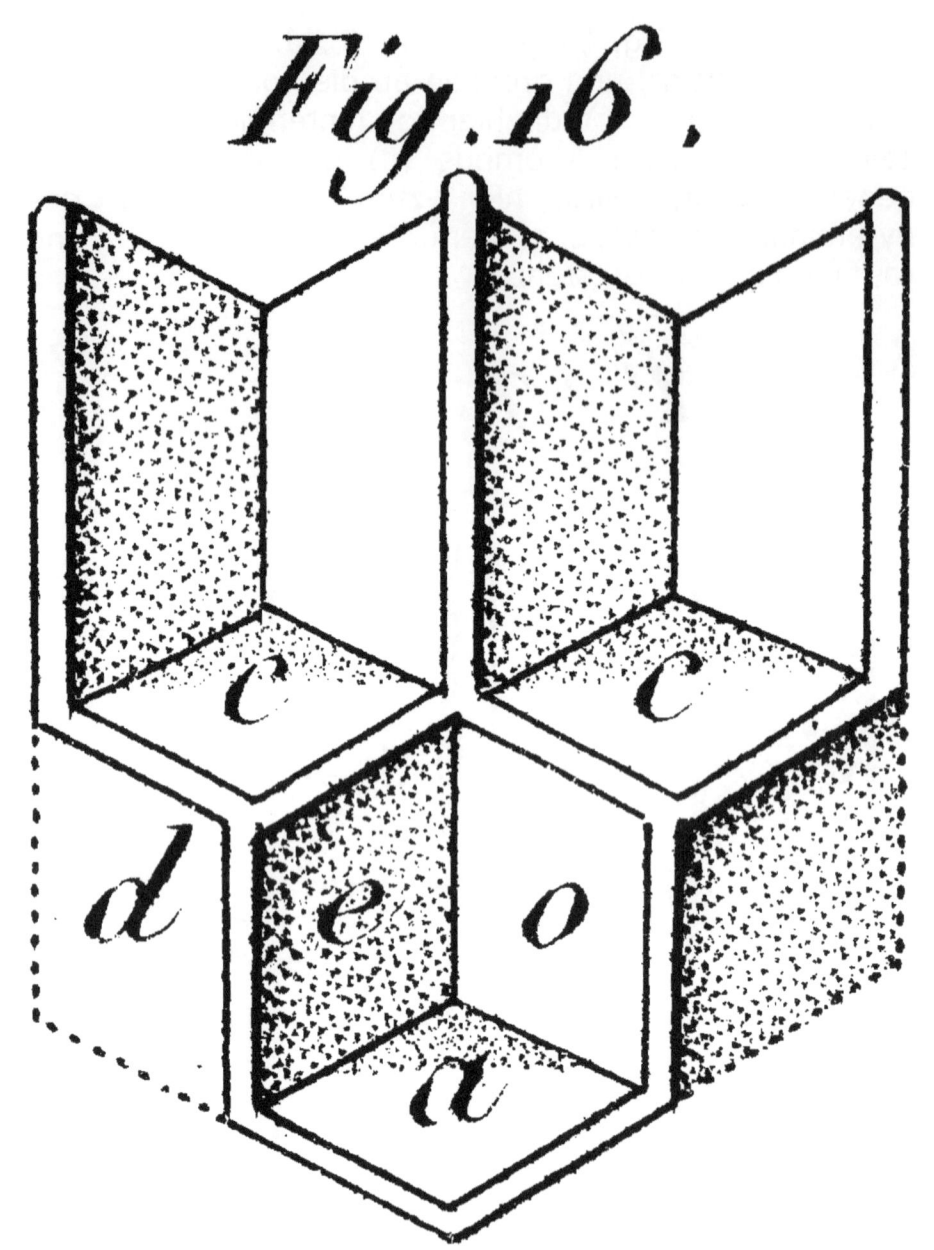

Band 2 Tafel V Fig 16—Zwei vordere Zellen der ersten Reihe und eine hintere Zelle der zweiten Reihe (Umkehrung von Fig. 17).

Figuren 16 und 17 sind ebenfalls Umkehrungen voneinander, entlang derselben Achse, um die Verbindung der Zellen zu zeigen.

Figur 16 zeigt ein Wabenstückchen, bestehend aus zwei vorderen Zellen der ersten Reihe und einer vorderen Zelle der zweiten Reihe.

Wir sehen hier, dass der Pyramidalboden der vorderen Seite, Figur 16, aus zwei Rhomben die sich zwischen den Zellen der ersten Reihe befinden; gebildet ist, dass aber die zwei Teile (e o) dieselben sind wie (e o) Figur 17, und zu zwei Zellen der Rückseite gehören; und schließlich, dass der Rhombus (a), der die Zelle in Figur 16 beschließt, auf der anderen Seite Teil eines Zwischenstückes zwischen zwei Zellen ist, oder einer Zelle der dritten Reihe.

362 Kapitel IV: Vom Wabenbau - Fortsetzung

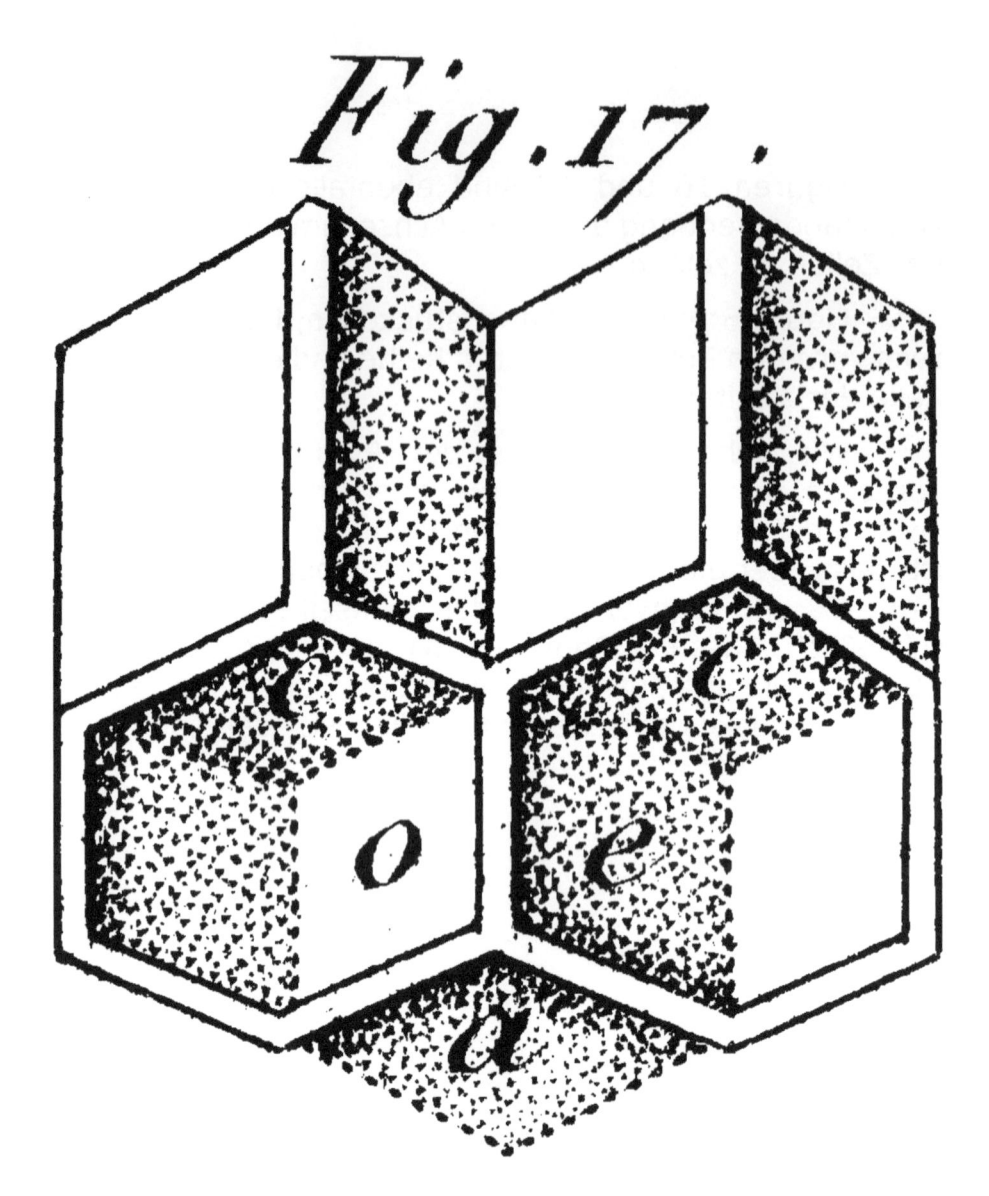

Band 2 Tafel V Fig 17—Eine hintere Zelle der ersten Reihe und zwei hintere Zellen der zweiten Reihe (Umkehrung von Fig 16).

Figuren 16 und 17 sind ebenfalls Umkehrungen voneinander, entlang derselben Achse, um die Verbindung der Zellen zu zeigen.

Figur 17 zeigt eine hintere Zelle der ersten Reihe und zwei hintere Zellen der zweiten Reihe.

Wir sehen hier, dass der Pyramidalboden der vorderen Seite, Figur 16, aus zwei Rhomben die sich zwischen den Zellen der ersten Reihe befinden; gebildet ist, dass aber die zwei Teile (e o) dieselben sind wie (e o) Figur 17, und zu zwei Zellen der Rückseite gehören; und schließlich, dass der Rhombus (a), der die Zelle in Figur 16 beschließt, auf der anderen Seite Teil eines Zwischenstückes zwischen zwei Zellen ist, oder einer Zelle der dritten Reihe.

364 Kapitel IV: Vom Wabenbau - Fortsetzung

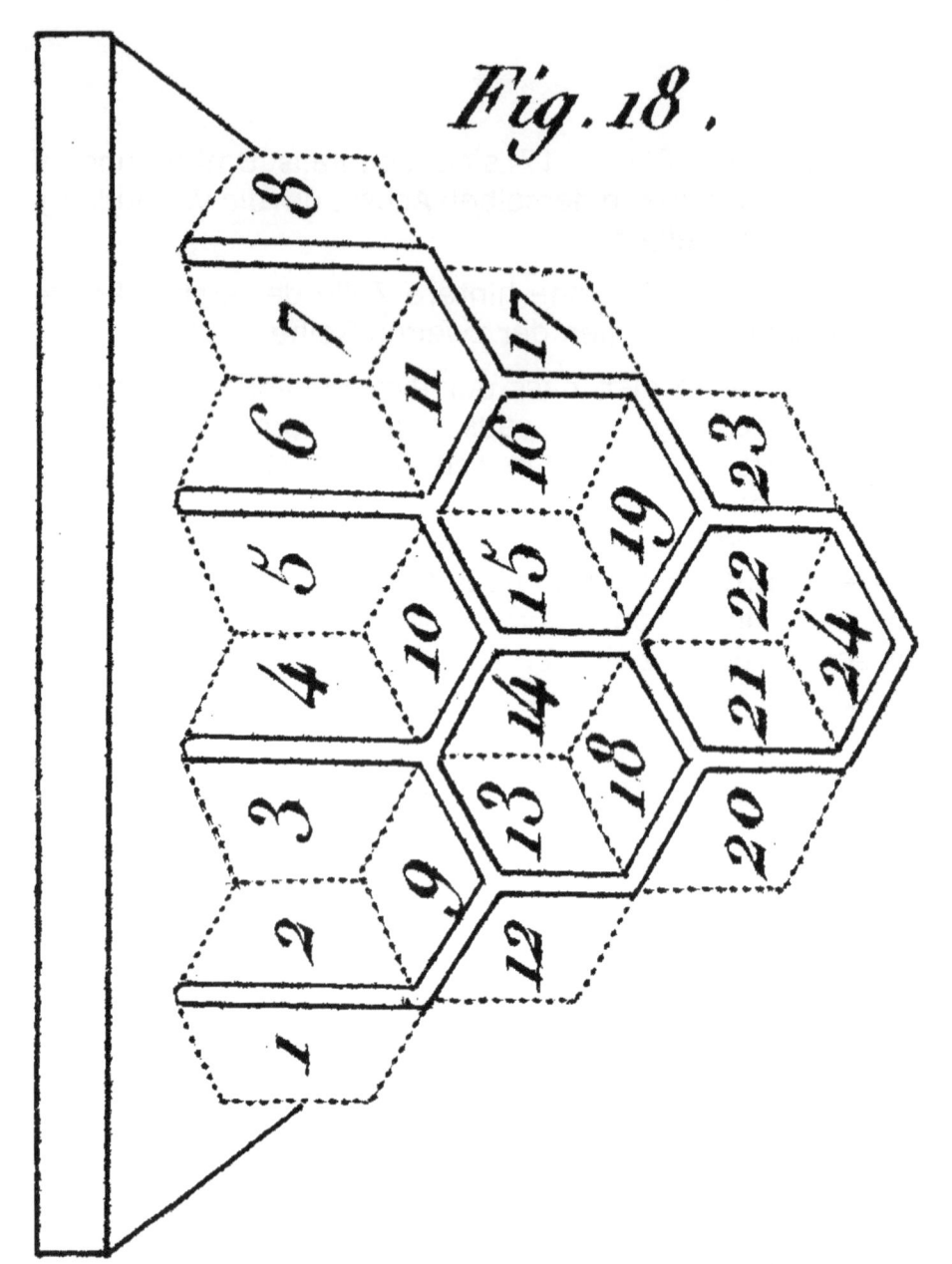

Fig. 18.

Band 2 Tafel V Fig 18—Figuren 18 und 19, die zwei Wabenstückchen ohne Schattierungen zeigen, geben uns die Gelegenheit, alle Teile der Böden der Zellen beider Seiten zu vergleichen.

Fig. 19.

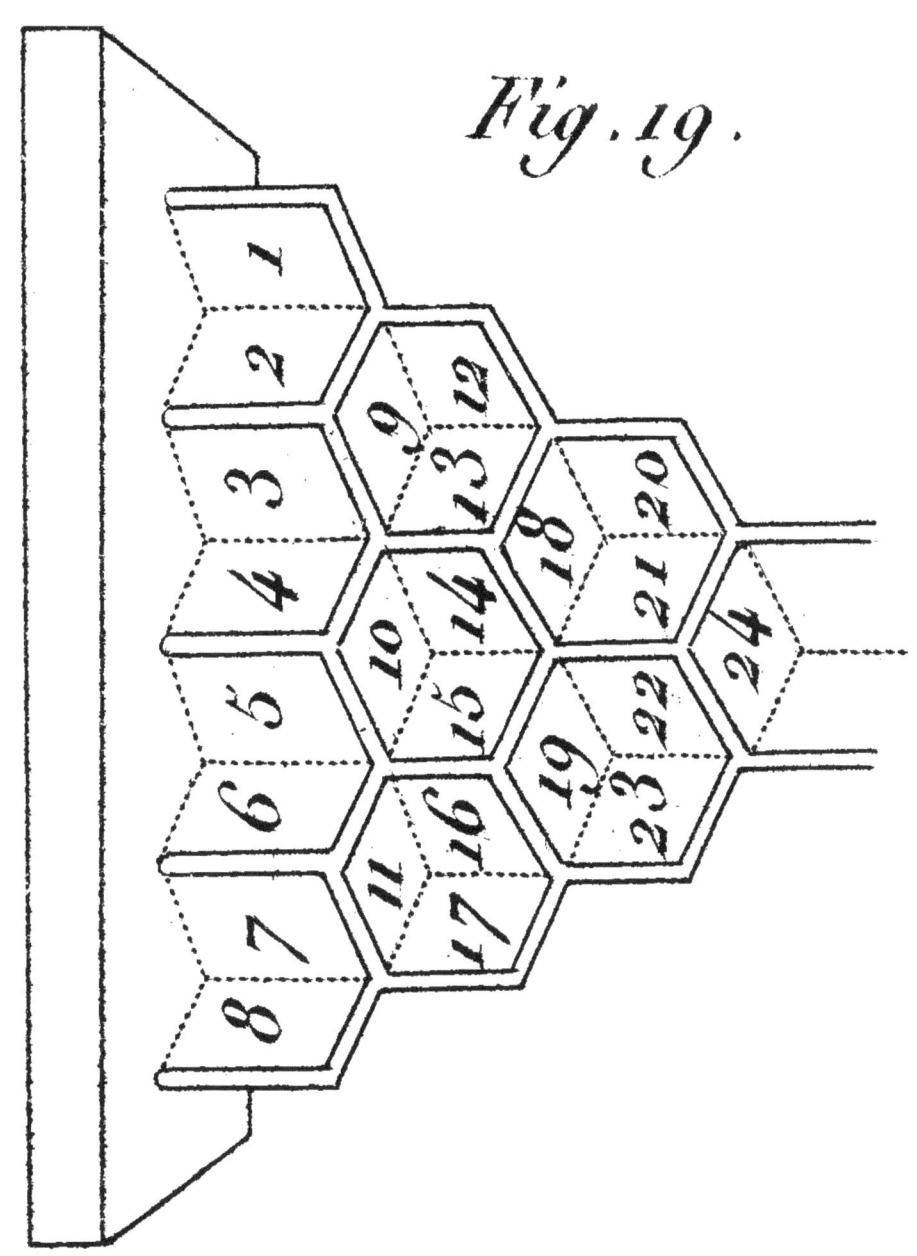

Band 2 Tafel V Fig 19— Figuren 18 und 19, die zwei Wabenstückchen ohne Schattierungen zeigen, geben uns die Gelegenheit, alle Teile der Böden der Zellen beider Seiten zu vergleichen.

Kapitel IV: Vom Wabenbau - Fortsetzung

Fig. 1.

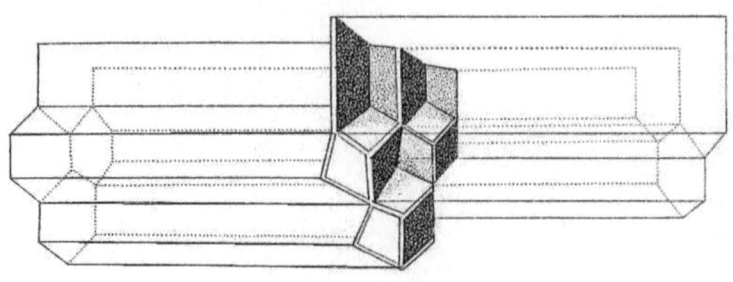

Fig. 2.

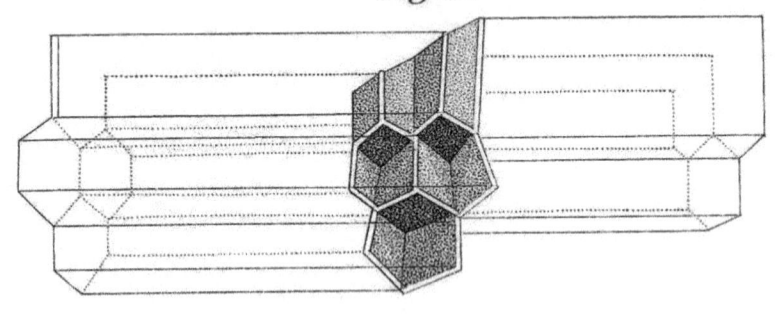

Fig. 3.

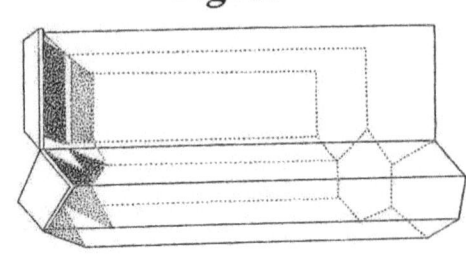

Fig. 4.

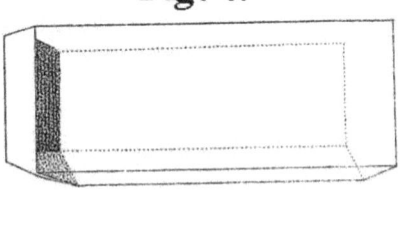

Fig. 5.

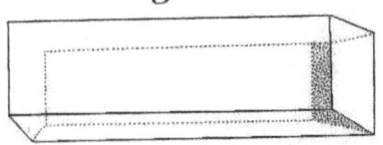

Band 2 Tafel VI—Vergrößerte Einzelheiten der Methoden, wie Zellen sich zusammenfügen.

Erklärungen der Figuren von Tafel VI
Die Figuren dieser Tafel sind in einem vergrößerten Maßstabe im Vergleich zu den vorhergehenden. Die erste zeigt ein kleines Wabenstückchen, so als wären die Prismen durchscheinend, um die Verbindungswand sichtbar zu machen, an die die Böden der beiden Seiten gebaut sind. Diese Prismen sind nur durch ihre Kanten und Öffnungen dargestellt. Da sie hier in ihrer ganzen Länge dargestellt sind, erscheinen die Hauptrippen der Böden ein wenig zu kurz: dem Auge soll es damit ermöglicht werden, sowohl die Böden als auch die Öffnungen zu sehen.

368 Kapitel IV: Vom Wabenbau - Fortsetzung

Fig. 1.

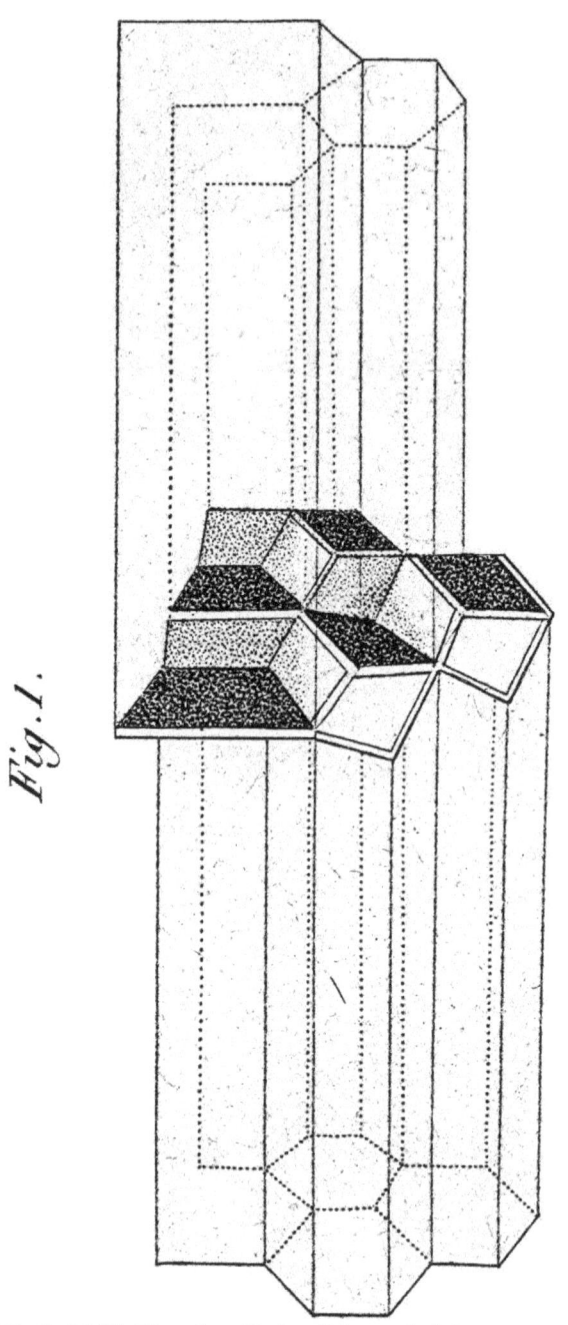

Band 2 Tafel VI Fig 1—Schnittansicht von vorne der ersten von drei Zellenreihen.

Als Figur 1 sehen wir zwei Zellenböden der ersten Reihe, unter denen ein Pyramidalboden gezeigt ist. Die an diese Zelle angrenzenden Teile wurden einbehalten, um die dahinter als Ganzes sehen zu können; wir sehen daher in dieser Figur die Rückseite von vier hinteren Zellen, eine in der ersten Reihe, zwei in der zweiten Reihe und eine in der dritten Reihe: diese Figur entspricht Figur 16 der Tafel V, in der die Böden dieser Zellen von vorne zu sehen sind.

Horizontale Linien wurden von allen Blickwinkeln des Umrisses dieser Böden gezogen; sie sind in ihrer Vereinigung durch das Prismenrohr dargestellt, dessen Öffnung am anderen Ende zu sehen ist; die Linien, welche von den hinteren Blickwinkeln ausgehen, stellen die der Zellen auf dieser Seite dar.

370   Kapitel IV: Vom Wabenbau - Fortsetzung

Fig. 2.

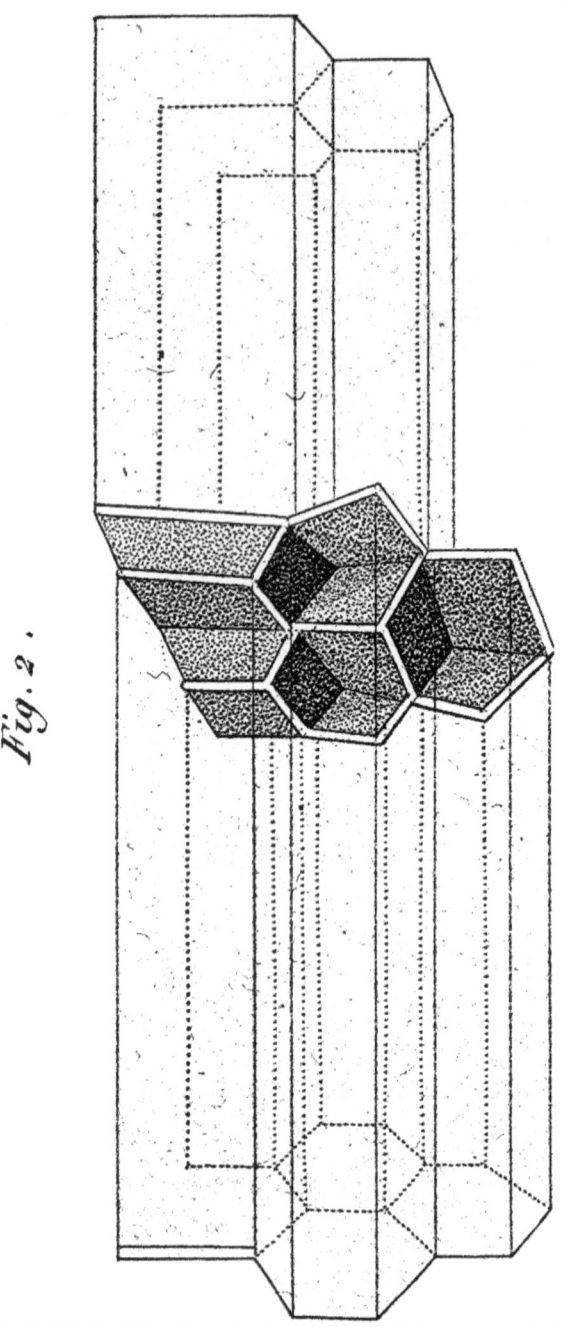

Band 2 Tafel VI Fig 2—Schnittansicht von hinten der ersten drei Zellenreihen.

Figur 2 zeigt dasselbe Wabenstück nur umgekehrt, sodass wir schräg auf die Böden der Zellen der hinteren Seite sehen; sie entspricht Figur 17 der Tafel V., welche die Böden ähnlicher Zellen von vorne zeigt. Hier sehen wir, zu uns gewandt, die Böden der Zellen, die wir in Figur 1 von hinten gesehen haben; von den Böden der vordern Zellen sehen wir nur die Rückseite. Ein Blick auf die Öffnungen dieser Zellen zeigt den beeindruckenden Unterschied zwischen denen der ersten Reihe und den darunter gelegenen; wenn wir die Linien von der Mündung in die Zellen hinein verfolgen, gelangen wir zu den Winkeln der Böden ebendieser Zellen.

372   Kapitel IV: Vom Wabenbau - Fortsetzung

Fig. 3.

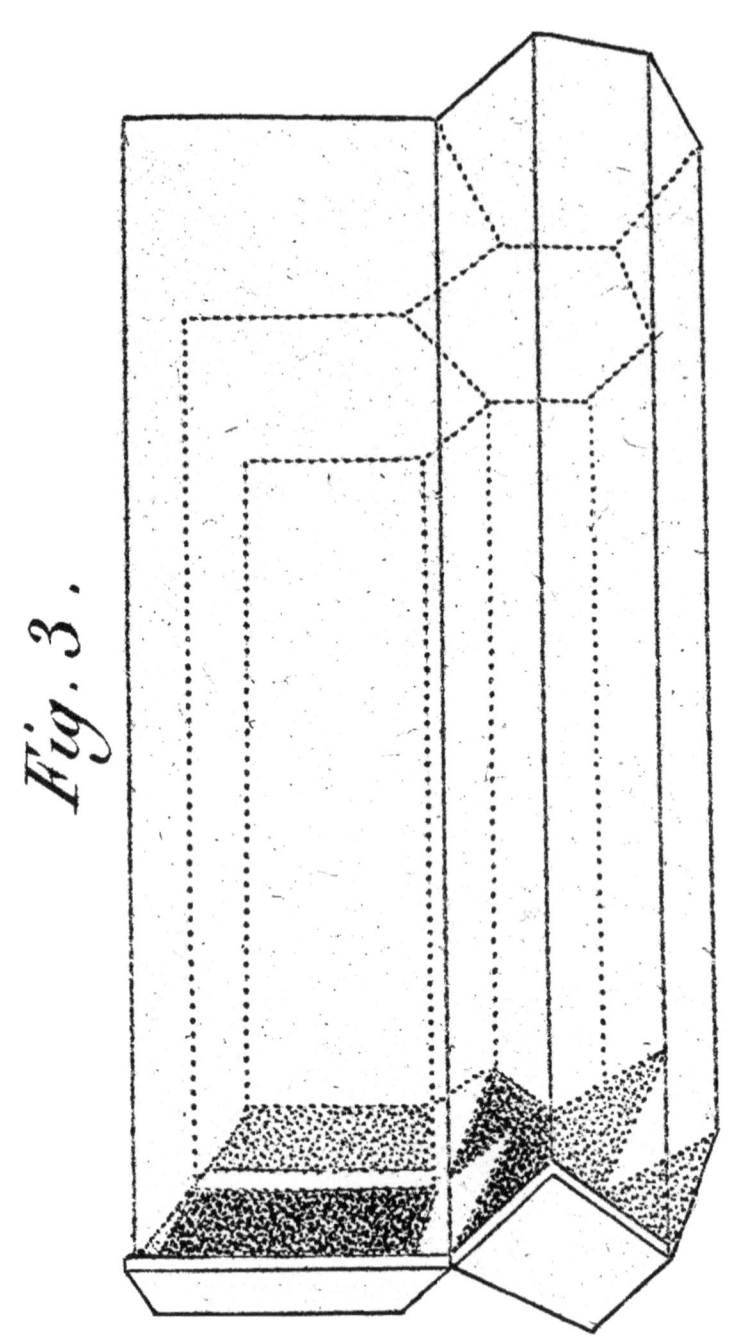

Band 2 Tafel VI Fig 3—Innenseiten der Zwischenwand.

Figur 3 zeigt die Zwischenwand im Profil; man sieht hier die Innenseite, man bemerke die winkelige Form der Umrisse der Böden, aus welchen sie entstand.

Die Seitenwände sind zur Öffnung hin verlängert; vier Zellen sind hier gezeigt, zwei der ersten Reihe und zwei der zweiten Reihe, um deren Positionen zu verdeutlichen.

Wir sehen anhand dieser Figur, dass die Wände der vertikalen Kanten der Trapezen rechteckige Vierecke sind, und dass alle anderen Wände zu ihren Böden hin abgeschrägt sind, während sie am anderen Ende im rechten Winkel stehen.

374   Kapitel IV: Vom Wabenbau - Fortsetzung

Fig. 4.

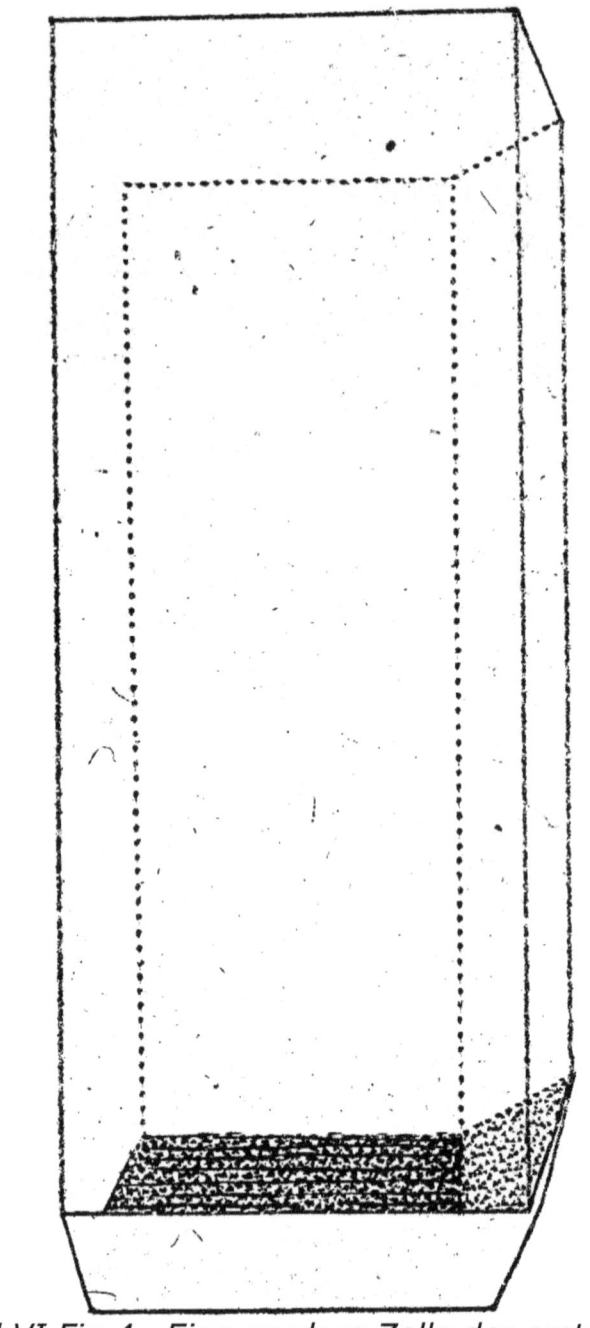

Band 2 Tafel VI Fig 4—Eine vordere Zelle der ersten Reihe, von der Gruppe in Figur 3 losgelöst.

Fig. 5.

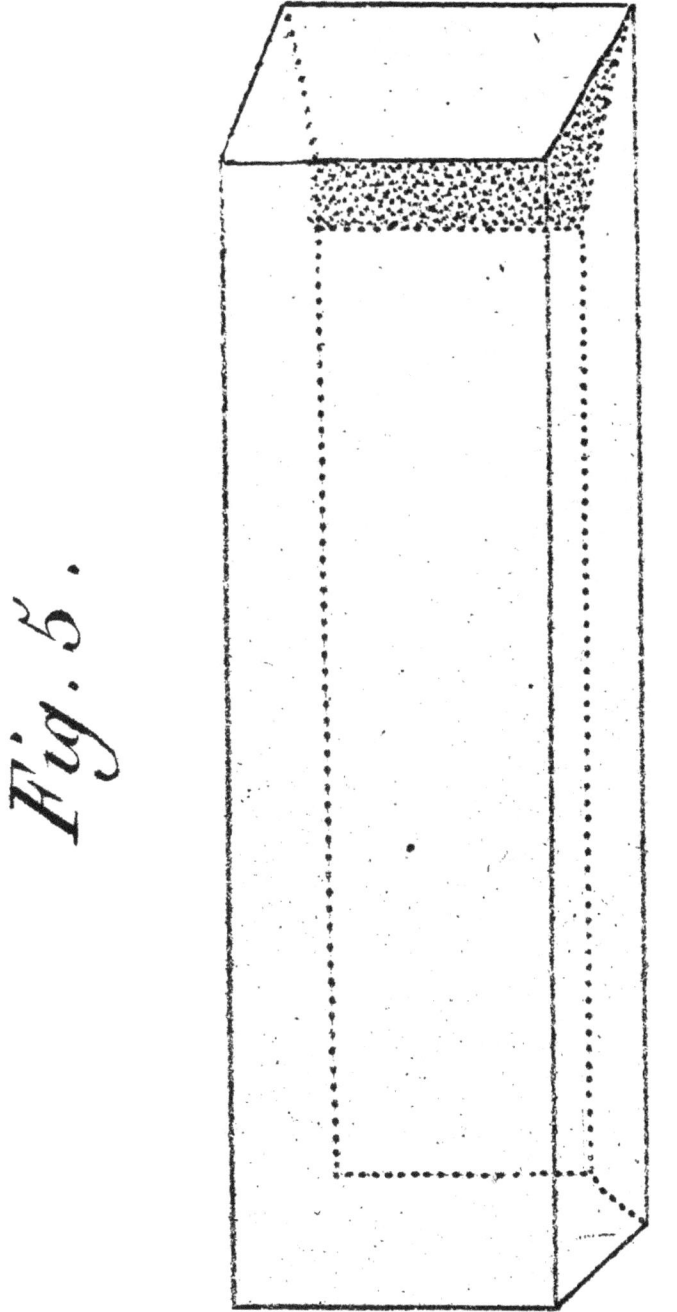

Band 2 Tafel VI Fig 5—Eine einzelne hintere Zelle derselben Reihe wie in Figur 4.

Zweite Abteilung: Arbeiten der Bienen beim Ausarbeiten der Zellen der ersten Reihe.

Die Einzelheiten über die Anlage der Zellen der obersten Reihe, die wir im Vorstehenden beschrieben haben, schienen ein stufenweises Fortschreiten in den Arbeiten der Bienen anzudeuten, wenngleich ich über ihr Verfahren nur erst noch Vermutungen aufstellen konnte.

Wollte ich mir eine vollständigere Vorstellung davon machen, so musste ich die Bienen auch den Grund zu ihren Waben legen und sie Zellen einer von der bis jetzt beobachteten so verschiedenen Ordnung ausführen sehen; ich musste ihnen vorzugsweise in der Ausführung der Pyramidenböden folgen, die nicht minder die Gewandtheit des Arbeiters, als die Geschicklichkeit des Baumeisters offenbaren. Hier war die Natur auf der Tat zu ergreifen und der Instinkt in seiner vollkommensten Entwicklung zu beobachten.

Seitdem sich vor unseren Augen neue Wahrheiten entfaltet hatten, die ganz dazu geeignet waren, uns auf der zu betretenen Bahn zu leiten, schien eine lebhaftere Spannung sich unserer bemächtigt zu haben, und trotz der mannigfaltigsten Schwierigkeiten, die sich unseren Bemühungen entgegenstellten, verloren wir doch den Mut nicht.

Wie ich schon nachgewiesen habe, war es unmöglich, den Arbeiten der Bienen inmitten der Traube, welche die mit der Bauarbeit beauftragten Arbeiter einschließt, zu folgen. Was half es, dass es mir gelungen war, die Basis des Bienenhaufens, der sich an der Wölbung des Stockes zusammendrängte, zu erhellen? Ihre zahllose Menge hatte mir nur einen Blick in die Anfänge ihres Bauwerks gestattet. Der Versuch, bloß eine Hand voll Bienen einzuschlagen, konnte ich gar nicht machen wollen, da ich ja wusste, dass sie sich nur in größerer Anzahl vereint ans Werk machen. Ihre

Vertreibung von den Waben während der Arbeit hätte mich ebenso wenig zum Ziele führen können; wollte ich jedoch nicht den stufenweisen Fortgang ihrer Arbeit beobachten, sondern sie in ihrer Arbeit selbst belauschen.

Nachdem ich lange über Mittel nachgesonnen hatte, welche mir die Gewohnheiten der Bienen selbst an die Hand geben könnten, aber keins gefunden hatte, welches meinen Absichten völlig entsprochen hätte, kam ich auf den Einfall, gerade diesen Gewohnheiten in gewissen Beziehungen in den Weg zu treten, in der Hoffnung, dass sie den Eingebungen des Instinktes unter neuen Verhältnissen sich fügen, uns einige Spuren der ihnen angeborenen Kunst verraten würden. Die Wahl der Mittel war aber jedenfalls schwierig; es sollten alle Arbeiter entfernt werden, die für den Augenblick bei dem Wabenbau überflüssig sein konnten, ohne diejenigen abzuschrecken, von denen wir einige Aufklärung zu erhalten hofften; insbesondere mussten wir uns hüten, sie vom Naturzustande zu entfernen.

Da die Bienen die Grundlage ihrer Waben immer oben im Stocke anlegen, gerade da, wo die durch die Vereinigung des ganzen Schwarmes gebildete Traube sich anhängt, so glaubte ich das einzige Mittel, die Arbeiter zu isolieren, darin zu finden, wenn ich sie zwänge, die Richtung ihres Bauwerks zu verändern, sah aber nicht ab, wie ich Geschöpfe, die auch ihren Willen hatten und sich nicht so leicht unseren Launen fügen, dazu nötigen könnte.

Endlich entschied ich mich, auf gutes Glück hier einen Versuch zu machen, der nichts erzwingen sollte, weil er den Bienen gestattete, in allem übrigen ihrer gewohnten Weise zufolge, ja, selbst des Zellenbauens sich zu entschlagen, wenn die Arbeit, zu der ich sie nötigen wollte, ihren Gewohnheiten zu sehr widerstand.

Ich schmeichelte mir, sie nötigen zu können, ihre Wabe aufwärts zu bauen, d.h. gerade das Gegenteil von dem zu tun, was sie alle Tage tun, was übrigens bei ihnen nicht ohne Beispiel ist. Ich erdachte zu dem Ende folgende Vorrichtung:

Ich ließ einen viereckigen Kasten von 8-9 Zoll Höhe und 12 Zoll Breite anfertigen, und mit einem Flugloche, oben mit einem beliebigen abtrennbaren Deckel, der aus einer einzigen in einem beweglichen Rahmen eingefassten Glasscheibe bestand. Aus einem meiner Blätterstöcke entnahm ich Waben, die mit Brut, Honig und Blumenstaub angefüllt waren, damit sie alles enthält, was den Bienen angenehm sein konnte. Ich zerschnitt dieselben in Streifen von einem Fuß Länge und 4 Zoll Höhe, und stellte sie senkrecht nach ihrem Längsbau auf dem Boden des Stockes auf, so dass zwischen jeder genau derselbe Zwischenraum blieb, den die Bienen in der Regel selbst anzubringen pflegen (Taf. I. Fig. 5).

Schließlich bedeckte ich den oberen Rand einer jeden Wabe mit einer dünnen Holzleiste, welche denselben nicht überragte, so dass zwischen den Teilen des Stockes freier Verkehr verblieb. Da diese Leistchen auf 4 Zoll hohen Waben ruhten, so blieb den Arbeitsbienen die Möglichkeit, über denselben in einem Raume von 5 Zoll Höhe und 12 Zoll Länge zu bauen. Dass die Bienen neue Waben an der horizontalen Glasscheibe, welche dem Stocke als Decke diente, anlegen würden, war nicht wahrscheinlich, weil sie sich in Traubenform an der glatten Fläche des Glases nicht halten können; wollten sie also neue Waben bauen, so mussten sie dieselben notwendigerweise auf die Leisten aufbauen, und ich hoffte, auf diesem Wege einen günstigeren Erfolg zu erzielen, als ich auf dem früheren erreicht hatte.

Fig. 5.

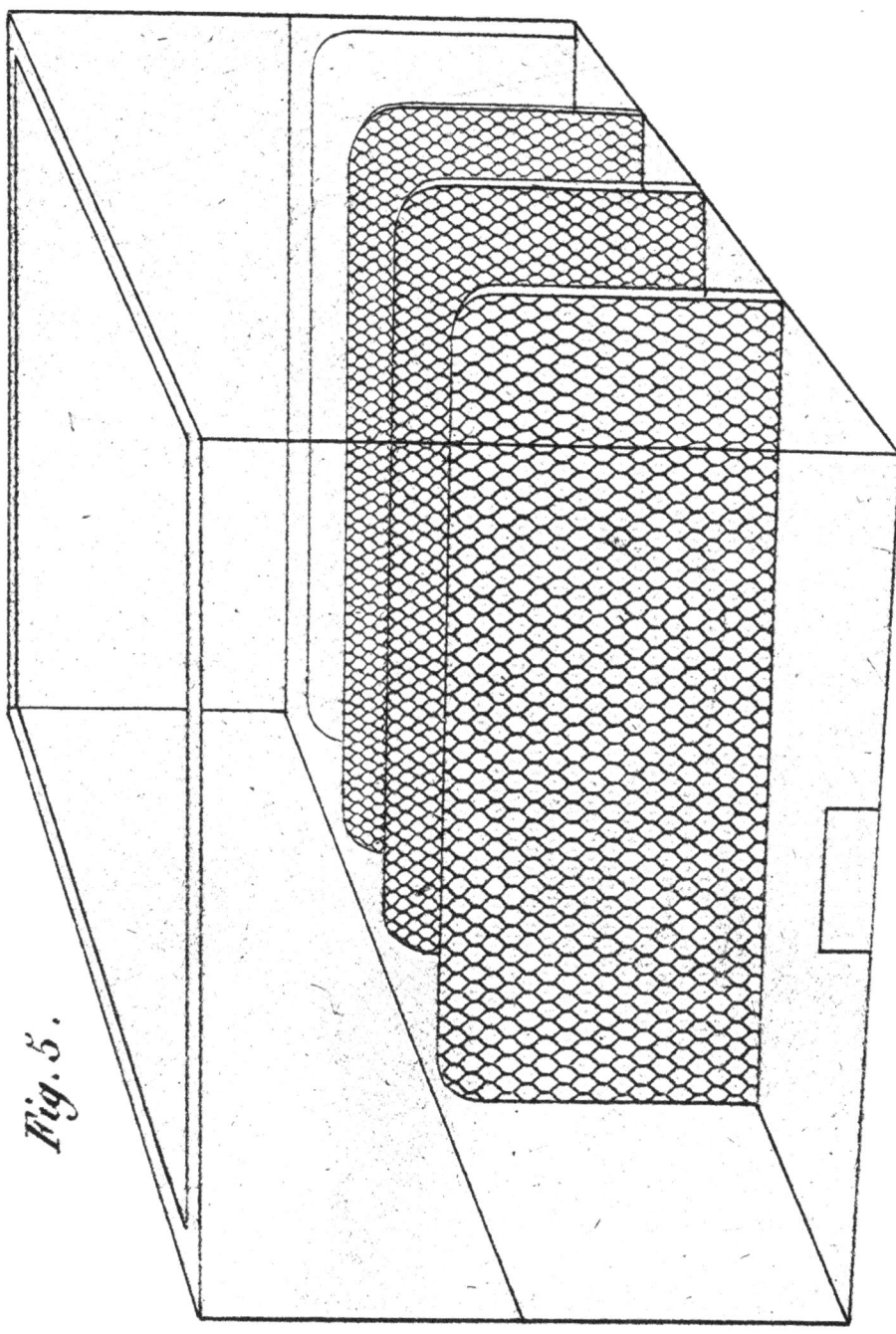

Band 2 Tafel I Fig 5a—Stock zur Beobachtung des Wabenbaus

Doch die Erfindung einer Vorrichtung, die für meine Absichten geeignet schien, war im Grunde das Geringfügigste, und mit einem Gefühle von Dankbarkeit und der Genugtuung, die man empfindet, wenn man dem bescheidenen Verdienste Gerechtigkeit widerfahren lässt, wiederhole ich, dass, wenn ich einige Fortschritte auf dieser Bahn gemacht habe, ich es der Ausdauer, dem Mute und dem geübten Scharfblick Burnens, des unermüdlichen Mannes, der mich in meinen Bestrebungen unterstützte, verdanke. Diese Beobachtungen, schon an sich höchst schwierig, nahmen die ins kleinste gehende Vorsicht in Anspruch; ein unvermuteter Lichtschein, eine versäumte Gelegenheit, eine auch nur einen Augenblick ausgesetzte Aufmerksamkeit konnte uns von der Wahrheit weit abführen und in ein falsches System verrennen.

Burnens bemerkte, dass das zwischen ihm und die kleinen Gegenstände eingeschobene Glas in gewisser Beziehung ihr Ansehen oder ihre Aussicht verändern musste, und fasste deshalb einen Entschluss von ungewöhnlicher Kühnheit; er beschloss gegen meinen Willen und mit Gefahr vor den schlimmsten Folgen auch diese Quellen des Irrtums, dieses Glas, die Schutzwehr gegen den Stachel der Bienen, zu entfernen und alle auf den Bau bezüglichen Einzelheiten ungeschützt zu studieren. Die Ruhe in seinen Bewegungen, seine besondere Gewandtheit und die Gewohnheit, die er sich angeeignet hatte, im Verkehr mit den Bienen seinen Atem anzuhalten, konnte ihn allein vor dem Zorne dieser furchtbaren Insekten sicherstellen, und ich hatte die Freude, dass er seine Hingebung nicht zu bitter büßen musste. Dieser Zug, welcher des leidenschaftlichsten Naturforschers würdig wäre, beweist, was die Liebe zur Wahrheit vermag, und muss, wie ich glaube, das Vertrauen meiner Leser zu den Beobachtungen, die das Resultat davon waren, vermehren.

Sobald Burnens diesen Stock bevölkert hatte, richtete sich der Schwarm sogleich ein und zwar, wie wir voraussahen, zwischen den Waben, womit der Boden des Kastens besetzt war. Die kleinen Bienen entwickelten nun ihre natürliche Tätigkeit, verbreiteten sich durch den ganzen Stock, um die jungen Larven zu ernähren, ihre Wohnung zu reinigen, und nach ihrer Bequemlichkeit einzurichten. Wir hatten die ihnen gegebenen Waben obenhin viereckig zugeschnitten, um sie dem Boden des Kastens anzupassen, und sie an verschiedenen Stellen verletzt; sie mochten ihnen deshalb wohl missgestaltet und schlecht erhalten vorkommen, denn sie beschäftigten sich sogleich mit ihrer Ausbesserung; wir sahen sie das alte Wachs abnagen, es zwischen ihren Zähnen kneten und Bänder daraus bilden, um die Waben zu befestigen. Diese Menge Arbeiter, die auf einmal zu Arbeiten verwendet wurde, zu denen sie nicht berufen zu sein schienen, diese Übereinstimmung, dieser Eifer, diese Klugheit bei den kleinen Geschöpfen, *welche nicht das Recht haben zu denken*, versetzte uns in eine unbeschreibliche Verwunderung.

Weit auffälliger vielleicht war noch, dass etwa die Hälfte dieser zahlreichen Bevölkerung keinen Teil an den Arbeiten nahm, sondern unbeweglich blieb, während andere alle Verrichtungen ausführten, welche die Umstände von ihnen verlangten.

Man errät schon, dass von den Wachsbienen die Rede ist. Der Ruhe hingegeben, riefen sie uns die Beobachtungen ins Gedächtnis zurück, zu denen sie uns früher schon Veranlassung gegeben hatten. Sie hatten sich von dem eingestellten Honig vollgesogen, und nach Verlauf von ungefähr 24 Stunden einer fast vollständigen Regungslosigkeit hatten sie den Stoff ausgeschieden, von dem man so lange geglaubt hat, dass sie ihn von den Staubgefäßen der Blüten sammelten. Das unter ihren

Ringen gebildete Wachs war bereit, zum Bau verwendet zu werden, und zu unserer größten Freude sahen wir einen kleinen Block auf einer der Leisten, die wir zur Basis ihres neuen Baues bestimmt hatten, sich erheben. Somit fügten sich die Bienen vollkommen unseren Absichten, und da die Traube sich zwischen den Waben und auf der Leiste eingerichtet hatte, hinderte sie durch ihre Masse und Undurchsichtigkeit die Fortschritte unserer Beobachtung nicht.

Bei dieser Gelegenheit beobachteten wir zum zweiten Male sowohl das Beginnen der grundlegenden Bienen, als auch die stufenweise fortschreitende Arbeit verschiedener Wachsbienen zur Herrichtung des Wachsblockes, woraus wir berechtigte Hoffnungen schöpften.

Sobald das Material vorgerichtet war, führten uns die bauenden Bienen das vollständigste Bild ihrer von der Natur ihnen verliehenen Kunst vor. Möchte ich doch meinen Lesern dieselbe Teilnahme einflößen können, welche wir an dem Anblicke dieses Schauspiels nahmen; aber es fällt schwer, sich davon eine richtige Vorstellung zu machen, wenn man nicht bereit ist, mit uns Schritt für Schritt den Arbeitern der Bienen zu folgen, indem man den Kontext mit den Figuren aufs sorgfältigste vergleicht.

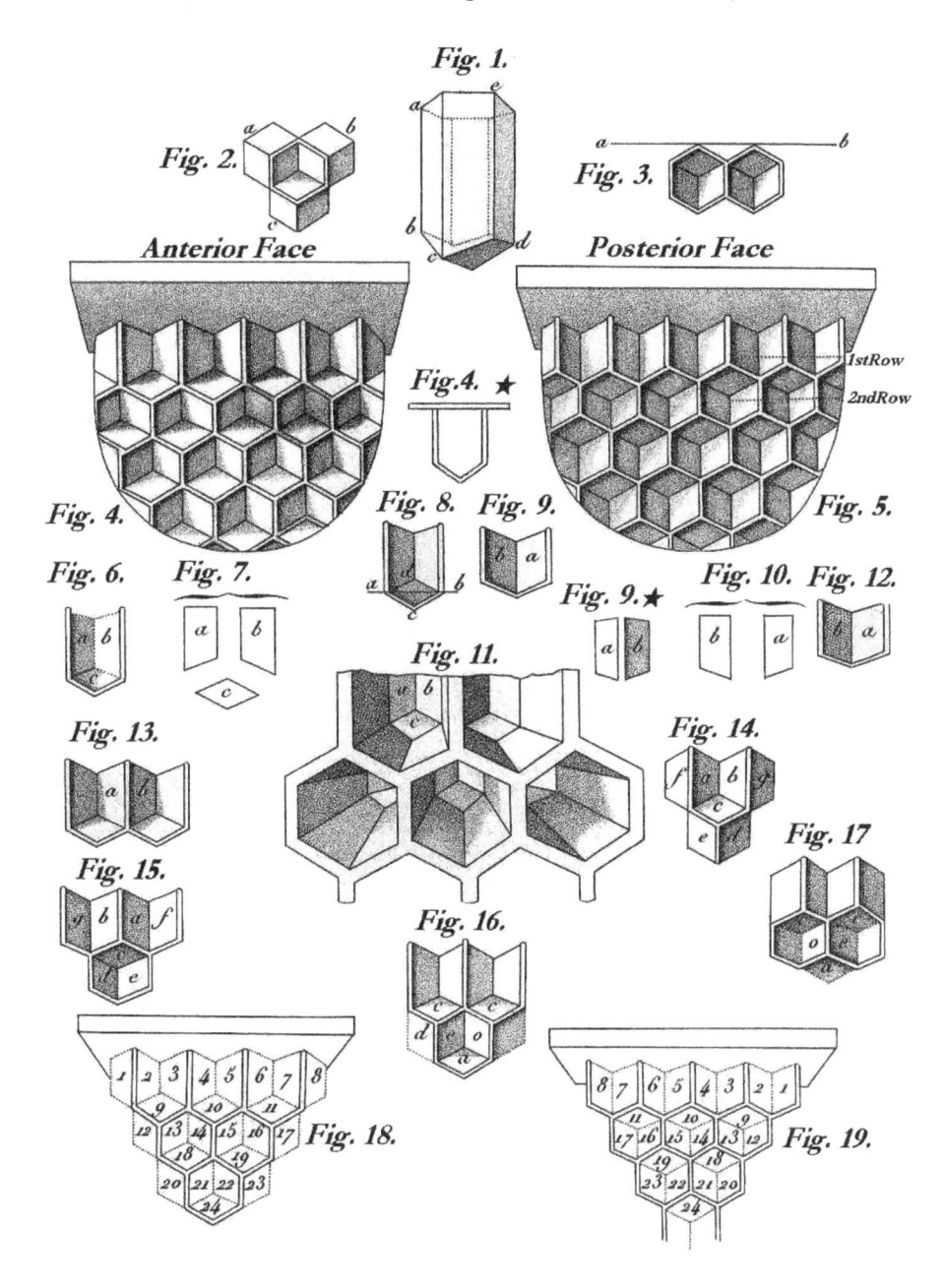

Band 2 Tafel V—Reihenfolge des Wabenbaus.

384   Kapitel IV: Vom Wabenbau - Fortsetzung

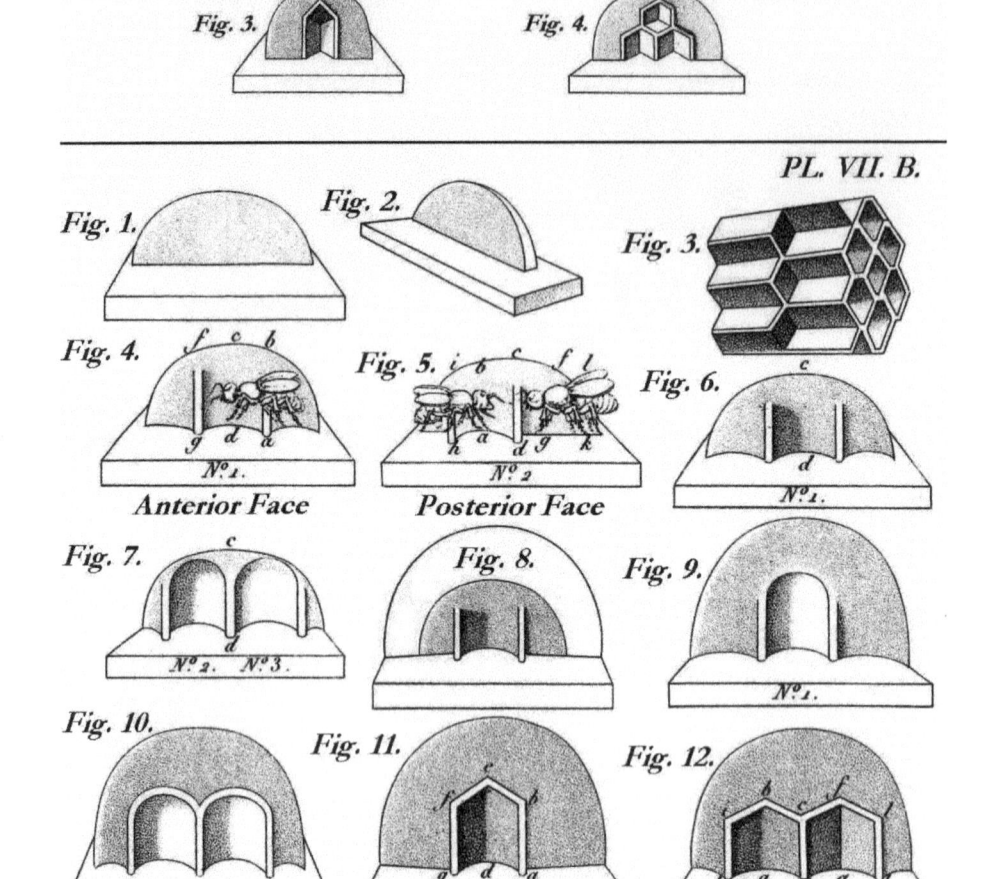

Band 2 Tafel VII—Anheftung der Wabe—Errichtung der Wabengrundlage.

Obgleich ich mich bestrebt habe, gerade diesen Teil meines Werkes möglichst populär zu halten, so verhehle ich mir es doch nicht, dass er einem großen Teile Leser unverständlich erscheinen wird; indes glaube ich mir schmeicheln zu dürfen, dass wirkliche Liebhaber der Naturgeschichte sich durch die Schwierigkeit des Gegenstandes nicht entmutigen lassen und in der Neuheit der Beobachtungen einige Entschädigung für die Aufmerksamkeit, die sie in Anspruch nehmen, finden werden. Um aber denen, welche nicht dasselbe Interesse daran nehmen, nicht einen immerhin lästigen Zwang aufzulegen, will ich versuchen, davon zuvor einen kurzen Abriss zu geben. (Man vergleiche die Figuren in natürlicher Größe auf Tafel VII A. Diese Zellen in natürlicher Größe sind in der Originaltafel von 1814 4mm groß, im Mittelpunkte gemessen – Übersetzer) Man darf nicht vergessen, dass sich der Block perpendikulär über der Leiste erhebt und immer in der Stellung sich befindet, worin er sich darstellt, wenn man die Tafel senkrecht hält).

Auf diesem Wachsblocke, der anfänglich sehr gering war, aber allmählich in eben dem Maße größer wurde, als der Fortgang der Arbeit der Bienen es mit sich brachte, wurden die Böden der ersten Zelle ausgehöhlt.

Gleich von ihrem Entstehen an begriffen wir, warum sie verschlungen waren; die Bienen bildeten vor unseren Augen die erste Reihe, welche den Schlüssel zum ganzen Bau gibt.

386 Kapitel IV: Vom Wabenbau - Fortsetzung

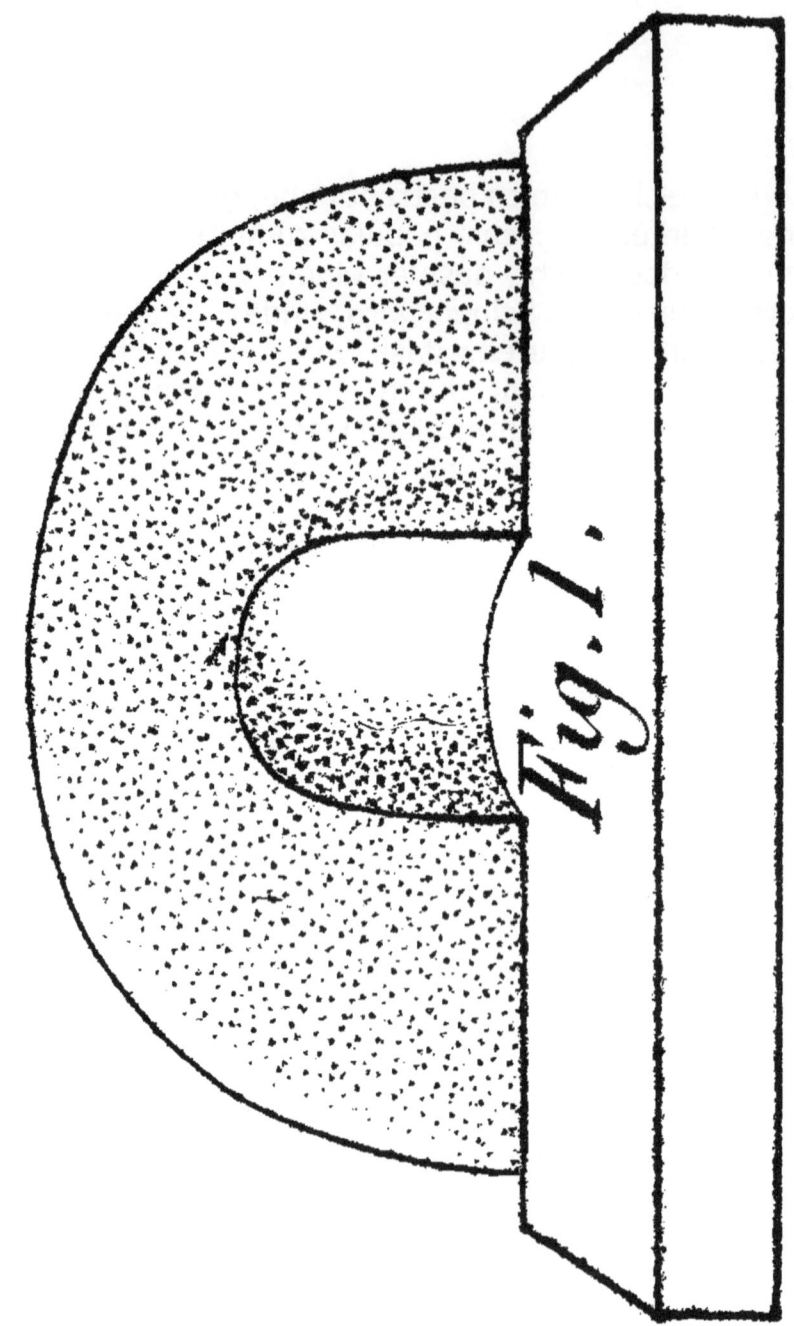

Band 2 Tafel VIIA Fig 1—Unvollständige Aushöhlung mit dem Durchmesser einer gewöhnlichen Zelle.

Zunächst höhlten sie auf der einen Seite des Blockes eine kleine Vertiefung im groben aus, von der Breite einer gewöhnlichen Zelle (Taf. VII A, Fig. 1); es war das eine Art Furche, deren Ränder durch Aufhäufung von Wachsteilchen gehoben wurden. An der Rückseite dieser Vertiefung, auf der entgegengesetzten Seite, machten sie zwei gleiche, aneinanderstoßende andere (Fig. 2), der ersteren beinahe ähnlich, nur etwas weniger gestreckt. Diese drei Höhlungen von gleichem Durchmesser waren teilweise aneinander gelegt, weil die Mitte der alleinstehenden genau der Randleiste entsprach, welche die beiden anderen trennte.

Kapitel IV: Vom Wabenbau - Fortsetzung

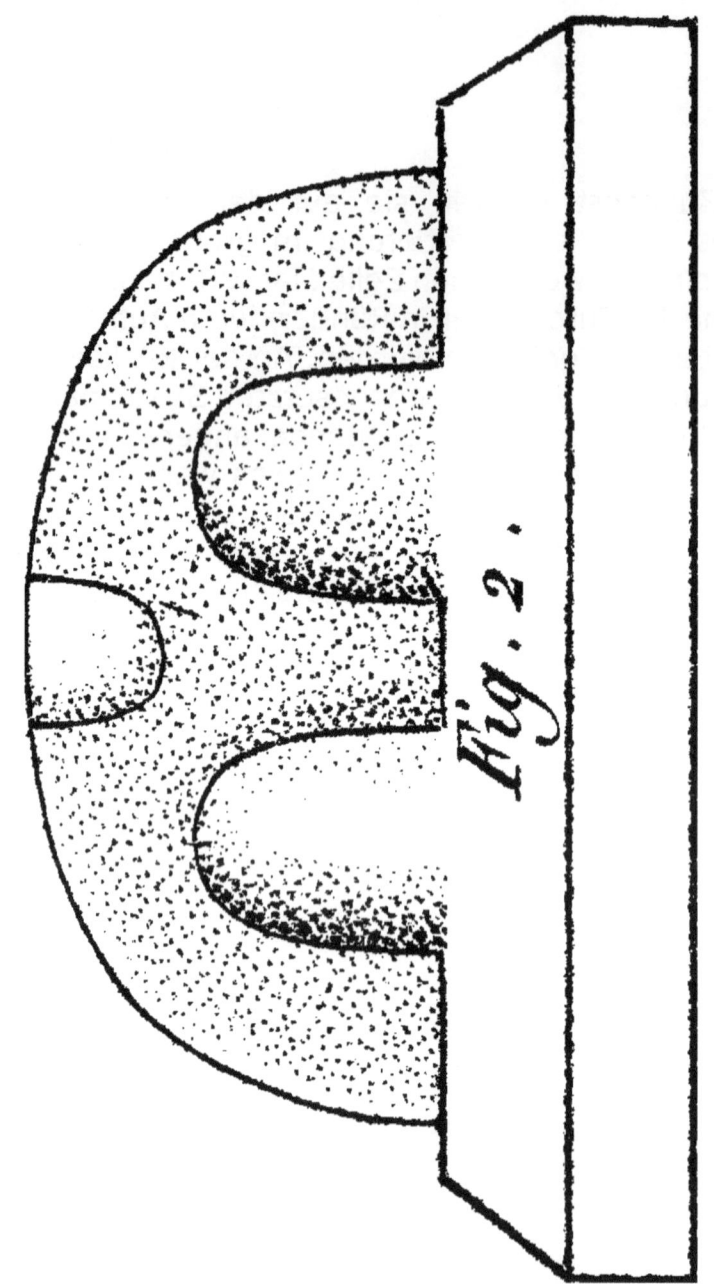

Band 2 Tafel VIIA Fig 2— Unvollständige Aushöhlung mit dem Durchmesser einer gewöhnlichen Zelle. Gegenstück zu Figur 1.

Da die erste dieser Höhlungen gestreckter war, so konnte ihr oberer Teil nur mit einem noch rohen Teile des Blockes auf der anderen korrespondieren, der sich über die Höhlungen der ersten Reihe erstreckte, wo der Entwurf des ersten Pyramidalbodens begonnen wurde (Fig. 2).

So korrespondierte eine einzige Auskehlung auf der vorderen Seite teilweise mit drei Höhlungen, von denen zwei der ersten Reihe, und eine der zweiten Reihe angehörte.

390   Kapitel IV: Vom Wabenbau - Fortsetzung

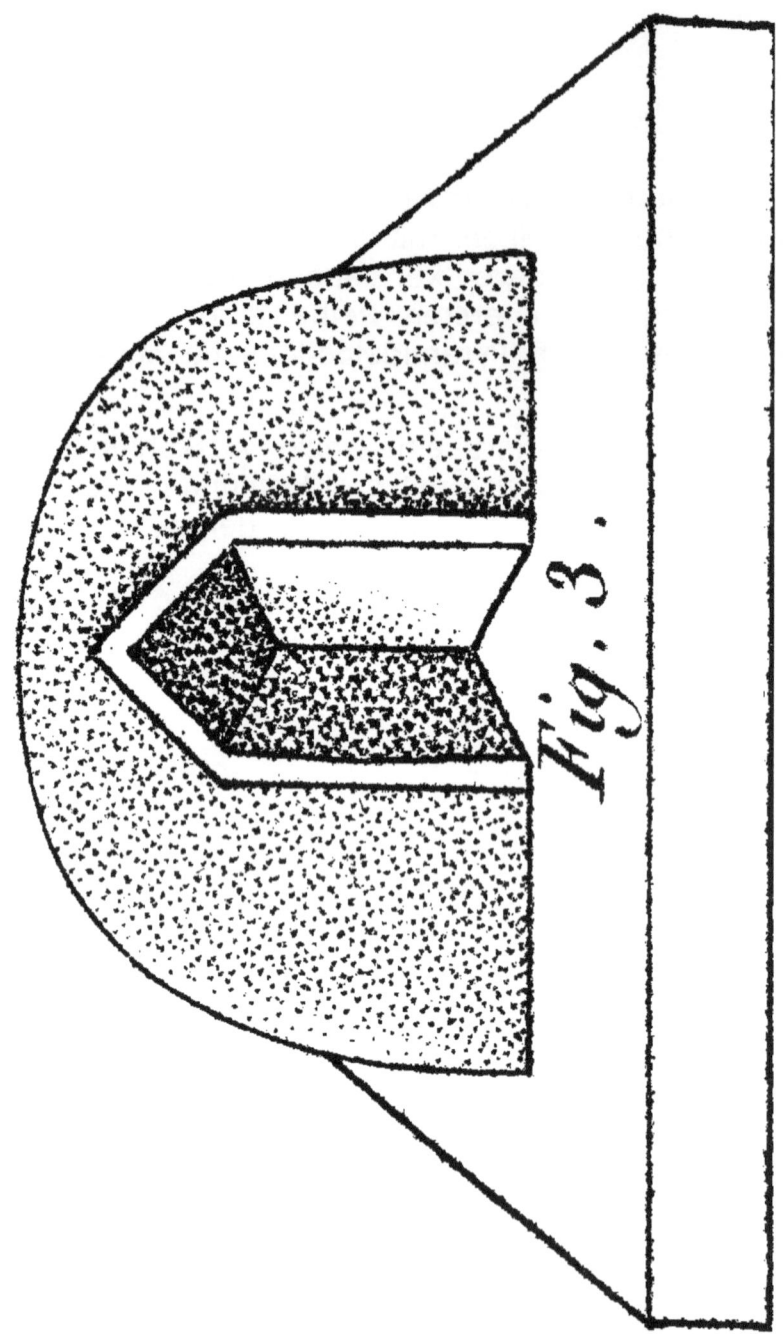

Band 2 Tafel VIIA Fig 3—Rand der Auskehlung wird von den Bienen in zwei geradlinige Vorsprünge verwandelt.

Sobald der bogenförmige Rand dieser Auskehlungen von den Bienen in zwei geradlinige Vorsprünge, die zusammen einen stumpfen Winkel bildeten, verwandelt waren, hatte jede dieser Ausbildungen der ersten Reihe einen fünfeckigen Umriss, die Holzleiste als eine ihrer Seiten mitgerechnet (Fig. 3 und 4).

392 Kapitel IV: Vom Wabenbau - Fortsetzung

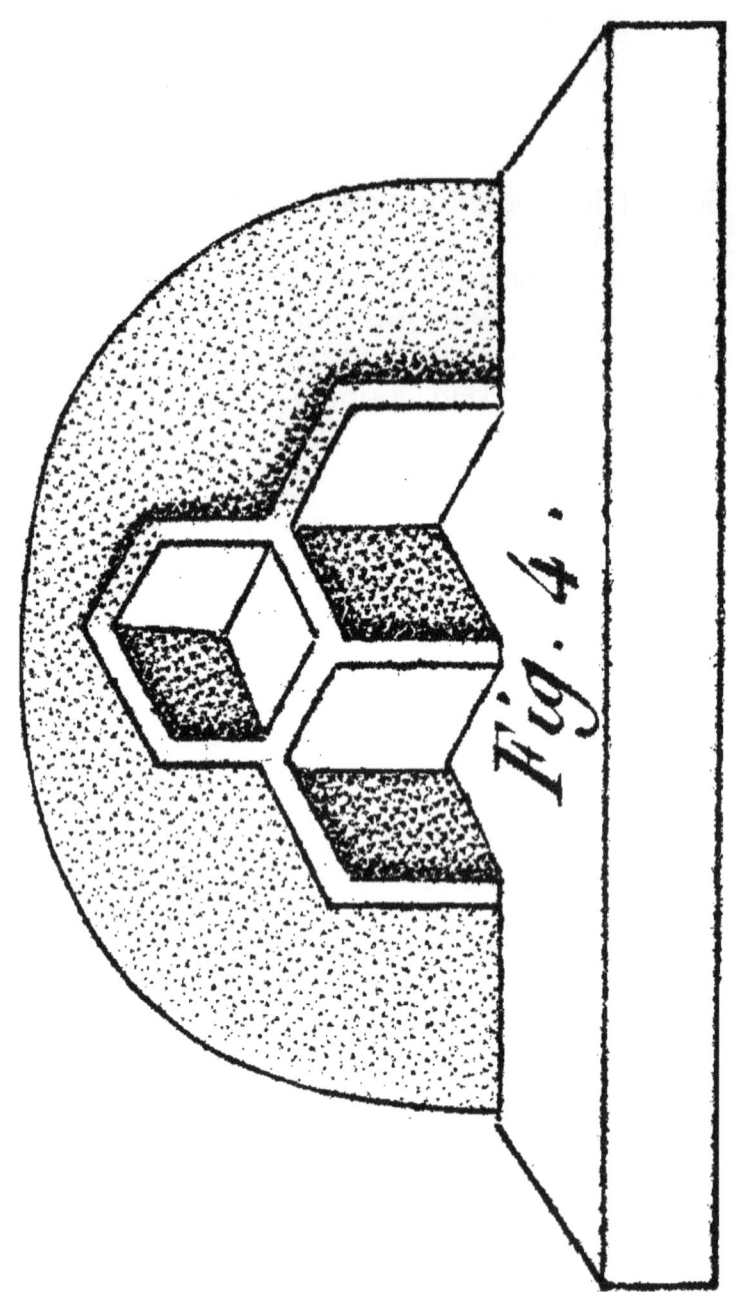

Band 2 Tafel VIIA Fig 4—Zwei parallele seitliche und zwei geneigte Seiten wurden aus dem bogenförmigen Rande geformt.

Aber die Auskehlungen der zweiten Reihe, deren Basis zwischen den geneigten Seiten der beiden Böden der ersten lag, hatte sechs Seiten, zwei an ihrer Basis, zwei parallele seitliche und zwei geneigte andere, die aus ihrem bogenförmigen Rande formiert waren (Fig. 4).

Ihr innerer Bau schien uns aus der gegenseitigen Stellung ihrer Entwürfe ebenso naturgemäß zu folgen. Die mit einer bewunderungswürdigen Feinheit des Gefühlssinnes begabten Bienen schienen ihre Zähne vorzugsweise dahin zu richten, wo das Wachs am dicksten war, d.h. wo andere Arbeiter auf der Rückseite das Material aufgehäuft hatten, woraus sich erklärt, warum die Zellenböden hinter den Vorsprüngen, auf denen die Wände der entsprechenden Zellen aufgeführt werden sollen, winkelig ausgehöhlt werden.

Die Böden der Höhlungen waren also in mehrere Stücke geteilt, welche zusammen Winkel bildeten, und die Zahl wie Form dieser Stücke hing von der Art ab, wie die entworfenen Böden auf der anderen Seite des Blockes den Raum teilten, der ihnen angelehnt war. So war die größte Auskehlung, die drei anderen entgegengesetzt war, in drei Teile geteilt, während die der ersten Reihe auf der anderen Seite, die bloß an jene lehnt, nur aus zwei Stücken bestanden.

Infolge der Art und Weise, wie die Auskehlungen einander gegenübergestellt waren, wurde die der zweiten und aller folgenden Reihen, weil sie teilweise an drei Höhlungen anlehnten, aus drei gleichen Stücken in Rautenform zusammengesetzt. Ein Blick auf die Figuren macht das klar. Ich breche hier ab, um eine Bemerkung zu machen, die vielleicht nicht am unrechten Platze ist. Jeder Teil der Arbeit der Bienen schien eine natürliche Folge der vorhergehenden zu sein; so hatte der Zufall keinen Anteil an den bewunderungswürdigen Resultaten, von denen wir Zeugen waren.

Kapitel IV: Vom Wabenbau - Fortsetzung

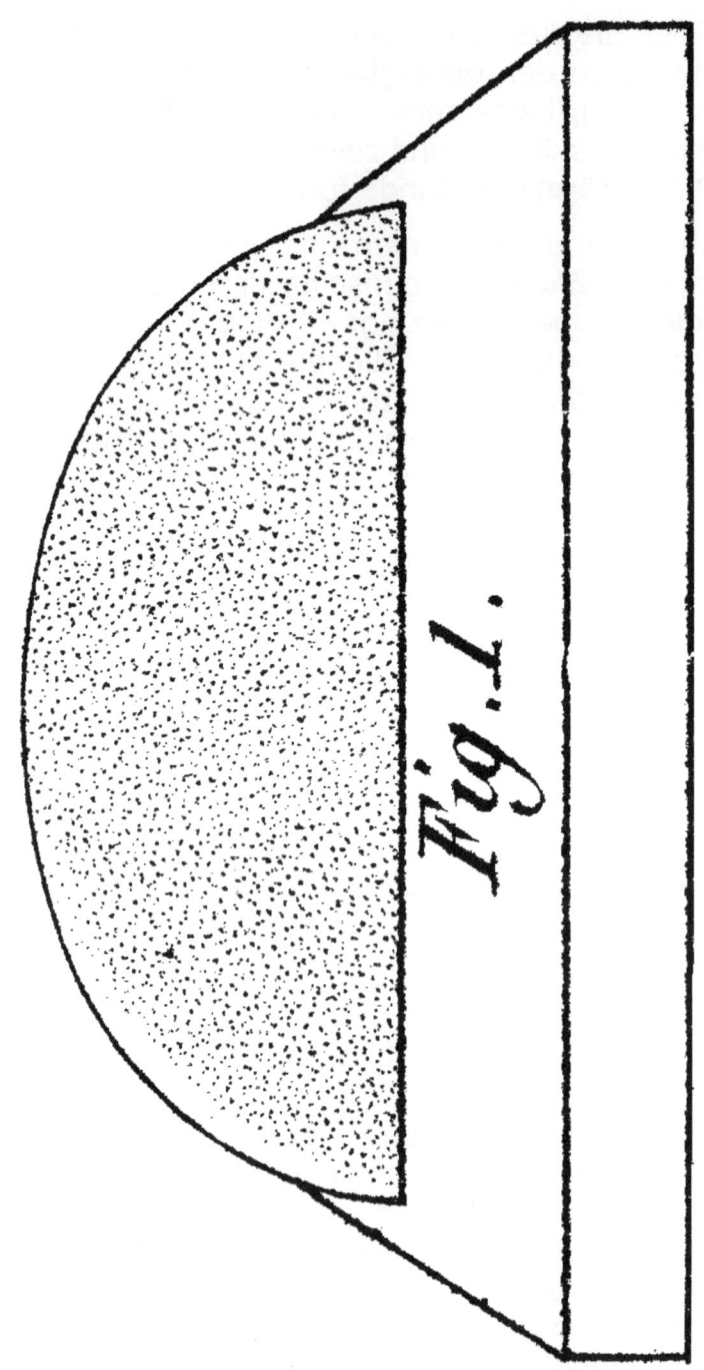

Band 2 Tafel VIIB Fig 1—Wachsblock.

Ich will jetzt den Faden dieser Arbeit mit all den Einzelheiten, die sie uns vorgeführt habe, wieder aufnehmen.

Detaillierte Beschreibung der Arbeit der Bienen.
(Man vergleiche die Figuren in vergrößertem Maßstabe (Taf. VIII B) von unten anfangend).

Wir waren endlich zu dem so lange ersehnten Augenblicke gekommen. Endlich schickten sich die Bienen an, unter unseren Augen ihre Bildnerarbeit zu beginnen, und nicht ohne eine gewisse Bewegung sahen wir sie zum ersten Male den Meißel an den Block legen, der auf der Leiste aufgeführt war.

Er erhob sich perpendikulär auf derselben und unterschied sich von denen, die wir bislang gesehen hatten, nur durch seine Stellung. Er bildete eine kleine gerade und senkrechte Mauer, die fünf oder sechs Linien (ungefähr 1.3cm) lang, zwei hoch (4mm) und nur anderthalb (1mm) dick war (Taf. VII B, Fig. 1 und 2).

396   Kapitel IV: Vom Wabenbau - Fortsetzung

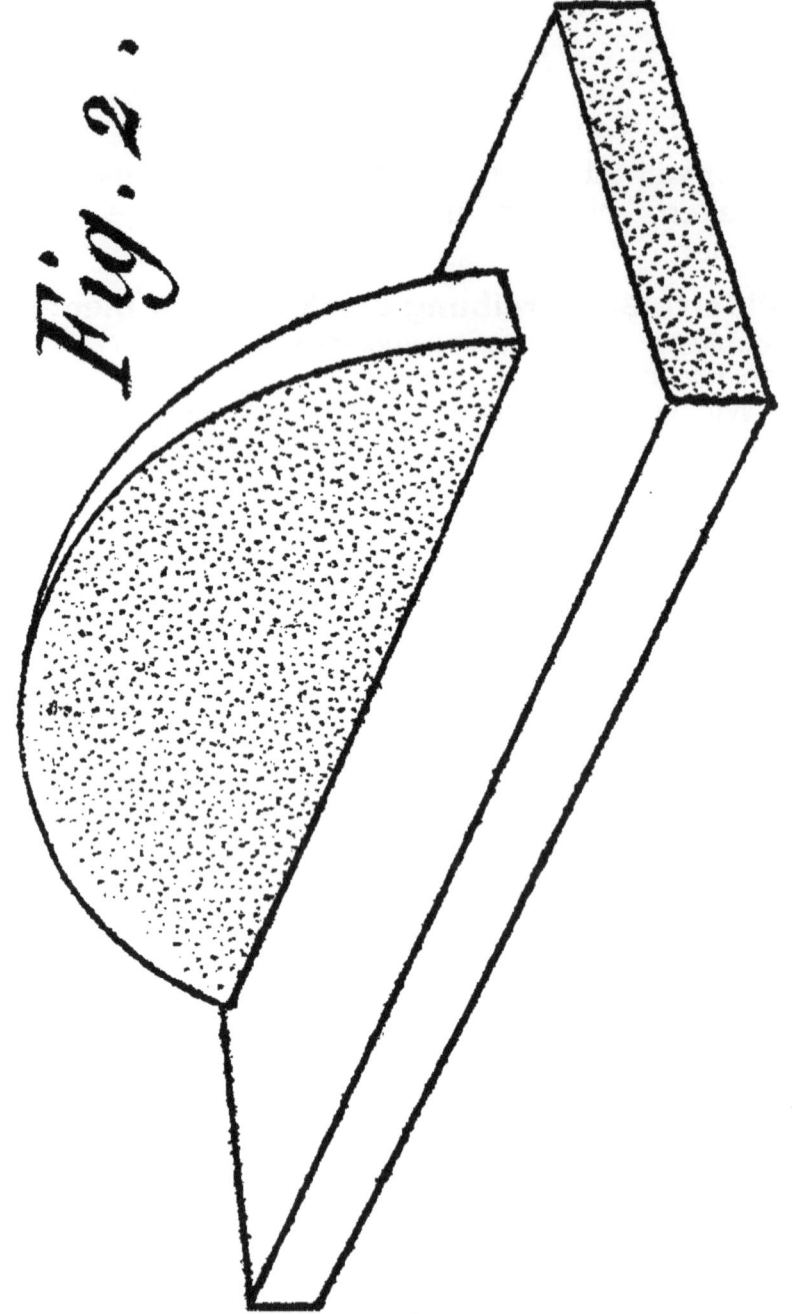

Band 2 Tafel VIIB Fig 2—Schrägansicht des Blockes.

Sein Rand war bogenförmig und seine Oberfläche rau; er war viel zu klein, um annehmen zu können, dass die Bienen darin vollständige Zellen ausfüllen würden, doch schien seine Dicke ausreichend, um die Wand bilden zu können, in welcher die Zellenböden ausgearbeitet werden, und welche die beiden Wabenseiten scheidet.

398   Kapitel IV: Vom Wabenbau - Fortsetzung

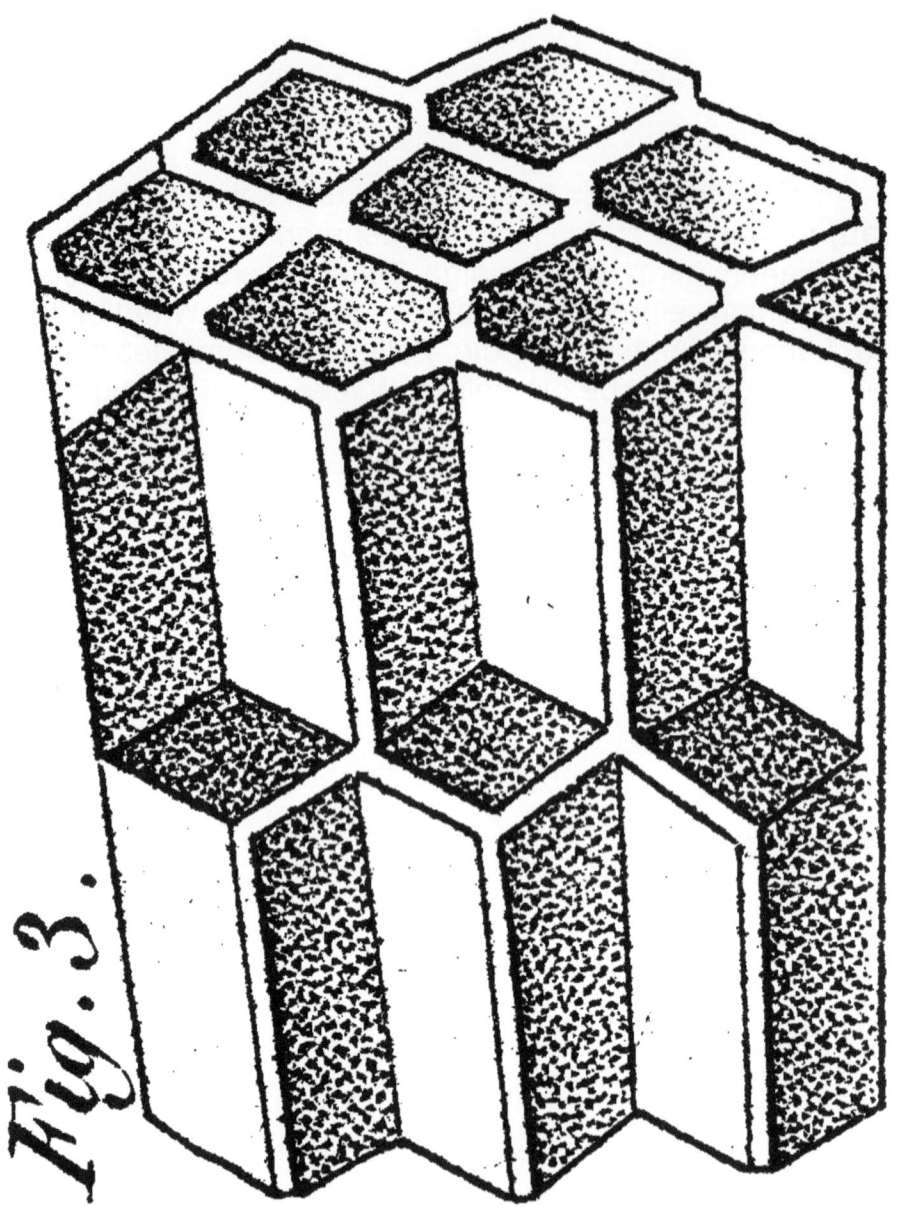

Band 2 Tafel VIIB Fig 3—Zeigt das Verhältnis der beiden Seiten zueinander.

(Diese Wand wird in Fig. 3 durch die Zickzacklinie bezeichnet. Man darf nicht übersehen, dass die Arbeit der Bienen das gerade Gegenteil von dem ist, was Buffon sich eingebildet hatte. Er glaubte nämlich, dass die Bienen einen dicken Wachsklumpen herrichteten, in welchen sie dann durch Körperdruck Höhlungen herstellten. Wohl bilden sie einen Wachsblock, aber dieser ist so geringfügig, dass er kaum ein Vierundzwanzigstel der Wabendicke ausmacht. In diesem anfänglich sehr kleinen Blocke arbeiten sie die Zellenböden gleichsam in halb erhabener Arbeit aus und auf den Rändern dieser Böden führen sie die 5-6 Linien (ungefähr 1.3cm) langen Röhrchen auf. Wir haben für diesen ersten Entwurf den Namen *Block* beibehalten, obgleich man damit den Begriff eines plumpen Körpers verbindet, der ihm keineswegs zukommt; da aber die Zellenböden in diese kleine Wachsmauer eingearbeitet werden, wussten wir ihm vorläufig keine andere Bezeichnung beizulegen).

Wir sahen eine kleine Biene die Traube, welche zwischen den Waben hin, verlassen, auf die Leiste steigen, wo die Wachsbienen das unter ihren Schuppen hervorgezogene Material niedergelegt hatten, den Block umkreisen und sich, nachdem sie beide Seiten untersucht, auf der uns zugekehrten Seite festsetzen. Wir wollen diese Seite des Blockes die vordere nennen und die ihr entgegengesetzte als die hintere betrachten, wie sie sich in der Folge auch immer zeigen möge.

400 Kapitel IV: Vom Wabenbau - Fortsetzung

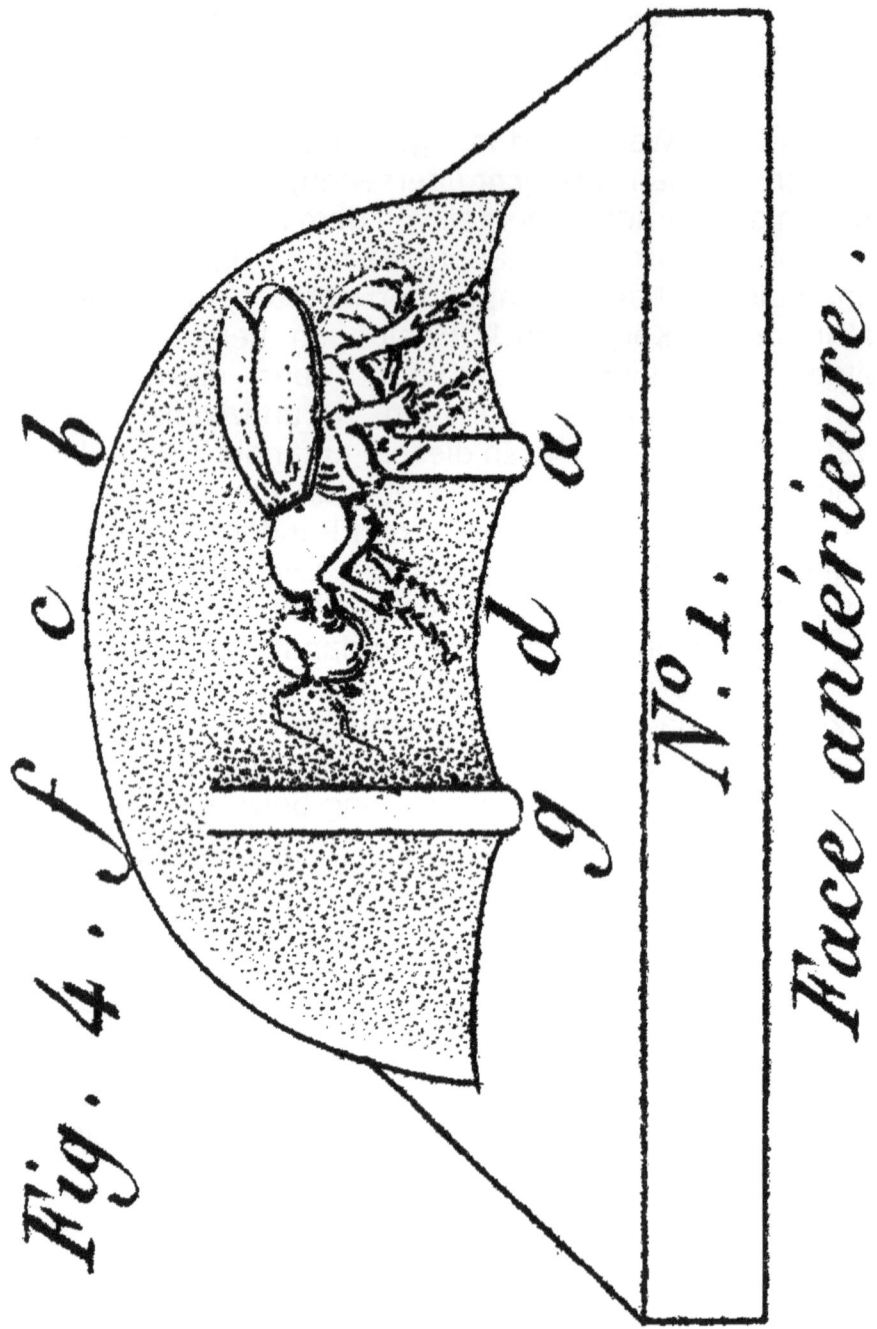

Band 2 Tafel VIIB Fig 4—Biene an der vorderen Seite tätig.

Die Arbeitsbiene, welche auf der vorderen Seite sich festgesetzt hatte, nahm eine horizontale Stellung ein und zwar so, dass ihr Kopf sich in der Mitte des Blockes befand (Fig. 4); diesen bewegte sie lebhaft und fuhr mit den Zähnen über das Wachs, wobei sie aber nur in einem sehr beschränkten Umfange, ungefähr von dem Durchmesser einer gewöhnlichen Zelle (abgf), Wachsbröckchen abnagte. Rechts und links von der Höhlung, welche sie auf diese Weise herstellte, blieb also noch ein Raum, wo der Block unangetastet blieb.

Nachdem die Biene die Wachsbröckchen zerkaut und angefeuchtet hatte, legte sie dieselben auf den Rand der Höhlung ab. Sie arbeitete nur wenige Augenblicke und entfernte sich dann vom Blocke; sogleich nahm eine andere Biene ihren Platz ein und setzte in derselben Stellung das von ihrer Gefährtin begonnene Werk fort. Diese wurde bald durch eine dritte ersetzt, welche die Höhlung weiter vertiefte, das Wachs rechts und links aufhäufte, die bereits vortretenden Seitenwände der Aushöhlung erhöhte und ihr eine geregelter Form gab (ab, gf). Vermittelst ihrer Zähne und ihrer Vorderfüße drückte sie die Wachsbrettchen an und befestigte sie an den Stellen, wo sie gerade erforderlich waren.

Wohl mehr als 20 Bienen wirkten der Reihe nach an derselben Arbeit mit. Die Aushöhlung hatte an der Basis des Blockes (ich verstehe darunter hier den Teil, mit welchem der Block auf der Leiste befestigt war) eine größere Tiefe, als gegen ihren oberen Rand (Fig. 4 adb). Die Tiefe verminderte sich allmählich von hier bis zu dem Buchstaben c und hatte die Form einer mehr breiten als langen Hohlkehle, deren oberer Umriss weniger als die vertikalen Seitenwände hervortrat. Der horizontale Durchmesser dieser Kohlkehle stimmte mit demjenigen einer gewöhnlichen Zelle überein, ihre senkrechte Länge betrug aber nur 1 3/5 Linie (ungefähr 3mm), d.h. ungefähr

402   Kapitel IV: Vom Wabenbau - Fortsetzung

zwei Drittel desselben Durchmessers. Ich habe diese erste Aushöhlung als Nr. 1 darzustellen versucht.

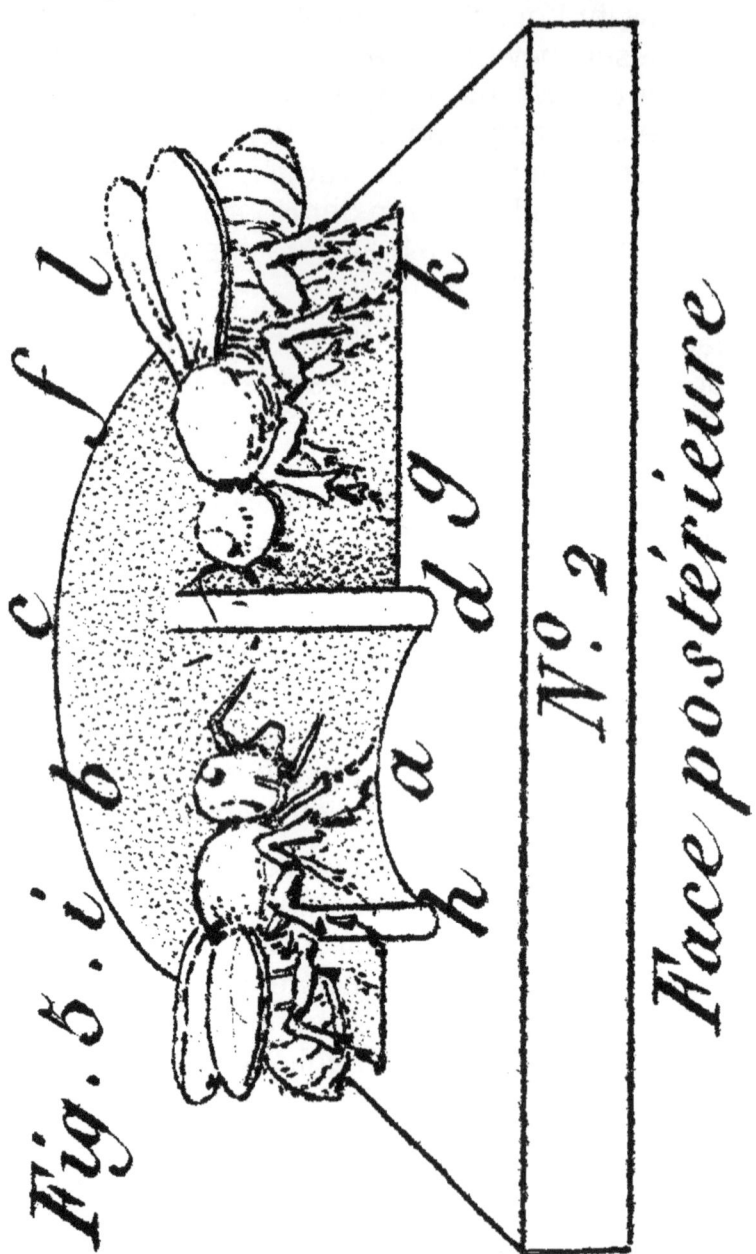

Band 2 Tafel VIIB Fig 5—An der hinteren Seite tätige Bienen.

Sobald die Arbeit so weit gediehen war, sahen wir eine Arbeitsbiene aus der von einem Haufen Arbeiterinnen gebildeten Traube hervorkommen, den Block umkreisen und dessen noch rohe Seite zum Gegenstande ihrer Arbeit auserwählen; auffällig dabei war, dass sie sich, statt in der Mitte des Blockes, wie die vorigen, festen Fuß zu fassen, so aufstellte, dass ihre Zähne nur auf die eine Hälfte dieser Seite (Fig. 5, cdih) einwirkte, sodass die Mitte (ab) der Höhlung, die sie entwarf, sich gerade einem der kleinen Vorsprünge gegenüber befand, welche die Höhlung Nr. 1 begrenzten. Fast gleichzeitig erschien eine zweite Arbeiterin, welche rechts von ihr auf dem Teile des Blockes, den sie freigelassen hatte (Fig. 5, cdkl), ihre Arbeit begann. Diese Bienen arbeiten also nebeneinander zwei Höhlungen aus, die wir unter Nr. 2 und 3 dargestellt haben. Nachdem sie eine Zeit lang gearbeitet hatten, wurden sie durch verschiedene andere abgelöst, von denen jede der Reihe nach und abgesondert dazu mitwirkte, denselben angemessene Form und Tiefe zu geben.

404 Kapitel IV: Vom Wabenbau - Fortsetzung

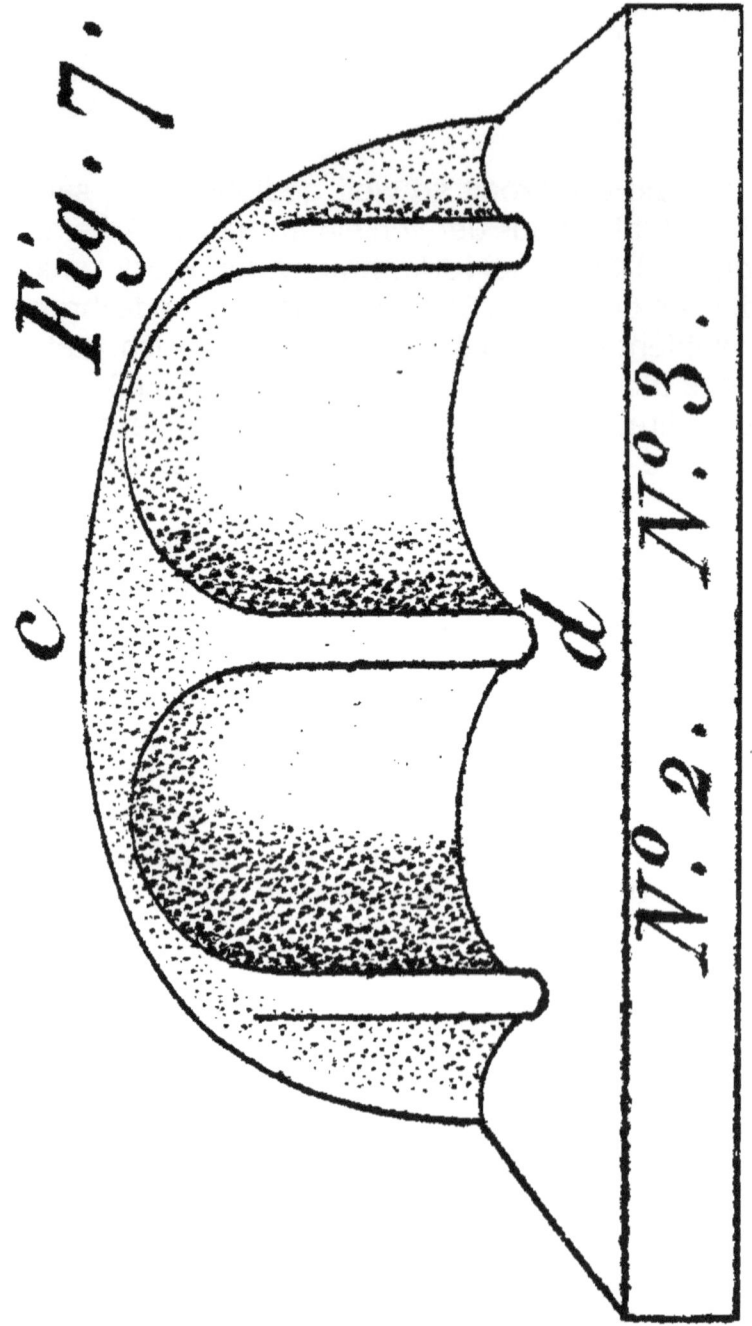

Band 2 Tafel VIIB Fig 7—Aufhäufung der Wachsbröckchen aus der Aushöhlung. (Hinterseite).

Diese beiden angrenzenden Höhlungen waren nur durch die gemeinsame Randleiste getrennt, die aus den aufgehäuften Wachsbröckchen, die sie bei der Arbeit abnagten, gebildet war. Die Randleiste (Fig. 7, dc) in der Mitte dieser Seite korrespondierte folglich mit der Mitte der Höhlung, die inmitten der gegenüberliegenden Seite des Blockes von anderen Arbeitsbienen ausgearbeitet war (Fig. 6, dc).

406 Kapitel IV: Vom Wabenbau - Fortsetzung

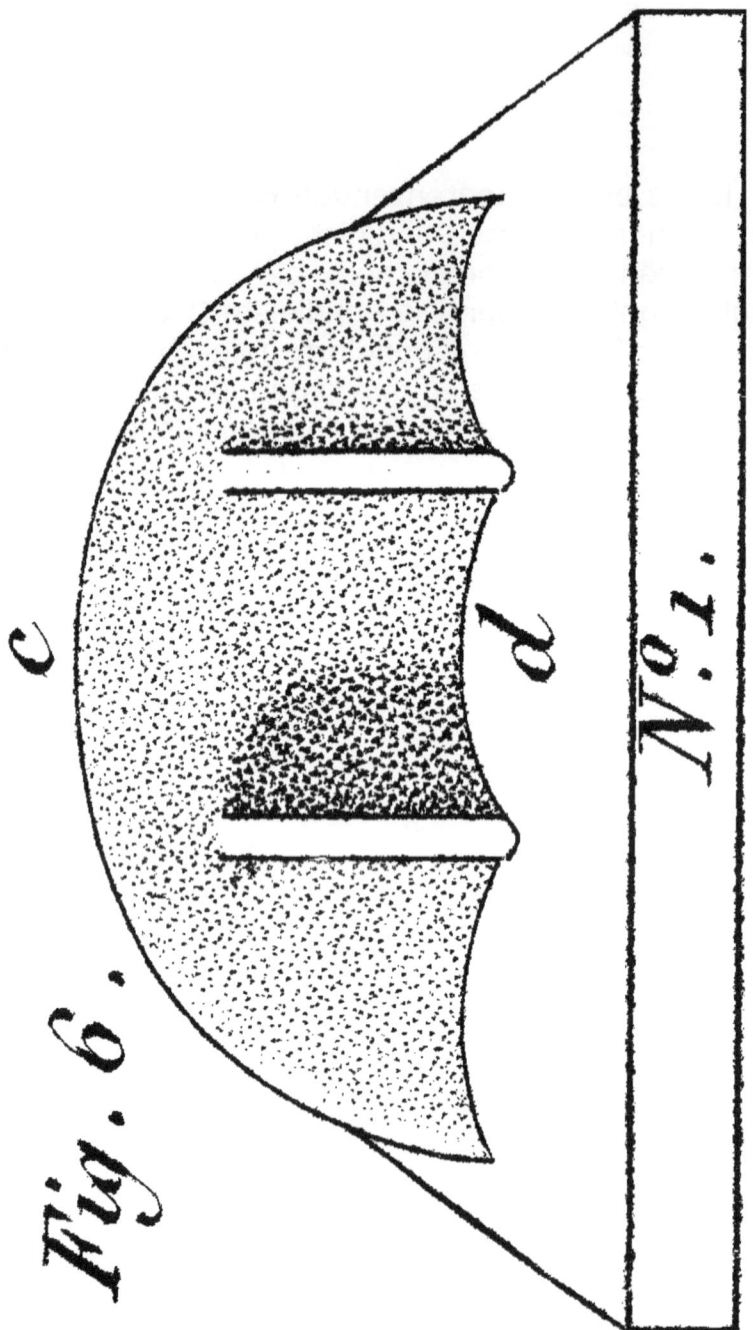

Band 2 Tafel VIIB Fig 6— Aufhäufung der Wachsbröckchen aus der Aushöhlung. (Vorderseite).

So lehnte ein Teil der beiden hinteren Höhlungen an die vordere, wovon man sich leicht überzeugen kann, wenn man zwei Nadeln durch ihre Wände sticht (Fig. 6 und 7).

Diese Höhlungen hatten gleichen Durchmesser; wie die der vorderen Seite waren sie rechts und links durch kleine Vorsprünge begrenzt, die ich vertikale Rippchen nennen will, und die, wenn die Böden fertig sein werden, den vertikalen Zellenwänden, zu denen sie gehören, zur Basis dienen sollen.

Die drei begonnenen Höhlungen hatten noch nicht die ganze Ausdehnung, die ihnen in ihrer Vollendung eigen ist. Ich habe schon hervorgehoben, dass sie in der Länge die einer gewöhnlichen Zelle nicht besaßen (unter der Länge verstehe ich hier den vertikalen Durchmesser der Höhlungen, Fig. 6, cd); indes der Block selbst hatte ja noch nicht die Höhe, die zur Vervollständigung des Zellendurchmessers genügt hätte. Deshalb mussten die Bienen daran denken, seine Ausdehnung zu erweitern.

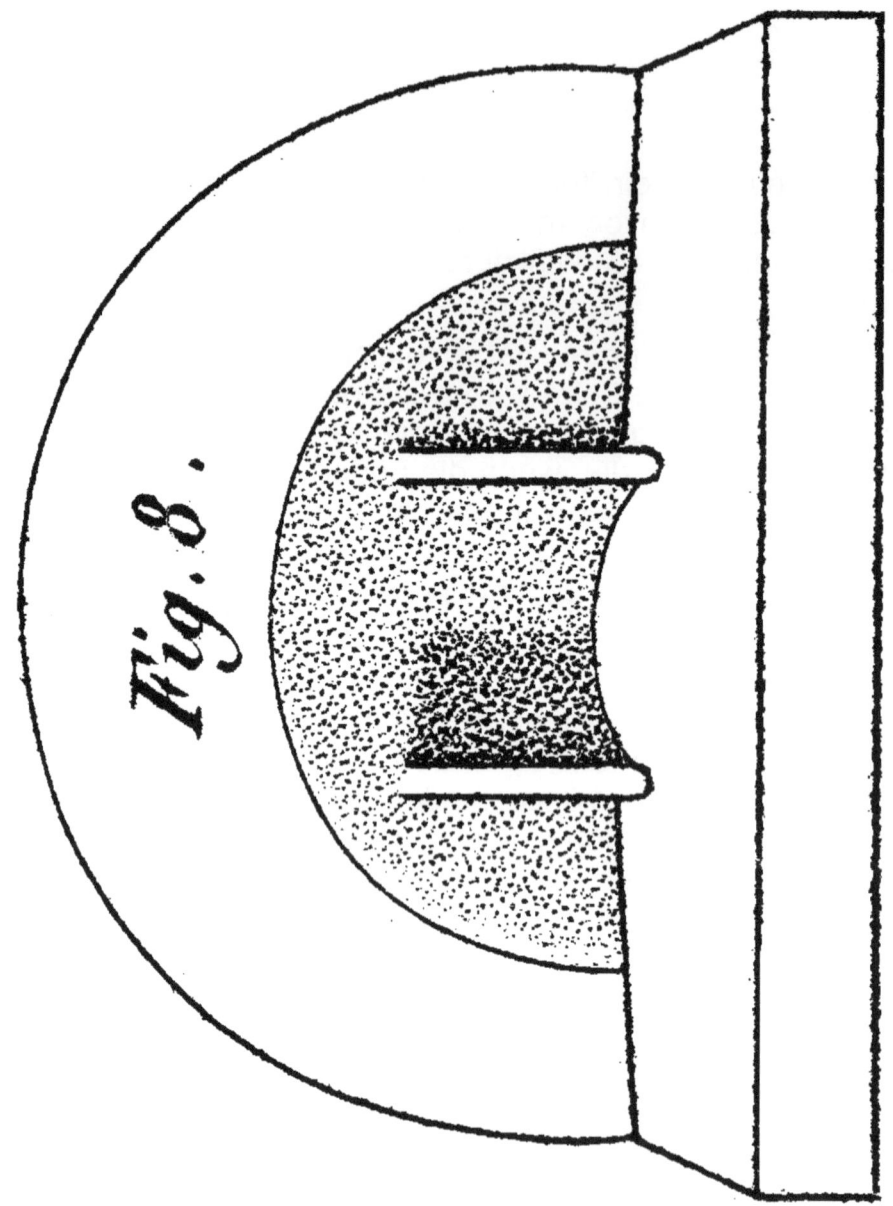

Band 2 Tafel VIIB Fig 8—Zugefügtes Wachs erweitert die Ausdehnung.

Während sie noch an der Vertiefung der von ihren Gefährtinnen begonnenen Aushöhlungen arbeiteten, sahen wir Wachsbienen dem kleinen Blocke sich nähern, unter ihren Schuppen Wachsplättchen hervorziehen und sie seinem Rande anfügen, wodurch er verlängert werden musste. Sie erweiterten seinen Umfang nach allen Richtungen um fast zwei Linien (2mm) (Fig. 8).

410 Kapitel IV: Vom Wabenbau - Fortsetzung

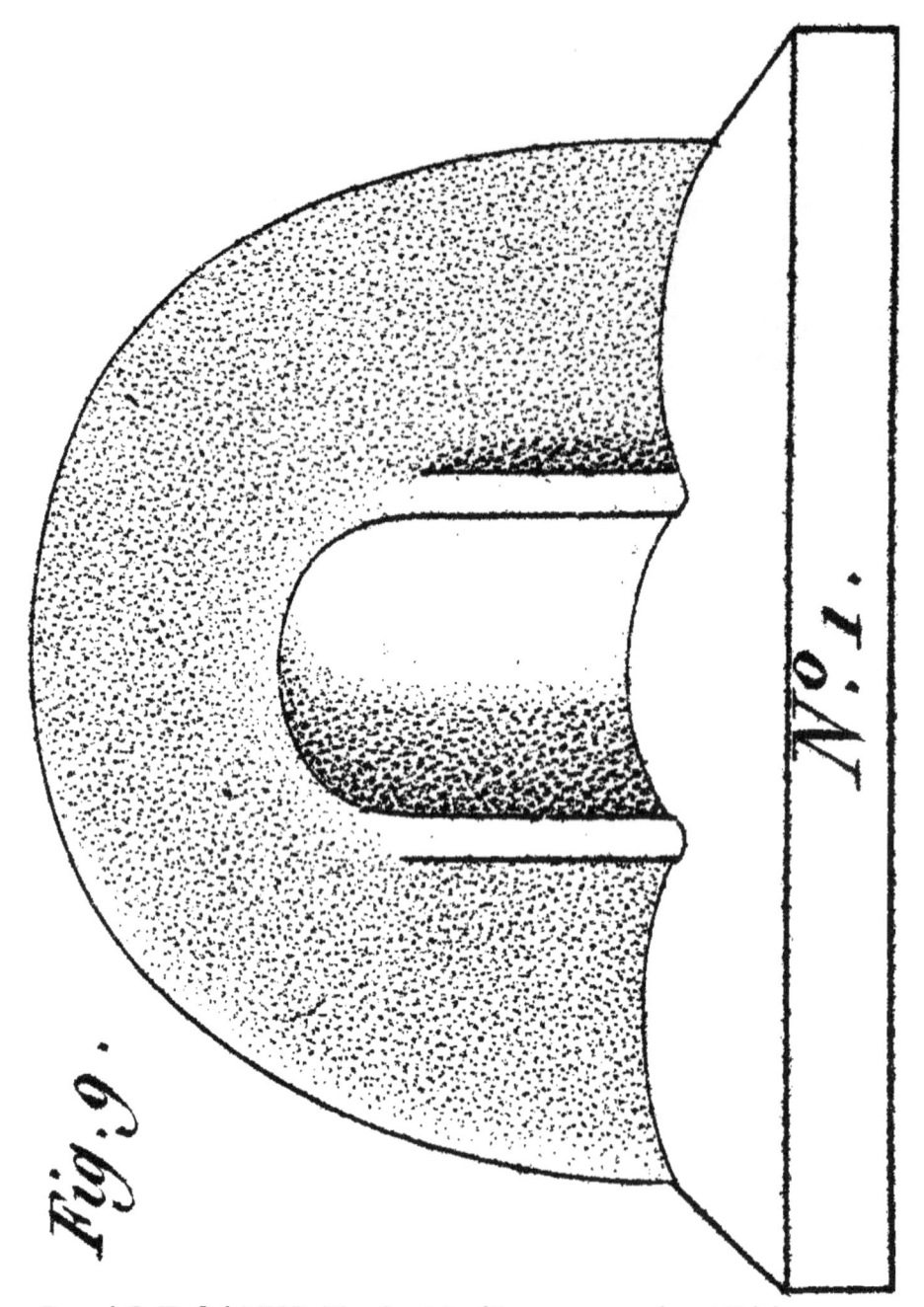

Band 2 Tafel VIIB Fig 9—Verlängerung der Höhlungen.

Nun konnten die kleinen Bienen, welche vorzugsweise mit der Ausarbeitung der Zellen beauftragt schienen, ihre Entwürfe fortführen; sie verlängerten auch sogleich die Höhlungen in dem neu aufgeführten Teile des Blockes, wo sie die Vorsprünge, von denen sie begrenzt wurden, weiter ausdehnten (Fig. 9 und 10). Ihre erhöhten Ränder wurden aber nur rechts und links von den Höhlungen verlängert und nicht an ihrem oberen Ende; auch waren sie umso niedriger, je mehr sie sich von der Basis des Blockes entfernten; auch bemerkten wir, dass die Bienen die Höhlung Nr. 1 mehr verlängerten, als die von Nr. 2 und 3, sonst war ihre Form dieselbe. Sie waren halb elliptisch, ein wenig gestreckt, oben abgerundet, innen gewölbt, ohne Winkel. Die erstere war etwas länger als der Durchmesser einer gewöhnlichen Zelle, die letzteren waren aber um ein Beträchtliches kürzer.

412 Kapitel IV: Vom Wabenbau - Fortsetzung

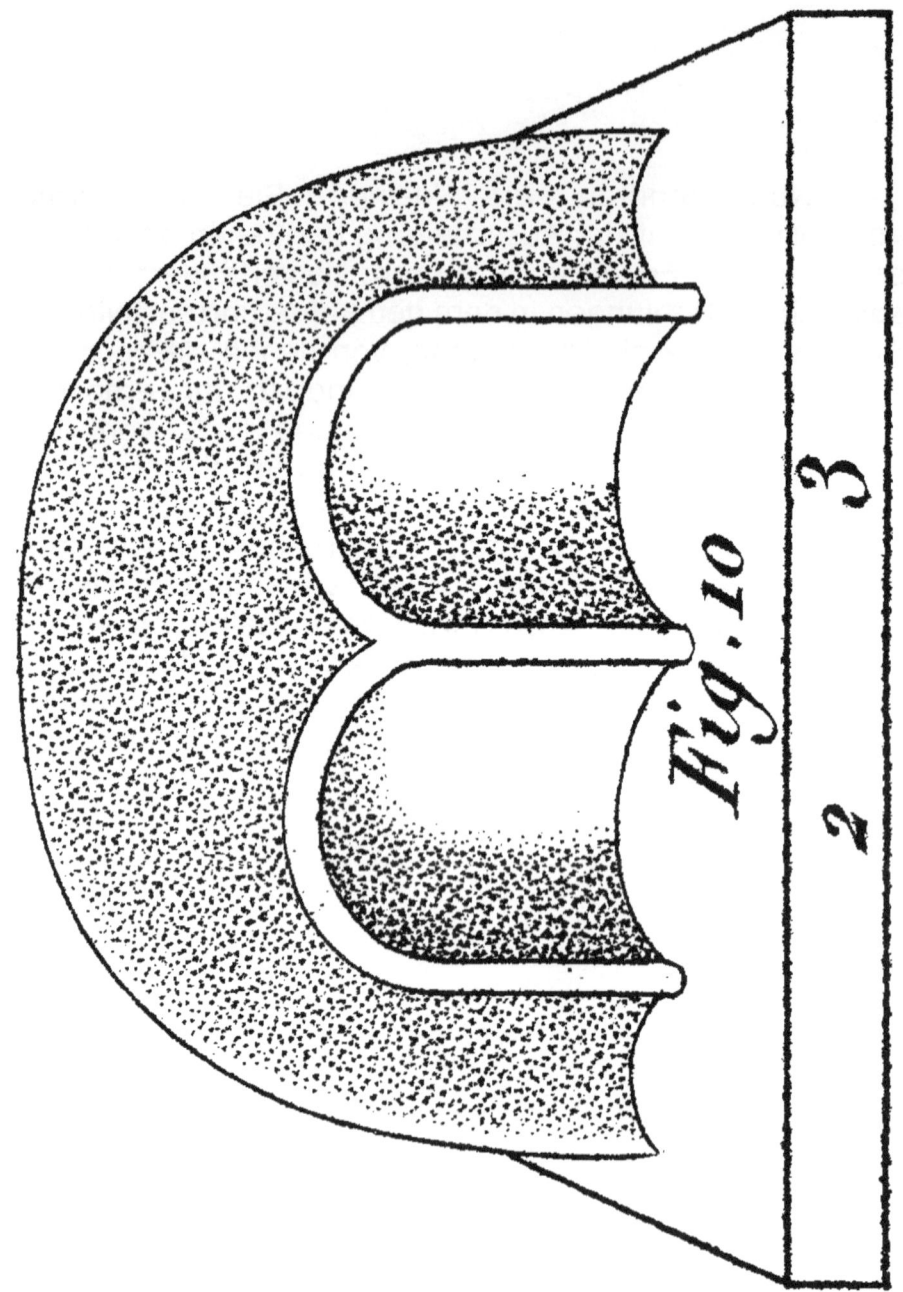

Band 2 Tafel VIIB Fig 10— Verlängerung der Höhlungen. (Gegenseite von 9).

Diese Verschiedenheit, deren Zweck nach dem, was wir über die Bildung der Zellen der ersten Reihe bemerkt haben, ohne weiteres ins Auge fällt, war im mindesten keine Unregelmäßigkeit.

Ich erwähnte, dass jede Höhlung oben in einem Bogen auslief. Die Bienen zögerten nicht, sie auch in diesem Teile mit einem Rande zu versehen, wie sie es bei den vertikalen Seiten getan hatten, doch lag es nicht in ihrem Plane, ihnen einen bogenförmigen Rand zu lassen.

414   Kapitel IV: Vom Wabenbau - Fortsetzung

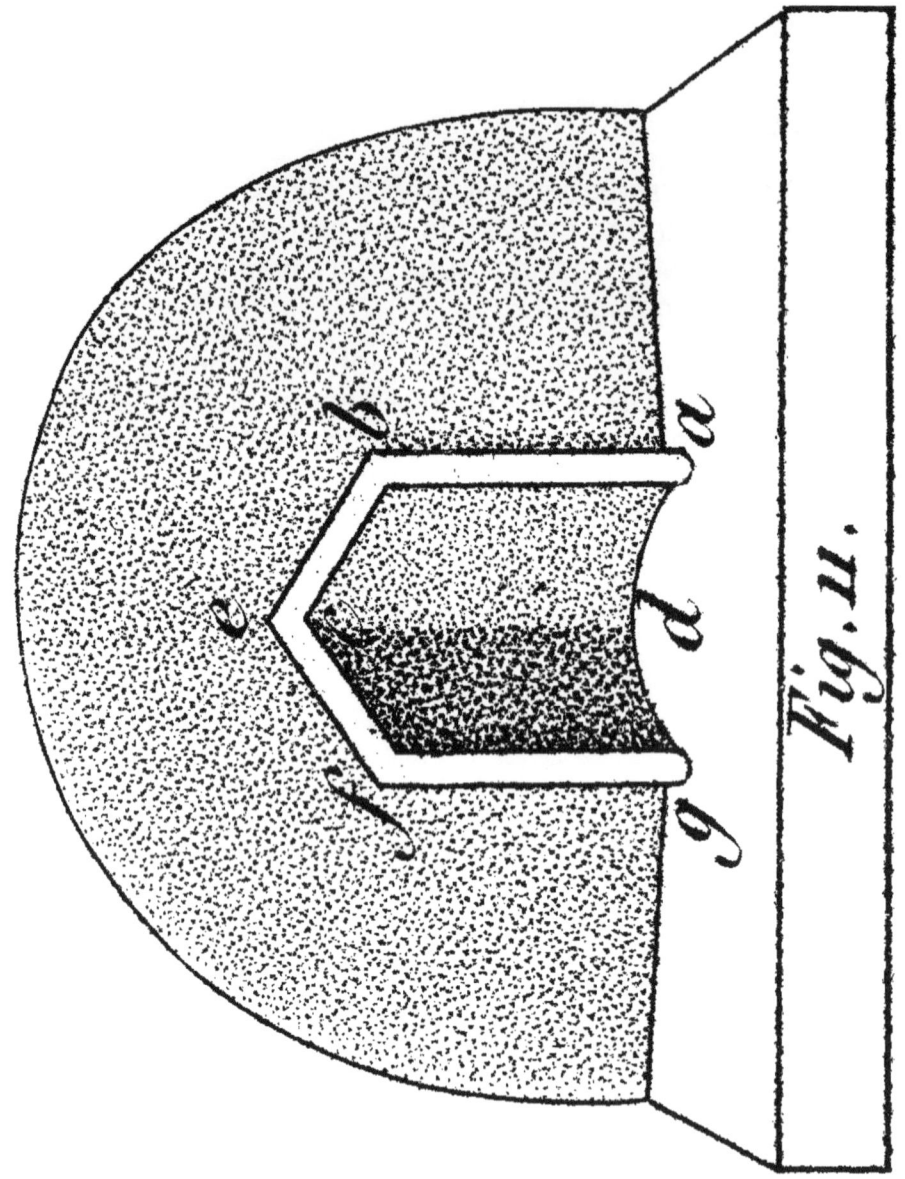

Band 2 Tafel VIIB Fig 11—Vorspringende Ränder

Der Bogen, welchem der Rand einer jeden dieser Höhlungen vorstellte, wurde gleichsam in zwei gleiche Sehnen abgeteilt, und in ihre Richtung erhoben die Bienen Rippchen oder vorspringende Ränder (Fig. 11 und 12); wir bemerkten, dass sie einen stumpfen Winkel bildeten, und dieser schien uns fast denjenigen gleich, welche die Rhomben der Pyramidalböden charakterisieren, woraus man schon schließen konnte, dass dieser Winkel für einen Rhombus berechnet sei.

Weiter beobachteten wir, dass die Bienen auf den oberen Rand der Höhlung von Nr. 1 viel Wachs aufgehäuft hatten; auf dem Gipfel dieses kleinen, durch Aufhäufung gebildeten Hügels vereinigten sich die beiden geneigten Rippen, die sie in diesem Teile begrenzten. Die beiden Rippen hingegen, welche den Boden der hinteren Zellen nach oben abschlossen, waren nicht auf einer Erhebung erhöht, sondern folgten der Höhlung der Auskehlung.

416 Kapitel IV: Vom Wabenbau - Fortsetzung

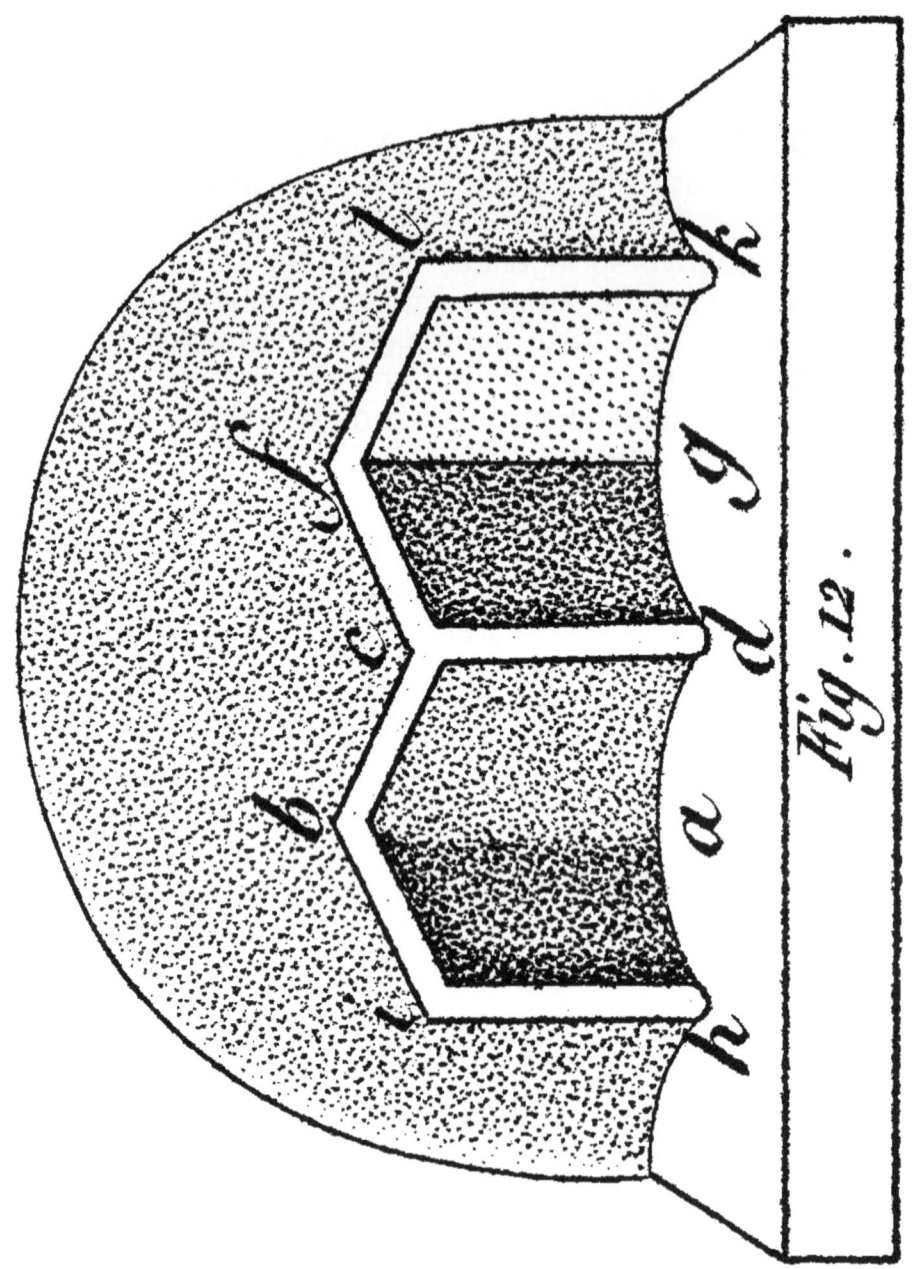

Band 2 Tafel VIIB Fig 12—Vorspringende Ränder (Gegenseite zu Fig 11).

(Vergleiche diese Zellenböden, die in Fig. 11 und 12 von vorn, in Fig. 15 und 16 im Halbprofil dargestellt sind. Fig. 13 und 14 zeigen die Höhlungen vor der Umgestaltung des oberen Randes in winkelige Rippen; sie entsprechen Fig. 9 und 10. Fig. 15 und 16 zeigen den Block in der Periode, in welcher der obere Rand in zwei Sehnen geteilt und mit deutlichen Rippen versehen ist).

In diesem Zeitpunkt war jede Höhlung von vier Rippen eingefasst, von zwei seitlichen senkrechten und zwei geneigten kürzeren, die mit einem ihrer Enden sich an die ersteren anschließen und mit dem anderen Ende untereinander verbunden sind. Die Leiste begrenzte diese Höhlungen an ihrer Basis (Fig. 11 und 12, 15 und 16).

Immer schwieriger aber wurde es, der Arbeit der Bienen zu folgen, weil sie häufig ihren Kopf zwischen den angefangenen Zellenboden und das Auge des Beobachters schoben; wir bemerkten aber noch rechtzeitig, dass die Wand, an der sie mit ihren Zähnen arbeiteten, durchscheinend genug geworden war, um alles, was auf der anderen Seite geschah, deutlich unterscheiden zu können; so sah man zum Beispiel von der einen Seite des Blockes ganz deutlich die Zahnspitze der auf der entgegengesetzten Seite mit dem Ausarbeiten beschäftigten Biene und konnte all ihren Bewegungen folgen. Diese Wirkung wurde dadurch noch mehr verstärkt, dass wir den Stock so stellten, dass das Licht schärfer in die Höhlungen einfallen konnte, deren Anlegung wir zu beobachten wünschten.

418 Kapitel IV: Vom Wabenbau - Fortsetzung

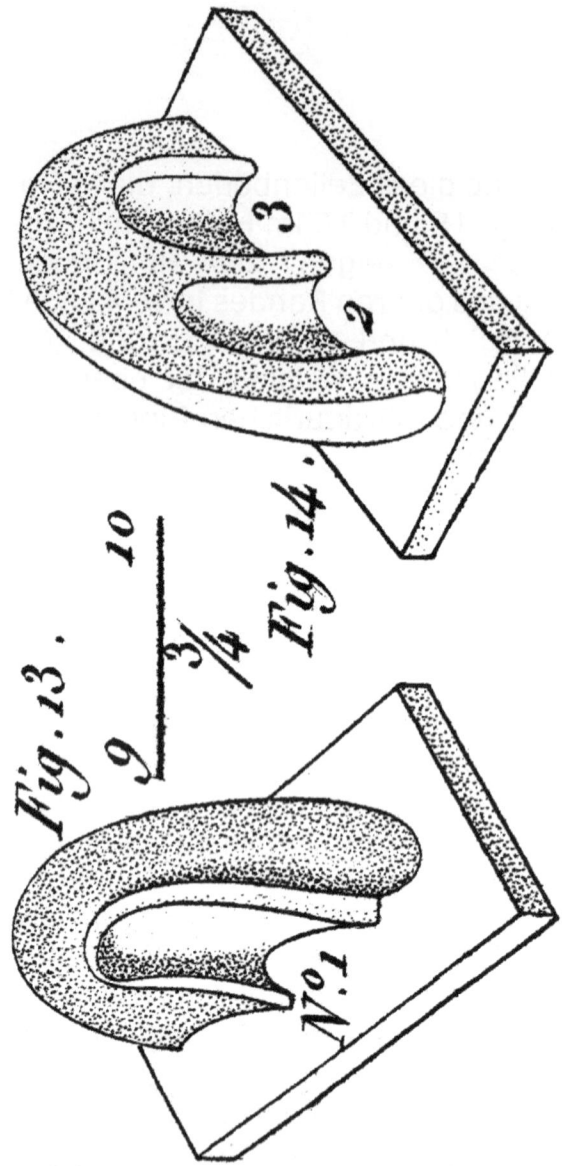

Band 2 Tafel VIIB Fig 13 & 14—Höhlungen vor der Umgestaltung des oberen Randes in winkelige Rippen, Fig 9 & 10 Seitenansicht.

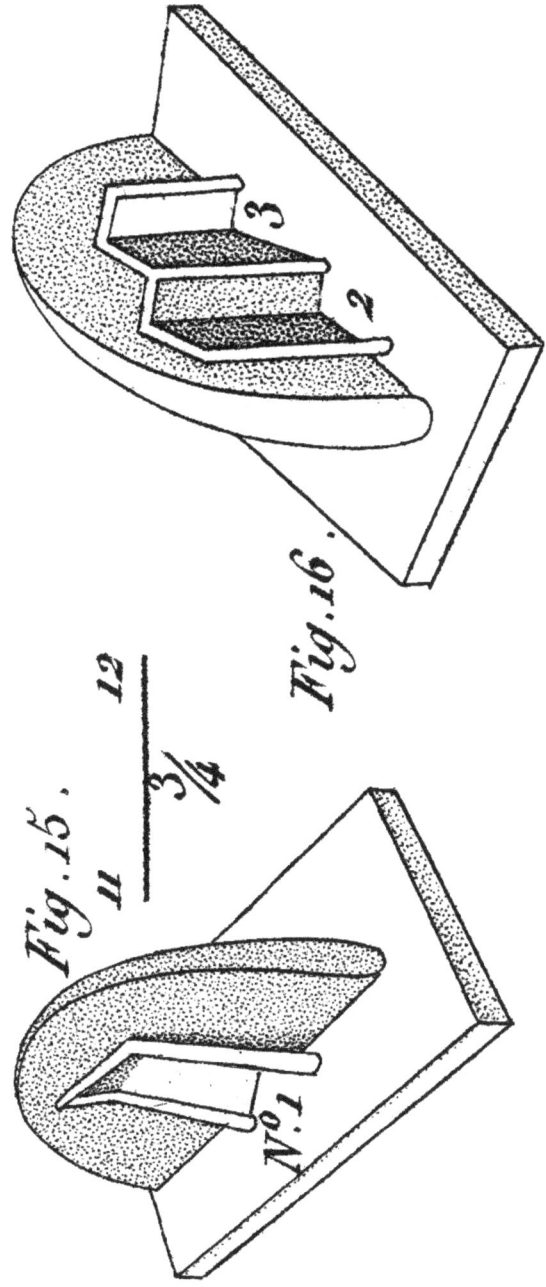

Band 2 Tafel VIIB Fig 15 & 16— Höhlungen vor der Umgestaltung des oberen Randes in winkelige Rippen, Fig 11 & 12 Seitenansicht.

420	Kapitel IV: Vom Wabenbau - Fortsetzung

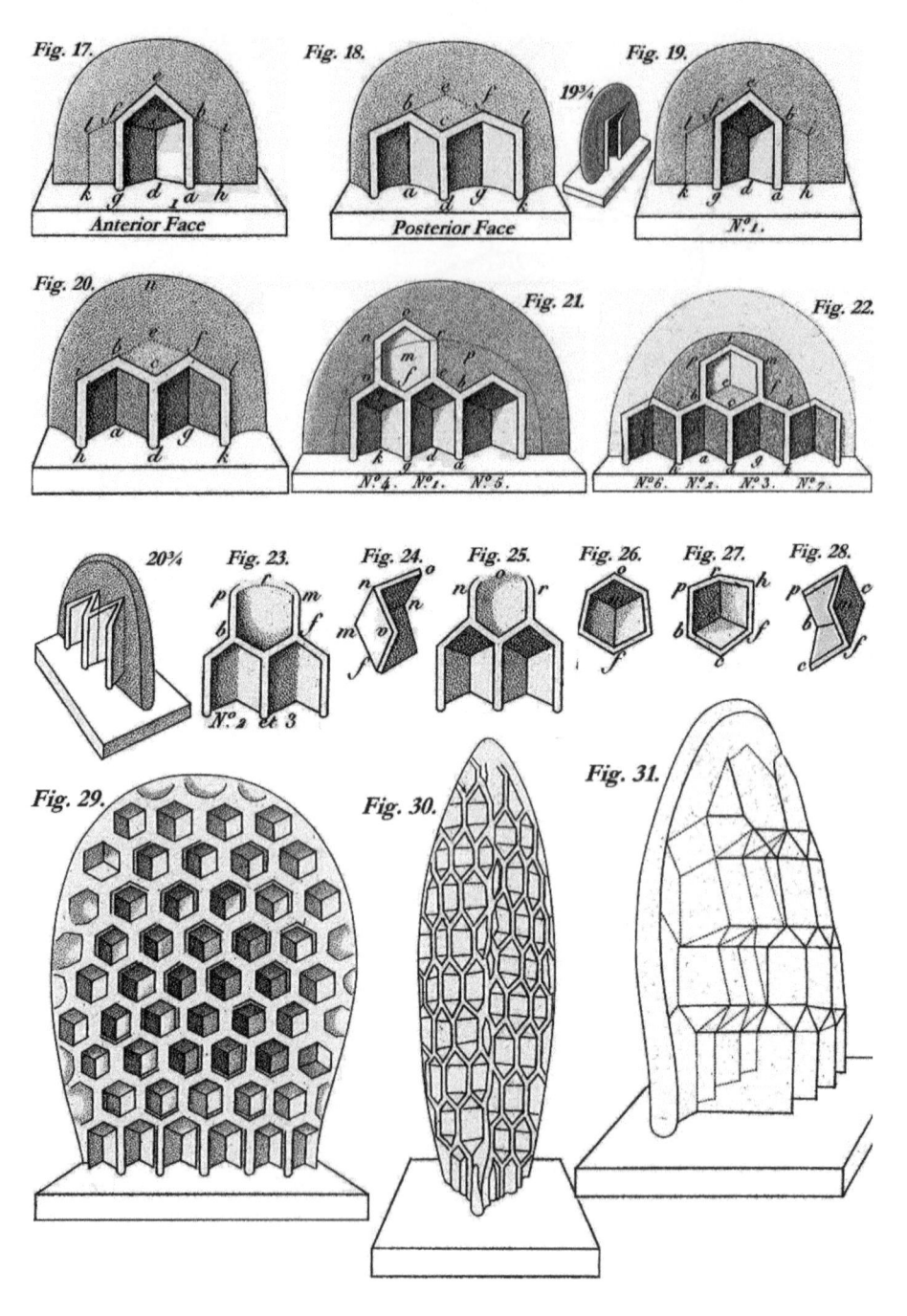

Band 2 Tafel VIII—Wabenbau der Bienen.

Den Umriss derjenigen der entgegengesetzten Seite, deren noch dickere Rippen den Lichtstrahlen keinen so leichten Durchgang gestatteten, sahen wir im Schatten und konnten dann ganz genau unterscheiden, dass die Höhe des Zellenbodens von Nr. 2 und 3 geringer war als diejenige des Zellenbodens von Nr. 1, und dass ihre vertikalen Rippen ebenfalls nicht zu lang waren (Taf. VIII, Fig. 17 und 18). Die punktierten Linien bezeichnen hier die Schatten der Rippen auf der gegenüberliegenden Seite.

Durch die Höhlung Nr. 1 (Fig. 17, cd) hindurch bemerkte man den Schatten der senkrechten Rippe, welche die Höhlungen Nr. 2 und 3 trennte; sie nahm gerade die Mitte derselben ein, da aber die Rippe, welche diese scheinbare Abteilung ausmachte, den beiden kürzesten Zellen angehörte, so konnte der Schatten nicht durch die ganze Länge der Zelle Nr. 1 reichen.

Der Schatten reichte nur bis zu zwei Drittel der Länge der vorderen Zelle, von der Basis des Blockes an gerechnet (Fig. 17, c). Hier schien sie sich in zwei Äste zu teilen (cbef), die, der eine rechts, der andere links vom Ausgangspunkte aus, in geneigter Richtung aufwärts stiegen und unmittelbar hinter dem oberen Ende der senkrechten Rippen (ab gf) der Höhlung Nr. 1 zu enden schienen.

Diese geneigten Äste des vertikalen Schattens waren eben nichts anderes als die geneigten Rippen (Fig. 18,cb cf), welche die Höhlungen Nr. 2 und 3 in ihrem oberen Teile abgrenzten. Der eine gehörte der ersten, der andere der zweiten dieser Aushöhlungen an.

422　Kapitel IV: Vom Wabenbau - Fortsetzung

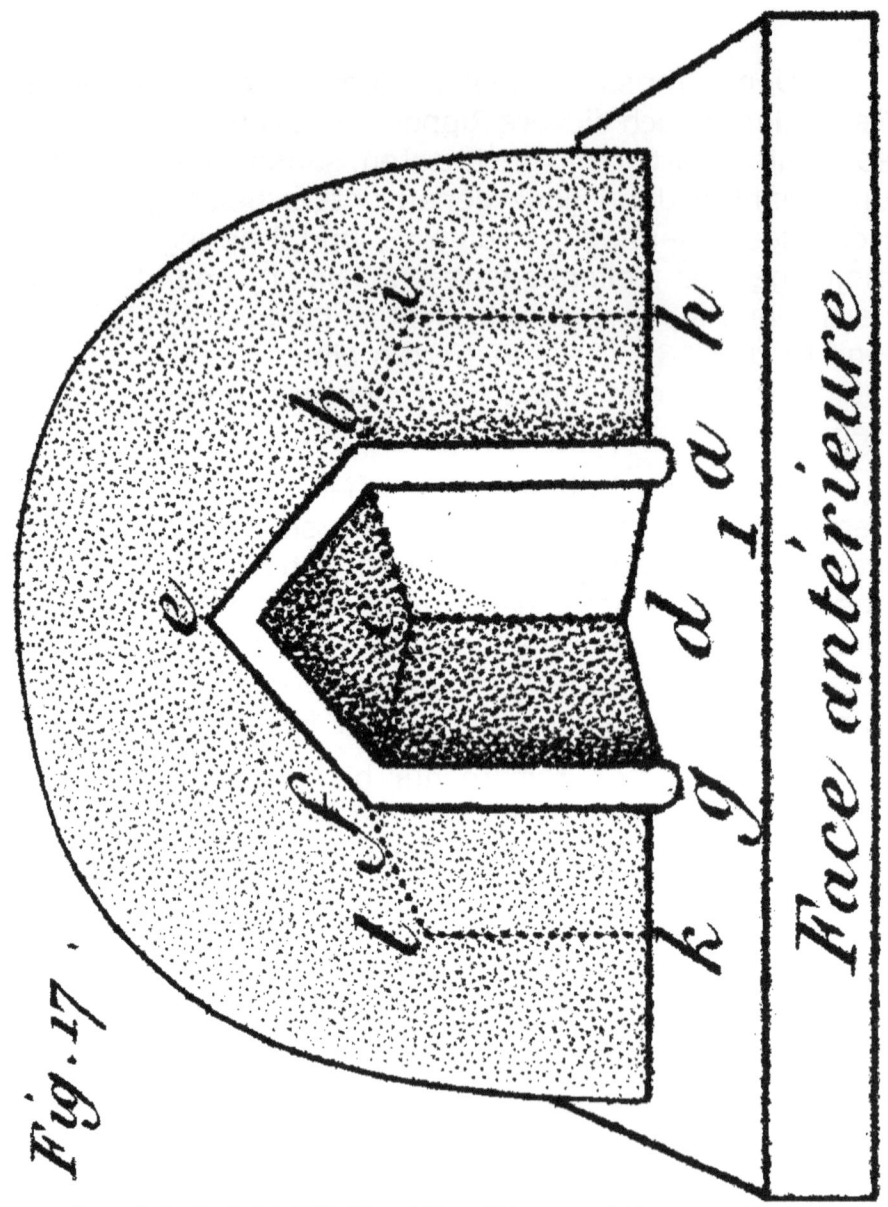

Band 2 Tafel VIII Fig 17— Die punktierten Linien bezeichnen hier die Schatten der Rippen auf der gegenüberliegenden Seite (Fig 18).

Auch sah man durch den noch rohen Teile des Blockes, wenn auch weniger deutlich, den weiteren Umriss derselben Höhlung, der sich rechts und links von dem vorderen Boden erstreckte, in Nr. 1 (ab, ij:gf, kl, Fig. 17) dargestellt.

Es war erwiesen, dass die Böden Nr. 2 und 3 teilweise an denjenigen der Zelle Nr. 1 angelehnt waren. Sie endeten in stumpfem Winkel am oberen Ende der senkrechten Rippen der isolierten Höhlung (Fig. 17, b, f), woraus folgt, dass die vordere Höhlung länger war als die beiden anderen, und zwar um so viel, als ihre ganze Länge die ihrer eigenen vertikalen Rippen überragte.

Stellte man sich dagegen auf der gegenüberstehenden Seite vor den Block (Fig. 18), so sah man den Schattenriss der Höhlungsränder von Nr. 1, welche die Höhlungen Nr. 2 und 3 oben überragten.

Im Grunde jeder der letzteren nahm man den Schatten einer der vertikalen Rippen wahr, welche die Höhlung der vorderen Seite begrenzte (ab, gf), und dieser Schatten erstreckte sich durch die ganze Länge der Doppelhöhlungen auf der Rückseite und schien sie in zwei gleiche Teile zu teilen. Indes war dieses noch erst die Wirkung der gegenseitigen Stellung der Rippen beider Seiten.

424 Kapitel IV: Vom Wabenbau - Fortsetzung

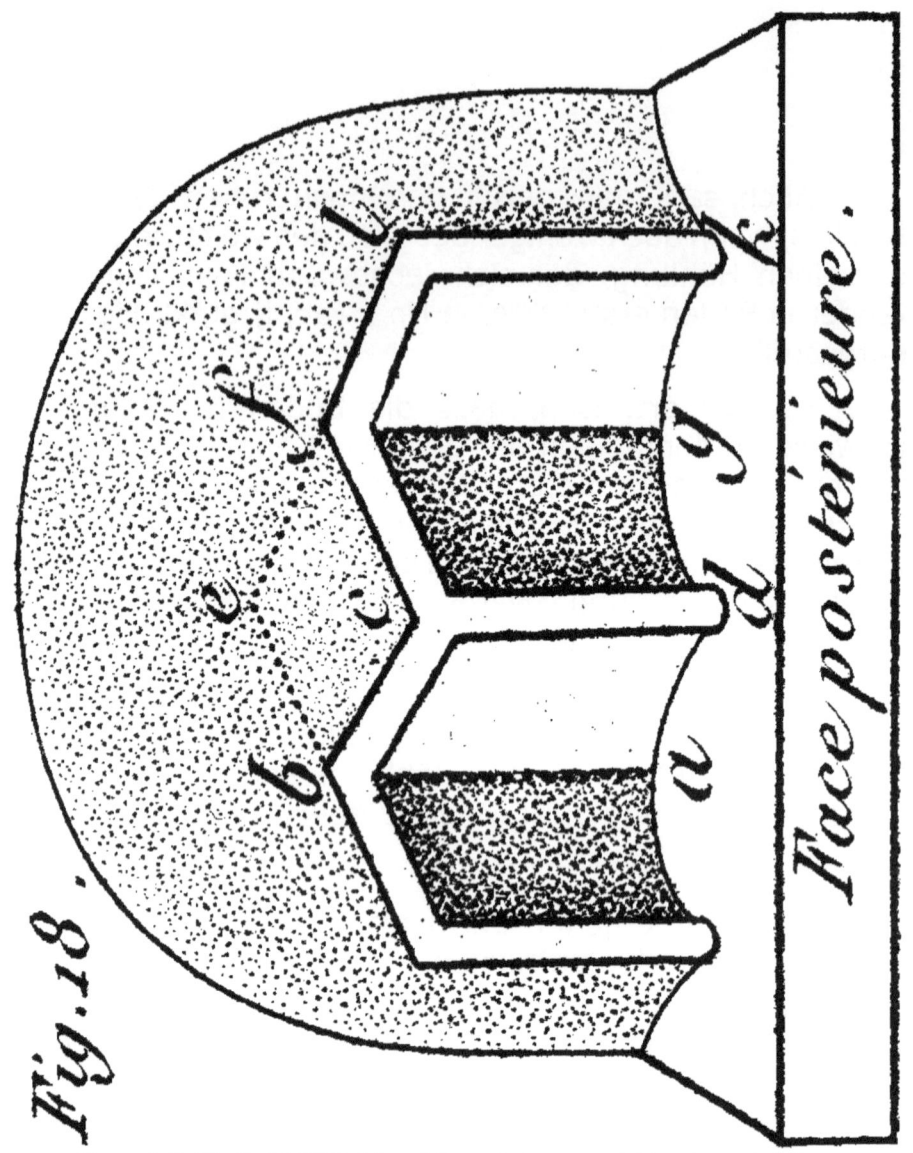

Band 2 Tafel VIII Fig 18— Die punktierten Linien bezeichnen die Rippen auf der gegenüberliegenden Seite (Fig 17).

Indem wir der Arbeit der mit der Austiefung der entworfenen Höhlungen beschäftigten Bienen unsere ungeteilte Aufmerksamkeit zuwandten, bemerkten wir, dass die dunklen Linien allmählich winkeligen Furchen Platz machten, und dass alle Anstrengungen der Arbeitsbienen auf die diesen Rippen gegenüberliegende Seite, die man durch den verdünnten Block im Schattenriss erblickte, gerichtet waren. Die Bienen arbeiten auf beiden Seiten hinter den Rippen der entgegengesetzten Seite der Austiefung.

So arbeiten diejenigen, welche auf der Vorderseite aufgestellt waren, in die Richtung des Schattens der hinteren Rippen, die etwa die Figur eines Y darstellten, dessen Arme vom Hauptstamme nach vorn sich richteten (Fig. 17). Die Mittelrippe bildete etwa den Stamm des Y, und die beiden geneigten Rippen (bc, cf), die den hinteren Zellen angehörten, stellten die beiden Arme des Buchstaben vor.

Die Bienen beeiferten sich nicht bloß, die Austiefung hinter den vorspringenden Rippen zu fördern, sondern sie schabten und glätteten auch gleichzeitig den Raum, der eines Teils durch den Schatten dieser Rippen, anderen Teils durch die vorhandenen Rippen der Höhlung, an der sie arbeiteten, abgeschlossen war.

Ihre erste Arbeit war gegen den Schatten der senkrechten Rippe (cd), darauf in der Richtung des geneigten Schattenrisses (bc, df), der durch die geneigten Rippen der gegenüberliegenden Zellen geworfen wurde, gerichtet; und als sie einen jeden der zwischen den wirklichen Rippen (ab, be: ef, fg) und den Schattenrissen der Rückseite (cd cb cf) eingerahmten Räumen geebnet hatten, ergab sich aus ihrer Arbeit auf der Vorderseite ein Zellenboden, wie wir ihn oben als den der ersten Zellenreihe beschrieben haben, also einer der aus zwei Trapezen und einem Rhombus zusammengesetzt war (Fig. 19).

426 Kapitel IV: Vom Wabenbau - Fortsetzung

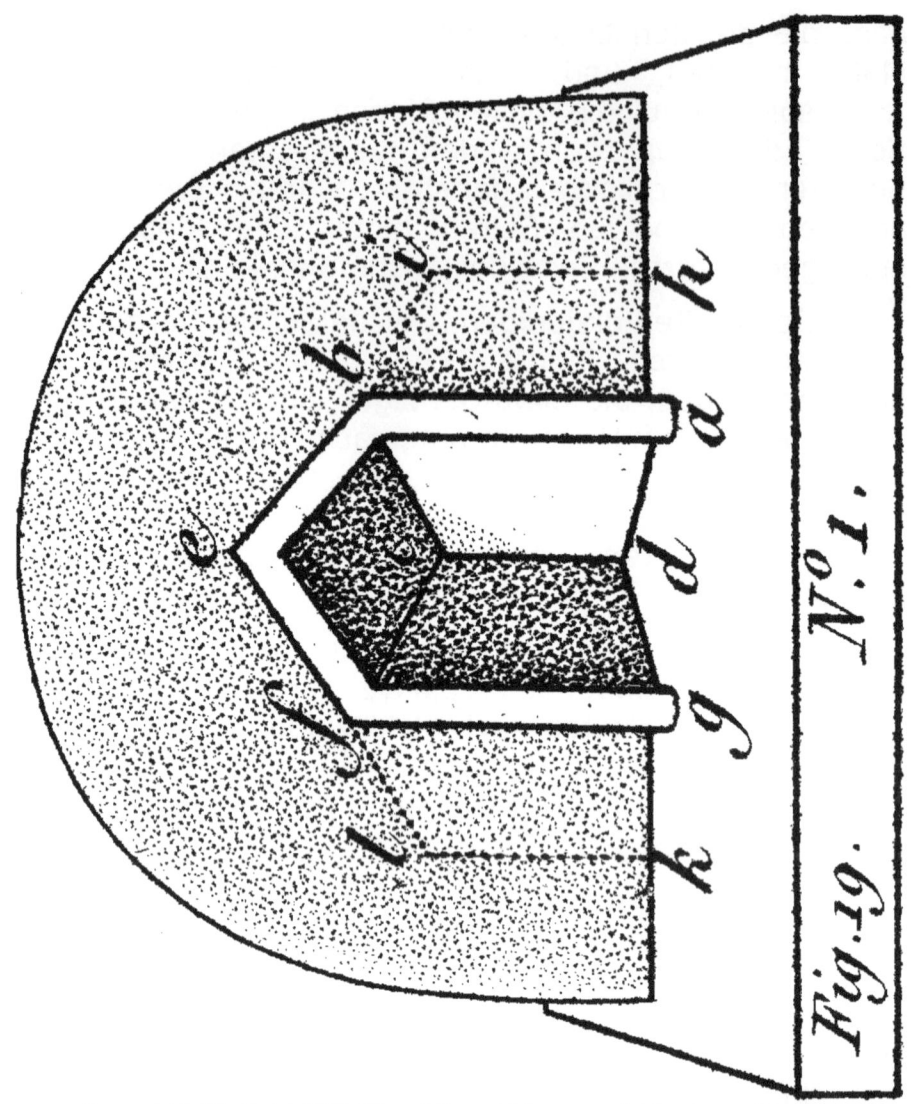

Band 2 Tafel VIII Fig 19— Die punktierten Linien bezeichnen die Rippen auf der gegenüberliegenden Seite.

Denn da diese Höhlung, welche sich anfänglich als halb elliptische Form dargestellt hatte (Taf. VII. Fig. 9) und dann von vier Rippen eingerahmt worden war (Fig. 11), in zwei Dritteln ihrer Länge durch eine Furche (Fig.

17, cd) in der Mitte geteilt wurde, und da die beiden an die Furche grenzenden Flächen (abcd: cdfg) bis zur Tiefe der Furche selbst geglättet und verdünnt waren, bildeten sie anfänglich zwei gegeneinander geneigte Flächen; da sich aber diese Furche nicht durch die ganze Länge der Höhlung hindurchzog, so waren diese Wände nur erst durch die vertikalen Rippen dieser Seite (ab, gf) und die Leiste selbst abgegrenzt. Ihr oberes Ende (df, cb) war noch nicht abgegrenzt, oder verlor sich wenigstens in demjenigen Teile der Zelle, der noch nicht geglättet war. Indem aber die Bienen die mit den geneigten Rippen der hinteren Seite korrespondierenden Furchen (Fig. 19, bc, cf) auswirkten, gaben sie diesen Wänden eine geneigte Begrenzung, und da dieselben an den anderen drei Seiten durch die gleichlaufenden Rippen und die Leiste, die mit ihnen zwei rechte Winkel bildete, eingefasst waren, so gestalteten sie sich zu zwei gleichen Trapezen (ab cd: cd gf) und standen rechts und links von der Hauptfurche.

Da aber der Raum zwischen den beiden geneigten Furchen und dem oberen Ende der Höhlung (bef) zum Teil zwischen die Seiten des von den geneigten Furchen gebildeten stumpfen Winkels (bcf), zum Teil zwischen die Seiten des von den oberen Rändern gebildeten stumpfen Winkels (bef) eingefasst war, und diese Seiten und diese Winkel unter sich gleich waren, so resultierte daraus ein Rautenviereck (bcef), gleich denen, woraus die Pyramidenböden zusammengesetzt sind.

Dies Rautenviereck bildete durch seine Neigung mit jedem Trapez einen Flächenwinkel und folglich mit beiden Trapezen zusammen einen Körperwinkel (Fig.19), dessen Spitze in den Durchschnittspunkt der drei Durchschnittslinien, oder, was dasselbe besagt, hinter die Spaltung der gegenüberliegenden Rippen (c, Fig. 19 und 20 3/4) eingestellt war; dieser Körperwinkel war aber kein

428 Kapitel IV: Vom Wabenbau - Fortsetzung

Pyramidenboden, sondern ein aus zwei Trapezen und einem Rhombus zusammengesetzter Boden.

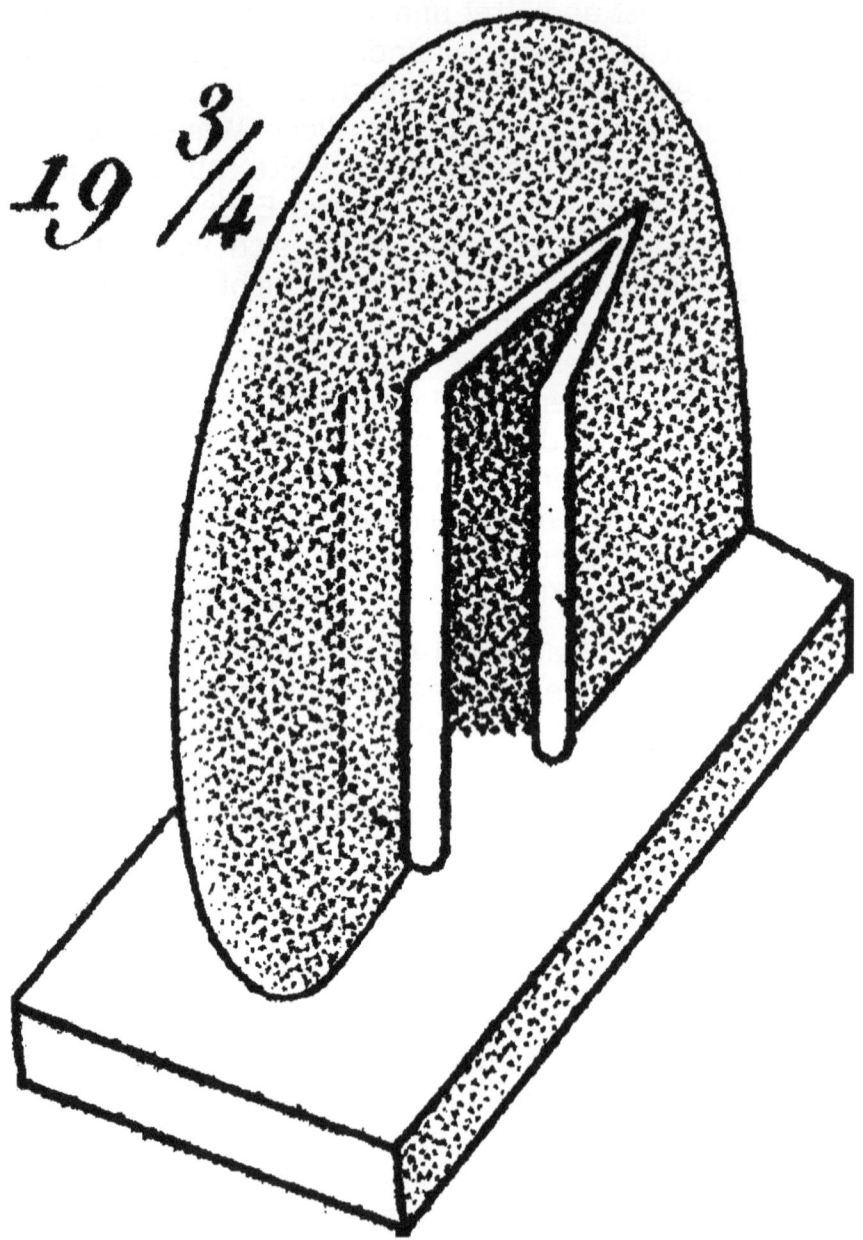

Band 2 Tafel VIII Fig 19 3/4—Fig 19 in ¾ Ansicht.

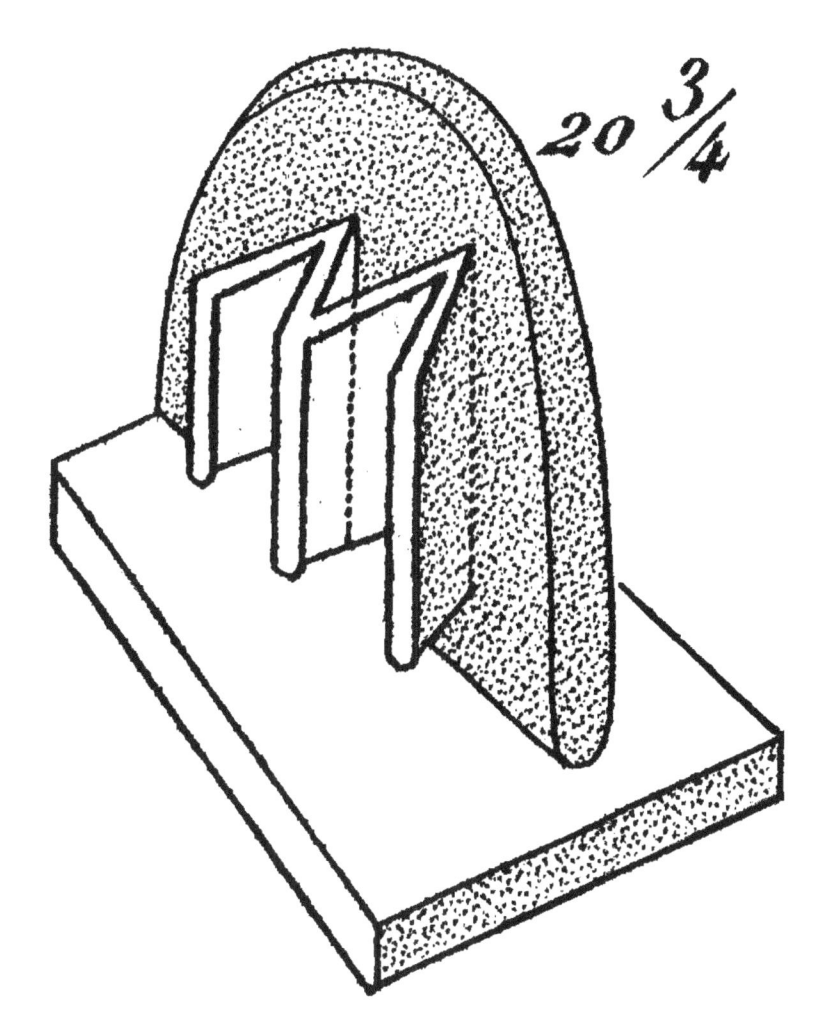

Band 2 Tafel VIII Fig 20 3/4—Fig 20 in ¾ Ansicht.

430 Kapitel IV: Vom Wabenbau - Fortsetzung

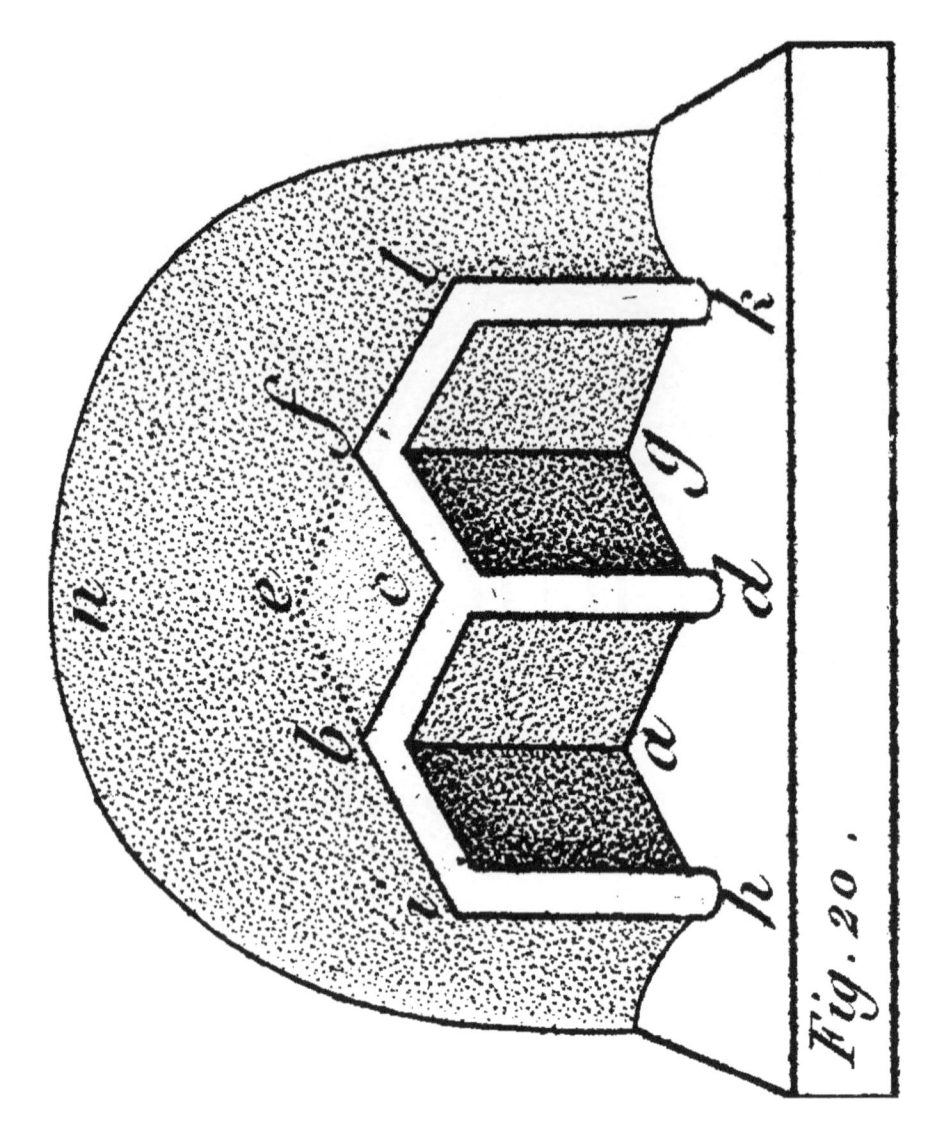

Band 2 Tafel VIII Fig 20— Die punktierten Linien bezeichnen die Rippen auf der gegenüberliegenden Seite.

Das ist also die Art und Weise, in welche die Bienen den Boden der ersten vorderen Zellen der ersten Zellenreihe ausarbeiten.

Wir haben gesehen, dass sie hinter den vorspringenden Rippen von diesen auf der Rückseite zwei aneinanderstoßenden Höhlungen austieften, die nur durch einen gemeinsamen Rand geschieden waren (Fig. 10), die Länge und Form derselben durch zwei auf ihrem oberen Rande angebrachte geneigten Rippen bestimmten (Fig. 12) und eine Furche zogen, die sich durch ihre ganze Länge erstreckte (Fig. 18).

Sie hatten also dieselben in zwei gleiche Teile geteilt, und diese bildeten zusammen, sobald sie rechts und links von der Furche durch die Arbeit der Bienen geglättet waren, einen Flächenwinkel (Fig. 20).

Sie waren gleich, und da die eine derselben an eine der Trapezen der vorderen Zellen angelehnt, durch dieselben Rippen begrenzt war, deren Schattenriss den auf der anderen Seite arbeitenden Bienen gleichsam zur Richtschnur hätte dienen können, so folgte aus dem allen, dass diese beiden gleichen Stücke, die denen auf der Vorderseite entsprachen, gleiche Trapezen und einander ähnlich sein mussten. Die Zellenböden der ersten Reihe auf der Rückseite waren also aus zwei Trapezen zusammengesetzt, wie wir das schon bei der Analyse der Zellenform erkannt hatten, und diese Zusammensetzung war eine ganz natürliche Folge der ersten Anlage, welche die Bienen bei der ersten Grundlegung ihres Werkes entworfen hatten.

432

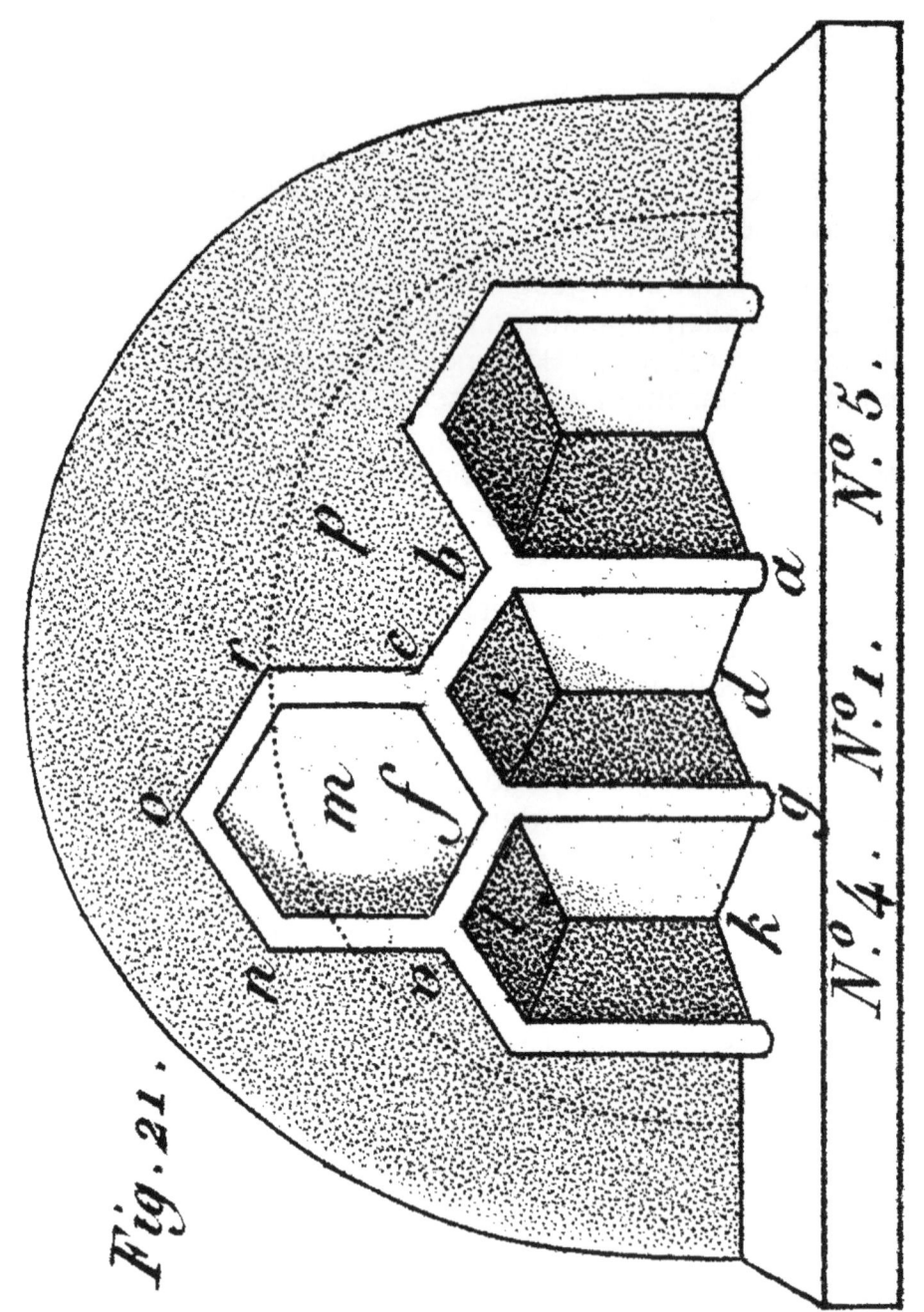

Kapitel IV: Vom Wabenbau - Fortsetzung

Band 2 Tafel VIII Fig 21—Beginn der zweiten Reihe.

Die drei Zellenböden, die ich in Vorstehendem beschrieben habe, waren die ersten, womit sich die Bienen befassten; aber während sie die Furchen zogen, welche dieselben trennte, und einige andere, wie erwähnt, den Block nach allen Richtungen verlängerten, konnten sie neue Höhlungen entwerfen. Zuerst begannen sie ihre Auskehlungen hinter den vertikalen Rippen der Zellen Nr. 2 und 3 und an der Seite der Höhlung Nr. 1, darauf hinter den gegenüberliegenden Rippen der Rückseite. So wurden die Trapezen an andere Trapezen von gleicher Form und Größe gelehnt (Fig. 21 und 23). In der Regel begannen sie die Austiefung auf der einen Seite, sobald andere die Rippen auf der Kehrseite hergestellt hatten. Sie bildeten also diese Höhlungen hinter dem seitlichen Rande der zuletzt entworfenen Zellen. Auf diese Weise waren mehrere wechselweis aneinandergelegte Böden auf beiden Seiten des Blockes ausgearbeitet und stellten das Bild einer ersten Reihe von aneinandergereihten Zellen dar, deren Rohr nur noch nicht verlängert war.

434 Kapitel IV: Vom Wabenbau - Fortsetzung

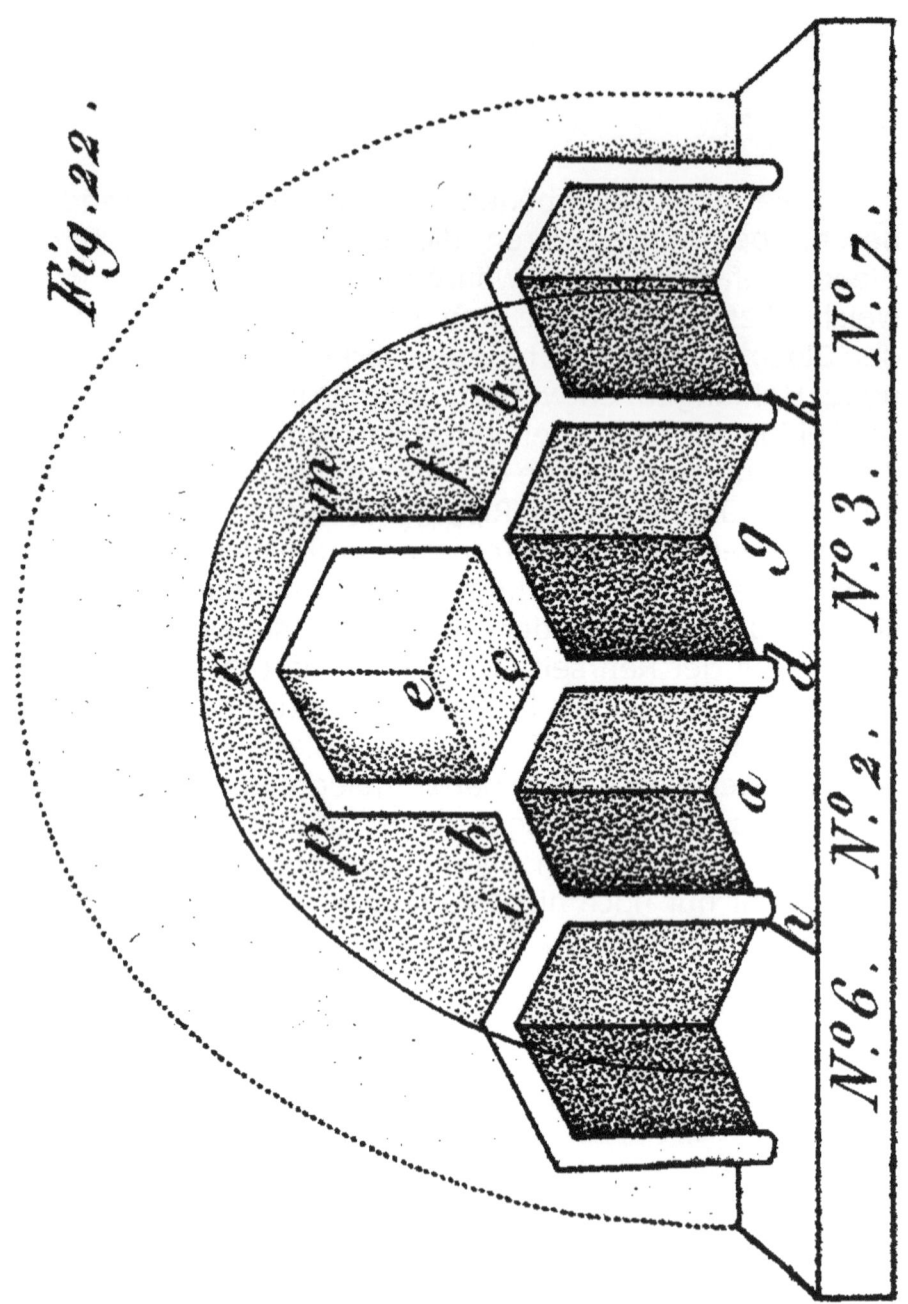

Band 2 Tafel VIII Fig 22—Beginn der zweiten Reihe von der anderen Seite als in Fig 21.

Während aber diese Bienen mit der Glättung und Vollendung dieser Böden vollauf zu tun hatten, entwarfen andere Arbeiter eine zweite Zellenreihe über der ersten und zum Teil hinter der Raute der vorderen Zelle; denn ihre Arbeit greift in der Regel Hand in Hand. Man kann nicht sagen: „*wenn die Bienen diese Zellen vollendet hatten, legten sie den Grund zu anderen*"; wohl aber: „*während gewisse Arbeitsbienen mit der Vollendung eines Stücks vorgehen, beginnen andere die angrenzenden Zellen auszuwirken*". Noch mehr, die auf der einen Seite vollendete Arbeit ist zugleich schon der Anfang derjenigen, die auf der anderen vollführt werden soll; und das kann allein nur durch die Beziehung, durch die innige Verbindung der Teile, die sie alle voneinander abhängig macht, ermöglicht werden. So ist es gewiss, dass eine geringe Unregelmäßigkeit der Arbeit auf der einen Wabenseite die Form der Zellen auf der Kehrseite in entsprechender Weise umgestalten müsste.

436 Kapitel IV: Vom Wabenbau - Fortsetzung

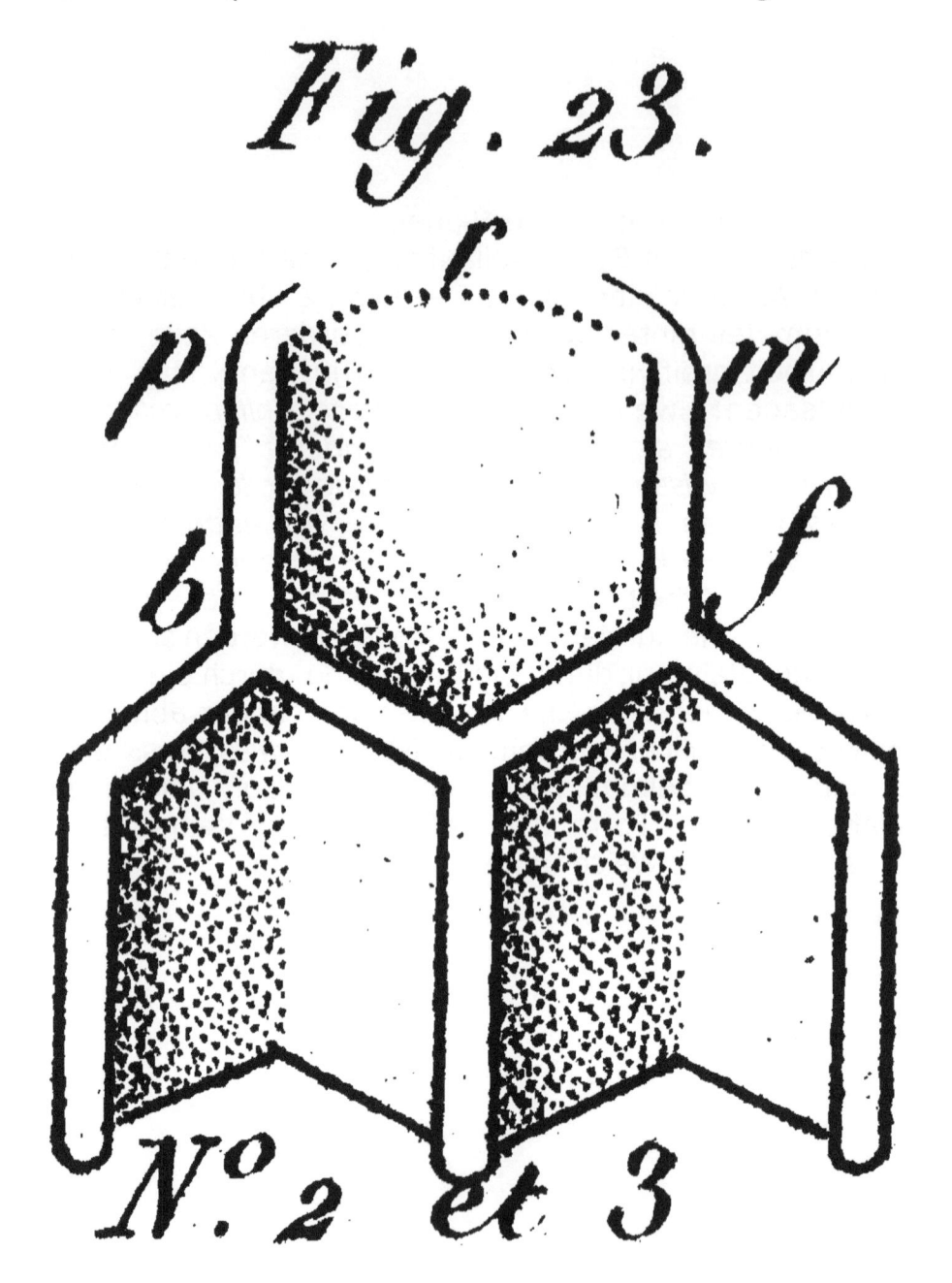

Band 2 Tafel VIII Fig 23—Vergrößerung vom Beginn der zweiten Reihe.

Dritte Abteilung: Vom Bau der Zellen in der zweiten Zellenreihe.

Die Böden der vorderen Zellen der ersten Reihe, die aus zwei Trapezen und einem Rhombus zusammengesetzt sind, waren größer, als die der an sie angelehnten Zellen, weil die letzteren nur aus zwei Trapezen gebildet waren. Zwischen dem oberen Rande der hinteren Zellen und dem des Blockes verblieb also ein größerer Raum, als über den Höhlungen der vorderen Seite. Dieser Raum war groß genug, um daselbst den Boden zu einer gewöhnlichen Zelle anzulegen. (Fig. 20 und 22); indes oberhalb der Zellen der vorderen Reihe (Fig. 19) würde ein vollständiger Boden nicht haben Platz finden können. Der noch unberührte Raum, den die hinteren Höhlungen zwischen und über sich in der Öffnung des durch Zusammentreten ihrer geneigten Rippen gebildeten Winkels ließen, erstreckte sich weit über ihre Spitze bis an den Rand des Blockes (von bc bis n, Fig. 20: oder bc bis r, Fig.22). Hier richteten sich verschiedene Bienen eine nach der anderen ein, um den Boden einer neuen Zelle anzulegen (Fig.22).

Die erste derselben höhlte eine vertikale Hohlkehle (Fig. 22, fm, bp) in dem zwischen den geneigten Rippen (Fig. 22, fc, cb) zweier benachbarter Zellen liegenden Raume aus und versah diese neue Aushöhlung mit Rändern, indem sie das Wachs, welches sie aus dem Blocke abnagte, rechts und links aufhäufte. In Fig. 23 und 27 ist die in Rede stehende Zelle isoliert dargestellt, um ihrer Entwicklung besser folgen zu können. Die Bezeichnungen sind dieselben wie in Fig. 22. Der Umriss (Fig. 23, fmbp) zeigt den erst begonnenen Entwurf. Die senkrechten Rippen (Fig. 23, fmbp), welche diese Biene bildete, standen gerade auf der Spitze (f und b) der zwei unteren Zellen von Nr. 2 und 3. Diese Rippen gingen von dieser Höhlung aus und erhoben sich senkrecht längs der Ränder der Höhlung bis zu einer geringen Entfernung vom Rande des Blockes, der sich damals nicht weiter erhob als zur Aufnahme des vollständigen Zellenbodens erforderlich war. Die Hohlkehle endete ebenfalls in einem bogenförmigen Umrisse (Fig. 23, prm).

Auf dieser gebogenen Linie gründeten einige Bienen zwei geradlinige Rippen, und indem sich diese wie zwei gleiche Sehnen in der Mitte des Bogens vereinigten, bildeten sie den stumpfen Winkel (Fig. 22, mrp). Diese Höhlungen war also von sechs Rippen umschlossen, die beiden unteren (fc cb) gehörten den beiden Zellen der ersten Reihe Nr. 2 und 3 an, zwischen welchen der Boden der neuen Zelle zum Teil eingeschaltet war. Die beiden seitlichen Rippen waren einander parallel und erhoben sich senkrecht über der Spitze der Zellen; die beiden oberen Rippen (rm pr), welche den Umriss des Bodens schlossen, waren gegeneinander geneigt und vereinigten sich mit den vorhergehenden mit einem ihrer Enden. Diese sechs an Länge gleichen Rippen bildeten den sechseckigen Umriss der Höhlung, doch war dieser Umriss nicht von gleicher Hervorragung auf der Oberfläche des Blockes; an den Stellen cpm war er höher, bei bfr niedriger. Fig. 28 zeigte das deutlicher; derselbe Zellenboden ist im Halbprofil dargestellt.

Der untere noch rohe Teil (Fig. 23 fcbe) des von den sechs Rippen eingeschlossenen Raumes lehnte an den Rhombus der Zelle Nr. 1, weil die Zellen Nr. 2 und 3, über welchen das Sechseck angelegt war, selbst teilweise an diese Zelle, zu welcher der Rhombus der Kehrseite gehörte, anlehnten. Dieser horizontal geneigte Rhombus, dessen große Diagonale, von der Seite der Zelle Nr. 1 betrachtet (Fig. 21, c), horizontal war, wurde von seiner unteren Seite gesehen. Sobald die Bienen für den Boden der sechseckigen Zelle Ränder entworfen und hergerichtet hatten, machten sie sich daran, die Kehrseite dieses Rautenvierecks zu glätten und gaben ihm die Furchen (fe und eb), welche sie hinter den ebenso bezeichneten Rippen, womit es auf der Vorderseite eingefasst war, ausgehöhlt hatten, zur Abgrenzung.

So wurde dieses Stück einen Rhombus, und dieser geneigte Rhombus (Fig. 22, fc und be), den man auf dieser Seite von oben sah, wurde das erste und oberste Stück eines Pyramidenbodens.

Es nahm ein Drittel von der Oberfläche der Höhlung ein, denn da der stumpfe Winkel (feb) im Mittelpunkt stand und seine Seiten (fe und eb) auf die Enden der beiden Rippen (fc und cb), welche ein Drittel des Umkreises ausmachten, sich stützten, so ist es klar, dass der ganze Raum des Zellenbodens dreimal so groß sein musste als derjenige, den der Rhombus einnahm. Über diesem Rautenviereck und dem Inneren des Sechsecks blieb also noch ein aushöhlbarer Raum, der groß genug war, um genau zwei andere Rhomben zuzulassen, die dem ersten gleich, aber anders gerichtet waren.

Dieser Teil des Zellenbodens, der nur erst entworfen war, verblieb in diesem Zustande, bis die Arbeiten auf der gegenüberliegenden Seite es den Bienen gestattet hatten, eine vortretende Rippe auf der Kehrseite derselben Zelle in der Richtung ihres vertikalen Durchmessers (Fig. 22, er) herzustellen, was begreiflich nicht eher geschehen konnte, als bis sie zwei neue Zellen auf der Kehrseite der sechseckigen Zelle entworfen hatten. Sobald diese Rippe aber auf der Vorderseite und hinter dem Stücke, welches zu teilen noch übrig war, errichtet war, machte sich eine Biene sogleich ans Werk, den Boden der sechseckigen Höhlung in diese Richtung auszuwirken; sie arbeitete in der Mitte des noch rohen Raumes eine Furche aus, (Fig. 22, er), welche vom oberen Winkel des Rhombus bis zum oberen Winkel des Sechsecks sich erstreckte, und als sie die beiden aus dieser Teilung hervorgehenden Stücke geebnet hatte, fand man, dass sie zwei Rhomben (ferm und erbp) hergestellt hatte, welche dem Rhombus (fcbe) gleich waren. So umschlossen die sechs Rippen des sechseckigen Umrisses genau drei Rhomben von gleicher Größe, d.h. einen vollständigen Pyramidenboden. Der erste Boden dieser Art wurde also auf der Rückseite des Blockes errichtet. Man begreift leicht, dass während dieser Vorrichtung gleichzeitig andere Zellen zur Rechten und Linken der beschriebenen über den Zellen der ersten Reihe, die ihnen zur Basis dienten, angelegt wurden, und ich brauche das Verfahren der Bienen dabei nicht weiter anzugeben, da es in jeder Beziehung dasselbe war wie bei der soeben beschriebenen Zelle.

Der Block war während der Arbeit auf der Rückseite von den Wachsbienen vergrößert worden; es war nun über den Zellen der ersten Reihe auf der Vorderseite (Fig. 21) Raum genug zur Anlegung neuer Zellen vorhanden. Der Raum zwischen der punktierten und der gezogenen Linie ist derjenige, um den sich der Block vergrößert hatte. In Fig. 22 sieht man, dass dieser Raum während der Arbeit an der hinteren Zelle der zweiten Reihe noch nicht ausgefüllt war; es geschah aber, als die Bienen die vordere sechseckige Zelle begannen.

Eine Biene nahm nun auf der vorderen Seite eine solche Stellung ein, dass sie in dem noch unberührten Raume, der zwischen der Spitze zweier Zellenböden der ersten Reihe Nr. 1 und 4, zum Teil über jede dieser Zellen und folglich zwischen ihren geneigten Seiten (fe, fv) sich befand, arbeiten konnte. Diese Biene begann ihre Aushöhlung unmittelbar oberhalb der vertikalen Rippe, welche jene Zellen trennte, und dehnte sie auf einen Raum aus, welcher der Durchmesser einer gewöhnlichen Zelle war, d.h. von den oberen Rändern der unteren Böden (fe, fv, Nr. 1 und 4) zu der Stelle 0; dieser Raum war indes unten schon durch die geneigten Seiten der Zellen der ersten Reihe begrenzt. Die Biene gab übrigens der Höhlung die Form einer Hohlkehle; ihre Seiten waren erhöht durch zwei senkrechte Rippen (er, vn), und ihr oberer Rand, anfänglich abgerundet (Fig. 25), wurde von anderen Arbeitern in zwei geradlinige Rippen umgewandelt (on, ov, Fig. 21), welche zusammen einen stumpfen Winkel bildeten. So hatte auch diese Höhlung einen sechseckigen Umriss, wie diejenigen der zweiten Reihe auf der gegenüberliegenden Seite, deren Boden zum Teil an sie gelehnt war.

Diese Zellen (Fig. 21 und 25), mussten nun eingeteilt werden. Diese neue Arbeit schien den Bienen, welche sie unternahmen, keine übergroßen Schwierigkeiten entgegenzustellen. Die Stücke, welche sie zusammensetzen sollten, waren teilweise schon auf der Rückseite ausgewirkt; zwei benachbarte Zellen hatten daselbst eine vortretende Rippe zwischen sich (Fig. 22, fm), die den Arbeitern zur Richtschnur dienen musste; ihr Schattenriss trennte den unteren Teil der sechseckigen Höhlung in zwei gleiche Hälften. Ebenso sah man auch im Schattenrisse die geneigten Rippen derselben beiden hinteren Zellen von dem Mittelpunkte m der Zellen ausgehen, und die eine rechts, die andere links zur Spitze ihrer vertikalen Rippen in r und n sich erheben (Fig. 21).

So wurde also diese Höhlung durch den Schattenriss der hinteren Rippen in drei gleiche Teile geschieden, und was wir im Schattenrisse erblickten, wurde durch die Arbeit der Bienen wirklich auch bald ausgeführt; die Schattenrisse wurden in Furchen hinter den Rippen der anderen Seite verwandelt, und der Zwischenraum zwischen den Furchen und dem Rande der Zellen wurde solange benagt und geglättet, bis er vollkommen deutliche Rhomben darstellte. Indem aber die Bienen die senkrechte Furche zuerst bildeten, teilten sie den unteren

Teil der Höhlung von unten nach oben, und so erschienen rechts und links von dieser Furche die beiden ersten Rhomben dieses Pyramidenbodens; indem sie sich dann gegen die geneigten Rippen der hinteren Zellen wandten, gaben sie einem dritten Rhombus sein Dasein, der in dem höchsten oberen Teile der Höhlung sich befand und ebenso wie derjenige von Nr. 1 geneigt war.

Dieser letzte Rhombus (Fig. 21, onrm) korrespondierte mit keiner der auf der Rückseite entworfenen Zellen; er lehnte an einen noch unberührten Raum, welcher zwischen den oberen Seiten (rm, mn) zweier Zellen der zweiten Reihe eingefasst war, so dass er später einer Zelle der dritten Reihe auf der Rückseite zufallen musste.

Das Werk, welches aus der Arbeit der Bienen innerhalb der sechseckigen Höhlung hervorging, war bis jetzt nur noch ein Pyramidenboden , der sich von den Böden derselben Reihe auf der hinteren Seite, an welche er sich anlehnte, in nichts unterschied, als in der Stellung der Rhomben, woraus er zusammengesetzt war.

Aus dem bisher Gesagten lässt sich nun leicht folgern, in welcher Weise die Böden der folgenden Zellen ausgeführt werden müssen; sie werden stets zwischen den geneigten oberen Seiten von zwei benachbarten Zellen angelegt, auf der Spitze derselben erheben die Bienen senkrechte Rippen, welche rechts und links eine neue Höhlung begrenzen, dann schließen sie den Umkreis ab, indem sie zwei horizontal geneigte Rippen auf dem oberen Rande der Hohlkehle entwerfen, wodurch ein Sechseck hergestellt wird.

Das untere Stück dieser Höhlung wird immer mit den Zwischenrippen der gegenüberliegenden Zellen in Einklang stehen, darum müssen alle Zellen dieser Seite unten in zwei Rhomben zerfallen, während oben nur eine

Hubers Beobachtungen an den Bienen, II 443

sich findet. (Man darf nicht vergessen, dass es bei den von oben nach unten gebauten Waben gerade umgekehrt ist; man muss also die Figuren umdrehen, um dem natürlichen Verlauf folgen zu können, in der Voraussetzung, dass die Bienen auf dieselbe Weise verfahren, wenn sie von oben herab bauen).

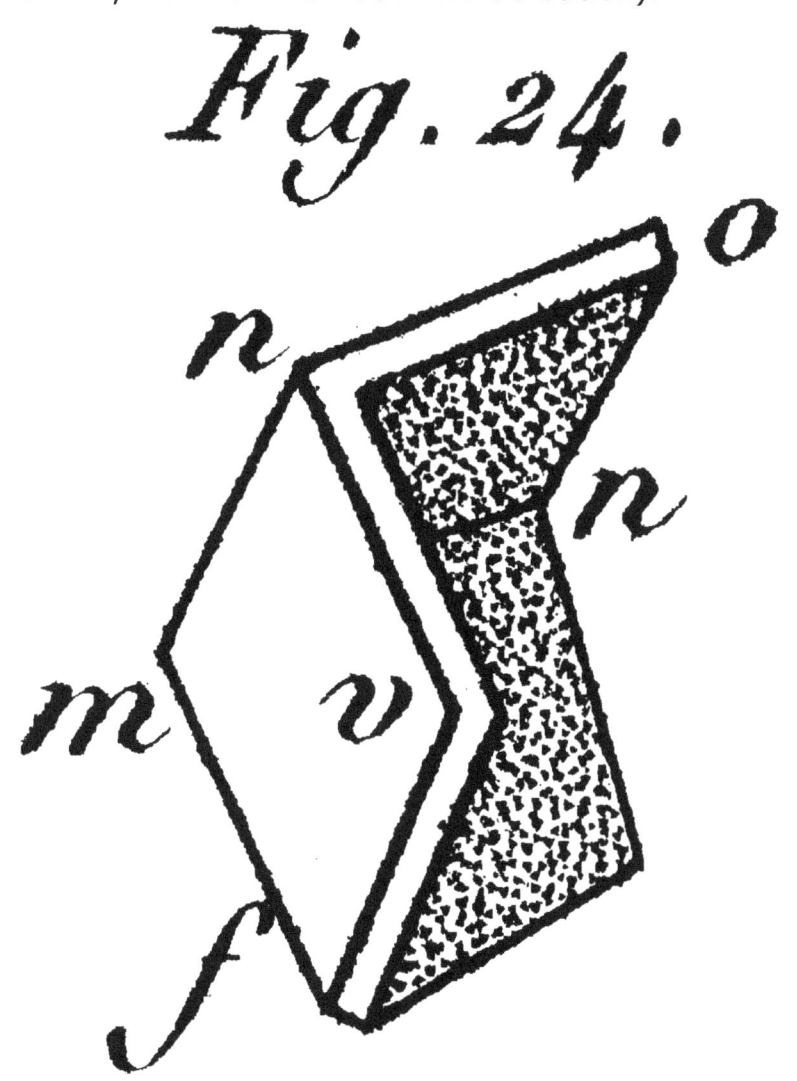

Band 2 Tafel VIII Fig 24—Die Furche im Boden ist geneigt.

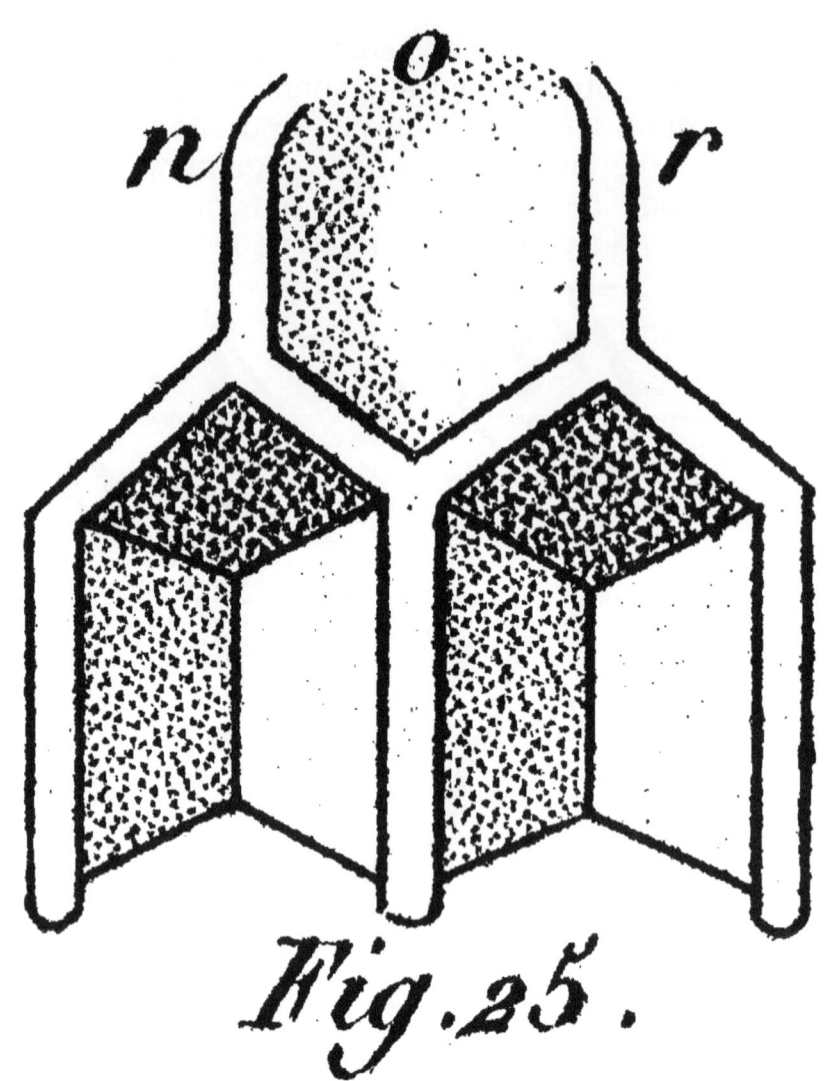

444   Kapitel IV: Vom Wabenbau - Fortsetzung

Band 2 Tafel VIII Fig 25—Teilung der Zellen.

    Die hinteren Zellen werden ganz nach dem Muster derjenigen gebaut werden, deren Bauart ich beschrieben habe; nur werden sie einen einzigen Rhombus unten, und oben zwei haben. Die sechseckigen vorderen Zellen werden zugleich etwas höher als die hinteren stehen, weil ihr unterer Teil immer mit den oberen Rhomben zweier benachbarter Zellen korrespondiert.

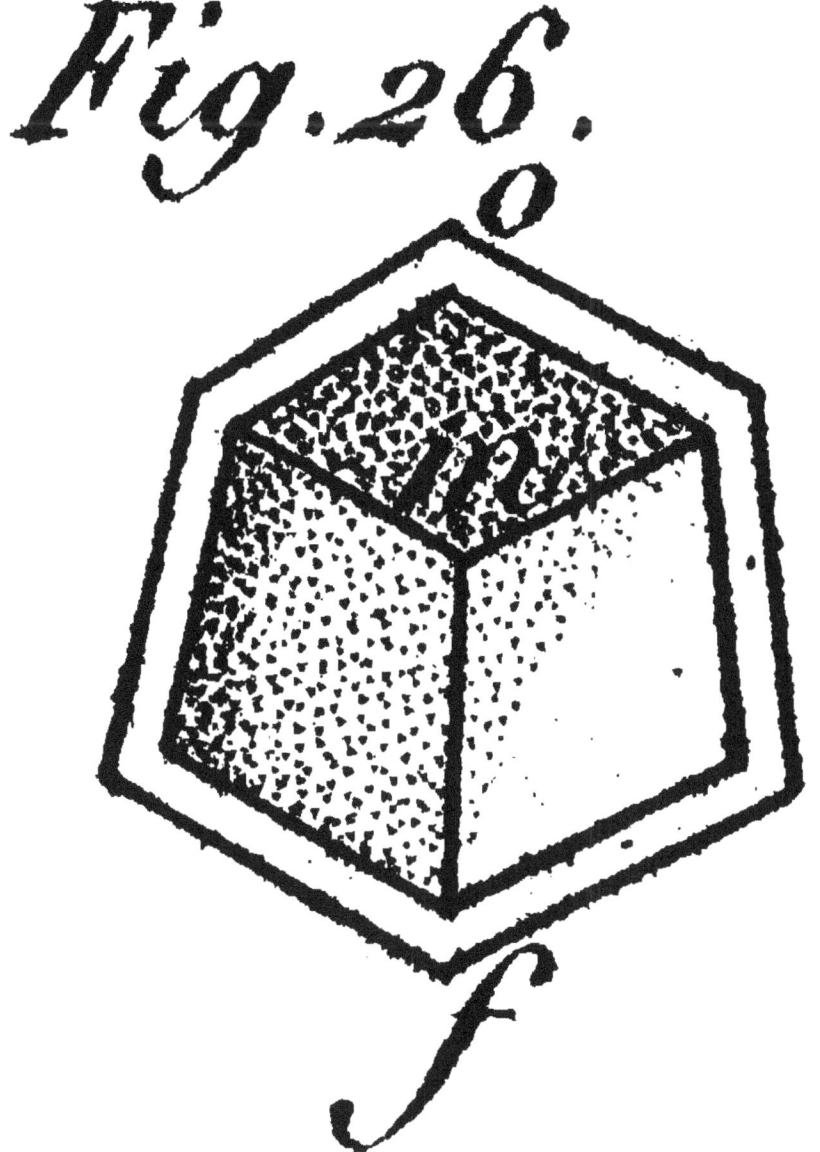

Band 2 Tafel VIII Fig 26—Vergrößerung der ersten Zelle der zweiten Reihe.

446 Kapitel IV: Vom Wabenbau - Fortsetzung

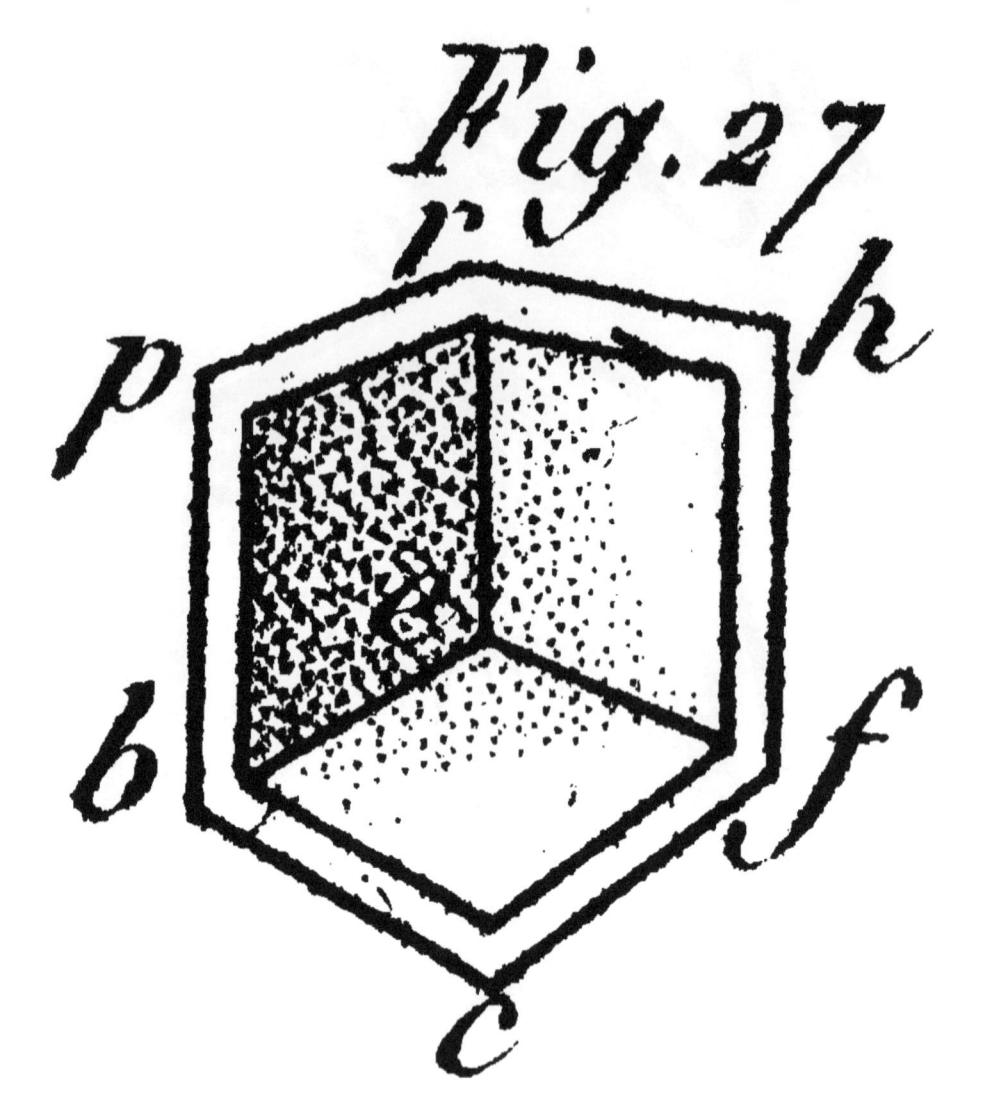

Band 2 Tafel VIII Fig 27— Vergrößerung der ersten Zelle der zweiten Reihe (Umkehrung von Fig 26).

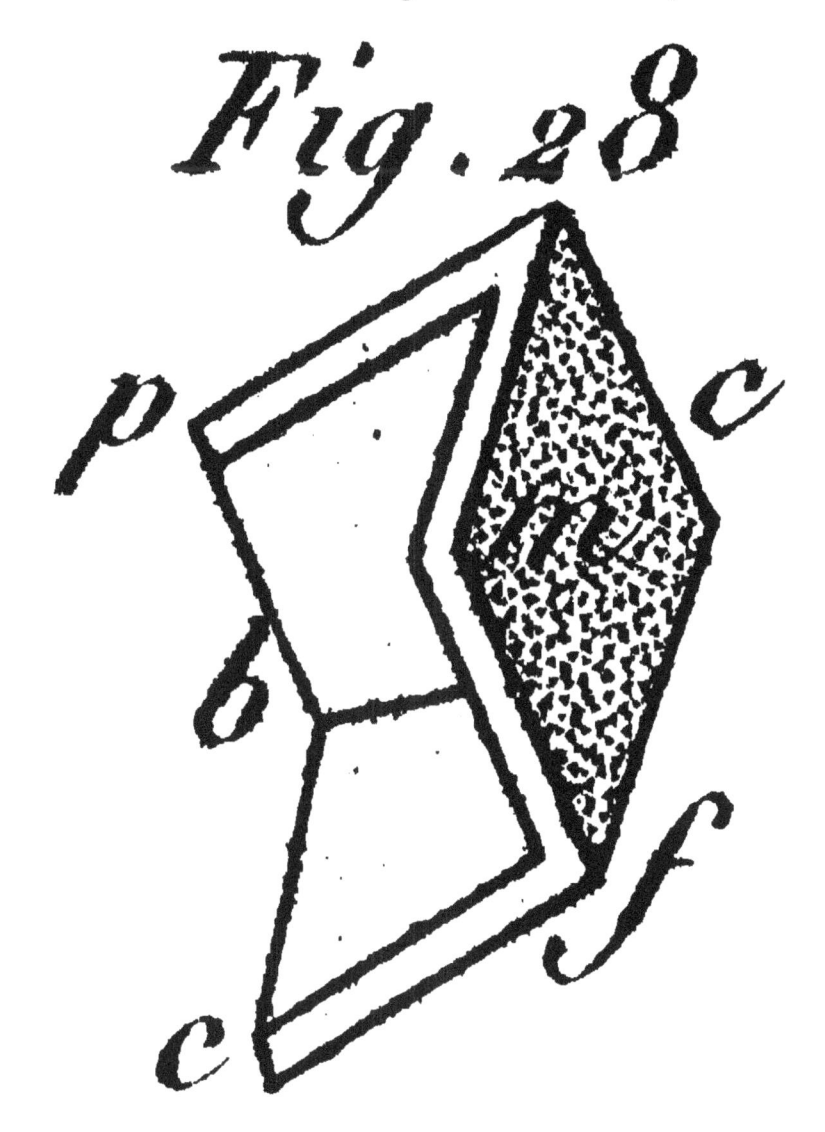

Band 2 Tafel VIII Fig 28—Zeigt Fig 27 gedreht zur Darstellung der Räumlichkeit.

Ich habe noch einige Bemerkungen über die Verschiedenheit der Pyramidenböden und der Böden der Zellen in der ersten Reihe zu machen. Diese letzteren waren, wie ich nachgewiesen habe, aus zwei Trapezen und einem Rhombus, oder bloß aus zwei Trapezen zusammengesetzt. Die Trapezen entstanden perpendikulär auf der Leiste, eine Stellung, welche von derjenigen der Stöcke, welche einen pyramidalen Boden ausmachen, sehr verschieden war. Indem die drei Stöcke eines Pyramidenbodens sämtlich von dem Gipfel der Pyramide zu dem Rande, welcher den Umriss der Basis beschreibt, sich erstrecken, so ist es klar, dass sich alle drei in gleichem Verhältnisse nach vorn neigen müssen. Es war also an mehr als einer Stelle bloße Redefigur, um die Sache anschaulicher zu machen, wenn ich voraussetzen ließ, dass die Furche eines Zellenbodens in zweiter Reihe vertikal sei, mit einer vertikalen Rippe korrespondiere usw. Es geschah das, um bemerklich zu machen, dass diese Furche, oder diese Rippe sich senkrecht zu erheben schien, wenn man die Zelle von vorn sah. Hätte man den Block an dieser Stelle aber vertikal durchschnitten und die Furche im Schnitt betrachtet, so würde man gesehen haben, dass sie geneigt war, weil sie aus dem Grunde der Höhlung zum Rande sich erstreckte. Vergleiche bei Figuren 24 und 28, von denen die eine die Seitenansicht eines vorderen, die andere die eines hinteren Pyramidenbodens darstellt. Keine der Rippen, welche sie begrenzen, keine der Furchen, welche sie teilen, sind vertikal. Anders verhält es sich mit den Trapezen der Böden in erster Reihe, diese sind wirklich vertikal, von welcher Seite man sie auch betrachten mag.

Daraus folgt, dass ihre Verbindung mit dem geneigten Rhombus, der die Zellen der Vorderseite schließt, unter einem Winkel sich vollziehen muss, der von demjenigen sich in etwas unterscheidet, den die Verbindung der Rhomben eines Pyramidenbodens nachweist.

Eine jede der sechs Rippen, welche den Rand eines Pyramidenbodens bilden, soll einer von den sechs Wänden des ecksäuligen Zellenteils zur Basis dienen. Die vier

Wände derjenigen der ersten Reihe (Fig. 32) sind auf dieselbe Weise an ihren Boden gefügt. Die Ecksäulen, welche sich aus der Vereinigung und Zusammenfügung der Wände ergeben, sind also auf die Ränder der in den Block vertieften Höhlungen aufgesetzt.

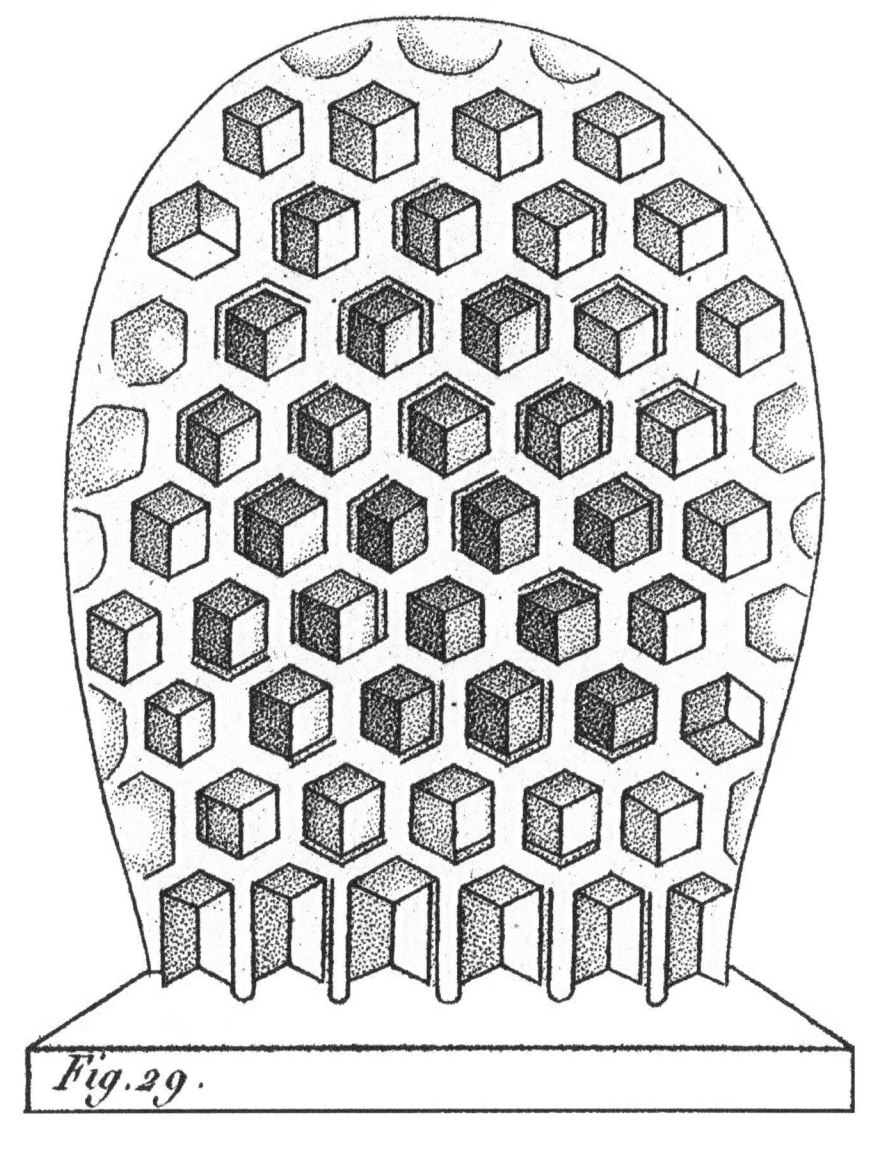

Band 2 Tafel VIII Fig 29—Oberfläche der neuen Wabe.

450   Kapitel IV: Vom Wabenbau - Fortsetzung

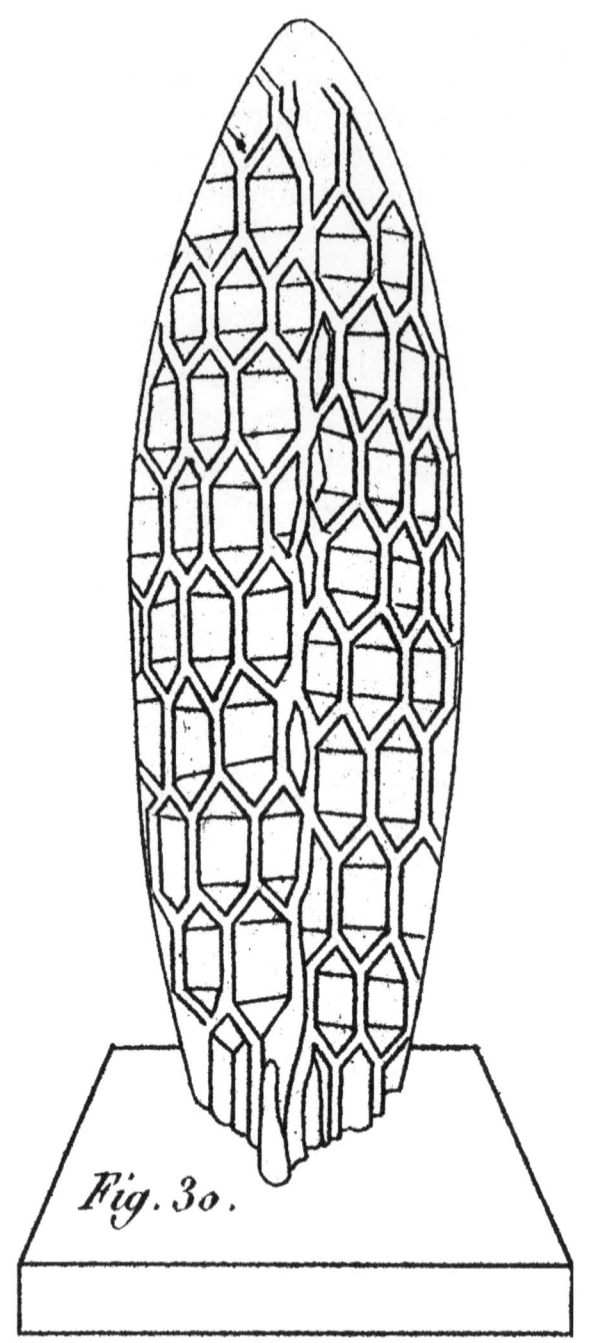

Band 2 Tafel VIII Fig 30—Oberfläche der neuen Wabe, Seitenansicht.

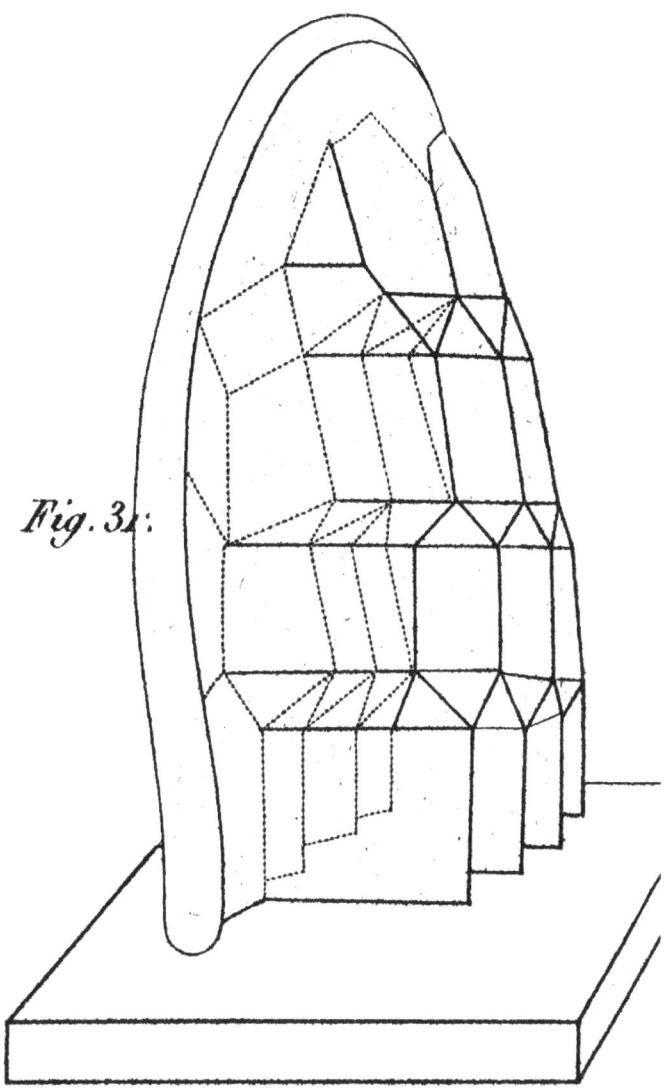

Band 2 Tafel VIII Fig 31—Oberfläche der neuen Wabe, Durchsicht.

Beim ersten Anblick scheint nichts einfacher zu sein, als den Rippen, welche den Umriss des Zellenbodens bilden, Wachs anzufügen; indes die Ungleichheit des Randes, die ich hinreichend hervorgehoben habe, und die für die pyramidalen Böden drei Vorsprünge und ebenfalls ebenso viele Vertiefungen, für den Boden der vorderen Zellen in erster Reihe einen Vorsprung und für die hinteren eine Vertiefung bedingt, diese Ungleichheit, sage ich, nötigt die Bienen, zunächst das zu ergänzen, was dem Umrisse fehlt, indem sie auf die weniger vorspringenden Rippen mehr Wachs bringen, als auf die höheren. So erhalten die Ränder sämtlicher Zellen gleich von vornherein, und ehe sie ihre natürliche Länge erreicht haben, eine ebene Oberfläche. Dennoch ist die Oberfläche einer neuen Wabe nicht völlig eben, weil in der Arbeit der Bienen ein fortschreitender Stufengang stattfindet. Die Wände werden in der Ordnung verlängert, in welcher die Bienen mit der Anlage der Zellenböden fortschreiten (Fig. 30), und die Länge der Zellenrohre steht in so vollkommenem Verhältnisse, dass unter ihnen kein Vorsprung, keine merkliche Ungleichheit sichtbar wird. Daher kommt es, dass die Gestalt einer neuen Wabe linsenförmig ist (Fig. 29, 30 und 31); die Dicke vermindert sich bis zum Rande, weil die jüngst angelegten Zellen kürzere Rohre haben als die älteren. Diesen Stufengang gewahrt man an der Wabe, solange sie im Zunehmen begriffen ist; sobald aber die Bienen keinen Raum weiter zu ihrer Verlängerung haben, verliert sich allmählich die Linsenform und sie erhält parallele Oberflächen. In dieser Periode machen die Bienen alle Zellen gleich, indem sie deren Rohre sämtlich auf das Maß der ältesten bringen; dann erst hat die Wabe die Form erhalten, die sie für immer behalten soll, obgleich sie noch nicht völlig vollendet ist. Ich werde zu seiner Zeit auch die Arbeiten nachweisen, wodurch die Bienen ihre Waben schließen.

Dies ist, soviel ich darüber urteilen kann, die Ordnung, die sie bei Erbauung ihrer Zellen innehalten.

Wie aber soll ich das Ineinandergreifen aller ihrer Arbeiten zur klaren Anschauung bringen? Wie kann ein und derselbe Instinkt sie nötigen, den vorderen und hinteren Zellenböden der ersten Reihe, die einen so großen Einfluss auf die übrige Wabe ausüben, verschiedene Form und Größe zu geben? Durch welches Mittel endlich werden die Bienen, die auf dieser oder jener Seite des Blockes angestellt sind, in den Stand gesetzt, den Raum abzumessen, in welchem sie in unabänderlicher Weise die gegenseitigen Beziehungen dieser Böden herzustellen haben? Der letzte Punkt dürfte vielleicht zuerst aufzuklären sein, weil von ihm alles Übrige abhängt.

Man sieht nicht, dass die Bienen die beiden Seiten des Blockes wechselseitig besuchen, um etwa die bezügliche Stellung der Höhlungen, die sie anlegen, zu vergleichen; die Natur hat sie nicht angewiesen, diese Maßregeln zu nehmen, die uns bei Erbauung eines symmetrischen und regelmäßigen Werkes unerlässlich scheinen würden; diese Insekten beschränken sich darauf, mit ihren Fühlern die Seite des Blockes zu betasten, auf der sie ihre Bildnerei beginnen sollen, und scheinen durch diese Untersuchung allein hinreichend unterrichtet, um ein höchst kompliziertes Werk auszuführen, in welchem alles mit einer bewunderungswürdigen Genauigkeit ineinander zu greifen scheint.

Sie nagen kein Wachsbröckchen ab, ehe sie nicht mit ihren Fühlern die Oberfläche betastet haben, um deren Auswirkung es sich handelt. Die Bienen verlassen sich bei keiner ihrer Arbeiten auf ihre Augen; aber mithilfe ihres Fühlers können sie selbst in der Dunkelheit diese Waben ausführen, die man mit Recht als das bewunderungswürdigste Erzeugnis der Insekten ansieht. Dieses Organ ist ein so biegsames Werkzeug, dass es sich zur Untersuchung der kleinsten Teilchen und der rundesten Körperchen eignet; es kann ihnen die Stelle des Zirkels vertreten, wenn es darauf ankommt, die kleinsten Gegenstände, etwa den Rand einer Zelle, zu messen.

Es scheint mir demnach, dass diese Insekten bei ihrer Arbeit durch irgendeinen örtlichen Umstand geleitet werden müssen. Wohl haben wir mitunter bemerkt, dass die Bienen bei Entwerfung der ersten Zellenböden, bevor es noch irgendeine hintere Rippe gab, durch den bloßen Druck ihrer Füße gegen das noch weiche und biegsame Wachs, oder durch die Anstrengung ihrer Zähne bei der Aushöhlung des Blockes eine leichte Erhebung auf der gegenüberliegenden Oberfläche hervorriefen. Dieselben Ursachen veranlassen mitunter die Durchbrechung der Wand. Zwar wird der Bruch gar bald wieder ausgebessert, in jedem Falle bleibt aber auf der Oberfläche eine leichte Erhöhung, welche den auf dieser Seite arbeitenden Bienen zur Richtschnur dienen kann. In Wahrheit stellen sie auch gleich rechts und links von diesem Vorsprung an, eine neue Aushöhlung zu beginnen, und häufen einen Teil des Materials zwischen den beiden Hohlkehlen auf, die aus ihrer Arbeit hervorgehen.

Dieser Vorsprung, der nun in eine wirkliche geradlinige Rippe umgewandelt ist, wird seinerseits ein Mittel für die Bienen, die Richtung zu erkennen, welche sie der vertikalen Furche der vorderen Zelle geben müssen.

Öfters habe ich mich, wenn ich sah, wie sich die Bienen bei der Aushöhlung der entsprechenden Furchen so genau nach der Kehrseite der Rippen richteten, dem Gedanken hingegeben, dass sie durch die Biegsamkeit, die Nachgiebigkeit oder irgend eine andere natürliche Eigenschaft des Wachses von der größeren oder geringeren Dicke des Blockes Kenntnis gewinnen. Wie dem aber auch sei, soviel ist gewiss, dass sie ihren Zellenböden eine gleichförmige Dicke geben, ohne irgendein mechanisches Mittel sie zu messen zu besitzen; aus demselben Grunde können sie genau fühlen, ob es hinter der Wand eine Rippe gibt, und diese soweit ausfüllen, bis sie den Punkt erreicht haben, den sie nicht überschreiten dürfen.

Diesen Erklärungen möchte ich indes nur den Wert einfacher Vermutungen beilegen. Ich musste den Zusammenhang der arbeitenden Bienen nachweisen; ich habe mich aber nicht unterfangen, die geheimen Triebfedern ihre Handlungen entschleiern zu wollen.

Dennoch glaube ich, dass man sie erklären könnte, ohne seine Zuflucht zu außerordentlichen Mitteln nehmen zu müssen. Ist die Länge der Höhlungen, ihre bezügliche Lage und die Dickes des Blockes einmal festgestellt, so ergibt sich die Neigung der schrägen Wände der ersten Reihe, von welcher die der Rhomben der zweiten abhängt, von selbst, ohne dass die Bienen besonderer Werkzeuge bedürfen, die Winkel zu messen, und ohne dass eine besondere Berechnung erforderlich gewesen wäre.

Was man also zu ergründen haben würde, ist die Weise, in der sie den Zusammenhang unter den ungleichen Zellen der ersten Reihe herstellen. Nun denn, eine der Tatsachen, die möglicherweise dazu beitragen, ihnen diese Dimensionen, von denen so viele wichtige Bedingungen abhängig sind, zu verschaffen, ist die Art, wie der Block vergrößert wird.

Seine ursprüngliche Höhe bestimmt ungefähr den vertikalen Durchmesser der hinteren Höhlungen, welcher zwei Dritteln desjenigen einer gewöhnlichen Zelle gleich ist. Den Boden einer vorderen Zelle können sie aber erst mit der Vergrößerung eines Blockes vervollständigen; sie verlängern ihn um mehr, als zum Abschlusse derselben erforderlich ist, aber gerade um so viel, dass der nötige Raum für eine ganze Zelle der zweiten Reihe gegeben wird, denn der Rhombus, welcher davon einen Teil ausmachen muss, ist schon in den Zwischenraum der Trapezzellen eingerahmt. Indem die Bienen den Block noch um zwei Drittel Zellenhöhe verlängert haben, wird es ihnen möglich, auch auf der vorderen Seite den Boden zu Zellen in der zweiten Reihe zu bilden, wovon ein Teil schon zwischen den oberen Rändern der ersten Zellen aufgenommen ist; für die Erbauung einer dritten Reihe muss der Raum erst durch eine neue Verlängerung des Blockes gewonnen werden.

Die Bienen können sich von dem vorgezeichneten Wege nicht entfernen, wenn nicht besondere Umstände die Grundlage ihrer Arbeit verändern; denn der Block wird immer nur um ein gleichförmiges Maß vergrößert und zwar, was seltsam ist, durch die Wachsbienen, welche die Vermehrung des Urstoffes sind, aber nicht die Fähigkeit besitzen, Zellen zu bauen.

Indem der Schöpfer so die Geschäfte zwischen den Wachsbienen und den Bienen mit kleinen Leibern teilte, scheint er in die Einsicht des Instinktes allein Misstrauen gesetzt zu haben.

Welche Einfachheit und Unergründlichkeit in den Mitteln, welche Verkettung der Ursachen und Wirkungen! Wir haben hier ein Bild im Kleinen von dieser Harmonie, vor der man in den großen Werken der Schöpfung sich staunend beugt.

Derartige Maßregeln ließen sich nicht aus bloßen Mutmaßungen ableiten. Die Wege der Natur lassen sich nicht erraten; überall zieht sie Bahnen, die unser Wissen verwirren, und nur wenn wir ihr Schritt für Schritt folgen, gelingt es uns mitunter, einige ihrer Geheimnisse zu enthüllen.

Muss man aus den beschriebenen Tatsachen nicht die Folgerung ziehen, dass Messkunst, welche in den Waben der Bienen eine so wichtige Rolle zu spielen scheint, vielmehr das notwendige Ergebnis als die Grundlage ihrer Arbeiten ist?

Unsere Leser werden unstreitig die Freude teilen, die wir empfunden haben, als wir folgende Mitteilung erhielten, aus welcher die auffällige Übereinstimmung zwischen der von einem ausgezeichneten Mathematiker gegebenen geometrischen Lösung und der Arbeit der Bienen, wie wir sie nach unseren Beobachtungen dargestellt haben, hervorgeht.

Die Zellenböden der ersten Reihe, welche die Neigung der Rhomben der ganzen Wabe bestimmen, stellen durch die Trapezen, aus welchen sie zusammengesetzt sind, zwei Seiten eines Prisma, welches so durchschnitten ist, dass es drei gleiche Winkel mit der Rautenfläche, welches in dieselben eingefügt ist, bildet. Man könnte danach glauben, dass die Bienen zur Erbauung ihrer Zellen durch die bloße Kenntnis befähigt würden, welche sie von dem geneigten Durchschnitt des Prisma besitzen, und die von Le Sage gegebene Lösung zeigt, wie das viel einfacher ist, als man geglaubt hat.

Es gewährt uns eine lebhafte Befriedigung, hier auf die wenig bekannten Arbeiten eines von seinen Landsleuten hoch geachteten Gelehrten aufmerksam machen zu können, und sind wir ermächtigt mitzuteilen, dass der Plan, seine Hauptarbeiten zu veröffentlichen, vom Professor Prevost in Genf keineswegs aufgegeben ist, er erwähnte sie im Vorwort seiner "Notice upon the life and writings of Le Sage," Band 1. in-18, J. J. Paschoud, Paris und Genf.

Folgender vom Professor Prevost mitgeteilter Artikel mag hier seinen Platz finden.

"Im Jahre 1781 sandte Lhuilier eine Abhandlung über das Minimum an Wachsaufwand beim Zellenbau an Herrn von Castillon ein, welche in der Berliner Akademie vorgelesen und in ihre Abhandlungen von demselben Jahre aufgenommen wurde. Der gelehrte Mathematiker gibt daselbst in wenigen Worten die Geschichte der über diesen Gegenstand von Maraldi, Reaumur, König u. A. angestellten Untersuchungen und behandelt ihn dann nach einer weit einfacheren Methode, als es in den früher veröffentlichten Werken geschehen war, indem er die Frage auf einige Reihen elementarer Sätze zurückführt. In dieser Abhandlung erwähnt er auch G. L. Le Sages in ehrenvoller Weise. Er zitiert ihn noch einmal in einem späteren Werke und geht hier noch einmal genauer in die Einzelheiten des mathematischen Verfahrens ein, nach welchem dieser Philosoph die Frage bezüglich der Form der von den Bienen erbauten Zellen gelöst hatte. Er gibt an, dass Le Sage seines Wissens der erste gewesen sei, der diesen Gegenstand auf elementarem Wege algebraisch behandelt und dabei ein Verfahren angewendet habe, welches sich auf alle Fragen anwenden lasse, die den zweiten Grad nicht überschreiten, eine Methode, deren freundliche Mitteilung Lhuilier zehn Jahre vor der Zeit, in welcher er selbst die seinige veröffentlichte, erhalten hatte.

Die Abhandlung Lhuiliers enthält nicht bloß die Lösung der Frage bezüglich der Rhomboidenböden, insoweit es darauf ankommt, für eine gegebene Zelle den mindesten Aufwand an Wachs festzustellen, sondern auch die der Frage des "*minimum minimorum*", oder der Form einer Zelle desselben Rauminhaltes, welche den geringsten Aufwand bedingen würde, und verschiedene andere diesen Gegenstand berührende Bemerkungen. Sie schließt mit einer Bemerkung des Herrn von Castillon über die wirkliche Ausdehnung der Bienenzellen.

Da diese Abhandlung und das später lateinisch geschriebene Werk, dessen ich erwähnte, vor langer Zeit veröffentlicht und folglich denen zugänglich sind, die sich mit diesen Gegenständen beschäftigen, so kann ich sie darauf verweisen. Doch dürfte es ihnen angenehm sein, hier wenigstens eine Andeutung der ersten Elementararbeit zu finden, welche zur Lösung der Frage bezüglich des Rhomboidenbodens der Bienenzellen angestellt ist. Ein Manuskript von Le Sages Hand und von altem Datum führt uns diese Arbeit unter einer sehr einfachen Form vor. Es ist aus einer seiner Mappen entnommen, in welcher er die Materialien zu seinem beabsichtigten Werke, dessen man in seiner Biografie erwähnt findet, gesammelt hatte. Wir teilen es nachstehend fertig mit bis auf die zweite Anmerkung, die wir weglassen und statt ihrer eine dem Plane unseres Werkes entsprechende Erläuterung geben.

G. L. Le Sages Notiz über die Böden der Bienenzellen:

"Die gegenseitige Neigung zweier Ebenen ist gegeben, zum Beispiel 120°; sie sollen durch eine dritte so durchschnitten werden, dass die drei daraus resultierenden Winkel gleich sind.

Es ist das eine Aufgabe, die ein sehr beschränkter Arbeiter mit ganz einfachen Instrumenten würde lösen können. Er braucht nur die Mitte einer gegebenen geraden Linie zu nehmen, was selbst Insekten vermittelst ihrer Füße leicht erreichen können (a). Und darauf alleine beschränkt sich das berufene Problem des Minimum, *dessen Lösung man im Boden einer Bienenzelle zu finden so höchlich verwundert ist. Es besteht in der möglichst geringen Aufwendung an Wachs für diesen Boden, ohne den*

Rauminhalt der Zellen zu vermindern, zu dessen Lösung man unnötigerweise die ganze Zurüstung der Infinitesimalrechnung aufgewendet hat (b)."

Geometrische Erläuterung

„Aufgabe. Es ist (Taf.XI, Fig. 2) die Breite AB der Seite eines regelmäßigen sechseckigen Prisma gegeben; einer seiner Kanten soll eine Länge

AX, gleich $\sqrt{\frac{AB^2}{8}}$, hinzugefügt, oder genommen werden.

"Lösung. Durchschneide AB in der Mitte bei C. Mache AD= AC. Ziehe CD; durchschneide sie in der Mitte bei E. Trage AE von A aus auf AD oder ihre Verlängerung ab.

Beweis: $(AE)^2 = \frac{1}{2}(AC)^2 = \frac{1}{2}(AB/2)^2 = \frac{1}{2} \times \frac{(AB)^2}{4} = \frac{(AB)^2}{8}$

(b) „Geometrische Erläuterungen"

Das ist der Titel der zweiten Anmerkungen, die wir weglassen. Sie war bestimmt, algebraisch nachzuweisen, dass die Aufgabe bezüglich des Zellenbodens sich auf die geometrische Aufgabe zurückführen lässt, die in der ersten Anmerkung gelöst ist. Verschiedene Gründe bestimmen uns, statt dieser bündigen und rein algebraischen Bemerkung einige mehr ins Einzelne gehende Erläuterungen zu geben. In den Werken Lhuiliers, die wir eben zitierten (besonders in den Berliner Abhandlungen von 1781, in der Scholie S. 284) kann man die von Le Sage und seinem gelehrten Schüler angewandte Methode, um mithilfe der elementaren Algebra das Minimum des Wachsaufwandes bei der Konstruktion der Zellenböden zu bestimmen, nachsehen.

Indem man sich die Zellen als ein gerades sechseckiges Prisma vorstellt, kommt es darauf an, die

Kante dem vorgesetzten Zwecke entsprechend abzuschneiden. Zu dem Ende muss der Rhomboidenboden, der um den Teil der Seiten, dessen Unterdrückung dieser Boden herbeiführt, verringert wird, ein Minimum sein. Nach der Methode, von der wir reden, führt eine einfache Gleichung des zweiten Grades zu folgender Formel: der Abstand des Durchschnittspunktes zur sechseckigen Basis ist gleich der Halbseite dieser Basis durch die Wurzel aus zwei geteilt, oder (was auf eins hinausgeht) der ganzen Seite durch die Wurzel aus acht dividiert.

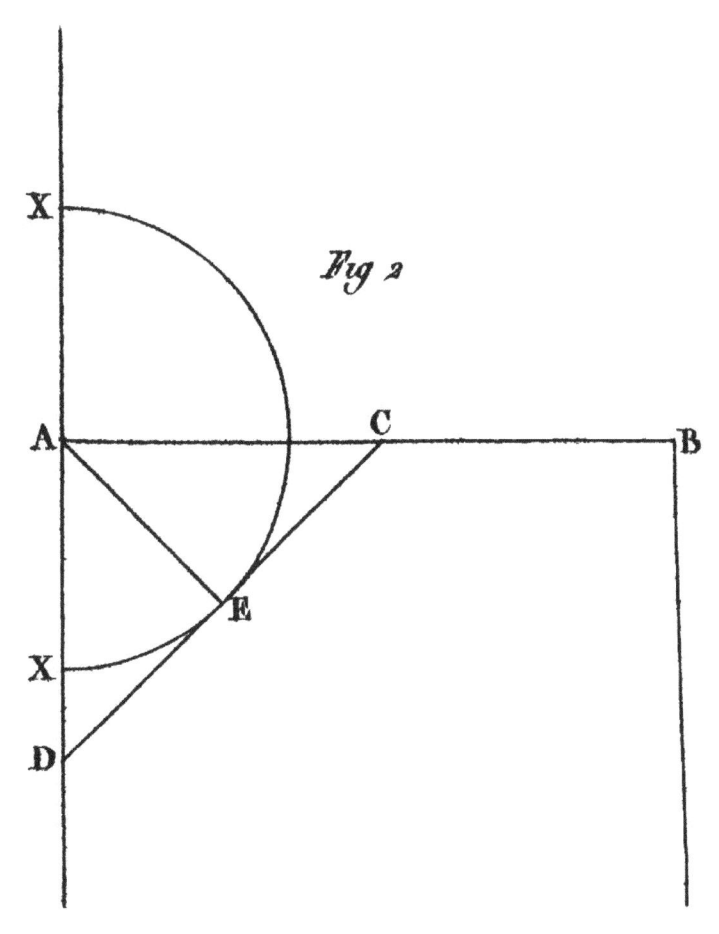

Band 2 Tafel XI Fig 2—Geometrie der Zelle.

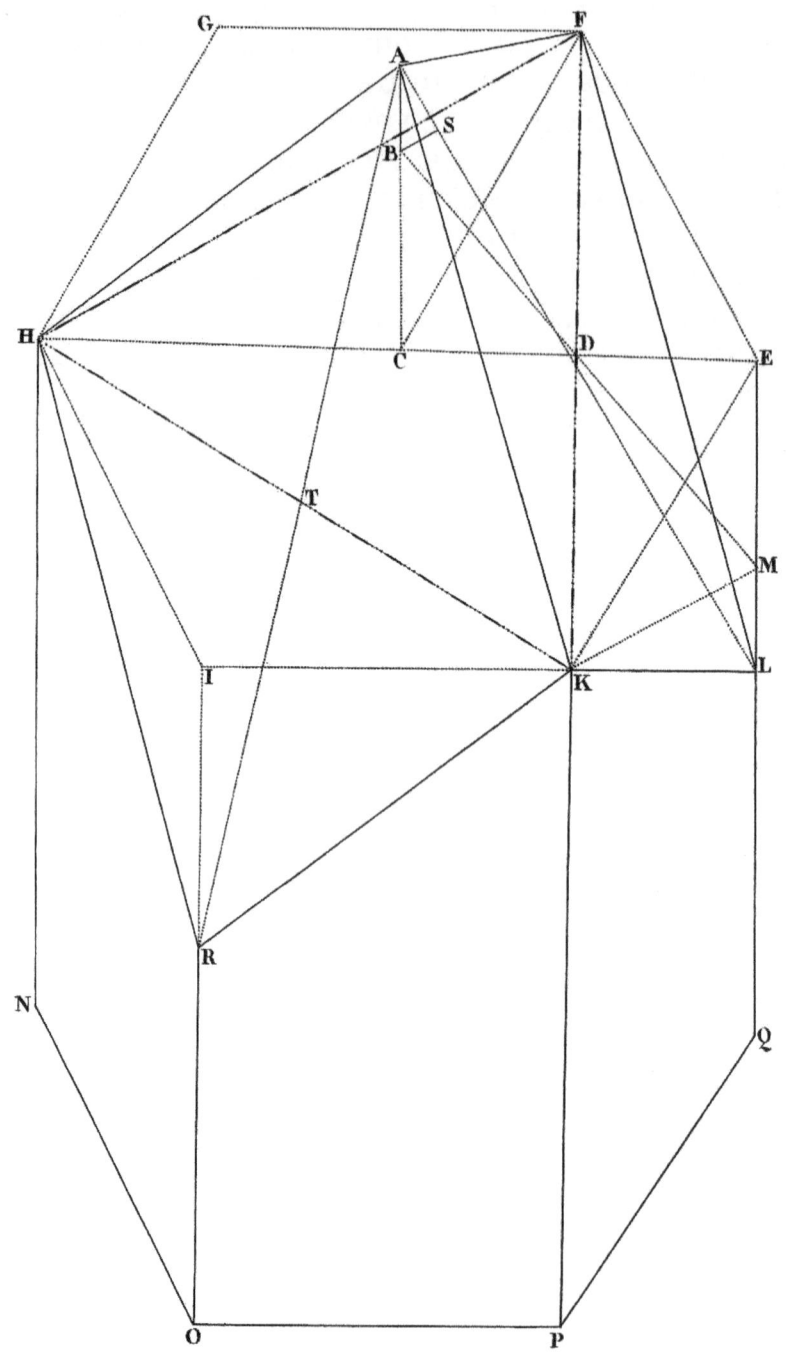

Kapitel IV: Vom Wabenbau - Fortsetzung

Band 2 Tafel XII—Geometrie der Zelle.

Kapitel V: Abweichungen im Zellenbau

Die Untersuchungen über die Einrichtung und Entwicklung tierischer Erzeugnisse sind trotz ihrer großen Bedeutung in den Augen des philosophischen Naturforschers vielleicht nicht gerade die anziehendsten. Diejenigen, welche die Abstufungen, Hilfsmittel und Schranken des Vermögens, welches bei einer so zahlreichen Klasse von Geschöpfen das Urteil vertritt, zum Gegenstande hat, eröffnen seinem Nachdenken ein noch viel weiteres und fruchtbareres Feld.

Der gemeine Mann nimmt gewöhnlich an, dass die Empfindungen und die Naturbedürfnisse eine unbeschränkte Gewalt auf die Tiere ausüben. Der Einfluss dieser Triebfedern erstreckt sich unzweifelhaft auf eine Menge von Umständen; indes würde es doch ebenso schwierig sein, aus dem Reize der Luft allein, oder aus der Furcht vor Unbehagen das Verhalten der dem Instinkte unterworfenen Geschöpfe erklären zu wollen, als es ungerecht sein würde, die Tugenden des Menschen aus der Eigenliebe abzuleiten, wenn auch die Behauptung öfters aufgestellt worden ist, dass die Selbstsucht die alleinige Triebfeder seiner Handlungen sei.

Sollten auch zwischen der Organisation und dem Charakter der Geschöpfe so bestimmte Beziehungen stattfinden, wie man voraussetzt, so sind dieselben jedenfalls in so unverständlichen Zügen angegeben, dass sie unserer Analyse nur zu oft entgehen. Man kann wohl aus ihrer körperlichen Gestaltung gewisse hervorstechende Charakterzüge feststellen, zum Beispiel aus den Schnäbeln und Füßen gewisser Vögel im Allgemeinen auf die Orte schließen, welche sie bewohnen, und auf die Nahrungsmittel, von denen sie sich ernähren; aber von hier bis zu den mancherlei Listen der Tiere und den mancherlei Wendungen ihres Instinktes ist noch ein weiter Abstand. Selbst dann noch, wenn man nach der Kenntnis ihres gewöhnlichen Verhaltens urteilen wollte, könnte man sich täuschen; denn viele unter ihnen wissen in schwierigen Lebenslagen sehr sinnreiche Mittel in Anwendung zu bringen; dann treten sie aus ihrer gewohnten Weise heraus und scheinen sich nach der Lage zu richten, in der sie sich gerade befinden. Das ist unstreitig eine der merkwürdigsten Erscheinungen in der Naturgeschichte.

Unabänderliche Gesetze in Beziehung auf das Verhalten der Tiere fesseln unsere Bewunderung; denn der Geist gewöhnt sich leicht an Vorstellungen von Ordnung und schließt sich gern einem gleichförmigen Plane an. In den Plänen des Schöpfers herrscht aber eine gewisse Mannigfaltigkeit, eine Freiheit, welche ein Abbild der Allmacht ist. Die widersprechendsten Bedingungen vereinen sich hier ohne Zusammenstoß und Verwirrung. Begreift man wohl, dass Geschöpfe, die einem allgemeinen Gesetze unterworfen und mit einer beschränkten Einsicht begabt sind, sich vom Buchstaben entfernen und frei handeln können, das Vermögen besitzen, ihr Verfahren den Umständen anzupassen und die Regeln, an die sie gebunden schienen, abzuändern? Wie mag man sich überreden, dass es in dem großen Gesetzbuche der Natur Ausnahmegesetze gibt, und dass die Tiere, die auf das Empfindungsvermögen beschränkt sind, unter Umständen handeln können, als wüssten sie die Absichten des Gesetzgebers zu deuten? Das sind unzweifelhaft Erscheinungen, die durch keine Theorie erklärt werden. Doch machen wir uns nicht etwa von der Natur der Tiere falsche Vorstellungen, täuschen wir uns nicht über die Entfernung, in welche wir sie von unseren Geistesfähigkeiten stellen? Das würde der sorgfältigsten Nachforschung wert sein, und die Arbeiten der Zoologen sollten darauf als ihr Endziel hingerichtet sein. Um unsererseits unsere Schuld in dieser Beziehung zum Teil wenigstens abzutragen, wollen wir auf einige Abweichungen aufmerksam machen, die wir im Verhalten der Bienen beobachtet haben.

Einige Abweichungen im Verhalten der Bienen.

Die Folgerungen, welche ich daraus glaube ziehen zu können, will ich dann erst entwickeln, wenn ich ihre Verrichtungen im Zusammenhange zur Anschauung gebracht habe, und mir einige Betrachtungen über die Stellung erlauben darf, welche die Bienen in der Rangordnung der Geschöpfe einzunehmen wirklich berechtigt sind.

In Bezug auf die Herstellung ihrer Waben und deren Bestimmung ist aufs umsichtigste vorgesehen. Nach unten gekehrte Zellen, wie die Wespen sie bauen, konnten sich für die Bienen nicht eignen, weil sie eine Flüssigkeit speichern müssen. Jede Wabe enthält eine unendliche Menge kleiner horizontal gestellter Honigtöpfchen, welche auf ihre beiden Seiten verteilt sind. Vielleicht trägt die Form dieser Behälter und die Verwandtschaft zwischen Wachs und Honig dazu bei, dass der Honig nicht auslaufen kann; die Waben sind als parallele Kuchen aufgehängt, zwischen denen nur enge, einige Linien breite Gassen sich finden. Nach dem ziemlich regelmäßigen Maße dieser Abstände und der gewöhnlichen Dicke der Waben habe ich meinen Bücherstock konstruiert, dessen ich mich stets mit Erfolg bedient habe.

Parallelismus der Waben

Der Parallelismus der Waben gehört keineswegs zu denjenigen Punkten der Bienenbaukunst, deren Erklärung die wenigste Schwierigkeit darbietet; eine Erklärung würde aber geradezu unmöglich sein, wenn man von der Voraussetzung ausgehen wollte, dass ihre Grundlegung gleichzeitig von verschiedenen Arbeitern vorgenommen würde. Die Erfahrung lehrt uns im Gegenteile, dass man die Bienen niemals hier und da Wachsblöcke zu gleicher Zeit anlegen sieht. Eine einzige Biene legt das Material in einer Richtung an, die ihr die angemessene zu sein scheint; sobald sie sich entfernt, ersetzt sie eine andere; der Block gewinnt an Ausdehnung und die Bienen bearbeiten abwechselnd seine beiden Seiten. Kaum aber sind einige Zellenreihen angelegt, als man auch schon zwei andere, dem ersten ähnlichen Blöcke entdeckt, die in gleichem Abstand und in paralleler Richtung, der eine auf der vorderen, der andere auf der hinteren Seite errichtet sind. Diese Blöcke werden bald zu kleinen Waben, denn die Bienen arbeiten mit bewunderungswürdiger Schnelligkeit. Kurz nachher erblickt man weitere zwei, mit den vorhergehenden parallel angelegt; sie erweitern und verlängern sich immer nach Verhältnis des Alters der Anlage; der mittlere überragt als der am meisten fortgeschrittene diejenigen, die mit seinen beiden Seiten parallel laufen, um einige Zellenreihen, und diese die folgenden um ebenso viel. So sind die beiden Seiten einer Wabe immer zum größten Teil durch die angrenzenden versteckt.

Wie gewinnen aber die Bienen so genaue Maße, und woher kennen sie die parallele Richtung zur ersten Wabe? Das zu erklären, mache ich auch nicht einmal den Versuch; indes sieht man doch deutlich, dass, wenn es den Bienen freigegeben wäre, zu gleicher Zeit verschiedene Wachsblöcke unter der Decke ihres Stockes anzulegen, diese Entwürfe weder auf die richtigen Entfernungen berechnet noch in eine parallele Richtung zueinander gebracht werden könnten.

Bienen kennen keine Subordination.
Ein Beispiel der Übereinstimmung findet man noch in der Entwerfung der Zellen. Es ist immer nur eine Biene, welche die Stelle der ersten Aushöhlung wählt und bestimmt. Ist diese einmal gegeben, so dient sie zur

Richtschnur aller weiteren Arbeiten. Wenn gleich anfangs mehrere Arbeiter gleichzeitig ebenso viele Höhlungen in einem Wachsblocke anlegten, so würde das Ebenmaß der Zellen, welches aus ihrer Arbeit hervorgehen sollte, dem Zufall überlassen bleiben, denn die Bienen sind seiner Zucht unterworfen und wissen nichts von Subordination.

Der Anstoß zum Wabenbau ist ununterbrochen.

Unzweifelhaft arbeitet eine große Menge Bienen an einer und derselben Wabe; sie leitet aber kein gleichzeitiger Anstoß, wie man leicht zu Glauben verleitet werden könnte, wenn man ihre Arbeiten nicht von Anfang beobachtete. Dieser Anstoß ist ein ununterbrochener und fortgehender; eine einzige Biene beginnt jede Operation und mehrere andere verbinden allmählich ihre Anstrengungen mit den ihrigen, um dasselbe Ziel zu erreichen. Eine jede von ihnen scheint aus freiem Antriebe einer Richtung zu folgen, die entweder durch ihre Vorgängerinnen, oder durch den Zustand vorgezeichnet ist, in welchem sie das Werk findet, zu dessen Fortführung sie sich berufen fühlt, und die Biene, welche eine neue Arbeit beginnt, wird selbst dann durch die Wirkung einer gewissen Harmonie, welche in dem Fortgang ihres Werkes herrschen muss, angetrieben. Wenn indes aber irgendetwas in dem Verhalten der Bienen die Vorstellung einer fast einmütigen Zusammenstimmung hervorrufen konnte (was ich jedoch nur als eine höchst zweifelhafte Möglichkeit gelten lasse), so ist es die Untätigkeit, worin das ganze Volk verbleibt, während eine einzige Arbeiterin über die Richtung der Wabe entscheidet. Gleich darauf unterstützen sie andere und vergrößern den Block; dann treten sie in ihre Untätigkeit zurück, worauf wieder ein einziges Individuum eines anderen Gewerks, wenn man diesen Ausdrucks von Insekten sich bedienen darf, den ersten Riss zu einem Zellenboden entwirft, der durch seine ganz besondere Form eine ganz verschiedene Arbeit einleitet; das ist der Grundriss, der die Verhältnisse des ganzen Grundes bestimmt. Ein feines Gefühl lässt die Arbeiter durch die Wand hindurch, in welcher sie arbeiten müssen, und von der entgegengesetzten Seite her die Lage der Ränder dieser Höhlungen wahrnehmen, und danach richten sie ihre Bemühungen, den Boden zu neuen Zellen abzuteilen. Jedoch nicht mithilfe dieser Rippen allein finden sie die Richtung, die sie innehalten müssen, denn wir konnten uns überzeugen, dass sie sich auch noch verschiedene Umstände zu Nutze machten, um sich bei ihrer Aushöhlung leiten zu lassen. Die Biene, welche die erste Zelle aushöhlt, macht hierin gewiss eine bemerkenswerte Ausnahme; sie arbeitet in einem rohen Blocke, und kann folglich nichts ihr zur Richtung dienen; so muss ihr Instinkt allein anleiten.

Die Arbeiter dagegen, welche berufen sind, die Höhlungen der zweiten Reihe zu entwerfen, können an die Ränder und Winkel derjenigen, welche schon vorher auf derselben Seite angelegt waren, sich halten und sich ihrer als Basis oder Ausgangspunktes für die spätere Arbeit bedienen. Ich will demnächst ein auffälliges Beispiel anführen, mit welcher Geschicklichkeit sie sich dieselben zu Nutze zu machen verstehen, wenn ihnen keine anderen Hilfsmittel zu Gebote stehen; vorher aber erst noch ein Wort von der gewöhnlichen Arbeit der Arbeitsbienen. Bisher hatte ich sie ihre Bildnereien nur aufwärts bauend vollziehen sehen, und ich habe die ganze Reihenfolge der Verfahrensart geschildert, die sie befolgen, wenn sie auf diese Weise arbeiten. Was mir damals ihr Verhalten zu erklären schien, und die Resultate, zu denen sie dann gelangen, konnte jedoch möglicherweise ein Ausnahmefall sein.

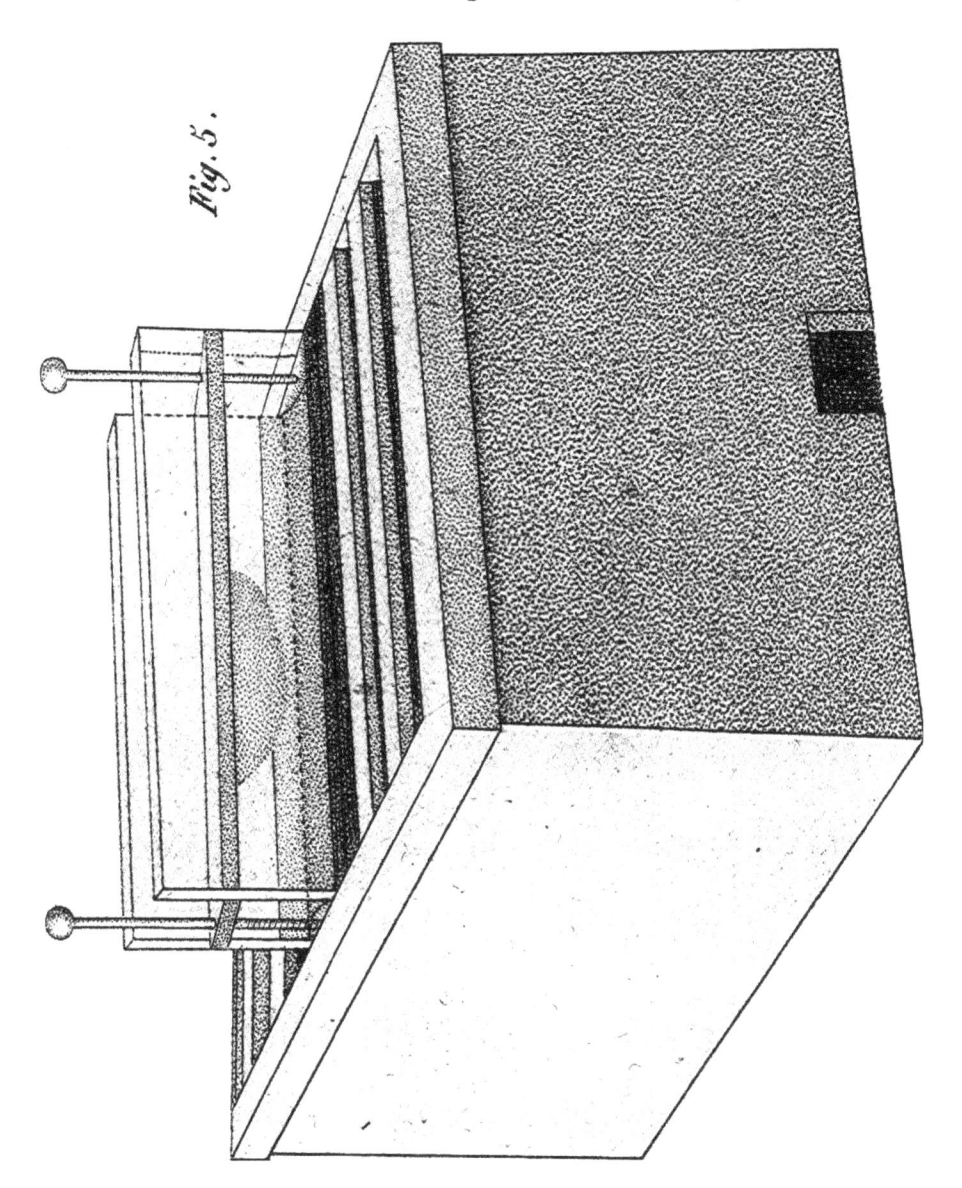

Band 2 Tafel I Fig 5b—Stock zur Beobachtung des Wabenbaus.

Es musste folglich ermittelt werden, ob sie immer in derselben Weise und mit all den beobachteten Abstufungen zu Werke gingen. Aufwärts bauend schritt ihre Arbeit weniger rasch voran als wenn sie ihre Waben in der entgegengesetzten Richtung ausführen. Dieser Umstand war indes für die Beobachtung der verschiedenen Arbeiten, welche die Bildung ihrer Zellen erfordert, sehr günstig gewesen; denn es würde ohne das geradezu unmöglich gewesen sein, all ihren Unternehmungen ins einzelne folgen zu können, und doch hatte die Langsamkeit der Bienen bei dieser Gelegenheit auch ihre Unannehmlichkeiten; mitunter wurde ihre Arbeit stundenlang gänzlich eingestellt; die einen brachten kein Wachs herzu, wenn es daran mangelte, die anderen arbeiteten es nicht zugleich aus, wenn es herbeigeschafft war, oder sie errichteten auch wohl mehrere Blöcke auf derselben Leiste. Es war nicht zu verkennen, dass ihre Arbeit verzögert und behindert wurde, und nur vermittelst der Menge der kleinen Waben, die wir sie erbauen sahen, konnten wir uns über die Unregelmäßigkeit in ihren Vorrichtungen hinwegsetzen und eine richtige Vorstellung von ihrem Bau gewinnen. Es kam uns also darauf an zu erforschen, ob ihr Verfahren, welches wir sie hatten beobachten sehen, auch in den gewöhnlichen Verhältnissen in jeder Beziehung dasselbe bleiben würde. Zu dem Ende ließ ich einen Stock ganz neuer Form anfertigen (Tafel I, Figur 5b und 5c).

Versuch, die Bienen zu beobachten, wie sie Waben abwärts bauen.

Um meinen Absichten entsprechen zu können, musste der Deckel aus mehreren Stücken zusammengesetzt sein und abgenommen werden können, wenn der Stock auch mit Bienen besetzt war, ebenso mussten diese Stücke jedes Mal auseinander- und abzunehmen sein, wenn man über den Fortgang ihrer Arbeit urteilen wollte. Ein Deckel, der aus Glasstreifen und Holzleisten zusammengesetzt war, die miteinander abwechselnd in eine horizontale Lage gebracht wurden, konnte dazu ausreichen. Zwei an den beiden Enden der

Leisten angebrachte Schrauben setzten uns in den Stand, die Waben weit genug über den Fuß des Kastens zu erheben, um sie bequem zu heben und sie wieder in ihre vorige Stelle zu bringen, ohne die Bienen zu stören; ja wir konnten uns auf diesem Wege derjenigen bemächtigen, die wir aufbewahren wollten, und die Bienen zwingen, sie durch andere zu ersetzen.

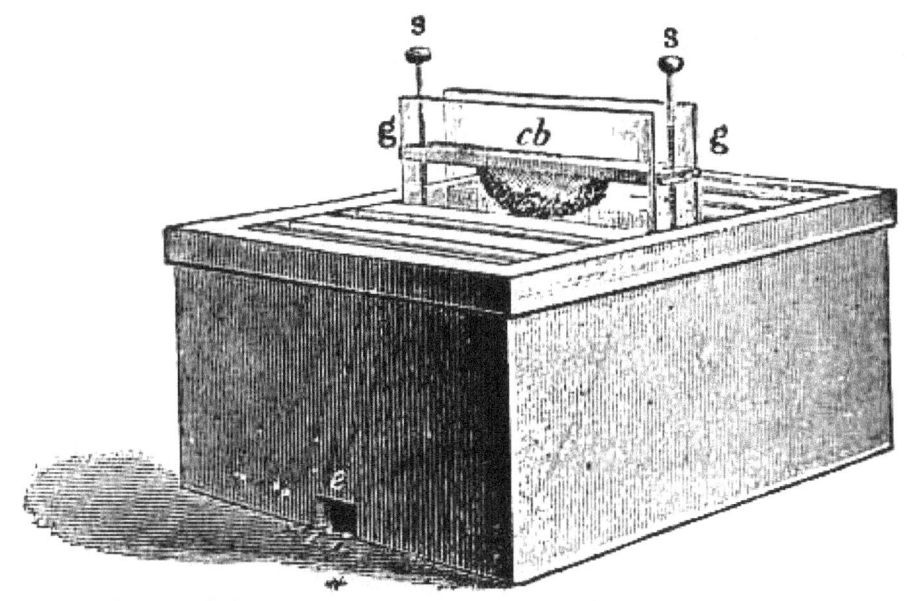

Band 2 Tafel I Fig 5c—Hubers Stock zur Beobachtung des Wabenbaus (Cheshire).

Sobald sie sich in dieser neuen Wohnung eingerichtet hatten, bauten sie ihre Waben längs der Holzleisten, die sie zur Richtschnur und zum Stützpunkt nahmen.

Der zuerst errichtete Block bot für unsere Beobachtung nichts Neues; wir entfernten ihn, und die Bienen bauten sogleich einen anderen, den sie gleichfalls auf der Kante einer der beiden Leisten anlegten; diesmal ließen wir den Arbeitern die Zeit, ihre ersten Zellen aus dem Gröbsten auszuarbeiten. Dann schraubten wir die

Schrauben in die Höhe, auf denen der Träger ruhte, und indem sich dieser hob, konnten wir den Bau der neuen Entwürfe beobachten. Diese zeigten uns dieselben Hohlkehlen, die wir bei dem aufsteigenden Bau beobachtet hatten. Wir schraubten die Schrauben ebenso wieder hinab, wie wir sie heraufgeschraubt hatten, und die Bienen setzten ihre Arbeit fort. Wenige Minuten später wurde die Wabe von neuem in Augenschein genommen; die Entwürfe waren weiter fortgeschritten, die Zellen der beiden Seiten waren ungleich und zeigten vertikale Trapeze. Nur die vorderen Zellen hatten an ihrem unteren Ende einen Rhombus. Hierauf sahen wir die Bienen an die Zellen der zweiten Reihe sich machen, und wir gewannen die Überzeugung, dass der Gang in ihren Arbeiten in allen Beziehungen demjenigen ähnlich war, den wir sie unter ganz verschiedenen Verhältnissen hatten innehalten sehen.

Wir nötigten die Bienen, eine große Anzahl kleiner Waben anzufangen, deren mehr oder weniger ausgefüllte Entwürfe uns belehrten, dass sie nach denselben Prinzipien und mit denselben Abstufungen wie die aufwärts steigenden ausgeführt waren.

Es ist also hinreichend erwiesen, wie ich glaube, dass die eigentümliche Gestaltung der ersten Zellen auf beiden Seiten die Form der Pyramidenböden aller nachfolgenden Zellen in unabänderlicher Weise feststellt.

Man konnte unmöglich voraussetzen, dass die Bienen die Kunst besäßen, beim Beginn ihres Bauwerks andere Maße und eine Methode anzuwenden, welche von derjenigen ganz verschieden ist, die sie bei den ganzen übrigen Waben in Anwendung bringen. Dieser einzige Zug beweist schon, dass die Bienen nicht völlig maschinenmäßig verfahren. Da man aber eine Art Notwendigkeit in dieser Anordnung erblicken könnte, so will ich das Beispiel eines durchaus abweichenden Ganges anführen, welches sogar nicht selten vorkommt.

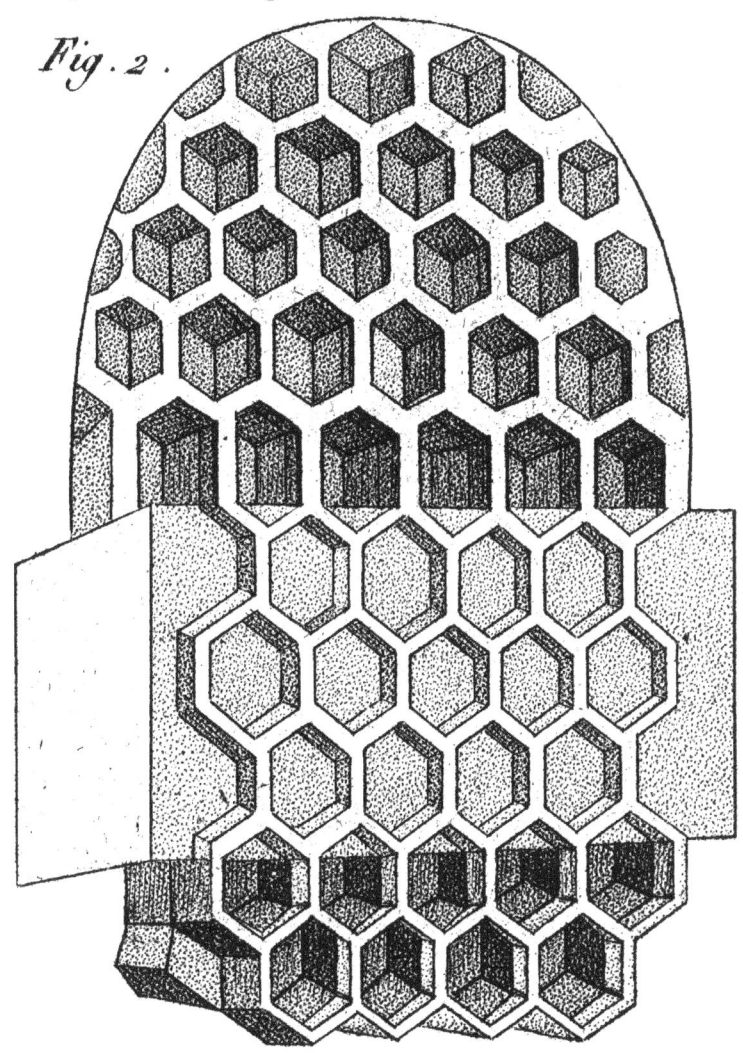

Band 2 Tafel IX Fig. 2—Leiste mit Waben nach oben und unten, und Abdrücke auf den Leisten zum aufwärts bauen.

Wenn ich die Bienen nötigte, von unten nach oben zu bauen, so legten sie auf der horizontalen Fläche der

Leisten gewöhnlich von Grund aus neue Blöcke zu den Waben an, waren jedoch nicht immer gleich willfährig. Nicht selten habe ich sie das Wachs, welches sie unter ihren Ringen hatten, dazu verwenden sehen, alte Waben bis in den Raum zu verlängern, wo sie meinem Wunsche nach neue hätten anlegen sollen (Taf. IX, Fig. 2 zeigt die Leiste mit Waben nach oben und unten).

Die Art, wie sie dabei zu Werke gehen, verdiente einige Beachtung. Um die unter einer Leiste befindliche Wabe vorzuführen, und sie in dem Raume über derselben aufwärts vorzubauen, ziehen sie zunächst den oberen Teil der Rippen der Zellen der ersten Reihe perpendikulär mit der Wabenfläche weiter aus und zwar so, dass ihre Ausgänge den Rand der Leiste um ein weniges überragen; haben sie auf diese Weise ihre Messstangen ausgesteckt und die Ausgangspunkte festgestellt, so bringen sie Wachs auf die vertikalen Seite der Leisten, bilden aus diesem Material Kurven, welche von zwei benachbarten Rippen ausgehen und denen ähnlich sind, welche der untere Teil der entworfenen Zellen darstellt. Diese nun müssen sie in zwei Seiten einer Zelle umgestalten. Wir haben gesehen, dass die Zellen der ersten Reihe nur vier Wände, zwei untere geneigte und zwei seitliche perpendikulär haben; über den Ende dieser letzteren erheben sich die fraglichen Kurven, welche geteilt der Zelle einen sechseckigen Umriss geben.

Vom Gipfelpunkte dieser Kurven ausgehend, errichten nun die Bienen unmittelbar am Holz ebenso viele vertikale Rippen, denen sie dieselben Dimensionen wie den gewöhnlichen Zellen geben, und wenn sie die geeignete Länge haben, schließen die Bienen sie mit Kurven, die den vorigen ähnlich sind; hierauf geben sie den Umrissen eine regelmäßige Form, indem sie ihre Ränder zurichten, ihre Winkel auswirken, ihnen eine gleichmäßige Dicke geben usw. Die Figuren, welche sie in dieser Weise auf der vertikalen Seite der Holzleisten entwerfen, sind regelmäßige Sechsecke, denn jeder Raum ist von sechs gleichmäßig geneigten Rippen umschlossen, die den Zellenwänden, welche die Bienen hier später ausführen könnten, zur Basis dienen. Diese Zellen werden flache Böden besitzen, weil sie ihnen durch die Fläche der Leisten so gegeben sind, ihr Durchmesser aber wird demjenigen gleich sein, den sie behalten hätten, wenn sie in einem Wachsblocke ausgewirkt worden wären. Ist die Leiste höher als der Durchmesser einer gewöhnlichen Zelle, so legen die Bienen neue Rippen an, deren unteres Ende sie auf die Spitze der vorhin entworfenen Sechsecke aufsetzen, und denen sie weiterhin ebenso auch Kurven hinzufügen, bis sie den oberen Rand der Leiste erreicht haben. Wenn der Raum es zulässt, fahren sie mit ihrem Baue auf dem Holze fort und legen mehrere Reihen Sechsecke übereinander an, sind sie aber einmal an dessen oberen Rand gekommen, so verlassen sie die vertikale Richtung, verlängern auf der horizontalen Oberfläche der Leiste die Ausgänge der letzten Zellen, die sie auf der aufsteigenden Seite angelegt haben, und erheben, wenn sie bis zur Mitte ihrer Breite gekommen sind, hier einen neuen Wachsblock, den sie nach der Verlängerung der auf dem Holze entworfenen Sechsecke auswirken; den Böden der ersten Zellen werden sie den Zellen der ersten Reihe gewöhnliche Form, allen nachfolgenden Reihen aber drei Rhomben geben.

476 Kapitel V: Abweichungen im Zellenbau

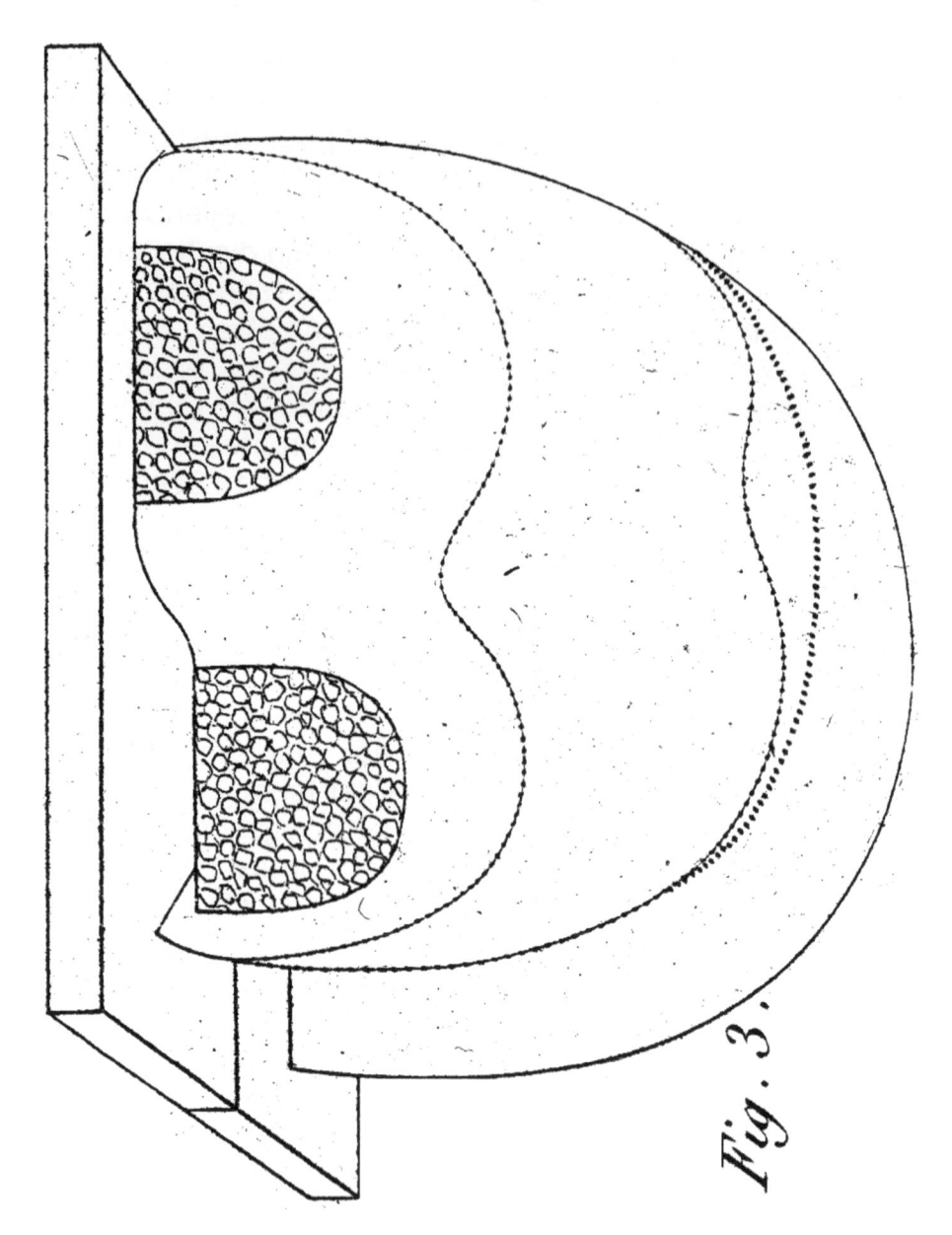

Band 2 Tafel IX Fig. 3.—Leiste mit mehreren angelegten Waben und Anzeichen von Zusammenführung.

Man sieht hieraus, dass die Bienen auch auf Holz Zellen bauen und ihnen einen sechseckigen Umriss geben können, selbst wenn sie keine Pyramidenböden und gegenüberliegende Rippen haben, die ihnen zur Richtschnur dienen könnten. Weichen sie dann auch von ihrer gewöhnlichen Weise ab, so behalten sie doch das Maß der Zellen und die Form ihrer Seiten bei; sie besitzen also die Fähigkeit, ebenmäßige Figuren auf Holz zu entwerfen, wodurch sie in ihrer weiteren Arbeit geleitet werden. Dann bemerkt man aber, dass sie die Winkel der vorhergehenden Zellen benutzen, um neue Rippen zu bilden und ihren Kurven eine geeignete Basis zu geben. Diese Zellen mit flachem Boden zeigen weniger Regelmäßigkeit als die gewöhnlichen Zellen; mancher Zellenrand ist nicht winkelig, bei manchen anderen sind die Dimensionen nicht genau; nichtsdestoweniger erkennt man doch selbst bei denjenigen, welche sich von der ebenmäßigen Form am meisten entfernen, eine mehr oder weniger angedeutete sechsfache Teilung.

Wir haben die Bienen bei ihrem auf- und abwärts geführten Baue beobachtet; begreiflich lag der Wunsch nahe, uns davon zu überzeugen, ob man die Bienen nicht auch veranlassen könne, ihre Waben in einer anderen Richtung zu bauen. Wir versuchten, sie auf Irrwege zu führen, indem wir sie in einen Stock versetzten, dessen Boden und Decke ganz aus Glas bestand, und wo ihnen weder für ihre Waben, noch für sich ein anderer Stützpunkt geboten war, als die senkrechten Wände ihrer Wohnung.

Sie gruppierten sich in einer Ecke des Stockes zusammen und arbeiteten inmitten eines dichten Haufens, den wir nicht zu durchdringen vermochten; wollten wir darum über ihre Arbeit urteilen können, so mussten wir sie von ihrem Platze vertreiben, und als dies geschehen war, fanden wir, dass sie ihre Waben perpendikulär an eine der senkrechten Wände des Stockes angebaut hatten. Sie waren ebenso regelmäßig, wie diejenigen, welche sie für gewöhnlich unter einer horizontalen Fläche erbauen. Das Resultat war sehr bemerkenswert; denn die Bienen, gewohnt abwärts bauend ihre Arbeiten auszuhöhlen, waren gezwungen die Grundlage ihrer Waben auf einer Fläche anzulegen, die ihnen von Natur nicht zur Basis dienen kann, und doch waren die Zellen der ersten Reihe denen, die sie in ihren gewöhnlichen Stöcken bauen, bis auf die verschiedene Richtung ähnlich. Die anderen Zellen waren deshalb nicht weniger zum gewöhnlichen Gebrauche geeignet, auf beiden Seiten der Wabe gleichmäßig verteilt und ihre Böden korrespondierten miteinander in demselben Ebenmaße.

Ich unterwarf diese Bienen einem noch weit gewaltsameren Versuche. Indem ich wahrnahm, dass sie ihre Waben auf dem kürzesten Wege zur gegenüberliegenden Wand zu führen suchten, kam ich auf den Gedanken, dass Brett, an welchem sie dieselben befestigen zu wollen schienen, mit einem Spiegelglase zu bedecken, um zu erfahren, ob sie sich mit einem Stützpunkte würden genügen lassen, dem sie sich für gewöhnlich nur soweit anvertrauen, als ihre Traube in der Nähe irgendeinen Gegenstand findet, der weniger glatt als das Glas ist, und woran sie sich aufhängen kann. Ich wusste zwar, dass sie, wenn sie freie Wahl haben, ihre Waben lieber am Holze befestigen, und sich erst dann entschließen, auf dem Glase zu arbeiten, wenn sie alle anderen Hilfsmittel, ihren Bau zu befestigen, erschöpft haben; dennoch zweifelte ich nicht, dass sie, am Glase angekommen, den Versuch machen würden, zwischen der Wabe und der Oberfläche des Glases einige Bänder anzubringen mit dem Vorbehalte, ihr mit der Zeit eine zuverlässigere Befestigung zu sichern, jedenfalls dachte ich auch im entferntesten nicht an den Ausweg, den sie einschlugen.

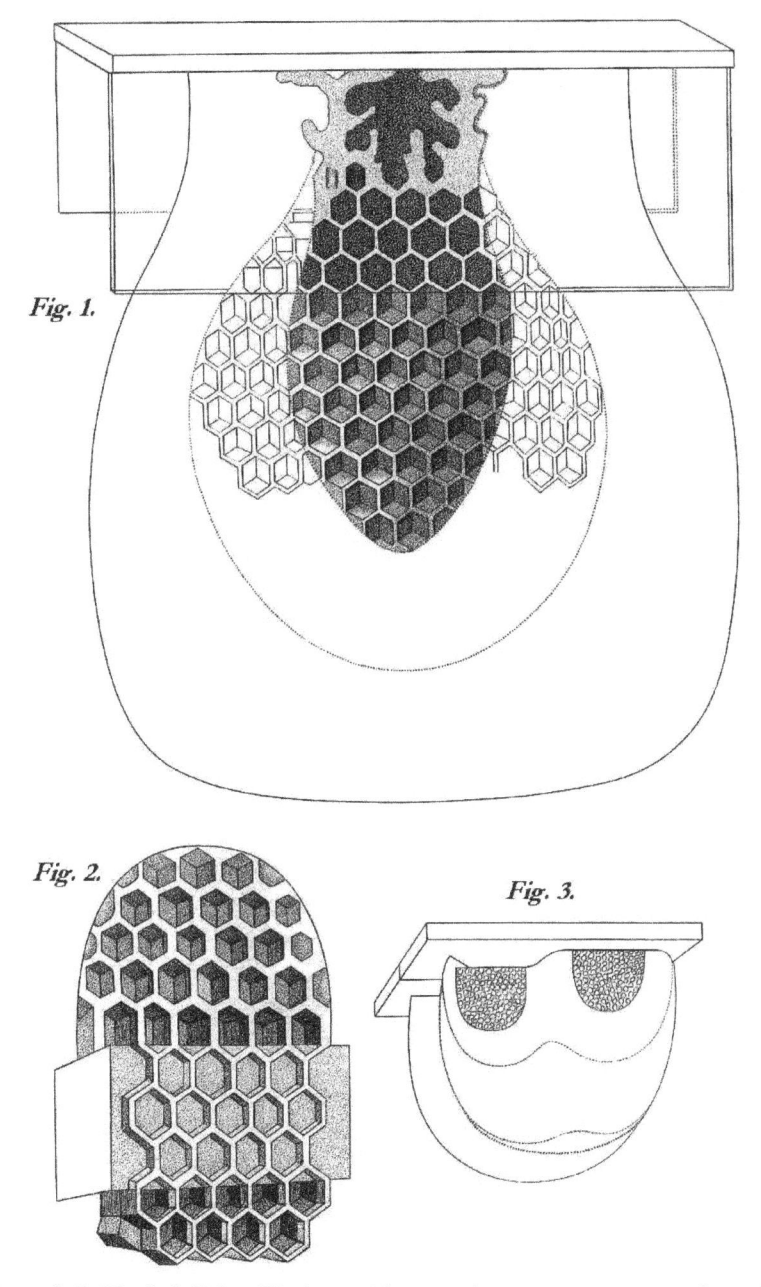

Fig. 1.

Fig. 2. *Fig. 3.*

Band 2 Tafel IX—Einige Abweichungen im Wabenbau.

Bienen können Abweichungen im Ergebnis voraussehen

Sobald das Brett durch eine glatte und glitschige Oberfläche verdeckt worden war, verließen die Bienen ihre bisherige Richtung, sie setzten ihre Arbeit zwar fort, wandten aber ihre Waben knieförmig in einem rechten Winkel so, dass ihr vorderes Ende in seiner Verlängerung eines der Brettchen erreichen konnte, die ich unbedeckt gelassen hatte.

Ich vervielfachte diesen Versuch auf die mannigfachste Weise, und die Bienen veränderten regelmäßig die Richtung ihrer Waben, wenn ich ihnen eine Fläche entgegenstellte, die zu glatt war, als dass sie sich an der Decke oder den Wänden des Stockes traubenförmig hätten anhängen können, und wählten stets eine solche, die zu einer Holzwand hinführen konnte. Ich nötigte sie, ihre Waben immer wieder zu drehen, und ihnen die seltsamsten Formen zu geben, indem ich sie mit einem Spiegelglase verfolgte, welches ich in einiger Entfernung vor dem Rande derselben aufstellte.

Diese Resultate deuteten auf einen wahrhaft bewunderungswürdigen Instinkt hin, ja, sie setzten mehr als bloßen Instinkt voraus, da Glas keineswegs ein Stoff ist, gegen welchen die Natur etwa die Bienen verwahrt hatte. Im Inneren eines Baumes, ihrer naturgemäßen Wohnung, findet sich nichts, was mit dem Glase irgendwelche Ähnlichkeit oder dessen Glätte besäße. Das auffälligste hierbei war, dass sie nicht erst so lange warteten, bis sie an die Oberfläche des Glases gekommen waren, um die Richtung ihrer Waben zu ändern, sie wählten schon früher diejenigen, welche sie für die geeignete hielten. Hatten sie nun die Unannehmlichkeiten, welche aus einer anderen Bauweise entstehen konnten, im Voraus erkannt? Die Verfahrensweise, ihren Waben ein Knie zu geben, war nicht minder seltsam; sie mussten notwendigerweise die gewöhnliche Ordnung ihrer Arbeit und die Dimensionen der Zellen abändern. Sie machten diejenigen, welche auf der erhabenen Seite standen, viel breiter, als die auf der gegenüberliegenden; jeder hatten einen zwei- oder dreimal größeren Durchmesser, als diese. Begreift man, wie so viele Insekten, die zugleich auf den Rändern der Waben beschäftigt sind, sich darüber einigen konnten, ihnen von einem Ende zum anderen dieselbe Krümmung zu geben? Wodurch wurden sie bestimmt, auf einer Seite so kleine Zellen zu errichten, während sie denen auf der entgegengesetzten Seite eine so übergroße Ausdehnung gaben? Man muss sich nicht wundern, dass sie die Kunst besitzen, Zellen von so verschiedener Größe miteinander in Übereinstimmung zu bringen? Indem der Boden dieser Zelle denen beider Seiten gemeinschaftlich ist, so nahmen nur die Zellenrohre eine mehr oder weniger ausgeweitete Form an. Vielleicht hat noch kein anderes Insekt einen stärkeren Beweis von den Hilfsmitteln geliefert, welche der Instinkt ausfindig machen kann, wenn er gezwungen wird, seine gewöhnlichen Wege zu verlassen.

Betrachten wir aber die Bienen in ihren naturgemäßen Verhältnissen; denn es ist nicht gerade notwendig, ihren Instinkt auf die Probe zu stellen, um zu erfahren, dass sie die Ordnung ihres Baues verschiedentlich abändern können. Vergleicht man die Anforderungen der Natur an die Bienen mit den Mitteln, die sie in unvorhergesehenen Fällen entfalten, so mag man umso besser über den Umfang ihrer Fähigkeiten urteilen.

Da die Bienenzellen Individuen von verschiedener Größe zur Wiege dienen sollen, so musste der Durchmesser dieser Zellen dem Gegenstande ihrer Bestimmung angepasst sein. Die Arbeitsbienen, denen die Sorge oblag, Drohnenwaben zu bauen, mussten also nach einem größeren Maßstabe arbeiten, als wonach sie die Arbeitsbienenzellen anlegen; aber sie gaben ihnen dieselbe Form, ihre Böden sind gleichfalls durch drei Rhomben, ihre Prismen aus sechs Wänden zusammengesetzt, und ihre Winkel sind denen der kleinen Zellen gleich. Der Durchmesser der Arbeiterzellen beträgt 2 2/5 Linien (5.08mm), der der Drohnenzellen 3 1/3 Linien (7.06mm); diese Maße sind ziemlich fest, so dass Schriftsteller der Ansicht gewesen sind, man könne sie als allgemeines unveränderliches Eichmaß für die gewöhnlichen Maße annehmen.

Nur selten nehmen die Drohnenwaben den oberen Teil der Waben ein; gewöhnlich findet man sie in der Mitte oder an den Seiten, stehen daselbst aber nicht vereinzelt, sondern zusammen und korrespondieren miteinander auf beiden Wabenseiten.

Übergangszellen.
Man hat noch nicht beobachtet, wie es den Bienen möglich wird, von Drohnenzellen zu Arbeiterzellen und umgekehrt übergehen zu können, ohne dass ihr Werk augenfällige Unförmlichkeiten darbietet. Die Umgebung der Drohnenzellen kann den Übergang von den einen zu den anderen allein erklären. Sobald sie Drohnenzellen unter Arbeitszellen bauen wollen, errichten sie erst mehrere Reihen von Übergangszellen, deren Durchmesser allmählich sich erweitert, bis sie denjenigen erreicht haben, welcher für die Drohnenzellen bestimmt ist, und umgekehrt, wenn die Bienen wieder zu Arbeiterzellen übergehen wollen, kehren sie erst allmählich wieder zu dem gewöhnlichen Durchmesser dieser Gattung zurück.

Gewöhnlich trifft man zwei oder drei Reihen Übergangszellen. Die ersten Drohnenzellen haben noch teil an der Unregelmäßigkeit der Rippen, nach denen sie gebildet sind; es finden sich Zellen, die, anstatt mit drei Zellen mit einer Zelle korrespondieren. Ihre Furchen stehen zwar stets in gleicher Linie mit den Rippen; aber die Wand der einen Seite teilt, statt gerade in den Mittelpunkt der gegenüberliegenden Zelle zu treten, dieselbe ungleich, was die Bodenform in der Weise abändert, dass sie nicht mehr drei gleiche Rauten zeigt, sondern aus mehr oder weniger unregelmäßigen Stücken zusammengesetzt ist. (Vergleiche den Nachtrag am Schlusse dieses Kapitels).

In dem Maße, wie man sich von den Übergangszellen entfernt, werden die Drohnenzellen regelmäßiger, und man trifft dann oft mehrere aufeinanderfolgende Reihen ohne irgendeinen Fehler; die Unregelmäßigkeiten treten an den Grenzen der Drohnenzellen von neuem wieder auf und hören erst nach mehreren Reihen unförmiger Arbeiterzellen wieder auf.

Wenn die Bienen Drohnenzellen erbauen wollen, errichten sie am Rande ihrer Wabe einen Wachsblock, welcher dicker ist als derjenige, den sie für die Arbeiterzellen anlegen. Sie geben ihm auch eine beträchtlichere Höhe, weil es ihnen ohne das unmöglich sein würde, dieselbe Ordnung und dasselbe Ebenmaß beizubehalten, indem sie nach einem größeren Maßstabe arbeiten.

Man hatte öfters auch Unregelmäßigkeiten an den Zellen der Königinnen wahrgenommen. Reaumur, Bonnet und verschiedene andere Naturforscher führen Beispiele davon wie ebenso viele Unvollkommenheiten an. Wie groß würde ihre Verwunderung gewesen sein, wenn sie gefunden hätten, dass ein Teil dieser Unregelmäßigkeiten berechnet war, dass, sozusagen, eine bewegende Harmonie in dem Mechanismus, wodurch die Waben gebildet werden, herrsche. Sollten die Bienen infolge der Unvollkommenheit ihrer Organe oder ihrer Werkzeuge irgendwelche ihrer Zellen ungleich, oder einige Baustücke schlecht angelegt haben, so würde ein Talent sich finden, welches sie auszubessern oder den Fehler durch andere Unregelmäßigkeiten auszugleichen verstände. Es ist jedenfalls weit auffallender, dass sie von ihrer gewöhnlichen Baurichtung abzuweichen verstehen, wenn ein Umstand es fordert, als dass sie Drohnenzellen bauen und unterwiesen sind, die Maße und Form jedes Stückes zu verändern, um zu einer regelmäßigen Ordnung zurückzukehren, und, nachdem sie 30-40 Reihen Drohnenzellen erbaut haben, von neuem die regelmäßige Ordnung verlassen, um durch allmähliche Verringerung an dem Punkte wieder anzukommen, von wo sie ausgegangen waren.

Wie vermögen sich die Bienen doch nur aus einer so großen Schwierigkeit, aus einer so verwickelten Bauweise herauszufinden, vom Kleinen zum Großen, vom Großen zum Kleinen, von einem regelmäßigen Plane zu seltsamen Formen überzugehen und von diesen wieder zu symmetrischen Figuren zurückzukehren? Das hat bisher noch kein bekanntes System zu erklären gewusst.

Der Instinkt kann sich verändern.
Indem die Bienen alljährlich angehalten sind, Zellen von verschiedenen Maßen zu erbauen, so kann man diesen Zug nur dem Instinkte zuschreiben, dem Instinkte, der aber jedenfalls verschiedene Gestaltungen zulässt. Welcher Umstand ist es aber, der die Bienen veranlasst, den Plan ihrer jüngsten Zellen zu verlassen? Ist es eine Umgestaltung ihrer Sinne, der Wärmegrad der Atmosphäre, irgendeine reichlichere, gewähltere Nahrung als diejenige, deren sie sich im übrigen Teile des Jahres bedienen? Keineswegs liegt darin der Grund, sondern die Eierlage der Königin scheint über die Art der Zellen zu entscheiden, welche die Arbeiter zu bauen haben. So lange diese nur Arbeitereier legt, bauen die Bienen keine Drohnenzellen; wenn aber die Königinnen für Drohneneier keinen geeigneten Platz findet, scheinen die Bienen

augenblicklich davon Kenntnis zu nehmen; sie legen ihre Zellen unregelmäßig an, geben ihnen ein wenig größerer Ausdehnung und bauen schließlich eine dem männlichen Geschlechte passende Wiege.

Zellen sind zur Zeit des Honigreichtums vergrößert.

Es gibt noch einen anderen Umstand, der die Bienen veranlasst, ihren Zellen einen größeren Rauminhalt zu geben; wenn nämlich die Honigtracht eine sehr ausgezeichnete ist, dann vergrößern sie nicht allein den Durchmesser der neu erbauten Zellen um ein Beträchtliches, sondern verlängern auch die älteren überall da, wo es ihnen der Raum gestattet. So findet man in Zeiten großen Honigreichtums unregelmäßige Waben, deren Zellen eine Tiefe von 12,15 bis 18 Linien (2.5 bis 4cm) besitzen.

Manchmal werden Zellen verkürzt.

Dagegen sind die Bienen mitunter auch veranlasst, ihre Zellen zu verkürzen. Wollen sie eine alte Wabe, deren Zellen ihre völlige Größe erreicht haben, verlängern, so verringern sie allmählich die Dicke ihrer Ränder, indem sie die Zellwände soweit abnagen, bis sie ihnen die Linsenform, die sie ursprünglich besaßen, wiedergegeben haben; dann fügen sie einen Wachsblock daran und bauen auf dem scharfen Wabenrande aus Rauten zusammengesetzte Pyramidenböden. Es ist Tatsache, dass sie eine Wabe in keinerlei Richtung verlängern, bevor sie ihre Ränder nicht verringert haben; sie vermindern ihre Dicke in ziemlicher Ausdehnung, damit nirgendwo ein winkeliger Vorsprung sich zeige.

Sie verringern die Länge der Zellen relativ zu ihrem Abstand vom Rande.

Dieses Gesetz, welches die Bienen zwingt, die am Rande der Waben gelegenen Zellen teilweise zu zerstören, ehe sie den Waben eine neue Ausdehnung geben können, verdient gewiss eine gründlichere Untersuchung, als wir darauf verwenden konnten; denn kann man auch bis zu einem gewissen Punkte den Instinkt begreifen, der diese Tiere anregt, einen von der gewöhnlichen Regel abweichenden Kunstfleiß zu äußern, so weiß ich doch nicht zu erklären, wie sie derselbe antreiben kann, in einem entgegengesetzten Sinne zu handeln und das wieder zu zerstören, was sie mit der größten Sorgfalt hergestellt haben. Gestehen wir es nur, dergleichen Erscheinungen, welche sich bei den Insekten öfters wahrnehmen lassen, werden noch lange ein Stein des Anstoßes für alle Hypothesen bleiben, durch welche man den Instinkt zu erklären hofft. In dem Zuge, den ich soeben angeführt habe, erkennt man ziemlich klar den Zusammenhang zwischen dem von den Bienen getroffenen Plane und dem Ziele, das sie im Auge haben müssen.

Bauen sie eine neue Wabe, so herrscht im ganzen Umfange des Randes eine regelmäßige Abstufung, woran sie gewöhnt sind, und welche für die Bildung neuer Zellen notwendig sein kann. Später aber sind die Randzellen ebenso wie die der übrigen Wabe ausgeführt, und man sieht nichts mehr von einer Abstufung, wie man sie an neuen Waben wahrnimmt. Offenbar verringern also die Bienen die Länge der Zellen in einem relativen Verhältnis zu ihrem Abstande vom Rande, um die Wabe auf die ursprüngliche Form zurückzuführen, welche dieselbe in den Stand setzt, in ihrem ganzen Umfange vergrößert zu werden. Anmerkung: Die Randverstärkung, von der Huber spricht, ist bei der Honiggewinnung offensichtlich, nach dem Entfernen des dicken äußeren Randes sind die Zellen sehr zerbrechlich. Die Bienen verstärken den Rand rasch wieder.- Übersetzer.

Unregelmäßigkeiten sind Teil des Planes.

Alle Unregelmäßigkeiten, welche die arbeitenden Bienen verraten, stehen mit der Absicht, die sie verfolgen müssen, in so genauer Verbindung, dass sie dem Plane, nach welchem sie sich richten, anzugehören und zur allgemeinen Ordnung beizutragen scheinen.

Die Pläne und die Mittel der ordnenden Weisheit sind von der Art, dass sie nicht mit ängstlicher Genauigkeit auf ihr Ziel losgeht, sondern sie geht von Unregelmäßigkeit zu Unregelmäßigkeit und gleicht die eine durch die andere aus. Die Maße sind von oben genommen, die anscheinenden Irrungen werden nach einer erhabenen Messkunst gewürdigt, und die Ordnung entspringt oft aus der Verschiedenheit der Teile. Es ist dies nicht das erste Beispiel von vorbestimmten Unregelmäßigkeiten, welches uns die Wissenschaften vorgeführt haben, und welches unsere Unwissenheit in Verwunderung setzt, unseren aufgeklärten Geist aber zur Bewunderung hinreißt; so wahr ist es, dass, je mehr man die allgemeinen und besonderen Gesetze ergründet, desto mehr Vollkommenheiten dieses große System entfaltet.

Zusätze zu den Kapiteln über den Wachsbau

Von P. Huber, Sohn des F. Huber

Aufgefordert, die bisher beschriebenen Tatsachen zu revidieren, konnte ich manche Aufschlüsse gewinnen, die meinem Vater von seinem getreuen Sekretär nicht gegeben waren; dahin gehören die neuen Besonderheiten, die ich über die Art der Vergrößerung der Waben, über Grund und Ursache ihrer Unregelmäßigkeit und über die Formen der Übergangszellen auf den Drohnenwaben mitteilen will.

Bei der Beschreibung der Bauarbeit der Bienen konnten wir keine vollständige Beschreibung der Vergrößerung der Waben, Zelle für Zelle, geben. Wenn man sie in ihrer Gesamtheit betrachtet, nimmt man manche Abweichungen wahr, die an einem kleinen Stocke nicht in die Augen fallen, und bei denen wir uns doch nicht verweilen wollten, um unsere Beschreibung nicht zu verwirren. Wir haben erwähnt, dass die Bienen ihre Arbeiten gewöhnlich abwärts bauend verrichten, und man könnte deshalb folgern, dass sie immer in derselben Richtung vorgenommen würden. Aber diese Wahrheit, welche auf einen Teil der Zellen anwendbar ist, erstreckt sich nicht auf die ganze Oberfläche der Wabe; ihre Form schon hindert das. Die Umstände gestatten es mitunter, die Bienen, ohne die natürliche Ordnung ihrer Arbeit zu unterbrechen, in ihrer Bauarbeit zu belauschen; jedoch sind diese Umstände nicht eben häufig und gestatten nicht alle die Vorteile, die wir uns verschafften, indem wir den Block umkehrten, gewähren aber den, eine richtige Idee von dem Ganzen zu geben.

Dazu ist erforderlich, dass die Bienen, traubenförmig an einer der Seiten des Stockes hängend, ihre Arbeit am Rande und sozusagen außerhalb des Bienenhaufens verrichten; nachdem sie eine Wabe angelegt haben, beginnen sie eine zweite, dann eine dritte, und nähern sich so immer mehr dem Beobachter, der ihren Verrichtungen durch die durchsichtigen Wände des Stockes folgt.

Die erste Grundlage, auf welcher die Bienen ihre Arbeit weiterführen, gibt den Raum für drei bis vier, öfter für mehr Zellen; auf dieser Basis verlängert sich die Wabe bis zu zwei oder drei Zoll, und erst dann wird sie etwa um dreiviertel ihrer Länge erweitert.

Bauten die Bienen nur abwärts, so würde ihre Wabe die Form eines schmalen, gleichbreiten Bandes annehmen, und es könnte nur wenige Bienen daran arbeiten; das Werk muss aber rasch vorwärtsgehen, und deshalb müssen sie zu gleicher Zeit nach allen Richtungen hin daran arbeiten können. Das wird eben durch die vorläufige Verlängerung dieses kleinen Bändchens und seiner untere Ausbauchung ermöglicht. Eine große Menge von Arbeitern können sich auf den Ränder niederlassen, und der ganze Umkreis der Wabe dehnt sich nach allen Richtungen hin unter ihrem scharfen Meißel aus.

Die am unteren Rande der Wabe aufgestellten Bienen verlängern dieselbe nach unten, die an den Seiten erweitern sie nach rechts und links, diejenigen, welche oberhalb der Hauptausbauchung arbeiten, geben ihr eine Ausdehnung nach oben. Je mehr sich die Wabe nach unten verlängert, desto mehr muss sie dann gerade aufsteigen, um die Decke des Stockes zu erreichen.

Daraus folgt eine Tatsache, die wir noch nicht erwähnt haben, dass nämlich die Zellen der oberen oder ersten Reihe nicht die auf der ganzen Linie zuerst gebauten sind, so dass man nur diejenigen als ursprünglich ansehen darf, welche oben vor der Erweiterung der Wabe angelegt sind. Die kleine Basis reicht aus, sämtlichen Pyramidenböden der ganzen Wabe ihre Richtung zu geben; obgleich aber die übrigen Zellen der oberen Reihe auf- oder seitwärts angelegt werden, haben sie doch beinahe dieselbe Form wie die ursprünglichen, sind aus vertikalen Blättchen mit oder ohne Rauten, je nach der Seite, auf der sie liegen, zusammengesetzt. Sie passen sich also gleichfalls der Form der Zellen mit Pyramidenböden und der Stockdecke an, doch nimmt man an ihnen mehr Unregelmäßigkeit und Unordnung wahr als an den ursprünglichen Zellen, obgleich die Festigkeit und die allgemeine Ordnung nicht darunter leidet.

Es verhält sich damit ebenso, wenn die Seitenränder ihrer Wabe an der vertikalen Wand ankommen, die Bienen richten perpendikulär gegen diese Oberfläche die Böden der letzteren Zellen, so dass sie denen der ersten Reihe ähnlich werden, mit dem einzigen Unterschiede, dass sie horizontal statt vertikal liegen, und wenn die Wand ein Glas ist, so sieht man die Basis all dieser Zellen ein Zickzack in ihrer Mitte bilden, wie die der ersten Zellen.

Die Bienen arbeiten gleichzeitig in alle Richtungen.
Die Bienen führen also ihre Arbeit nach allen Richtungen, und ihr Verfahren ist in allen Fällen dasselbe; man würde jedoch den kleinen Block, von dem die Rede gewesen ist, nicht wiedererkennen, wenn wir nicht darauf

aufmerksam machten, dass er in dieser Zeit die Form eines schmalen Bandes annimmt, das den ganzen Umkreis der Wabe umzieht. In diesem Rande bauen die Bienen neue Zellen und setzen an ihm ihre Wachsblättchen ab; seine Breite beträgt 2-3 Linien und besteht dem Anscheine nach aus einem weit festeren Stoffe als der übrige Teil der Wabe. Die Bienen arbeiten gleichzeitig an allen Teilen dieses Bandes, wenn sie Wachs genug haben.

Man muss übrigens bemerken, dass, wenn ihr Werk nach allen Seiten fortschreitet, es doch nicht in gleichem Verhältnisse geschieht. Abwärts bauen die Bienen viel rascher als nach der Seite, und am langsamsten aufwärts. Daher kommt die Ellipse oder die Linsenform, welche ihre Wabe in der Zeit ihrer Vergrößerung annimmt, daher auch, dass sie länger als breit, am unteren Ende spitzer, nach oben schmäler ist, als gegen die Mitte. Die Form der Waben ist also ziemlich regelmäßig, ihr Umriss zeigt gewöhnlich keine Unebenheit, es findet sich sogar eine auffällige Übereinstimmung in der Verlängerung aller Zellen. Wir haben oben angegeben, dass die Länge dieser Prismen sich nach ihrem Alter richte; bei sorgfältigerer Beobachtung haben wir uns indes überzeugt, dass sie bei neuen Waben immer im Verhältnisse zur Entfernung vom Rande stehen. So sind die ersten Zellenreihen nicht die tiefsten, sie sind lange nicht so tief als die in der Mitte der Wabe. Gewinnt aber die Wabe ein gewisses Gewicht, so beeilen sich die Bienen, diese Zellen, die zur Festigkeit des Ganzen so wesentlich beitragen, zu verlängern, und geben ihnen mitunter eine größere Länge als den nachfolgenden Zellen.

Die Zellen sind geneigt.
Die Zellen sind nicht vollkommen horizontal, sie sind fast immer gegen ihre Öffnung etwas höher, als gegen

ihren Boden; daran kann man also die natürliche Richtung einer abgetrennten Wabe wiedererkennen. Es folgt daraus, dass die Achse dieser Prismen nicht perpendikulär der Wand zugerichtet ist, welche die beiden Seiten der Waben scheidet. Es ist das eine Regel, die bisher noch nicht festgestellt war, und welche jede Hoffnung abschneidet, die Form der Zellen geometrisch berechnen zu können, da sie mehr oder weniger auf ihrer Basis geneigt sind und von der Horizontale mitunter um mehr als um 20, gewöhnlich aber um 4 oder 5° abweichen.

Wie groß indes ihre Unregelmäßigkeiten sein mögen, so sind sie doch weniger auffällig als die der Böden, und oft bewahren die Zellen da, wo jene unregelmäßig sind, eine sechseckige Form, wie wir gleich nachweisen werden.

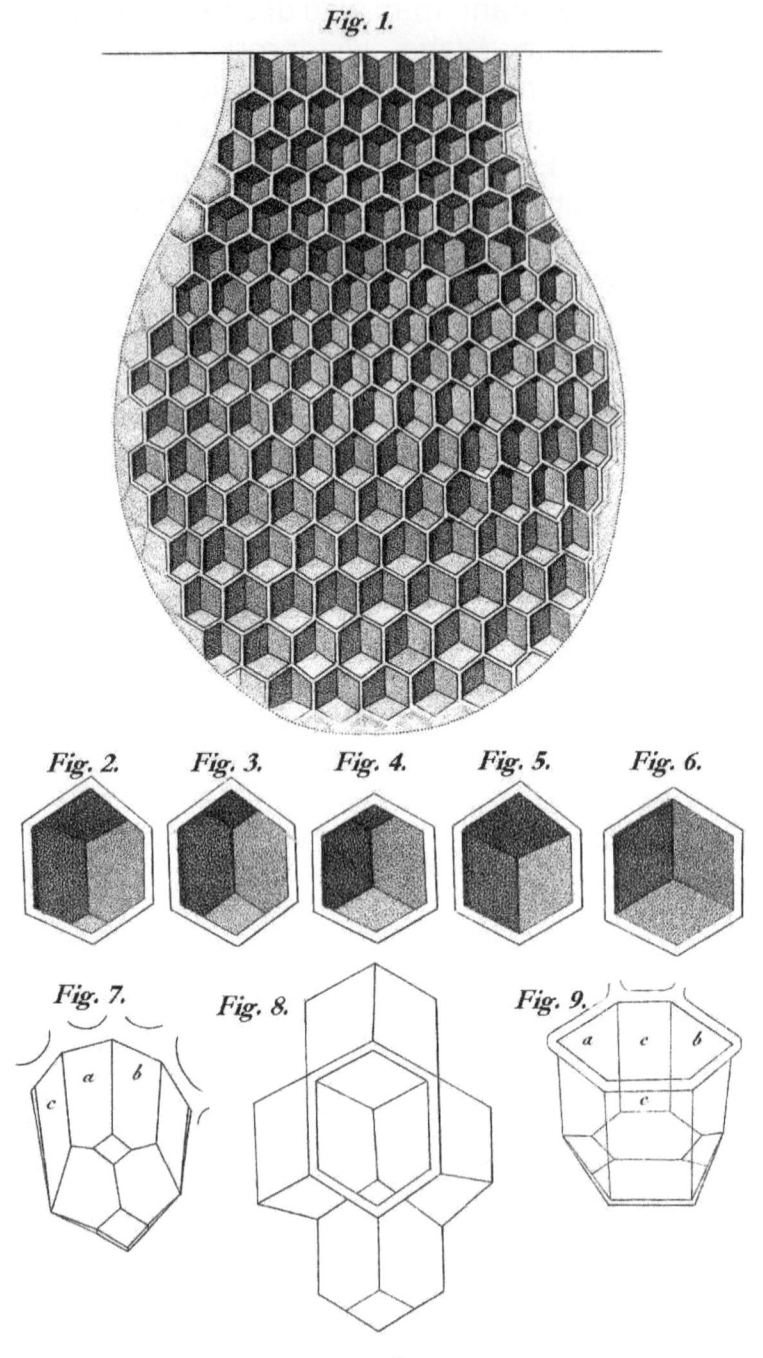

Band 2 Tafel X—Übergangszellen.

Symmetrie besteht in der Gesamtheit, nicht in den Einzelheiten.

Im Allgemeinen streben die Bienen nach Symmetrie, weniger vielleicht in geringfügigen Einzelheiten, als in der Gesamtheit ihrer Operationen. Es kommt aber vor, dass die Waben mitunter eine seltsame Form annehmen; folgte man indes ihrer Arbeit in alle ihre Einzelheiten, so würde man fast immer den Grund dieser Unregelmäßigkeiten nachweisen können. So müssen sich die Bienen nach der Örtlichkeit richten; eine Unregelmäßigkeit bedingt aber eine andere, und für gewöhnlich haben sie ihren Ursprung in den Einrichtungen, die wir ihnen aufbürden. Auch die Ungleichmäßigkeit der Temperatur, welche öftere Unterbrechungen in den Arbeiten der bauenden Bienen veranlasst, tut der Ebenmäßigkeit der Waben Abbruch, denn wir haben immer bemerkt, dass eine wieder aufgenommene Arbeit weniger Vollendung zeigte als eine ununterbrochene.

Es ist uns wohl begegnet, dass wir den Trägern, die zum Anbau der Waben bestimmt waren, zu wenig Zwischenraum und eben dadurch der Arbeit der Bienen eine besondere Richtung gaben. Sie scheinen die Ungenauigkeit der Entfernungen nicht von vornherein zu bemerken und vertrauten den zu nahe gerückten Leisten die Grundlage ihrer Waben an; bald aber schienen sie sich ihres Irrtums bewusst zu werden, und indem sie allmählich die Richtung ihres Werkes änderten, gewannen sie die üblichen Entfernungen wieder, was aber ihrer Wabe eine mehr oder weniger gekrümmte Form verlieh. Neue Waben, welche der Mitte der ersten gegenüber angefangen waren, mussten notwendig dieselbe Unregelmäßigkeit annehmen, die sich auf alle übrigen übertragen musste. Doch suchen die Bienen sie so viel wie möglich zur regelmäßigen Form zurückzuführen; oft ist eine Wabe nur oben ausgeschweift, dieser Fehler wird etwas weiter unten wieder ausgeglichen, so dass sich die Oberfläche im unteren Teile wieder regelrecht ausweist.

Wir sind von noch anderen Umständen Augenzeugen gewesen, unter denen ihre Liebe zur Symmetrie noch augenfälliger hervortrat. Infolge von vorgängigen Unregelmäßigkeiten legten die Bienen eines unserer Stöcke, statt wie gewöhnlich einen einzigen Block in der Mitte der Leiste aufzuführen, deren zwei an, den einen vor dem Teile der Wabe, der am weitesten vorgerückt war, und den anderen demjenigen Teile gegenüber, der noch am weitesten zurück war. Die beiden kleinen Waben, die daraus entsprangen, konnten, weil die eine nach Maßgabe der unregelmäßigen Oberfläche der letzten Wabe, mit der sie korrespondierte, weiter gediehen war als die andere, sich weder mit ihren Rändern erreichen, noch sich, ohne sich gegenseitig zu hindern, erweitern. Die Bienen fassten einen Entschluss, der eine klar bewusste Absicht verriet; sie verkürzten die Ränder dieser beiden kleinen Waben und führten sie mit ihrer scharfen Kante so genau zusammen, dass sie dieselben gemeinschaftlich weiterbauen konnten. Diese Stellung war im oberen Teile freilich sehr gezwungen, in dem Maße aber, wie die beiden Waben sich verlängerten, verschmolz ihre Fläche immer mehr und stellte nur noch eine vollkommen gleichförmige Oberfläche dar.

Noch ein anderes Werk haben wir gesehen, welches in seiner Gesamtheit außerordentlich regelmäßig, obgleich von ganz besonderer Form war. Die Bienen hatten ihre Wabe am unteren Rande eines vertikal gerichteten Glasstreifens angefangen; sie wurde auf einer Basis von vier bis fünf Zellenbreiten mehrere Zoll lang gebaut, ohne einen anderen Stützpunkt als das Wachs, welches sich unter der scharfen Kante des Glases befand; als aber ihr Gewicht immer beträchtlicher wurde, bauten die Bienen aufwärts auf einer der vertikalen Seiten dieses

Glasstreifens mehrere Zellenreihen, und diese Zellen, welche mit denen der Waben in allen Punkten zusammenhingen, sicherten deren Festigkeit. Man hätte sie für die Fortsetzung der Wabe halten können, so regelmäßig waren ihre Ränder, ihre Wände aber waren auf dem Glase selbst, welches ihnen als Boden diente, befestigt; die Bienen ließen sich an diesen fünf Zellenreihen auf dem Glase genügen und suchten dann, vielleicht um ihrem Werke mehr Festigkeit zu geben, dasselbe an einer Holzleiste oberhalb desselben Glasstreifens zu befestigen, zu welchem Ende sie ihre Arbeit bis dahin fortführen mussten. Sie errichteten aber nur zwei aufsteigende Äste, den einen rechts, den anderen links von den Zellen mit flachen Böden (Taf. IX, Fig. 1), und diese teilten sich, an ihrem Bestimmungsort angekommen, in zwei ein Y bildende Arme, die sich längs der Verbindung der Leiste mit dem Glase hinzogen.

Als die Wabe unten eine gewisse Ausdehnung erlangt hatte, wollten die Bienen sie nach oben bis an die Leiste verlängern; sie machten zu dem Ende ein Mittel ausfindig, um die Richtung ihres Randes zu verändern und sie hinter den Glasstreifen zu bringen, dem sie nicht folgen wollten; sie entfernten sich davon genug, um ihren Zellen die angemessene Tiefe geben zu können; und als sie dies Ziel erreicht hatten, gaben sie ihrem Bauwerke eine dem Glasstreifen parallele Richtung. Die Wabe wurde bis zum First des Stockes erhoben, und füllte schließlich den ganzen Raum aus, den sie einnehmen konnte, bis auf den Zwischenraum, der zwischen den Zellen mit flachen Böden und den beiden aufsteigenden Ästen vorhanden war, und obgleich sie von keiner gewöhnlichen Form war, besaß sie doch vollkommenes Ebenmaß. Die Bänder, die zu ihrer Befestigung angebracht waren, standen gleich weit vom Mittelpunkt ab und waren völlig gleich; es fand sich zur Rechten keine Zelle mehr als zur Linken und die

Ausbauchung ihrer Seitenränder vermehrte sich gleichförmig in allen Teilen.

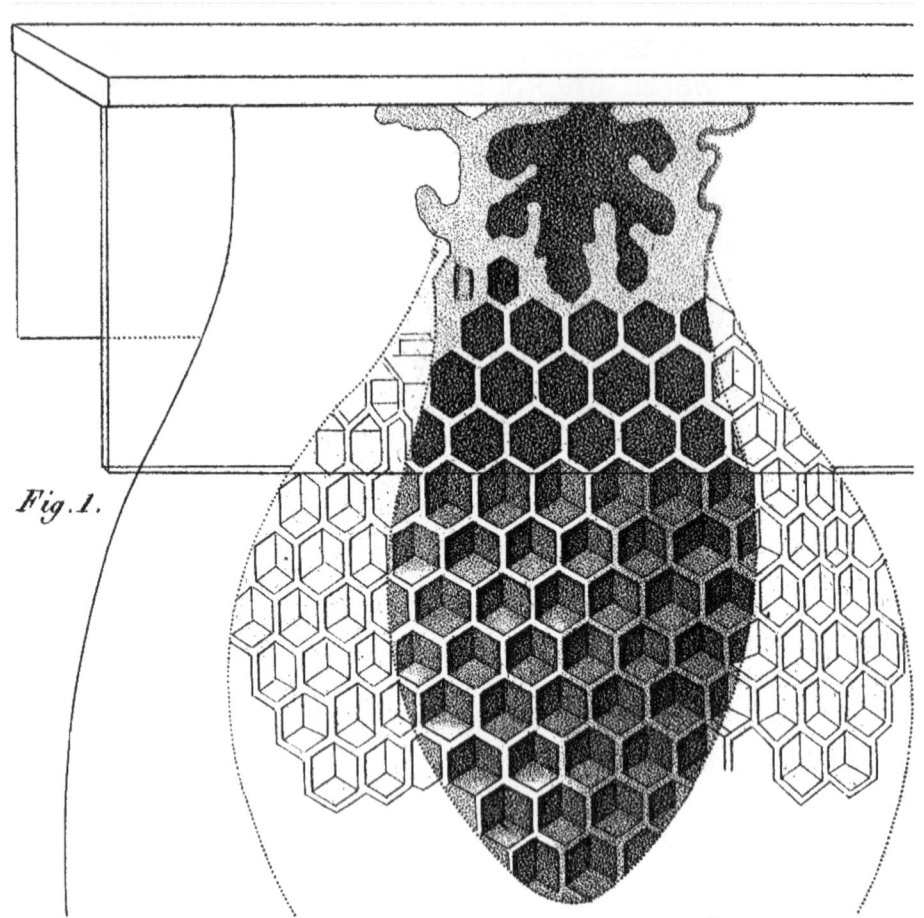

Fig. 1.

Band 2 Tafel IX Fig. 1.—*Zwei aufsteigende Äste, rechts und links von den Zellen mit flachem Boden auf dem Glas.*

Unregelmäßigkeiten beim Bau der Drohnenwaben.

Nach diesen verschiedenen Zügen kann man über den Geist der Übereinstimmung urteilen, der unter den Bienen herrscht. Es bleibt uns jetzt noch übrig, die Unregelmäßigkeiten im einzelnen nachzuweisen, die man an den Drohnenwaben wahrnimmt.

Wir bemerkten im vorhergehenden Kapitel, dass die Drohnenzellen von mehreren Reihen Zellen von mittlerer Größe umgeben seien.

Eine Wabe wird fast nie mit Drohnenzellen begonnen, die ersten Reihen bestehen aus kleinen sehr regelmäßigen Zellen, bald hören aber die Öffnungen auf, untereinander vollkommen übereinzustimmen, und die Böden sind weniger symmetrisch. Nun würde es aber unmöglich sein, dass die Bienen ungleiche und unvollkommen regelmäßige Zellen aneinanderreihten; man sieht deshalb öfters zwischen diesen Zellen kleine Wachsballen, welche die Zwischenräume ausfüllen. Indem die Bienen ihren Wänden eine größere Dicke und ihren Umrissen eine mehr runde Form geben, gelingt es ihnen mitunter, Zellen von ganz verschiedenem Durchmesser aneinanderzureihen; denn sie haben mehr als eine Art, die Ungleichheiten ihrer Zellen auszugleichen.

Die Böden verraten ausgeprägte Unregelmäßigkeiten.
Wenn die Öffnungen fast überall sechseckige Umrisse mit leichten Abweichungen zeigen, so verraten die Böden weit stärker ausgeprägte Unregelmäßigkeiten, welche in ihrer regelmäßigen Wiederkehr einen entschiedenen Plan andeuten und die fortschreitende Vergrößerung der Zellen erklären.

Betrachtet man die Wabe, von ihrem Ursprunge ausgehend und senkrecht in der Mittellinie abwärts steigend, so sieht man, dass die an diese Vertikale angrenzenden Zellen mit geringer Veränderung in ihrer Form sich vergrößern; aber die Böden der anstoßenden Zellen sind nicht mehr aus drei gleichen Rhomben zusammengesetzt, jede derselben korrespondiert statt mit drei anderen, mit vier Zellen der gegenüberliegenden Seite, und doch sind ihre Öffnungen nichtsdestoweniger sechseckig, obgleich ihr Boden aus vier Stücken zusammengesetzt ist, von denen zwei sechseckig, zwei rautenförmig sind (Taf. X, Fig. 1). Die Größe und Form dieser Stücke wechseln; diese Zellen, die etwa um ein Drittel größer als die gegenüberliegenden Zellen sind, umschließen mit ihrem Umrisse einen Teil des Bodens einer vierten Zelle. Unterhalb der letzten regelmäßigen Pyramidenböden finden sich Zellen, deren vierseitige Böden drei sehr große und ein sehr kleines Stück haben, und dieses ist ein Rhombus.

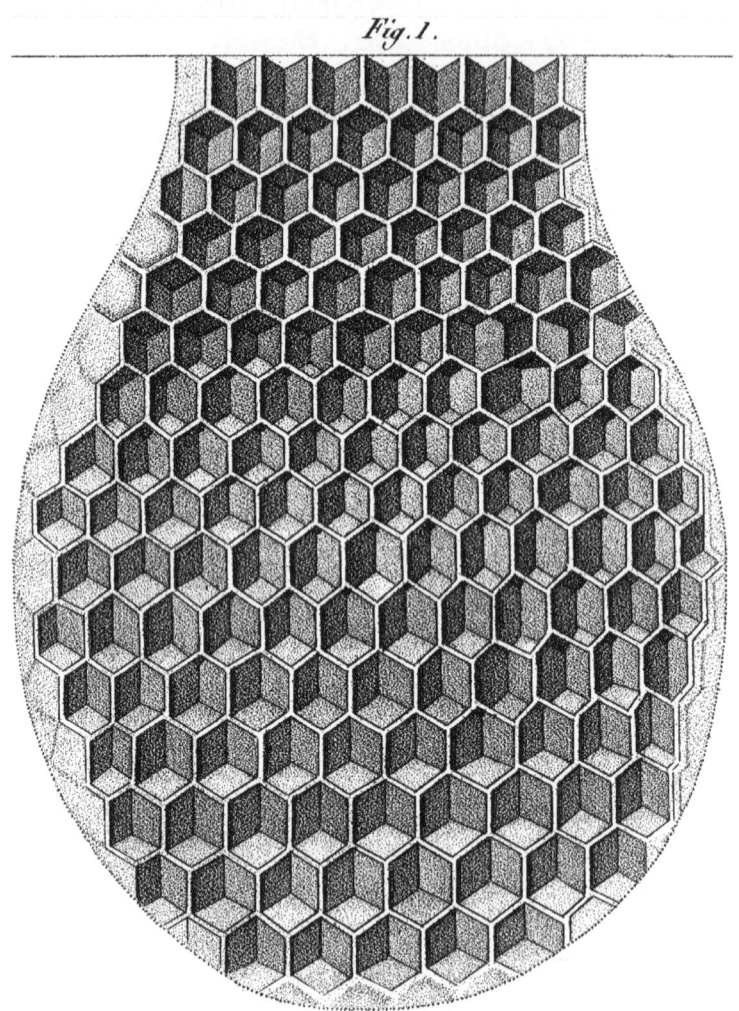

Band 2 Tafel X Fig 1—Übergangswabe.

Die beiden Rhomben der Übergangszellen sind durch einen großen Zwischenraum geschieden, die beiden sechseckigen Stücke stoßen aneinander und sind vollkommen gleich (Taf. X, Fig. 2 und 4). Eine Zelle tiefer sind die beiden Rhomben des Bodens nicht mehr so ungleich; der Umriss der Zelle hat schon einen größeren Teil der vierten gegenüberliegenden Zelle umfasst; darauf wird man Zellen in ziemlich großer Menge antreffen, deren Boden aus vier ganz regelmäßigen Stücken besteht, nämlich aus zwei verlängerten Sechsecken und zwei gleichen Rhomben, die aber kleiner als bei den Pyramidenböden sind (Taf. X, Fig. 3). So wie man sich von den Zellen mit regelmäßigen vierflächigen Böden entfernt, gleichviel ob abwärts, rechts oder links, sieht man die Zellen sich der gewöhnlichen Form wieder nähern, d.h. den einen Rhombus sich verkürzen; zuletzt verschwindet derselbe gänzlich, und die pyramidale Form tritt wieder auf, aber größer als in den Zellen der oberen Wabe, und wird in einer größeren Anzahl von Zellenreihen beibehalten; dann verengen sich die Zellen von neuem, und man stößt abermals auf die vierflächigen Böden, bis die Zellen den Durchmesser der Arbeiterzellen wieder erreicht haben.

502   Zusätze zu den Kapiteln über den Wachsbau

Fig. 2.

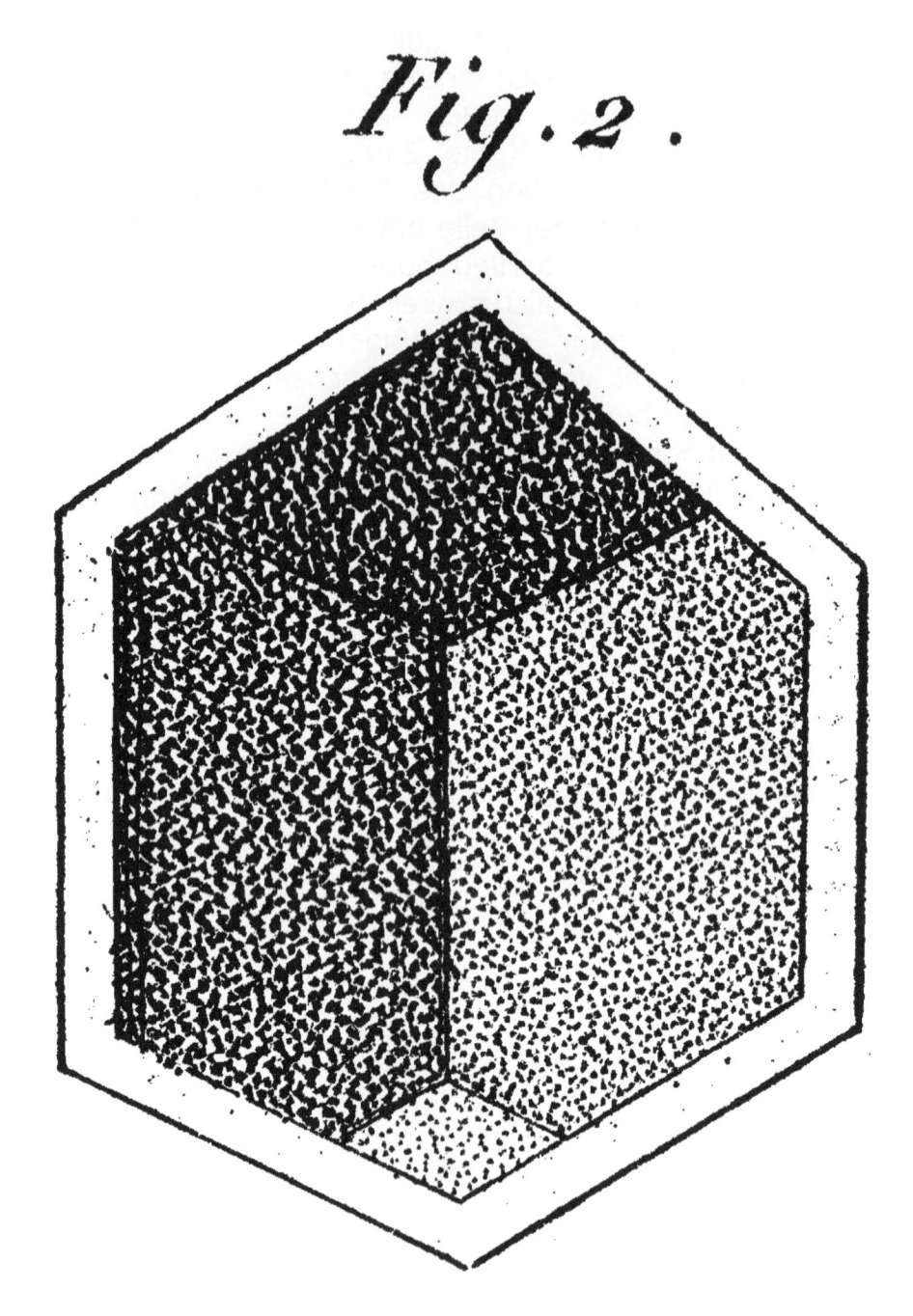

Band 2 Tafel X Fig 2—Zelle mit zwei Rhomben.

Hubers Beobachtungen an den Bienen, II   503

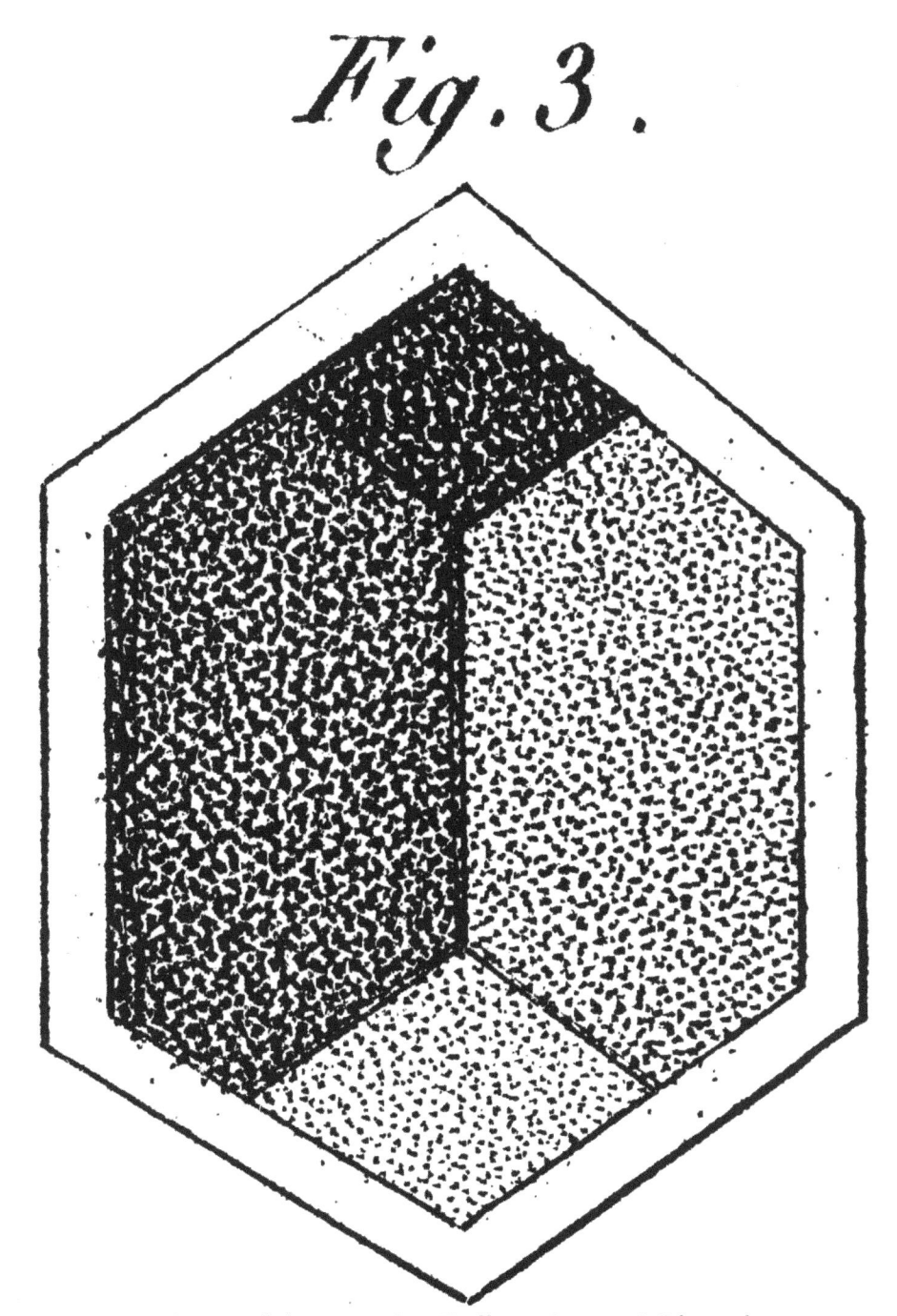

Band 2 Tafel X Fig 3—Zelle mit zwei Rhomben.

Fig. 4.

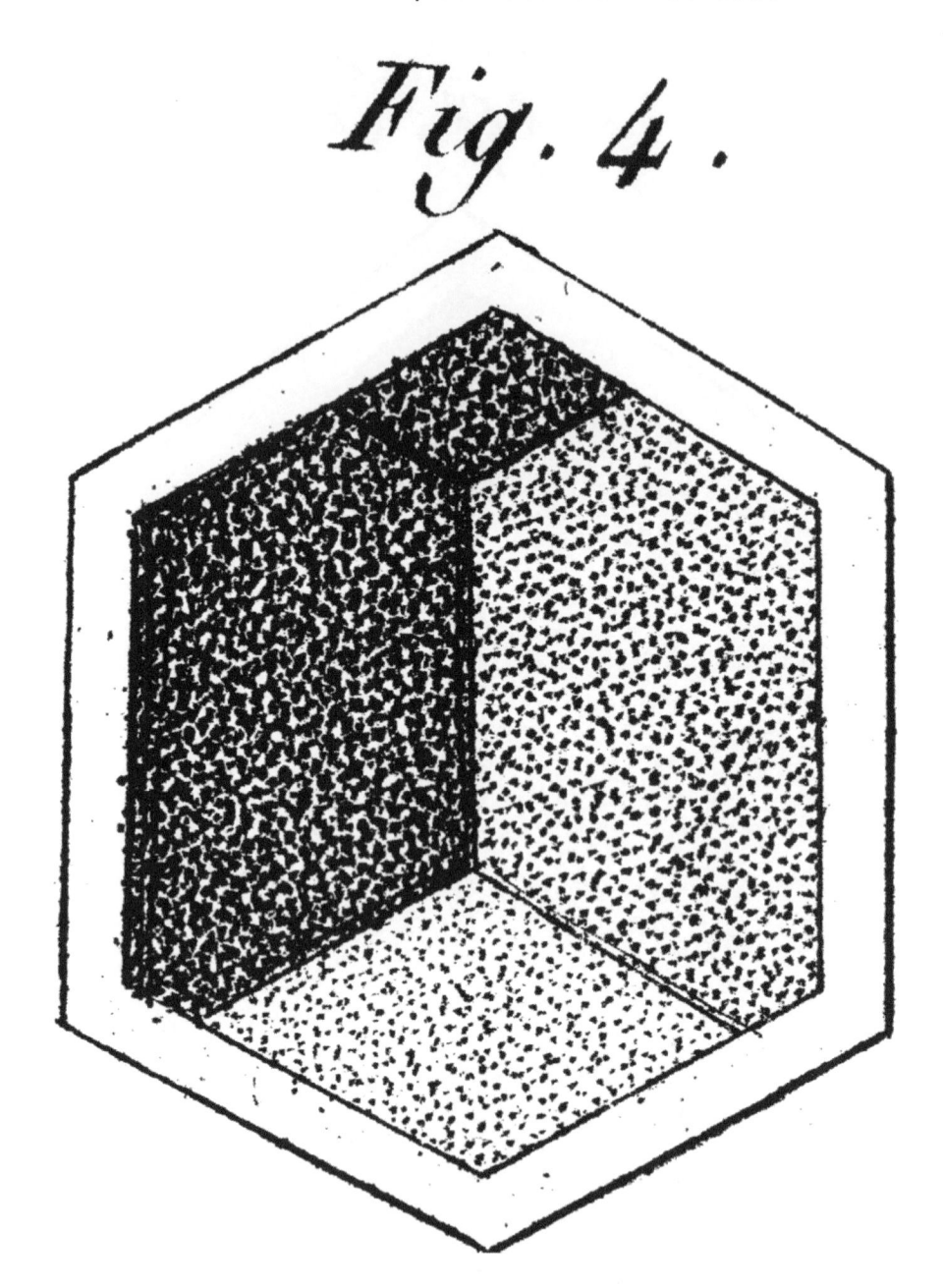

Band 2 Tafel X Fig 4—Zelle mit zwei Rhomben (Umkehrung von Fig 2).

Dadurch also, dass die Bienen um ein Geringes über die Zellen der anderen Seite hinausschreiten, bringen sie es zustande, ihren Zellen größere Dimensionen zu geben, und da die Stufenfolge der Übergangszellen auf beiden Wabenseiten gegenseitig ist, so folgt daraus, dass beiderseits jeder sechseckige Umriss mit vier Zellen korrespondiert.

Sobald die Bienen an irgendwelche Stufen dieser Fortschreitung angelangt sind, können sie dabei stehenbleiben und sie für mehrere folgende Reihen beibehalten. Am längsten scheinen sie an der Mittelstufe zu haften, und dann findet man eine große Anzahl von Zellen, deren vierseitige Böden vollkommen regelmäßig sind, und würden sie also die ganze Wabe nach diesem Plane fortbauen können, wenn es nicht eben in ihrer Absicht läge, zu der Pyramidenform, von der sie ausgegangen sind, zurückzukehren. Wenn die Bienen den Durchmesser ihrer Zellen vermindern, gehen sie in umgekehrter Richtung wieder durch dieselben Abstufungen hindurch.

Um von den Veränderungen, welche die Zellen erleiden können, eine Vorstellung zu gewinnen, muss man einen beweglichen sechseckigen Umriss über andere gleichgestaltete, aber etwas kleinere und ebenso wie die der Bienen geordnete Umrisse fortziehen.

Mit vierflächigen vollkommen gleichen Umrissen würde man dieselbe Ordnung erreichen können, wenn man sie ebenso stellte; damit aber die Bienen dazu gelangen und zu den Zellen mit Pyramidenböden zurückkehren könnten, müsste der Durchmesser der korrespondierenden Übergangszellen auf der einen Wabenseite etwas größer als auf der anderen sein, und zwar wechselweise.

Hinsichtlich der Art und Weise, wie die Bienen dieselben herstellen, begreift man leicht, dass sie nur die vertikalen Rippen ihrer Zellen weit genug auszuziehen brauchen, damit sie die Mitte der gegenüberliegenden Zellen um ein weniges überragen, dann das Sechseck bilden usw. Die geneigten unteren Rippen werden dann von selbst die Rippen der anderen Seite kreuzen und einen kleinen überzähligen Rhombus hervorrufen. Die Bienen werden die zwischen den Rippen der beiden Seiten eingeschlossenen Räume ebnen, und dann wird der Zellenboden statt 3, 4 Stücke enthalten. Die Form dieser Stücke wird wechseln, je nachdem die Berührungspunkte der entgegengesetzten Rippen denen der gewöhnlichen Zellen mehr oder weniger entsprechen. Die Neigung der vierflächigen Böden genau zu messen, wird es sehr schwierig sein; sie scheinen mir aber nicht so tief zu sein wie die Pyramidenböden. Das ist auch naturgemäß, denn da die beiden Rhomben kleiner sind, so wird die Mittellinie, welche den Boden der Zellen bildet, und von deren Enden ausgeht, weniger gesenkt, die Zelle folglich weniger tief sein.

Im Allgemeinen scheint mir die Form der sechssäuligen Zellen von wesentlicherer Bedeutung als die ihrer Böden zu sein, denn wir sehen Zellen mit mehr oder weniger regelmäßigen vierflächigen Böden deren Rohre sechseckige waren, und auf Glas oder Holz gebaute Zellen, die gar keinen Wachsboden, doch aber sechs Wände hatten. Die Beobachtungen, mit dem Vorstehenden verbunden, zeigen, dass die Form der Stücke, welche den Zellenboden bilden, von der Weise abhängig ist, in welcher derselbe durch die Umrisse der Zellen beider Seiten durchschnitten wird, d.h. von der

Hubers Beobachtungen an den Bienen, II 507

Richtung der Rippen, auf denen die Zellenwände ausgeführt sind.

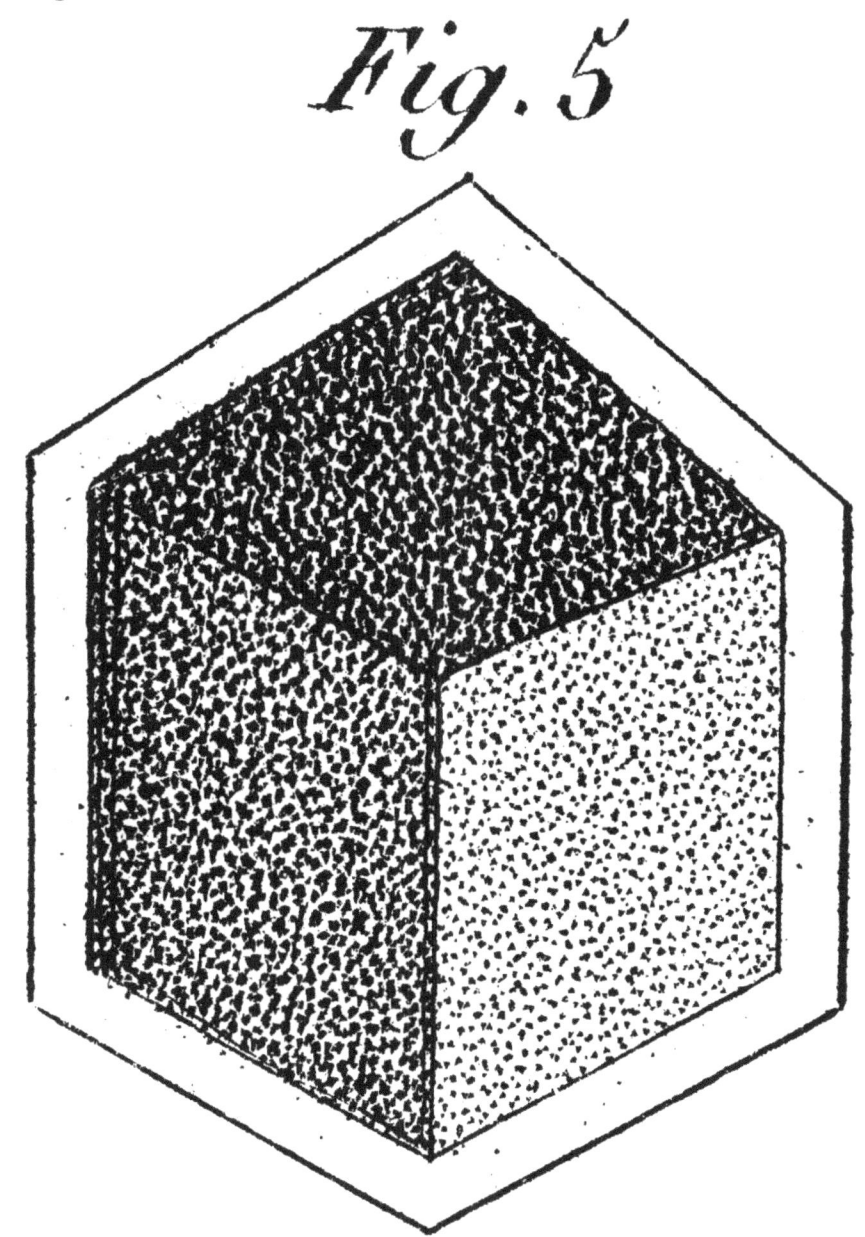

Fig. 5

Band 2 Tafel X Fig 5—Pyramidenböden durch Zellen mit vierflächigen Böden getrennt.

508 Zusätze zu den Kapiteln über den Wachsbau

Fig. 6.

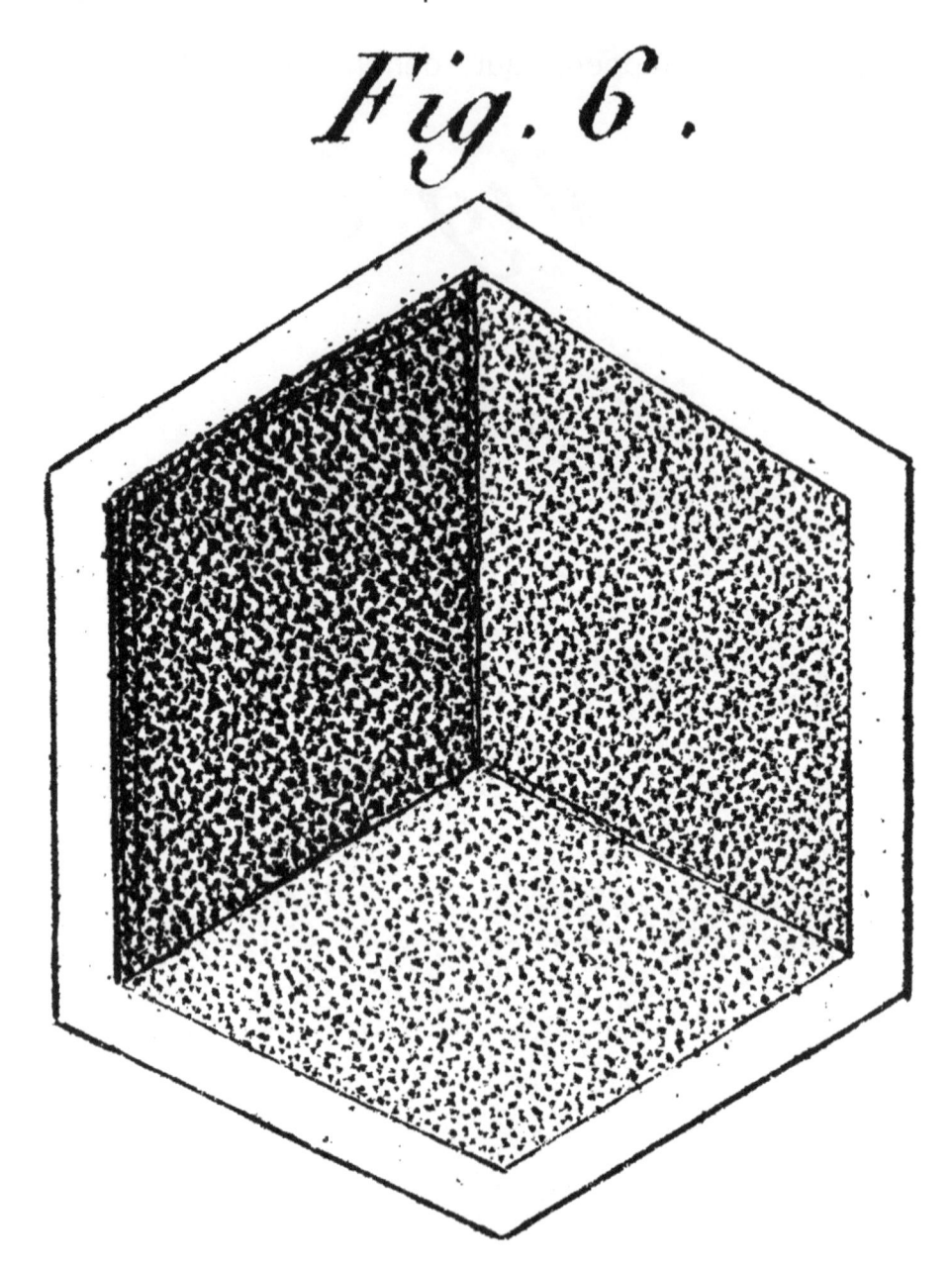

Band 2 Tafel X Fig 6— Pyramidenböden durch Zellen mit vierflächigen Böden getrennt.

Hubers Beobachtungen an den Bienen, II 509

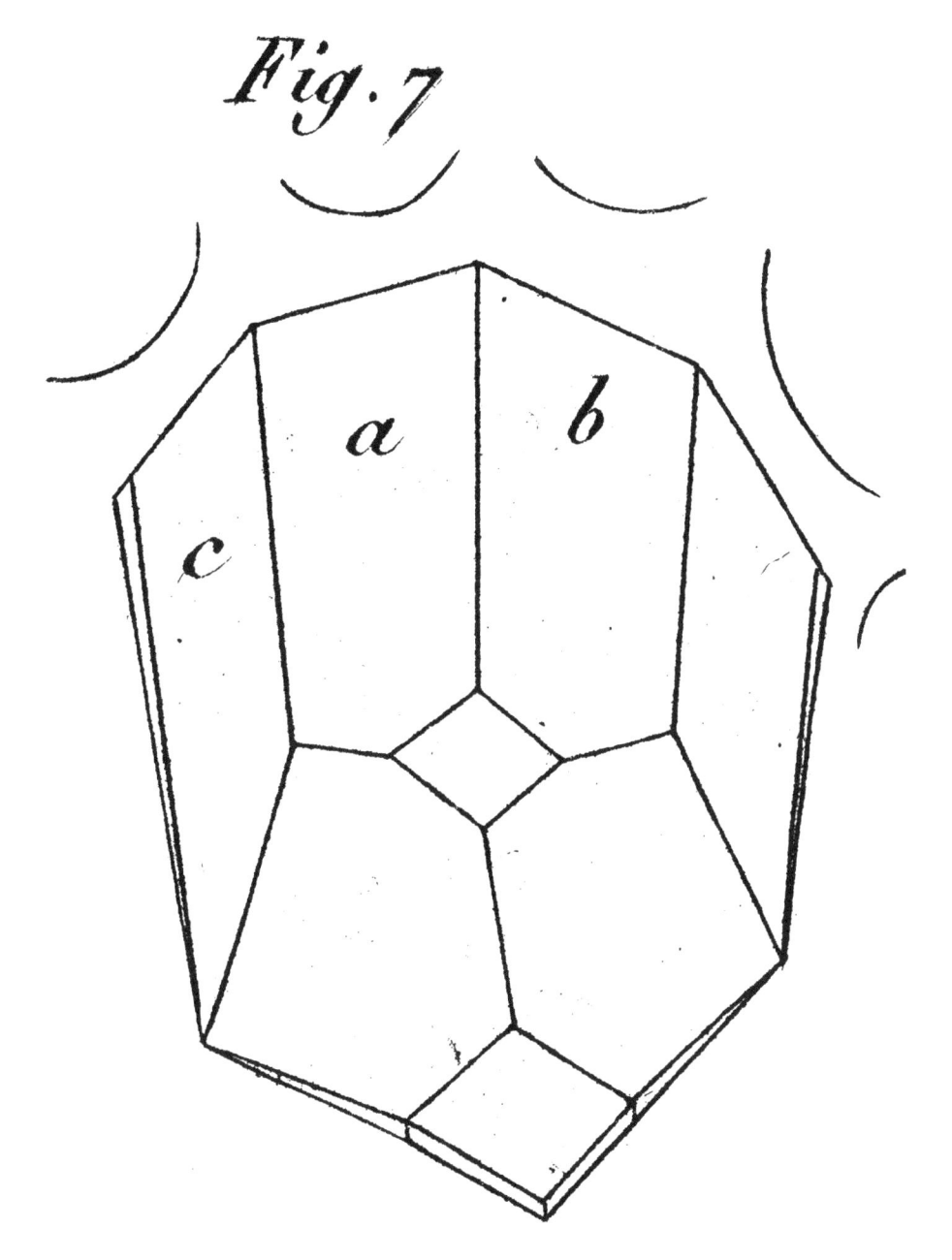

Band 2 Tafel X Fig 7—An die Seiten angepasste abgeschrägte Böden.

510　Zusätze zu den Kapiteln über den Wachsbau

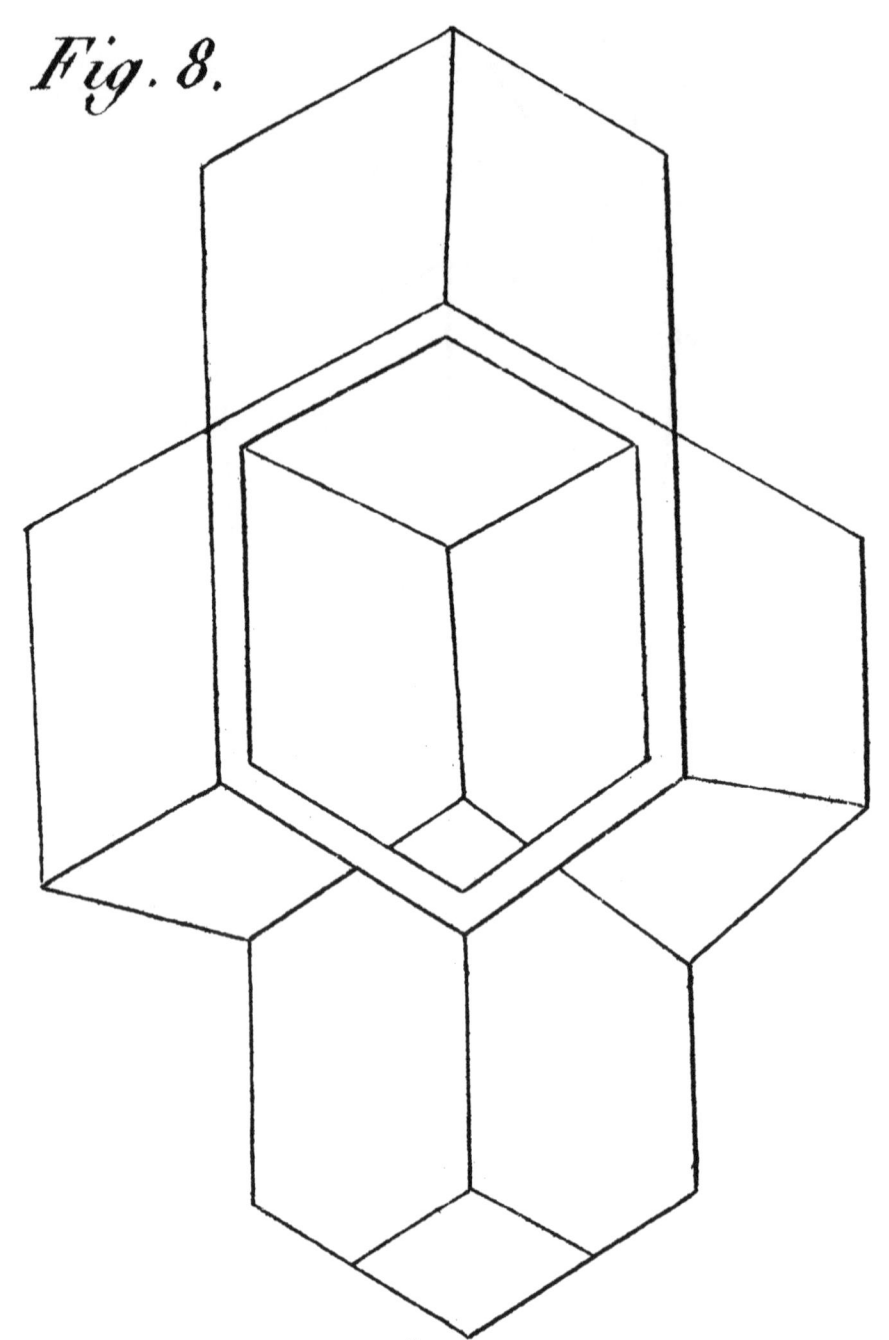

Fig. 8.

Band 2 Tafel X Fig 8—Übergang und andere Seite.

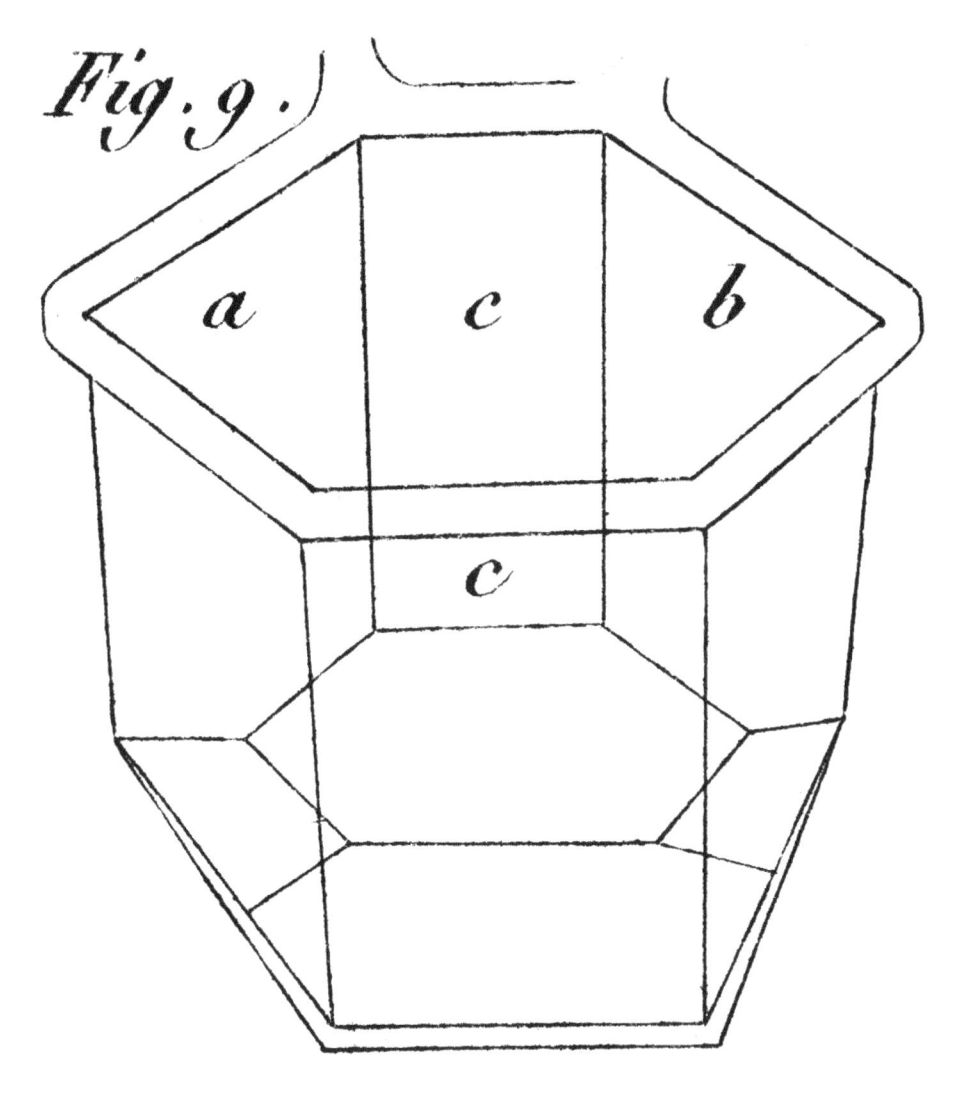

Band 2 Tafel X Fig 9—Durchsicht einer Übergangszelle.

Die Form der Wände derjenigen Zellen, welche einen vierflächigen Boden haben, wechselt nach den Seiten, zu denen sie gehören. Diejenigen, welche einer Rautenseite und einem Teil eines sechseckigen Stückes anliegen, sind unten abgeschrägt (Taf. X, Fig. 7 und 9, ab), während die beiden einer großen Seite des Sechsecks anliegenden Wände rechtwinkelige Parallelogramme (Fig. 9,c) bilden.

Beachten Sie: **Die Pyramidenböden, welche durch Zellen mit vierflächigen Böden getrennt sind, haben, wie aus Vorstehendem folgt, ihre Rauten nicht in derselben Lage (Taf. X, Fig. 5 und 6).**

Diese Beobachtungen zeigen uns, wie nachgiebig der Instinkt der Bienen ist, wie willig er sich in die Örtlichkeit, die Umstände und die Bedürfnisse des Volkes fügt. Gibt es in den Verrichtungen der Bienen, wie in der Lebensweise der Tiere überhaupt eine Nötigung, wie es wahrscheinlich ist, weil bei allen Bienen derselben Art sich die gleichen Erscheinungen wiederholen können, so muss diese Nötigung sich auf wenige Punkte oder wesentliche Grundlagen beschränken, während alle übrigen den Umständen untergeordnet sind.

Das Verfahren der Bienen hängt von ihrer Urteilskraft ab.

Die Grenzen ihres Kunstfleißes sind offenbar weniger eingeengt als man bisher angenommen hat, und man wird uns, wie ich hoffe, zugeben, dass das Verfahren der Bienen in gewisser Beziehung auch von dem abhängig ist, was man ihre Urteilskraft nennen könnte, eine Urteilskraft, die freilich wohl mehr vom Gefühle als von wirklicher Schlussfolgerung abhängig ist, deren Feinheit aber mehr der Wirkung einer freien Wahl als der Gewohnheit oder eines vom Tierwillen unabhängigen Mechanismus gleicht.

Kapitel VI: Von der Vollendung des Zellenbaus

Es gibt gewisse Tatsachen, welche auf uns nicht mehr den Eindruck der Neuheit machen; wir sehen sie, ohne sie weiter zu betrachten, ohne uns um die Ursachen, denen sie ihr Dasein verdanken, oder um den Zweck, für welchen sie bestimmt sind, zu kümmern. Aber können wir ahnen, was unsere Neugierde reizen wird? Gibt es in dem Auge eines Naturforschers überhaupt etwas Gleichgültiges? Hält er sich nur von dieser aus der Gewöhnung entspringenden Unachtsamkeit und von dem Irrwahne, dass alles Beobachtenswerte die Aufmerksamkeit der Beobachter bereits auf sich gezogen hat, frei, so findet er bald überall Anziehendes genug, wo er es am wenigsten erwartet hatte.

Es ist mir öfters im Laufe dieser Untersuchungen begegnet, dass ich am Ziele meiner Arbeiten angekommen zu sein glaubte; ich fand keine Frage mehr zu lösen, keine Zweifel mehr aufzuhellen, aber bald fiel die Binde, womit meine Augen geschlossen waren, von selbst herab. Dann fiel mir irgend eine einfache Tatsache auf, die ich bislang täglich, ohne mir etwas dabei zu denken, gesehen hatte, und legte mir die Frage vor, warum sie mir weniger anziehend erschienen sei als andere Besonderheiten, denen ich so viele Zeit gewidmet hatte. Damit eröffnete sich mir ein neues Feld, und ich sah mich bald auf einem Wege, von dessen Vorhandensein ich nicht mal eine Ahnung gehabt hatte.

Als verschiedene Apparate und das Studium der Wabenbildung und der Abweichungen des Zellenbaus der Bienen möglich gemacht hatten, glaubten wir, das weitere Untersuchungen über diesen Gegenstand unnütz sein würden; aber wir täuschten uns. Die Bienenwaben sind noch nicht fertig, wenn die Böden und Wände der Zellen ausgeführt sind.

Waben sind nicht fertig, wenn die Form ausgeführt ist.

Anfänglich hat das Material zu den Zellen ein anderes weiß, ist durchscheinend, weich, glatt, ohne biegsam zu sein. In wenigen Tagen verliert es aber die meisten dieser Eigenschaften, oder vielmehr es nimmt neue an; eine geringere oder stärkere gelbe Färbung zieht sich über die ganze innere Oberfläche der Zellen, ihre Ränder sind dicker, als sie es ursprünglich waren, weniger unregelmäßig in ihren Umrissen, und wenn sie sonst nicht dem leisesten Drucke Widerstand leisten konnten, besitzen sie jetzt eine Festigkeit, der sie gar nicht fähig zu sein schienen.

Wir haben die Bemerkung gemacht, das fertige Waben bei gleichem Umfange schwerer wogen als noch nicht fertige; letztere zerbröckelten bei der leisesten Berührung, fertige Waben dagegen bogen sich eher, als dass sie zerbrachen; ihre Mündungen hatten etwas Klebriges, die weißen Zellen schmolzen im Wasser bei geringerer Temperatur als erforderlich war, um gefärbte Zellen zum Schmelzen zu bringen. All diese Wahrnehmungen deuteten auf eine merkliche Verschiedenheit in der Zusammensetzung der Waben hin, und es schien uns gewiss, dass die nicht neuen einen dem Wachse fremdartigen Stoff enthielten.

Waben sind mit Propolis überzogen, was ihnen Festigkeit verleiht.

Indem wir die Mündungen der gelben Zellen untersuchten, fanden wir, dass ihre Umrisse mit einem rötlichen, fettigen und wohlriechenden Firnis überzogen waren, und glaubten, an diesen Eigenschaften das Harz wiederzufinden, welches unter dem Namen Propolis bekannt ist. Ferner nahmen wir wahr, dass die Bienen sich nicht darauf beschränkt hatten, bloß die Zellenwände mit einer zähen, farbigen Masse zu überziehen, sondern dass sich mitunter sogar rötliche Fädchen in ihrem Inneren fanden, und diese um alle ihre Wände, Rhomben und Trapezen gezogen waren. Diese Verkittung, die an den Berührungspunkten verschiedener Stücke und an der Spitze der durch ihr Zusammentreten gebildeten Winkel angewendet war, schien zur Festigkeit der Zellen beitragen zu müssen. Mitunter fanden wir auch einen oder zwei rötliche Kreise um die Achse der längsten Zellen gezogen. Wenn die Bienen sich kein Wachs verschaffen können, müssen sie ihre Arbeit unterbrechen, sobald sie aber durch eine reichlichere Ernte den Urstoff zu den Waben wieder herbeischaffen können, nehmen sie ihre Arbeit wieder auf und verlängern die Zellen; vermutlich hatten sie während dieser Unterbrechung den Zellenrand mit Firnis überzogen und bei der Verlängerung blieben die Spuren von dem Stoffe, womit sie überzogen waren, zurück.

Diese Eigentümlichkeit war vermutlich noch keinem Bienenschriftsteller aufgefallen. Es war wohl bekannt, dass die Propolis verwendet wurde, um die Wände des Stockes damit zu überziehen, dass aber dieses Harz zum Bau der Zellen mitverwendet wurde, war unbekannt; diese Tatsache musste festgestellt werden, und ich wollte durch vergleichende Versuche darüber ins Klare kommen, und bediente mich zu dem Ende der gewöhnlichen Reagenzien.

Die von den Wänden des Stoffes entnommene Propolis und die rot geränderten Zellenfragmente wurden der Einwirkung von Alkohol, Äther und Terpentinöl unterworfen und färbten diese Flüssigkeiten goldgelb. Der braune Stoff der Zellen wurde darin völlig abgelöst, selbst bei kaltem Verfahren. Die Zellenöffnungen behielten im Alkohol und Terpentin noch ihre Zellenform und die gelbe Farbe, nachdem sie den Firnis, womit sie überzogen waren, schon verloren hatten. Im Äther verloren sie gleichfalls ihren roten Firnis, bleichten dann und verschwanden, wenn das Wachs aufgelöst war.

Der färbende Stoff der Mündungen wurde über gelindem Feuer weich, dehnbar und konnte in Fäden gezogen werden; die Propolis von den Wänden erfuhr dieselbe Einwirkung. Salpetersäure, bei gelinder Wärme über diese beiden Präparate gegossen, bleichte das gelbe Wachs in wenigen Augenblicken, der Firnis der Zellenränder aber und die reine Propolis erlitten keine Veränderung.

Andere Zellenränder, welche in kochendes Wasser geworfen waren, zeigten eine auffällige Besonderheit; als das Wachs geschmolzen war, blieb der Firnis vereint auf dem von jenem gebildeten Auge, ohne seinen sechseckigen Umriss, dessen Durchmesser nur größer erschien, einzubüßen.

Ätzendes Kali, welches mit dem Wachse eine Art Seife bildet, bleibt ohne Einwirkung auf die Propolis. Wir ließen es auf sehr alten Zellen, welche schon mehreren Larven zur Wiege gedient hatten, reagieren; die Häutchen, womit sie im Inneren ausgekleidet waren, überdeckten den Firnis und das Wachs, dessen Form sie angenommen hatten. Die nächste Wirkung der alkalischen Lauge äußerte sich darin, dass sie eine Verbindung mit dem Wachse einging, die Seidenhäutchen davon trennte, diese dann bleichte und ihnen das Ansehen von Gaze gab; die Form der Zellen behielten sie bei; die rötlichen Fädchen kamen nun auch zum Vorschein, sie waren durch das Auflösungsmittel nicht angegriffen und lagerten auf den äußersten Rippen der Larvenhüllen, wie sie von den Bienen in den aus der Zusammenfügung der verschiedenen Stücke gebildeten Furchen angebracht worden waren. Schließlich lösten sich diese Fädchen auch von den Seidenhüllen, aber selbst ein mehrmonatliches Verbleiben in der Lauge brachte keine Veränderung bei ihnen hervor.

Die gelbe Färbung entsteht nicht durch Propolis oder Wachs.

Aus diesen Versuchen folgt, dass der Stoff, welcher die Zellenränder und die Durchschnittslinien ihrer Wände braunrot färbt, mit der Propolis in der genauesten Verbindung steht; man könnte daraus noch die weitere Folgerung ziehen, dass die gelbe Färbung der Zellen nicht derselben Ursache zuzuschreiben ist wie der Firnis, welcher die Verbindungen ihrer verschiedenen Stöcke überzieht.

Obgleich ich diesen Resultaten großes Vertrauen beimaß, fühlte ich doch, dass sie über jeden Zweifel erst dann hinaus sein würden, wenn ich die Bienen auf frischer Tat ergriffen hätte. Ich musste sie deshalb auf ihren Ausflügen zur Propolistracht begleiten und mir über deren Verwendung sichere Auskunft verschaffen; diese Untersuchungen boten aber große Schwierigkeiten dar.

Die Propolis teilt die Eigenschaften der Gummiharze, und schon längst hat man die Meinung geteilt, dass sie dem Pflanzenreiche angehöre. Deshalb suchte ich seit einer Reihe von Jahren Bienen auf Bäumen zu belauschen, deren Knospen eine der Propolis entsprechende Substanz hervorbringen. Alle meine Nachstellungen führten mich niemals denen zu, auf welchen die Bienen die Ernten machten; und doch kehrten sie haufenweise mit Propolis oder Klebwachs beladen zurück.

Versuche zum Beweise des Ursprunges der Propolis.

Von der Vergeblichkeit meine Anstrengungen ermüdet, ersann ich ein einfaches Auskunftsmittel, wodurch ich einiges Licht erhalten zu können hoffte. Es kam nur darauf an, mir solche Pflanzen, welche vermutlich den Bienen die Propolis liefern mussten, zu verschaffen und sie in ihren Bereich zu bringen. Das Mittel schlug ein; gleich die ersten Pflanzen, welche ich in die Nähe meiner Stöcke brachte, gaben mir Aufschlüsse, die ich ohne das in meinem Leben nicht würde gewonnen haben.

Die Bienen sammeln die Harze der Pappel.

Anfangs Juli brachte man mir Zweige von der wilden Pappel, die schon im Frühjahr gehauen waren, ehe sich die Blätter entwickelt hatten. Die Knospen waren stark aufgetrieben, außen mit einem klebrigen, rötlichen und wohlriechenden Safte stark überzogen. Ich steckte diese Zweige in Blumentöpfe, die ich vor meinen Stöcken aufstellte, so dass die auffliegenden Bienen über sie ihren Weg nehmen mussten. Es dauerte aber keine Viertelstunde, als auch schon eine Biene sich diesen Umstand zunutze machte; sie ließ sich auf dem Zweige nieder, näherte sich einer der dicksten Knospen, und ich sah, wie sie deren Hülle entfernte, ihre Anstrengungen gegen die halbgeöffnete Stelle wendete, Fädchen der klebrigen Masse, womit sie angefüllt waren, daraus hervorzog, dann mit einem der Füße des zweiten Paares das erfasste, was sie zwischen den Kiefern hielt, einen Hinterfuß nach vorn streckte und schließlich das kleine gewonnene Propolisblättchen in das Körbchen dieses

Fußes brachte. Nachdem sie damit fertig war, öffnete sie die Knospe an einer anderen Stelle, zog von neuem Fäden desselben Stoffes mit ihren Zähnen hervor, fasste sie mit dem zweiten Fußpaare und brachte sie sorgfältig ins andere Körbchen. Darauf flog sie ab und kehrte in ihren Stock zurück. Nach Verlauf einiger Minuten setzte sich eine zweite Biene auf dieselben Zweige und belud sich in derselben Weise mit Propolis.

Denselben Versuch machten wir mit frisch abgehauenen Pappelzweigen, deren junge Triebe reichlich mit Propolis versehen waren, die aber die Bienen nicht anzuziehen schienen; der Saft war freilich nicht so dick und rot wie derjenige, den wir ihnen zuerst vorgestellt hatten, und den die Knospen seit Frühling aufbewahrt hatten.

Die Bienen sammelten also eine rötliche harzige Masse von den Knospen der gemeinen Pappel; ich hatte also nur noch die Gleichheit dieses Stoffes mit der Propolis nachzuweisen. Eine Beobachtung, die ich zur selben Zeit machte, ließ mir darüber keinen Zweifel mehr.

Propolis stammt von den Pappelknospen.

Ich nahm verhärtete Propolis von den Wänden eines alten Stockes, zerrieb sie und übergoss sie mit Äther. Die Flüssigkeit färbte sich zu neun wiederholten Malen; das letzte Mal allerdings nur sehr schwach. Ich ließ sie verdampfen, und es blieb am Boden ein weißgrauer Niederschlag zurück. Nachdem derselbe in destilliertem Wasser aufgelöst worden war, zeigte er unter dem Mikroskop unverkennbare Pflanzenreste, man konnte die Epidermis erkennen und die eigentümlichen Gefäße waren aufs Deutlichste zerlegt; auch entdeckte man darin noch teils undurchsichtige, teils durchsichtige Membranstückchen, aber keine Luftgefäße.

Ähnliche Wirkung übte der Äther auf die Knospe der Pappel aus, sie färbten ihn zu wiederholten Malen gelb; man löste den Niederschlag in destilliertem Wasser auf und entdeckte darin unter dem Mikroskop dieselben Gefäße, aber weniger vollständig zerlegt als diejenigen, welche die Propolis nachgewiesen hatte.

Die Identität beider Stoffe war nicht mehr zweifelhaft; wir mussten nun noch ausfindig machen, in welcher Weise die Bienen die Propolis verarbeiteten. Wir wünschten besonders der Vollendung ihrer Zellen beizuwohnen; ohne irgendeinen glücklichen Kunstgriff war es aber fast unmöglich, sie bei dieser Arbeit zu belauschen. Wir hofften, ihnen in einem Stocke, in welchem sie die Waben aufwärts bauten, leichter folgen zu können, weil hier ein Teil der Zellen immer an das Glas gebaut wird und deren Höhlungen vor den Augen des Beobachters nicht verdeckt sind.

Wie die Bienen Propolis auftragen.

Wir bevölkerten darauf einen Stock, der so vorgerichtet war, dass er unseren Zweck erfüllen konnte. Die Bienen bauten darin aufwärts und erreichten sehr bald das Glas; da sie aber wegen eingetretenen Regenwetters nicht ausfliegen konnten, trugen sie drei Wochen lang keine Propolis ein. Ihre Waben blieben bis Anfang Juli, wo die Atmosphäre unseren Beobachtungen sich günstiger gestaltete, völlig weiß. Ein heiteres Wetter und eine erhöhte Temperatur reizten die Bienen zur Ernte. Sie kehrten von ihren Ausflügen mit diesem Harze beladen zurück, welches einem durchsichtigen Gelee gleicht. Dieser Stoff hatte damals die Farbe und den Glanz einer Granate und unterschied sich entschieden von den Pollenhöschen, welche andere Bienen zu derselben Zeit eintrugen. Die mit Propolis beladenen Bienen schlossen sich den Trauben an, welche vom Kopfe des Stockes herabhingen, und wir sahen sie die äußeren Lagen des

Haufens durchlaufen; wenn sie an den Befestigungspunkten der Waben angekommen waren, ruhten sie daselbst aus; mitunter machten sie aber auch auf den vertikalen Wände in ihrer Wohnung halt und warteten, bis andere Arbeiter sie von ihrer Last befreiten. Wir sahen auch wirklich, wie zwei oder drei einer jeden sich nahten, mit ihren Zähnen die Propolis von den Beinen ihrer Gefährtinnen entnahmen und zugleich mit ihren Vorräten davoneilten. Der Kopf des Stockes bot nun das allerbelebteste Schauspiel dar; eine Menge Bienen lief von allen Seiten herzu; die Ernte, die Verteilung und die verschiedenen Verwendungen der Propolis machte nun ihre vorherrschende Beschäftigung aus. Einige trugen den Stoff, den sie den Lieferanten abgenommen hatten, in ihren Zähnen herbei und legten sie an den Ständer der Rähmchen oder an den Befestigungspunkten der Waben ab; andere beeilten sich, denselben, ehe er verhärtete, wie einen Firnis auszubreiten, oder bildeten daraus auch wohl Bänder, welche den Spalten der Wände entsprachen, die sie verkitten wollten. Man kann sich nichts Mannigfaltigeres denken, als eben diese Beschäftigungen der Bienen; indes uns lag vorzugsweise daran, die Kunst kennenzulernen, mit welcher sie die Propolis im Inneren der Zellen verwendeten. Wir fassten darum diejenigen mit besonderer Aufmerksamkeit ins Auge, die sich nach unserer Meinung damit befassen wollten, und die wir von dem großen Haufen leicht unterschieden, weil sie ihre Köpfe gegen das horizontale Glas gewendet hatten. Sobald sie dasselbe erreicht hatten, befestigten sie darauf die Propolis, welche zwischen ihren Zähnen glänzte, und zwar ungefähr in der Mitte des Raumes, welche die Waben trennte. Hierauf sahen wir sie beschäftigt, diese harzige Masse an ihren eigentlichen Bestimmungsort zu bringen; indem sie den Stützpunkt, den dieselbe ihnen vermöge ihrer Klebrigkeit darbot, benutzten, hingen sie sich daran vermittelst der Häkchen ihrer Hinterfüße auf und schienen sich unterhalb der Glasdecke zu schaukeln. Der Zweck dieser Bewegung lag in dem Vor- und Rückwärtsschieben ihres Körpers; bei jeder Bewegung sahen wir den Propolishaufen sich den Zellen mehr nähern. Die Bienen bedienten sich ihrer frei gebliebenen Vorderfüße, um das zusammenzufügen, was durch ihre Zähne abgelöst war, und um die Bruchstückchen zu vereinigen, welche auf der Oberfläche des Glases zerstreut waren; letzteres erhielt seine völlige Durchsichtigkeit wieder, sobald die gesamte Propolis an die Mündung der Zelle gebracht war. Einige Bienen krochen in diejenigen Zellen hinein, welche an die Glasscheiben angebaut waren. Hier erwartete ich sie und hoffte, sie bequem beobachten zu können. Sie trugen keine Propolis herzu, sondern ihre Zähne wurden verwendet, die Zellen zu glätten und zu säubern, sie ließen dieselben auf die von dem Zusammentreten ihrer Wände gebildeten Winkelfurchen einwirken, gaben diesen mehr Tiefe und glätteten die rauen Stellen der Wände. Bei dieser Arbeit untersuchten die Fühler das Terrain und zeigten ihnen, vor den Mandibeln liegend, unbezweifelbar die vorspringenden Teilchen an, welche sie zu entfernen hatten.

Als eine dieser Arbeiterinnen das Wachs in dem Winkel, welchen ihre Zähne durchliefen, genug geglättet hatte, ging sie rücklinks aus der Zelle heraus, näherte sich dem Propolishaufen, der ihr zunächst war, zog mit ihren Zähnen ein Fädchen aus dieser harzige Masse hervor, biss dieses sogleich ab, indem sie mit dem Kopfe rasch zurückfuhr, erfasste es mit den Häkchen der Vorderfüße und kehrte hierauf in die Zelle zurück, die sie soeben vorgerichtet hatte. Ohne weiteres legte sie das Fädchen zwischen die beiden Wände, welche sie geglättet hatte, und auf den Boden des Winkels, den dieselben bildeten; vermutlich aber fand sie das Bändchen für den Raum, den es überziehen sollte, zu lang, denn sie biss ein Teilchen davon ab. Sie bediente sich abwechselnd ihrer Vorderfüße, um es zwischen den beiden Wänden zurechtzulegen und auszubreiten, oder ihrer Zähne, um es in den Winkel einzudrücken, den sie mit dieser Masse bekleiden wollte. Nach diesen verschiedenen Operationen schien das Propolisbändchen nach der Meinung der Biene noch zu breit und zu massig zu sein; sie begann also abermals es mit denselben Werkzeugen zu benagen, und jeder Biss sollte ein Teilchen entfernen. Als diese Arbeit vollbracht war, bewunderten wir die Genauigkeit, womit das Bändchen zwischen die beiden Wände der Zellen eingefügt war. Die Arbeiterin hielt sich nicht weiter dabei auf, sondern wandte sich zu einem anderen Teile der Zellen, setzte ihre Kinnbacken gegen das Wachs der Ränder von zwei anderen Trapezen in Bewegung, und es wurde uns klar, dass sie abermals eine Stelle vorrichtete, welche ein neues Propolisfädchen überziehen sollte. Wir meinten nicht anders, als dass sie sich mit neuem Harz von demselben Haufen versorgen werde, welche ihr dasselbe vorhin geliefert hatte, aber wider unser Erwarten benutzte sie jenes Teilchen, welches sie vom ersten Fädchen abgenagt hatte, ordnete es in dem Raume, der ihm bestimmt war, und gab ihm all die Festigkeit und Vollendung, deren es fähig war. Andere Bienen vollendeten das Werk, welches diese begonnen hatte; sämtliche Wände der Zellen waren bald von Propolisbändchen eingerahmt; die Bienen machten es mit den Mündungen derselben ebenso; zwar konnten wir den Augenblick nicht erfassen, in welchem sie damit beschäftigt waren, indes ist es jetzt doch leicht einzusehen, wie sie verfahren mussten.

Obgleich diese Beobachtungen uns mit der Kunst, womit die Bienen die Wände ihrer Zellen ausspickten, bekannt machten, so erklärten sie uns doch keineswegs die gelbe Färbung derselben. In verschiedenen darüber angestellten chemischen Versuchen entsprang der Färbestoff der Zellen keineswegs von der Propolis, welche ihre Wände überzieht; er hing vermutlich von einer anderen Ursache ab. Es mussten deshalb neue Versuche angestellt werden.

Versuche beweisen, dass Propolis nicht die gelbe Farbe des Wachses ist.

Erster Versuch: Die gelbe Farbe löst sich nicht in Alkohol, Propolis jedoch löst sich.

Wir wählten einige Zellen aus, deren Wände sich durch ein Jonquille-Gelb auszeichneten; ihre Ränder waren mit Propolis überzogen. Wir entfernten mit größter Vorsicht das Bändchen, welches jede Wand einrahmte, und taten das gelbe Wachs in Weingeist. Dunkel gestellt verblieb es darin drei Wochen. Der Weingeist hatte sich nicht gefärbt, und die Zellenwände besaßen noch ihre gelbe Färbung. Andere ebenso gefärbte Zellen, denen wir das Propolisband gelassen und die wir demselben Versuche für dieselbe Zeit unterworfen hatten, färbten den Weingeist immer mehr. Die Propolis war bald gänzlich aufgelöst, indes schien die Farbe der Wände, statt davon gelitten zu haben, nur noch glänzender geworden zu sein.

Zweiter Versuch: Die gelbe Farbe bleicht im Sonnenlicht, Propolis verändert sich nicht.

Ich brachte jonquille-gelb gefärbte Zellenwände zwischen zwei Glasplatten und setzte sie dem Sonnenlicht aus; ein paar Tage genügten, sie zu bleichen. In derselben Weise behandelte ich gefärbte und mit Propolis eingefasste Zellenwände und ließ sie zwei Monate der Einwirkung der Sonne ausgesetzt. Das Wachs verlor sehr bald seine gelbe Farbe, die der Propolis wurde jedoch durch den langen Versuch nicht im Mindesten verändert.

Dritter Versuch: Die gelber Farbe ist in Salpetersäure löslich, Propolis ist unlöslich.

Ich nahm gelbe, an Mündung und Wänden mit Propolis überzogene Zellen, tat sie in Salpetersäure und ließ diese 5 Minuten lang kochen. Als das Salpetergas sich zu entwickeln anfing, nahm ich die Phiole vom Feuer und ließ sie erkalten. Die gelbe Farbe war verschwunden und das Wachs weiß geworden, die Propolis aber hatte ihre Farbe behalten. Der wiederholte Versuch brachte keinerlei Veränderung bei dieser Substanz hervor.

Vierter Versuch: Die gelbe Farbe und Propolis sind in Äther löslich.

Ich schüttete Zellen gelben Wachses ohne Propolis in Äther; die Flüssigkeit nahm gleich anfänglich eine leichte gelbe Färbung an, allmählich wurde sie dunkler, und das Wachs wurde nun ganz entfärbt. Ich ließ den Äther verflüchtigen, in der Voraussetzung, dass der färbende Stoff am Boden des Gefäßes zurückbleiben werde, fand aber nach der Verdunstung nur eine geringe Menge weißen Wachses, welches im Äther war aufgelöst worden.

Derselbe Versuch wurde mit weißen Zellen, deren Mündung und Wände mit Propolis überzogen waren, angestellt. Der Äther nahm eine schöne gelbe Farbe an, die von Stunde zu Stunde gesättigter wurde, von Propolis aber blieb auf den verschiedenen Zellenstücken nichts zurück. Ich entkorkte das Gläschen und als der Äther verflüchtigt war, fand ich am Boden des Gefäßes einen rötlichen Propolisfirnis, auf welchem man das weiße Wachs unterschied, welches der Äther zurückgelassen hatte.

Die gelbe Farbe hat keine Beziehung zu Propolis.

Diese Versuche beweisen, dass der Stoff, welcher das Wachs gelb färbt, keine Beziehung zu der Propolis hat. Indes haben mir meine Beobachtungen gelehrt, dass diese Färbung dem Wachse keineswegs natürlich ist, da die frischen Zellen aus weißem Wachs gebaut werden. Diese Farbe verändert sich allmählich und weicht einem Anflug von Gelb, welches im Verlaufe der Zeit immer dunkler wird; mitunter genügen zwei oder drei Tage, neue Waben gänzlich gelb zu färben. Der Grund dieser Veränderung war mir verborgen, und mit anderen Naturforschern glaubte ich, dass sie von der im Stocke herrschenden Hitze, von den in ihrer Atmosphäre verbreiteten Dünsten, von den Ausdünstungen des Honigs oder auch wohl des Wachses selbst und von der Ablagerung dieser Stoffe in den Zellen herrühren möge. Diese Meinungen hielten indes eine strengere Prüfung nicht aus; öfter hatte ich neue Waben monatelang unverändert bleiben sehen, obgleich sie von den Bienen zu gewöhnlichem Gebrauche verwendet wurde, und wenn ich diejenigen neu eingeschlagenen Völker untersuchte, fand ich öfters einige, deren eine Seite weiß, die andere gelb war; mitunter fand ich sogar auf einer Wabenseite eine Stelle, wo sämtliche Zellen lebhaft gelb waren, während die angrenzenden noch ihre frische Weiße bewahrten. Man konnte genau die Grenzen der Färbung erkennen; eine Zelle hatte mehrere gelbe Wände, während andere weiß geblieben waren, mitunter war sogar ein Wandteil weiß und gelb gescheckt. Eine solche Verteilung der Farben lässt sich nicht durch Ursachen erklären, denen ich einigen Einfluss zugeschrieben hatte. Der Honig und der Pollen würden sämtliche Wände einer und derselben Zelle gleichmäßig mit dem färbenden Stoffe getränkt haben; die im Stocke verbreiteten Dünste konnten nur gleichmäßig auf die Farbe der Waben einwirken. Dennoch wollte ich mich bestimmter überzeugen, dass dieser Grund der beobachteten Wirkung nicht unterliegen könne.

Versuche beweisen, dass die Bienen die gelbe Farbe dem Wachse zufügen.

Zunächst musste ich erforschen, ob die Zellen, denen die Bienen sich nicht nähern könnten, ihre Weiße bewahren würden. Zu dem Ende richtete ich einen Stock ein, in dessen Mitte sich ein Verschlag befand, in welchen die Bienen nicht gelangen konnten. Hierhin brachte ich ein völlig weißes Wabenstück, welches einen Monat lang der Wärme, der Feuchtigkeit und allen Dünsten ihrer Atmosphäre ausgesetzt blieb, ohne dass seine Farbe durch irgendeine dieser Ursachen verändert worden wäre. In derselben Zeit aber wurden die Waben, welche den Bienen zugänglich waren, immer gelber, doch war die Färbung eine teilweise, sie verteilte sich ungleichmäßig und abstechend. Es deutete also alles darauf hin, dass sie keineswegs von dem längeren oder kürzeren Verbleiben des Wachses im Inneren des Stockes, sondern von einer unmittelbaren Einwirkung der Bienen abhänge.

Beobachtungen an Bienen, die Waben mit Flüssigkeit aus ihrem Rüssel reiben.

Ich schmeichle mir nicht, die Weise, wie sie ihren Waben diese Färbung geben, schon zu kennen. Ich habe diese Wirkung nacheinander zwei sehr verschiedenen Handlungen untergelegt. Bei der einen reiben die Bienen, welche sich auf den Waben, an den Glasscheiben oder den Wänden des Stockes auszuruhen scheinen, die Spitzen ihrer Mandibeln gegen den Gegenstand, von welchem man glaubt, dass sie ihn mit Firnis überziehen, indem sie ihren Kopf vor-und rückwärts bewegen; sie öffnen und schließen ihre Zähne mit jeder Kopfbewegung; ihre Vorderfüße reiben wiederholt und ziemlich schnell die Oberfläche, auf welcher sie sitzen; die in dieser Weise beschäftigte Biene geht rechts und links und treibt das so recht lange. Die Wand, oder die Oberfläche der Waben, woran sie so arbeiten, scheint ihre Farbe zu ändern, indes habe ich mich doch nicht vergewissern können, ob das wirklich auch eine Folge dieser Arbeit sei. Ich habe wohl bemerkt, dass sich immer etwas Gelbes in der Höhlung der Zähne dieser Bienen befand; ob sie aber diesen Stoff abgenagt hatten, oder ihn noch erst auf das Wachs auftragen wollten, konnte ich nicht entscheiden. Doch habe ich es für wahrscheinlicher gehalten, dass er aufgetragen werden sollte, weil diese Bienen ebenso auch das Holz und das Glas rieben; das Glas färbte sich nicht, wohl aber nahm das Holz eine sehr entschiedene Färbung an.

Ein zweites Verfahren, wovon ich Zeuge gewesen bin, wurde vermittelst der Zunge ausgeführt; es schien dieses Organ die Stelle eines biegsamen und feinen Pinsel zu vertreten; es fegte die Oberfläche des Glases rechts und links und schien einige Tröpfchen einer durchsichtigen Flüssigkeit darauf zurückzulassen.

Bei jeder veränderten Richtung sah man aus der Mitte des Rüssel und der beiden längsten ihm anliegenden Taster eine Flüssigkeit hervortreten, welche von da herabglitt und wie ein silberglänzender Strich erschien. Diese Flüssigkeit rann rasch zu der Spitze des Rüssels herab; dieser verteilte dieselbe auf die Teile der Zellen, für welche sie bestimmt war, er trug sie auch auf das Glas auf, ohne dasselbe aber zu trüben; denn die Trübung, welche es mitunter annimmt, rührt nicht daher, sie tritt nur dann ein, wenn die Bienen mit ihren Zähnen die Wachsteilchen, die sie auf seiner Oberfläche abgelagert hatten, ausbreiten.

Ich will nicht entscheiden, welcher der erwähnten Operationen die gelbe Färbung des Wachses zugeschrieben werden muss; doch möchte ich mich für die erstere entscheiden, weil ich mitunter eine sichtbare Veränderung in der Farbe gewisser Zellen wahrzunehmen glaubte, wenn die Bienen sie mit ihren Zähnen und ihren Vorderfüßen gerieben hatten.

Beobachtungen an Bienen, die die Waben mit einem Gemisch aus Wachs und Propolis verstärken.

Die Bienen beschränken sich nicht darauf, ihre Zellen zu firnissen und zu färben; sie beschäftigen sich auch damit, ihren Gebäuden selbst vermittelst eines Mörtels, den sie zu dem Zwecke zu bereiten verstehen, eine größere Festigkeit zu geben.

Schon die Alten, welche sich viel mit den Bienen beschäftigt hatten, kannten einige Eigentümlichkeiten der Propolis und haben uns gelehrt, dass die Bienen sie bei mehreren Veranlassungen mit Wachs mischen. Sie nannten dann diesen Stoff *metis* oder *pissoceron*, welche Namen auf die Mischung desselben mit Wachs hindeuteten.

Ein Versuch, den ich mit Propolis anstellte, womit die Stöcke überzogen werden, zeigte mir, dass sie diesen Gegenstand sorgsam untersucht hatten, und dass es unrecht sein würde, wenn man ihre oft allerdings unrichtigen Behauptungen ohne Prüfung verwerfen sollte.

Aus den angeführten Experimenten war ich zu der Erkenntnis gekommen, dass der Äther die Propolis auflöste, aber nur einen sehr geringen Teil von dem Wachse, welches man seiner Einwirkung unterwarf, auszog. Ich entnahm nun einige Bruchstücke dieses Harzes von den Wänden eines alten Stockes und übergoss sie mit Äther. Ich goss die Flüssigkeit zu wiederholten Malen ab, und als sie sich nicht weiter färbte, schloss ich, dass die sämtliche Propolis aufgelöst sei, und ich fand in dem Glase nur noch das weiße Wachs, welches von den Bienen mit dem Harze gemischt worden war.

Plinius glaubte, dass die Bienen sich einer Mischung von Wachs und Propolis bedienten, um die Haftbänder der Waben zu bilden, Reaumur dagegen meinte, dass die Bienen bei dieser Arbeit nur reines Wachs verwendeten.

Kapitel VI: Von der Vollendung des Zellenbaus

Die Tatsachen, welche ich sogleich anführen werde, und die ich in einem Beobachtungsstocke wahrgenommen habe, machen es mir vielleicht möglich, die auseinandergehenden Ansichten dieser großen Naturforscher zu vereinigen.

Bienen zerstören die Grundlage der neuen Wabe und verstärken sie mit einem Gemisch aus Wachs und Propolis.

Kurz nachdem die Bienen die neu angelegten Waben vollendet hatten, entstand eine sichtbare Unordnung und große Bewegung im Stocke. Das Verhalten der Bienen zeigte eine Art Wut, die sich gegen ihre eigenen Waben richtete. Die Zellen der ersten Reihe, deren Bau wir sehr bewundert hatten, waren ganz unkenntlich gemacht; dicke und massige Mauern, plumpe und unförmige Pfeiler waren an die Stelle der zierlichen Scheidewände getreten, welche die Bienen anfänglich mit so großer Regelmäßigkeit ausgeführt hatten und auch der Stoff war wie die Form verändert, er schien aus Wachs und Propolis gemischt. Die Ausdauer der Arbeiter bei ihrer Verwüstung führte uns auf den Gedanken, dass sie irgendeine nützliche Veränderung in ihrem Baue beabsichtigten.

Ich richtete meine Aufmerksamkeit auf die am wenigsten beschädigten Zellen; einige waren noch gänzlich unverletzt; bald aber stürzten sich einige Bienen darauf, und ich sah, wie sie die senkrechten Wände derselben einrissen, das Wachs zerbrachen und die Bruchstücke herabwarfen; zugleich bemerkte ich aber auch, dass sie die Trapezen der ersten Zellenreihen nicht anrührten und ebenso wenig gleichzeitig die korrespondierenden Teile beider Wabenseiten einrissen, sondern abwechselnd bald auf der einen, bald auf der anderen Seite arbeiteten und der Wabe einen Teil ihrer natürlichen Stützpunkte ließen. Ohne diese Vorsicht würden die Waben herabgefallen sein, und das war die

Absicht der Bienen nicht, im Gegenteil wollten sie dieselben fester mit der Decke ihres Stockes verbinden, ihnen zuverlässigere Grundlagen geben und ihrem Falle dadurch vorbeugen, dass sie die Verbindungen aus einem Stoffe bildeten, dessen Bindekraft die des Wachses bei weitem übertrifft.

Die Propolis, welche sie bei dieser Gelegenheit verwendeten, war in größerer Masse auf einer Spalte des Stockes angebracht gewesen; durch Austrocknen war sie verhärtet, was sie vielleicht für den Zweck, wozu die Bienen sie ausersehen hatten, gerade weit geeigneter machen mochte, als ganz frische Propolis.

Die Bienen mischen Propolis mit einer Flüssigkeit.

Es machte den Bienen einige Mühe, sie wegen ihrer Härte von der Wand wieder abzutrennen. Ich glaube bemerkt zu haben, dass sie dieselbe vermittelst ihrer Zunge mit der schaumigen Flüssigkeit mischten, deren sie sich bedienen, um das Wachs dehnbarer zu machen, und dass dies Verfahren dazu beitrug, die Propolis zu erweichen und abzutrennen. Reaumur hatte etwas Ähnliches bei einer ähnlichen Gelegenheit wahrgenommen.

Beobachtung, dass Bienen Propolis mit Wachs vermischen.

Ganz deutlich sah ich, wie die Bienen Stückchen alten Wachses mit Propolis mischten und beide Substanzen kneteten, um ein Gemisch daraus zu machen. Sie bedienten sich desselben, um die eben eingerissenen Zellen wieder aufzubauen. Dabei befolgten sie aber nicht die gewöhnlichen Regeln ihrer Bauweise, die Sparsamkeit war ganz beiseite gesetzt; nur die Festigkeit ihres Baues beschäftigte sie. Die einbrechende Nacht gestattete uns nicht weiter, allen ihren Arbeiten zu folgen, aber am folgenden Tage konnten wir über das urteilen, welches ganz so war, wie wir es mitgeteilt haben.

Diese Beobachtungen zeigen uns, dass es in der Arbeit der Bienen einen Zeitpunkt gibt, wo die oberen Befestigungen ihrer Waben einfach mit Wachs ausgeführt werden, wie Reaumur glaubte, und dass, wenn alle erforderlichen Verbindungen erreicht sind, die Grundlagen aus einer Mischung von Wachs und Propolis zusammengesetzt werden, wie Plinius so viele Jahrhunderte vor uns bekannt gegeben hat. (Die im Bau der Zellenrohre der ersten Reihe vorgenommene Veränderung bindet sich an keine bestimmte und regelmäßige Zeit. Sie hängt vielleicht von mehreren Umständen ab, die nicht immer zusammentreffen. Mitunter lassen die Bienen sich genügen, die Wände der oberen Zellen mit Propolis einzurahmen, ohne ihre Form zu verändern oder ihnen eine stärkere Dicke zu geben.)

Bienen verstärken ihre Waben.

Dieser Zug im Verhalten der Bienen konnte allein den scheinbaren Widerspruch erklären, der sich über diesen Punkt in den Schriften dieser Naturforscher findet. So war die erste anfänglich angelegte Zellenreihe, welche den Pyramidalböden der folgenden Zellen zur Grundlage und Richtung diente, nur für eine gewisse Zeit bestimmt; sie konnte zur Tragung des Gebäudes ausreichen, solange die Magazine nicht ganz gefüllt waren; aber diese so zarten Wachsblättchen waren vielleicht unzureichend, ein Gewicht von mehreren Pfunden zu tragen. Die Bienen scheinen Unzuträglichkeiten, welche daraus hervorgehen könnten, zu fühlen; sie zerstören deshalb die zu zarten Wände der Zellen der ersten Reihe, wobei sie aber die Trapezen ihrer Böden unangetastet lassen, und setzen an die Stelle der gebrechlichen Wachswände, die sie einreißen, kräftige Pfeiler und dicke Mauern von bindendem und festem Stoffe.

Darauf beschränkt sich aber ihre Voraussicht noch nicht. Wenn sie Wachs genug haben, so geben sie ihren

Waben die erforderliche Breite, damit sie mit ihren Rändern die senkrechten Wände des Stockes erreichen. Sie verstehen es, dieselben an dem Holze oder dem Glase in solchen Formen zu befestigen, die sich je nach den Umständen der Form der Zellen mehr oder weniger nähern. Wenn ihnen indes das Wachs mangelt, ehe sie ihre Waben, deren Umrisse noch abgerundet sind, und die, weil sie nur oben im Stocke befestigt sind, einen leeren Raum zwischen ihren abgeschrägten Rändern und den senkrechten Stockwänden lassen, einen genügenden Durchmesser geben konnten, so könnten dieselben von dem Honiggewichte abgerissen werden, wenn die Bienen nicht dadurch für ihre Befestigung sorgten, dass sie zu dem Ende große mit Propolis gemengte Wachsmassen zwischen ihren Rändern und den Stockwänden anhäuften. Die Form derselben ist unregelmäßig, sie sind in einer seltsamen Weise ausgehöhlt, und diese Ausführungen haben nichts Regelmäßiges. Der folgende Zug, in welchem sich der Instinkt noch offener darlegt, ist nur eine weitere Entwicklung dieser besonderen Kunst, ihre Magazine zu befestigen.

Der Instinkt der Bienen, die Magazine zu befestigen.

Eine Wabe meines glockenförmigen Glasstockes, die von vornherein nicht genug befestigt worden war, fiel im Winter zwischen den anderen Waben herab, behielt aber nichtsdestoweniger eine gleiche Richtung mit denselben. Die Bienen konnten den leeren Raum zwischen deren oberen Rande und dem Kopfe des Stockes nicht ausfüllen, weil sie mit altem Wachse keine Zellen bauen, und ihnen damals das Vermögen abging, sich neues zu verschaffen. Anmerkung: Huber irrt darin, wenn er den Bienen die Fähigkeit abspricht, neue Waben mit altem Wachse zu bauen. Sie besitzen sie unbestreitbar, wenn sie dieselbe auch nicht im Großen zur Geltung bringen. De folgende Satz zeigt, dass Bienen Waben aus altem Wachse bauen.—Übersetzer. In einer günstigeren Jahreszeit würden sie nicht angestanden haben, eine neue Wabe auf der alten aufzuführen; da sie aber damals über ihren Honigvorrat nicht verfügen konnten, um ihn zur Produzierung dieses Stoffes zu verwenden, sorgten sie für die Festigkeit ihrer Waben durch ein anderes Verfahren.

Sie nahmen Wachs von dem unteren Rande der anderen Waben und selbst von deren Seiten, indem sie den Rand der am meisten verlängerten Zellen abnagten. Darauf begaben sie sich haufenweise teils auf die Ränder der herabgefallenen Wabe, teils zwischen ihre Wände und die der benachbarten Waben und legten mehrere Bänder von unregelmäßigem Bau teils zwischen den Rändern der herabgefallenen Wabe und dem Glase, teils zwischen ihren gegenseitigen Seitenflächen an. Es waren das Pfeiler, Streben und Balken, kunstgerecht angeordnet und den Verhältnissen angepasst.

Sie beschränkten sich nicht darauf, den zufälligen Schaden ihres Baues auszubessern, sondern dachten auch an diejenigen, welche noch eintreten könnten, und schienen den Fingerzeig zu benutzen, welchen der Fall der einen ihrer Waben ihnen gegeben hatte, um die anderen zu befestigen und einem zweiten Ereignisse derselben Art zu begegnen.

Letztere waren nicht gewichen und schienen in ihrer Grundlage fest zu sein; ich war deshalb nicht wenig erstaunt, als ich die Bienen auch ihre Hauptbefestigungspunkte mit altem Wachse verstärken sah, indem sie dieselben viel dicker machten, als sie vorher gewesen waren; sie bereiteten eine Menge neuer Bänder, um sie fester untereinander zu verbinden und stärker an die Wände ihrer Wohnung zu befestigen. Dies alles geschah Mitte Januar, zu einer Zeit, in welcher die Bienen sich gewöhnlich im Kopfe ihres Stockes aufhalten und sich nicht mehr mit Arbeiten befassen.

Betrachtungen und Ausdeutungen konnte ich mir versagen, aber ich gestehe es, ich wusste mich bei einem Zuge, in welchem der klarste Verstand zu glänzen schien, eines Gefühls der Bewunderung nicht zu erwehren.

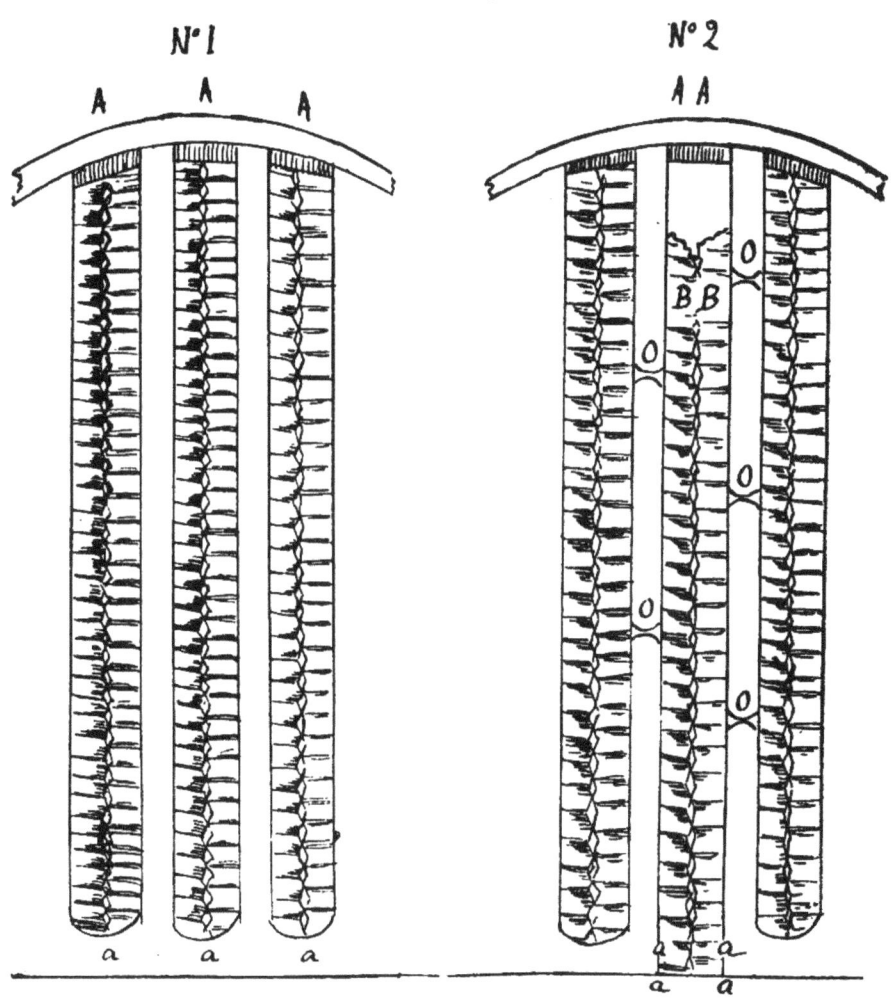

Abgebrochene Wabe (aus einem Briefe von Huber an die Revue Internationale d'Apiculture, Mai 1830)

Kapitel VII: Über einen neuen Bienenfeind

Unter den Arbeiten der Insekten sind diejenigen, welche die Verteidigung ihres Herdes im Auge haben, vielleicht nicht am wenigsten geeignet, die Aufmerksamkeit des Menschen zu fesseln, der selbst so oft sich veranlasst sieht, sich gegen die Angriffe seiner Feinde zu verteidigen. Wenn man die Sicherheitsmaßregeln, welche diese Tierchen, im Fall sie angegriffen werden, treffen, untereinander vergleicht, sie gegen unsere Taktik hält und ihre Polizei gegen die unsere stellt, so wird man umso besser über die relative Weite ihres Gesichtskreises urteilen können. Kein anderer Zweig ihrer Betriebsamkeit eignet sich zum Nachweis dieser Abstufung besser als die naturgemäße Verteidigung, der gemeinsame Anstoß aller Arten. Übrigens entwickelt die Natur unter dergleichen Umständen die überraschendsten Hilfsmittel. Gerade hier lässt sie den von ihr regierten Geschöpfen die meiste Freiheit; denn die Wechselfälle des Krieges sind der Gegenstand eines dieser allgemeinen Gesetze, welche zur Erhaltung der Weltordnung beitragen. Wie könnte ohne diesen Wechsel von Gewinn und Verlust das Gleichgewicht zwischen den Gattungen aufrechterhalten werden? Die eine würde alle diejenigen, welche ihr unterlegen sind, gänzlich aufreiben; und doch bestehen von Anbeginn her selbst auch die furchtsamsten noch; ihre Verfahrungsart, ihre Betriebsamkeit, ihre Fruchtbarkeit oder sonstige jeder Gattung eigene besondere Umstände lassen sie einer gänzlichen Ausrottung, womit sie bedroht scheinen, immer entgehen.

Bei den Bienen besteht, wie bei den meisten Hymenopteren, das gewöhnliche Verteidigungsmittel in dem giftigen Stachel, womit sie ihre Feinde verwundern. Das Los der Waffen würde sich in Anbetracht ihrer Überlegenheit an Streitkräften zu ihren Gunsten entscheiden, wenn manche ihrer Gegner nicht noch besser bewaffnet wären als sie, wenn andere nicht die Kunst verständen, sich ihrer Aufmerksamkeit dadurch zu entziehen, dass sie sich in ein Gewebe einhüllen, welches sie vor ihrem Stiche sichert, und wenn es nicht andere noch gäbe, welche die Schwäche irgendeines schwach bevölkerten Stockes benutzten, um sich heimlich einzuschleichen.

Altbekannte Feinde der Bienen.
Wespen, Hornissen, Motten und Mäuse sind zu allen Zeiten durch die Verwüstungen bekannt gewesen, welche sie in den Stöcken anrichten, und ich habe dem, was jeder über diesen Punkt weiß, nichts hinzuzufügen; ich beschränke mich darauf, einen neuen Bienenfeind zu bezeichnen, dessen Verwüstungen ich in einem besonderen Artikel beschrieben habe. (Siehe Biblioth. Brit. Nr. 213 und 214).

Ein neuer Feind.
Gegen Ende des Sommers, wenn die Bienen einen Teil ihrer Ernte eingelagert haben, hört man mitunter in der Nähe ihrer Wohnung ein befremdliches Gebrause; eine Menge Arbeitsbienen stürzen nachts aus dem Stocke und fliegen ab; der Lärm dauert oft mehrere Stunden, und wenn man am folgenden Tage nach der Wirkung dieser großen Aufregung sich umsieht, findet man Haufen von

Bienen tot vor dem Stocke. Dieser enthält gewöhnlich keinen Honig mehr und ist mitunter gänzlich verlassen.

Im Jahr 1804 baten mich die meisten meiner Bienennachbarn um einer ähnlichen Erscheinung willen um Rat; ich wusste aber keinen, trotz meiner langen Bienenpraxis hatte ich etwas Ähnliches noch nicht wahrgenommen.

Ich begab mich an Ort und Stelle; die Erscheinung dauerte noch fort, und ich fand, dass man sie mir ganz richtig geschildert hatte; die Bauern schrieben sie dem Einschlüpfen von Fledermäusen in die Stöcke zu, doch konnte ich mich dieser Meinung nicht wohl anschließen. Diese fliegenden Säugetiere beschränken sich darauf, Nachtfalter im Fluge zu erhaschen, woran im Sommer kein Mangel ist. Von Honig nähren sich die Fledermäuse nicht; warum denn sollten sie die Bienen in ihren Stöcken angreifen und ihre Magazine plündern?

Der Totenkopf-Nachtfalter.

Waren es nun auch keine Fledermäuse, so konnte es doch irgendein anderes Tier sein. Ich stellte also meine Leute auf die Lauer; und nicht lange währte es, als sie mir auch zwar keine Fledermäuse, wohl aber einen großen Nachtfalter, Sphinx atropos, bekannter unter dem Namen *Totenkopf*, brachten. Diese Falter flatterten in großer Menge um die Stöcke herum, einen ertappte man, als er gerade in einen der weniger bevölkerten eindringen wollte; seine Absicht war offenbar, sich in die Wohnung der Bienen einzudrängen und auf ihre Kosten zu zehren. Aus allen Gegenden gingen mir Nachrichten zu, dass ähnliche Verwüstungen von den vermeintlichen Fledermäusen angerichtet seien. Die Züchter, welche mit einer reichen Ausbeute gerechnet hatten, fanden ihre Stöcke so leicht wie in den ersten Tagen des Frühlings, sie waren auf das Wachsgewicht reduziert, wiewohl man sich kurz vorher überzeugt hatte, dass sie an Gewicht bedeutend zugenommen hatten. Schließlich ertappte man in mehreren Stöcken den riesigen Sphinx, welcher die Bienen zum Abzuge gezwungen hatte.

Ich bedurfte dieser gehäuften Beweise, um mich zu überzeugen, dass ein Staubflügler, ein Insekt ohne Stachel, ohne Panzer oder sonstiges Verteidigungsmittel, siegreich gegen tausende von Bienen kämpfen könne. Diese Falter waren in diesem Jahre aber so allgemein, dass es leicht war, sich von der Wirklichkeit der Tatsache zu überzeugen.

Verengung der Fluglöcher verhindert das Eindringen.
Da die Angriffe der Sphinxe von Tag zu Tag verderblicher für die Bienen wurden, so dachte man an eine Verengung der Fluglöcher, damit der Feind nicht eindringen könne. Man brachte Blechschieber mit Öffnungen an, welche nur Bienen den Durchgang gestatteten, und diese Vorrichtung hatte einen vollständigen Erfolg; die Ruhe wurde hergestellt und die Verwüstungen hörten auf.

Bienen verwenden nach einer Zeit dieselbe Methode.
Indes hatte man diese Vorsichtsmaßregeln nicht überall getroffen; ich machte aber die Bemerkung, dass diese sich selbst überlassenen Bienen für ihre eigene Sicherheit Sorge getragen hatten. Sie hatten sich ohne jemandes Beihilfe selbst verschanzt, indem sie aus einer Mischung von Wachs und Propolis eine dicke Mauer am Eingang ihrer Wohnung aufgeführt hatten. Diese Mauer erhob sich unmittelbar hinter dem Flugloche, mitunter im Flugloche selbst; sie schloss es ganz ab, doch waren in ihr einige Öffnungen angebracht, die zum Durchlassen von ein oder zwei Bienen groß genug waren.

Hier handelten Mensch und Biene in vollkommener Übereinstimmung. Die Werke, welche sie vor dem Eingange ihrer Wohnung errichtet hatten, waren von sehr verschiedener Form; hier sah man, wie ich schon sagte, eine einzige Mauer, deren Öffnung arkadenförmig in dem oberen Mauerwerk angebracht war, dort erinnerten mehrere hintereinander aufgeführte Wände an die Bollwerke unserer Festungen. Von den vorderen Mauern verdeckte Eingänge korrespondierten nicht mit denen der ersten Reihe; mitunter war es auch nur eine Reihe gekreuzter Arkaden, welche den Bienen einen freien Durchgang gestattete, ohne ihren Feinden Eingang zu gewähren, denn diese Festungswerke waren massig, und das Material dazu fest und haltbar.

Aber erst wenn die Gefahr da ist.
Die Bienen legen derartige Kasematteneingänge nicht ohne dringende Ursache an; es liegt darin also nicht einer dieser Züge allgemeiner Klugheit, welche ohne eine bestimmte Veranlassung innegehalten werden, um Unannehmlichkeiten vorzubeugen, welche das Insekt weder einsehen noch vorhersehen kann; erst wenn die Gefahr da ist, unmittelbar und drängend, wendet die Biene, die ein zuverlässiges Hilfsmittel suchen muss, dies letzte Hilfsmittel an. Es ist auffällig, wie dieses so trefflich bewaffnete und so zahlreich verbundene Insekt seine Ohnmacht fühlt und sich gegen das Unzureichende seiner Waffen und seines Mutes durch eine bewunderungswürdige Berechnung zu sichern weiß. So beschränkt sich also die Kriegskunst der Bienen nicht auf den Angriff der Feinde, sie verstehen auch Wälle aufzuführen, um sich vor deren Angriffen zu sichern; von der Rolle einfacher Soldaten gehen sie zu der von Ingenieuren über. Aber nicht allein vor dem Sphinx müssen sie auf der Hut sein, schwache Stöcke werden mitunter auch von fremden Bienen angegriffen, die durch den Geruch des Honigs und die Hoffnung eines gefahrlosen Raubes angelockt werden.

Kapitel VII: Über einen neuen Bienenfeind

Ein ähnliches Verfahren für Raubbienen.

Indem es für die im Belagerungszustand befindlichen Bienen unmöglich ist, sich gegen eine derartige Überrumpelung zu verteidigen, so nehmen sie häufig zu einem ähnlichen Verfahren ihre Zuflucht, wie sie es gegen den Totenkopf anwenden, lassen dann aber nur eine kleine Öffnung frei, durch welche nur eine Biene zur Zeit hindurch kann; so wird es ihnen leicht, dieselben zu hüten.

Die Bienen entfernen sie wieder, wenn die Ernte ausgiebig ist.

Es kommt aber eine Zeit, wo diese engen Durchgänge ihnen selbst nicht mehr genügen können. Wenn die Ernte sehr ausgiebig, ihr Stock sehr volkreich geworden und es Zeit ist, neue Kolonien auszusenden, reißen die Bienen diese Schutzmauern, die sie in der Zeit der Gefahr aufgeführt hatten, jetzt aber ihrem Eifer behindernd entgegenstehen, wieder nieder; diese Schutzwehren sind ihnen unbequem geworden, sie entfernen sie deshalb, bis neue Besorgnisse sie ihnen von neuem anempfehlen.

Totenköpfe gibt es nur in manchen Jahren.

Die 1804 errichteten Wälle wurden im Frühjahr 1805 niedergerissen; in diesem Jahr gab es keine Totenköpfe, man nahm auch im folgenden keine wahr; aber im Herbst 1807 treten sie in großer Menge wieder auf. Augenblicklich verschanzen sich auch die Bienen wieder und kamen so dem Unsterne zuvor, von welchem sie bedroht wurden. Im Mai 1808 zerstörten sie diese Bollwerke, deren enge Zugänge ihrer Volksmenge keinen genugsam freien Ausgang gewährten.

Ich darf nicht unbemerkt lassen, dass, wenn das Flugloch ihres Stockes von Natur aus eng genug ist, oder wenn man es früh genug verengt, um den Verwüstungen ihrer Feinde vorzubeugen, sie sich des Vermauerns enthalten.

Der Instinkt der Bienen passt sich den Umständen an.
Diese Voraussicht in ihrer Verrichtung kann nur durch das Zugeben erklärt werden, dass ihr Instinkt sich den Anforderungen der Umstände anzupassen versteht.

Wie aber kann ein Totenkopf so kriegsmutige Völker beunruhigen? Sollte dieser Nachtfalter, dieser Schrecken abergläubischer Menschen, auch auf die Bienen einen geheimnisvollen Einfluss ausüben, das Vermögen besitzen, ihren Mut zu lähmen, oder irgend eine Ausdünstung verbreiten, welche diesen Insekten verderblich wäre?

Ist der Ton des Totenkopfes für die Bienen von Schrecken?
Die übrigen Falter nähren sich nur von Blumennektar; sie besitzen einen langen, dünnen, biegsamen, spiralförmig aufgerollten Rüssel und gehen mit Untergang der Sonne ihrer Nahrung nach. Der Totenkopf regt sich später, er umflattert die Bienenstöcke erst bei vorgerückter Nacht; er hat nur einen sehr kurzen, dicken und kräftigen Rüssel; vermittelst eines unbekannten Organes stößt er einen scharfen, schnarrenden Ton aus, wenn man ihn ergreift. Könnte dieser Ton, womit der gemeine Mann unheilverkündende Vorstellungen verbindet, nicht auch für die Bienen ein Gegenstand des Schreckens sein, könnte seine Beziehung zu demjenigen, den eingeschlossene Königinnen hervorbringen, und der die Eigenschaft besitzt, die Wachsamkeit der Bienen aufzuheben, nicht die Unordnung erklären, welche man bei der Annäherung des Falters in einem Stockes wahrnimmt? Es ist dies freilich nur eine Vermutung, die sich auf die Ähnlichkeit der Töne stützt, und der ich keinerlei Wert beilegen will. Hörte man aber bei einem vom Totenkopfe unternommenen Angriffe, dass

er jene scharfen Töne ausstieße, und fände man, dass ihm die Bienen dann ohne Widerstand das Feld räumten, so würde diese Vermutung an Gewicht gewinnen.

Reamur schrieb den Ton, welchen der Totenkopf hervorbringt, dem Reiben des Rüssels an seiner Scheide zu; ich aber habe mich überzeugt, dass derselbe ohne alle Mitwirkung des Rüssels hervorgebracht wird. Verschiedene Naturforscher haben die Ursache aufzufinden versucht, bis jetzt aber noch kein befriedigendes Resultat gewonnen. Mir scheint es gewiss, dass der Totenkopf diesen Ton willkürlich und besonders wenn er eine Gefahr fürchtet hervorbringt.

Das Eindringen eines Staubflüglers von der Größe des Totenkopfes in einen gut bevölkerten Stock und die auffälligen Folgen, welche dasselbe begleitet, sind umso schwerer zu erklärende Erscheinungen, als die ganze Organisation dieses Insekts nichts darbietet, was zu der Annahme berechtigen könnte, dass es vor dem Stiche der Bienen geschützt sei.

Wohl hätte ich solch seltsamen Kampf in meinen Beobachtungsstöcken verfolgen mögen, doch hat sich dazu die Gelegenheit bislang nicht geboten. Doch habe ich, um einige meiner Zweifel zu beseitigen, verschiedene Versuche über die Art und Weise gemacht, wie der Totenkopf in einem Hummelneste aufgenommen würde.

Ich verschaffte mir Totenköpfe von größtem Wuchs und brachte sie bei einbrechender Nacht in ein Glaskästchen, in welches ich ein Hummelvolk (muscorum) eingefangen hatte.

Versuch einen Totenkopf in einen Stock einzuführen.
Der erste, den ich ihnen überlieferte, schien in keiner Weise von dem Geruche des Honigs, womit ihre Magazine angefüllt waren, angelockt zu werden. Anfänglich blieb er ruhig in einem Winkel des Kästchens

sitzen, sobald er sich aber nach der Seite hin in Bewegung setzte, wo das Nest mit seinen Insassen sich befand, wurde er der Gegenstand nicht des Entsetzens, sondern des Zornes der Arbeiter; diese griffen ihn wütend an, und versetzten ihm eine Menge Stiche; er ergriff mit großer Hast die Flucht und mit einer kräftigen Bewegung lüftete er die Glasscheibe, womit das Kästchen bedeckt war, und entkam glücklich. Von den Stichen schien er wenig zu leiden, er war die ganze Nacht ruhig und befand sich noch mehrere Tage nachher aufs Beste.

Ein anderer sehr kräftiger und lebhafter Falter, der den dieser Art eigentümlichen Ton häufig hören ließ, wurde mit den Hummeln eingeschlossen; seine Lebendigkeit diente nur dazu, ihn umso früher zum Opfer ihrer Wut zu machen. Jedes Mal, wenn er sich ihrem Neste, in welches er indes nicht eindringen zu wollen schien, nahte, stürzten sich sämtliche Arbeiter gleichzeitig über ihn her und stachen und zerrten ihn ohne Unterlass so lange, bis sie ihn entfernt hatten. Der Falter verteidigte sich nur mit seinen Flügeln, mit denen er hastig schlug, ohne aber hindern zu können, dass die Hummeln ihn unter dem Bauche angriffen, wo er für ihre Stiche anscheinend am empfindlichsten war. Nach stundenlangen Leiden unterlag er endlich so vielen Wunden.

Ich mochte einen so grausamen Versuch nicht weiter wiederholen; offenbar stellte die Gefangenschaft oder irgendein anderer Umstand dieses Insekt gegen die Hummeln zu sehr in Nachteil. Nach diesem Versuche schien es mir indes schwieriger als je zu begreifen, wie es ungestraft in die Wohnungen der Bienen einzudringen vermöge, deren Stiche doch viel gefährlicher und deren Zahl unvergleichlich größer ist. War etwa das Licht einer Kerze ein Hindernis für die Entfaltung der Angriffsmittel des Falters? Es wäre nicht gerade unmöglich, dass er den günstigen Erfolg seine Angriffe auf die Bienenstöcke dem

Vermögen verdankte, ebenso wie die anderen Falter derselben Art bei Nacht sehen zu können.

Versuche, Totenköpfen Honig vorzustellen.

Ein anderer gleichfalls fruchtloser Versuch bestand darin, dass ich diesen Insekten Honig vorstellte. Ich ließ zwei Totenköpfe eine ganze Woche auf einer Honigwabe; sie rührten sie nicht an. Umsonst wickelte ich ihren Rüssel ab, und steckte ihn in den Honig, aber diesen Versuch, der mir bei den Tagschmetterlingen immer gelang, hatte bei den Totenköpfen keinen Erfolg.

Ich hätte gerechten Zweifel an ihrer Neigung für diese Nahrung hegen können, wenn ich nicht überwiegende Beweise für ihre Gier danach im freien Zustande gehabt hätte. Eine neuerdings gemachte Erfahrung stützt noch die von mir angeführten Tatsachen. Als ich einen im Freien ergriffenen Sphinx zerlegte, fand ich seinen Hinterleibe ganz mit Honig gefüllt; die vordere Höhlung, welche dreiviertel des Bauches einnimmt, war voll wie ein Fass, sie mochte einen starken Esslöffel voll davon enthalten; dieser vollkommen reine Honig hatte ganz die Konsistenz und den Geschmack des Bienenhonigs. Auffällig war es mir, dass diese Substanz in keinen besonderen Behälter eingeschlossen war; sie füllte den Raum aus, welcher gewöhnlich im Inneren des Körpers dieser Insekten für die Luftgefäße bestimmt ist. Es ist bekannt, dass ihr Bauch im Inneren in eine gewisse Anzahl Fächer abgeteilt ist, deren äußerst zarte Scheidewände durch senkrechte Häutchen gebildet werden. Alle diese Häutchen waren verschwunden. Waren sie durch die Honigmenge, womit der Totenkopf sich überfüllt hatte, oder durch das Öffnen der oberen Ringe zerrissen? Das vermag ich nicht zu entscheiden; gewiss aber ist, dass, soviel andere Totenköpfe ich auch auf dieselbe Weise öffnete, ich diese Fächer immer vollkommen erhalten, aber gänzlich leer gefunden habe.

Diese Tatsachen gehören der Geschichte des Totenkopfes und nicht der der Bienen an. Ich kehre deshalb zu letzteren zurück, um deren Sicherstellung vor einem ihrer gefährlichsten Feinde es sich handelt.

Hubers Schieber zur Verkleinerung des Flugloches.
Ich habe schon früher den Vorschlag gemacht, zu dem Ende drei nach Jahreszeiten verschiedene Fluglöcher anzubringen. Ein horizontales Brettchen, welches seiner Länge nach von drei Klassen von Öffnungen durchlöchert ist und als Schieber zwischen zwei Leisten vor dem Fugloch angebracht wird, musste diesen Zweck erfüllen. Diese Öffnungen müssten nach den Bedürfnissen der Bienen eingerichtet und in ihren Erweiterungen die Abstufungen beobachtet werden, die sie selbst innehalten, wenn sie sich durch entsprechende Mittel vor ihren Feinden zu schützen suchen.

Weil sie ihre Festungswerke im Frühling vor dem Zuge der Schwärme wieder zerstören, sollte man ihnen darin nachahmen und ihnen das ganze Fugloch freigeben. Dann gerade haben sie wenige Feinde zu fürchten, ihr gut bevölkerter Stock kann sich selbst verteidigen. Nach Abzug der Schwärme wird man die Fluglöcher wieder verkleinern, weil, da ihr Stock geschwächt worden ist, fremde Bienen und Wachsmotten sich einschleichen könnten. Diese Vorsicht wird uns durch die Arbeit der von Plünderung bedrohten Bienen selbst angedeutet. Jede Öffnung, welche sie in der Propolismauer, die sie gegen Gefahren von außen schützen sollen, belassen, lässt nur einer einzigen Biene zugleich freien Durchgang. Sie stehen also mit der Größe der Insekten, welche die Bienen zu fürchten haben, in Übereinstimmung.

Im Monat Juli werden diese Durchgänge von den Bienen so viel erweitert, dass zwei oder drei Bienen auf einmal und auch die Drohnen, welche größer sind als die Arbeitsbienen, frei hindurch gehen können. Man muss also in dieser Zeit das Brettchen vor dem Flugloche bis dahin vorschieben, wo die größeren Öffnungen sich finden; diese müssen oben angebracht sein und ihre Konvexität nach unten haben.

Wenn endlich im Monat August und September die Ernte auf ihrem Höhepunkte steht, müssen die Bienen möglichst wenig verhindert werden. Diejenigen, deren Beispiele wir folgen, öffneten in dem unteren Teile der Propolismauer einen dritten Durchgang, der die Gestalt eines stark gedrückten Gewölbes hatte. Diesen Bau mag man in der dritten Abteilung der Öffnungen nachahmen; so kann der Totenkopf nicht in den Stock eindringen, und die Bienen gehen ungehindert ein und aus. Wenn man statt eines Brettchens einen Schieber von Weißblech nähme, würde man zugleich auch den Mäusen, die zu den gefährlichsten Bienenfeinden gehören, das Eindringen unmöglich machen.

Wenn der Mensch sich die Tiere unterwirft, zerstört er in gewissem Grade das Gleichgewicht, welches die natürlichen Verhältnisse unter den feindseligen Arten aufrecht erhält und verringert mehr oder weniger ihre Entschiedenheit und Wachsamkeit. Erst wenn er all die Einzelheiten ihres Instinktes sorgsam studiert, entdeckt er gewisse Züge, welche in der Unterjochung seltener werden, und weniger ihre Anwendung finden, und deshalb muss er seinerseits ihnen einen Teil der Vorteile gewähren, deren er sie beraubt hat. Ja, er muss, wenn er seinen Erfolg sicherstellen will, mehr noch tun, weil er gegen die Natur anzukämpfen hat, die der Vermehrung der Einzelwesen Grenzen setzte; diese Kunst aber verlangt eine sehr gründliche Kenntnis der Bedürfnisse der seiner Gehorsamkeit unterworfenen Geschöpfe, sowie der Hilfsmittel, welche die Natur ihnen an die Hand gegeben hat; denn nur von ihnen selbst können wir die Kunst erlernen, sie gut zu regieren.

Kapitel VIII: Über die Atmung der Bienen

Erster Teil: Einleitung.
Anmerkung des Übersetzers: Dieses Kapitel ist von besonderem Interesse, wenn man bedenkt, dass Huber zu einer Zeit lebte, in der die Grundlagen der modernen Wissenschaften entstanden. Zu seinen Lebzeiten lag es an Lavoisier in Frankreich, Priestly in England und Scheele in Schweden, ihre Entdeckungen über die Natur der Atmosphäre, die Gesetze der Verbrennung und deren Relevanz für Lebewesen zu beschreiben. Sollte Hubers Arbeit auf diesem Gebiet uns auch altertümlich erscheinen, war er doch einer der fortschrittlichsten Wissenschaftler seiner Zeit, der diese neu entdeckten Gesetze auf seine eigenen Interessen anwandte.

Brauchen Bienen Luft?

Die Luft, welche mit Hilfe der Zeit alles zerstört, übt dennoch einen heilsamen Einfluss auf die organischen Wesen aus; selbst die Pflanzen verwerten sie nach ihrer Weise und verdanken ihr, ebenso wie die Tiere, die Schwungkraft ihres Daseins. Alles, was lebt, freut sich der Luft als eines unentbehrlichen Elements. Sollte die Biene von dem allgemeinen Gesetze eine Ausnahme machen; man weiß, dass alle Tiere, von den Vierfüßern an bis zu den Weichtieren hinab dieses Fluidum zersetzen, seinen atembaren Bestandteil mit dem überflüssigen Kohlenstoffe verbinden und ihn in dieser neuen Form, die er beim Austreten aus ihren Lungen oder ihren Kiemen angenommen hat, wieder ausatmen, dass die für ihre Existenz notwendige Wärme sich aus der Luft in dem Augenblicke ihrer Zersetzung entbindet, usw.

Diese allgemein bekannten Erscheinungen sind von einer Allgemeinheit, dass man kaum den Gedanken an eine Ausnahme fassen kann, und doch bietet eine noch nicht genug erwogene Tatsache Umstände dar, die sich mit dem über diesen Punkt angenommenen Vorstellungen nicht vereinigen zu können scheinen.

Wenn es wirklich Insekten gäbe, welche in sehr großer Anzahl und ohne irgendwelchen Nachteil für ihr Wohlbefinden in einem abgeschlossenen Raume, in welchem die Luft nur mit großer Schwierigkeit sich erneuern kann, lebten, so würde das Atmen solcher Insekten für den Physiker ein neues Rätsel sein.

Und doch ist das gerade die seltsame Lage der Bienen. Ihr Stock, dessen Dimensionen ein oder zwei Kubikfuß nicht überschreiten, umschließt eine Menge von Einzelwesen, die alle belebt, tätig und arbeitsam sind.

Die Luft kann sich mit nur einer kleinen Öffnung nicht erneuern.
Die Pforte dieser Wohnung, die immer sehr klein und durch den Haufen der Bienen, welche während der Hitze des Sommers gehen und kommen, oft verstopft ist, ist die einzige Öffnung, durch welche die Luft in dieselbe eindringen kann, und doch reicht sie für ihre Bedürfnisse aus; sonst bietet ihr Stock, der von innen durch die Bienen mit Wachs und Propolis verklebt und von außen durch die Vorsorge des Bienenzüchters mit Kalk überstrichen ist, keine von den Bedingungen, die für Herstellung einer natürlichen Luftströmung unerlässlich sind. Verhältnismäßig stellen Schauspielsäle und Hospitale

der Reinheit der Luft weit weniger Hindernisse entgegen als ein Bienenstock; denn die Luft kann sich von selbst an einem Orte, welcher ihr nur einen Ausgang gestattet, dessen Lage obendrein nicht einmal für einen Luftwechsel günstig ist, nicht erneuern. Der folgende Versuch stellt es fest, dass, wäre dieser Ausgang auch viel größer, die äußere Luft ohne fremde Einmischung nicht eindringen würde.

Versuche zeigen, dass selbst eine größere Öffnung für die Luftströmung nicht ausreicht.

Man nehme eine Kiste oder eine Glasglocke von der Innengröße eines Bienenstockes, setze sie mit der Mündung nach unten auf eine Platte, in welcher man eine Öffnung anbringt, die größer sein mag als diejenige, welche den Bienen gewöhnlich zum Durchgange dient, und bringe eine angezündete Wachskerze unter das Gefäß. In wenigen Minuten erbleicht die Flamme, sie wird bläulich und erlischt. Die Luft dringt nicht rasch genug in das Gefäß ein, um die Verbrennung zu unterhalten, weil sich keine gegenüberliegenden Öffnungen finden, die eine Luftströmung begünstigen könnten. Die Lage sämtlicher Tiere, die man in größerer Anzahl in ein ähnliches Gefäß einschließen würde, müsste ohne Zweifel der des angezündeten Lichtes aufs Vollkommenste entsprechen.

Warum tritt nun aber derselbe Umstand nicht in einem bienenbesetzten Stocke ein? Warum sterben die Bienen dann nicht, wo die Lichtflamme ihren Glanz und ihr Bestehen nicht bewahren könnte? Sollten sie etwa eine von der ganzen Natur so abweichende Organisation erhalten haben, anders atmen als alle übrigen Tiere, oder gar nicht atmen?

Ich durfte eine der allgemeinen Ordnung so geradezu entgegengesetzte Folgerung nicht zulassen; indes durch die angedeuteten Betrachtungen angeregt, wollte ich doch hören, ob dieselben für unterrichtetere Personen ganz ohne Interesse sein würden.

Zunächst teilte ich meine Bedenklichkeiten Bonnet mit, der über die Seltsamkeit dieser Erscheinung erstaunt, mir dringend empfahl, mich damit weiter zu beschäftigen; da mich aber sein Tod leider der Genugtuung beraubte, die ich in der Mitteilung meiner Nachforschungen fand, so wandte ich mich an einen berühmten Physiker, dessen Beifall allein hingereicht haben würde, mich zu neuen Anstrengungen anzureizen. Herr von Saussure hörte mit Teilnahme die Einzelheiten meiner Versuche an, und ich schöpfte aus seiner Unterhaltung größeres Vertrauen und mehr Eifer, die Arbeiten, die ich angefangen hatte, fortzusetzen.

Huber wird von Senebier unterstützt.

Aber in der Kunst, die Luftarten zu analysieren, würde ich schwerlich das mir gesteckte Ziel erreicht haben, wenn ich nicht, wie ich schon erwähnt habe, von Senebier wäre unterstützt worden, der es freundlich übernahm, an meinen Untersuchungen einen tätigen Anteil zu nehmen und einen Teil seiner Zeit den Luftmessungen, die meine Nachforschungen in Anspruch nahmen, zu widmen. Ein verschwiegener Vertrauter Spallanzanis, der sich mit der Atmung der Insekten beschäftigte, freute er sich, ohne dass ich eine Ahnung davon hatte, über das Zusammentreffen seiner Beobachtungen mit den meinigen. Anmerkung: "Memorandum on Respiration" von Spallanzani, 4 Bände, 8 Teile, erhältlich von J. J. Paschoud, Verleger, Genf und Paris.

Der Pavianische Professor stellte mit dem tätigen Geiste, der ihn auszeichnet, Versuche über die Atmung der Insekten und Reptilien an, verglich seine Resultate untereinander, prüfte den Einfluss, welchen das Leben und selbst der Tod auf die Zusammensetzung der Luft ausüben konnte, beobachtete sie im Zustande ihrer Erstarrung wie bei ihrem Erwachen usw. All seine Arbeiten lieferten ihm den Beweis, dass die Insekten atmen, die Luft verderben und unverhältnismäßig mehr von ihr gebrauchen als alle anderen Tiere, und dass ihr Körper selbst noch nach dem Tode ein kohlensaures Gas ausströmt.

Die Versuche, welche ich meinerseits an den Bienen anstellte, hatten den Vorzug, dass sie mehr im Großen gemacht werden konnten, weil es ein geringes war, eine beträchtliche Anzahl Bienen in einem Gefäße zu vereinigen. Diese Versuche boten Umstände dar, die ihnen den Reiz eines zu lösenden Rätsels verliehen, und führten mich zu ebenso zufriedenstellenden Resultaten als die allgemeineren Gesichtspunkte des italienischen Gelehrten.

Zweiter Teil: Beweise für die Atmung der Bienen.

Um in diesen Untersuchungen ordnungsmäßig voranzuschreiten, begannen wir mit der Beobachtung des Einflusses der verschiedenen Luftarten und ihres gänzlichen Mangels auf die ausgewachsenen Bienen; dann wiederholten wir dieselben Versuche an ihren Larven und Nymphen und glaubten, dass wir mit größerer Sorgfalt als es bisher geschehen die äußeren Organe der Atmung untersuchen müssten.

Diese ersten Versuche mussten ausweisen, ob die Bienen in dieser Hinsicht anders organisiert seien als alle anderen Tiere. Waren sie der Notwendigkeit zu atmen nicht unterworfen, so mussten sie der Wirkung der Luftpumpe widerstehen und in hermetisch verschlossenen Gefäßen so gut leben können wie in der gemeinen Luft; mit einem Worte, ihre Beziehungen zu der Natur des sie umgebenden Fluidums mussten für ihr Dasein ziemlich indifferent sein.

1. Versuch: Zeigt, dass Luft für die Bienen unerlässlich ist.

Zunächst brachten wir Bienen unter eine Luftpumpe. Die ersten Pumpenzüge schienen sie nicht merklich zu berühren; sie krochen und flogen noch eine Zeit lang, als sich aber das Quecksilberbarometer nur noch auf drei Linien hielt, fielen sie auf die Seite und blieben ohne Bewegung. Sie waren aber nur erstarrt, und als sie der Luft ausgesetzt wurden, waren sie bald wieder völlig munter. Die folgenden Versuche unterstützten diejenigen, die wir mit der Luftpumpe angestellt hatten, und ihre Übereinstimmung bewies unzweifelhaft, dass eine bestimmte Luftmenge für die Bienen unerlässlich sei.

2. Versuch: Zeigt, dass Bienen Sauerstoff verbrauchen.

Ich wollte die Wirkung kennenlernen, welche eine Atmosphäre, die sich nicht erneuern konnte, auf die Bienen ausüben würde, und zugleich über die Veränderungen ein Urteil gewinnen, welche die Luft, der sie ausgesetzt waren, erleiden müsse. Ich nahm drei Flaschen zu je 16 Unzen Wassergehalt. Diese Flaschen enthielten nur gemeine Luft. In die erste brachte ich 250 Arbeitsbienen, ebenso viel in die zweite, und in die dritte 150 Drohnen. Die erste und die letzte wurden möglichst genau verschlossen; die zweite, welche zur Vergleichung dienen sollte, war nur teilweise verschlossen und zwar nur so, um die Bienen am Herauskriechen zu hindern.

Das Experiment begann mittags zwölf Uhr und anfänglich bemerkten wir keinen Unterschied zwischen den eingeschlossenen Bienen und denen, deren Atmosphäre mit der Außenluft in Verbindung stand. Beide schienen ihre Einsperrung mit Ungeduld zu ertragen, ohne aber ein Zeichen von Übelbefinden zu geben. Um ein Viertel nach zwölf Uhr fingen aber diejenigen, deren Atmosphäre sich nicht erneuern konnte, an, einige

Beschwerden zu äußern; sie bewegten ihre Unterleibsringe rascher, schwitzten stark und schienen heftigen Durst zu empfinden, denn sie leckten die feuchten Wände des Gefäßes ab.

Um halb eins Uhr trennte sich ihre Traube, die anfänglich um einen mit Honig gestrichenen Strohhalm sich gebildet hatte, plötzlich, und die einzelnen Bienen fielen auf den Boden der Flasche, ohne sich wieder erheben zu können; um dreiviertel eins waren alle erstickt. Ich nahm sie nun aus ihrem Gefängnisse heraus und setzte sie der freien Luft aus, worauf sie wenige Augenblicke nachher den Gebrauch ihrer Kräfte wiedergewannen. Die Drohnen erfuhren traurigere Wirkungen der Einsperrung, zu der ich sie verurteilt hatte; von ihnen kehrte keine ins Leben zurück. Die Bienen in der Flasche Nr. 2, zu welcher die atmosphärische Luft freien Zutritt hatte, hatten von ihrer Einsperrung nichts zu leiden gehabt.

Wir untersuchten den Zustand der Luft, welche hermetisch mit den Bienen eingeschlossen war, und in welcher dieselben erstarrt waren. Wir fanden sie sehr verändert. Andere in diese Luft gebrachten Bienen erstickten plötzlich darin. Ein angezündetes Licht erlosch darin sogleich, ein im Wasser geschüttelter Teil dieser Luft verringerte sich um 14%, schlug die Kreide im Kalkwasser nieder, Lattichsamen keimte nicht darin, schließlich deuteten die endiometrischen Prüfungen mit Salpetergas auf die fast vollständige Verzehrung des Sauerstoffgases hin.

Anmerkung: Endiometrische Prüfung:
Gemeine Luft 1 Teil, Salpetergas 1 Teil, Rest 0,99. Von Bienen geatmete Luft 1 Teil, Salpetergas 1 Teil, Rest 1,93. Von Drohnen geatmete Luft 1 Teil, Salpetergas 1 Teil, Rest 1,85.

3. Versuch: Weitere Beweise, dass Bienen Sauerstoff benötigen.

Um zu wissen, ob der Mangel dieser letzteren Luftart die Ursache der Erstarrung der Bienen gewesen, und ob ihre Rückkehr ins Leben bei ihrer Freigebung ihrem Vorhandensein beizumessen sei, machte ich folgendes Experiment. Ich nahm ein Rohr von 10 Unzen Rauminhalt und goss 9 Unzen Wasser hinein; die letzte Abteilung wurde den Bienen vorbehalten. Ein Korkdeckel trennte sie von der Flüssigkeit. Die Bienen befanden sich also in gemeiner Luft. Ich verschloss nun die Mündung des Rohres aufs Genaueste.

Bei diesem Versuche verdarb die Luft ebenso wie bei dem vorhergehenden, und die Bienen erstickten sehr bald. Ich öffnete nun den unteren Teil des Rohres unter der hydropneumatischen Wanne und ließ einen Teil Sauerstoffgas eindringen.

Anmerkung: Die Methode zur Messung des Sauerstoffverbrauchs war die von Priestly angewandte, bei der verbleibender Sauerstoff durch Lachgas absorbiert und der Volumsverlust gemessen wird.

Der Erfolg dieses Versuches war sehr zufriedenstellend. Das Gas hatte kaum die von den Bienen eingenommene Abteilung erreicht, als man auch schon leichte Bewegungen an ihren Rüsseln und ihren Antennen wahrnahm; die Hinterleibsringe begannen ebenfalls zu spielen, und eine abermalige Dosis Lebensluft gab diesen Insekten den vollen Gebrauch ihrer Kräfte wieder.

4. Versuch: Zeigt, dass Sauerstoff ihr Leben verlängert.

Vierter Versuch. Wir brachten andere in eine Atmosphäre von reinem Sauerstoffgas, darin lebten sie achtmal länger als in gemeiner Luft; ein sehr auffälliges Resultat; zuletzt aber erstickten sie, nachdem sie alles Sauerstoffgas in Kohlensäure (CO_2) verwandelt hatten.

Anmerkung: Endiometrische Prüfungen:
Gemeine Luft 1 Teil, Salpetergas 1 Teil, Rest 0,99. Lebensluft 1 Teil, Salpetergas 1 Teil, Rest 1,68. Von Bienen geatmete Luft 1 Teil, Salpetergas 1 Teil, Rest 1,58. Bei einem anderen Versuche 1,61.

5. Versuch: CO_2 kann sie nicht erhalten.

Indem aus der Kreide gewonnenen kohlensauren Gase verloren sie augenblicklich den Gebrauch ihrer Sinne, erholen sich aber rasch an der freien Luft.

6. Versuch: Stickstoff alleine kann sie nicht erhalten.

Augenblicklich und ohne Rettung starben die Bienen in dem aus einer Mischung von Schwefel und angefeuchteten Eisenfeilspänen gewonnenen Stickgase.

7. Versuch: Wasserstoff allein kann sie nicht erhalten.

Dasselbe Geschick hatten sie in dem vermittelst Zink gewonnenen Wasserstoffgase.

8. und 9. Versuch: Wasserstoff und Sauerstoff 3:1 erhielt sie eine Zeit lang am Leben, Stickstoff und Sauerstoff 3:1 konnte sie nicht erhalten.

Wir brachten Bienen in eine künstliche Atmosphäre, die aus drei Teilen Wasserstoffgas und einem Teil Lebensluft zusammengesetzt war. Der Umfang dieser zusammengesetzten Gase war dem von 6 Unzen Wasser gleich. Während der ersten 15 Minuten trat im Zustande der Bienen keine Veränderung ein; darauf nahmen ihre Kräfte aber ab, und nach Verlauf einer Stunde waren sie ohne Bewegung und Leben. In einer Atmosphäre aus drei Teilen Stickgas und einem Teile Lebensluft starben die Bienen auf der Stelle.

Es war offenbar überflüssig, noch neue Beweise für das Atmen der Bienen zu suchen; ehe wir jedoch diesen Gegenstand verließen, wollten wir uns von den Wirkungen überzeugen, welche dieselben Kräfte im Zustande der Erstarrung auf sie ausüben würden.

10. Versuch: Erstarrte Bienen atmen nicht.

Wir schlossen Bienen in einen Glashafen ein, den wir mit verstoßenem Eise umlegten. Der Thermometer, den wir in das Gefäß gestellt hatten, fiel von 16°R der äußeren Lufttemperatur auf 6°R (7.5°C) über dem Gefrierpunkt, worauf die Erstarrung der Bienen begann. Wir nahmen sie nun aus dem Glashafen heraus, um sie in die Röhre zu bringen, welche mit dem für die vorigen so verderblich gewesenen Luftarten angefüllt waren. Hier ließen wir sie 3 Stunden lang, und als wir sie herausnahmen, kehrten sie auf der Hand, die ihnen ihre Wärme mitteilte, ins Leben zurück; sie schienen ihre volle Kraft wiederzuerlangen.

Dieser Versuch war vollkommen beweisend; nicht die bloße Berührung der mephitischen Luftarten hatte ihnen in den vorhergehenden Versuchen den Tod gegeben, weil er ihnen in dem vorliegenden nicht geschadet, sondern die Einführung derselben in ihre Atmungskanäle, was durch die Erhaltung ihres Lebens inmitten dieser Fluida, während die Erstarrung die Tätigkeit ihrer Organe unterbrochen hatte, bewiesen war.

11. Versuch: Zeigt den Verbrauch von Sauerstoff und die Erzeugung von CO_2 bei Eiern, Larven und Puppen.

Wir wiederholten dieselben an den ausgebildeten Insekten angestellten Versuche auch mit den Eiern, Larven und Puppen der Bienen. Die Resultate waren völlig gleichartig; sie bewiesen den Verbrauch der Lebensluft und die Bildung von Kohlensäure. Die Larven verbrauchten mehr Sauerstoffgas als die Eier, und die Puppen mehr als die Larven; aber nur die Puppen wurden Opfer dieses Versuchs.

12. Versuch: Larven atmen.

Zwei Larven, in Stickgas und Kohlensäure (CO_2) gebracht, widerstanden dem verderblichen Einflusse derselben einige Augenblicke lang besser als alte Bienen es getan haben würden.

13. Versuch: Puppen atmen.

Puppen, welche denselben Luftarten ausgesetzt wurden, blieben nur wenige Augenblicke bei diesem Versuche am Leben.

Anmerkung: Endiometrische Prüfungen:
Atmosphärische Luft 1 Teil, Salpetergas 1 Teil, Rest 1,03.
Mit Eiern eingeschlossene Luft 1 Teil, Rest 1,08.
Mit Larven eingeschlossene Luft 1 Teil, Rest 1,31.
Mit Puppen eingeschlossene Luft 1 Teil, Rest 1,90.
Mit leeren Zellen eingeschlossene Luft 1 Teil, Rest 1,04.
Mit Nahrungsbrei eingeschlossene Luft 1 Teil, Rest 1,09.

14. Versuch: Atmung folgt während aller Lebensstufen denselben Gesetzen.

Eier, welche in die durch die Atmung der Bienen verdorbene Luft gebracht worden waren, verloren die Fähigkeit, sich zu entwickeln, aber durch Kälte in Erstarrung versetzte Larven und Puppen ertrugen ohne irgendwelchen Nachteil einen Aufenthalt von einigen Stunden in den tödlichen Luftarten.

Diese Versuche bewiesen die Atmung der Bienen auf den früheren Lebensstufen, sie war denselben Gesetzen wie die der ausgebildeten Bienen unterworfen. Das ließ sich erwarten, weil schon Swammerdam drei Paar Stigmen am Bruststück und sieben am Hinterleibe der Puppen erkannt hatte.

Ich hielt es für wichtig genug, mir darüber Gewissheit zu verschaffen, ob das vollkommene Insekt dieselben Organe behalte. Meine Versuche ergaben folgende Resultate. Ich wendete hier das so bekannte

Verfahren des Eintauchens in Wasser an; um aber eine Erstarrung zu verhüten, nahm ich, um einer möglicherweise durch Erstarrung veranlassten Irrung zu entgehen, leicht erwärmtes Wasser.

15. Versuch: Der Kopf wird nicht zum Atmen gebraucht.

Ich gebe hier nur die Hauptresultate meiner Versuche. Steckt man bloß den Kopf einer Biene eine halbe Stunde lang in Wasser oder in Quecksilber, so scheint ihr das keine Beschwerde zu verursachen.

16. Versuch: Das Bruststück ist für die Atmung notwendig.

Lässt man hingegen bloß den Kopf aus der Flüssigkeit hervorragen, so streckt die Biene ihren Rüssel aus und erstickt plötzlich.

17. Versuch: Der Hinterleib allein ist nicht ausreichend für die Atmung.

Taucht man Kopf und Bruststück unter und lässt nur den Hinterleib in der Luft, so zappelt die Biene einige Augenblicke und hört bald auf, Lebenszeichen zu geben.

18. Versuch: Die Luftorgane befinden sich im Bruststück.

Da Kopf und Hinterleib unzureichend scheinen, den Bienen die Möglichkeit zu atmen zu sichern, so mussten die Luftorgane ihre Öffnung an dem Bruststück haben. Das wurde uns in der Tat durch einen Versuch nachgewiesen, in welchem wir Kopf und Hinterleib zugleich unter Wasser brachten und bloß das Bruststück an der Luft ließen. Die Biene ertrug diese Stellung, die allerdings wohl beschwerlich genug für sie war, ziemlich geduldig, und als wir sie frei gaben, flog sie davon.

19. Versuch: Untergetauchte Bienen ersticken bald

Taucht man eine Biene ganz unter Wasser, so erstickt sie bald; so aber kann man am besten das Spiel der Stigmen, die in Tätigkeit sind, beobachten. In diesem Falle machen sich vier Bläschen bemerkbar, zwei zwischen Hals und Flügelwurzeln, die dritte am Halse, am Ursprunge des Rüssels und die vierte am entgegengesetzten Ende des Bruststücks, dicht am Stielchen, der es mit dem Hinterleibe verbindet. Sie erheben sich nicht unmittelbar an die Oberfläche des Wassers, die Biene scheint sie zurückhalten zu wollen. Man sieht diese Bläschen wiederholt in die Stigmen zurücktreten. Sie lösen sich erst dann ab, wenn sie genug Umfang gewonnen haben, um den durch die Atmung dieser Organe oder das Haften der Luft an den Wänden dieser Höhlungen verursachten Widerstand zu überwinden. Die beiden letzten Bläschen, deren ich Erwähnung getan, deuteten auf das Vorhandensein von Stigmen hin, die Swammerdam entgangen waren.

20. Versuch: Eine einzige der Luftwarzen ist für die Atmung ausreichend

Bei anderen Versuchen tauchten wir allmählich jede dieser Luftwarzen unter, indem wir die anderen außer dem Wasser ließen. Sie belehrten uns, dass, wenn ein einziges dieser äußeren Organe noch offen ist, es zur Unterhaltung der Atmung ausreicht, und wir bemerkten, dass dann die anderen Luftwarzen die Bläschen nicht fahren ließen, was nach meiner Ansicht das Vorhandensein einer inneren Verbindung untereinander beweist.

21. Versuch: Bienen bilden CO_2

Derselbe mit Kalkwasser wiederholte Versuch gab uns die Gewissheit, dass die Bildung der Kohlensäure (CO_2) in den oben erwähnten Versuchen großen Teils von der Atmung der Bienen herrührte; denn die Bläschen trübten bei ihrem Heraustreten aus dem Körper dieser Bienen die Flüssigkeit und schlugen die Kreide nieder.

Dritter Teil: Versuche über die Luft in den Stöcken

Wir glaubten, das rätselhafte Leben der Bienen in ihrem Stocke daraus erklären zu können, dass wir ihnen eine Organisation zuschrieben, welche ihnen das Atmen unnötig machte, wurden aber später von der Falschheit dieser Voraussetzung überführt; die Schwierigkeit blieb also in ihrer ganzen Ausdehnung, denn wir konnten nicht glauben, dass die Atmosphäre, von der sie in einem so engen Raume, wo ihre Zahl oft auf 25-30,000 und darüber steigt, umgeben sind, einen Grad von hinreichender Reinheit bewahren können, um ihre Atmung zu unterhalten.

Da indes die Erfahrung allein uns ein Recht zu der Behauptung geben konnte, dass die Luft in den Stöcken verderbt sei oder nicht, so hielten wir es für nötig, eine Analyse derselben anzustellen; zu dem Zwecke trafen wir folgende Anordnungen.

1. Versuch: Die Luft ist fast so rein wie atmosphärische Luft

Wir richteten eine große mit einem Rohre versehene Glasglocke in einer Weise vor, dass sie als Stock dienen konnte. Wir brachten einen Schwarm hinein, dem wir genügend Zeit ließen, sich einzurichten und einige Waben zu bauen, damit alles wie in einem gewöhnlichen Stocke sich verhalte. Wir befestigten hierauf auf der Öffnung der Glocke eine Flasche mit einem Hahne, welche die Luft des Inneren aufnehmen sollte, die durch das Herabfallen des in der Flasche enthaltenen Wassers oder Quecksilbers in die Höhe getrieben, bei geöffnetem Hähnchen in das Gefäß aufstieg, welches man sogleich mit aller erforderlichen Vorsicht wieder verschloss. Das Quecksilber oder das Wasser, welches bei diesem Versuche gebraucht ward, wurde von einem Trichter aufgefangen, der dasselbe in ein auf den Boden gestelltes Becken führte, sodass die Bienen dadurch nicht belästigt werden konnten.

Die Luft des Stockes, die wir so zu verschiedenen Tagesstunden ausschöpften, wurde von Herrn Senebier mittelst eines Endiometers mit Salpetergas analysiert. Das Ergebnis war ein ganz anderes, als wir vorausgesetzt hatten; denn sie erwies sich bis auf einige Hundertstel fast ebenso rein wie die atmosphärische Luft. Abends erlitt sie eine geringe Veränderung, der Unterschied überstieg aber nicht einige Hundertstel, und der ließ sich durch verschiedene Ursachen erklären.

Anmerkung: Endiometrische Prüfungen:
Gemeine Luft 1 Teil, Salpetergas 1 Teil, Rückstand 1,05. Stockluft, um 9:00 Uhr morgens geschöpft, wurde reduziert auf 1,10, um 10:00 Uhr auf 1,12, um 11:00 Uhr auf 1,13, um 12:00 Uhr auf 1,13, um 1:00 Uhr auf 1,13, um 2:00 Uhr auf 1,13, um 3:00 Uhr auf 1,13, um 4:00 Uhr auf 1,13, um 5:00 Uhr auf 1,13, um 6:00 Uhr auf 1,16, um 7:00 Uhr auf 1,15, um 8:00 Uhr auf 1,16.

Bei einem anderen Versuche wurde eine Flasche mit der Luft eines Stockes sechs Stunden lang in Verbindung gesetzt, und als man darauf die in ihr eingeschlossene Luft analysierte, fand man sie ebenso rein wie die atmosphärische Luft.

Anmerkung: Endiometrische Prüfungen:
Gemeine Luft 1 Teil, Salpetergas 1 Teil, Rest 1,02.
Stockluft 1,05.
Stockluft 1,06.

Hatten nun die Bienen in sich selbst oder in ihrem Stock eine Quelle der Lebensluft? Einer unserer Versuche belehrte uns, dass das Wachs und der Blumenstaub die Erzeugung von Sauerstoffgas keineswegs förderte.

Neue Zellen im Gewichte von 82 gran (3.854g) und ebensoviel mit Blumenstaub oder Pollen angefüllte Zellen, welche zwölf Stunden lang in einem sechs Unzen Glase der Temperatur des Stockes ausgesetzt eingeschlossen gewesen waren, verbesserten die Temperatur nicht, die man ihnen gegeben hatte, die Luft wurde vielmehr um einige Hundertstel verschlechtert.

Mit diesen Resultaten, die über die Fragen, welche ich zu lösen hatte, keinen Aufschluss gaben, nicht zufrieden, beschloss ich, einen Versuch zu machen, von dem ich voraussetzte, dass er alle Zweifel lösen werde. Ich schloss, dass, wenn die Bienen in ihrem Stocke irgendeine Quelle von Lebensluft hätten, die ihren Bedürfnissen Genüge leisten könne, es ihnen gleichgültig sein müsse, ob das Flugloch ihrer Wohnung offen oder verschlossen sei, dass man also versuchen könne, ihnen jede Verbindung mit der äußeren Luft abzuschließen und dann über den wahren Zustand ihrer Atmosphäre zu entscheiden. Dieser Versuch musste auf alle Einwürfe antworten, die man den vorhergehenden Versuchen entgegenstellen konnte, die, indem man die Bienen von ihren Genossen, von ihren Jungen und aus ihrem Stocke entfernte, auf ihre Lebensweise einen indirekten Einfluss ausüben musste.

2. Versuch: Die Bienen in ihrem Stocke besitzen kein Mittel, die von außen zutretende Luft zu ersetzen

Es war weiter nichts erforderlich, als die Bienen sorgfältig in einem Stocke zu verschließen, dessen durchsichtige Wände die Beobachtung dessen, was im Inneren vorging, gestatteten. Ich opferte diesem Versuche den Schwarm, der in der mit einer Öffnung versehenen Glasglocke eingeschlagen war.

Erst nach Verlauf einer Viertelstunde äußerten die Bienen einiges Unbehagen; bis dahin hatten sie aus ihrer Einsperrung kein Arg gehabt, aber von da an wurden alle ihre Arbeiten eingestellt und der Stock gewann ein ganz anderes Aussehen. Wir vernahmen alsbald ein ungewöhnliches Brausen im Stock; sämtliche Bienen, mochten sie nun auf den Waben lagern oder traubenförmig herabhängen, verließen ihre Beschäftigungen und fächelten heftig mit den Flügeln. Dieser Zustand dauerte ungefähr zehn Minuten. Die Bewegung wurde allmählich weniger anhaltend und weniger schnell. Um 3:35 Uhr hatten die Arbeitsbienen ihre Kraft gänzlich verloren; sie konnten sich mit ihren Füßen nicht länger festhalten und unmittelbar auf diesen Zustand der Ermattung folgte ihr Herabfallen.

Die Zahl der ohnmächtigen Bienen nahm immer mehr zu, dass Flugbrett war mit ihnen bedeckt; tausende von Arbeitsbienen und Drohnen fielen auf den Boden des Stockes herab, keine einzige blieb auf den Waben; drei Minuten später war das ganze Volk erstickt. Der Stock kühlte mit einem Male ab, und von 28°R (35°C) sank die Temperatur auf die der äußeren Luft herab.

Wir hofften den erstickten Bienen Leben und Wärme wiedergeben zu können, wenn wir sie nur einer reinen Luft aussetzten. Wir öffneten das Flugloch und das Hähnchen an der Öffnung der Glasglocke. Die Wirkung der Luftströmung, welche hierauf eintrat, war augenfällig, in wenigen Minuten fingen die Bienen wieder an zu atmen, ihre Hinterleibsringe bewegten sich und gleichzeitig schlugen sie auch wieder mit den Flügeln. Dieser Umstand war bemerkenswert und hatte schon, wie ich erwähnte, stattgefunden, als die Entziehung der äußeren Luft im Stocke fühlbar geworden war.

Alsbald stiegen die Bienen auf die Waben zurück, die Temperatur erhob sich wieder zu der Höhe, welche die Bienen gewöhnlich unterhalten, und um 4:00 Uhr war die Ordnung in ihrer Wohnung wiederhergestellt.

Dieser Versuch stellte unzweifelhaft fest, dass die Bienen in ihrem Stocke kein Mittel besaßen, die von außen zutretende Luft zu ersetzen.

Vierter Teil: Nachforschungen über die Art der Erneuerung der Luft in den Stöcken.

Die Erneuerung der Luft im Inneren der Stöcke war für die Existenz der Bienen durchaus notwendig. Dies Fluidum musste aber von außen kommen, weil die Bienen starben, wenn ihr Flugloch hermetisch verschlossen wurde. Wie aber wurde die Erneuerung erwirkt?

Anfänglich vermutete ich, dass die den Bienen eigentümliche Wärme Einfluss genug ausüben möge, um frische Luft in den Stock einzuführen, indem sie das Gleichgewicht aufhob und eine Strömung zwischen innen und außen herstellte. Ich ließ diese Ansicht jedoch gar bald fallen, indem ich mich an den Versuch erinnerte, in welchem ich ein angezündetes Licht unter ein Gefäß mit viel größerer Öffnung als das Flugloch der Bienen gestellt hatte, und wo dies Licht aus Mangel an Luft erlosch, obgleich die Temperatur der Glocke sich bis zu 50°R (63°C) erhoben hatte.

Es blieb mir nur noch eine Vermutung, um mir den Zustand der Reinheit der in den Stöcken erhaltenen Luft zu erklären, die Vermutung nämlich, dass die Bienen das bewunderungswürdige Vermögen besäßen, die äußere Luft anzuziehen und sich zugleich derjenigen zu entledigen, welche durch ihre Atmung verdorben worden war.

Ich musste also erforschen, ob die Betriebsamkeit der Bienen nicht irgendeine Besonderheit darbiete, welche diese Erscheinung erklären könne. Nachdem ich alle diejenigen, die mir eine Beschaffenheit zu besitzen schienen, diesen Zweck erfüllen zu können, geprüft und mich von der Unzulänglichkeit derselben überzeugt hatte, blieb ich betroffen von der Wechselwirkung, welche zwischen der Zirkulation der Luft und dem Flügelschlage, den ich neuerdings beobachtet hatte, und welcher ein ununterbrochenes Brausen im Inneren ihrer Wohnung unterhält, stattfinden könnte. Ich vermutete, dass die Bewegung der Flügel, welche die Luft stark genug bewegte, um einen vernehmbaren Laut hervorzubringen, dazu bestimmt sein könnte, diejenige zu entfernen, welche durch die Atmung verdorben war.

Konnte aber eine anscheinend so geringfügige Ursache die Nachteile beseitigen, welche aus der Atmung der Bienen und dem Orte, den sie bewohnen, entsprang? Anfänglich lehnt sich zwar die Einbildungskraft gegen die Zulassung diese Vermutung auf; denkt man aber über das Anhaltende dieser Bewegung und ihrer Kraft weiter nach, so erblickt man darin vielleicht eine einfache und glückliche Lösung der Erscheinung, die uns beschäftigt. Nähert man seine Hand einer fächelnden Biene, so fühlt man, dass sie die Luft in merklicher Weise in Bewegung setzt; ihre Flügel bewegen sich mit einer Schnelligkeit, dass man sie kaum unterscheiden kann. Am Rande mittelst kleiner Häkchen verbunden, bieten die beiden Flügel jeder Seite der Luft, die sie treffen sollen, eine breitere Oberfläche, bilden eine leichte Höhlung, vermöge welcher sie mit größerer Kraft wirken, und durchschneiden einen Bogen von 90°, wovon man sich leicht überzeugen kann, weil man die Flügel gleichzeitig in beiden Endpunkten ihrer Vibrationen wahrnimmt.

Die Bienen klammern sich dabei mit ihren Füßen auf dem Flugbrette fest; das erste Paar ist nach vorn ausgestreckt, das zweite seitwärts gerichtet und rechts und links vom Körper festgestellt, während das dritte, wenig gespreizt und in perpendikulärer Richtung zum Hinterleibe, die Biene hinterwärts in die Höhe zu richten sucht.

Kapitel VIII: Über die Atmung der Bienen

In der schönen Jahreszeit sieht man immer eine gewisse Anzahl Bienen mit ihren Flügeln vor dem Flugloche fächeln; sieht man genauer zu, so findet man mehrere noch, welche im Inneren ihrer Wohnung selbst fächeln; die gewöhnliche Stelle der fächelnden Bienen ist das Bodenbrett des Stockes; alle diejenigen, welche in dieser Weise außerhalb des Stockes beschäftigt sind, richten ihren Kopf nach dem Flugloch, während die im Inneren ihm den Rücken zukehren.

Man möchte behaupten, dass diese Bienen sich symmetrisch aufstellen, um desto bequemer fächeln zu können. Sie bilden Reihen, welche bis an den Eingang reichen, öfters sind sie strahlenförmig aufgestellt; diese Ordnung ist übrigens keineswegs regelmäßig und hängt vermutlich von der Notwendigkeit ab, worin die fächelnden Bienen sich befinden, denen Platz zu machen, welche kommen und gehen und deren rascher Lauf sie zwingt, sich reihenweise aufzustellen, damit sie nicht jeden Augenblick gestoßen und über den Haufen geworfen werden.

Mitunter fächeln mehr als 20 Bienen unten im Stock; ein andermal ist ihre Zahl geringer. Eine jede unter ihnen lässt ihre Flügel länger oder kürzer spielen. Ich habe manche wohl 25 Minuten lang fächeln gesehen; in diesem Zeitraume ruhten sie nicht aus, schienen aber mitunter wohl Atem zu schöpfen, indem sie die Schwingungen ihrer Flügel für einen unteilbaren Augenblick unterbrachen. Sobald sie zu fächeln aufhören, werden sie von anderen ersetzt, so dass niemals eine Unterbrechung in dem Brausen eines gut bevölkerten Stockes eintritt.

Wenn sie im Winter gezwungen sind, in der Nähe des Mittelpunktes des Haufens, der dann im Haupte des Stockes vereint ist, zu fächeln, vollführen sie diese wichtige Vorrichtung vermutlich zwischen den unregelmäßigen Waben, deren Seiten hinreichenden Raum zwischen sich lassen, um ihnen die volle Entfaltung der Flügel zu gestatten; denn sie haben mindestens einen Raum von sechs Linien nötig, um sie in voller Freiheit spielen zu lassen.

War die Lüftung für die Bienen im Naturzustande ebenso notwendig wie für diejenigen, die wir zu Haustieren gemacht haben? Ihre Wohnungen in hohlen Bäumen und Felsenhöhlen bieten größere Dimensionen; verschiedene Zustände konnten einige Veränderungen in der Lufterneuerungsweise hervorbringen. Ich habe demzufolge diese Anordnungen der Natur nachzuahmen versucht, indem ich die Bienen in einen Stock von fünf Fuß Höhe brachte; derselbe war in seiner ganzen Länge mit Glasscheiben versehen, so dass ich die pyramidale Volksmenge, welche unter den im Haupte der Wohnung angelegten Waben hing, bequem von allen Seiten beobachten konnte. Das Flugloch war in diesem verglasten Kasten wie bei den gewöhnlichen Stöcken unten angebracht.

Ich machte die Bemerkung, dass nur sehr wenige Bienen am Eingange fächelten; auf der senkrechten Wand derselben Seite legten sich immer die meisten an und hielten sich in geringer Entfernung voneinander und auf dem Wege derer, die vom Felde zurückkehrten.

Die Lüftung der Bienen oder das Brausen, welches ein Zeichen derselben ist, bekundet sich nicht allein während der Sommerhitze, sondern in allen Jahreszeiten; es scheint sogar mitunter mitten im Winter weit stärker zu sein als bei gemäßigter Temperatur. Eine so andauernde Ursache, die immer eine bestimmte Anzahl Bienen beschäftigt, konnte eine erfolgreiche Wirkung auf die Atmosphäre ausüben, die einmal erschütterte Luftsäule musste der äußeren Platz machen, ein Zug musste hergestellt und die Luft erneuert werden.

Versuche, die zeigen, dass am Eingang des Stockes eine Luftströmung stattfindet.

Eine so auffällige Wirkung konnte indes nicht statthaben, ohne sich auf irgendeine Weise kundzugeben, und in der Tat war auch nichts leichter, als sich davon zu überzeugen. Ich entschloss mich, zu dem Ende vor dem Flugloch eines Stockes kleine, sehr leichte Windmesser, zum Beispiel Papierstreifchen, Federn, Baumwolle, anzubringen. Diese mittelst eines Fadens an einem Stäbchen aufgehängten Windmesser mussten mir nachweisen, ob an dem Flugloch der Bienenstöcke eine merkliche Luftströmung stattfinde und von welcher Stärke sie sei.

Ich wählte für diesen Versuch ein ruhiges Wetter und führte ihn zu einer Tageszeit aus, wo die Bienen in ihre Wohnung zurückgekehrt waren. Damit ich aber nicht durch irgendeine vorübergehende Bewegung der umgebenden Luft beirrt werde, traf ich die Vorsichtsmaßregel, in einiger Entfernung vom Flugloch einen Schirm aufstellen zu lassen.

Kaum waren die Windmesser in den Bereich der Bienenatmosphäre gekommen, als sie auch schon in Bewegung gerieten; bald schienen sie sich gegen das Flugloch zu stürzen und daselbst einen Augenblick zu verweilen, bald hielten sie sich, mit derselben Geschwindigkeit zurückschnellend, einen oder zwei Zoll von der Pendellinie entfernt in der Luft. Diese Anziehung und Abstoßung schienen mir mit der Anzahl der fächelnden Bienen im Verhältnis zu stehen; mitunter waren sie weniger merklich, aber nie hörten sie ganz auf.

Dieses Experiment bewies also das Vorhandensein einer am Flugloch bewirkten Luftströmung. Ich hatte den Nachweis erhalten, dass die durch die Atmung der Bienen verderbte Luft jeden Augenblick durch die der Atmosphäre ersetzt wurde, wodurch mir der Zustand der Reinheit, in welchem ich sie früher gefunden, erklärlich ward.

Könnte man mir vielleicht den Gebrauch einiger Bienenzüchter entgegenhalten, welche im Winter die Fluglöcher ihre Bienen mit Erfolg verschließen? Wenn jeglicher Zutritt von Luft dadurch abgeschnitten würde, so wäre damit freilich erwiesen, dass die Bienen sich während dieser Jahreszeit derselben entschlagen könnten. Indes findet dies Verfahren nur bei Strohkörben statt, die man nur schwer völlig verschließen kann, und die immer noch zwischen ihren Ringen Luft durchtreten lassen.

In Beziehung auf den Winter erlaube ich mir indes kein entschiedenes Urteil, da ich nur einen einzigen Versuch angestellt habe, der mir freilich genügend schien, alle Zweifel über diesen Punkt zu beseitigen. Ich überließ denselben Burnens, der schon von mir getrennt war, und nachstehend gebe ich den Wortlaut des Briefes, den er darüber an mich schrieb.

Verehrter Herr,

Ich habe soeben den Versuch angestellt, den wir im Sommer schon gemacht hatten, und den Herr Senebier auch in dieser Jahreszeit wiederholt zu sehen wünscht.

Ich wählte dazu einen sehr volkreichen Strohkorb, dessen Bewohner mir eine bedeutende Lebenskraft zu besitzen und im Inneren ihrer Wohnung ziemlich tätig zu sein schienen. Nachdem ich den Rand des Korbes auf dem Bodenbrette verklebt hatte, steckte ich in das Haupt einen ziemlich starken Eisendraht, welcher in einem Häkchen auslief, an welchem ich mittelst einer Schleife ein Härchen aufhing, welches ein kleines Viereck vom feinsten Papier trug, über welches ich verfügen konnte.

Es hing dem Flugloche in zollweiter Entfernung gegenüber.

Sobald diese Vorrichtung hergestellt war, sah ich das Härchen mit feinem Papiere mehr oder weniger starke Schwingungen machen. Um dieselben messen zu können, hatte ich einen kleinen horizontalen Maßstab angebracht, und in Pariser Linien (ungefähr 2mm) abgeteilt, der mit dem unteren Ende des Härchen, und dem oberen Rande des Papiers in gleicher Linie stand. In zollweiter Entfernung vom Flugloch wurde das Papier zu demselben hingezogen und in gleicher Entfernung wieder abgestoßen, was öfters wiederholt wurde. Die größten Schwingungen betrugen demnach einen Zoll von der Pendellinie bis zu einem der entferntesten Punkte.

Ich entfernte das Papier weiter, dann aber hörte die Schwingung auf und der Apparat blieb ruhig.

Ihrem Rate zufolge machte ich oben in den Korb eine Öffnung und goss flüssigen Honig in den Stock. Gleich darauf fingen die Bienen zu brausen an; die Bewegung im Inneren wurde größer und einige Bienen flogen aus. Ich behielt die Vorrichtung immer im Auge und bemerkte, dass die Schwingungen des Papiers häufiger und stärker, als vor dem Eingießen des Honigs waren; denn nachdem ich den Pendel 15 Linien (32mm) vom Flugloch entfernt aufgehängt hatte, wurde das Papier mehrere Male angezogen und zurückgestoßen, was im mindesten nicht zweifelhaft war. Ich wollte sehen, ob die Schwingungen in noch größerer Entfernung stattfinden würden, doch blieb das Papier ruhig.

Es bleibt mir noch übrig, Ihnen den Temperaturstand dieses Tages anzugeben; ich besaß ein Thermometer mit Weingeist, welches im Schatten 5 ¼ ° R über Null (6.6 ° C) zeigte; es war schöner Sonnenschein, und der Versuch wurde um 3:00 Uhr nachmittags gemacht.

Sollten sie weitere Wünsche hegen, so bitte ich, mir dieselben mitzuteilen, mit der größten Freude werde ich mich Ihren Befehlen unterziehen.

Ich habe die Ehre zu sein.

Ihr ergebenster und gehorsamster Diener,

F. BURNENS

Fünfter Teil: Beweise für die Ventilation, aus den Wirkungen eines künstlichen Ventilators entlehnt.

Die oben erwähnten Versuche ließen mir keinen Zweifel über den Zweck der Lüftung. Dem chemischen Einflusse der im Stock enthaltenen Stoffe konnte kein Gewicht mehr beigelegt werden, und dass die spezifische Schwere der Luft keinen so wesentlichen Wechsel zwischen der atembaren und der verderbten Luft erzeuge, davon hatte ich mich genügend überzeugt. Da ich mich aber auf meine Einsicht allein nicht verlassen wollte, wandte ich mich von neuem an Herrn von Saussure, ehe ich eine Hypothese aufstellen mochte, die in gewisser Beziehung selbst für die Physik von Interesse sein musste. Von dem Ergebnis meiner Experimente und der Eigentümlichkeit des Mittels betroffen, welches die Natur angewendet hat, um die Bienen vor einem gewissen Tode zu bewahren, schlug mir dieser Gelehrte einen Versuch vor, von dem er glaubte, dass er jeden Zweifel lösen müsse.

Er sah nur ein Mittel, darüber zu entscheiden, ob die Erneuerung der Luft in den Bienenstöcken der natürlichen

Ventilation zugeschrieben werden müsse, und dieses bestand in der mechanischen Nachahmung der Bewegung der Bienen an einem Orte, welcher einem gewöhnlichen Bienenstocke vollkommen entsprach, und von welchem man jede andere Veranlassung zu einem Luftzuge entfernt hielt. Er riet mir die Anwendung eines künstlichen Ventilators, dessen mit Schnelligkeit bewegte Flügel eine Wirkung auszuüben vermöchten, welche der der fächelnden Bienen gleich sei. Einer meiner Freunde, ein ebenso geschickter Mechaniker als gelehrter Physiker (Herr Schwepp, der Erfinder der Maschine zur Erzeugung künstlicher Mineralwasser), unterstützte mich in der Ausführung dieser Maschine und stellte mit mir all die Versuche an, zu denen sie bestimmt war.

Statt einer gewissen Anzahl kleiner Ventilatoren fertigten wir eine Kurve mit 18 Flügeln von Weißblech und stellten dieselben unter eine große Glasglocke, deren Rauminhalt wir durch einen Untersatz, auf welchem wir sie sorgfältig befestigten, noch vermehrten. Eine in diesem Untersatz angebrachte und genau verschließbare Öffnung diente zur Einstellung einer Kerze unter die Glocke; der Ventilator wurde auf dem Boden des Untersatzes aufgestellt und an seinen Stützpunkten befestigt. An einer der Seiten des Untersatzes war eine ziemlich große Öffnung gelassen.

Dieser Teil des Apparates stand mit dem oberen Gefäße in unmittelbarer Verbindung, war aber so vorgerichtet, dass sie die heftige Bewegung der Luft hinderte, damit nicht der Ventilator selbst die Kerze auslöschen konnte. Vor der Eröffnung des Untersatzes hingen wir leichte Körperchen auf, um die Richtung des Zuges zu erkennen, und begannen dann mit dem folgenden Versuche, bei welchem wir die Kurbel nicht spielen ließen.

1. Versuch: Flugloch offen, keine Ventilation, eine Kerze.

Wir stellten eine Kerze unter die Glocke, indem wir das Loch, welches das Flugloch der Bienen vorstellte, offen ließen. Das Licht verblieb nicht lange in seiner ersten Helligkeit, wurde rasch kleiner und verlosch nach Verlauf von acht Minuten gänzlich, obgleich die Glocke einen Rauminhalt von 3228 Kubikzoll (53 Liter) hatte. Das Haupt der Glocke war stark erhitzt; die Windmesser gaben kein Zeichen von Luftströmung.

2. Versuch: Wiederholung des ersten Versuches.

Nachdem wir die durch die Verbrennung verdorbene Luft entfernt hatten, wiederholten wir denselben Versuch bei verschlossenem Flugloche. Das Licht blieb dieselbe Minutenzahl brennen, was beweist, dass eine einzige Öffnung die Erneuerung der Luft nicht fördert, wenn die Luft nicht durch irgendeine fremdartige Ursache in Bewegung gesetzt wird.

3. Versuch: Flugloch offen, Ventilation, eine Kerze.

Nachdem wir abermals die Luft in der Glocke erneuert hatten, brachten wir eine Kerze darunter und hingen mehrere Windmesser vor dem Flugloche auf. Nachdem diese Vorkehrungen getroffen waren, ließen wir den Ventilator spielen, und augenblicklich traten zwei Luftströmungen auf. Die Windmesser zeigten diese Wirkung sehr entschieden an, indem sie sich vom Flugloch entfernten und sich ihm wieder näherten. Die Lebhaftigkeit der Flamme nahm während des Versuches nicht im Mindesten ab. Ein auf den Boden des Apparats gestellter Thermometer zeigte 40°R (50°C); im Haupte der Glocke war die Temperatur unverkennbar höher.

4. Versuch: Wie der dritte Versuch, nur mit zwei Kerzen.

Ich wollte erproben, ob mein Ventilator auch wohl die Wirkung zweier Kerzen bewältigen könne; sie brannten 15 Minuten und erloschen dann gleichzeitig. Bei einem anderen Versuche, in welchem die Kurbel nicht in Bewegung gesetzt war, brannten die Lichter nur drei Minuten.

5. Versuch: Mehrung der Ventilation verringert den Luftstrom.
Wir brachten auf den Seiten des Untersatzes in der Richtung der Flügel des Ventilators mehrere Öffnungen an. Die Wirkung entsprach aber unserer Erwartung nicht; eine der beiden Kerzen erlosch nach acht Minuten, die andere brannte ohne Unterbrechung so lange, wie der Ventilator in Bewegung war. Durch die Mehrung der Öffnungen hatte ich also *keinen* stärkeren Luftzug erlangt.

Indem diese Versuche auswiesen, dass die Luft sich an einem Orte, der nur an einer Seite Öffnungen hat, erneuern kann, wenn eine mechanische Ursache sie aus ihrer Lage zu bringen sucht, schienen sie auch unsere Voraussetzungen über die Wirkung zu bestätigen, welche die Ventilation der Bienen in ihrem Stocke ausüben kann.

Sechster Teil: Unmittelbare Ursachen der Ventilation.
Man würde den Geist der Natur gänzlich verkennen, wenn man voraussetzen wollte, dass der eigentliche Zweck, den sie bei dieser oder jener Tätigkeit der Tiere im Auge hat, immer gerade auch derjenige sein müsste, den sie ihnen vorhält. Dieser großartige Zug, welcher der schönsten Entwicklung fähig wäre, gehört zu denen, worin man am deutlichsten die unsichtbare Hand erkennt, welche das Weltall regiert. Die Bienen, welche die Luft mit ihren Flügeln in Bewegung setzen, haben gewiss keine Ahnung von dem wirklichen Zwecke, den sie erreichen; vielleicht macht sich ihnen irgendein Verlangen oder einfaches Bedürfnis fühlbar, und ihr Instinkt reizt sie, die Flügel zu schwingen, die ihnen nur zum Fliegen verliehen zu sein schienen. Vermutlich bewegen sie dieselben, um irgendeine unmittelbare Empfindung zurückzuweisen;

denn die Einsichten, die uns zu einer entsprechenden Handlungsweise antreiben würden, kann man ihnen doch nicht beilegen. Nichtsdestoweniger ist es anziehend, die, wenn auch noch so einfachen, Reizmittel kennenzulernen, welche die Natur ihnen vorhält, um zu dem sich gesteckten Ziele zu gelangen.

Übermäßige Hitze ist ein Grund.
Die einfachste Vorstellung, die sich mir darbot, war die, dass die Bienen nur darum fächelten, um sich die Empfindung der Kühlung zu verschaffen, und ein Versuch überzeugte mich tatsächlich, dass dieser Beweggrund eine der unmittelbaren Ursachen der Lüftung sein könnte. Ich öffnete den Laden eines verglasten Stockes, die Sonnenstrahlen fielen auf die von Bienen überdeckten Waben; gleich fingen diejenigen, welche den Einfluss ihrer Wärme zu lebhaft empfanden, zu brausen an, während diejenigen, welche sich noch im Schatten befanden, ruhig blieben. Eine Beobachtung, welche man alle Tage machen kann, bestätigt das Ergebnis dieses Versuchs. Die Bienen, welche im Sommer vor den Stöcken vorliegen, fächeln, wenn sie von der Sonnenhitze belästigt werden, stark; wirft aber irgendein Körper seinen Schatten auf einen Teil des Bartes, so hört das Fächeln in dem vom Schatten getroffenen Teile auf, während es in dem von der Sonne beschienenen und erhitzten fortdauert.

Dieselbe Tatsache lässt sich bei Insekten verwandter Art betrachten. Haarige Hummeln, die ich mit ihrem Neste in einem Fenster stehen hatte, fingen, obgleich in der Regel sehr ruhig, stark zu brausen an, wenn die Sonne auf das Kästchen schien, welches sie einschloss; dann schlugen sie alle mit den Flügeln und ließen ein sehr starkes Brausen vernehmen.

Man hört mitunter dasselbe Brausen in der Nähe von Wespen- und Hornissennestern; es scheint folglich festzustehen, dass die Hitze die Bienen und einige andere Insekten zum Fächeln anreizt.

Hitze ist nicht der einzige Grund.
     Bei den Bienen tritt aber der bemerkenswerte Umstand ein, dass sie selbst mitten im Winter brausen, und dieses Brausen ist oft das Zeichen, woran man erkennt, dass das Volk noch am Leben ist. Die Wärme ist also nur ein Nebengrund, welcher im Sommer diese Neigung der Bienen steigert; ich musste demnach mich umsehen, ob nicht noch andere Eindrücke bei ihnen den Akt der Ventilation hervorriefen. Ich versuchte deshalb, sie mit solchen Ausdünstungen zu umgeben, von denen ich vermutete, dass sie ihnen zuwider seien, und wirklich machte ich die Erfahrung, dass verschiedene starke Gerüche sie zum Flügeln reizten. Ich trennte einige Bienen von ihrem Stock, indem ich sie durch Honig anlockte, und brachte dann in Weingeist getränkte Baumwolle in ihre Nähe, während sie den Honig aufgesogen. Ich musste dieselbe aber erst dicht an ihren Kopf rücken, ehe sie davon belästigt wurden. Dann war die Wirkung aber nicht mehr zweifelhaft. Die Bienen wichen zurück und schlugen mit den Flügeln, näherten sich dann aber wieder, um ihre Nahrung zu nehmen. Sobald sie gehörig wieder im Zuge waren, wiederholte ich das Experiment; sie wichen abermals zurück, ohne aber ihren Rüssel ganz zurückzuziehen; sie begnügten sich damit, fressend mit den Flügeln zu schlagen. Mitunter jedoch geschah es auch, dass zu stark von diesen unangenehmen Empfindungen betroffene Bienen sich eilig entfernten und davonflogen; öfters drehte eine Biene dem Honiggefäße den Rücken zu und ließ die Flügel so lange spielen, bis die Empfindung oder ihre Ursache durch die Wirkung dieser Bewegung vermindert war, dann kehrte sie wieder um, um ihren Anteil von dem ihr gebotenen Mahle zu erhalten.

Diese Versuche gelingen nie besser als vor dem Flugloche des Stockes selbst, weil dann die Bienen durch die doppelte Anziehungskraft des Honigs und ihres Stockes weniger bereit sind, sich durch die Flucht den Eindrücken, denen man sie unterwerfen will, zu entziehen. Die haarigen Hummeln, die ich vorhin erwähnte, wenden dasselbe Verfahren an, um widrige Gerüche zu entfernen. Bemerkenswert dabei aber ist, und bis zu einem gewissen Punkte die Wichtigkeit des Flügelschlagens beweisend, dass weder ihre, noch die Männchen der Honigbienen, obgleich auch sie gegen die Gerüche derselben Art sehr empfindlich sind, sich wie Arbeiterinnen davor zu bewahren wissen.

Die Ventilation gehört also zu den industriellen Vorrechten der Arbeitsbienen allein. Ihnen hat der Schöpfer, als er diesen Insekten eine Wohnung anwies, in welche die Luft nur schwer eindringen konnte, das Mittel gegeben, die verderblichen Wirkungen der Verderbnis ihrer Atmosphäre abzuwenden.

Von allen Tieren ist die Biene vielleicht das einzige, dem ein so wichtiges Geschäft anvertraut worden ist, was, im Vorbeigehen erwähnt, zugleich die Feinheit ihrer Organisation anzeigt. Eine mittelbare Folge der Ventilation ist noch die erhöhte Temperatur, welche die Bienen ohne irgendeine Anstrengung in ihrem Stock erhalten; sie resultiert, wie die natürliche Wärme aller Tiere, aus der Atmung selbst. Diese Wärme, welche irgendein Schriftsteller ohne Grund der Gärung des Honigs zugeschrieben hat, rührt ganz gewiss von der Vereinigung einer großen Menge Bienen an einem und demselben Orte her. Sie ist für die Bienen und ihre Brut so wesentlich, dass sie von der Temperatur der Atmosphäre unabhängig sein musste.

Die Existenz der Bienen hängt mit der Fortdauer der Ventilation zusammen.

Die Existenz der Bienen hängt also in mehr als einer Beziehung mit der Fortdauer der Ventilation zusammen; da indes nicht jede einzelne zu so vielen verschiedenen Arbeiten berufene Biene für sich ununterbrochen mit der Sorge sich befassen kann, die Luft im Stande der notwendigen Reinheit zu erhalten, so musste dieses Geschäft der Reihe nach von einer kleinen Anzahl Einzelwesen verrichtet werden können, damit nicht den anderen Zweigen des Kunstfleißes Mitglieder entzogen werden, deren sie nicht entbehren mögen.

So entspricht der Gesellschaftszustand dieser Insekten, indem er ihnen erlaubt, die verschiedenen, dem ganzen Volke auferlegten Verrichtungen abwechselnd zu vollziehen, den wohlwollenden Absichten des Schöpfers und ersetzt in Beziehung auf sie die Einrichtungen, die wir zu unserem eigenen Besten getroffen haben.

Kapitel IX: Von den Sinnen der Bienen und insbesondere von ihrem Geruche

Die unendliche Verschiedenheit der Lebensweise der verschiedenen Insekten- und Tierarten weckt die sehr natürliche Vorstellung in uns, dass die Naturgegenstände auf sie nicht dieselben Eindrücke machen wie auf den Menschen. Da ihre Geistesfähigkeiten nicht dieselben sind, und ihre Natur das Licht der Vernunft nicht zulässt, so müssen sie durch andere Triebfedern geleitet werden. Vielleicht ist die Vorstellung, die wir uns von ihren Sinnen nach den unsrigen machen, nicht eben genau zutreffend. Feinere oder von den unsrigen abweichende Sinne könnten ihnen die Gegenstände unter einem Gesichtspunkte darstellen, der uns ganz unbekannt, und Eindrücke hervorrufen, die uns fremd sind. Wären sie nur mehr vor uns aufgerollt, so würden sie gewiss unseren Beobachtungen ein ganz neues Feld öffnen. So gehört alles, was der Mensch mithilfe von Vergrößerungsgläsern entdeckt, doch immer in den Bereich des Gesichtes, obgleich die Alten keine Idee von den Gegenständen hatten, die wir wahrnehmen, seit die Optik so große Fortschritte gemacht hat.

Muss man dem Geiste, welcher jedem Geschöpfe den seinem Geschmack und Gewohnheiten entsprechenden Bau verlieh, nicht auch die Macht zuerkennen, ihre Sinne in einer Weise zu gestalten, wie keine Wissenschaft es uns anschaulich machen kann?

Konnte nicht derselbe Anordner, der für uns und mit Rücksicht auf unsere Bedürfnisse diese fünf Zugänge erschuf, durch welche sämtliche Vorstellungen der physischen Welt unserem Geiste zugeführt werden, willkürlich für andere, rücksichtlich des Urteils weniger bevorzugte Geschöpfe entweder geradere, oder zuverlässigere, oder zahlreichere Wege öffnen, deren

Ausläufer sich durch das ganze ihnen eingeräumte Gebiet erstrecken?

Hat die Natur für Geschöpfe, die anders sind als wir, auch andere Sinne erschaffen?

Die Wissenschaft lehrt uns, über die Gegenstände nach Gründen zu urteilen, die nicht mehr unmittelbar in den Bereich der Sinne gehören und bei denen die Urteilskraft vorzugsweise sich betätigt. Die Physik und Chemie liefern dafür tausend Belege. Die Thermometer, die Auflösungsmittel, die Reagenzien, durch deren Hilfe man die innerste Natur der Gegenstände, die unseren Sinnen sich entziehen, kennen lernt, sind ebenso neue Organe. Es kann also noch ganz neue Weisen geben, materielle Dinge zu betrachten; diejenigen, die wir ausfindig gemacht haben, reden nur zu dem Geiste; will aber die Natur eine Vermittlung zwischen dem Sinnlichen und dem Geistigen herstellen, so tut sie das vermittelst des Gefühls oder der Empfindungen, und widerstreitet nichts der Vorstellung, dass sie für Wesen, welche von uns in so vielen anderen Beziehungen abweichen, auch andere Empfindungen habe schaffen können.

Die Insekten, welche in großen Gemeinschaften leben, unter denen die Bienen unleugbar den ersten Platz einnehmen, zeigen uns oft Züge, die wir nicht erklären können, selbst wenn wir diesen kleinen Geschöpfen unsere eigenen Sinne zuschreiben wollten. Das ist, was die Geheimnisse ihrer so schwer zu ergründenden Handlungen schwankend macht. Indes haben sie auch Empfindungen von minder subtiler Natur, und da es wünschenswert ist, eine möglichst genaue Kenntnis ihrer Gebietskräfte zu gewinnen, so tut man Unrecht, das Studium dieser Äußerlichkeiten, die mehr in unserem Bereich liegen, und aus welchen wir wenigstens über ihre Neigungen und Abneigungen urteilen können, zu vernachlässigen.

Die Sinne der Bienen.

Gesicht, Gefühl, Geruch und Geschmack sind die Sinne, welche man den Bienen ziemlich allgemein zugesteht. Bis jetzt haben wir noch keinen Beweis, dass sie sich auch des Gehörssinns erfreuen, obgleich ein unter den Landleuten verbreiteter Gebrauch das Gegenteil anzudeuten scheint; ich meine nämlich ihre Gewohnheit, beim Abziehen eines Schwarmes mit hell klingenden Gegenständen aneinander zu schlagen, um dadurch einem Durchgehen zuvorzukommen. Wie vollkommen ist dagegen aber ihr Sehorgan! Wie sicher erkennt die Biene aus der Ferne schon ihren Stock mitten in einem Bienenhaufen, welcher eine große Zahl dem ihrigen ganz gleicher Stöcke beherbergt. Mit außerordentlicher Schnelligkeit kommt sie in gerader Linie an demselben an, was voraussetzt, dass sie denselben schon aus weiter Ferne an Merkmalen erkennt, die uns entgehen würden. Die Biene fliegt geraden Weges der blumigsten Flur zu; hatte sie ihre Richtung einmal gefunden, so verfolgt sie ihren Weg ebenso gerade, wie eine abgeschossene Kugel; sobald sie ihre Ernte gemacht hat, erhebt sie sich, um ihren Stock aufzusuchen und kehrt mit der Schnelligkeit des Blitzes zurück. Anmerkung: Es wurde seither gefunden, dass der von den Bienen gewählte *gerade Weg* durch Luftströmungen und Winde mehr oder weniger kurvig verläuft. - Übersetzer.

Die Arbeiten im Stock werden im Dunkeln verrichtet.

Ihr Gefühlssinn ist vielleicht viel bewunderungswürdiger noch, denn im Inneren des Stockes das Gesicht vertretend, ersetzt er diesen Sinn vollständig. Die Biene erbaut ihre Waben in der Dunkelheit, gießt den Honig in die Magazine, nährt die Brut, urteilt über deren Alter und Bedürfnisse, erkennt ihre Königin und das alles lediglich mittelst ihrer Fühler, deren Form doch weit weniger zum *Erkennen* befähigt ist als die unserer Hände; muss man darum diesem Sinne nicht Gestaltungen und Vollkommenheiten unterlegen, die unserem Tastsinne unbekannt sind? Hätten wir nur zwei Finger, um all die verschiedenen Gegenstände zu messen und zu vergleichen, von welcher Feinheit müssten sie nicht sein, um uns dieselben Dienste leisten zu können? Anmerkung: Es wird mittlerweile angenommen, dass die drei Ocelli auf dem Kopf der Biene sie zur Arbeit in ihrem Stock im Dunkeln auf sehr kurzer Distanz befähigen.-Übersetzer.

Der Geschmack.

Der Geschmack ist vielleicht von allen Sinnen der Bienen der am wenigsten ausgebildete; denn im Allgemeinen scheint dieser Sinn eine Wahl seines Gegenstandes zu gestatten, aber trotz der herrschenden Meinung ist es gewiss, dass die Biene hinsichtlich des Honigs, den sie sammelt, wenig Ekel empfindet. Blumen, deren Geruch und Geschmack uns sehr unangenehm sind, stoßen sie nicht zurück. Nicht einmal giftige Blumen sind von ihrer Wahl ausgeschlossen, und man sagt, dass der in gewissen Gegenden Amerikas gesammelte Honig ein sehr starkes Gift sein soll. Außerdem verschmähen die Bienen auch die von den Blattläusen ausgespritzte, als Honigtau bekannte Flüssigkeit trotz ihres unsauberen Ursprungs nicht; ebenso wenig sind sie Ekel hinsichtlich des Wassers, welches sie trinken, dasjenige der stinkendsten Pfützen und Lachen scheinen sie dem der reinsten Quelle und dem des Taues sogar vorzuziehen.

Auch ist nichts abweichender als die Eigenschaft des Honigs. Honig aus einem Kanton schmeckt nicht wie der aus einem anderen; der Frühlingshonig hat einen anderen Geschmack als der Herbsthonig, und der Honig des einen Stockes gleicht nicht immer auch dem des Nachbarstocks.

Es ist also gewiss, dass die Biene in ihrer Nahrung wenig wählerisch ist; ist sie aber nicht wählerisch hinsichtlich der Güte des Honigs, so ist sie doch keineswegs gleichgültig gegen die Menge, welche die Blüten davon enthalten. Die Bienen fliegen immer dahin, wo es am meisten davon gibt; sie fliegen weniger nach Maßgabe der Temperatur oder der Schönheit des Wetters, als der Hoffnung aus, die sie auf eine reichere oder geringere Ernte setzen. Wenn die Linden oder der Buchweizen in Blüte stehen, trotzen sie selbst dem Regen, fliegen vor Sonnenaufgang aus und kehren später als gewöhnlich nach Haus zurück; doch legt sich dieser Eifer augenblicklich, wenn die Blüten verwelken, und die Sichel überall diejenigen gefällt hat, welche die Wiesen schmückten, dann bleiben die Bienen daheim, wie glänzend die Sonne auch strahlen mag. Wem soll man diese Kenntnisse vom größeren oder geringeren Reichtum der Blumen der Flur, welche das gesamte Volk, ohne auszufliegen, zu besitzen scheint, zuschreiben? Sollte ein Sinn, feiner als die übrigen, der Geruchssinn, sie davon benachrichtigen?

Es gibt Gerüche, welche den Bienen widerstehen, andere wieder, welche sie anziehen. Tabaks- und jeder andere Rauch ist ihnen zuwider. Die menschliche Geschicklichkeit weiß ihre Neigung und Abneigungen sich zunutze zu machen; hat sie aber das sich vorgesetzte selbstsüchtige Ziel erreicht, trägt sie kein Verlangen mehr, eine philosophische Wissbegierde zu befriedigen.

Von anderen Beweggründen beseelt, wollen wir unser Augenmerk darauf richten, wie verschiedene Gerüche auf die Bienen einwirken, in welchem Grade sie von den einen angezogen, von den anderen zurückgestoßen werden, das liegt nicht außerhalb der Grenzen unseres Gesichtskreises; vielleicht gestattet der Fortschritt der Wissenschaften eines Tages darüber hinauszugehen.

Von allen wohlriechenden Substanzen zieht der Honig die Bienen am mächtigsten an, andere Gerüche haben diese Eigenschaft vielleicht nur in dem Maße, als sie ihnen das Vorhandensein einer Flüssigkeit andeuten, welche in ihren Augen von so großem Werte ist.

Versuche zeigen, dass Bienen den Honig mit dem Geruchssinn finden.

Um zu erfahren, ob der Geruch des Honigs und nicht bloß der Anblick der Blumen sie von seinem Vorhandensein benachrichtige, musste ich diese Substanz an einem Orte verbergen, zu welchem das Auge keinen Zugang hatte. Zunächst machte ich den Versuch, in der Nähe eines Bienenhauses Honig in ein Fenster zu stellen, dessen fast geschlossene Laden den Bienen einzudringen gestatteten, wenn sie dazu Lust verspüren sollten. In weniger als einer Viertelstunde befanden sich vier Bienen, ein Schmetterling und einige Stubenfliegen zwischen Laden und Fenster und waren darüber aus, von dem Honig zu zehren, den ich dahin gesetzt hatte. Diese Beobachtung sprach ziemlich entschieden für meine oben ausgesprochene Meinung; ich verlangte indes eine noch entschiedenere Bestätigung. Ich nahm Kästchen von verschiedener Größe, Farbe und Gestalt, brachte an den in ihren Deckeln gemachten Löchern kleine Klappen von Kartenpapier an, goss dann auf den Boden der Kästchen Honig und stellte sie 200 Schritte von meinem Bienenhause auf.

Nach einer halben Stunde sah ich Bienen bei diesem Kästchen ankommen, welche dieselben aufmerksam umkreisten und gar bald die Stelle ausfindig gemacht hatten, wo sie eindringen konnten; ich sah, wie sie die Klappen zurückschlugen und zum Honig vordrangen.

Aus diesem Versuche kann man die außerordentliche Feinheit des Geruches dieser Insekten schließen; der Honig war nicht allein ihrem Gesichte verborgen, sondern konnte auch keine starke Ausströmungen verbreiten, weil er bei diesem Versuche überdeckt und versteckt war.

Die Blumen zeigen oft eine unseren Deckeln ähnliche Vorrichtung. Bei mehreren Klassen befinden sich die Nektarien am Grunde einer Röhre, die durch die Staubfäden zum Teil verschlossen oder versteckt ist; die Biene findet sie dennoch auf. Aber ihr Instinkt, weniger erfinderisch als der der haarigen Hummel (Bremus), gewährt ihr weniger Hilfsmittel; denn wenn diese in die Blumen durch ihre natürliche Öffnung nicht eindringen kann, so beißt sie an der Basis der Blumenkrone, selbst wohl des Kelches ein Loch, um ihren Rüssel an den Ort bringen zu können, wo die Natur den Honigbehälter angebracht hat. Vermittelst dieses Kunstgriffes und ihres langen Rüssels kann die Hummel sich selbst dann noch Honig verschaffen, wenn die Biene ihn nur noch spärlich findet. Aus der Verschiedenheit des Honigs, welchen die Bienen und die Hummel produzieren, möchte man auf die Vermutung geführt werden, dass sie nicht auf denselben Blüten sammelten.

Dennoch wird die Biene vom Hummelhonig nicht minder als durch ihren eigenen angezogen. Ich habe in einer Zeit des Mangels Bienen ein Hummelnest, welches ich in der Nähe eines Bienenstandes in einem halbgeöffneten Kästchen aufgestellt hatte, berauben sehen; sie hatten es fast ganz in Beschlag genommen. Einige Hummeln, die trotz des über ihrem Nest entfaltenden Unsterns geblieben waren, flogen noch immer aus und brachten das Mehr ihres Bedürfnisses in ihre alte Zufluchtsstätte heim. Die Bienen folgten ihrer Fährte und kehrten mit ihnen in ihr Nest zurück und verließen sie nicht eher, als bis sie das Ergebnis ihrer Ernte erlangt hatten; sie leckten sie, streckten ihnen den Rüssel entgegen, schlossen sie ein und ließen sie nicht eher, als bis sie den süßen Saft, den sie in sich bargen, gewonnen hatten. Sie versuchten nicht, das Insekt, dem sie ihr Mahl verdankten, zu töten; nie wurde ein Stachel ausgestreckt, und die Hummel hatte sich an diese Brandschatzung völlig gewöhnt, sie trat ihren Honig ab, und flog von neuem aus. Diese Wirtschaft ganz neuer Art dauerte über drei Wochen. Wespen, welche durch dieselbe Ursache angezogen waren, hatten sich nicht auf gleiche Weise mit den alten Eignern des Nestes befreundet. Abends blieben die Hummeln allein im Hause; endlich zerstreuten sie sich, und die Schmarotzer Insekten kamen nicht mehr.

Man hat mir versichert, dass ganz dieselbe Szene zwischen Raubbienen und den Bienen schwacher Stöcke aufgeführt wird; das ist indes weniger befremdend.

Bienen können sich lange erinnern.
Die Bienen haben aber nicht bloß einen sehr scharfen Geruch, sondern verbinden mit diesem Vorzuge noch die Erinnerung an die empfangene Empfindung. Ich hatte im Herbst Honig in ein Fenster gestellt; die Bienen kamen haufenweise dahin. Der Honig wurde entfernt, und die Laden blieben den ganzen Winter geschlossen; als sie im folgenden Frühjahr wieder geöffnet wurden, stellten auch die Bienen sich wieder ein, obgleich kein Honig mehr im Fenster stand; sie erinnerten sich ohne Zweifel, dass früher welcher dagestanden hatte. Ein Zwischenraum von mehreren Monaten hatte also den empfangenen Eindruck nicht verwischt.

Untersuchen wir nun, welches der Sitz oder das Organ dieses Sinnes sei, dessen Dasein genugsam erwiesen ist.

Bis jetzt hat man bei den Bienen noch keine Nasenlöcher entdeckt, man weiß nicht, in welchem Teile des Körpers dieses Organ oder das ihm entsprechende bei dieser Tierklasse sich findet. Man hielt es für wahrscheinlich, dass die Empfindung der Gerüche zu dem gemeinsamen Empfindungssitze durch einen dem uns verliehenen ähnlichen Mechanismus gelange, d.h. dass die Luft in irgendeiner Öffnung eintreten müsse, in welcher die Geruchsnerven sich ausbreiten. Ich musste also untersuchen, ob nicht etwa die Stigmen diesen Beruf erfüllten, ob das Organ, welches ich suchte, im Kopfe oder in irgendeinem anderen Teile des Körpers sich befände.

1. Versuch: Der Geruchsinn ist nicht im Hinterleib, dem Bruststück oder deren Stigmen, oder auf dem Kopfe zu finden.

Ich hielt einen in Terpentinöl, einen den Bienen widerwärtigsten Stoffe, getauchten Pinsel nach und nach an alle Teile des Körpers einer Biene; mochte ich ihn nun aber an den Hinterleib, das Bruststück, den Kopf oder an die Stigmen des Bruststücks bringen, die im Fressen begriffene Biene schien davon in keinerlei Weise berührt zu werden.

2. Versuch: Das Organ des Geruchs befindet sich bei den Bienen im Munde selbst, oder in den von ihm abhängigen Teilen.

Nachdem ich mich von der Nutzlosigkeit dieses Versuches überzeugt hatte, beschloss ich, den Pinsel nach und nach an alle Teile des Kopfes zu bringen. Ich nahm zu dem Ende einen sehr feinen Pinsel, um die Unsicherheit zu vermeiden, welche ein solcher verursachen möchte, der gleichzeitig mehrere Teile berühren konnte. Die mit ihrem Mahle beschäftigte Biene hatte ihren Rüssel nach vorn ausgestreckt, ohne Erfolg näherte ich den Pinsel den Augen, den Antennen und dem Rüssel; anders verhielt es sich aber, als ich ihn der Mundhöhle, oberhalb des Anheftungspunktes des Rüssels, näherte.

Die Biene fuhr augenblicklich zurück, verließ den Honig, schlug, unruhig umherlaufend, mit den Flügeln und würde abgeflogen sein, wenn ich den Pinsel nicht zurückgezogen hätte; sie fing wieder an zu fressen, ich hielt ihr von neuem das Terpentinöl vor, indem ich es ihr immer an den Mund brachte; die Biene wandte dem Honiggefäße den Rücken zu, klammerte sich am Tische fest und fächelte einige Minuten. Derselbe mit Majoranöl angestellte Versuch brachte dieselbe Wirkung hervor, aber in noch rascherer und anhaltender Weise.

Dieser Versuch scheint zu beweisen, dass das Organ des Geruchs bei den Bienen im Munde selbst, oder in den von ihm abhängigen Teilen sich befindet.

Die Bienen, welche nicht fraßen, schienen für diesen Geruch empfänglicher zu sein, sie spürten den damit getränkten Pinsel in größerer Entfernung und ergriffen sogleich die Flucht, während man diejenigen, welche ihren Rüssel in den Honig gesteckt hatten, an mehreren Stellen des Körpers berühren konnte, ohne sie von ihrer Beschäftigung abzuwenden.

Waren sie etwa von ihrer Honiggier ganz eingenommen und durch seinen Geruch zerstreut, oder waren ihre Organe weniger frei? Es gab zwei Wege, mich davon zu überzeugen; der eine bestand darin, dass ich alle Teile ihres Körpers mit einem Firnis überzog und nur den reizbaren Teil allein frei ließ, oder den Teil, in welchem ich den Sitz dieses Sinnes verlegte, zu verkleben und alle anderen völlig freizulassen.

Der letzte Weg schien mir der sicherste und am leichtesten ausführbare zu sein. Ich fing also mehrere Bienen, zwang sie, ihren Rüssel auszustrecken und füllte dann ihren Mund mit Kleister. Sobald dieser Überzug hinreichend trocken war, sodass die Bienen sich seiner nicht entledigen konnten, ließ ich sie frei. Das Verfahren schien sie nicht zu belästigen; sie atmeten und bewegten sich ebenso leicht als ihre Gefährtinnen.

Ich reichte ihnen Honig, sie schienen von ihm aber nicht angelockt zu werden, sie näherten sich ihm nicht; auch durch die widrigsten Gerüche schienen sie nicht belästigt zu werden. Ich tauchte Pinsel in Terpentin- und Nelkenöl, in Äther, in feuerbeständiges und flüchtiges Laugensalz und Salpetersäure und hielt ihnen deren Spitzen dicht vor den Mund; aber diese Gerüche, die ihnen in ihrem naturgemäßen Zustande einen so entschiedenen Widerwillen erregten, brachten auf keine einzige eine merkbare Wirkung hervor. Es gab im Gegenteil mehrere, welche auf die verpesteten Pinsel flogen und darauf umhergingen, als wenn sie mit keinem dieser Stoffe getränkt gewesen wären.

Diese Bienen hatten also zeitweilig den Geruchssinn verloren, und hielt ich es für sattsam erwiesen, dass er seinen Sitz in der Mundhöhle hatte.

Ich wollte jetzt noch untersuchen, in welchem Maße die Bienen von Gerüchen verschiedener Art betroffen würden.

Mineralische Säuren und flüchtiges Laugensalz, mit einem Pinsel an ihre Mundöffnung gebracht, machen auf die Bienen denselben Eindruck wie Terpentinöl, nur mit einer größeren Entschiedenheit; andere Stoffe hatten keinen so entschiedenen Einfluss. Ich näherte vor ihrem Stocke fressenden Bienen Moschus; sie unterbrachen wohl ihr Fressen und wichen ein wenig zurück, jedoch ohne besondere Hast und ohne mit den Flügeln zu schlagen; ich streute gepulverten Moschus auf einen Tropfen Honig; sie steckten ihren Rüssel zwar hinein, aber gleichsam nur verstohlen und hielten sich in möglichst weiter Entfernung vom Honig. Dieser Tropfen Honig, welcher in wenigen Augenblicken verschwunden gewesen wäre, wenn er nicht mit Moschus überstreut worden, war nach einer Viertelstunde noch nicht merklich verringert, obgleich die Bienen ihren Rüssel recht oft hineingesteckt hatten.

Da mich Herr Senebier darauf aufmerksam gemacht hatte, dass gewisse Gerüche die Bienen durch Infizierung der Luft, nicht aber durch eine unmittelbare Einwirkung auf ihre Geruchsnerven berühren könnten, so wollte ich dieselben Versuche mit solchen Stoffen wiederholen, welche dieselben nicht merklich veränderten, zum Beispiel Kampfer, Affafötida usw.

3. Versuch: Bienen ist Affafötida nicht unangenehm.

Ich mischte die gepulverte Affafötida (Ein Gummiharz mit in rohem Zustand sehr starkem unangenehmen Geruch und Geschmack; als tierisches Arzneimittel und zum Kochen verwendet.- Übersetzer) mit Honig und stellte die Mischung vor das Flugloch eines Stockes; dieser Stoff, dessen Geruch unerträglich ist, schien den Bienen nicht unangenehm zu sein, begierig sogen sie sämtlichen Honig auf, welcher mit den fremdartigen Körperchen gemischt war; sie wichen nicht zurück, schlugen nicht mit den Flügeln und ließen von der Mischung nur die Affafötida-Teilchen zurück.

4. Versucht: Obwohl Kampfer sie abstößt, ist die Anziehung des Honigs größer.

Ich legte Kampfer vor das Flugloch eines Stockes und bemerkte, dass die heimkehrenden und abfliegenden Bienen in der Luft sich drehten, um nicht unmittelbar über diesen Stoff fliegen zu müssen. Ich lockte einige mit Honig auf eine Karte, und als alle ihre Rüssel in den Honig gesteckt hatten, näherte ich den Kampfer ihrem Munde, und alle ergriffen die Flucht. Sie flogen eine Zeit lang in meinem Zimmer herum und ließen sich dann am Honig nieder; während sie ihn mit ihren Rüssel aufsogen, warf ich kleine Kampferstückchen hinein, und die Bienen wichen ein wenig zurück, ließen aber die Spitze ihres Rüssels im Honig, und ich bemerkte, dass sie anfänglich nur denjenigen aufsuchten, der nicht mit Kampfer bedeckt war. Eine dieser Bienen fächelte, während sie fraß, andere flügelten nur selten, und einige gar nicht. Ich wollte sehen, was eine größere Menge Kampfer bewirken werde und deckte deshalb den Honig ganz damit; die Bienen ergriffen augenblicklich die Flucht. Ich brachte die Karte vor meine Stöcke, um zu erfahren, ob andere Bienen weniger durch den Geruch des Honig angezogen als durch den des Kampfes abgestoßen wurden, weshalb ich auch reinen Honig auf eine andere Karte in ihren Bereich stellte. Dieser wurde von den Bienen bald ausfindig gemacht und in wenigen Minuten aufgesogen. Mehr als eine Stunde hingegen verstrich, ehe auch nur eine einzige Arbeitsbiene sich der Kampferkarte näherte; endlich aber ließen sich ein paar Bienen auf dieser Karte nieder und steckten ihren Rüssel in den Rand des Honigtropfens. Nach und nach mehrte sich ihre Zahl. Nach zwei Stunden war der Kampferhonig bedeckt, sämtlicher Honig aufgesogen und der Kampfer verblieb allein auf der Karte zurück.

Diese Versuche beweisen, dass, wenn der Kampfer den Bienen auch zuwider ist, die Anziehungskraft des Honigs doch diesen Widerwillen aufzuheben vermag, und dass es Gerüche gibt, die, ohne die Luft zu verderben, die Bienen bis zu einem gewissen Punkte abstoßen.

Eine Menge von Versuchen überzeugte mich auch, dass der Einfluss der Gerüche auf das Nervensystem der Bienen in einem verschlossenen Gefäße unvergleichlich größer als in freier Luft ist. Ich will dafür nur ein Beispiel anführen.

Ich wusste schon, dass der Weingeist ihnen unangenehm war, und dass sie fächelten, um sich seiner zu erwehren; ich hatte damit indes noch keine Probe in einem geschlossenen Raume angestellt.

5. Versuch: *Alkohol war abstoßend und tödlich.*
Ich füllte ein kleines Glas mit Weingeist und stellte es unter eine Glasglocke; das Glas ließ ich offen, damit der Spiritus verdunsten konnte, traf aber eine Vorkehrung, dass die Bienen, wenn sie etwa auf das Glas herabfielen, nicht nass wurden. Nachdem ich diese

Vorsichtsmaßregeln getroffen hatte, ließ ich eine Biene sich voll Honig saugen, und als sie gesättigt war, brachte ich sie unter die Glocke, die sie in allen Richtungen durchlief, und zu verlassen sich abmühte. Eine Stunde lang tat sie nichts weiter, als dass sie mit den Flügeln schlug und einen Ausgang suchte. Nach Ablauf dieser Zeit merkte ich ein ununterbrochenes Zittern in ihren Beinen, ihrem Rüssel und ihren Flügeln; bald darauf verlor sie das Vermögen zu gehen und sich auf den Beinen zu halten, sie fiel auf den Rücken, und ich sah sie in einer höchst eigentümlichen Weise sich bewegen. Sie fuhr in dieser Rückenlage über den Tisch hin, indem sie sich ihrer vier Flügel als Ruder oder als Füße bediente; ebenso bemerkte ich, dass sie zu wiederholten Malen allen Honig erbrach, den sie zu sich genommen, bevor sie dem Weingeistdunste ausgesetzt war. Vielleicht konnte das Wasser durch seine Verbindung mit dem Weingeiste dessen Wirkung aufheben und die Wiederherstellung dieser Biene bewirken. Ich badete sie deshalb zweimal in kaltem Wasser; das Bad gab ihr etwas Beweglichkeit wieder, ohne aber ihre Kräfte wiederherzustellen. Weinessig schien sie wiederzubeleben, die Wirkung desselben war aber nicht nachhaltig, und sie starb trotz all unserer Bemühungen.

Stubenfliegen und Baumwanzen starben ebenfalls, wenn wir sie dem Weingeistdunste aussetzten; eine große Spinne aber bestand dieses Experiment, ohne davon berührt zu scheinen.

6. Versuch: *Der Geruch des Bienengiftes versetzt Bienen in Unruhe.*

Da das Bienengift einen durchdringenden Geruch aushaucht, so hielt ich es für anziehend genug, die Wirkung von dessen Ausdünstungen auf die Bienen selbst festzustellen. Dieser Versuch gab mir ein sehr auffälliges Resultat.

Ich riss mit einer Pinzette den Stachel einer Biene mit dessen gifterfüllten Anhängen aus und hielt es Arbeitsbienen vor, welche ruhig vor dem Flugloche saßen. Augenblicklich wurde der kleine Haufen unruhig, keine Biene ergriff die Flucht, aber zwei oder drei stürzten sich auf den Giftapparat, und eine fuhr zornig auf mich los. Indes war es nicht der drohende Apparat, welcher sie in Zorn versetzt hatte, denn als das Gift auf der Spitze des Stachels eingetrocknet war, konnte ich ihnen diese Waffe ungestraft vorhalten; sie schienen sie nicht einmal zu bemerken. Folgender Versuch zeigte noch klarer, dass der Geruch ihres Giftes allein genügte, ihren Zorn zu erregen.

Ich tat einige Bienen in einen nur an einem Ende verschlossenen Glaszylinder und ließ sie halb erstarren, damit sie aus dem offen gebliebenen Ende nicht herauslaufen möchten. Hierauf belebte ich sie allmählich wieder, indem ich sie der Sonne aussetzte. Danach steckte ich eine Kornähre in deren Zylinder und reizte die Bienen, indem ich sie mit den Grannen berührte; sie streckten alle den Stachel aus, und an der Spitze dieser Dolche zeigten sich Gifttropfen.

Ihre ersten Lebenszeichen bestanden also in Kundgebung des Zorns, und ich zweifle nicht, dass sie sich untereinander umgebracht haben oder über den Beobachter hergefallen sein würden, wenn sie frei gewesen wären; aber sie konnten sich weder bewegen, noch ohne meinen Willen aus dem Zylinder herauskommen, in welchem ich sie eingesperrt hatte.

Ich nahm sie eine nach der anderen mit der Pinzette heraus und schloss sie unter einer Glasglocke ein, damit sie meinen Versuch nicht stören möchten. Im Zylinder hatten sie einen unangenehmen Geruch zurückgelassen, der von dem Gifte herrührte, das sie an den inneren Wänden desselben abgesetzt hatten. Ich hielt sein offenes Ende Bienen vor, welche sich vor ihren Stock vorgelegt hatten. Diese Bienen wurden augenblicklich unruhig, als sie den Geruch des Giftes empfanden; aber ihre Bewegung war nicht Folge ihrer Furcht, sie äußerten ihren Zorn gegen mich in derselben Weise wie bei dem ersten Versuche.

Es gibt also Gerüche, welche nicht bloß auf ihre Sinne wirken, sondern bis zu einem gewissen Grade einen geistigen Eindruck auf sie machen.

Hier beginnt ohne Zweifel eine Reihe von Empfindungen einer besonderen Gattung, die unseren Nachforschungen sich entziehen und wovon wir uns nur eine unvollständige Vorstellung machen können. Die Tiere haben in dieser Beziehung eine Art Überlegenheit vor uns voraus. Welchen Wechsel von Eindrücken gewährt nicht der Geruchssinn der Jagdhunde! Ein so vollkommen entwickelter Sinn, der in der Einbildungskraft die Vorstellungen von Furcht, Zorn und Liebe weckt, unterweist das Tier in allem, was seine Sicherheit, seine Neigungen und seinen Kunstfleiß betrifft.

Um das Verhalten der Insekten unter verschiedenen Umständen erklären zu können, müsste man den Einfluss verschiedener Empfindungen nachzuweisen im Stande sein, die, ohne sie aus ihrer naturgemäßen Bahn herauszuziehen, sich mit ihren Gewohnheiten vereinigen und sie zeitweilig umgestalten.

Gewisse Gerüche, oder eine zu hohe Temperatur reizen die Bienen zur Flucht; wenn indes eine andere Ursache, zum Beispiel der Reiz des Honigs, im entgegengesetzten Sinne wirkt und sie zum Bleiben einladet, wissen sie die gegenwärtige Annehmlichkeit sich zu sichern und sich vor der Empfindung, die ihnen unangenehm war, zu schützen, indem sie die umgebende Luft in Bewegung setzen. Die Bienen, welche in ihrem Stock durch all die Reizmittel zurückgehalten werden, welche die Natur für sie an diesem Orte vereint hat, und sich der Verpestung der Luft nicht entziehen können, ohne ihre Jungen und ihre aufgehäuften Vorräte zu verlassen, greifen zu dem sinnreichen Mittel der Ventilation, und die Erneuerung der Luft ist vollzogen.

Warum aber lassen die Bienen, die doch alle auf dieselbe Weise betroffen sein müssen, nicht alle auch gleichzeitig ihre Flügel spielen? Wem soll man die Ruhe des ganzen Volkes beimessen, während eine nur kleine Zahl Individuen sich in Bewegung setzt, um ihnen eine gesunde Luft zu verschaffen? Sollte es Empfindungen von so zarter Beschaffenheit geben, welche die Bienen davon in Kenntnis setzen könnten, dass die Reihe, mit den Flügeln zu schlagen, an sie gekommen sei?

Man kann nicht glauben, dass ein Teil unter ihnen von einer Ursache betroffen werde, die auf den größeren Haufen nicht einwirke; vielleicht hängt dies aber von einer augenblicklichen mehr oder weniger günstigen Stimmung ab.

Ich habe alle Bienen eines Volkes gleichzeitig fächeln gesehen, wenn die zu abgeschlossene Luft ihres Stockes sich nicht nach Wunsch erneuerte. Ein solcher Notfall tritt aber im Naturzustande nicht ein, und gewöhnlich sieht man nur eine kleine Zahl der Bienen fächeln.

Die Insekten derselben Art empfinden, obgleich durch eine uns dieselbe Ursache gereizt, ihren Einfluss nicht so gleichmäßig, dass man nicht mitunter ein Schwanken in den Resultaten der Experimente, deren Gegenstand sie sind, verspüren sollte.

Einige werden rascher als andere erregt; dieser Umstand, diese oder jene Beschäftigung macht sie mehr oder weniger reizbar, und mitunter wirkt eine Ursache erst, wenn sie ihren höchsten Grad erreicht hat, auf sie mit ihrer ganzen Kraft.

Es wäre also möglich, dass, wenn eine gewisse Anzahl Fächelnder übereingekommen ist, die Luft zu einer genügenden Reinheit zurückzuführen, die übrigen, welche die Empfindung, die auch sie reizen musste, mit den Flügeln zu schlagen, nicht mehr in demselben Maße fühlen, sich dieser Verrichtung entziehen, um sich drängenderen Beschäftigungen zu überlassen. Sollte die Zahl der ventilierenden Bienen sich für einen Augenblick verringern, so würden die ersten Arbeiterinnen, welche die Veränderung der Luft bemerkten, dass Fächeln übernehmen, und ihre Zahl würde so lange sich mehren, bis ihre vereinten Anstrengungen im Stande wären, der Luft den Grad der Reinheit zu geben, der für so viele tausende Einzelwesen zum Atmen unerlässlich ist.

In einer solchen Weise denke ich mir eine ununterbrochene Kette zwischen den ventilierenden Bienen; denn man kann in diesem Falle keinerlei Mitteilung unter denselben bemerken. Die Annahme setzt eine zarte Organisation bei den Bienen voraus. Es ist gewiss, dass die Fortdauer ihrer Existenz von der Sorge abhängig ist, die sie für die Erneuerung der Luft tragen, dass sie darum mit Sinnen begabt sein müssen, die fein genug sind, um sie von der geringsten Veränderung in der Luft, die sie atmen, in Kenntnis zu setzen.

Die Luft kann viele Grade ihrer Reinheit verlieren, ehe wir es bemerken würden, obgleich sie durch ihre Veränderung unserer Gesundheit schädlich wird; aber die Natur hat uns nicht in dieselben Verhältnisse gesetzt wie die Bienen, und wir würden es nie nötig haben, die Nachteile einer zu eingeschlossenen Luft abzuwehren, wenn wir uns vom ursprünglichen Zustande weniger abgewendet hätten.

Kapitel X: Untersuchungen über den Gebrauch der Fühler

...bei einigen komplizierten Verrichtungen der Bienen

Ich hab die Sinne der Bienen in ihren allgemeinen Beziehungen zu Gegenstande von unmittelbarem Nutzen einer Untersuchung unterworfen; aber es ist doch höchst wahrscheinlich, dass sich ihr Wirkungskreis nicht auf die Unterscheidung der Gerüche und der Stoffe, die sie einzusammeln haben, beschränkt. Die Anlage zu sammeln und die eingesammelten Materialien anzuwenden ist nur ein Zweig der Geschichte der Bienen. Das Verhalten dieser Insekten, vom Gesichtspunkte einer Gesellschaftsverbindung aus betrachtet, deren Wohlfahrt von mehr oder weniger wechselnden Elementen abhängt, muss, sozusagen, auf staatliche Beziehungen unter sämtlichen Individuen eines Volkes hinführen.

Man kann nicht zweifeln, dass ihre Sinne einen bedeutenden Anteil an den Beschäftigungen nehmen, welche aus diesem Stande der Dinge resultieren. Darum war es notwendig, tatsächlich den Grad des Einflusses zu bestimmen, den man ihnen in diesen Entwicklungen, wo der Instinkt sich mit den verwickeltsten Umständen ins Gleichgewicht zu setzen scheint, beilegen darf.

Die Erziehung einer Königin, wenn die Alte zufällig umgekommen war, schien mir eine dieser Tatsachen zu sein, welche meines Nachdenkens und meiner Untersuchungen würdig war. Nimmt man sich die Zeit zu bedenken, was diese wichtige Operation, die Erhebung eines ihrer Pfleglinge zu einer von seiner ursprünglichen durchaus verschiedenen Bestimmung für Insekten zu bedeuten hat, so kann man sich eines Staunens ob der Kühnheit der Anordnung nicht erwehren, mag man nun der Arbeiterin ein Bewusstsein von dem Zwecke, den sie durch die Veränderung der Nahrung und der Wiege, welche für die königliche Larve bestimmt ist, erreichen muss, beilegen oder nicht, gewiss ist, dass in ihrem Verhalten eine Feinheit des Instinktes sich beurkundet, für welche man ein Insekt kaum fähig halten kann.

In einem wirklichen, wenn auch selten vorkommenden Falle läuft das Volk Gefahr, durch den Verlust seiner Königin zu Grunde zu gehen. Die Natur unterweist die Bienen, einem so traurigen Geschicke dadurch vorzubeugen, dass sie verschiedenen Arbeiterlarven die Sorgfalt zuwendet, die für gewöhnlich nur den Königsmaden vorbehalten ist. Diese Sorgfalt sichert den erwünschten Erfolg; was aber bewegt die Biene, diese Maßregeln zu treffen, wie kann die Abwesenheit ihrer Königin ihr diese so komplizierte, so auffällige Handlung, die richtige Wahl des Alters der Pfleglinge, welches zur Erreichung ihres Zweckes das geeignete ist, an die Hand geben?

Die Bienen bemerken den Verlust der Königin zunächst nicht.

Wenn die Abwesenheit der Königin allein die bemerkte Wirkung hervorrufen müsste, so würde man die Bienen gleich nach dem Verschwinden derselben neue Zellen anlegen sehen; aber ganz im Gegenteile, nimmt man eine Königin aus ihrem Stocke, so scheinen es die Bienen kaum zu bemerken; alle Arbeiten ohne Ausnahme nehmen ihren Fortgang, Ordnung und Ruhe werden nicht gestört. Erst eine Stunde nach Entfernung der Königin wird eine Unruhe unter den Arbeitsbienen bemerkbar. Die Sorge für die Brut scheint sie nicht mehr zu beschäftigen, sie laufen hastig hin und her, doch zeigen sich diese ersten Anzeichen von Aufregung nicht gleich in allen Teilen des Stockes. Zunächst nimmt man sie nur auf einem Teile einer Wabe wahr. Die aufgeregten Bienen treten aber bald aus dem kleinen Kreise, in welchem sie sich umhertrieben, heraus, und wenn ihnen Gefährtinnen begegnen, kreuzen sie gegenseitig ihre Fühler und berühren sie leicht. Die Bienen, welche den Eindruck dieser Fühlerberührung erhalten, werden ihrerseits unruhig und bringen Unruhe und Verwirrung in andere Teile der Wohnung; die Unordnung nimmt reißend zu, sie verbreitet sich auf der gegenüberliegenden Seite der Waben und schließlich unter dem ganzen Volke. Dann sieht man die Arbeiter über die Waben dahinrennen, sich aneinander stoßen, an das Flugloch eilen und mit Ungestüm aus ihrem Stocke stürzen; von hier breiten sie sich in der Umgebung aus, kehren zurück und fliegen wieder ab; das Brausen im Stocke ist stark und mehrt sich mit der steigenden Unruhe der Bienen. Dieser Wirrwarr dauert ungefähr zwei bis drei Stunden, selten vier oder fünf, nie aber länger.

Welcher Eindruck kann diese Veränderung hervorrufen und beschwichtigen; warum kehren aber die Bienen allmählich zu ihrem natürlichen Zustande zurück und gewinnen von neuem wieder Teilnahme an allem, was ihnen gleichgültig geworden zu sein schien? Warum führt eine freiwillige Bewegung sie zu ihren Jungen zurück, die sie einige Stunden lang verlassen hatten? Was gibt ihnen darauf den Gedanken ein, die Larven verschiedenen Alters in Augenschein zu nehmen und diejenigen unter ihnen auszuwählen, die sie zur königlichen Würde erheben sollen?

Nach 24 Stunden beginnen die Bienen ihre verlorene Königin zu ersetzen.
Untersucht man den Stock 21 Stunden nach der Entfernung der gemeinsamen Mutter, so wird man finden, dass die Bienen für die Ersetzung ihres Verlustes bereits Sorge getragen haben; man erkennt leicht diejenigen ihrer Pfleglinge, die sie zu Königinnen ausersehen haben. Zwar hat die Form der Zellen, worin sie sich befinden,

noch keine Veränderung erlitten, doch zeichnen sie sich schon durch die Menge des Speisebreis aus, den sie enthalten. Aus diesem Überfluss an Nährstoffen geht hervor, dass die Larven, welche von den Bienen auserkoren sind, ihre Königin zu ersetzen, statt am Boden ihrer Geburtszelle ganz in der Nähe der Mündung derselben Platz genommen haben.

Die zu Königinnen auserkorenen Larven werden durch Anhäufung von Futterbrei näher zur Mündung gebracht.

Um sie dahin zu bringen, häufen vermutlich die Bienen den Futterbrei an und bereiten ihnen ein so hohes Bett; der Beweis dafür liegt darin, dass dieser gehäufte Futterbrei keineswegs zu ihrer Ernährung dient, da man ihn noch unangetastet in den Zellen findet, wenn die Larven bereits in die pyramidale Verlängerung, womit die Arbeiter ihre Behausung schließen, herabgestiegen sind.

Man kann also die zu Königinnen auserkorenen Larven schon aus dem Ansehen der von ihnen bewohnten Zellen erkennen, selbst ehe diese erweitert sind und eine pyramidale Gestalt gewonnen haben. Nach dieser Beobachtung war es also leicht, sich nach Verlauf von 24 Stunden zu vergewissern, ob die Bienen ihre Königin zu ersetzen sich vorgenommen hätten. Unter den Geheimnissen, in welche dieser außerordentliche Zug ihres Instinktes eingehüllt ist, findet sich eins, welches ich entschleiern zu können hoffte, und welches mir geeignet schien, andere Punkte von gleicher Dunkelheit aufklären zu können.

Wie erhalten die Bienen Kenntnis von der Abwesenheit ihrer Königin?

Es erschien immer schwierig, darüber eine zutreffende Erklärung zu geben, wie die Bienen von der Abwesenheit ihrer Königin Kenntnis erhalten können;

denn diejenigen Bienen, welche sich in den entlegenen Teilen des Stockes oder auch nur auf der gegenüberliegenden Seite der Wabe, auf welcher sich die Königin befand, aufhalten, konnten ihr Verschwinden nicht wahrnehmen, und doch war es nach der vorgängigen Beobachtung entschieden, dass nach Verlauf einer Stunde alle Kunde davon hatten, dieser Zustand ihnen schmerzlich war, sie eine große Aufregung verrieten und den Gegenstand ihrer Besorgnis zu suchen schienen.

Wie überzeugten sie sich nun von der Abwesenheit ihre Königin? Geschah es durch den Geruch oder durch das Gefühl? Musste man die Befähigung, sie über den bedenklichen Zustand ihres Volkes zu unterrichten, einem verborgenen Sinne beimessen, oder seine Zuflucht zu der Voraussetzung nehmen, dass diese Insekten durch eine besondere Zeichensprache sich eine so wichtige Nachricht mitzuteilen im Stande sind. Ich wollte eine Frage, welche Erfahrung und Beobachtung entscheiden konnte, nicht bloßen Vermutungen anheim geben.

So oft ich mich veranlasst gesehen hatte, eine Königin aus einem Stocke zu entnehmen, war es mir nicht entgangen, dass sich das nicht ohne eine gewisse Aufregung der Bienen ausführen ließ. Man ist bei einer solchen Operation immer gezwungen, den Stock zu öffnen und infolge davon Licht und Luft, deren Temperatur von der ihrer Wohnung sehr unterschieden ist, eindringen zu lassen. Man erfährt zwar keinen Widerstand von Seiten der Arbeitsbienen, wenn man seine Hand ausstreckt, um die Königin zu ergreifen, dennoch war es möglich, dass diejenigen, von denen sie umgeben wird, von dieser Entführung berührt wurden. Um nun jeden Zweifel zu beseitigen und alle Umstände, welche die Bienen aufregen konnten, aus dem Wege zu räumen, schlug ich ein Verfahren ein, welches keine Zweideutigkeiten zuließ.

Versuche an Bienen über das Erkennen der Abwesenheit der Königin.

Ich teilte den Stock mittelst eines vergitterten Schiebers in zwei gleiche Teile; diese Operation wurde so rasch und vorsichtig ausgeführt, dass ich in dem Augenblicke der Ausführung auch nicht die geringste Unruhe verspürte; auch hatte ich keine Biene verletzt. Die Gitterdrähte waren zu eng gestellt, als dass den Bienen der beiden Halbstöcke der Übergang von dem einen in den anderen gestattet gewesen wäre; dennoch gab sie zur freien Zirkulation der Luft und der Dünste durch alle Teile des Stockes hinreichenden Spielraum. Ich wusste nicht, wo die Königin sich befand, aber der Aufruhr und das Gebrause, welche sich im Halbstock Nr. 1 bemerkbar machten, zeigten mir bald, dass er ohne Königin war, und diese im Teile Nr. 2, wo alles ruhig blieb, sich befand. Ich schloss nun die Fluglöcher dieser beiden Stöcke, damit die Bienen, welche ihre Königin suchten, sie in der Abteilung, in der ich sie eingeschlossen hatte, nicht fänden, doch hatte ich Sorge getragen, dass die äußere Luft in ihren Wohnungen frei sich bewegen konnte.

Nach Verlauf von 2 Stunden wurden die Bienen ruhig, und alles kehrte zur gewohnten Ordnung zurück.

Am 14. untersuchten wir den Stock Nr. 1 und wir fanden in ihm drei angefangene Königszellen. Am 15. öffneten wir die Fluglöcher dieser beiden Stöcke; die Bienen gingen auf Tracht aus, und bei ihrer Rückkehr sahen wir, dass sie sich nicht untereinander mengten und diejenigen des einen nicht in den anderen einliefen. Am 24. fanden wir zwei tote Königinnen vor dem Flugloch des Stockes Nr. 1 und nahmen bei Untersuchung seiner Waben diejenige wahr, welche sie beim Ausschlüpfen aus ihrer Zelle getötet hatte. Am 30. hielt die Königin ihren

Ausflug, sie wurde befruchtet, und von da an war der Erfolg des Ablegers gesichert.

Die Öffnungen, welche ich im Schieber gelassen hatte, gestatteten den Bienen des Stockes Nr. 1, sich mit ihrer Königin mittelst des Geruchs, des Gehörs, oder eines unbekannten Sinnes in Verbindung zu erhalten; sie waren von ihr nur durch einen Zwischenraum von drei oder vier Linien (6 bis 8mm) getrennt, über welche sie nicht hinaus konnten, und doch waren sie in Bewegung geraten, hatten Königszellen erbaut und junge Königinnen erzogen, hatten sich also gerade so verhalten, als wenn ihnen die ihrige wirklich genommen und sie für immer verloren gegangen wäre. Diese Beobachtung bewies, dass die Bienen nicht mittelst des Gesichts, des Geruchs oder des Gehörs sich von dem Vorhandensein ihrer Königin vergewisserten, dass sie der Hilfe eines anderen Sinnes dazu bedürfen. Weil aber der Schieber, dessen ich mich bei diesem Versuche bedient hatte, ihnen nur die Berührung der Königin unmöglich gemacht hatte, war es deshalb nicht höchstwahrscheinlich, dass sie ihre Königin mit den Fühlern mussten berühren können, wenn sie sich von ihrem Aufenthalte in ihrer Mitte überzeugen wollten, und dass sie nur mithilfe des in diesem Organe liegenden Gefühls fassbare Vorstellungen von ihren Waben, ihrer Brut, ihren Gefährten, und ihrer Königin zu erhalten vermögen?

Um einen vollständigen Beweis über diesen Punkt zu erhalten, musste ich untersuchen, ob die Bienen auch in dem Falle in Unruhe geraten würden, wenn die Beschaffenheit des Gitters ihnen gestattete, ihre Fühler in die Abteilung zu stecken, in welcher die Königin eingeschlossen war. Für diesen Zweck nahm ich aus einem meiner Glasstöcke eine Glasscheibe heraus, und ersetzte sie durch ein Kästchen von gleicher Größe, welches ich an der Stockseite mit einem Siebe abschloss, welches eng genug war, dass die Bienen ihren Kopf nicht hindurchzwängen konnten, ihnen aber gestattete, ihre Fühler hindurchzustecken; ein bewegliches verglastes Rähmchen verschloss die andere Seite des Kästchens.

Da ich die Bienen nicht beunruhigen wollte, zog ich es vor, statt den Stock zu öffnen, um die Königin auszufangen, abzuwarten, bis die Königin sich auf der vorderen Seite einer der sichtbaren Waben zeigte; dann öffnete ich die Glastür an dieser Seite und nahm sie aus der Mitte ihrer Begleiter heraus, ohne diejenigen zu beunruhigen, welche ihr Gefolge bildeten. Ich brachte sie nun unmittelbar in das verglaste Kästchen, welches ihr zum Gefängnis bestimmt war; damit sie aber nicht allzu sehr durch eine Lage litt, welche von der gewohnten so sehr abstach, so gesellte ich ihr einige Bienen desselben Stockes zu, welche ihr die gewöhnliche Sorgfalt erwiesen.

Ich bemerkte gleich von vornherein, dass die Unruhe, welche gewöhnlich der Entfernung oder dem Verluste der Königin folgt, in diesem Falle nicht stattfand. Alles blieb in Ordnung, die Bienen verließen auch nicht einen Augenblick ihre Brut, die Arbeiten wurden nicht unterbrochen, und als wir 48 Stunden später den Stock auseinander nahmen, fand ich keine Königszelle begonnen, die Bienen hatten keinerlei Vorkehrungen getroffen, sich eine andere Königin zu verschaffen; ich sah keine einzige Arbeiterzelle mit dieser Anhäufung von Futterbrei, welche dazu bestimmt ist, die königliche Made zu erhöhen. Sämtliche Bienen wussten also, dass sie es nicht nötig hatten, ihre Königin zu ersetzen, weil sie nicht verloren gegangen war, und als ich sie ihnen zurückgab, behandelten sie dieselbe nicht als eine fremde, sondern schienen sie sogleich wiederzuerkennen; ich sah auch, wie sie gleich wieder fortfuhr, in dem Kreise, welchen die Arbeiterinnen um sie bildeten, ihre Eier abzusetzen.

Höchst bewundernswert erschien mir das Mittel, welches die Bienen während der Absperrung der Königin anwendeten, um sich mit ihr in Verbindung zu erhalten. Eine zahllose Menge durch das Gitter gesteckter und nach allen Seiten spielender Fühler ließ nicht daran zweifeln, dass die Arbeitsbienen mit ihrer gemeinsamen Mutter beschäftigt waren; diese erwiderte ihren Eifer in unverkennbarer Weise, denn sie klammerte sich fast unausgesetzt an das Gitter und kreuzte ihre Fühler mit denen, welche sie augenscheinlich suchten. Die Bienen bemühten sich, sie zu sich herüberzuziehen, ihre durch das Gitterwerk gesteckten Füße erfassten die der Königin und hielten sie gewaltsam fest; ich sah sogar öfters, wie sie ihren Rüssel durch das Gitter steckten und wie die Königin vom Inneren des Stockes aus gefüttert wurde.

Wie hätte ich danach noch zweifeln können, dass der Verkehr zwischen den Arbeitsbienen und ihrer Königin durch die gegenseitige Berührung der Fühler vermittelt werde, und dass deshalb die Bienen die Notwendigkeit, sich eine andere Königin zu verschaffen, nicht fühlten, weil sie dieselbe so ganz in ihrer Nähe wussten.

Ich meine, man könne mir nicht ferner noch einwerfen, dass der Geruch der Arbeitsbienen die Gegenwart ihrer Königin angezeigt habe. Um dafür einen neuen Beweis zu erhalten, wiederholte ich denselben Versuch, indem ich die Königin in einer Weise abschloss, dass nur ihre Ausdünstung in den Stock gelangen konnte.

Ich entnahm die Königin aus einem meiner Blätterstöcke, tat sie in ein aus doppeltem Sieb gefertigtes Kästchen, dessen Wände weit genug voneinander abstanden, dass die Fühler ihre Rolle nicht spielen konnten. Der Erfolg dieser Vorrichtung war genauso, wie ich erwartet hatte. Die Bienen wurden nach einstündiger Ruhe unruhig, verließen ihre Arbeiten und die Brut, stürzten aus dem Stock, kehrten dann zurück, und nach zwei oder drei Stunden trat wieder Ruhe ein. Am folgenden Tage besichtigten wir die Waben und fanden acht bis zehn seit dem vorigen Abend begonnene Königszellen, was uns bündig bewies, dass die Bienen ihre Königin für verloren gehalten hatten, obgleich sie mitten unter ihnen war. Ihre Ausdünstungen allein konnten sie also nicht täuschen, sie mussten sie auch berühren, um ihrer Gegenwart gewiss zu sein.

Da aber nicht jede Biene gleichzeitig an allen Orten des Stockes sein kann, so muss man weiter einräumen, dass sie sich untereinander ihre Unruhe mitteilen, und dass sie gemeinschaftlich daran arbeiten, ihren Verlust wieder auszugleichen.

Versuche über die Amputation der Fühler an Königinnen, Arbeitern und Drohnen.

Könnte man noch an dem Anteile zweifeln, welchen das Gefühl an den Arbeiten und den Mitteilungen dieser Insekten nimmt, so darf man, um sich davon zu überzeugen, sich nur folgende Versuche vergegenwärtigen. Vielleicht erinnert man sich noch derjenigen, die ich über die Fühler der Königin angestellt habe. Das Abschneiden eines einzigen brachte in ihrem Verhalten keine Veränderung hervor; schnitt ich aber beide Fühler an der Wurzel ab, so verloren diese so bevorzugten Geschöpfe, diese von ihrem Volke so hoch gehaltenen Mütter jeglichen Einfluss, selbst der Instinkt der Mutterschaft ging verloren; anstatt ihre Eier in Zellen abzusetzen, ließen sie dieselben hier und da fallen. Ja, sie vergaßen sogar ihren gegenseitigen Hass; es besteht keine Eifersucht mehr zwischen fühlerlosen Königinnen, sie gehen dicht aneinander her, ohne sich zu erkennen, und selbst die Arbeitsbienen scheinen ihre Gleichgültigkeit zu teilen, als wären sie von der ihrem Volke drohenden Gefahr nur durch die Aufregung ihrer Königin unterrichtet.

Eine nicht geringere Befriedigung gewährte es, die geistige Einwirkung zu verfolgen, welche die Amputation der Fühler auch auf die Drohnen und Arbeitsbienen ausübte. Wir verstümmelten für diesen Versuch 200 Arbeitsbienen und 300 Drohnen; die ersteren gaben wir frei, sie kehrten sogleich in ihren Stock zurück; wir bemerkten aber, dass sie nicht auf die Waben gingen, an keiner Sorge des Hauswesens teilnahmen, sondern auf dem Flugbrette verblieben, wohin durch das Flugloch einige Lichtstrahlen fielen; das Licht hatte allein noch einen Reiz für sie. Nicht lange nachher verließen sie den Stock und zwar für immer.

Die Drohnen empfanden dieselbe Wirkung von der Amputation, der wir sie unterzogen hatten, auch sie kehrten in ihren Stock zurück; die Pfade im Inneren wussten sie aber nicht ausfindig zu machen, sie liefen nach der Seite hin, wo ein halb geöffneter Laden Licht einfallen ließ, und suchten hier einen Ausgang. Einige derselben sahen wir von den Werksbienen Honig begehren, aber vergebens; sie wussten nicht mehr, wohin sie ihren Rüssel richten sollten, unbeholfen richteten sie ihn bald gegen den Kopf, bald gegen die Brust derselben, erhielten auch keine Hilfe von ihnen. Wir schlossen nun den Laden, und sobald sie das Tageslicht nicht mehr sahen, stürzten sie aus ihrer Wohnung hinaus, obgleich es schon sechs Uhr Abends war und keine Drohne anderer Stöcke mehr ausflog. Ihr Abflug musste also dem Verluste des Sinnes zugeschrieben werden, unter dessen Herrschaft es ihnen gelang, sich in der Dunkelheit des Stockes zurechtzufinden.

Ich erwähnte, dass die Beraubung eines einzigen Fühlers auf den Instinkt der Königinnen keinen merklichen Einfluss ausübe; auch der der Drohnen und Arbeitsbienen schien dadurch keine Störung zu erleiden. Das Abschneiden eines geringen Teils von diesem Organe entzog ihnen die Fähigkeit nicht, die Gegenstände zu erkennen, wodurch ich mich dadurch überzeugte, dass ich sie im Stocke bleiben und ihre gewöhnlichen Arbeiten verrichten sah. Man kann folglich dem Schmerze der Operation das Verhalten der ihrer Fühler beraubten Bienen nicht zuschreiben, es muss in der Unmöglichkeit liegen, sich in der Dunkelheit zurechtzufinden und sich den anderen Mitgliedern des Volkes mitzuteilen.

Diese Vermutung erhält dadurch noch mehr Gewicht, dass die Bienen vorzugsweise nachts von ihren Fühlern Gebrauch machen; um sich davon zu überzeugen, braucht man nur ihre Bewegung zu verfolgen, wenn sie bei Mondschein an ihrem Flugloche Wache halten, um die umherflatternden Wachsmotten am Eindringen zu hindern. Anziehend ist es zu beobachten, mit welcher List die Motte aus dem Nachteile der Bienen, die nur bei hellem Licht die Gegenstände sehen können, Nutzen für sich zu ziehen weiß, und welche Taktik letztere anwenden, um diesen gefährlichen Feind dennoch aufzuspüren und abzuwehren. Als wachsamer Posten streichen die Bienen mit stets vorgestreckten, abwechselnd nach rechts und links sich bewegenden Fühlern um ihre Wohnung herum, und wehe der Motte, die mit ihnen in Berührung kommt. Sie sucht sich durch die Wächter hindurchzuschleichen, indem sie dem Begegnen dieses beweglichen Organs ängstlich auszuweichen sucht, als wüsste sie, dass ihre Sicherheit von dieser Vorsicht abhängig sei. Ich habe nie behaupten wollen, dass diese Insekten Gehör besitzen, bekenne aber offen, dass ich oft in Versuchung gewesen bin, es zu glauben.

Über das Gehör.

Die Bienen, welche nachts am Flugloche ihres Stockes Wache halten, lassen häufig ein kurz abgebrochenes Schwirren vernehmen; wenn aber ein fremdes Insekt oder sonst ein Feind mit ihren Fühlern in Berührung kommt, fährt die Wache auf, der Ton nimmt einen Charakter an, der von demjenigen ganz verschieden ist, welchen die Bienen beim Brausen oder Fliegen hervorbringen, und der Feind wird von mehreren Arbeitsbienen, die aus dem Inneren hervorstürzen, angegriffen.

Klopft man auf das Bodenbrett eines Stockes, so setzen alsbald sämtliche Bienen ihre Flügel in Bewegung; haucht man aber durch eine Spalte des Stockes, so hört man einige von ihnen scharfe und abgebrochene Töne hervorbringen, worauf andere Arbeitsbienen in Bewegung geraten und der Öffnung zustürzen, durch welche die Luft eindrang.

Diese Beobachtungen scheinen, wenn man sie mit den Wirkungen des Gesanges der Königin zusammenhält, für die Bienen einen dem Gehör entsprechenden Sinn zu beanspruchen; doch muss ich bemerken, dass Töne, welche mit dem Instinkte dieser Insekten in keiner Beziehung stehen, auf sie keinerlei bemerkbaren Eindruck machen.

Donnerschläge oder Flintenschüsse scheinen sie nicht zu berühren. Der Sinn des Gehörs ist also, wenn diese Tierchen ihn wirklich besitzen, ganz anders organisiert als bei Tieren einer höheren Ordnung.

Ich beschränke mich darum auf die Äußerung, dass gewisse von den Bienen hervorgebrachte Töne ihren Gefährtinnen als Losung zu dienen und ziemlich regelmäßige Wirkungen hervorzurufen scheinen. Es sind das also weitere Verkehrsmittel, die man mit dem durch die Fühler ihnen mitgegebenen verbinden kann.

Diese Darlegung scheint, meiner Meinung nach, ausreichende Beweise für das Bestehen einer Bienensprache zu gewähren. Es steht der Vorstellung von einer Sprache bei Geschöpfen, deren Instinkt so ausgebildet ist wie der der Bienen, deren Leben lauter Tätigkeit, deren Verhalten durch tausend Umstände bedingt ist, und die in großer Zahl zusammenlebend die Rollen nicht gleichmäßig untereinander verteilen oder sich rechtzeitig unterstützen könnten, ohne sich einander zu verstehen, gewiss nichts entgegen.

Übrigens findet diese Bemerkung ihre Anwendung auf alle Insekten, welche in Gesellschaften leben, wie auch auf die größeren Tiere, deren Leben denselben Bedingungen unterworfen ist.

Bestätigung der Schirachschen Entdeckung.

Man wundert sich vielleicht, dass ich noch einmal auf Tatsachen zurückkomme, für welche ich die Aufmerksamkeit meiner Leser schon genugsam in Anspruch genommen hatte, und die durch meine eigenen Beobachtungen hinreichend bestätigt zu sein schienen. Die Tatsachen aber, welche den Gegenstand des vierten Briefes ausmachen, sind von einer so hohen Bedeutung für die Geschichte der Bienen und die animalische Physiologie, dass man mir es Dank wissen wird, wenn ich dieselben noch einmal mit mehr Gründlichkeit als es früher geschehen ist wieder aufnehme. Aber auch von dem Interesse an der Wahrheit abgesehen, fühle ich mich verpflichtet, die Verteidigung eines zuverlässigen Beobachters, dem die Bienenfreunde ihre größten Fortschritte verdankt, und dessen Ruf von einem italienischen Schriftsteller in kränkender Weise angegriffen wurde, zu übernehmen.

Über das Geschlecht der Arbeiter.

Es stand lange Zeit wie eine unzweifelhafte Wahrheit fest, dass die Arbeitsbienen geschlechtslos seien. Die Beobachtungen Swammerdams stempelt sie nicht bloß zu unfruchtbaren, sondern zu wirklich geschlechtslosen

Individuen. Reaumur und Maraldi teilten diese Ansicht. Nach ihrem Vorgange hatten die meisten Schriftsteller aus ihnen eine besondere Art gemacht; die Entdeckung Schirachs warf diese Ansicht gänzlich über den Haufen.

Er wies durch wiederholte Versuche nach, dass die Bienen sich zu jeder Zeit eine Königin nachziehen konnten, wenn man ihnen die ihrige nahm, und sie nur Waben mit dreitägiger Bienenbrut hatten. Daraus schloss er, dass die Arbeitsbienen weiblichen Geschlechts seien, und dass es zu ihrer Verwandlung in wirkliche Königinnen nur gewisser materieller Bedingungen, nämlich einer besonderen Nahrung und einer größeren Zelle bedürfe.

Den allgemein gültigen Vorstellungen so geradezu entgegenstehende Ansichten wurden von einem Teile mit Enthusiasmus, mit Misstrauen von dem anderen aufgenommen. Zwar leugnete man nicht, dass sich die Bienen eine Königin verschaffen könnten, wenn sie Brut jeden Alters hätte, da Schirach dies Ergebnis aus einer Menge von sorgfältig in Gegenwart intelligenter und glaubwürdiger Zeugen angestellten Versuchen gewonnen hatte; aber an die Verwandlung einer Arbeiterlarve in eine Königin wollte man nicht glauben. Man behauptete, es fänden sich Königseier auch in Arbeiterzellen, und sie wären eben von den durch Schirach eingesperrten Bienen zu Königinnen erhoben worden. Vergebens wiederholte er seine Versuche, vergebens wies er die Unwahrscheinlichkeit einer solchen Voraussetzung nach; der Einwurf behauptete seine Geltung, obgleich er mithilfe der ausgezeichnetsten Mikroskope die Larven untersuchte und zwischen denen, die nach seiner Auswahl in eine Königin oder Arbeitsbiene verwandelt werden sollten, keinen Unterschied wahrgenommen hatte.

Schirach wünschte, sich auf das Urteil eines berühmten Naturforschers zu stützen, wandte sich deshalb in mehreren Briefen an Bonnet und teilte ihm seine Entdeckung mit allen einzelnen Umständen, wodurch seine Entscheidung bedingt werden sollte, mit, fand aber in ihm einen so entschiedenen Anhänger der Reaumurschen Ansichten, dass es Schirach erst nach Häufung der Beweise für seine Behauptung gelang, die Meinung dieses Gelehrten zum Wanken zu bringen; indes erhielt er nicht die Genugtuung, ihn völlig überzeugt zu haben.

Von Bonnet aufgefordert, die Versuche des Lausitzer Beobachters zu wiederholen, erkannte ich die volle Wahrheit seiner Behauptungen; ich erweiterte dieselben sogar noch und lieferte ziemlich schlagende Beweise für die in Abrede genommene Umwandlung. Ich fühlte aber ebenso wohl wie er, dass diese wichtige Wahrheit nicht eher völlig festgestellt werden könne, als bis man materielle Beweise für das Geschlecht der Arbeiter gewonnen haben würde, und ich hegte die Hoffnung, diese wichtige Frage noch zur Entscheidung zu bringen.

Die Entdeckung der fruchtbaren Arbeiter, die von ihm veröffentlicht und durch meine eigenen Beobachtungen bestätigt war, ließ mich vermuten, dass die ganze Sippschaft der Arbeiter dem weiblichen Geschlechte angehöre. Die Natur macht keinen Sprung; die fruchtbaren Arbeitsbienen legen wie die Königinnen, deren Befruchtung verspätet wurde, nur Drohneneier. Nur noch einen Schritt weiter, und sie konnten gänzlich unfruchtbar sein, ohne deshalb ursprünglich weniger weiblich zu sein. Ich räumte nicht ein, dass die Arbeiter Missgeburten oder unvollkommene Wesen seien; ihnen sind zu edle Fähigkeiten, zu viel Fleiß, zu viel Tätigkeit verliehen worden; aus ihrem Instinkte und ihrer Organisation entspringen zu viele Wunder, als dass ich sie für den Ausschuss der Art, oder den Königinnen gegenüber für unvollkommene Wesen halten könnte. Ich glaubte, eine verständige Philosophie werde all die Schwierigkeiten ausgleichen können.

Nichts widerstrebt der Vernunft so sehr, als die Annahme einer wirklichen Verwandlung. Diejenigen, welche vormals aus Leichtgläubigkeit angenommen wurden, sind durch die Beobachtungen großer Anatomen des 16. und 17. Jahrhunderts auf einfache, aber deshalb nur umso bewunderungswürdigere Entwicklungen zurückgeführt worden. Auf den ersten Blick scheint die folgende Frage den Gedanken an eine Verwandlung wieder hervorzurufen. Soll die aus diesem Ei ausschlüpfende Made eine zu einer ungeheuren Fruchtbarkeit befähigte, aber für all die verschiedenen Arbeiten, die man an den Bienen bewundert, untaugliche Königin oder eine unfruchtbare, aber zum bewunderungswürdigsten Kunstfleisse geschickte Arbeitsbiene werden? Beide Lebensformen schließen sich gegenseitig aus. Die Biene besitzt ihrer Bestimmung entsprechende Organe, welche die Königin, die ihr das Leben gegeben hat, nicht hat; kräftige Kiefer, das Körbchen, besonders geformte Mandibeln, Wachsapparate, einen längeren Rüssel, verhältnismäßig größere Flügel usw. Besitzt die Königin dieselben Teile, so sind sie bei ihr in einer Weise abgeändert, dass sie keine der Verrichtungen, die den Bienen geläufig sind, ausführen kann. Solange man voraussetzt, dass ein Wechsel dieser Teile bei der Verwandlung einer Arbeitsbiene in eine Königin stattfinden müsse, muss man diese Umwandlung für unmöglich halten, und das mit Recht. Wenn aber, wie ich voraussetze, beide ursprünglich eins waren und dieselbe Wesenheit besaßen, so würde man ebenso viel Recht haben anzunehmen, dass sie ebenso gut zu einer Königin, als zu einer gemeinen Biene, und ebenso gut zu einer gemeinen Biene, als zu einer Königin sich gestalten könnten. Die Einen werden behaupten, dass der Keim zur

Königin im Ei liege, und ein besonderer Umstand daraus eine Arbeitsbiene gemacht habe; die Anderen werden ebenso behaupten, dass die Arbeitsbiene das ursprüngliche Insekt sei, aus dem die Königin durch einige Modifikationen hervorgehe; denn man kann mir dem Glauben nicht wehren, dass die Anlagen der Arbeitsbienen und die ihr eigentümlichen Organe ihrer Entwicklung vorhergehen mussten. So wird man zu der Vorstellung geführt, dass dies Wesen, welches weder Königin noch Arbeitsbiene ist, diese Larve vor dem dritten Tage den Keim ebenso wohl zu dem kunstsinnigen, als zu dem fortpflanzungsfähigen Insekte in sich trage, den Keim zu den Organen beider Tiere, den Instinkt der Arbeitsbiene und den der Mutterbiene, freilich noch unausgefüllt, aber doch befähigt, es nach der durch die Umstände der Erziehung gegebenen Richtung zu werden. In dem einem dieser Fälle wird das Fortpflanzungsvermögen erstickt werden oder ohne Entwicklung bleiben, in dem anderen wird das dem Kunstsinne widerfahren.

Zwischen diesen Ausgangspunkten hat die Natur vielleicht Wesen in die Mitte gestellt, welche die Eigenschaften der Königinnen und der Arbeiter teilen, daher fruchtbare Arbeiter und die von Needham schon beobachteten kleinen Königinnen. Die Vernichtung gewisser Kräfte und ihnen entsprechender Organe lässt sich leichter begreifen als ihr selbsttätiges Entstehen. Darauf ist die Erklärung gegründet.

Von vornherein will ich aber einem Einwurfe begegnen, den man gegen diese Theorie etwa erheben möchte. Wie soll man sich, wird man einwenden, den feindseligen Instinkt der Arbeiter und der Königin eines Stockes gegen andere Königinnen erklären; denn die Arbeiter hegen gegen ihre Mutter eine Art Liebe und erweisen ihr die ununterbrochenste Sorgfalt, während die

Königinnen gegeneinander einen unauslöschlichen Hass hegen?

Aber wissen wir, in welchem Grade die Umstände dieses oder jenes Gefühl bei den Insekten ausbilden können? Ich will davon nur ein Beispiel anführen, welches im sechsten Bande der Abhandlungen der Londoner Linneischen Gesellschaft aufgenommen ist. Es ist bekannt, dass es bei den haarigen Hummeln ebenso wie bei den Honigbienen drei Arten von Individuen gibt. In einer dieser von uns beobachteten Gesellschaften zeigten sich ganz eigentümliche Zustände. Einige Arbeiter, die bis zu einer gewissen Zeit mit der gemeinsamen Volksmutter im besten Einvernehmen gelebt hatten, legten Zeichen der heftigsten Eifersucht an den Tag, als sie fruchtbar geworden waren. Einige derselben wurden das Opfer des Zornes der anderen, und auch selbst das Hauptweibchen sah man durch den Stachel der Arbeiter, denen sie das Leben gegeben hatte, umkommen. Wenn also unter Arbeitern, sobald sie fruchtbar geworden sind, eine solche Eifersucht eintreten kann, wenn die Liebe zu ihren Gefährtinnen, zu ihrer Mutter sogar, sich plötzlich in Hass verwandeln kann, so ist der Einwurf, den man aus dem verschiedenen Instinkte der Königinnen und der Arbeiter entnehmen könnte, freilich der stärkste, den wir uns gegen die Hypothese ihrer ursprünglichen Wesensgleichheit vorstellen können, auf seinen wahren Wert zurückgeführt. Dieses Beispiel zeigt uns, dass der Keim der Leidenschaften nur die mit ihm im Einklange stehenden Umstände abwartete, um sich zu entwickeln. Was kann man danach nicht alles der Veränderlichkeit des Instinktes zuschreiben?

Meine Vermutungen über das Geschlecht der Arbeiter erhielten endlich eine unerwartete Bestätigung; eine auffallende Erscheinung, die zugleich einen schlagenden Beweis liefert, wie großer Veränderungen die

Bienen fähig sind, führte mich zu Untersuchungen, deren Ergebnisse mir sehr wichtig zu sein schienen.

Die Geschichte einiger schwarzer Bienen.

Im Jahre 1809 bemerkten wir in der Weise, wie einige Bienen von ihren Gefährtinnen am Flugloche behandelt wurden, etwas Auffälliges. Am 20. Juni erregte ein Knäuel von Arbeitsbienen, die so gereizt waren, dass man sie nicht zu trennen wagte, unsere Aufmerksamkeit. Die einbrechende Nacht hinderte uns, den Grund dieser Zusammenrottung zu ermitteln, aber auch an den folgenden Tagen nahmen wir wiederholt wahr, wie die Bienen dieses Stockes einigen Individuen, die sich in ihrem äußeren Ansehen von den gewöhnlichen Arbeitern in etwas unterschieden, den Eingang zu verwehren suchten. Wir ergriffen einige derselben; sie unterschieden sich von den Arbeitern nur in der Farbe; Bruststück und Hinterleib waren weniger behaart und daher erschienen sie schwärzer, sonst aber boten Beine, Fühler, Zähne, Körpergestalt, Größe, das ganze Äußere die vollständigste Übereinstimmung mit den gemeinen Bienen dar.

Jeden Tag sah man schwarze Bienen vor dem Flugloche des Stockes; offenbar drängten die Arbeiter sie aus demselben heraus. Beide Bienenarten lieferten sich förmlich Schlachten, in denen die Arbeiter immer Sieger blieben. Entweder töteten sie ihre Gegner bald, oder ermatteten sie so sehr, dass sie keinen Widerstand mehr leisten konnten, nahmen sie dann zwischen die Zähne und schleppten sie weit vom Stocke weg. Wir ergriffen mehrere dieser schwarzen Bienen und sperrten sie in ein besonderes Gefäß ein; hier aber fielen sie augenblicklich übereinander her und töteten sich gegenseitig. Andere schlossen wir mit gemeinen Arbeitsbienen desselben Stockes in ein Streufass ein, kaum aber hatten diese sie erblickt, als sie dieselben sogleich angriffen und töteten.

Die Zahl dieser schwarzen geächteten Bienen mehrte sich mit jedem Tage; einmal aus ihrem Mutterstock entfernt, kehrten sie nicht wieder dahin zurück; sie starben den Hungertod, wenn der Stachel sie verschont hatte.

Diese seltsame Szene dauerte die ganze schöne Jahreszeit hindurch. Mitunter behandelten die Arbeiterinnen die Schwarzen weniger streng, und dann schienen diese von den früheren in etwas sich zu unterscheiden, sie hassten sich weniger und griffen sich nicht mehr gegenseitig an; bald aber steigerte sich die Wut der gemeinen Bienen gegen sie, und die Schwarzen wurden von neuem ausgejagt.

Wir konnten nicht wissen, ob die ganze Brut von dieser Krankheit oder dem eigentümlichen Zustande, welcher diese Bienen ihren Gefährtinnen verhasst machte, ergriffen war, und da wir ihre Zahl wochenlang sich ungemein stark vermehren sahen, fürchteten wir nicht ohne Grund, dass die ganze Eierlage der Königin entartet sein möchte. Gegen Ende September sahen wir aber keine schwarze Biene mehr. Der Stock schien durch die Vertreibung so vieler Mitglieder gelitten zu haben, er war weniger volkreich als früher; wir beruhigten uns jedoch über den Zustand des Volkes, als wir uns überzeugten, dass die Königin das Vermögen, Eier, aus denen vollkommen organisierte Arbeiter hervorgingen, zu legen nicht verloren hatte.

Seit April des nachfolgenden Jahres verloren wir diesen Stock nicht aus dem Auge, sahen aber keine schwarze Biene wieder erscheinen; die Zahl der Arbeiter vermehrte sich in einer Weise, dass wir sogar auf einen Schwarm hofften, der aber in diesem Jahre (1810) nicht abgestoßen wurde. Wir waren also fest überzeugt, dass die Ursache dieser Unregelmäßigkeit, welches sie nun auch gewesen sein mochte, nur einen Teil der Eier dieser Königin berührt haben konnte.

Indes drängten sich hier noch verschiedene andere Fragen auf. War die Königin von der Anlage, abweichende Individuen zu erzeugen, gänzlich geheilt? War dies Übel erblich? Welche Folgen musste das rücksichtlich der Königinnen haben, welche von dieser abstammen würden?

Die Beobachtung belehrte uns, dass die Königin dieses Stockes nicht vollständig geheilt war; denn im Jahre 1811, also zwei Jahre nach dem Auftreten der von uns beobachteten schwarzen Bienen, sahen wir sie abermals in großer Anzahl unter denselben Umständen und mit denselben Merkmalen erscheinen. Im Jahre 1812 endlich stieß der Stock einen sehr schönen Schwarm ab, und da die alte Königin beständig der neuen Kolonie folgt, so zeigten sich auch sehr bald vor dem Flugloche ihrer Wohnung wieder jene fehlerhaften Bienen.

Noch auffallender war es aber, dass wir dieselbe Erscheinung gleichzeitig in beiden Stöcken wahrnahmen. Der Mutterstock hatte seinen Schwarm am 3. Juni abgestoßen, und am 2. Juli bemerkten wir vor seinem Flugloch fehlerhafte Bienen; es ist klar, dass sie der von der in den neuen Stock übersiedelten Königin herrührenden Brut nicht angehören konnten, und dieser Umstand überzeugte uns, dass der Fehler der Königinmutter in ihrem Geschlechte erblich war.
Anmerkung: Auch im laufenden Jahre (1813) haben wir vor beiden Stöcken wieder misshandelte Bienen, jedoch in geringerer Zahl angetroffen.

Man sieht übrigens, dass in den mitgeteilten Zügen nur erst leichte Andeutungen gegeben sind; ich hatte bei ihrer Veröffentlichung keinen anderen Zweck, als die Aufmerksamkeit der Beobachter anzuregen, um durch vermehrte Tatsachen die Geschichte der fehlerhaften Bienen vervollständigen zu können.

Das Verlangen, den Grund der Vernichtung der schwarzen Bienen ausfindig zu machen, veranlasste mich zu der Untersuchung, ob diese Bienen nicht vielleicht in ihrem Äußeren oder auch in ihren inneren Teilen etwas darböten, was auf eine Entwicklung der weiblichen Geschlechtsorgane hindeuten könne; ich dachte nämlich, dass, wenn sie wirkliche Weibchen wären, sie die Arbeitsbienen für ihre Königin besorgt machen möchten, und dass diese sie aus ihrer Wohnung verdrängten, um die Königin vor ihren Nebenbuhlern sicherzustellen.

Fräulein Jurine

Es gab nur ein einziges Mittel, meine Vermutungen als begründet nachzuweisen; eine sorgfältige Sektion dieser Bienen. Aber ich hatte weder in meiner Umgebung noch in meiner Familie jemand, der in der schwierigen Zergliederungskunst gewandt genug gewesen wäre, um meinen Wünschen entsprechen zu können. Diese Untersuchungen nehmen umfassende Kenntnisse und eine ganz besondere Geschicklichkeit in Anspruch. Da erinnerte ich mich dankbar an die Freundlichkeit und Zuvorkommenheit einer jungen Dame, die durch eine seltene Liebenswürdigkeit, durch bezaubernde Tugend und hervorstechende Talente gleich ausgezeichnet war, die, ihren Fähigkeiten eine dem Geschmacke eines teuren Vaters (Louis Jurine), dem mehr als eine Wissenschaft verpflichtet ist, entsprechende Richtung gebend, ihre Zeit und ihre von der Natur empfangenen Anlagen der Naturgeschichte gewidmet hatte, die, ebenso geschickt, die Insekten und ihre feinsten Teile zu zeichnen, als die Geheimnisse ihres Baues zu ergründen, ebenso wohl mit einem Lyonett als auch mit einem Merian in die Schranken treten durfte, die wir nur zu bald beweinen sollten, und die kurz vorher noch ihre ausgezeichneten Talenten durch

Entdeckungen, die selbst einem Swammerdam und Reaumur entgangen waren, kundgegeben hatte. Fräulein Jurine (Christine Jurine) war es, der ich eine Untersuchung anvertraute, an welcher so viele berühmte Anatomen gescheitert waren, die Untersuchung der Organe nämlich, wodurch eine bis dahin gänzlich unbekannte Wahrheit sollte konstatiert werden.

Zunächst kam es darauf an, ausfindig zu machen, ob die fehlerhaften Bienen in ihrem Organismus irgendwelchen Unterschied gegen die gemeinen Bienen nachweisen würden. Fräulein Jurine verfuhr bei dieser Untersuchung mit dem ihr eigenen Scharfsinne.

Das Äußere dieser Bienen bot ihr freilich durchaus nicht dar, was wir nicht selbst auch schon wahrgenommen hatten, d.h., auch sie fand mit Ausnahme einer schwächeren Behaarung des Bruststückes zwischen diesen und den gewöhnlichen Bienen keinerlei Unterschied, dieselbe Form des Thorax, des Kopfes und Hinterleibes, auf gleiche Weise gebildete Füße und Zähne, gleiche Länge sämtlicher Teile, kurz eine vollkommene Gleichheit im Äußeren.

Als aber die gewandte Naturforscherin in ihren Untersuchungen weiter fortschritt, die äußeren Decken der schwarzen Bienen entfernt, die Weichteile beseitigt und die inneren Teile gehörig präpariert hatte, entdeckte sie zwei vollkommen deutliche Eierstöcke, in denen sie zwar keine Eier fand, die aber in Stoff und Gestalt den Eierstöcken der Königinnen entsprachen, wenn sie auch weniger leicht zu erkennen waren. In Tafel III findet man die Abbildung derselben nach der Originalzeichnung, die wir von derselben Hand besitzen, welche diese Bienen zergliedert hatte. Die Zeichnung stellt zugleich auch den Stachel (c) mit seinem gesamten Zubehör, die Giftblase (d) und einen Teil des Rückenmarks (b) dar.

Anfänglich glaubten wir, den Verwicklungsknoten gefunden zu haben, und ahnten noch nicht, dass diese Entdeckung uns zu einer weit wichtigeren führen würde, welche die Vermutung, die wir über die Ursache der Verfolgung dieser Bienen aufgestellt hatte, zwar zerstören, dagegen uns aber ein Geheimnis enthüllen sollte, dem die Naturforscher seit langem nachgeforscht hatten.

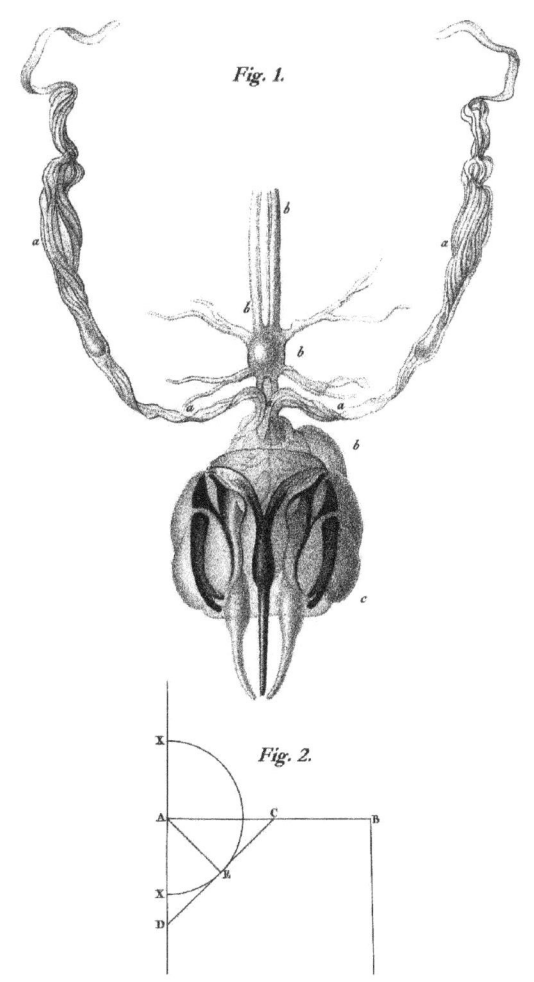

Band 2 Tafel XI—Eierstöcke der Arbeiter und die Geometrie einer Zelle.

Alle Arbeiter sind weiblich.

Indem Fräulein Jurine die Vergleichung der fehlerhaften Bienen mit den gewöhnlichen Arbeitern weiterführen wollte, zergliederte sie in gleicher Weise und mit derselben Sorgfalt auch einige gewöhnliche Bienen, und diese Arbeit wurde die Veranlassung, dass sie bei allen Arbeitsbienen Eierstöcke entdeckte, die dem Messer und dem Mikroskope Swammerdams entgangen waren. Sie verdankte diese Entdeckung hauptsächlich einer geringfügigen Vorkehrung, die der holländische Anatom vermutlich nicht getroffen hatte, die aber sehr folgenreich war, dass sie nämlich den bloßgelegten Körper der Biene zwei Tage lang in Weingeist liegen ließ. Der Vorteil, den man aus diesem Verfahren gewinnt, besteht darin, dass die durchsichtigen Membranen dadurch eine größere Undurchsichtigkeit erhalten, während sie ohne diese Maßregel mit den Flüssigkeiten verschwimmen. Fräulein Jurine zergliederte eine große Menge ohne Auswahl vor dem Flugloche eines Stockes ergriffener Arbeitsbienen und fand bei allen ebenso gebildete Eierstöcke wie bei den schwarzen Bienen. Sie zeigte dieselben auch ihrem Vater, der uns versicherte, dass man sie selbst mit bloßem Auge erkennen könne.

Das Dasein der schwarzen Bienen führte uns also auf eine Entdeckung, deren Wichtigkeit allen fühlbar werden muss, die den Fortschritten und Wechselfällen der Geschichte der Bienen gefolgt sind, die Einwürfe gelesen haben, welche Schirachs Widersacher gegen seine Theorie erhoben haben, und welche immer von dem vorausgesetzten Fehlen der Eierstöcke bei den Arbeitsbienen hergenommen waren.

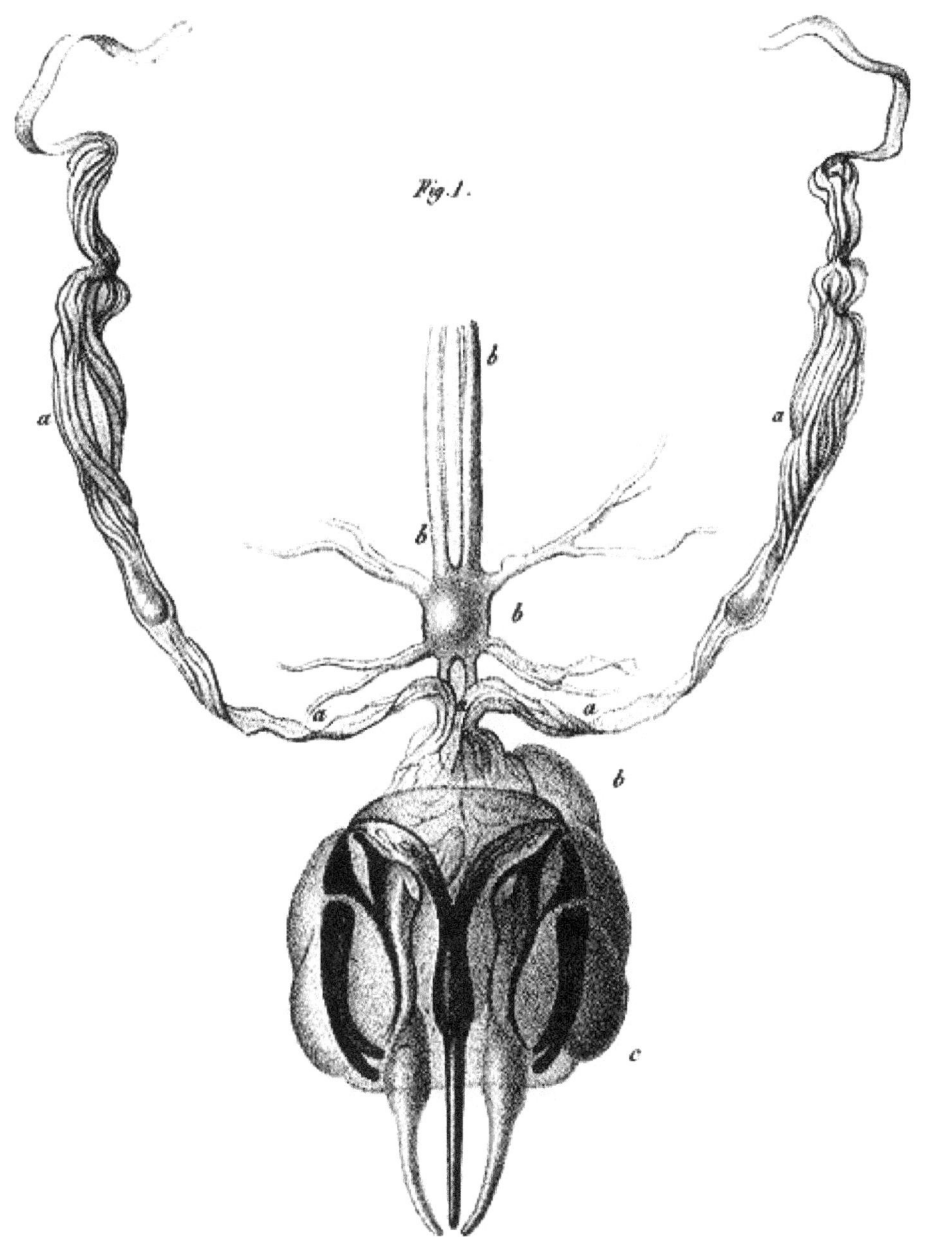

Band 2 Tafel XI Fig 1—Eierstöcke der Arbeiter.

So fiel also die alte Theorie, welche geschlechtslose Bienen zuließ, zusammen. Die Organisation aber dieser

Bienen, die unsere Bewunderung so vielfach in Anspruch nehmen, bietet uns in ihrer Anschließung an die allgemeinen Gesetze eine der bemerkenswertesten physiologischen Erscheinungen dar. Anm.: Auch Cuvier beobachtete diese Rudimente der Eierstöcke. Er bemerkte darüber: „Ich glaube, auch bei den geschlechtslosen Bienen ganz kleine Eierstöcke gesehen zu haben, was die Annahme, dass sie unentwickelte Weibchen seien, bestätigen würde." (Vorlesungen über vergleichende Anatomie. Bd. V Seite 198).

Mein auf einer festen Grundlage errichtetes System sollte sich aber auch auf alle diejenigen Insekten ausdehnen, bei denen man fortpflanzungsfähige Individuen beobachtet hat, d.h. auf die Hummeln, die Wespen und Ameisen; denn nach der Meinung eines großen Naturforschers hat ein Organ eine umso größere Bedeutung in der tierischen Haushaltung, je weiter es verbreitet ist.

Wir wollen nun prüfen, ob diese Regel in vorliegendem Falle eine Ausnahme erleidet, oder ob man auch hier wieder auf die Einheit des Planes stößt, den man anderswo in den Werken der Schöpfung wahrnimmt.

Ehe man die Eierstöcke der Bienen entdeckt hatte, konnte man von der Fruchtbarkeit einiger unter ihnen noch nicht auf das Geschlecht der ganzen Art schließen; war aber einmal erwiesen, dass beide Erscheinungen gleichzeitig bei den Bienen vorkommen, so darf man, glaube ich, überall, wo eins von beiden sich mit denselben Umständen kundgibt, nach der Analogie auch das andere zulassen.

Nach den Beobachtungen Riems gibt es mitunter fruchtbare Arbeiter in den Stöcken, die aber immer nur Drohneneier legen.

Ich glaube, diese Tatsache im fünften Briefe zur Evidenz gebracht zu haben, ja noch mehr, ich habe die

Ursache nachgewiesen, der man die Erscheinung der fruchtbaren Arbeitsbienen zuschreiben muss. Eine Nahrung, die derjenigen entspricht, welche die Königinnen erhalten, bringt die auffällige Veränderung hervor, welche ihre Körperbeschaffenheit nachweist. Es müsste von großem Interesse sein, wenn man das Verhalten dieser halbfruchtbaren Bienen, dieser Weibchen, deren äußere Kennzeichen dieselben wie die der Arbeiter sind, genau beobachten könnte; ihre geringe Anzahl macht eine solche Beobachtung aber fast unmöglich. Vielleicht könnte man aber ihren Schritten unter einer geringen Zahl Arbeiter folgen, wenn man ihrer mehrere in Kistchen, deren sich Schirach zur Königinnenzucht bediente, heranzöge. Ich selbst habe diesen Versuch noch nicht angestellt, gedenke ihn aber auszuführen, sobald die Jahreszeit sich dazu günstig erweisen wird; zugleich wird man auch beobachten können, ob die Fruchtbarkeit dieser Arbeiter von denselben Umständen begleitet ist wie die der Königin. Diese Untersuchungen sind für die Geschichte der Bienen, wie für die der Erzeugung und der Entwicklung der Fähigkeiten und Organe der Insekten überhaupt gleich wichtig. Gegenwärtig beschränke ich mich darauf, nachzuweisen, dass diese Erscheinung sich bei allen in Gesellschaften lebenden Insekten wiederholt. In der bereits angezogenen Abhandlung habe ich nachgewiesen, dass es auch bei den haarigen Hummeln fruchtbare Arbeiter gibt, die Eifersucht geschildert, welche durch das Gefühl der Mutterschaft sich bei diesen Individuen entwickelt, und ihre Eifersucht, ihre Wut und alle einzelnen Umstände ihrer Eierlage beschrieben. Bei der Vergleichung dieser kleinen Mütter mit den eigentlichen Weibchen konnte ich nur einen Größenunterschied entdecken, da ich aber damals noch nicht hatte ausfindig machen können, ob die fruchtbaren Arbeiter Individuen beiderlei Geschlechts hervorbrächten, habe ich mich nachträglich einer Untersuchung unterzogen, die in Beziehung auf die fruchtbaren Arbeiter unter den Honigbienen von Wichtigkeit ist.

Ich stellte zu dem Behufe ein Nest der schwarzroten Hummeln (hemoroïdalis Lin.) in einem gewöhnlichen Kasten in mein Fenster. Ich bemerkte bald, dass die Volksmutter nicht allein fruchtbar war. Die Bewegung und Aufregung dieser Hummeln an jedem Nachmittage, ihre Eifersucht und zuletzt ihre Eierlage lieferten mir dafür den Beweis. Es könnte scheinen, dass es ein Leichtes gewesen wäre, sich über das Ergebnis ihrer Fruchtbarkeit Gewissheit zu verschaffen; ein Umstand jedoch konnte mich leicht beirren und dem musste ich vorbeugen.

Die gemeinsame Mutter legte oft in dieselben Zellen, in welche auch die fruchtbaren Arbeiter ihre Eier absetzten; ich konnte also nicht mit voller Bestimmtheit entscheiden, welcher Eierlage die aus ihnen hervorgehenden Hummeln zugeschrieben werden musste, wenn ich sie nicht gänzlich trennte. Das von mir zu dem Ende angewendete und mit vollem Erfolge gekrönte Verfahren war folgendes.

Hummeln haben eierlegende Arbeiter.
Wir trennten ein Wabenstück, welches keine Brut enthielt, von dem Reste ab und legten es in ein offenes Kästchen, dass wir auf derselben Stelle beließen, wo die Hummeln ihr Nest zu finden gewohnt waren; die Mutter und ein Teil des Volkes wurde mit der anderen Hälfte in ein entferntes Fenster gestellt. Ich rechnete darauf, dass die auf Tracht ausgeflogenen Arbeiter diejenige bevölkern sollten, welche ohne Bewohner geblieben war. Wirklich ließen sich auch diese Hummeln bei ihrer Rückkehr auf dem Bruchstück, welches man an die Stelle ihrer Kuchen und ihrer Brut gestellt hatte, unbefangen nieder, obgleich sie die vorgegangene Veränderung wahrzunehmen schienen. Ich hoffte, dass sich unter diesen Arbeitern

auch fruchtbare finden würden und fand mich in meiner Erwartung nicht getäuscht; denn noch am Nachmittage desselben Tages, an welchem die Teilung oder der künstliche Schwarm gemacht worden war, erbauten die Arbeiter eine Zelle, um ihre Eier darin abzusetzen, und ich sah mehrere derselben legen. Mit jedem Tage wuchs die Zahl der Eier; bald schlüpften auch Larven aus, die sich in Nymphen und nach Monatsfrist in wirkliche Hummeln verwandelten. Sorgfältig untersuchte ich sämtliche Individuen, welche aus ihrer Zelle ausschlüpften; sie waren ohne Ausnahme Männchen.

Diese Männchen glichen in jeder Beziehung denen, die aus den Eiern der Weibchen hervorgingen, sie waren ebenso groß und ebenso gezeichnet. Ich hatte zu diesem Versuche die schwarzroten Hummeln gewählt, weil ihre Männchen an den grünlichen Haarstreifen auf dem Rückenstücke und einem Flecken von derselben Farbe vor der Stirn kenntlich sind. Ich konnte mich also nicht täuschen und kann versichern, dass weder ein Arbeiter, noch ein Weibchen in diesem Neste sein Entstehen erhielt, während im Hauptneste sowohl Weibchen als Männchen geboren wurden. Es besteht also eine große Übereinstimmung zwischen den haarigen Hummeln und den Honigbienen; zu bemerken ist noch, dass fast alle Arbeiter dieses Nestes bis auf einige sehr kleine fruchtbar waren; wenigstens habe ich sie nicht auf der Tat ergriffen, während die meisten anderen unter meinen Augen gelegt haben.

Ich will auch ein weiteres schlagendes Beispiel von der Allgemeinheit dieses Gesetzes anführen, welches zugleich beweist, dass die Natur keine eigentlichen Geschlechtslosen hervorbringt. Herr Perrot, welcher uns bereits mehrere interessante Tatsachen mitgeteilt hat, gestattete mir, eine Beobachtung zu veröffentlichen, welche die meinige unterstützt.

Er beobachtete ein Wespennest mit der ängstlichen und scharfblickenden Aufmerksamkeit, die den wahren Naturforscher beurkundet, und sah eine der Arbeiterinnen zu wiederholten Malen Eier legen; mit großer Spannung erwartete er, was aus den Eiern dieser Wespe hervorgehen werde, indes eine zufällige Zerstörung des Nestes machte ihm die Verfolgung der völligen Entwicklung der Nymphen unmöglich; dennoch hielt er sich, da er sie sorgfältig untersucht hatte, überzeugt, dass sie sämtlich männlichen Geschlechts waren. Ich darf mir es nicht erlauben, die anziehenden Umstände, welche die Entdeckung des Geschlechtes der Wespenarbeiter und ihrer männlichen Nachkommenschaft darbietet, zu veröffentlichen; sie sind aber ganz dazu geeignet, die Beziehungen, welche zwischen Bienen, Hummeln und Wespen bestehen, zu bestätigen.

Arbeiter der Ameisen verhängen sich.

Auch die Ameisen liefern uns hierfür eine auffallende Analogie; wir haben freilich die Arbeiter nie Eier legen sehen, sind aber Zeugen ihrer Verhängung gewesen. Diese Tatsache könnte von mehreren Mitgliedern der Genfer Naturforscher-Gesellschaft, denen wir sie vor Augen gestellt haben, bezeugt werden. Die Verhängung mit dem Männchen hatte immer den Tod der Arbeiterin zur Folge. Ihre Bildung gestattet ihnen also nicht, Mutter zu werden; dennoch beweist der Instinkt der Männchen, dass sie dem weiblichen Geschlecht angehören.

All diese Tatsachen beweisen, dass es in dieser Ordnung der Insekten keine Geschlechtslosen gibt, die den fortlaufenden Zusammenhang der Natur unterbrechen würden; denn soviel ich weiß, gibt es deren in keiner anderen Klasse. Wohl findet man mitunter beide Geschlechter in einem Individuum vereinigt; aber

Geschlechtslose würden nach meiner Vorstellung Missgeburten und ganz gegen die Natur sein.

Wer wird jemals die seltsame Besonderheit zu enträtseln im Stande sein, dass die Arbeiter der in Genossenschaft lebenden Insekten nur Eier zu Männchen legen können, wenn sie sich fruchtbar erweisen? Wer kann von der Ursache einer solchen Tatsache Rechenschaft ablegen? Diese Insekten haben Eierstöcke, die denen der Königinnen oder der Mütter, die ihnen das Leben gegeben haben, ähnlich sind, und doch erfreuen sie sich nur einer halben Fruchtbarkeit; ebenso wenig begreift man, warum Königinnen, die erst drei Wochen nach ihrer Geburt fruchtbar wurden, nur noch Drohneneier legen. Diese beiden Erscheinungen haben ohne Zweifel in ihrer Veranlassung irgendeinen Zusammenhang. Anmerkung: Huber deutet mit diesen Worten fast die Parthenogenese an. Der Belehrte weiß jedoch, dass Parthenogenese erst ein paar Jahre nach Hubers Tod von Dzierzon entdeckt wurde—Übersetzer.

Der Meinung eines großen Physiologen zufolge ist der Samen nur ein besonderer Reiz, der auf die Keime wie eine wesentliche ihrer Entwicklung entsprechende Nahrung wirkt. Bonnet machte von dieser Hypothese Anwendung, um die Schirachsche Theorie zu erklären. Er sagt irgendwo:

> „Auf anscheinend zuverlässige Versuche gestützt, halte ich es für wahrscheinlich, dass die Samenflüssigkeit ein wirklich nährendes Fluidum und Reizmittel ist; ich habe dargetan, wie sie die größten Veränderungen in den inneren Teilen der Embryonen hervorbringen kann. Es scheint mir demnach nicht unmöglich, dass eine besondere reichlichere Ernährung in den Maden der Bienen Organe entwickeln könne, die ohne sie nie entwickelt sein würden, und glaube ich, dass es an sich ziemlich gleichgültig ist, ob diese neue Nahrung den

Organen durch den Verdauungskanal oder auf irgend einem anderen Wege zugeführt wird, wenn sie nur die Eigenschaft besitzt, dieselben nach allen Richtungen zu erweitern. Es läge darin für diese Organe eine Art Befruchtung, welche der Art angemessen und ebenso wirksam wäre als diejenige, welche dem Tiere selbst sein Dasein gibt."

Sollte es unmöglich sein, dass diese so wesentliche und derjenigen, welche die gemeinen Larven gewöhnlich erhalten, so abweichende Nahrung, wenn sie den in der Nähe der Königszellen erbrüteten Larven zu spät oder in ungenügender Menge gereicht wurde, eine der zu sehr verzögerten Befruchtung der Königinnen analoge Wirkung haben könnte? Sollten die Eierstockstränge nicht zu straff werden, um gewissen Eiern die Entwicklung zu gestatten, wenn der männliche befruchtende Same oder der königliche Futterbrei letzteren nicht Kraftfülle genug verleiht, um in einem entgegengesetzten Sinne zu wirken, und das Gleichgewicht aufheben? Indem ich diese Vermutung aufstelle, vermeine ich nicht, alles zu erklären, und fühle sehr wohl, dass sie ebenso gut angegriffen als verteidigt werden kann; ich glaubte auch nicht, sie unerwähnt lassen zu müssen, weil sie mir dem Nachdenken und den Versuchen der Physiologen einen neuen Weg zu eröffnen schien.

Vorwürfe Monticellis an Schirach

Nachdem ich nun das Geschlecht der Arbeitsbienen, so weit es menschlicherweise gehofft werden konnte, festgestellt habe, will ich die Vorwürfe, welche Schirach durch den neapolitanischen Professor Monticelli, den Verfasser des Werkchens: „Die Bienenzucht auf der Insel Favignana", gemacht sind, einer Prüfung unterwerfen. Dieser Schriftsteller beschuldigt den deutschen Forscher, sich für den Erfinder der künstlichen Schwärme oder

Ableger auszugeben, die Idee dazu aber aus dem Verfahren eines kleinen, an einem im Mittelmeere unfern der sizilianischen Küste gelegenen Felsen wohnenden Volkes entlehnt zu haben. Schirach war aber weit entfernt, sich für den Erfinder einer Methode auszugeben, welche schon lange vor ihm in seiner Gegend im Gebrauche war. Von jeher ist die Praxis der Theorie vorhergegangen; der Erfolg erst führte auf die Wahrheiten, auf denen er beruhte, und die Kenntnis dieser Wahrheiten sichert ihrerseits den anfänglich schwankenden Gang der Züchter. Gewiss wird niemand die Entdeckung dieser Theorie in Anspruch nehmen, welche der Lausitzer Beobachter nur mit der größten Mühe zur Geltung brachte, und um derentwillen sogar der in seinen Urteilen so vorsichtige Bonnet die Mitglieder des Lausitzer Bienenzüchtervereins verwarnte, die Verwandlung der Bienenlarven in Königinnen zu vertreten, wenn sie nicht Gefahr laufen wollten, in den Augen wirklicher Naturkenner allen Kredit zu verlieren.

Schirachs Methode zur Bildung künstlicher Schwärme

Nur eine ausgeprägte Liebe zur Wahrheit konnte Schirach und seine Anhänger veranlassen, für eine Sache, die unter solchen Auspizien hervortrat, in die Schranken zu treten. Seine Entdeckung erzählt er in folgender Weise:

„Als ich am 12. Mai Brut aus einem Korb ausschnitt, hatte ich mich genötigt gesehen, übermäßig viel Rauch anzuwenden, um die Bienen in den Kopf ihrer Wohnung hinaufzutreiben. Sie wurden dadurch mehr belästigt als mir lieb war, mehrere entwichen aus dem Stocke und mit ihnen auch die Königin, ohne dass ich dessen gewahr geworden war; meine jüngste Tochter aber, die mir bei dieser Operation half, hatte sie bemerkt, und ihre Angabe bestätigte sich auch.

Aus den Klagetönen der im Stocke zurückgebliebenen Bienen hätte man allein schon abnehmen können, dass die Angehörigen dieses Volkes mit vereinter Stimme das Unglück und den Verlust einer geliebten Königin beklagten; ich suchte überall nach, durchlief den Obst- und Küchengarten, sogar die nächstgelegenen Wiesen, ohne so glücklich zu sein, meine entflohenen Bienen ausfindig zu machen. In der Voraussetzung, dass das Volk dieses Stockes ohne Königin rettungslos würde verloren sein, beschloss ich, ihm durch Einstellung einer Wabe mit dreierlei Brut, wie ich ihn ausgeschnitten hatte, eine neue zu verschaffen.

Am 13. morgens wollte ich die tags vorher unterschnitten Stöcke, die in der darauffolgenden Nacht immer ihren Unrat auszustoßen pflegten, reinigen. Ich näherte mich dem Stocke, dessen Königin die Flucht ergriffen hatte, und bemerkte vor ihm auf der Erde ein Knäuel Bienen, von der Dicke eines Apfel. Über diesen Anblick verwundert, trennte ich sie auseinander, um zu sehen, ob vielleicht die verlorene Königin sich unter diesem kleinen Haufen befinde. Und sie war wirklich darunter. Ich brachte sie vor das Flugloch des Stockes, der die seinige verloren hatte, und auf der Stelle wurde sie von Bienen umgeben. Der außergewöhnliche Zusammenlauf, das Getreibe, und das freudige Gebrause, welches sie auf ihren Klageruf folgen ließen, dass alles überzeugte mich, dass es auch wirklich ihre Königin sein musste. Um mich davon noch gewisser zu überzeugen, wollte ich sie in den Stock selbst setzen, den ich deshalb aufheben ließ; wie groß war aber mein Erstaunen, als ich, indem ich sie zwischen die Waben wollte laufen lassen, wahrnahm, dass die darin zurückgebliebenen Bienen bereits drei verschiedene Königszellen angelegt und beinahe vollendet hatten. Betroffen von der Tätigkeit und dem Scharfsinne dieser Tierchen, sich vor dem Untergange, mit dem sie bedroht wurden, zu bewahren, betete ich voll Bewunderung die unendliche Güte Gottes an, die er in der Fürsorge für die Erhaltung des Werkes seiner Hände offenbarte. Um nun zu sehen, ob die Bienen ihr Werk fortsetzen würden, riss ich zwei der erwähnten Zellen aus und ließ ihnen nur die dritte. Am folgenden Morgen sah ich zu meiner größten Überraschung, dass sie aus derselben alle Nahrung entfernt hatten, um die darin befindliche Made zu hindern, sich in eine Königin umzugestalten; seltsam. Gibt es wohl etwas Auffälligeres, etwas vom einfachen Mechanismus sich mehr Entfernendes?"

Die Entdeckung dieser Art der Umgestaltung musste das Ablegermachen bald leichter und weniger kostspielig machen. Vorher hielt man es für notwendig, den Bienen große Waben mit dreierlei Brut zu geben; Schirach wies nach, dass eine einzige Zelle mit einer dreitägigen Made genüge, um des Erfolges gewiss zu sein, und brachte verschiedene Verbesserungen in der Bildung künstlicher Schwärme in Vorschlag. Nie aber dachte er daran, sich die Erfindung dieser Methode anzueignen; um sich davon zu überzeugen, braucht man nur ein Bruchstück aus einem Briefe seines Schwagers Wilhelmi, der gar nicht geneigt war, ihm auch nur in einem Punkte nachzugeben, zu lesen. Er schreibt Bonnet:

„Seit langem bildet man in hiesiger Gegend künstliche Schwärme, sobald man im Monat Mai Brut in einem Stocke findet; diese Methode ist durch Schirachs Versuche vielfach verbessert worden, wie das auch die

Alten unserer Gesellschaft aus den Jahren 1766 und 1767 nachweisen."

Die Briefe, aus denen ich diese Bruchstücke entnommen habe, sind in dem Werkchen Schirachs: „Die Naturgeschichte der Bienenkönigin", welches von Blassiere ins Französische übersetzt ist, abgedruckt worden. Wenn er sich nun die Entdeckung der Bildung künstlicher Schwärme hätte aneignen wollen, würde er dann wohl in einem von ihm verfassten Werke die authentischen Beweise für das Alter dieses Verfahrens geliefert haben?

Der italienische Autor, der seinem Vaterlande die Ehre der Erfindung künstlicher Schwärme sichern wollte, und darüber vergaß, dass die große Genossenschaft der Wissenschaften weniger sich die Erfindungen streitig zu machen, als ihren Nutzen zu erweisen und zu vervollkommnen sucht, schuldigt Schirach unverhohlen an, die Idee zu den künstlichen Schwärmen in Favignana, dieser abgelegenen Insel, wo Reisende selten nur landen, geschöpft zu haben. Die Ähnlichkeit des Namens, den Columella der Bienenbrut (pullus) gab, mit demjenigen, den auch die Bewohner dieser Insel ihr beilegen (pullo), verleitete ihn zu der Annahme, dass schon die Römer, vielleicht gar die Griechen schon die Methode Favignanas gekannt haben, und die Übereinstimmung der Fußzahl, welche Schirach und die Bewohner dieser Insel für die Entfernung der Mutterstöcke beim Ablegermachen feststellen, scheint ihm ein ausreichender Beweis für das Plagiat des Sekretärs der Lausitzer Gesellschaft. Doch man muss ihn selbst hören, wie er sein Werkchen einleitet:

„Von dem Wunsche getrieben, meinen Mitmenschen, vorzugsweise aber Italiens Bewohnern, nützlich zu werden, habe ich mich entschieden, in vorliegender Abhandlung die Methode zu beschreiben, nach welcher die Einwohner von Favignana die Bienenzucht betreiben. Diese Methode ist in mehr als einer Beziehung von der im Königreiche Neapel und dem übrigen Italien betriebenen verschieden und verdient umso mehr bekannt gemacht zu werden, als sie mit der zweckmäßigen Wanderzucht noch die Kunst, künstliche Schwärme zu bilden, verbindet, die in Europa als ein Erzeugnis und eine Erfindung Schirachs angesehen wird, während doch die Favignaneser dieselbe allgemein und seit so langem schon anwenden, dass sie bei ihrem Verfahren noch die lateinischen Namen beibehalten haben. Wir benutzen diese Veranlassung, um Italien die ihm gebührende Ehre zu vindizieren, die in diesem Punkte wie in so vielen anderen von schlauen Fremdlingen herabgewürdigt ist, die auf ihren Reisen in unserem Lande, bei ihrem Durchstöbern unserer Bibliotheken, in ihrem Verkehre mit unseren Gelehrten, aus unseren Büchern die schönsten Erfindungen entnommen haben, um sich selbst damit zu zieren.

Unstreitig wird jeder, der diese Abhandlung liest und das favignanesische Ablegermachen mit dem Schirachschen vergleicht, ohne weiteres einsehen, dass dieses aus jenem entlehnt ist, wie ich weiter unten ausführlicher mitteilen werde. Ich muss indes einräumen, dass auch die Griechen und Türken auf den Inseln des ionischen Meeres künstliche Schwärme bei ihrer Bienenzucht anwenden, wodurch Schirach zu ihrer Kenntnis gelangen konnte. Da aber die Methode Favignanas ausgebildet, vollendet und im Erfolge sicher ist, so ist es recht und billig, seinen Bewohnern die Ehre zuzuerkennen, einen so praktischen Gebrauch bewahrt zu haben, der ebenso viel Scharfblick und Nachdenken bei unseren Verfahren voraussetzt, als es an Sorgfalt allen denen gefehlt hat, welche die Bienen beobachtet und uns ihre Beobachtungen mitgeteilt haben.

Schirach gilt bei den Leuten jenseits der Berge als der Erfinder künstlicher Schwärme, die noch jetzt in Deutschland und dem Norden so viel Aufsehen machen. Die Favignanesen kannten die Erfindung derselben lange vor dem Einbruch der Barbaren und wenden sie in zweifacher Weise an, deren eine und zwar die großartigere, allgemeinere und vollendetere, Schirach gar nicht kennt, sondern nur die zweite Methode der Favignanesen nachahmt usw."

Ich will nicht all die Behauptungen dieser Art, von denen das Büchlein wimmelt, und welche durchwegs beweisen, dass der Verfasser Schirach gar nicht einmal gelesen hat, anführen; ebenso wenig will ich die Seitenhiebe erwähnen, die Monticelli auf mich persönlich gerichtet hat; es ist augenfällig, dass er, von nationalen Vorurteilen geblendet, mir es nicht verzeihen konnte, dass ich dem Gelehrten, den er gar zu gern als einen Plagiarius darstellen möchte, hatte Gerechtigkeit widerfahren lassen.

Wenn die Liebe zur Wahrheit diesen Autor veranlasst hätte, die Tatsachen zu prüfen, die er leugnet, wenn er durch eigene Beobachtungen in denen Burnens Irrtümer entdeckt hätte, dann könnte man ihn nur der Leichtfertigkeit wegen tadeln, mit welcher er sich ausspricht. Aber sein Unglaube beruht lediglich auf der Autorität eines gewissen Tanoja, der freilich ein ehrenwerter Mann sein kann, dem wir aber doch unmöglich, wie der neapolitanische Professor, beipflichten können, dass es in jedem Stocke drei voneinander gänzlich unabhängige Bienenarten gäbe, nämlich männliche und weibliche Drohnen, Königinnen und Arbeiter beiderlei Geschlechts, dass jede Art ihre besonderen Zellen baue, die Königin die königlichen Zellen, die Drohnen diejenigen ihrer Art und so ferner. Wenn Monticelli die Autorität eines Reaumur, de Gers, Geoffrei, Linne, Buffon, Swammerdam, Latreille usw. verwirft, weil sie die Hypothesen des gelehrten Pater Tanoja nicht gekannt haben, so darf ich mich nicht beklagen, mit diesen Beobachtern gleiches Geschick teilen zu müssen; ich bin dem neapolitanischen Professor vielmehr zum Danke verpflichtet, dass er auch meinen Namen auf eine so ehrenvolle Proskriptionsliste gesetzt hat.

Man kann sich des Bedauerns nicht erwehren, in Monticellis Werke auf solche Flecke zu stoßen, denn davon abgesehen enthält es eine ziemlich gute Anweisung zur Behandlung der Bienen und zur Bildung künstlicher Schwärme; es ist anziehend und gewandt geschrieben, enthält eine treffliche Bestätigung der Schirachschen Grundsätze, und man muss sich nur wundern, dass ein Schriftsteller, dessen naturgeschichtliche Kenntnisse aus den besten Quellen geschöpft zu sein schienen, in seinen Anmerkungen dem ungereimtesten Systeme hat folgen können.

Die gewerbfleißigen Favignanesen fertigen ihre Wohnungen aus Holz. Es sind länglich viereckige Kasten mit beweglicher Vorder- und Hinterwand; der unten offene Kasten steht auf einem Flugbrette. Mit diesen Stöcken machen sie ihre Schwärme in folgender Weise. Da der Frühling bei ihnen weit früher als bei uns eintritt, können sie schon Anfang März mit der Vermehrung ihrer Stöcke beginnen. Sobald die Bienen Höschen zu tragen anfangen, halten sie die Zeit zu dieser Verrichtung für günstig; sie entfernen dann den Stock eine Strecke weit vom Bienenstande, öffnen die Hinterwand, treiben die Bienen vermittelst Rauch nach vorn und schneiden darauf ein paar Waben heraus, die in der Regel Honig enthalten; hierauf treiben sie die Bienen nach hinten und entnehmen dem vorderen Teile eine gewisse Anzahl Waben, von denen einige leer, andere mit Brut jeden Alters (mit Arbeiterbrut, die sie lateinische Waben nennen) gefüllt sind. Diese Waben bringen sie nun zugleich in den neuen Stock, den sie zu dem Ende umgekehrt und oben offen bereit halten, stellen ihn in derselben Ordnung wieder auf, in welcher sie dieselben im Mutterstocke gefunden haben und befestigen sie mit Pflöckchen, die sie von außen einstecken; ist das geschehen, so bringen sie den neuen Stock auf die Stelle des Mutterstockes und entfernen diesen 50 Schritt weit vom Bienenstande. Die von der Tracht zurückkehrenden Bienen, die einen Stock vorfinden, der demjenigen ähnlich ist, aus welchem sie ausgeflogen sind, ziehen in ihn ein, erziehen die Brut und gedeihen.

Der Erfolg dieses Verfahrens, welches dem Schirachschen sehr ähnlich ist, bestätigt durchaus die Theorie, die er aufgestellt hat.

Wir nehmen hiervon Veranlassung, eine etwas abweichende und höchst sinnreiche Methode zu erwähnen, welche von Lombard, einem ausgezeichneten Bienenzüchter und Verfasser eines trefflichen Werkes über praktische Bienenzucht, eingeführt ist.

Das Verfahren Lombards bildet den Gegensatz zu dem der Favignanesen; statt eines künstlichen Schwarmes bildete er gewissermaßen nur einen beschleunigten natürlichen Schwarm.

Er trägt zu dem Ende den Stock, den er zu diesem Zwecke ausersehen hat, an einen dunklen Ort, wo derjenige bereits vorgerichtet ist, der den neuen Schwarm aufnehmen soll. Die zylindrische Form seiner Strohkörbe erleichtert sein Verfahren, welches darin besteht, dass er vermittelst Rauch einen Teil der Bienen und ihre Königin in die neue Wohnung treibt, darauf den alten Stock auf seinen Platz zurück trägt, damit er durch die vom Felde zurückkehrenden Bienen verstärkt werde, und den Ableger in einer angemessenen Entfernung vom Bienenstande aufstellt. Dieser Abtreibling besitzt eine Königin, er kann also ohne weitere Nachhilfe fortkommen und genießt eines Vorzuges, dessen die ersten Schwärme sich nicht immer erfreuen, nämlich der Obstbaumblütentracht. Hinsichtlich der Einzelheiten des Verfahrens verweise ich auf Lombards Werkchen selbst, welches sich in den Händen eines jeden Bienenzüchter finden sollte.

Diese Methode, die, wie man sieht, auf der Nachzucht einer Königin in einem Stocke beruht, der nur Brut enthält, bestätigt ebenfalls die Lehre Schirachs, weil sie in einer langen Erfahrung immer mit Erfolg gekrönt worden ist.

So geht also Theorie und Praxis miteinander Hand in Hand, um zu beweisen, dass das Geschick einer Bienenlarve je nach den Umständen aus derselben eine Königin oder eine Arbeitsbiene machen kann, weil unter beiden Formen immer ein Weibchen sich findet, welches entweder die physische Anlage zu Mutterschaft, wie sie sich in der Fruchtbarkeit der Königin beurkundet, oder die Befähigung zur Ammenschaft besitzt, wie sie in der Liebe zu den Jungen und in der sorgsamen Pflege derselben bei den Arbeitsbienen hervortritt. Diese Teilung der Arbeit und des Mutes auf der einen, und der außerordentlichen Fruchtbarkeit auf der anderen Seite, die auf dem Geheimnisse der Larvenerziehung beruht, liefert einen der anziehendsten Gegenstände zum Nachdenken, welchen die Naturgeschichte überhaupt darbieten kann. Wir verdanken folglich der Ausdauer und dem Scharfsinne Schirachs eine der merkwürdigsten Entdeckungen, womit die Wissenschaft beschenkt worden ist, und die durch sie ermittelte Wahrheit, wofür ich die tatsächlichen Beweise geliefert habe, schließt sich dadurch, dass sie ein helleres Licht auf die Entwicklung der Organe bei allen Geschöpfen wirft, den wichtigsten Erfolgen physiologischer Forschungen an.

Fotos einer Reproduktion von Hubers Bücherstock

Die folgenden 7 Aufnahmen von Don Semple zeigen seine Reproduktion von Hubers Bücherstock, die er eigens für dieses Buch gebaut hat. 3 Originale sind zum Vergleich beigefügt.

644   Photos of a reproduction of Huber's Leaf Hive

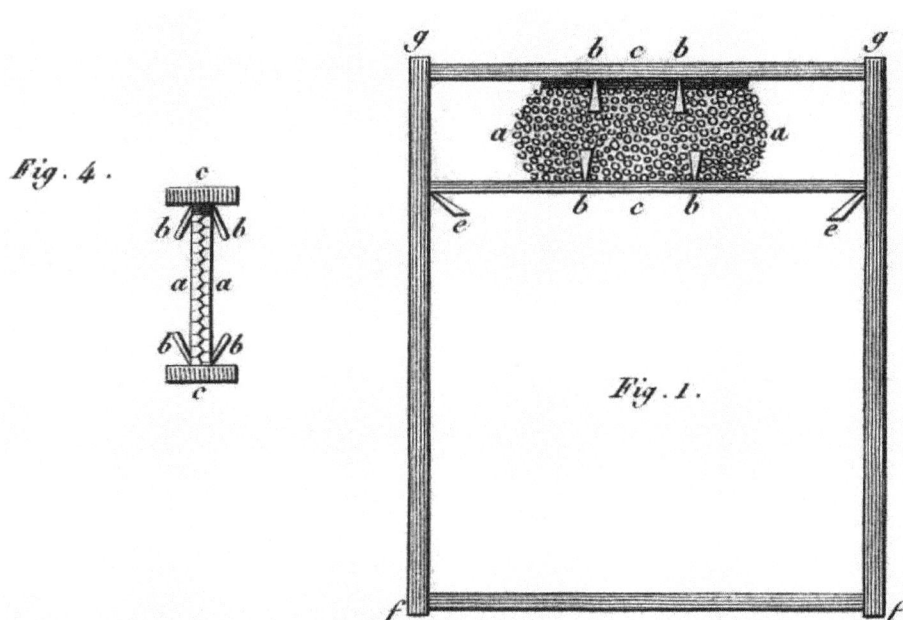

Fig. 4.

Fig. 1.

Photos of a reproduction of Huber's Leaf Hive

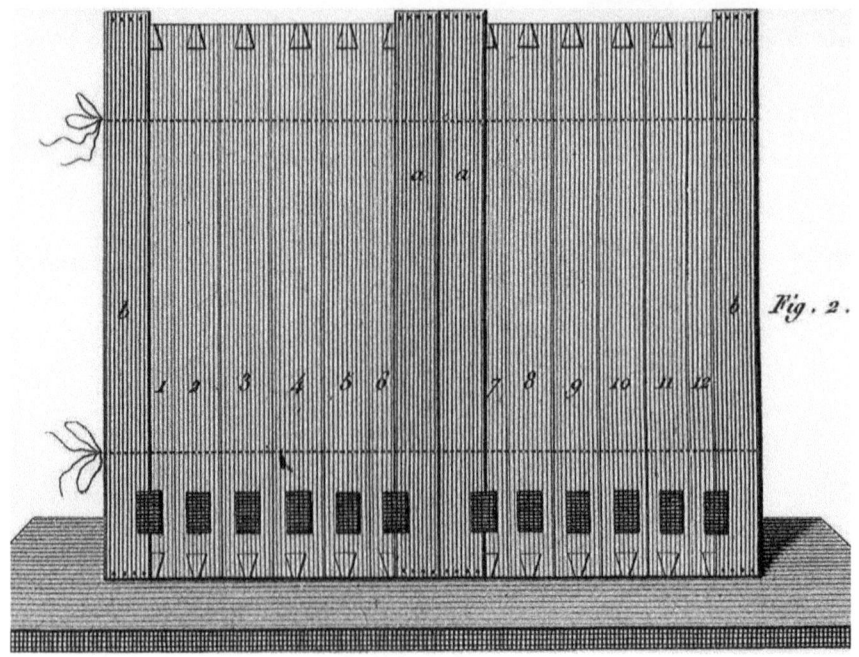

Fig. 2.

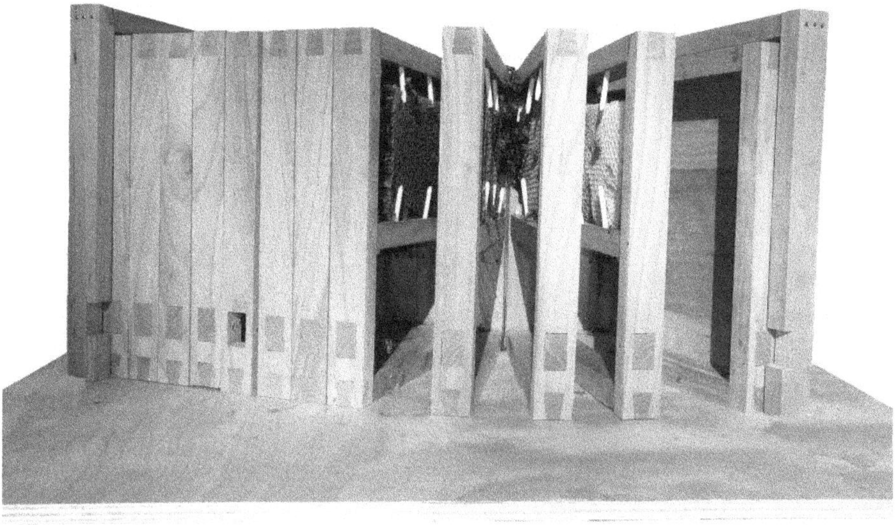

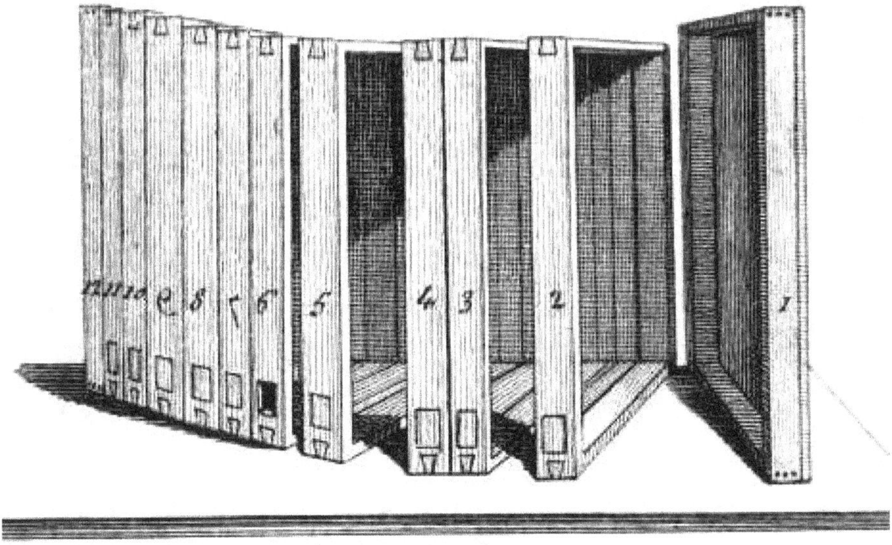
12 11 10 9 8 7 6
5
4 3
2
1

Fotos der Originaltafeln der Ausgabe von Nouvelles Observation Sur Les Abeilles aus dem Jahre 1814

Ich habe die französische Originalversion dieses Buches von 1814 aufgestöbert und erstanden, komplett mit allen Tafeln. Glücklicherweise waren die Seiten nicht vergilbt und die Tafeln in gutem Zustand. Um sie dem von Huber bestimmtem Gebrauche zuzuführen – zur Veranschaulichung seiner Beobachtungen – habe ich versucht, die Tafeln in dem Text so leserlich wie möglich zu machen. Ich habe die Figuren jeder Tafel nach Nummern gereiht und die Nummern neu dazugeschrieben, um sie leserlicher zu machen, da die kleinen eingravierten Nummern nicht zu erkennen waren. Ich habe die Figuren voneinander getrennt, den Hintergrund gereinigt und sie auf die Größe einer Seite, oder auf das größte nützliche Format vergrößert; auf diesen ließ ich die eingravierten Nummern stehen, da sie gut lesbar waren, und fügte sie in den Text an der Stelle ein, wo sie beschrieben werden. Ich habe dabei mehr Augenmerk auf Klarheit als auf das Erscheinungsbild gelegt, weswegen es teilweise leere Stellen gibt. Ich denke, dass all dies zur Leserlichkeit und zur Textklarheit beiträgt. Ich denke jedoch, dass die Originaltafeln aus historischen und künstlerischen Gesichtspunkten für einen Anhänger Hubers von Interesse sind. Ich habe sie nach der horizontalen Linie an der Seite ausgerichtet (einige erscheinen jedoch immer noch schief, da sie nicht ganz rechteckig sind). Um die Verbesserung der Tafeln zu verdeutlichen, habe ich auch eine Originaltafel aus der C. P. Dadant – Ausgabe beigefügt. Hier sind sie also, Makel und Tintenkleckse inklusive.

TOME I.
LA RUCHE EN FEUILLETS.
PL. I.

Fig. 3.

Fig. 4.

Fig. 1.

Fig. 2.

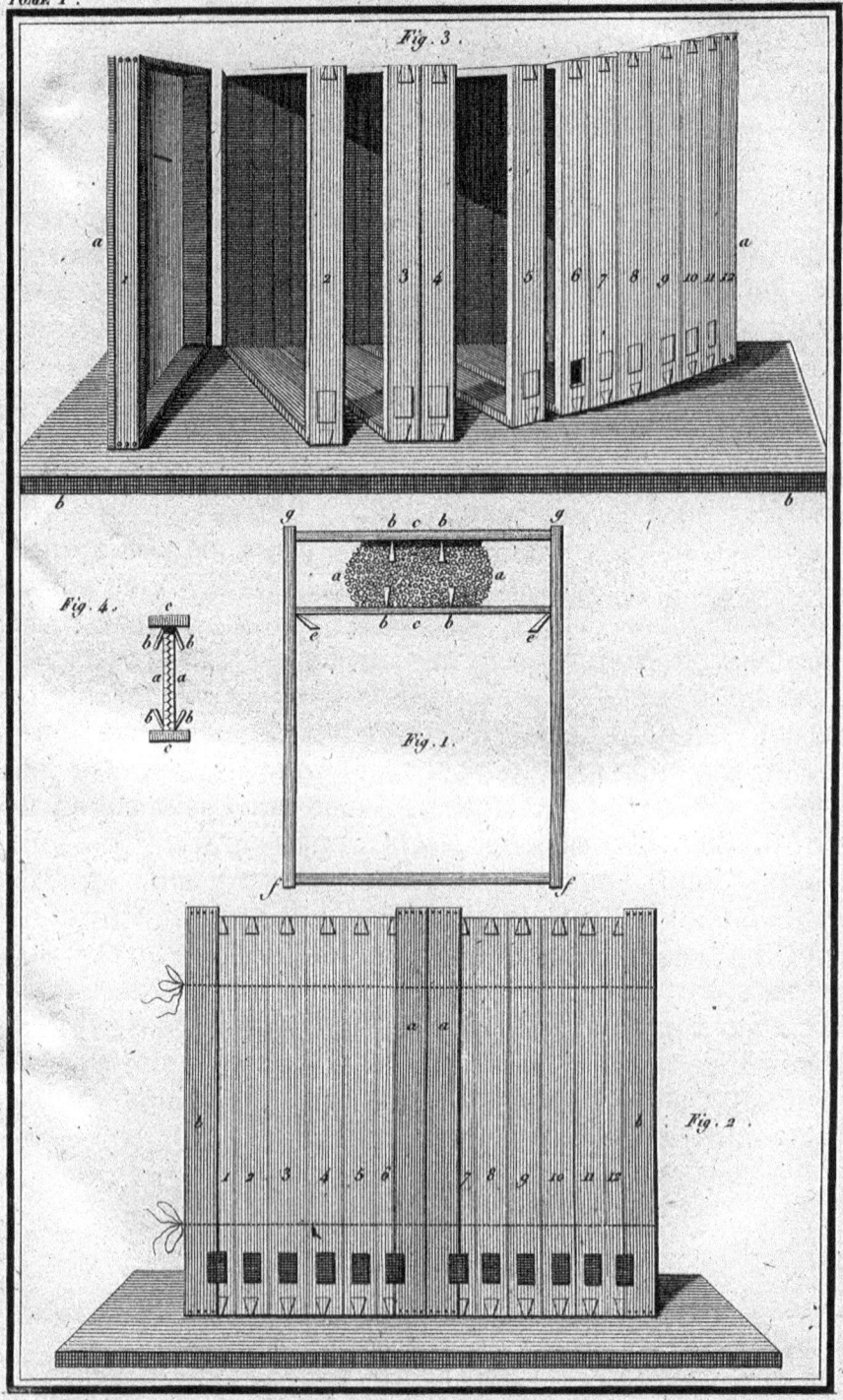

Adam Sculp.

DÉTAILS ANATOMIQUES.

TOME I.

PL. II.

Fig. 1.

Fig. 2.

Adam Sculp.

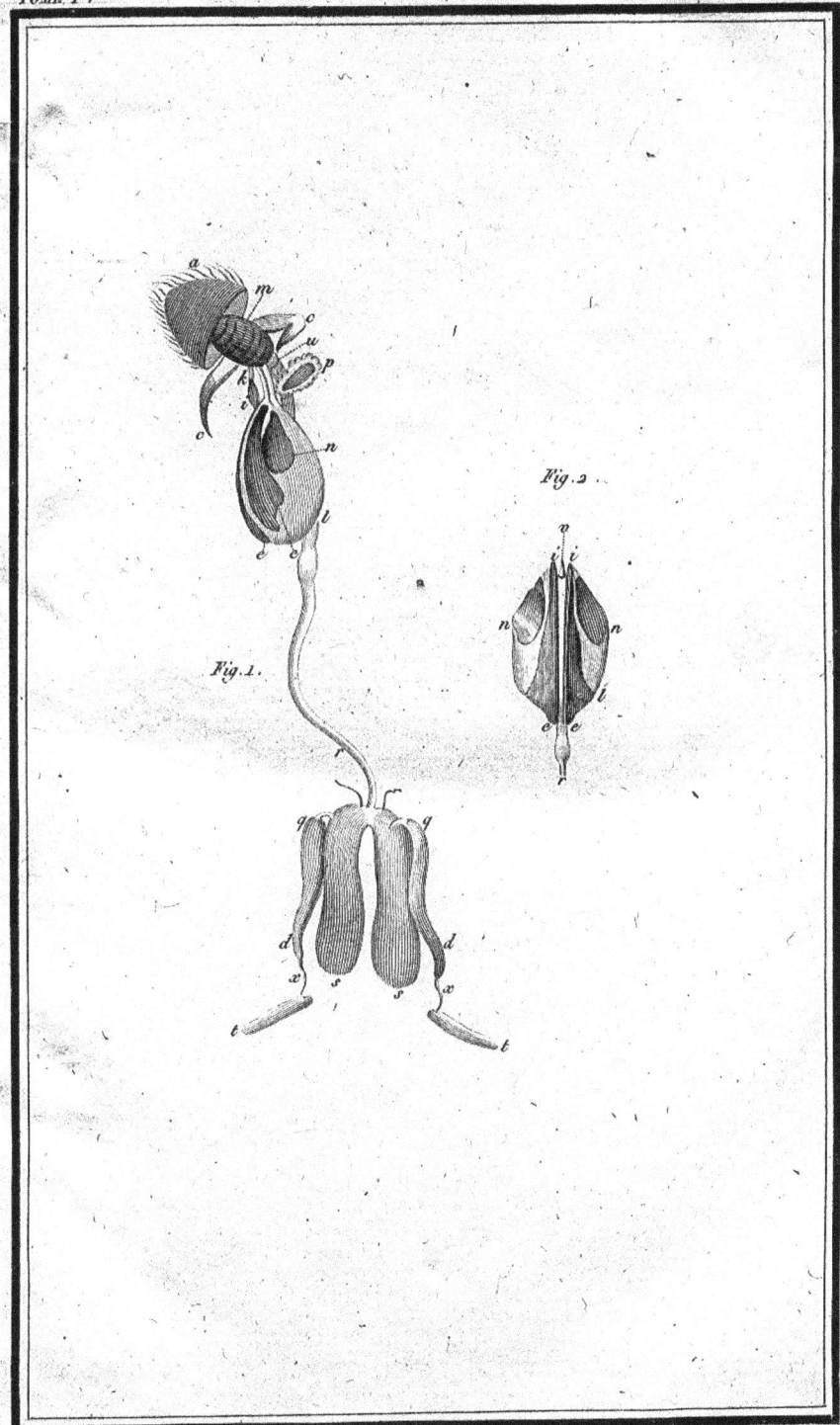

Figure tirée de Swammerdam.

TOME II. ARCHITECTURE DES ABEILLES. PL.I.

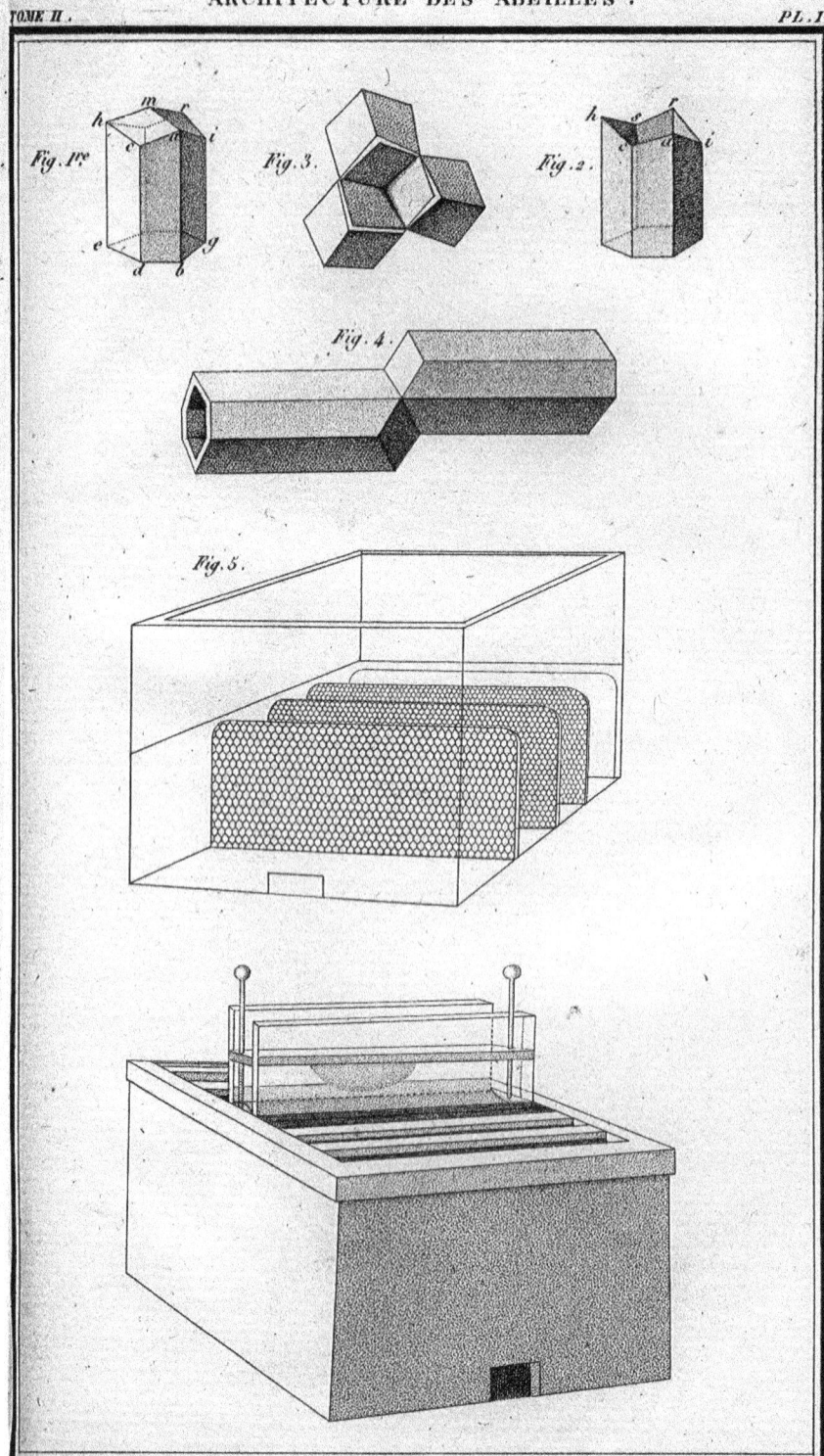

Fig. 1.re Fig. 3. Fig. 2.

Fig. 4.

Fig. 5.

P. Huber del.   Adam Sculp.

TOME II.

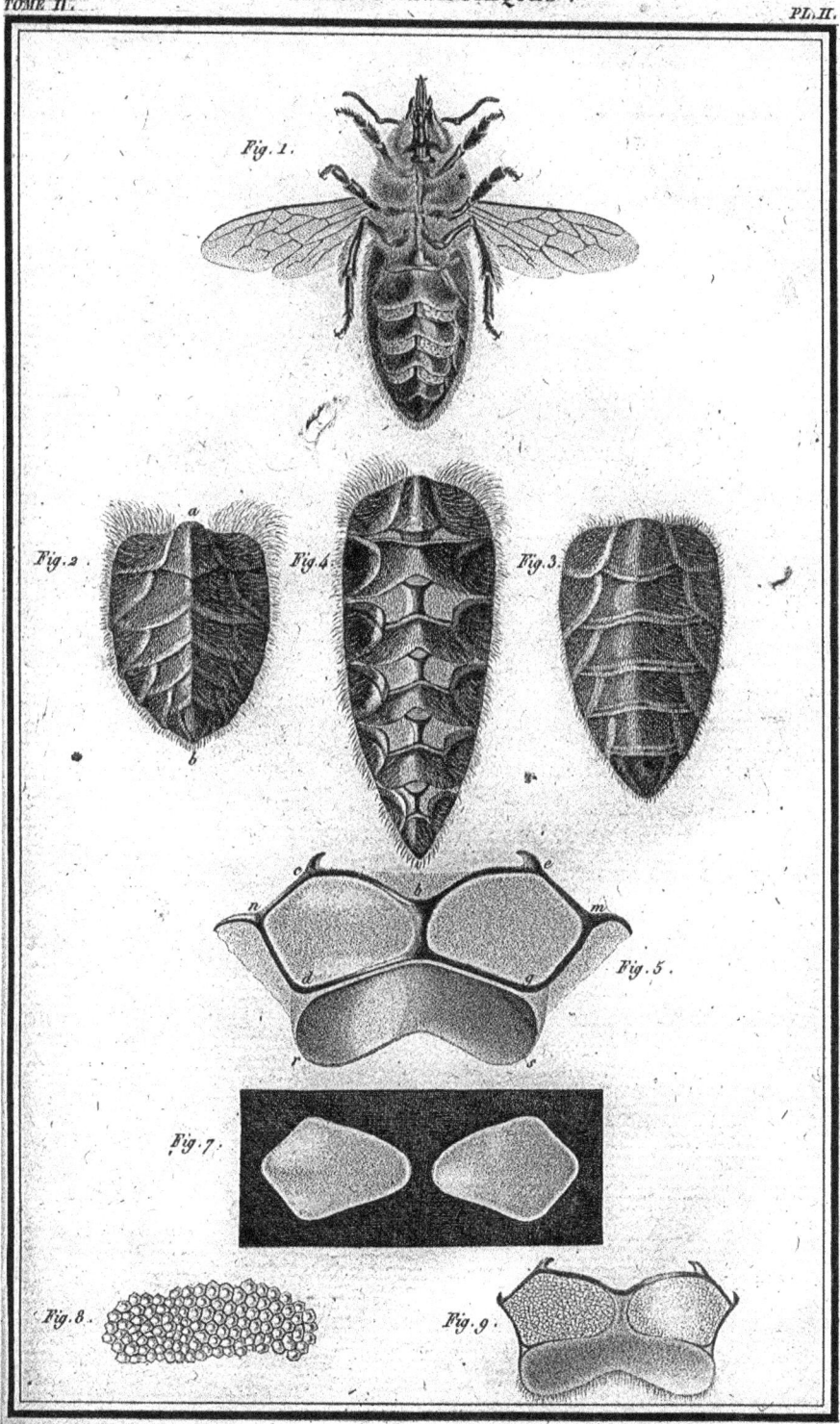

DÉTAILS ANATOMIQUES.

PL. II.

Fig. 1.
Fig. 2. Fig. 4. Fig. 3.
Fig. 5.
Fig. 7.
Fig. 8. Fig. 9.

O. Jurine del. Adam Sculp.

C

Fig. 3.

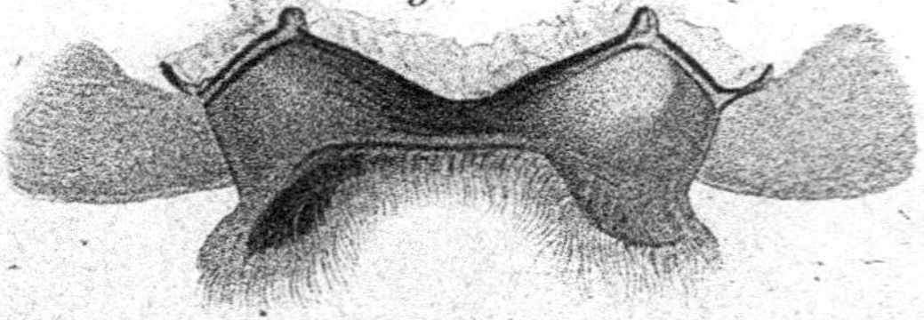

B

Fig. 2.

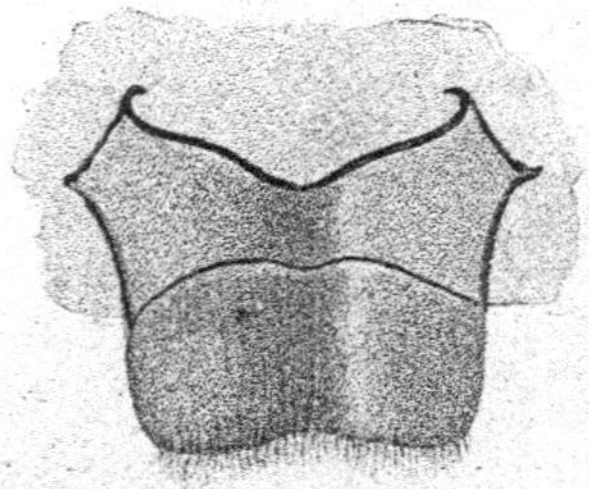

A

Fig. 1.

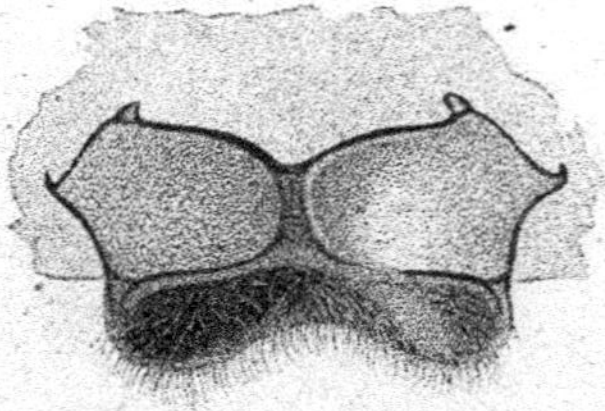

Fig. 6.

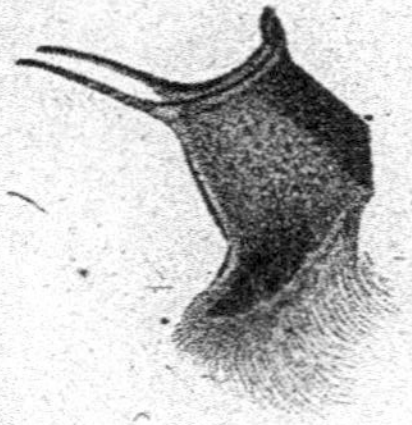

C

Fig. 5.

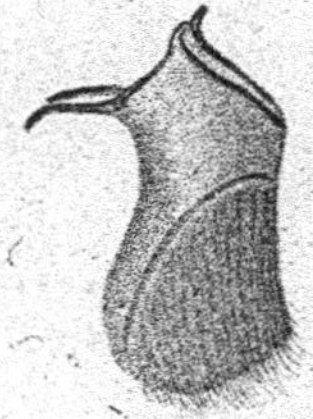

B

Fig. 4.

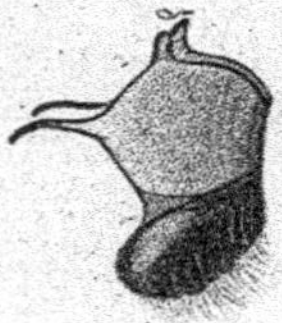

A

C. Jurine del. *Adam Sculp.*

DÉTAILS ANATOMIQUES.

TOME II.   PL. IV.

C. Jurine del.

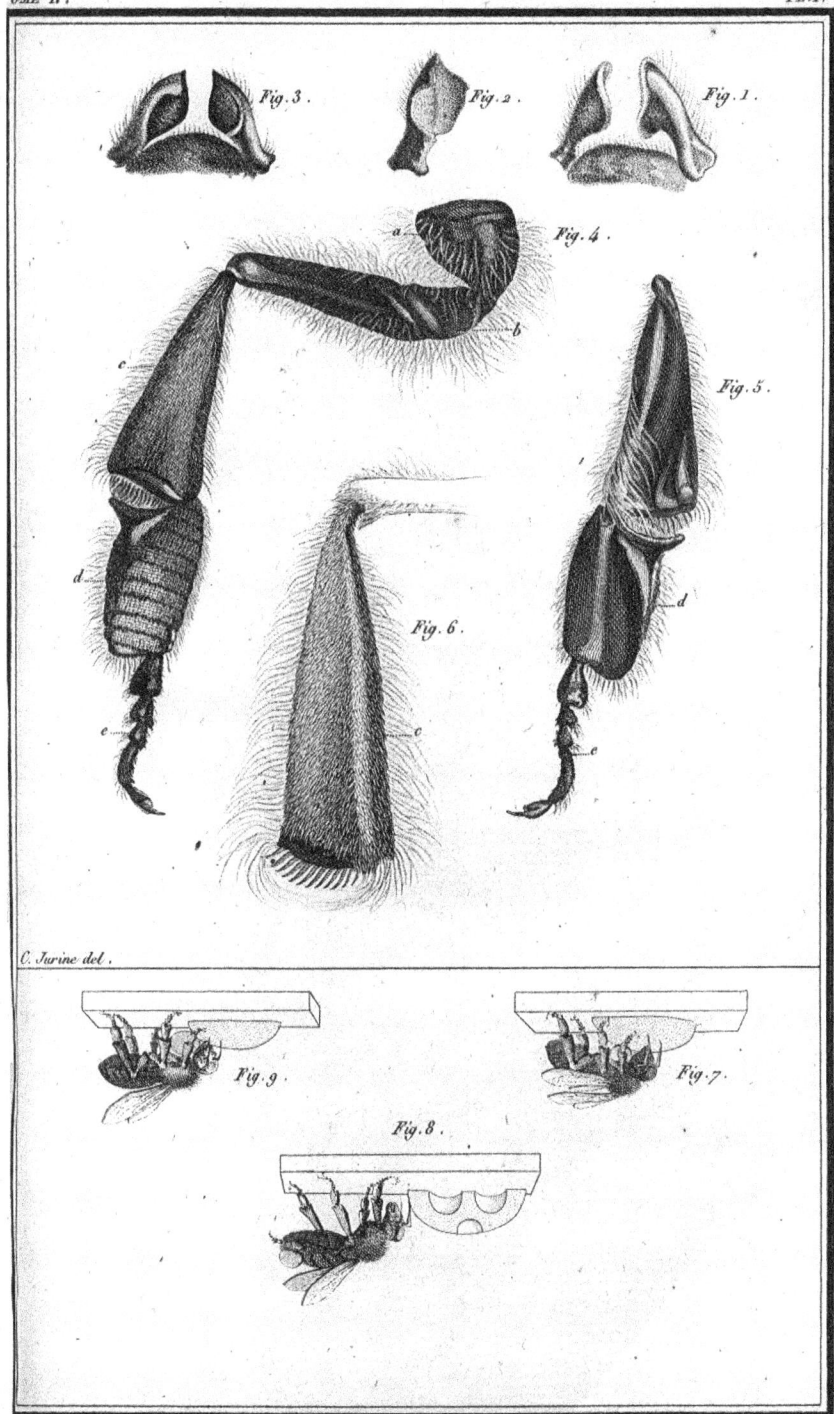

I. Huber del.   Adam Sculp.

TOME II. ARCHITECTURE DES ABEILLES. PL. V.

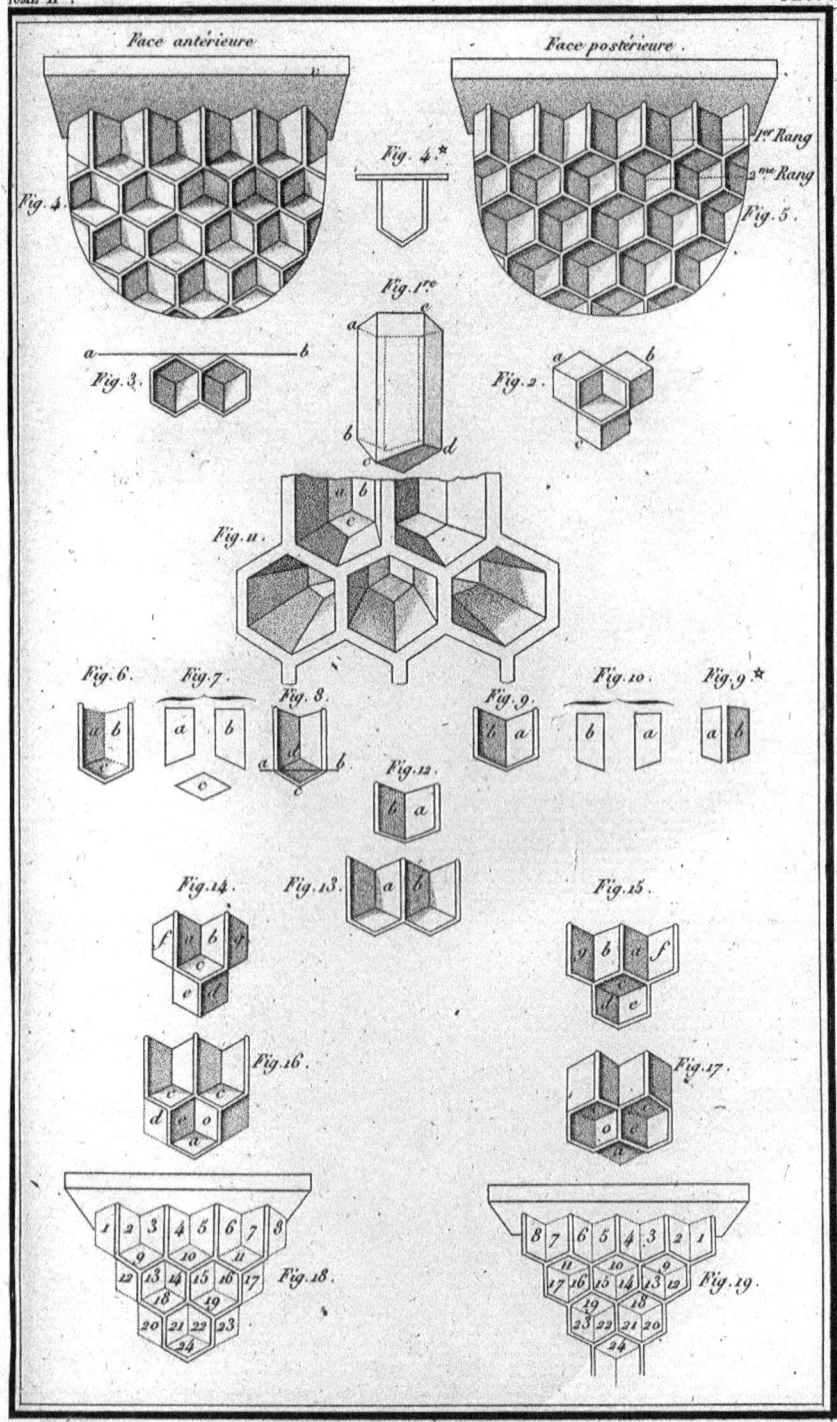

P. Huber del. Adam Sculp.

ARCHITECTURE DES ABEILLES.

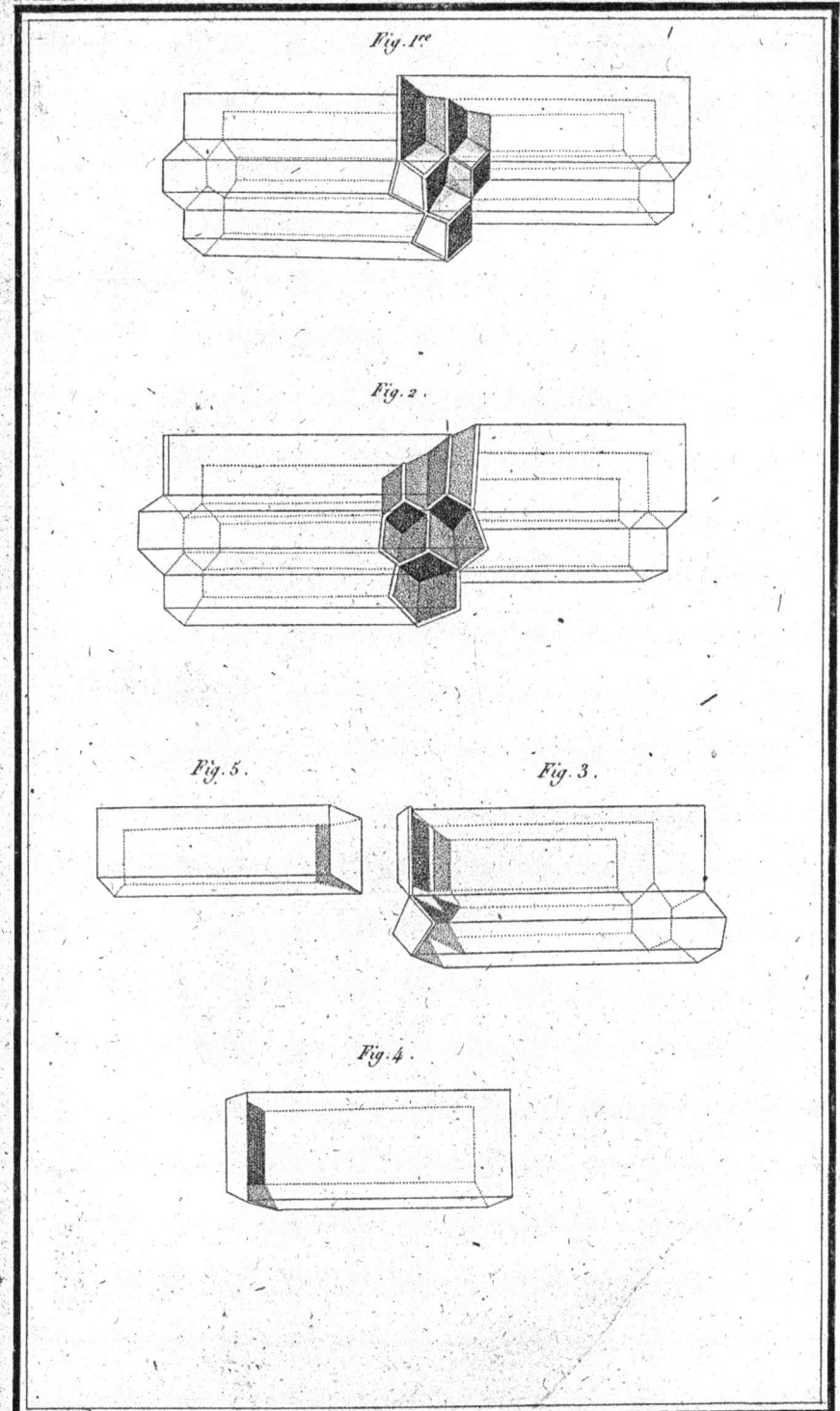

Fig. 1.re

Fig. 2.

Fig. 5. *Fig. 3.*

Fig. 4.

TOME II. ARCHITECTURE DES ABEILLES. PL. VII. A.

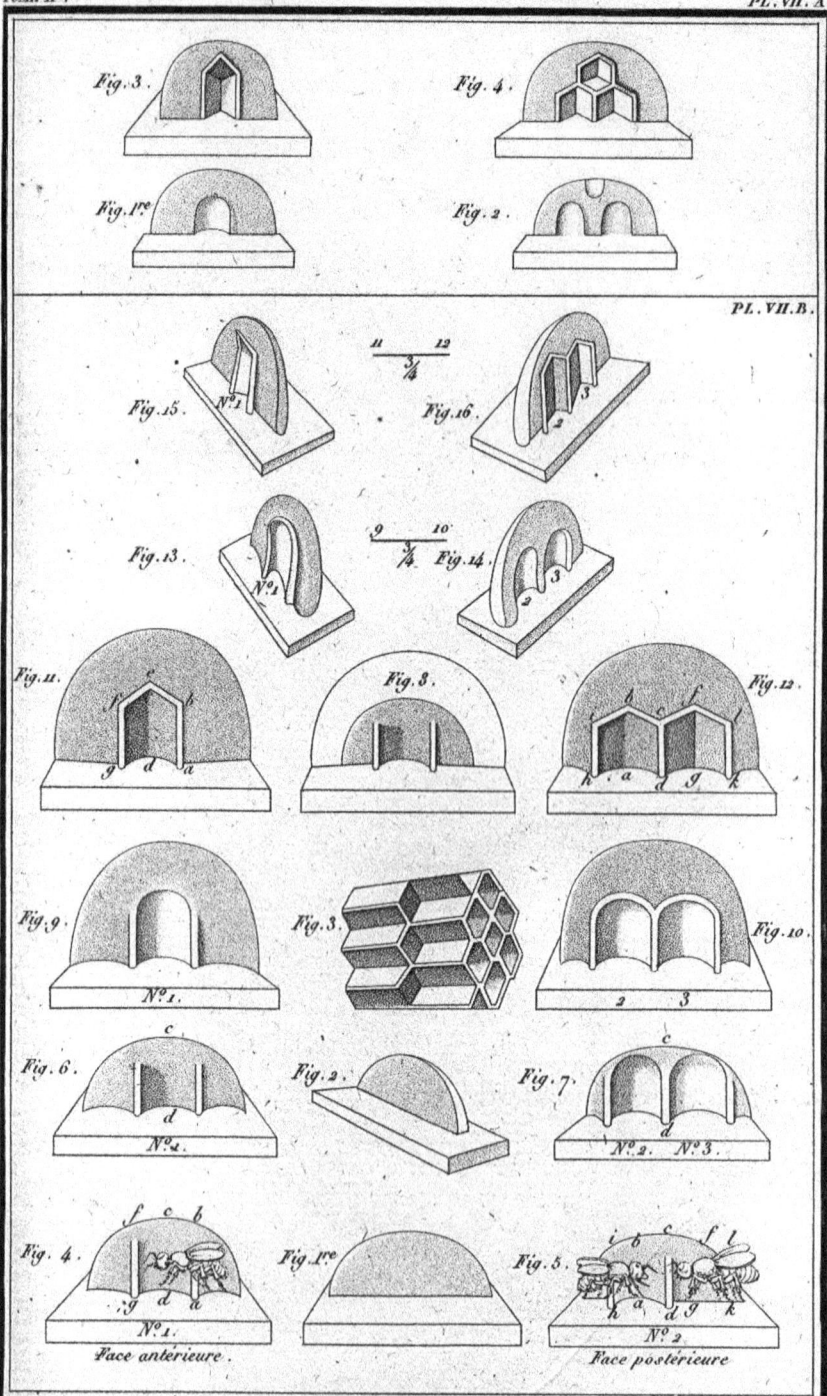

PL. VII. B.

Face antérieure.   Face postérieure.

P. Huber del.   Adam Sculp.

ARCHITECTURE DES ABEILLES.

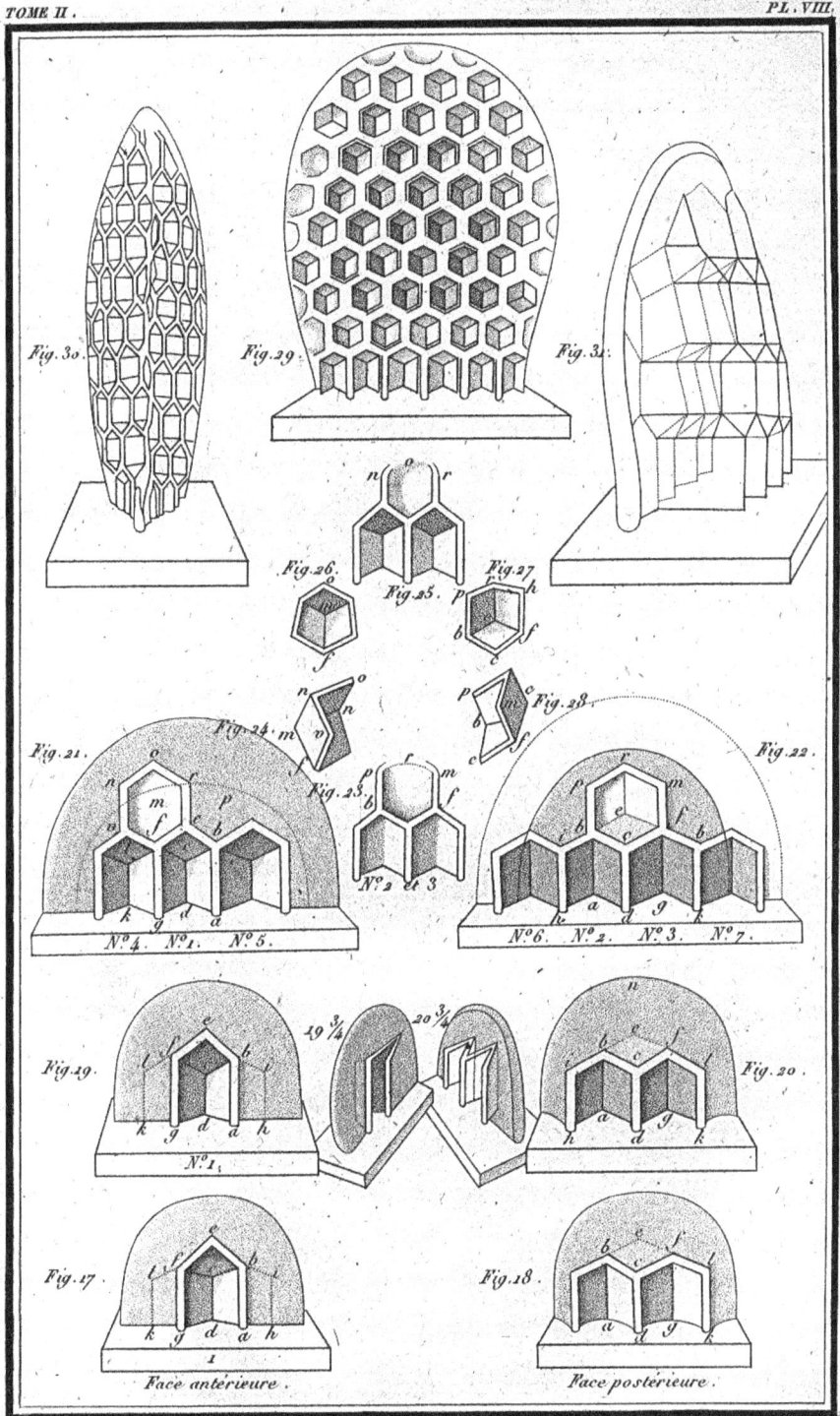

ARCHITECTURE DES ABEILLES

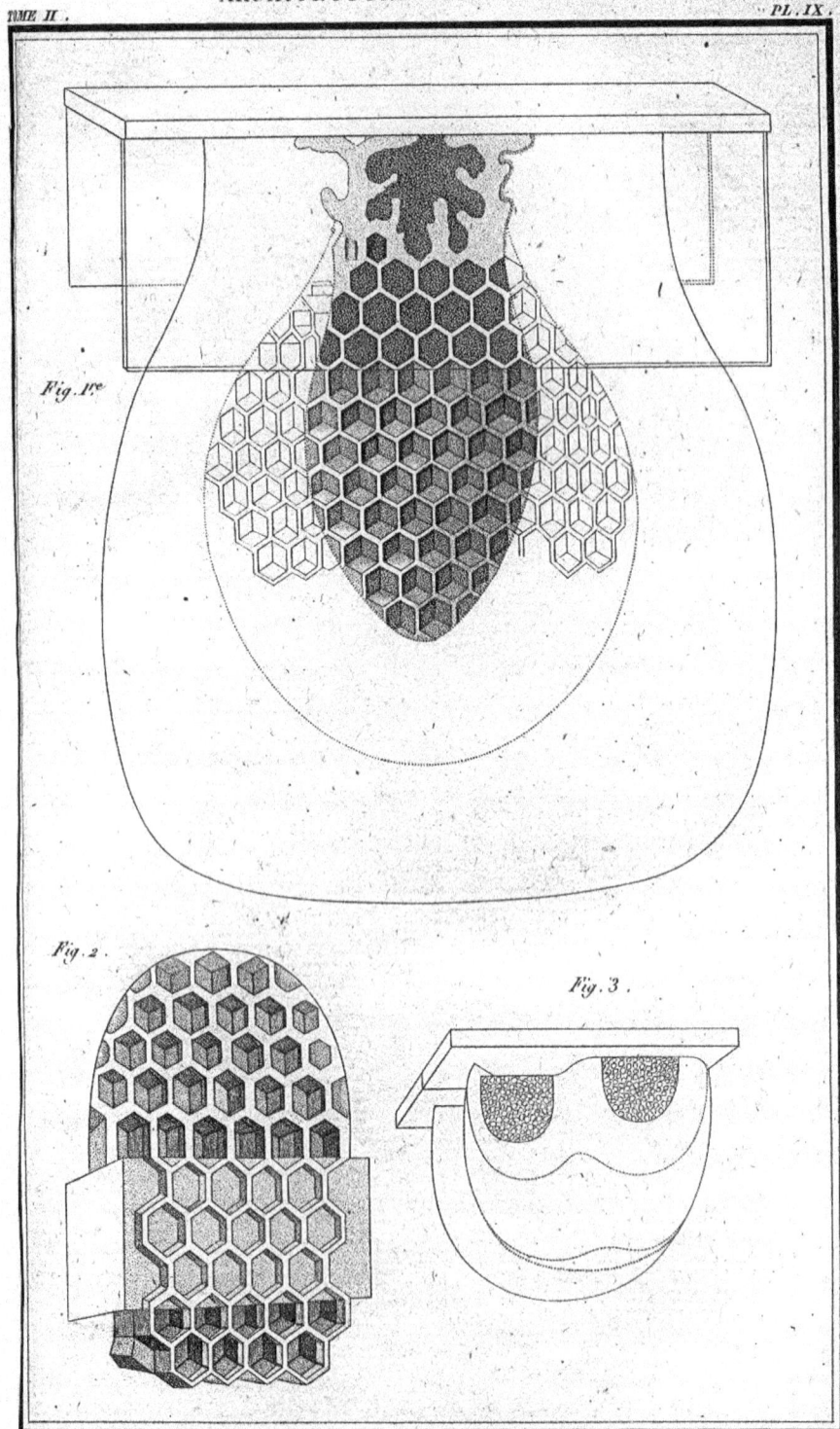

Fig. 1re.

Fig. 2.

Fig. 3.

TOME II.   PL. IX.

P. Huber del.   Adam Sculp.

TOME II. ARCHITECTURE DES ABEILLES. Pl. X.

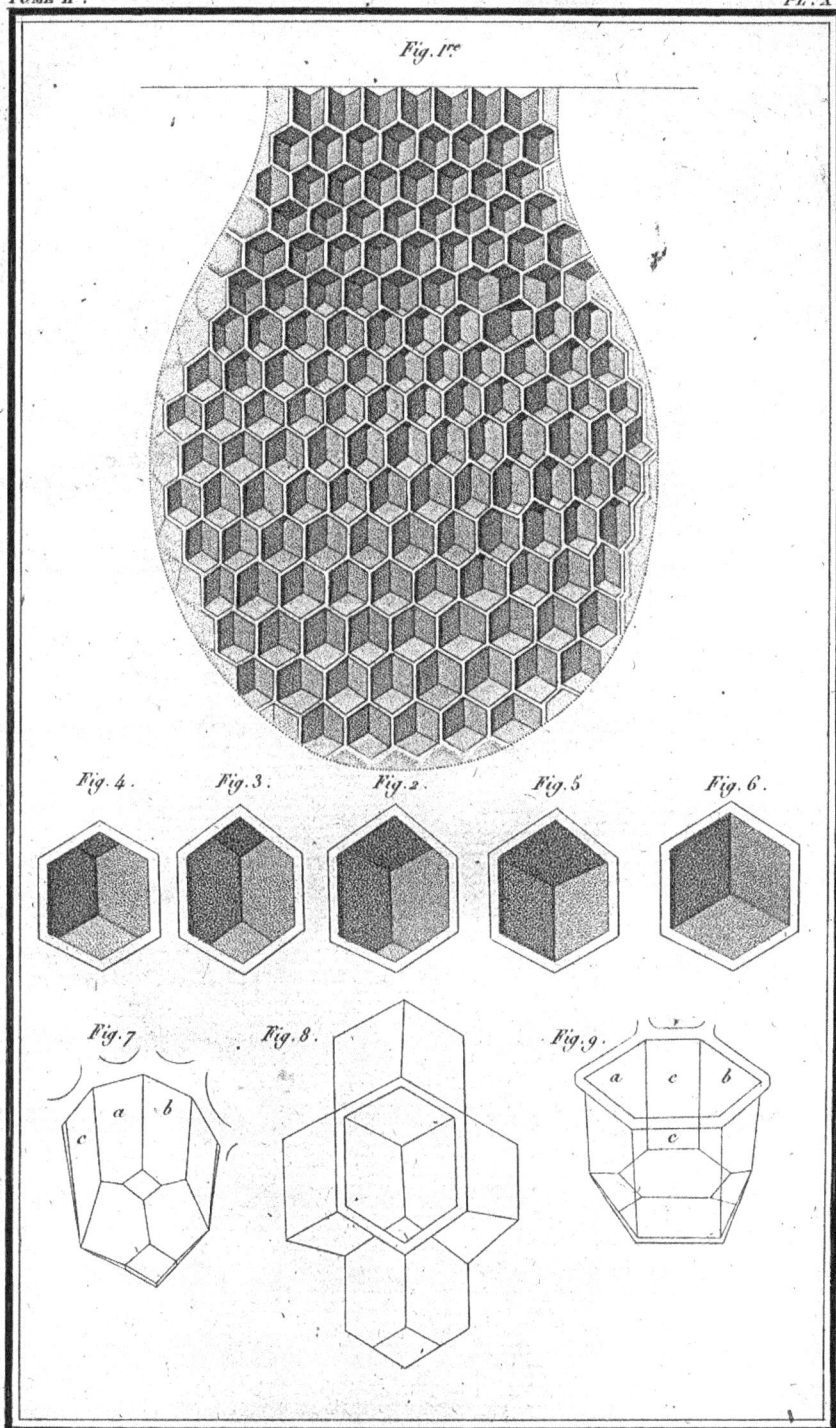

TOME II.   DETAILS ANATOMIQUES.   PL. XI.

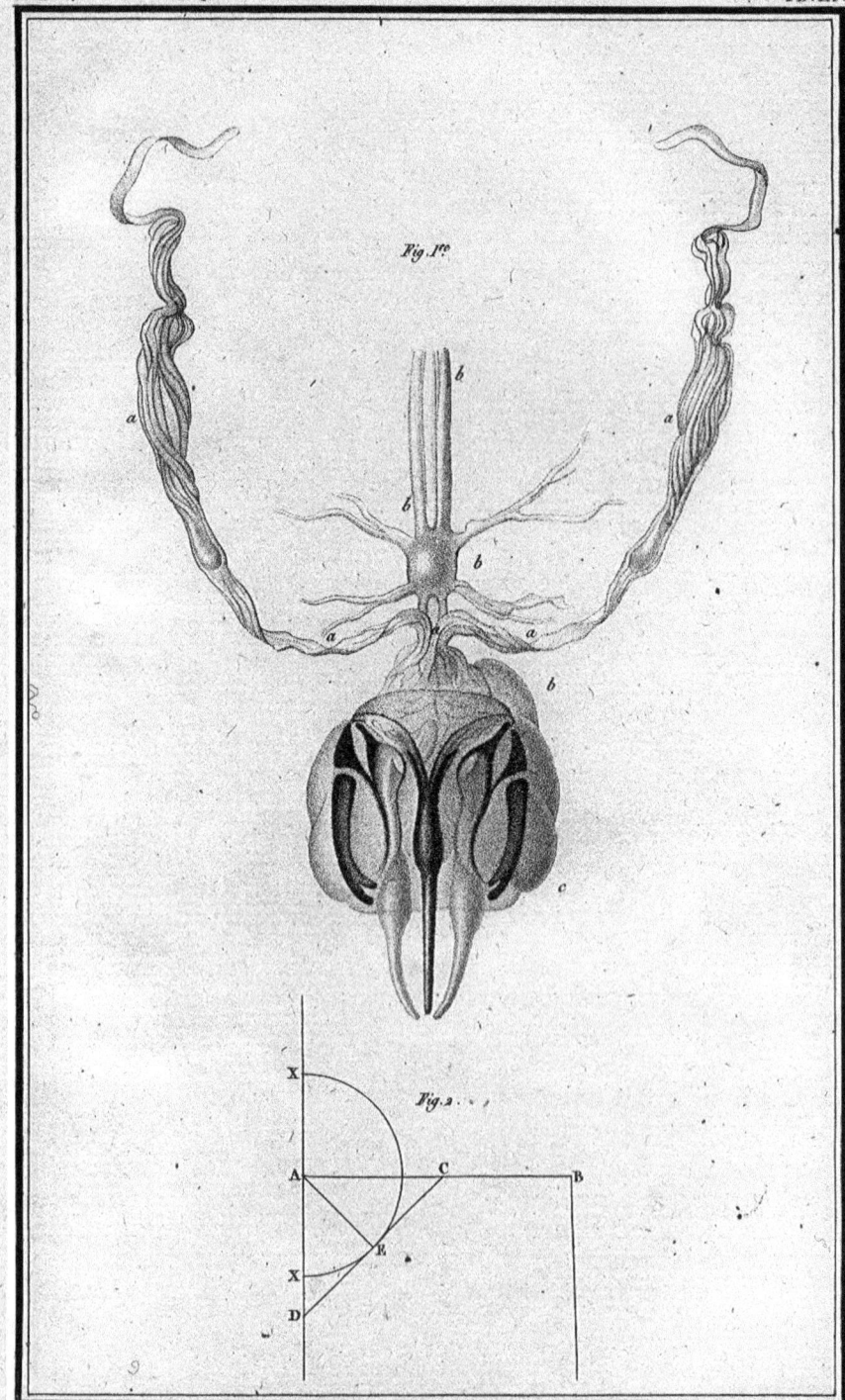

Fig. 1re.

Fig. 2.

C. Jurine del.   Adam Sculp.

TOME II. ARCHITECTURE DES ABEILLES. PL. XII.

P. Huber del. Adam Sculp.

Persönliche Aufzeichnungen über Huber von Professor De Candolle

Francis Huber 1750-1831

Francis Huber wurde am 2. Juli 1750 in eine ehrenwerte Familie geboren, in welcher Lebendigkeit im Geiste und in der Vorstellungskraft erblich bedingt zu sein schienen. Sein Vater, John Huber, hatte den Ruf, einer der geistreichsten Männer seiner Zeit zu sein; diese

Eigenschaft wurde oft von Voltaire wahrgenommen, der ihn sehr ob der Originalität seiner Konversation schätzte. Er war ein angenehmer Musiker, und er schrieb Verse, von denen selbst in dem Salon Ferneys die Rede war. Er zeichnete sich durch lebhafte und pikante Schlagfertigkeit aus; er malte mit viel Begabung und Talent; er stach beim Ausschneiden von Landschaften so sehr hervor, dass er ein Schöpfer dieser Kunst hätte sein können. Seine Skulpturen waren besser als die der meisten Amateure; und zu dieser Weitläufigkeit seiner Talente fügte er noch die Vorliebe und die Kunst zur Beobachtung des Verhaltens der Tiere hinzu.

John Huber vermittelte seinem Sohn fast alle seine Vorlieben. Dieser besuchte von Kindheit an die öffentlichen Vorlesungen an der Hochschule, und unter der Führung von guten Lehrmeistern entwickelte er eine Vorliebe für Literatur, die durch die Konversation seines Vaters weiter genährt wurde. Dieselbe väterliche Inspiration unterlag auch seinem Geschmack für Naturgeschichte, und er erlangte seine Zuneigung zu den Wissenschaften von den Vorlesungen von De Saussure, und von Versuchen in dem Labor eines seiner Verwandten, welcher sich auf der Suche nach dem Stein des Philosophen ruinierte. Seine Frühreife zeigte sich in seiner Aufmerksamkeit der Natur gegenüber, in einem Alter, in welchem andere sich kaum ihrer Existenz bewusst sind, und in den Beweisen für tiefe Gefühle, in einem Alter, in dem andere kaum Gefühle zeigen. Es schien als würde er, dem eine Fügung des grausamsten Verlustes beschieden war, aus einem Instinkt heraus eine Sammlung von Erinnerungen und Gefühlen für den Rest seiner Tage anlegen. Im Alter von fünfzehn Jahren begannen sich seine Gesundheit und sein Augenlicht zu verschlechtern. Der Überschwang, mit dem er seinen Arbeiten und Vergnügungen nachging, die Ernsthaftigkeit, mit der er die Tage dem Studium und die Nächte dem Lesen von romantischen Erzählungen beim Lichte einer schwachen Lampe, die er bei ihrer Vorenthaltung durch Mondschein ersetzte, widmete, waren, so sagt man, der Grund, der seine Gesundheit und sein Augenlicht gefährdete. Sein Vater brachte ihn nach Paris, um Tronchin zu seiner Gesundheit und Venzel zu dem Zustand seiner Augen um Rat zu fragen.

Bezüglich seiner Gesundheit sandte Tronchin ihn in ein Dorf (Stain) in der Nähe von Paris, sodass er von allen beunruhigenden Tätigkeiten befreit sei. Dort ging er dem Leben eines einfachen Landarbeiters nach, stand hinter dem Pflug, und lenkte sich mit ländlichen Belangen ab. Diese Methode war äußerst erfolgreich, und Huber bewahrte sich von diesem Landaufenthalt nicht nur eine erstarkte Gesundheit, sondern auch eine zärtliche Erinnerung und einen eindeutigen Sinn für das ländliche Leben.

Der Okkultist Venzel hielt den Zustand seiner Augen für unheilbar, und erachtete es als ungerechtfertigt, ihn den Risiken einer Kataraktoperation auszusetzen, damals noch weniger ausgereift als heutzutage, und verkündete dem jungen Huber die Wahrscheinlichkeit einer fortschreitenden und völligen Erblindung. Seine Augen hatten jedoch, ungeachtet ihrer Schwäche, vor seiner Abfahrt und nach seiner Rückkehr jene von Maria Aimée Lullin erblickt, Tochter eines Syndikus der Schweizer Republik. Sie hatten beide die Stunden des Tanzmeisters besucht, und hegten eine Liebe füreinander, die dem zarten Alter von siebzehn Jahren oft eigen ist. Die wachsende Wahrscheinlichkeit von Hubers Erblindung aber verhinderte die Einwilligung von Herrn Lullin zu dieser Vereinigung; je gewisser jedoch das Unglück ihres Freundes und Kameraden voranschritt, desto mehr schwor

Maria sich, ihn niemals zu verlassen. Sie war ihm zuerst durch Liebe zugetan, dann durch Großzügigkeit und einer Art Heldentum; und sie beschloss bis zum Erreichen der Vollmündigkeit zu warten (im Alter von fünfundzwanzig Jahren), um sich dann an Huber zu binden. Letzterer erkannte die Gefahr, mit der seine Gebrechlichkeit seine Hoffnungen bedrohte, und gab sich alle Mühe, diese zu verheimlichen. Solange er ein wenig Licht wahrnehmen konnte, benahm er sich und sprach, als würde er sehen, und schien damit oft sogar sein eigenes Unglück hinters Licht zu führen. Die so verbrachten sieben Jahre hinterließen einen derartigen Eindruck, dass er für den Rest seines Lebens, selbst nachdem er seine Blindheit mit den Fähigkeiten überwunden hatte, die Teil seiner Berühmtheit werden sollten, dem Verhehlen zugetan war: er bewunderte die Schönheit der Landschaft, die er nur vom Hörensagen oder durch die Erinnerung kennen konnte, die Eleganz eines Kleides, oder den hellen Teint einer Dame, deren Stimme ihm gefiel; und in seinen Gesprächen, seinen Briefen und sogar in seinen Büchern, sagt er *Ich habe gesehen, ich habe es mit meinen eigenen Augen gesehen*. Diese Ausdrucksweise, die weder ihn noch irgendjemand anderen zu täuschen vermochte, stammten wie so viele Erinnerungen aus der einschneidenden Periode seines Lebens, in der er sich täglich mit dem beständig dichter werdenden Schleier abfinden musste, der sich zwischen ihm und der materiellen Welt senkte, und in der nicht nur seine Furcht vor der Erblindung, sondern auch vor dem Verlust des geliebten Objektes wuchs. Doch dem war nicht so; Fräulein Lillin widerstand all den Überredungskünsten – selbst den Verfolgungen – mit denen ihr Vater sie von ihrem Vorhaben abzubringen versuchte; und sobald sie ihre Vollmündigkeit erreicht hatte, schritt sie zum Altar, geführt von ihrem Onkel, Herrn Rilliet Fatio, und führte, wenn wir es so ausdrücken wollen, ihren Gatten dorthin,

Hubers Beobachtungen an den Bienen

den sie sich in seinen glücklichen und strahlenden Tagen auserwählt hatte, und dessen traurigem Fall sie nun fest entschlossen ihr Leben widmen würde.

Frau Huber bewies durch ihre Beständigkeit, dass sie der dargebotenen Energie würdig war. Während der vierzig Jahre ihrer Gemeinsamkeit hörte sie niemals auf, ihrem Gemahl die liebenswürdigste Aufmerksamkeit zu schenken: sie war sein Vorleser, sein Sekretär, sein Beobachter, und sie hielt ihm, soweit es möglich war, all die Peinlichkeiten vom Leibe, die natürlicherweise mit seinem Gebrechen einhergehen würden. Ihr Ehemann pflegte, in Anspielung auf ihre Körpergröße, über sie zu sagen: *mens magna in corpora parvo* (ein großer Geist in einem kleinen Körper). *Solange sie lebte*, sagte er auch, *erschien mir meine Blindheit nicht als ein Unglück.*

Wir haben Blinde als Poeten glänzen sehen, und als ausgezeichnete Philosophen und Mathematiker; es blieb aber Huber vorbehalten, seinen Gegenstand, die Wissenschaft der Beobachtungen, zu erleuchten, und mit ihr Objekte von solcher Winzigkeit, dass der bestsichtigste Beobachter Mühe hätte, sie zu erkennen. Die Lektüre der Arbeiten von Reaumur und Bonnet, und die Konversation mit letzterem, lenkte seine Neugier zu der Geschichte der Bienen. Sein gewohnheitsmäßiger Wohnsitz auf dem Land erweckte in ihm zuerst den Wunsch, einige Tatsachen zu bestätigen, dann die Lücken in ihrer Geschichte zu schließen; diese Art der Beobachtung jedoch bedurfte nicht nur jener Instrumente, die ein Optiker bereitstellt, sondern dazu einen intelligenten Assistenten, welcher diese eigenhändig ihrem Gebrauche zuführen konnte. Er hatte zu der Zeit einen Diener namens Francis Burnens, der sich durch seinen Scharfsinn und seine Hingabe an seinen Herren auszeichnete. Huber trainierte ihn in der Kunst der Beobachtung, lenkte seine Nachforschungen durch geschickt kombinierte Fragestellungen, mit Hilfe von Erinnerungen aus seiner Jugend, und berichtigte die Behauptungen seines Assistenten durch Bezeugungen seiner Frau und Freunde, und war so in der Lage, in seinem Geiste ein wahres und perfektes Bild der kleinsten Details zu erstellen. „Ich bin mir weitaus sicherer," sagte er einmal lächelnd zu mir, „über meine Versuche als Sie, denn Sie veröffentlichen, was nur Ihre eigenen Augen gesehen haben, während ich den Mittelwert aus mehreren Zeugen nehme." Dies ist unzweifelhaft ein vernünftiges Argument, doch wird es kaum jemanden seinen eigenen Augen misstrauen lassen!

Seine Beobachtungen gelangten in Form von an Charles Bonnet gerichtete Briefe 1792 unter dem Titel *„Nouvelles Obserbations sur les Abeilles"* zur Veröffentlichung. Dieses Werk erregte bei vielen Naturforschern großes Aufsehen, nicht nur durch die Neuigkeit der Tatsachen, sondern auch durch die gründliche Genauigkeit, und durch die einzigartige Schwierigkeit, gegen die der Autor mit soviel Begabung ankämpfte. Die meisten europäischen Akademien (besonders die Akademie der Wissenschaften in Paris) nahmen Huber mitunter in ihren Reihen auf.

Die Tätigkeit seiner Nachforschungen ließ weder durch diese frühen Beobachtungen nach, die ihm vielleicht zu Selbstbestätigung verhalfen, noch durch die finanziellen Schwierigkeiten, die er durch die Revolution erlitt, und nicht einmal durch die Trennung von seinem getreuen Burnens. Ein neuer Assistent war natürlich erforderlich. Sein erster Ersatz war seine Frau, dann sein Sohn, Pierre Huber, welcher es zu dieser Zeit zu bescheidener Berühmtheit in der Geschichte der Ökonomie der Ameisen und verschiedener anderer Insekten gebracht hatte. Diese bilden den zweiten Band der zweiten Ausgabe seiner Werke, der 1814 veröffentlicht wurde, und der zum Teil von seinem Sohn aufbereitet wurde.

Der Ursprung des Wachses war zu jener Zeit ein von Naturforschern äußerst umstrittener Punkt in der Geschichte der Bienen. Einige behaupteten, jedoch ohne ausreichende Beweise, dass er von den Bienen aus dem Honig hergestellt würde. Huber, der schon erfolgreich den Ursprung von *Propolis* aufgeklärt hatte, bestätigte die Meinung hinsichtlich des Wachses durch zahlreiche Beobachtungen; er zeigte ganz genau, mit der Hilfe Burnens, wie es in Blättchen zwischen den Ringen der Hinterleibe hervorkommt. Er folgte mühseligen Nachforschungen und entdeckte damit, wie die Bienen es zur Verwendung in ihren Bauten vorbereiten; er verfolgte Schritt für Schritt die gesamte Errichtung dieser wunderbaren Stöcke, welche durch ihre Perfektion die heikelsten Probleme der Geometrie zu lösen scheinen; er ordnete jeder Klasse von Bienen ihre Aufgabe bei dieser Konstruktion zu, und verfolgte ihre Arbeiten vom Bau der ersten Zelle bis zur vollendeten Perfektion der Wabe. Er beschrieb die Verwüstungen, die der Totenkopf-Nachtfalter *Sphinx atropos* in den Stöcken anrichtet, in die er eindringt; er setzte es sich als Ziel, die Geschichte der Sinne der Bienen zu erforschen, insbesondere den Sitz des Geruchsorgans festzustellen, da die Lage dieses Organs noch nie mit Sicherheit bestimmt werden konnte. Zuletzt stellte er noch wissbegierige Nachforschungen über die Atmung der Bienen an. Er bewies durch viele sonderbare Versuche, dass Bienen wie alle anderen Tiere Sauerstoff verbrauchen. Wie aber kann die Luft sich in einem Stock erneuern, der mit Zement verputzt und an allen Seiten geschlossen ist, mit Ausnahme der kleinen Öffnung, die als Tür dient? Dieses Problem nahm all den Scharfsinn unseres Beobachters in Anspruch, und er stellte in aller Ausführlichkeit fest, dass die Bienen die Luft mit einer bestimmten Bewegung ihrer Flügel in einer Weise in Bewegung setzen, die die Lufterneuerung bewirkt; nachdem er sich davon durch direkte Beobachtungen überzeugt hatte, bewies er deren Richtigkeit durch künstliche Ventilation.

Diese lebenslange Beharrlichkeit in Bezug auf ein Gebiet ist eine von Hubers charakteristischen Eigenschaften und wahrscheinlich einer der Gründe für seinen Erfolg. Naturforscher sind durch ihre Vorlieben und oft auch durch ihre Position in zwei Lager geteilt. Die einen ziehen es vor, die Gesamtheit der Lebewesen anzunehmen, sie mit anderen zu vergleichen, die Beziehungen ihrer Organisation zu erfassen, und von ihnen die Klassifikation und die grundlegenden Gesetze der Natur abzuleiten. Es ist diese Gruppe, die notwendigerweise weitläufige Sammlungen zu ihrer Verfügung hat; und die sich hauptsächlich in großen Städten aufhält. Die anderen finden Gefallen an dem gründlichen Studium eines bestimmten Gegenstandes, an den Betrachtungen desselben unter all seinen Gesichtspunkten, an der eingehenden Überprüfung der kleinsten Einzelheiten, und an der geduldigen Erforschung aller seiner Eigentümlichkeiten. Die letzteren sind normalerweise sesshafte und einzelgängerische Beobachter, sie leben weit entfernt von Sammlungen und von den großen Städten.

Huber ist gewiss zu den speziellen Beobachtern zu zählen: seine Umstände und sein Gebrechen behielten ihn bei diesen zurück, und er erwarb durch seinen Scharfsinn und die Genauigkeit seiner Nachforschungen eine Sonderstellung unter ihnen; beim Lesen seiner Arbeiten spürt man jedoch deutlich, dass seine hervorragende Vorstellungskraft ihn in das Gebiet der grundlegenden Wahrheiten drängte. In Ermangelung von Begriffen des Vergleiches suchte er diese in der Theorie der

Hubers Beobachtungen an den Bienen

letztendlichen Ursachen, was einem großen und gläubigen Geiste Befriedigung verschafft, da es eine Ursache für vielerlei Tatsachen bereitstellt, es ist jedoch bekannt, dass die Anwendung dieser dazu verleitet, den Geist in die Irre zu führen; wir müssen ihm jedoch zugute halten, dass er diese stets nur im Rahmen philosophischer Zweifel bei Beobachtungen anwendet.

Sein Stil ist im Allgemeinen klar und elegant; er behält immer die für die Lehre notwendige Detailgenauigkeit bei, er bewahrt aber auch die Anziehungskraft, die eine poetische Vorstellungskraft jederzeit allen Gegenständen beimessen kann; aber eine Sache hebt ihn besonders hervor, und dies wäre am wenigsten zu erwarten gewesen, dass er nämlich die Tatsachen in einer so bildhaften Weise beschreibt, dass wir beim Lesen glauben, jeden dieser Gegenstände deutlich zu sehen, welche der Autor selbst leider niemals sehen konnte! Ich wage sogar zu behaupten, dass wir in seinen Beschreibungen so viele meisterhafte Einzelheiten finden, um den Schluss zu rechtfertigen, dass, hätte er seine Sehkraft behalten, so wäre er wie sein Vater, sein Bruder und sein Sohn ein geschickter Maler geworden.

Seine Vorliebe für die schönen Künste, Formen konnten ihm kein Vergnügen bereiten, erstreckte sich zu Tönen; er liebte Poesie, und war insbesondere mit einer starken Neigung zur Musik ausgestattet. Man könnte seinen Geschmack dafür als angeboren bezeichnen, und sie war ihm eine wichtige Quelle der Entspannung während seines Lebens. Er hatte eine angenehme Stimme, und war während seiner Kindheit in die Reize der italienischen Musik eingeführt worden.

Sein Wunsch, mit fernen Freunden in Verbindung zu bleiben, ohne einen Sekretär bemühen zu müssen, gab ihm den Einfall einer Druckerpresse zu eigenem

Gebrauche; und er ließ diese durch seinen Diener Claude Lechet ausführen, dessen mechanische Talente er gefördert hatte, wie vor dem die von Francis Burnens für die Naturgeschichte. In durchnummerierte Halterungen wurden kleine erhabene Buchstaben eingesetzt, die er von Hand anordnen konnte. Über die so zusammengestellten Zeilen zog er zuerst ein mit spezieller Tinte geschwärztes Papier, dann ein weißes, und mittels einer Presse, die er mit den Füßen bediente, war er in der Lage, einen Brief zu drucken, den er selbst faltete und versiegelte, beseelt durch die Unabhängigkeit, die er sich dadurch zu erschaffen hoffte. Die Schwierigkeiten in der Bedienung der Presse vereitelten jedoch den regelmäßigen Gebrauch. Diese Briefe, und einige algebraische Zeichen aus gebranntem Ton, die sein erfinderischer Sohn in seinen ständigen Bemühungen, ihm zu dienen, für ihn angefertigt hatte, waren ihm für mehr als 15 Jahre eine Quelle der Entspannung und der Erheiterung. Er liebte es spazieren zu gehen, selbst einsame Spaziergänge, ermöglicht durch Fäden, die auf seine Anordnung entlang aller ländlichen Wege in der Nähe seiner Wohnung gespannt worden waren.

Von Natur aus mit einem gutmütigen Herzen ausgestattet, wie erhielt er sich sein sonniges Gemüt, das so oft von den Zusammenstößen der Welt zerstört wurde? Seine gesamte Umgebung zollte ihm ausschließlich Wohlwollen und Respekt. Die geschäftige Welt, Schauplatz so vieler kleiner Ärgernisse, war aus seinem Gesichtskreis verschwunden. Sein Haushalt und seine Finanzen wurden ohne seine Unterstützung geregelt. Öffentliche Verpflichtungen waren ihm unbekannt, und er wusste größtenteils nichts von der Politik, der Schlitzohrigkeit und den Betrügereien der Menschen. Da es ihm nur sehr selten widerfuhr (ohne dass es sein eigener Fehler gewesen wäre) anderen von Nutzen zu sein, machte er

Hubers Beobachtungen an den Bienen

nie die Erfahrung der Verbitterung und Dankbarkeit. Eifersucht, ungeachtet seines Erfolges, wurde durch sein Gebrechen zum Schweigen gebracht. Er sah es als eine Tugend an, in Umständen, in denen so viele andere vieles bereuten, glücklich und wohlhabend zu sein. Das weibliche Geschlecht, vorausgesetzt es war mit einer angenehmen Stimme ausgestattet, erschien ihm gänzlich, als ob er sie im Alter von achtzehn Jahren gesehen hätte. Sein Geist bewahrte die Frische und Offenherzigkeit, die den Reiz und das Glück der Jugend ausmacht; er liebte junge Menschen, deren Gefühle mehr im Einklang mit seinen standen als die der Alten und Erfahrenen. Es erfreute ihn bis zuletzt, die Studien der Jungen zu lenken, und besaß in höchstem Grade das Talent, ihnen zu gefallen und sie zu interessieren. Obwohl er gerne neue Bekanntschaften machte, vergaß er nie seine alten Freunde. „Eines, dass ich nie gelernt habe", sagte er in weit fortgeschrittenem Alter, „ist es, zu vergessen wie man liebt." Er hatte also Vernunft genug, diesen gerechten Ausgleich an Vorteilen, die ihm durch seinen Zustand zuteil wurden, zu schätzen und sich daran zu erfreuen.

Seine Konversationen waren generell freundlich und gütig; es war leicht, ihn zum Humorvollen zu verleiten; keine Sparte des Wissens war ihm fremd; er liebte es, seine Gedanken zu den schwierigsten und wichtigsten Themen emporzuheben, ebenso wie sich auf die geläufigsten Plaudereien einzulassen. Er war belesen, im wahrsten Sinne des Wortes; doch einem gewandten Taucher gleich stieß er zu dem Grund jeder Fragestellung mit einer Art Taktgefühl und scharfsinniger Wahrnehmung vor, welche dem Wissen beisteuerte. Sprach jemand mit ihm über einen Gegenstand, der seinen Kopf oder sein Herz interessierte, wurde seine noble Gestalt in bemerkenswerter Weise lebendig, die Lebendigkeit seines

Mienenspiels schien wie durch Zauberhand selbst seine Augen, die seit so langem zur Dunkelheit verdammt waren, aufleuchten zu lassen.

Er verbrachte die letzten Jahre seines Lebens in der Obhut seiner Tochter, Frau de Molin, in Lausanne. Er fügte weiterhin seinen früheren Arbeiten Ergänzungen hinzu. Die Entdeckung von Bienen ohne Stachel, die Captain Hall in der Umgebung von Tampico machte, erregte seine Neugier; und es bereitete ihm großes Wohlgefallen, als sein Freund, Professor Prevost, ihm erst einige Exemplare, und schließlich einen ganzen Stock dieser Insekten beschaffte. Es war dies die letzte Ehrerbietung, die er seinem alten Freund erwies, dem er so viele aufwendige Nachforschungen gewidmet hat, dem er seine Berühmtheit verdankte, und mehr noch, seine Zufriedenheit. Nichts von irgendeiner Wichtigkeit wurde ihrer Geschichte seitdem hinzugefügt.

Huber bewahrte sich seine Fähigkeiten bis zum Ende. Er liebte und wurde bis ans Ende seiner Tage geliebt. Im Alter von einundachtzig Jahren schrieb er einem seiner Freunde: „Es kommt die Zeit, in der man unmöglich pflichtvergessen bleiben kann; wenn man sich langsam voneinander entfernt, ist es Zeit, denen, die wir lieben, zu offenbaren, dass Respekt, Zärtlichkeit und Dankbarkeit uns zu ihnen hin beflügelt haben...Ich sage es nur Ihnen", fügt er dann hinzu, „dass Resignation und Gelassenheit Segen sind, die nicht verweigert wurden." Er schrieb diese Zeilen am 20. Dezember 1831, und am 22. war er nicht mehr; sein Leben verlöschte, ohne Schmerz oder Qual, in den Armen seiner Tochter. - *Gekürzt und übersetzt aus „The Life and Writings of Francis Huber" von Professor De Candolle.*

Über den Autor

François Huber war erst fünfzehn Jahre alt, als er an einer Krankheit zu leiden begann, die ihn allmählich seines Augenlichtes berauben sollte; trotzdem war er, mit Hilfe seiner Frau Marie Aimée Lullin und seines Dieners François Burnens, in der Lage, die Untersuchungen durchzuführen, welche die Grundlagen für die wissenschaftlichen Kenntnisse der Lebensgeschichte der Honigbienen bildeten. Sein Werk *Nouvelles Observations sur les Abeilles* wurde 1792 in Genf veröffentlicht. Weitere Beobachtungen wurden als zweiter Band desselben Werkes 1814 publiziert. Seine Entdeckungen bildeten das Fundament für unser heutiges praktisches Bienenwissen. Seine Entdeckungen waren so revolutionär, dass die Bienenzucht sehr einfach in eine prä-Huber und eine post-Huber Ära unterteilt werden kann.

Milton Keynes UK
Ingram Content Group UK Ltd.
UKHW010653030324
438663UK00002B/26